现代畜牧养殖业实用技术丛书

规模化养猪场
疫病防控技术

郭年丰　马文杰　潘燕燕　主编

中国农业科学技术出版社

图书在版编目（CIP）数据

规模化养猪场疫病防控技术／郭年丰，马文杰，潘燕燕主编. —北京：
中国农业科学技术出版社，2020.9
ISBN 978-7-5116-4986-7

Ⅰ.①规… Ⅱ.①郭…②马…③潘… Ⅲ.①猪病–防治 Ⅳ.①S858.28

中国版本图书馆 CIP 数据核字（2020）第 165887 号

本书有关用药的声明

兽医学一直持续发展，标准用药安全注意事项必须遵守，但随着最新研究成果的应用和临床经验的发展，知识也在不断更新。疫病病原体的变异和耐药菌株的出现，治疗方法及用药也在不断地变化。所以，建议读者在使用每一种药物之前，参阅厂家提供的产品说明以确认该书编者所推荐的药物用量、用药方法、所需用药的时间及禁忌等。兽医有责任根据经验和对患病动物的诊断来决定用药量和选择最佳的治疗方案。作者对任何参阅者在治疗中所发生的对患病动物和财产所造成的伤害或损失不承担任何责任。

责任编辑	穆玉红	
责任校对	贾海霞	

出 版 者　中国农业科学技术出版社
　　　　　北京市中关村南大街 12 号　邮编：100081
电　　话　（010）82106626（编辑室）　　（010）82109702（发行部）
　　　　　（010）82109709（读者服务部）
传　　真　（010）82106626
网　　址　http://www.castp.cn
经 销 者　各地新华书店
印 刷 者　北京富泰印刷有限责任公司
开　　本　787mm×1 092mm　1/16
印　　张　25.75
字　　数　650 千字
版　　次　2020 年 9 月第 1 版　2020 年 9 月第 1 次印刷
定　　价　68.00 元

《规模化养猪场疫病防控技术》
编　委　会

主　编：郭年丰　马文杰　潘燕燕

副主编：(排名不分先后)

　　　　杨　森　胡丹华　程　远　王丽君
　　　　杜爱华　梅京京　戴铜玮　刘　艳
　　　　于少锋　郭　伟　张　军　葛位西
　　　　李　伟　梁强民

编　者：(按姓氏笔画排序)

　　　　于少锋　马文杰　王红涛　王丽君
　　　　王　琳　王树禹　王维勇　王熠略
　　　　邓彦福　田志龙　刘　艳　杜爱华
　　　　李　伟　李代琦　李永星　张　军
　　　　张　楠　杨　森　姜　迪　胡丹华
　　　　梁强民　袁军虎　陶艳华　郭年丰
　　　　郭　伟　郭晶晶　梅京京　程　远
　　　　曹志昂　葛位西　翟豫文　潘书会
　　　　戴铜玮

前　言

　　养猪业是我国的传统产业，有着悠久的历史，在农业和农村经济中占有重要地位。养猪业的发展不仅满足了人们对猪肉及其产品的消费需求，为农民增收致富、农村劳动力就业、粮食转化、推动相关产业的发展做出了重大贡献，我国的养猪业持续高速发展，取得举世瞩目的成就。

　　但是，我们也应该清楚地看到，我国的畜牧业（养猪业）与先进国家相比，还有相当大的差距。随着我国畜牧养殖业生产的高速发展，特别是规模化集约化养殖业的发展和管理不当，致使畜禽疫病的发生在一定程度上更加复杂化，进而在疫病防制上出现了很多漏洞，一旦大规模流行会引起大批动物死亡，这不仅造成大批畜禽死亡和畜产品的损失，影响人民生活和对外贸易，而且因某些人畜共患的传染病还能给人民健康带来严重威胁。

　　据记载，欧洲各国在 18 世纪由于牛瘟的猖獗流行，仅法国自 1713—1746 年就死亡了1 100 万头牛；19 世纪末在南美洲发生牛瘟大流行后，900 万头牛只剩了几百头，造成了人民的贫困和饥荒。我国在新中国成立前牛瘟危害亦极为严重，仅 1938—1941 年青海、甘肃、四川等省的一次大流行，死亡数达几百万头。据青海省记载，这次大流行死亡达110 万头。尤其是 2018—2019 年非洲猪瘟的流行，给养猪业者敲响了疫病防控时刻不能忽视的警钟。

　　某些传染病的死亡率虽然不高，但由于家畜的生产性能降低，畜牧业经济损失是很大的。如病死率不高传染性极强的口蹄疫等，可引起的经济损失并不亚于一些死亡率很高的传染病。某些人畜共患的传染病如布鲁氏菌病、结核病、狂犬病、炭疽、钩端螺旋体病、禽流感等能严重地影响人类的健康和生命安全。此外，在发生传染病时组织防制工作和执行检疫、封锁等措施所耗费的人力、物力也往往是很大的。

　　新中国成立以来，党和政府十分重视动物疫病的防制和研究，经过广大兽医科研人员和人民群众的共同努力，分别于 1956 年和 1996 年在全国范围内消灭了牛瘟和牛肺疫。至今，大部分主要的动物传染病如炭疽、气肿疽、羊痘、猪瘟、鸡新城疫等病均已得到基本控制；一些人畜共患的传染病如布鲁氏菌病、结核病等也达到或基本达到国家规定的控制标准。

　　我国动物传染病的防制和研究工作虽已取得重大进展，但与国际先进水平相比还有一定差距。我国虽然消灭和控制了一些传染病，但这些传染病还可能会出现。原来国内没有的传染病可能会传入，新的传染病可能会不断地发生。近年来新疫病的不断出现，传统重大动物疫病卷土重来并快速蔓延，某些重大动物疫病病原变异速度加快，混合型感染疫病增多，亚临床感染危害严重，病原体产生抗药性，所有这些给疫病控制工作带来了更大的困难，动物传染病的防制任重道远。

对养猪业来说，猪疫病的发生和流行，已成为许多规模化猪场十分棘手的问题。为此我们编写了《规模化养猪场疫病防控技术》一书，以供养猪业者和基层兽医工作者参考。

该书共分六章，分别就猪疫病的流行特点、猪病的诊断技术、猪疫病的防控措施、规模化猪场疫病防控技术、规模化猪场重大疫病的防控和常见猪病的诊治与实践六个部分进行了论述，重点介绍了猪疫病的防控措施、规模化猪场疫病防控技术、规模化猪场重大疫病的防控和常见猪病的诊治与实践。该书集工作实践经验和技术理论于一体，深入浅出，通俗易懂，是养猪业者和基层畜牧兽医工作者的一部实用参考书。

本书是全体编写人员共同努力的结果。全书共65万字，其中：主编郭年丰负责制订编写章节内容方案、全部书稿的修改审定和编辑、分配各编写人员的编写内容、统筹全书架构等；副主编杨森、胡丹华、程远等同志负责编写了第一章《猪疫病的流行特点》，约6万字；主编潘燕燕同志编写了第二章《猪病的诊断技术》，约5.5万字；主编潘燕燕同志编写了第三章《规模化猪场猪病防控措施》，约4.5万字；副主编张军同志领衔主导，副主编葛位西、李伟、梁强民、王丽君、杜爱华、郭伟、于少锋、梅京京、戴铜玮、刘艳协助，编者王红涛、王琳、王树禹、王维勇、王熠略、邓彦福、田志龙、郭晶晶、翟豫文、曹志昂、姜迪、袁军虎、张楠、潘书会等同志编写了第四章《规模化猪场的疫病防控技术》，约25万字；主编马文杰同志领衔编写了第五章《规模猪场重大疫病的防控》约10万字；副主编葛位西同志领衔主导，副主编张军、李伟、梁强民、王丽君、杜爱华、郭伟、于少锋、梅京京、戴铜玮、刘艳等同志协同，编者陶艳华、李代琦、李永星同志参与编写了第六章《常见猪病的防控》，约14万字；在此对各位编写人员的辛勤劳作表示敬佩与感谢。

由于时间仓促和水平有限，错误和不足之处在所难免，敬请广大读者批评指正，以便再版时加以更正。

编 者

2020 年 1 月

目　　录

第一章　猪疫病的流行特点

第一节　猪疫病的流行和传播

做好疫病防控工作，首先要了解疫病的概念及其传播规律。

一、疾病的概念

疾病是机体与致病因素相互作用而发生的损伤与抗损伤的复杂斗争过程。

在此过程中，机体的机能、代谢和形态结构发生异常，机体各器官系统之间以及机体与外界环境之间的协调关系发生改变，这种机能紊乱现象与形态、结构的变化习惯上称为症状。不同的疾病，病畜所表现的症状及症状之间的组合不同。

二、感染

(一) 感染的概念

1. 感染或传染

是指病原微生物侵入动物机体，并在一定的部位定居、生长繁殖，从而引起机体一系列病理反应的过程。

2. 发生感染的条件

感染链：病原体、传播途径和易感动物。

因此能否构成感染取决于 3 个条件：病原体的数量、毒力及侵入机体的门户；机体的抵抗力（特异性抵抗力和非特异性抵抗力）；外界环境。

感染过程实际上是在一定外界条件下机体同侵入机体内的病原体相互作用的一对斗争过程。

3. 感染的表现形式

根据双方力量的对比和相互作用的条件不同，感染过程的结局有以下 3 种表现形式。

(1) 显性传染。病原微生物具有相当的数量和毒力以及适当的入侵门户，而机体抵抗力相对减弱时，动物发病，出现一定的临床症状，称为显性传染。

(2) 隐性感染。病原微生物可侵入动物机体内，也可在一定部位滋生，而且也可发生一定程度的生长繁殖，但是动物机体抵抗力较强，因此，双方斗争结果处于暂时相对平衡，而不表现症状。这种状态称为隐性感染。

(3) 抗传染免疫。病原微生物侵入动物机体后，或因不适于在其中生长繁殖，或因机体迅速调动自身防御力量将其消灭，从而不出现症状和病变，这种状态叫抗传染免疫。

感染、发病、隐性感染和抗传染免疫虽然彼此有区分，但又是相互联系的，他们能在一定条件下相互转化。

（二）感染的类型

感染的发生、发展常以不同的类型出现，通常将感染分为下列几种类型。

1. 按感染的病原体来源分为外源性感染和内源性感染

（1）外源性感染。病原体从动物体外侵入机体引起的传染过程，称为外源性感染，大多数传染病属于这一类。

（2）内源性感染。动物体内的条件性病原微生物，在机体正常情况下，并不表现其病原性，当机体受到不良因素影响，致使动物机体抵抗力降低时，可引起病原体活化，大量繁殖，毒力增强，致使机体发病，称为内源性感染，如马腺疫、猪肺疫等病有时就是这样发生的。

2. 按感染病原体的次序及相互关系分为单纯感染、混合感染、原发感染、继发感染和协同感染

（1）单纯感染。由一种病原体所引起的感染称为单纯感染。

（2）混合感染。两种或两种以上病原体同时参与的感染称为混合感染。

（3）原发感染。动物感染了一种病原体之后，在机体抵抗力减弱的情况下由新侵入的病原体引起的感染，叫作原发感染。

（4）继发感染。动物感染了一种病原体之后，在机体抵抗力减弱的情况下又由原来就存在于体内的另一种病原体引起的感染，叫作继发感染，如猪瘟发病后继发的猪肺疫等。

（5）协同感染。是指在同一感染过程中有两种或两种以上病原体共同参与、相互作用，使其毒力增强，而参与的病原体单独存在时则不能引起相同临床表现的现象。

3. 按临床表现分为显性感染、隐性感染、一过型感染、顿挫型感染和"温和型"感染

（1）显性感染。原体侵入机体后，动物表现出该病特有临床症状的感染过程称为显性感染。

（2）隐性感染。在感染后不出现任何临床症状，呈隐蔽经过的感染过程称为隐性感染或叫亚临床感染，又叫病原携带者。

有些隐性感染的病畜虽然外表无症状，但体内可呈现一定的病理变化；有些则既无症状，又无肉眼可见的病理变化，一般只能通过微生物学或免疫学方法检查出来。

（3）一过型感染。开始症状轻微，特征性症状未见出现即恢复者称为一过型（或消散型）感染。

（4）顿挫型感染。开始症状较重，与急性病例相似，但特征性症状尚未出现即迅速消退恢复健康者，称为顿挫型感染。这些类型常见于疫病的流行后期。

（5）"温和型"感染。临诊表现比较轻缓的称为"温和型"感染。

4. 按感染发生的部位分局部感染和全身感染

（1）局部感染。由于动物机体抵抗力较强，侵入机体的病原体的毒力较弱或数量较少，致使病原体被局限在机体内一定部位生长繁殖而引起一定程度的病变，称局部感染。

（2）全身感染。如果感染的病原体或其代谢产物突破机体的防御屏障，通过血流或淋巴循环扩散到全身各处，并引起全身性症状则称为全身感染。全身感染的表现形式主要包括：菌血症、病毒血症、毒血症、败血症、脓毒症和脓毒败血症等。

5. 按症状是否典型分典型感染和非典型感染

（1）典型感染。在感染过程中表现出该病的特征性临诊症状者称为典型感染。

（2）非典型感染。而非典型感染则临床表现或轻或重，与典型症状不同。

如典型马腺疫具有颌下淋巴结脓肿等特征症状，而非典型马腺疫轻者仅有鼻黏膜卡他，严重者可在胸、腹腔内器官出现转移性脓肿。

6. 按发病严重程度分良性感染和恶性感染

一般常以病畜的死亡率作为判定传染病严重性的主要指标。

（1）良性感染。如果某病不引起大批死亡称为良性感染。

（2）恶性感染。引起大批死亡称为恶性感染。

例如，良性口蹄疫的病死率一般不超过 2%，恶性口蹄疫的病死率则可大大超过此数。

7. 按病程长短分最急性型、急性型、亚急性型和慢性型感染

（1）最急性感染。通常将病程数小时至 1 天左右、发病急剧、突然死亡、症状和病变不明显的感染过程称为最急性感染，多见于牛、羊炭疽、巴氏杆菌病、绵羊快疫和猪丹毒等疫病的流行初期。

（2）急性感染。将病程较长，数天至 2~3 周不等，具有该病明显临床症状的感染过程称为急性感染，如急性炭疽、口蹄疫、牛瘟、猪瘟、猪丹毒、新城疫等。

（3）亚急性感染。则是指病程比急性感染稍长，病势及症状较为缓和的感染过程，如疹块型丹毒和牛肺疫等。

（4）慢性感染。是指发展缓慢，病程数周至数月，症状不明显的感染过程，如鸡慢性呼吸道病、猪气喘病等。

传染病病程长短，取决于病原体致病力和机体的抵抗力等因素。在一定条件下，上述感染类型可以相互转化。

8. 病毒的持续性感染和慢病毒感染

（1）持续性感染。是指动物长期持续的感染状态。由于入侵的病毒不能杀死宿主细胞而形成病毒与宿主细胞间的共生平衡，感染动物可在一定时期内带毒或终生带毒，而且经常或反复不定期地向体外排出病毒，但不出现临床症状或仅出现与免疫病理反应相关的症状。

持续性感染包括潜伏期感染、慢性感染、隐性感染和慢病毒感染等。疱疹病毒、披膜病毒、副黏病毒、反转录病毒和朊病毒等科属的成员常能导致持续性感染。

（2）慢病毒感染。是指那些潜伏期长、发病呈进行性经过，最终以死亡为转归的感染过程。慢病毒感染时，被感染动物的病情发展缓慢，但不断恶化且最后以死亡而告终。朊病毒和慢病毒引起的感染多属此类。常见的慢病毒感染性疾病有牛海绵状脑病、绵羊痒病、梅迪-维斯纳病、山羊关节炎-脑炎等。

以上类型都是从某个侧面或某种角度进行分类的，因此都是相对的，在临床上它们之间还有交叉、重叠和相互转化。

三、传染病的发生

（一）传染病发生的特征

传染病是指由特定病原微生物引起的，具有一定的潜伏期和临诊表现，并具有传染性（或免疫性）的疾病。当动物机体抵抗力强时，侵入体内的病原体一般不能生长繁殖，也不会有临床症状出现，因为动物机体能够迅速调动自身防御力量（非特异性免疫力和特异性免疫力）将其消灭或清除，同时，机体可获得不同程度的免疫力。当动物机体对某种入侵的病原体缺乏抵抗力或免疫力时，则称为动物对该病原体有易感性，病原体侵入易感动物机体后，可以造成传染病的发生。

在临床上，不同传染病的表现千差万别，同一种传染病在不同种类动物上的表现也多种多样，甚至对同种动物不同品系、不同个体的致病作用和临诊表现也有所差异，但与非传染性疾病相比，传染性疾病具有一些共同特征。

1. 传染病是由病原微生物引起的

每一种传染病都有其特定的病原体，如禽流感是由禽流感病毒引起的、猪瘟是由猪瘟病毒引起的。

2. 传染病具有传染性和流行性

传染性：是指传染病可以由患畜传染给具有易感性的健康家畜，并出现相同临诊表现的特性。

流行性：是指在一定适宜条件下，在一定时间内，某一地区易感动物群中可能有许多动物被感染，使传染病蔓延扩散，形成流行的特性。

3. 传染病具有一定的潜伏期和临诊表现

动物传染病与非传染病的区别在于它有潜伏期。大多数传染病都具有其明显的或特征性的临床症状和病理变化。

4. 感染动物机体可出现特异性的免疫学反应

感染动物在病原体或其代谢产物的刺激下，能够发生特异性的免疫生物学变化，并产生特异性的抗体和变态反应等。这种变化和反应可通过血清学试验等方法检测，因而有利于病原体感染状态的确定。

5. 传染病耐过动物可获得特异性的免疫力

动物耐过传染病后，在绝大多数情况下均能产生特异性免疫，使机体在一定时间内或终生不再感染该种病原体。

（二）传染病病程的发展阶段

传染病的病程经过在大多数情况下具有严格的规律性，一般分为潜伏期、前驱期、明显期和转归期4个阶段。

1. 潜伏期

从病原体侵入动物机体到开始出现临床症状，这段时间称潜伏期。不同传染病的潜伏期长短差异很大，同一种传染病的潜伏期长短也有很大的变动范围。潜伏期的长短取决于病因的强度和机体的状态。

这是由于动物的种属、品种、个体的易感性和病原体的种类、数量、毒力和侵入途径部位等不同。尽管如此，每种传染病的潜伏期还是具有相对的规律性，如炭疽的潜伏期为1~14天，多数为1~5天；猪瘟2~20天，多数为5~8天。通常急性传染病的潜伏期较短且变动范围较小，亚急性或慢性传染病的潜伏期较长且变动范围较大。

了解各种传染病潜伏期，对于流行病学调查，确定传染病的检疫期和封锁期，控制传染来源，制订防疫措施等，都具有重要实际意义。

2. 前驱期

前驱期是指疾病从最初临床症状出现到主要临床症状出现之前这个阶段。从多数传染病来看，该阶段出现的症状为非特异的，仅出现一般的症状，如体温升高、食欲减退、精神异常、呼吸、脉搏增数等。不同的病和不同的病例前驱期长短不一，通常数小时至1~2天。

3. 明显期

明显期是指前驱期后出现某种传染病特征性临床症状的这个阶段。该阶段是传染病发展和病原体增殖的高峰阶段，典型临床症状和病理变化相继出现，因而临床诊断比较容易。

4. 转归期

转归期是指疾病的结束阶段。表现为痊愈或死亡两种结局。如果病原体的致病能力增强或动物体的抵抗力减弱，则疾病以动物死亡而告终。如果动物体获得了免疫力，抵抗力逐渐增强，机体则逐步恢复健康，表现为临床症状逐渐消退，体内的病理变化逐渐消失，正常的生理机能逐步恢复。机体在一定时期保留免疫学特性，在病后一定时间内还有带菌（毒）排菌（毒）现象存在，但最后病原体可被消灭清除。

（三）传染病类型

根据传染病的不同特性，通常将其分为以下类型。

1. 按病原体分类

细菌病、病毒病、霉形体病、衣原体病、放线菌病、立克次体病、螺旋体病和真菌病等，其中除病毒病外，习惯上将由其他病原体引起的疾病统称为细菌性传染病。

2. 按发病动物种类分类

猪传染病、牛传染病、羊传染病、马传染病、鸡传染病、鸭传染病、鹅传染病、犬传染病、猫传染病、兔传染病以及人和动物共患性传染病等。

3. 按病原体侵害的主要器官或系统分类

全身性败血性传染病和以侵害消化系统、呼吸系统、神经系统、生殖系统、免疫系统、皮肤和运动系统等为主的传染病等。

4. 按疫病的危害程度分类

国内和国际分类方法略有不同，详见附录。

四、动物传染病流行的规律

（一）动物传染病的流行过程

传染病的流行过程就是传染病在动物群体之间发生、蔓延和终止的过程，即从动物个体感染发病到群体感染发病的过程。传染病能够通过直接接触或媒介物（生物或非生物的传播媒介）在易感动物群体中相互传染，构成流行。这个过程一般需要经过3个阶段：即病原体从已受感染的机体（传染源）排出；病原体在外界环境中停留；病原体经过一定的传播途径侵入新的易感动物形成新的传染。

传染病的流行必须具备传染源、传播途径和易感动物这3个最基本条件，即传染病流行过程的3个基本环节，当这3个条件同时存在和相互联系并不断发展时，才能使传染病在动物群体中流行。因此，掌握传染病流行过程及其影响因素，并注意它们之间的相关性，有助于制订并评价疫病的防控措施，以期控制和扑灭传染病的蔓延和流行。

1. 传染源

传染源（也称传染来源）：是指体内有某种病原体寄居、生长、繁殖，并能排出体外的动物机体。即患病动物、病原携带者和被感染的其他动物。

它必须是活的机体，因为微生物在种的进化过程对某一种动物机体产生了适应性，这些动物对于这些病原体有易感性，因此，传染源是病原体最适宜的生存环境，病原体不仅能栖居生殖，而且还能持续排出，至于被病原体污染的各种外界环境因素（畜舍、饲料、水源、空气、土壤等）仅是传播媒介，而不是传染源。

传染源一般可分为3种类型。

（1）病畜。病畜是重要的传染来源，不同病期的病畜其传染性大小也不相同。

病畜按病程先后分为：

潜伏期病畜。处于潜伏期的动物机体通常病原体数量少，并且不具备排出的条件，但少数传染病如狂犬病、口蹄疫和猪瘟等在潜伏期的后期可排出病原体。

前驱期和明显期病畜。处于该期的动物排出病原体的数量多，尤其是急性感染病例排出的病原体数量更大、毒力更强。因此作为传染源的作用也最大。

恢复期病畜。在恢复期，大多传染病患病动物已经停止病原体的排出，即失去传染源作用，但少数传染病如猪气喘病、鸡霉形体感染和布鲁氏菌病等在恢复期也能排出病原体。

患病动物排出病原体的整个时期称为传染期。不同传染病传染期长短不同。各种传染病的隔离期就是根据传染期的长短来制订的。为了控制传染源，对患病动物进行隔离和检疫时应到传染期终了为止。

（2）病原携带者。是指外表无症状但能携带并排出病原体的动物。如已明确所带病原体的性质，则可称为相应的带菌者、带毒者等。病原携带者排出病原体的数量虽然远不如患病动物多，但由于缺乏临床症状，在群体中自由活动而不易被发现，因此是非常危险的传染源。

病原携带者一般分为：

潜伏期病原携带者。是指在潜伏期即能排出病原体的动物。在潜伏期大多数传染病不能起传染源的作用，但有少数传染病如狂犬病、口蹄疫、猪瘟和新城疫等在潜伏期就能起到传染源作用。

恢复期病原携带者。是指某些传染病的病程结束后仍能排出病原体的动物。通常这个时期的传染性已逐渐减少或已无传染性，但有些传染病如猪气喘病、猪痢疾、萎缩性鼻炎、巴氏杆菌病等在恢复期能起到传染源的作用。

健康病原携带者。是指过去没有患过某种传染病，但却能排出该病原体的动物。如巴氏杆菌病、沙门氏菌病、猪气喘病、猪丹毒、猪痢疾、马腺疫等，这种携带状态常构成重要的传染源。

病原携带者只能通过实验室方法检出。病原携带者存在间歇排出病原体的现象，因此仅凭一次病原学检查的阴性结果不能做出正确的结论，只有经过反复多次的检查才能排除病原携带状态。

（3）患人畜共患病的病人。有些人畜共患的传染病，如炭疽、布鲁氏菌病、结核病等，也可以由病人的排泄物、分泌物等感染动物，但较少见。

传染源排出病原体可经分泌物、排泄物（如眼、鼻、皮肤溃疡和阴道分泌物、唾液、痰、乳、尿液、粪便、精液、血液和呼气等）排出体外。

机体排出病原体的途径和传染病的性质及病原体存在的部位有关。败血性传染病如猪瘟、巴氏杆菌病等排出的途径较多；局限于一定组织器官的传染病如患肠结核时从粪便排出、乳房结核由乳汁排出等。

2. 传播途径和方式

传播途径：病原体由传染源排出后，通过一定的传播方式再侵入其他易感动物所经过的途径称为传播途径。

传播方式：病原体由传染源排出后，经一定的传播途径再侵入其他易感动物所表现的形式称为传播方式。

传染病流行时，其传播途径十分复杂，但就目前所知，按病原体更换宿主的方法可将传播途径归纳为水平传播和垂直传播两种方式。

（1）水平传播。是指病原体在动物群体或个体之间横向平行的传播方式；水平传播方式又分为直接接触传播和间接接触传播。

直接接触传播。是指在没有外界因素参与下，病原体通过传染源与易感动物直接接触（如交配、舔咬等）而引起的传播方式。在动物传染病中，仅通过直接接触传播的病种为数不多，如狂犬病等；但在发生传染病或处于病原体携带状态时，动物之间则经常因配种而传播病原体。这种方式的流行特点是一个接一个地发生，形成明显的链锁状，一般不易造成广泛流行。

间接接触传播。是指必须在外界因素参与下，病原体通过传播媒介侵入易感动物的传播方式。大多数传染病如口蹄疫、牛瘟、猪瘟、鸡新城疫等以间接接触传播为主，同时也可以通过直接接触传播，这类传染病称为接触性传染病。

传播媒介：是指将病原体从传染源传播给易感动物的各种外界因素。

常见的间接接触传播有以下几种传播途径。

A. 经空气传播。空气不适于任何病原体的生存，但空气可作为媒介成为病原体在一定时间内暂时存留的环境。

飞沫传染：空气传播主要是通过飞沫传染。患病动物由于呼吸道内渗出液的不断刺激，动物在咳嗽或喷嚏时通过强气流把病原体和渗出液从狭窄的呼吸道喷射出来，形成飞沫飘浮于空气中，可被易感动物吸入而感染。所有呼吸道传染病均可通过飞沫而传播，如结核病、牛肺疫、猪气喘病、猪流行性感冒、鸡传染性喉气管炎等。

飞沫核传染：当飞沫蒸发干燥后，则可变成主要由蛋白质、细菌或病毒组成的飞沫核，由此引起的传染叫飞沫核传染。

尘埃传染：从传染源排出的分泌物、排泄物和处理不当的尸体以及较大的飞沫而散播的病原体，可附着在尘埃上，随着流动空气的冲击，被易感动物吸入而感染，称为尘埃传染。尘埃传播疾病的时间和空间范围比飞沫大，但由于外界环境中的干燥、日光暴晒等因素存在，病原体很少能够长期存活，只有少数抵抗力较强的病原体如结核杆菌、炭疽杆菌、丹毒杆菌和痘病毒等才能通过尘埃传播。

B. 经污染的饲料和水传播。多种传染病如口蹄疫、牛瘟、猪瘟、鸡新城疫、沙门氏菌病、结核、炭疽等都可经消化道感染，其传播媒介主要是被污染的饲料和饮水。通过饲料和饮水的传播过程容易建立，因患病动物的分泌物、排泄物或尸体很容易污染饲料、牧草、饲槽、水池、水桶或经某些污染的管理用具、车船、圈舍等污染饲料和饮水，一旦易感动物饮食这种污染有病原体的饲料或饮水便可感染发病。

C. 经污染的土壤传播。随病畜排泄物、分泌物或其尸体一起落入土壤而能在其中长时间存活的病原微生物，称为土壤性病原微生物，由此引起的病也叫土壤性传染病，如炭疽杆菌、气肿疽梭菌、破伤风梭菌、猪丹毒杆菌等。能够经土壤传播的疫病，其病原体对外界环境的抵抗力都较强，疫区的存在相当持久，因此应特别注意患病动物的排泄物、污染的环境和物体以及尸体的处理，防止病原体污染土壤。

D. 经活媒介者传播。活的媒介者主要包括以下几种。

a. 节肢动物。主要是虻类、蠓、蚊、蝇、蜱、虱、螨和蚤等。节肢动物传播疾病的方式主要有机械性和生物性传播两种。

机械性传播：是它们通过刺螫吸血而在病健动物间散播病原体。

生物性传播：即某些病原体（如立克次氏体）在感染动物前，必须先在一定种类的节肢动物（如某种蜱）体内进行发育、繁殖，然后通过节肢动物的唾液、呕吐物或粪便进入新易感动物体内的传播过程。经节肢动物传播的疾病很多，如炭疽、脑炎、马传染性贫血等。

b. 野生动物。一类是本身对病原体具有易感性，受感染后可将病原体传播给易感动物，如鼠类可传播沙门氏菌病、钩端螺旋体病、布鲁氏菌病、伪狂犬病等；另一类是本身对该病原体无易感性，但可进行该病原体的机械性传播，如鼠类可机械性地传播猪瘟和口蹄疫等。

c. 人类。饲养人员、兽医、其他工作人员以及外来人员等在工作中如不注意遵守防疫卫生措施，自身或使用的工具消毒不严格，则容易传播病原体。例如，在进出患病动物和健康动物畜舍时，将手上、衣服上、鞋底及工具上污染的病原体传播给易感动物。兽医用的体温计、注射针头以及诊断器械等如消毒不严格就可能成为马传染性贫血、猪瘟、炭疽等病的传播媒介。人也可成为某些人畜共患病的传染源，因此这些病人不允许管理动物。

（2）垂直传播。是病原体从母体到其后代两代之间的传播方式，主要包括以下 3 种途径。

经胎盘传播。被感染的怀孕动物能通过胎盘血流将其体内病原体传给胎儿，称为胎盘传播。可经胎盘传播的疾病有猪瘟、猪细小病毒感染、牛黏膜病、蓝舌病、伪狂犬病、衣原体病、布鲁氏菌病、弯曲菌性流产、钩端螺旋体病等。

经卵传播。由携带病原体的卵细胞发育而使胚胎受感染，称为经卵传播，多见于禽类。可经种蛋传播的疾病有禽白血病、禽腺病毒、鸡传染性贫血病毒、禽脑脊髓炎病毒、鸡沙门氏菌和鸡败血霉形体等。

经产道传播。是指病原体经怀孕动物阴道通过子宫颈口到达绒毛膜或胎盘引起胎儿感染，或胎儿从无菌的羊膜腔穿出而暴露于严重污染的产道时，胎儿经皮肤、呼吸道、消化道感染母体的病原体。可经产道传播的病原体主要有大肠杆菌、葡萄球菌、链球菌、沙门氏菌和疱疹病毒等。

3. 动物的易感性

（1）易感性和易感动物。

①动物易感性：是指动物个体对某种病原体缺乏抵抗力，容易被感染的特性。

②易感动物：是指有易感性的动物。

易感性是抵抗力的反面，指动物对某种传染病病原体感受性的大小。动物群体的易感性是指一个动物群体作为整体对某种病原体的易感染的程度。易感性的高低取决于群体中易感个体所占的比例和机体的免疫状态，决定了传染病能否在动物群体中流行以及流行的严重程度。

（2）影响动物易感性的因素。

影响动物易感性的因素主要有以下 3 个。

动物内在因素。多种动物对同一种病原体的易感性不一样，这是由遗传特性决定的；同种动物不同品系对同一种病原体的易感性不一样，如通过抗病育种培育的白来航鸡对鸡白痢有一定抵抗力；同种动物同样品系在不同的年龄阶段对同一种病原体的易感性不一样，如幼畜对大肠杆菌、沙门氏菌易感性较高。

外界因素。各种饲养管理因素，包括饲料质量、畜舍卫生、粪便处理、拥挤、饥饿、寒冷、暑热、运输以及隔离、检疫等都是与疾病发生有关的重要因素。

特异性免疫状态。在某些传染病流行时，畜群中易感性最高的个体易于死亡，余下的动物或已耐过，或经无症状感染都获得了特异免疫力，畜群易感性降低，疫病流行停止。这些家畜所生后代常具有先天性被动免疫，幼年时期也具有一定免疫力。某些疫病常发地区的家畜易感性很低，大多表现为无症状感染或非典型的顿挫型传染，但从无病地区新引进的动物群一旦被传染常引起急性暴发。在实际工作中，畜群免疫水平越高越好。一般，如果动物群体有 70%～80% 是有抵抗力的，就不会发生传染病大规模的暴发流行。

（二）动物传染病的流行特征

1. 流行过程的表现形式（流行强度）

在动物传染病的流行过程中，由于传染病的种类和性质不同，流行强度也有所差异。根据在一定时间内发病率的高低和传播范围的大小，可将流行强度分为以下几种形式。

（1）散发性。是指某种传染病在一定时间内呈散发性发生或零星出现，而且各个病例在时间和空间上没有明显联系的现象。出现散发形式的可能原因主要有：①动物群体对某种传染病的免疫水平相对较高，如猪瘟等。②某种传染病隐性感染比例较大，如钩端螺旋体病等。③某种传染病的传播需要一定的条件，如破伤风等。

（2）地方流行性。是指在一定地区或动物群中，疫病流行范围较小并具有局限性传播的特性，如猪气喘病、猪丹毒、马腺疫、炭疽等通常以地方流行性的形式出现。地方流行性一般有两方面含义：一是在一定地区一个较长时间内发病的数量稍微超过散发性；二是除了表示一个相对的数量以外，有时还包含着地区性的意义。

（3）流行性。是指在一定时间内某种传染病在一定畜群出现比寻常为多的病例，它没有绝对的数量界限，而仅仅是指疾病发生频率较高的一个相对名词。不同地区存在的不同疫病被称做流行时，其发病率的高低并不一致。

流行性疾病的传播能力强、传播范围广、发病率高等特性，如不加防控，常可传播到几个乡、县甚至省，如猪瘟、鸡新城疫等。

（4）暴发性。是指某种传染病在局部范围内的一定动物群中，短期内（该病的最长潜伏期内）突然出现很多病例现象。暴发是流行的一种特殊形式，有的作为流行性的同义词。

（5）大流行。是指某种传染病具有来势猛、传播快、受害动物比例大、涉及面广的流行现象。是一种规模非常大的流行，流行范围可达几个省、几个国家甚至几个大洲，如牛瘟、口蹄疫、流感、鸡新城疫等病在一定的条件下可以这种形式流行。

以上几种流行形式之间的界限是相对的，不是固定不变的。某些传染病在特殊的条件下可能会表现出不同的流行形式，如鸡新城疫、猪瘟、炭疽等。

2. 群体中疾病发生的变量

描述疾病在动物群体中的分布，常用疾病在不同时间、不同地区和不同动物群中的分布频率来表示，如发病率、死亡率、患病率、感染率、携带率等。

（1）发病率。表示畜群中在一定时期内某病新病例发生的频率。

$$某病发病率（\%）= \frac{一定时期内某动物群中该病的新病例数}{同期内该群体动物平均数} \times 100$$

发病率可用来描述疾病的分布、探讨疾病的病因或评价疾病防控措施的效果，同时也反映疫病对动物群体的危害程度。

（2）死亡率。是指某病在一定时间内病死数占某种动物总头数的比率。

$$某动物群体的死亡率（\%）= \frac{该群体在一定时期内死亡动物总数}{同时期该群体动物平均数} \times 100$$

死亡率如按疾病种类计算时，则称某病死亡率。

$$某病死亡率（\%）= \frac{某动物群体一定时期内死于该病的总数}{同期该群体中动物的平均数} \times 100$$

某病死亡率能反映疾病的危害程度和严重程度，不但对病死率高的疾病诊断很有价值，而且对于病死率低的疾病在诊断上也有一定的参考意义。

（3）病死率。是指一定时期内因某病死亡的家畜头数占患该病家畜总数的比率。

$$某病病死率（\%）= \frac{某时期内该病死亡动物数}{同期患该病的动物数} \times 100$$

病死率比死亡率更精确地反映疫病的严重程度。

（4）患病率。是指某个时间内某病的新老病例数与同期群体平均数之间的比率，代表在指定时间畜群中疾病数量上的一个断面。

$$某病患病率(\%)=\frac{在一定时间某群体患该病的病例数}{同期内该群体动物的平均数}\times100$$

患病率是疫病普查或现况调查常用的变量。患病率按一定时刻计算称为点时患病率；按一段时间计算则称为期间患病率。患病率统计对于病程较长的传染病有较大价值。

（5）感染率。某些传染病感染后不一定发病，但可以通过微生物学、血清学及其他免疫学方法测定是否感染。感染动物包括具有临床症状和无临床症状的动物，也包括病原携带者和血清学反应阳性的动物。

$$感染率(\%)=\frac{检出阳性动物数}{受检动物总数}\times100$$

由于感染的诊断方法和判断标准对感染率影响很大，因此应使用同一标准进行检测、判断和分析。统计感染率能较深入反映出流行的全过程，对慢性传染病的分析和研究具有重要的实践意义。

（6）携带率。与感染率相似，根据携带病原体的不同又可分为带菌率、带毒率等。

3. 流行过程的地区性

（1）外来性。是指本国没有流行而从别国传入的疫病。

（2）地方性。见地方流行性，但这里强调的是由于自然条件的限制，某病仅在一些地区中长期存在或流行，而在其他地区基本不发生或很少发生的现象，如钩端螺旋体病等。

（3）疫源地。是指具有传染源及其排出的病原体存在的地区。疫源地具有向外传播病原体的条件，因此可能威胁其他地区的安全。疫源地除传染源外，还包括有被污染的物体、房舍、牧地、活动场所以及这个范围内所有可能被传染的可疑动物和储存宿主等，因此，疫源地的含义要比传染源的含义广泛得多。

疫源地范围的大小取决于传染源的分布及污染范围、病原体及其传播途径的特点和周围动物群的免疫状态等。它可能只限于个别圈舍、牧地，也可能是某养殖场、自然村、乡或更大的地区。疫源地的存在有一定的时间性，只有当最后一个传染源死亡或痊愈后不再携带病原体或已离开该疫源地，对所污染的外界环境进行彻底消毒处理，并且经过该病最长潜伏期，不再有新病例出现时，再通过血清学检查动物群体均为阴性反应时，才能认为该疫源地已被消灭。如果没有外来的传染源和传播媒介的介入，这个地区就不会再有该种疫病的发生。

根据疫源地范围大小，可分别将其称为疫点、疫区。

疫点：是指范围较小的疫源地或单个传染源构成的疫源地，有时也将某个比较孤立的养殖场或养殖村称为疫点。

疫区：是指有多个疫源地存在、相互连接成片而且范围较大的区域，一般指有某种疫病正在流行的地区。疫区包括患病动物所在的养殖场、养殖村以及发病前后该动物放牧、饮水、使役、活动过的地区。

（4）自然疫源地。有些病原体在自然条件下，即使没有人类或动物的参与，也可以通过传播媒介（主要是吸血昆虫）感染宿主（主要是野生脊椎动物）造成流行，并且长期在自然界循环延续其后代。

自然疫源性：人和动物疫病的感染和流行，对其在自然界的保存来说不是必要的，这种现象称为自然疫源性。

自然疫源性疾病：具有自然疫源性的疫病，称为自然疫源性疾病，如狂犬病、伪狂犬病、日本乙型脑炎、流行性出血热、犬瘟热、非洲猪瘟、蓝舌病、口蹄疫、鹦鹉热、Q热、鼠疫、土拉杆菌病、布鲁氏菌病、李斯特菌病、钩端螺旋体病、弓形体病等都具有自然疫源性。

自然疫源地：存在自然疫源性疾病的地区，称为自然疫源地，即某些可引起人和动物传染病的病原体在自然界的野生动物中长期存在和循环的地区。自然疫源性疾病具有明显的地区性和季节性等特点。

（三）动物传染病的分布特征

动物传染病的分布是指动物传染病在动物群体中流行与不流行互相连接的连续过程，是由动物病例数量表现出来的，受病因、宿主、环境的影响，处于变动状态（动态）。对动物传染病进行诊断和有效防控，必须明确其流行特征及其在时间、空间、动物间的"三间分布"状况，通过整理、分析、比较，找出该病的流行规律。

1. 传染病的时间分布

动物群体疫病频率的变动，表现在时间上，有时流行，有时不流行，有时流行与有时不流行相互衔接，形成一个连续时间分布。重要的时间分布规律有季节性、周期性、短期波动、长期转变等。

（1）季节性。指某些传染病经常发生于一定的季节，或在一定季节内出现发病率明显升高的现象。有的传染病有严格的季节性，如日本乙型脑炎，只流行于每年的6—10月；有的传染病没有季节性，一年四季都有发生，如结核病等；有的传染病一年四季都可发生，但在一定季节内发病率明显升高，如流感、钩端螺旋体病、气喘病等。

（2）周期性。是指某些动物传染病如牛流行热、口蹄疫等，经过一定的间隔时期（常以数年计），还可再度流行的现象。

（3）短期波动。指由于受到易感动物、病原体及其传播方式和生物学特性的影响，某动物群体在短时间内发病数量突然增多，迅速超过平时的发病率，经过一定时间后又终止流行的现象。

（4）长期转变。指疫病在几年、几十年甚至更长的一段时间内发生的变化，其中包括病原体感染的动物宿主、临床表现、发病死亡率的变化以及某些病原体变异后导致的疾病变化等。

2. 传染病的空间分布

动物传染病频率的动态，表现在空间上，有些地方流行，有些地方不流行，有些地方流行与有些地方不流行互相嵌合，形成一个链锁样的地理分布。有的传染病遍布全球，有些局限于某些国家或地区，有些疫病仅发生于一定的地形、地貌条件下。

3. 传染病的群体分布

动物群体疫病频率的变动，表现在动物群体间，动物疫病群体分布特点，可按照动物不同年龄、性别、种和品种等特征对动物群体进行分组，然后比较某种疫病的发病率、患病率和死亡率等指标，综合分析的结果可为该病的诊断和防控提供科学的依据。

（1）年龄特征。大多动物传染病的发病率和死亡率在不同年龄段有很大差异，如仔猪黄痢常发生于1周龄以内的仔猪；猪细小病毒病主要发生于初产母猪；布鲁氏菌病初产牛最易感染；牛白血病主要发生于成年牛；口蹄疫尽管各种年龄段都可发病，但幼畜病死率高。

（2）种和品种特征。不同种和品种动物对不同病原体的易感性有一定差异，如猪瘟病毒只感染猪而不感染牛和羊；日本乙型脑炎病毒对不同动物的易感性有差异；同种动物不同品种、品系对同一种病原体的易感性也不一样，如鸡马立克氏病和鸡白痢等。

（3）性别特征。不同性别的动物对某些病原体的易感性有差异，如布鲁氏菌病的发病率雌性高于雄性。

（四）影响流行过程的因素

传染病的流行过程由传染源、传播途径和易感动物3个基本环节连续不断的发生发展而构成，三者互相连接、相互制约，同时还受自然因素和社会因素的影响。

1. 自然因素

自然因素包括生物因素和非生物因素。

生物因素：动物、植物、微生物。

非生物因素：物理因素和化学因素。

地理位置、气候、土壤、植被、温度、湿度等属于物理因素。某些水质污染、厩舍中的氨气等属于化学因素。它们作用于3个基本环节，影响流行过程。如海、河、高山等天然屏障对传染源的转移产生一定的限制；季节的变化对传播媒介、动物机体的抵抗力等产生影响。

2. 社会因素

社会因素主要包括社会的政治经济制度、生产力和人们的经济、文化、科学技术水平以及兽医法规、政策的贯彻执行情况等。社会因素也包括饲养管理因素，畜舍的整体设计、规划布局、建筑结构、通风设施、饲养管理制度、卫生防疫制度和措施、工作人员素质、垫料种类等都是影响疫病发生的因素。

小气候对动物疫病发生也能产生明显影响，例如，鸡舍密度大或通风换气不足常会发生慢性呼吸道病。饲养管理制度对疫病发生有很大影响，例如，肉鸡生产采用全进全出制代替连续饲养，疫病的发病率会显著下降。某些应激因素也会影响流行过程，例如，长途运输、过度拥挤、气候突变、突换饲料、意外惊吓等，都易导致动物机体抵抗力降低，而诱发某些传染病的暴发流行。

第二节　疫病流行原因

面对疫病流行的新趋势，当前一些规模化猪场由于在体制运行、生产管理、防疫措施和技术等方面存在滞后、信息不灵、行业缺乏沟通以及对疫病缺乏有效的监控手段等因素，使得疫病频繁出现而无法有效控制，造成较大的经济损失。

1. 引种不科学

在引种前对引种猪场有无疫病了解不够，把关不严，又不作检疫，引进了猪群健康水平不高的种猪。有的猪场就根本没有隔离设施或有也没有得以应用，多数猪场引种不进行病原检测，引进不进行彻底隔离观察和有效的病原检测就混群饲养，这样引入的后备猪如果自身带毒或者在运输过程感染带毒进入猪场，那么疫病的发生就是必然。

一些猪场某些疫病散发性持续不断，得不到足够重视，没有及时对猪群进行有效净化，使得新引入的后备猪在发生持续感染后向外排毒，从而使得疫病无法根除。

另外许多商品场种群来源不固定，多途径购买种猪，又缺乏必要的隔离检测手段，使得不同地域间、不同繁育体系间疫病的传播越来越多。

2. 饲养环境污染严重

养猪业的环境污染主要是粪便、污水和有害气体。

多数猪场与周围环境中的村庄、交通主干道、其他畜牧场等的隔离不够理想，场内生活区、管理区与生产区的隔离距离也不符合卫生防疫要求，生产区内猪舍间距离不符合起码的隔离与通风要求，更有甚者，许多猪场根本没有隔离舍，猪只发病后与正常猪只饲养在同一栋舍内，人为导致了疾病的传播。

有的饲养小区一户挨一户，粪便、污物处理重视不够，粪便、污水漏天排放，臭气熏天，更有把粪便堆积在猪舍周边地带，严重污染环境。病死猪又不及时处理，到处乱扔，人为造成疫病传播和扩散；医疗垃圾到处乱扔；猪舍内饲料粉尘弥漫；等等。

更有猪场内杂草丛生、粪便成堆、污水横流，蚊蝇、老鼠成群结队等有害生物滋生的现象致使粪便中的大量病原菌对猪场环境造成极大污染，有利于疫病的发生和扩散；有害气体对猪舍内空气的污染更未引起重视，尤其在冬季保暖的情况下，许多猪舍内臭气扑鼻，氨味刺眼，导致了呼吸道病的不断发生，严重影响了猪只的健康生长。

在有些猪场，建设没有统一规划，猪舍建造不合理，不同年龄的猪混合饲养在一栋猪舍内，更缺乏粪污处理设施。尤其是密集型栏圈饲养，舍内温度、湿度、灰尘、有害气体、病原微生物数量均不能达标，使病原微生物在舍内通过猪只间的密切接触、空气、污水及人员活动的传播，使疫病在极短的时间内在一栋猪舍内或全场迅速传播。这种"流水式"生产管理方式不利于防疫灭源，易于传染病由较大猪只向小猪传播，病原体在这种连续继代的条件下，毒力增强，导致重复和混合感染的发生。同时这种"流水式"和大通间式猪舍无法实行全进全出和彻底空栏，只能进行日常带畜消毒，不能进行必不可少的定期空栏大消毒，从而导致疫病的大扩散。

3. 消毒不严格

有些养猪场（户）不重视消毒工作，消毒次数少或者干脆不消毒。而有的一味追求消毒的作用，1天消毒几次，造成猪舍潮湿和猪舍内微生态环境的破坏，使猪处于应激状态，促使一些疫病的发生。也有一些养殖户没将污物、粪便等清理干净，就喷洒消毒液，起不到满意的消毒效果。

预防性消毒措施不严，或消毒时出现一些技术操作失误，如消毒浓度、消毒方法不对，消毒池消毒药水长期不换或根本没有消毒药，外来人员和车辆随意出入，长期使用一种消毒剂等。

4. 免疫不科学，兽药使用不当

缺乏免疫监测和药物正确使用意识，造成免疫程序的混乱、不合理和药物使用的盲目性。这种情况在规模化猪场普遍存在，认为疫苗注射多多益善，特别在一些新建猪场，免疫程序在保育结束时还无法完成，又不重视疫苗类型和使用方法，长此以往，势必造成隐患。过于迷信疫苗的作用，任意加大免疫剂量，图便宜滥用未经批准的假劣疫苗，造成应激和免疫麻痹，最终免疫失败。许多猪场只知道免疫，至于免疫效果怎样，不去考虑或无条件考虑，这种对免疫效果检测的缺乏，是疫病防疫体系中最大的缺陷。

由于管理人员技术水平不一，免疫程序不科学，防疫注射操作不规范，常出现免疫力不高和带毒污染现象。如有的因免疫程序不合理而出现母源抗体干扰；有的因免疫剂量不足而出现抗体生成量太少；有的在免疫接种期间没有停用药物添加剂，影响机体的免疫应答；有的养殖场户将疫苗空瓶随便乱丢，有的在疫病阴性时注射活疫苗，等等，易造成污染而引发相应疫病。

在猪病治疗中，急于治愈采取大剂量、超量使用抗生素和退热药，长期用药形成耐药性，不按疗程用药，使病得不到治愈。另外不注意药物的配伍，含同类的几种药物同时使用，引起中毒；盲目使用抗菌药等药物，不进行药物敏感性试验，使得病原产生耐药性或者变异，结果是钱花不少，疾病没有控制，还造成抗菌药残留。

5. 设施不健全

猪舍冬天无保暖设施，夏天无降温设施，特别北方冬天温度低，仔猪由冷应激发生腹泻；为了保温又把门窗封得很严，舍内不通风，有害气体增多，常发生呼吸道疾病。

6. 管理缺失

缺乏严格管理意识，片面强调人性化管理，没有对猪场实行全封闭式管理。有些大型猪场对自己单位建立的食堂形同虚设，实行对外承包经营，随意在市场采购肉类。有的猪场则是员工随意回家吃饭休息，人员随意出入，甚至有些技术人员还兼职一些个体户、饲料公司、搞药品推销等，回来后不经隔离消毒随意进入生产区，这样的管理体制很难避免疫病传播。

由于对管理缺乏重视，在消毒等工作程序上做的不够彻底，留下隐患；技术水平的缺陷等也造成在采样送检、疫苗应用等方面存在不规范，导致检测失败、误诊等。

体制和管理缺乏系统性考虑，造成饲料和养殖的脱节，使得猪场防疫在群体营养不良，抵抗力下降的水平下显得无能为力。有些猪场自己的饲料厂和猪场分开，进行独立核算，又规定猪场必须使用自己内部饲料，片面追求饲料成本的最低化，饲料厂为了自己的效益，不执行科学配方。

7. 监管不力

缺乏监管意识和有效的检测手段，不能将临床和实验室诊断有机结合，出现误诊。同时由于缺乏了解，不能对疫病做出及时预报和有效防范。许多猪场只认眼前利益，认为实验室的建立运行成本高，短时间也看不出明显的效益，所以不舍得花钱建立实验室，兽医临床诊断只是在感性的判断和经验中徘徊。许多新建猪场都是年轻兽医负责，临床经验浅薄，往往造成误诊，延误时机。同时也由于对预防兽医缺乏了解，疾病档案、疫病诊断记录等不全，不能对疫病危险及时做出预报，更不用说对策，所以疫病来临时束手无策。

8. 盲目投资

养殖带来的经济效益使得一些其他领域人员纷纷瞄准养猪业。他们既不懂饲养管理，也不懂疫病防控，更不理会市场行情，单凭着一股热情和冲动，将资金投向了这个行业。尤其是现今国家对规模化养殖的扶持力度逐渐增强，包括一些配套政策进一步落实，最大限度地降低了养殖的风险，使得很多圈外人士对投资养猪业产生浓厚兴趣。殊不知，规模化养殖不比一般的散养，它对管理的要求，对技术的要求都是严格的。

盲目从业，最大的风险不是来自市场经济的变幻莫测，而是来自是否掌握疫病的发生与流行规律。缺乏对疫病防控的起码意识，最终导致疫病的发生和流行。

因此养猪场要想养好猪必须改变思路。建立先进的饲养管理模式，提高猪场经济效益。改变饲养环境，建立良好的生物安全措施，保持环境卫生。定期消毒和抗体检测，保持猪场有高滴度的抗体。定期对猪场进行保健或定期对猪场进行病原微生物的净化，可使猪场健康可持续发展。

第三节　规模化养猪场猪病流行特征

在猪群中所发生的疫病种类较多，疫情复杂，且危害严重，给疫病的诊断、防控工作带来极大的难度。到目前为止，我国不少的养殖场（户），死淘率在15%以上，为养殖业发达国家的1~3倍，甚至更高。

一、疫病传播速度加快

规模化养猪场最显著的特点是生产规模大、猪只密集，传染病具有很大的流行潜力，病原一旦侵入，则呈现高速繁殖，急剧传播，引起疫病的暴发。另外，规模化养猪实行分段式饲养的工艺流程，使猪只在生产中的流动性大为增加，在各群体中蔓延流行的速度也加快了。烈性传染病暴发没有规律性，出现不可预测性，表现为周期缩短、发病年龄提前或延后、潜伏期加长等。如口蹄疫由过去的10年流行到后来5年、3年流行到现在的无规律性，潜伏期也由过去的1~2天表现为现在的更长，流行趋势也是型号各异、来源都无法分析。

近几年，由于密度高，往往一头猪发生传染病，多在10天左右全群发病；一个规模户有疫情，几天之内可全群发病，并多在10天左右蔓延至附近大户。特别是附红细胞体病、喘气病等。

二、接触传染性疫病增多

规模化养猪实行高密度大饲养，集约化经营，从而使猪只彼此间距变小，一些接触性传染性疫病如猪疥螨、猪痢疾等的传播性变得极为容易。

三、应激性疾病增多

由于规模化养猪中需要不断进行转群、称重、分群和并群，导致群体中争夺位次的斗架增多。生产者为了充分发挥猪的生产潜能，使猪群始终处于高度紧张的生产状态之中，必将使猪的应激增高，从而使得那些敏感猪内分泌发生异常，抗病力下降，一些散养条件下不易发生的疾病如胃溃疡、应激综合征成为多发病。

四、温和性和非典型疫病不断出现

在疫病的流行过程中，疫病出现温和性和非典型变化。由于隐性感染带毒增加、抗菌素的长期使用、疫苗质量以及使用不当等因素造成免疫水平不高，尤其群体免疫水平不一致等原因，一些重大疫病病原体毒力增强或减弱，使原有的老病常以不典型症状和病理变化的面貌出现，如从临床症状和解剖变化不像猪瘟，实验室诊断的结果是猪瘟阳性的非典型猪瘟经常发生。从而使某些旧病以新的面貌出现。有些病原毒力或抗原型出现新的变化，虽然已免疫接种，仍不能获得保护或保护力不强，而出现免疫接种失败，造成疾病的发生，这就给疫病的诊断、免疫接种和防疫治疗造成了很大的困难。

五、呼吸系统疾病频发难除

规模化养猪场，由于饲养环境得不到改善和管理不到位，饲养密度大，消毒不严，猪舍通风换气不良，为呼吸道传染病的发生和流行提供了条件，使呼吸道病的发生日益突出。近几年病死猪的剖检中可以看出，90%以上猪的肺部有各种不同类型的病变，哺乳猪和育成猪尤为严重，它们的生长发育和增重明显受阻，治疗效果不好，可常年不断发病成批死亡，这种疾病已被国内外学者所公认，命名为猪呼吸道综合征。该病的发生给许多病原体的侵入打开了门户，如猪支原体肺炎、猪呼吸和繁殖障碍综合征、猪萎缩性鼻炎、猪传染性胸膜肺炎、猪伪狂犬病、非典型性猪瘟、猪圆环病毒等病的感染普遍存在，所带来的直接和间接危害极为严重。造成猪呼吸系统发病率的增加，危害加重，发病后难以控制，发病率一般在 40%~50%，死亡率在 5%~30%。

专业户和小区生猪密集，间隔小，易接触，生猪流动也大，有害气体、尘埃和微生物的浓度增强，导致呼吸道疾病、消化道疾病、皮肤病发病率高，传播蔓延速度也快。

六、旧病未除、新病不断出现

近年来，由于引种缺乏有效的检测手段，从国外传入的各种新病不断出现。如猪呼吸和繁殖障碍综合征（蓝脉）、猪圆环病毒、猪增生性肠病、猪传染性胸膜肺炎、猪纹形螺旋体痢疾等。新的疾病不断增加出现，这些疫病的发生和流行给规模化养猪业造成了严重的危害。同时由于对外联系程度的增高和交通环境的改善，养殖户与外界的交往更加频繁，这当然有利于生猪买卖，但也成为疫病流行的主要条件，使一些早已控制的传染病又开始流行，如猪瘟、肺疫、副伤寒等。

七、疫病的混合感染、继发感染和各种综合征不断出现

当前的许多猪病是由多种致病因子的共同作用造成的，它们导致的复合性疾病危害极为严重，且难以控制。由于规模化养猪场饲养时间的增长，造成猪场环境中残存多种病原体，一旦猪群猪只抵抗力降低，环境和气候发生变化，猪体受到病原体的侵袭，这时即可出现两种或多种病原体所致的多重感染或混合感染。在混合感染中现有两种病毒或三种病毒所致的双重或三重感染，也有两种细菌或三种细菌所致的双重或三重感染，还有病毒与细菌、病毒与寄生虫、细菌与寄生虫的混合感染，往往是几种不同病原体，有的为原发，有的继发或并发。病原混合感染使得疾病临床表现复杂而不再单一化，多因子病毒和细菌混合感染使得临床表现症状没有诊断特异性，继发感染和协同感染使得诊断在没有实验室协同的情况下困难重重，经验兽医已很难对病原定论。如在全国流行的无名高热就是最为典型的一种。目前国内这种混合病原性病种主要有断奶后仔猪衰弱综合征、萎缩性鼻炎、喘气病、弓形体病等。

猪只患病后的继发感染也是规模化养猪场的常发病，即猪只被一种病原体感染后，由于环境中存在多种病原体，如采取措施不力或机体抵抗力降低，也可被其他病原体感染。

还有多种病原体引起的疾病综合征，如猪呼吸系统综合征、猪瘟、附红细胞体、链球菌、弓形体等疾病混合感染，这给诊断和防控带来一定难度。这种病在大部分规模化养猪场都有发生，有的养猪场发病率高达40%～50%，严重影响猪只的生长发育。在诊断时，一定要临床症状与实验室检查综合分析，方能作出正确诊断与治疗。

还有疫病症状表现一致性和病原多样性。如引起腹泻疾病多样性。目前引起腹泻的疾病主要有传染性胃肠炎、仔猪黄白痢、球虫病、红痢、痢疾、副伤寒、伪狂犬、猪丹毒、猪瘟、猪流行性腹泻、轮状病毒病等。引起母猪流产、死胎病的多样性。如细小病毒病、乙型脑炎、伪狂犬、猪瘟、流感、水泡性病、巨细胞病毒感染、布鲁氏菌病、蓝耳病等。呼吸道病多种多样，如传染性萎缩性鼻炎、巨细胞病毒感染、曲霉菌病、气喘病、腺病毒感染、副嗜血杆菌感染、接触性传染性胸膜肺炎、副伤寒、伪狂犬、流感等。神经性疾病多种多样，如伪狂犬病、水肿病、狂犬病、链球菌病、李斯特菌病、副嗜血杆菌病、破伤风等。

八、猪群的易感性、抗药性增强

规模化养猪场，由于其饲养密度大，猪舍通风换气不良，舍内二氧化碳、氨气、硫化氢等有害气体的浓度高，加之各种刺激，造成猪只机体的抵抗力降低，使猪只对各种病原体的易感性增强。同时由于长期大量应用抗菌药引起抗药性，出现耐药菌株，当发生疾病后，再使用抗生素则效果不佳，细菌性疾病越来越难以控制，如链球菌病等。

九、环境污染，造成疫病难以控制

散养户数量不断增多，而污水污物又得不到及时清理，造成环境污染，有一些病源广泛存在于养猪外界环境中，通过多种途径传播，使细菌性疾病与寄生虫病明显增多。如链球菌、大肠杆菌、沙门氏菌、弓形体、疥癣等疾病。沙门氏菌发生日渐严重，一般断奶猪、生长猪发生顽固性腹泻，皮肤出现坏死；梭菌性肠炎比较多发，7日龄以上的仔猪、断奶猪、生长猪顽固性腹泻，粪呈黄水样。若有混合感染，则死亡率明显增高。

十、中毒性疾病与免疫抑制性疫病危害加大

饲料配合不当或贮存时间过长，营养损失，维生素、微量元素等缺乏，真菌、农药中毒，治疗用药过量，如磺胺、土霉素、环丙沙星等中毒。免疫抑制性疾病除了本身的直接危害之外，更为重要的是造成免疫抑制，可使低致病性的病原体引起多种疾病综合征发生，甚至达到难以控制的程度更使病情加重，还造成对疫苗接种反应增强、副作用加大，或使免疫失败和对治疗无应答。免疫抑制性疾病的危害对畜禽健康的威胁日益增加。当前最常发生并危害严重的猪免疫抑制性疾病是猪蓝耳病、伪狂犬病、猪流感和圆环病毒2型感染、断奶后仔猪衰弱综合征等。

养殖小区密度高，由于技术水平和管理措施跟不上，又受市场、资金的影响，难以保证营养全面、科学配方。因营养缺乏，易发生繁殖障碍、贫血、腹泻、白肌病、肢蹄病等，还可因管理不善，易发生应激综合征等病。

十一、病毒病成为传染性疾病的主体

目前对病毒性疾病的治疗仍缺乏确切有效的药物，而且大多还未研制出相应可靠的疫苗用于免疫，所以对病毒病的防治手段显得无力，而近一二十年新增加的传染病又大多是病毒性疾病，这就使病毒病危害更为突出。如近几年发生的由圆环病毒2型引起的断奶后仔猪衰弱综合征（断奶后多系统衰弱综合征）及一些相关病，在世界范围内迅速传播，危害巨大。

第四节　猪的主要病毒性传染病流行新特点

在猪病防治中，如何防控好猪的病毒性传染病，这是防疫的重点，也是难点，应高度重视。

一、非洲猪瘟流行特点

非洲猪瘟20世纪初发现于非洲东部，现流行于非洲撒哈拉以南国家。欧洲伊伯利亚半岛和撒丁岛曾经报道，南美及加勒比海四国也曾发生，但已被消灭。

猪、疣猪、豪猪、欧洲野猪和美洲野猪对本病易感。易感性与品种有关，非洲野猪（疣猪和豪猪）常呈隐性感染。

病猪、康复猪和隐性感染猪为主要传染源。病猪在发热前1~2天就可向外排毒，尤

其从鼻咽部排毒。隐性带毒猪、康复猪可终生带毒，如非洲野猪及流行地区家猪。病毒分布于急性型病猪的各种组织、体液、分泌物和排泄物中。钝缘蜱也是传染源。

传播途径为经口和上呼吸道感染，短距离内可发生空气传播。健康猪与病猪直接接触可被传染，或通过饲喂污染的饲料、泔水、剩菜及肉屑、生物媒介（钝缘蜱属软蜱）及污染的栏舍、车辆、器具、衣物等间接传染。

二、蓝耳病

蓝耳病已成为危害养猪业的主要疫病，在猪群中广泛存在，其感染率达 61.5% ~ 85%。引发种猪繁殖障碍，造成流产，产死胎和弱仔。是猪群发生无名高热症和呼吸道病综合征的主要病原，造成猪只大批发病死亡。猪群中长期存在隐性感染和潜伏期感染，使种猪长期带毒，带毒种猪既可发生垂直传播，又可水平传播，在猪群中危害性很大。由于蓝耳病病毒具有持续性感染的特性，因此，在流行病学上以持续感染、垂直传播与水平传播为特征，在临床上以免疫抑制、多重感染与继发感染为特征。带毒种猪的血液、淋巴结、脾脏及肺脏等组织中存在大量的病毒，可向外排出病毒达 112 天之久。母猪还可经胎盘将病毒传给胎儿，其母猪产下的仔猪可成活，但长期带毒（可长达 86 天），致使持续性感染在猪群中长期存在。另外，蓝耳病又是一种免疫抑制性疾病，能抑制肺泡巨噬细胞的免疫功能，诱导感染细胞的凋亡和 T 细胞亚群发生改变，造成猪体免疫抑制，产生免疫麻痹、免疫耐受和免疫不全。至使其干扰猪瘟弱毒疫苗和气喘病活菌苗的免疫应答。由于免疫力的下降，抗病力低下，因此，在临床上常见蓝耳病病毒与圆环病毒 2 型或猪瘟病毒或伪狂犬病毒或流感病毒等混合感染，并继发感染链球菌、巴氏杆菌、支原体、放线杆菌、附红细胞体、猪副嗜血杆菌和沙门氏菌等，呈现多病原感染。据有关报道，在临床上发生多病原感染的病例，约占发病总数的 83% 左右。蓝耳病病毒有两个血清型，即欧洲型（LV 株）和美洲型（VR-2332 株），目前，我国流行的毒株仍为美洲型，但是近年来在临床上发现了两个亚群，即为我国蓝耳病病毒流行株的变异毒株。2006 年从高热病病猪体分离出的蓝耳病变异毒株的基因序列有缺失现象，与当前的流行毒株的同源性为 94%，以变异毒株接种健康试验猪时表现为前肢跪卧，后肢麻痹，不能站立。免疫组织学检查发现脊髓中央管、中脑导水管、单核细胞胞质呈蓝耳病病毒强阳性反应，说明分离的变异毒株对脑组织有很强的亲嗜性，应引起重视。

三、非典型猪瘟

猪瘟是危害我国养猪业最严重的疫病之一，常年有发生。每年因猪瘟引起死亡的猪只占全部病死猪总数的 30%，加上流产、产死胎、淘汰种猪等，每年直接经济损失达数十亿元人民币之多。发病主要是由隐性感染的种猪带毒而造成，据有关报道，种猪场带毒种猪检出率最低的为 16.5%，最高的达 70%。目前，猪瘟病毒仍为一个血清型，但毒力有强弱之分；强毒力株占 45%，低毒力株占 27%，无毒力株占 22%，持续感染毒株占 6%。猪感染低毒力毒株后可发生非典型猪瘟（即温和型猪瘟）和慢性猪瘟，症状不明显，但长期带毒并向外排毒。妊娠母猪感染低毒力毒株或中等毒力毒株时可出现隐性感染或潜伏感染，并引起持续性感染的发生，这是当前繁殖母猪发生猪瘟的一种主要方式。在临床上也不表现明显症状，其带病毒可经胎盘传给胎儿，使母猪出现繁殖障碍，发生流产、产死胎、产木乃伊胎和弱仔，即所谓的"带毒母猪综合征"，带毒母猪综合征在妊娠母猪的感染率可达43%。经胎盘感染的仔猪出生后少数发生死亡，多数能存活6~11个月，但带毒并向外排毒。如给这些仔猪接种猪瘟疫苗时不能引起免疫应答，而出现免疫耐受，造成免疫失败。

据有关研究报告，猪瘟疫苗免疫力低下原因，主要是猪群中存在持续感染和先天性感染，以及存在免疫抑制性疾病所造成的，其他原因就是免疫程序不科学、疫苗质量差、免疫剂量不足、母源抗体的干扰和某些药物的影响等。这就是常见猪群中接种猪瘟疫苗后仍然发生猪瘟的原因所在。由于母猪隐性感染和持续感染，仔猪先天性感染，对疫苗免疫应答低下，出现免疫耐受、免疫不全。因此，在临床上常见猪瘟与蓝耳病、伪狂犬病、圆环病毒2型感染及猪流感等混合感染，并继发链球菌病、猪肺疫、附红细胞体病和弓形虫病等。

四、圆环病毒2型感染

圆环病毒2型感染在我国猪群中比较普遍存在，种猪场阳性检出率低的为50%，高的达82%。对初产母猪的危害很大，可造成70%以上的初产母猪发生流产、产死胎。当前猪群中亚临床感染和隐性感染比较严重，若引种时引入了隐性感染的后备种猪能造成本病的流行与发生。带毒母猪可经胎盘垂直传播，又可经呼吸道和消化道水平传播。这样的带毒母猪妊娠后产下的仔猪可以存活，但长期带毒，并向外排毒，在猪群中造成持续感染，危害整个猪群的健康。带毒母猪流产后可发生屡配不孕，受胎率低，产仔成活率也低，仔猪的死亡率可达11%。特别是仔猪断奶后发生多系统衰竭综合征和12~16周龄猪发生皮炎与肾病综合征的增多。

本病又是一种免疫抑制性病毒病，能抑制免疫细胞的增殖，减少T淋巴细胞和B淋巴细胞的数量，使其缺乏有效的免疫应答，导致免疫力低下，抗病力降低，诱发双重感染的发生。所以，在临床上常见到圆环病毒2型感染与蓝耳病、猪瘟、猪流感、伪狂犬病和支原体混合感染，并继发猪副嗜血杆菌、放线杆菌、链球菌、巴氏杆菌和附红细胞体等，这在猪高热症和猪呼吸道病综合征中极为多见。

五、猪伪狂犬病

当前，在临床上发病特点是已由典型向非典型发展，转为以隐性感染为主，发病不表现出季节性，而是在一定的时间和空间内发生。如一旦出现典型的临床症状，多数病例则表现为与其他病原，如蓝耳病毒、猪瘟病毒、圆环病毒或细小病毒混合感染，并继发链球菌、大肠杆菌和巴氏杆菌等，呈现出多病原感染的症候群。妊娠母猪感染时可导致流产、产死胎和木乃伊胎等；15日龄以内的仔猪感染发病病死率为100%；断乳仔猪感染发病率为20%~40%，死亡率在20%左右；成年猪多为隐性感染，表现为生长停滞，增重缓慢等。另一个发病特点是表现为种猪不育症，母猪屡配不上，返情率高达90%，种公猪丧失配种能力。本病也是一种免疫抑制性病毒病，常导致免疫耐受，降低免疫力与抗病力，引起多重病原混合感染与继发感染的发生。

六、猪流感

本病一年四季均可发生，但多数病例发生于气候多变的早春、秋初和冬季。发病快，传播迅速，2~3天内可波及全群。发病率高，可达100%，死亡率低，一般不超过4%。本病的发生经常引起肺部混合感染，常见混合感染的病原体有：蓝耳病毒、猪呼吸道冠状病毒、传染性胸膜肺炎放线杆菌、支气管败血波氏杆菌、多杀性巴氏杆菌、猪副嗜血杆菌、肺炎支原体和链球菌等。继发感染会增重病情，引起死亡增加。妊娠母猪发病引起流产、产弱仔、新生仔猪死亡。本病已成为猪发生高热综合征的诱发病原，应引起关注。

七、猪高热综合征

本病是由多病原体感染的一种传染性疾病。传播快，呈地方性流行，发病率高达50%以上，个别严重的猪群达70%左右，死亡率在40%~50%。四季均可发生，但主要发生于夏秋季节。发病多见于10~25周龄的育肥猪与部分生产母猪和断奶后期的保育仔猪，哺乳仔猪与断奶初期的保育猪发生较少。临床特征为发热（40~43℃），皮肤发红或有小红斑点，先红后紫，并有呼吸道症状。用退热药物治疗，病情暂时缓解，停药后又复发，用多种抗生素治疗效果不明显。经实验室检查，病原体主要有：蓝耳病病毒、猪瘟病毒、圆环病毒2型、伪狂犬病病毒和流感病毒等混合感染，继发病原微生物有：链球菌、多杀性巴氏杆菌、附红细胞体、猪副嗜血杆菌、传染性胸膜肺炎放线杆菌、肺炎支原体与沙门氏菌以及弓形虫等。

不同的地区、不同的猪场发病猪感染的病原种类与数量都不完全相同。因此，在临床上表现出的症状特征与病理变化等也有很大差异，诊断时应予以注意。病的发生与饲养管理水平低，饲养环境卫生恶劣，饲养密度过大，猪舍高热潮湿，通风不好，免疫接种程序不合理，疫苗质量不好，长时间饲喂霉变饲料等多种因素有关。

八、猪呼吸道疾病综合征

本病是由多因子引起的传染性疾病。原发病原为蓝耳病病毒、肺炎支原体、流感病毒、伪狂犬病毒、圆环病毒2型、猪呼吸道冠状病毒等。继发病原多见链球菌、多杀性巴氏杆菌、猪副嗜血杆菌、放线杆菌、波氏杆菌、大肠杆菌等。一般多发生于秋末，冬季及早春季节，呈地方性流行。发病猪主要为6~10周龄保育猪和13~20周龄的育肥猪。发病率约为25%~60%，病死率为20%~90%。日龄越小，死亡率越高。病的发生与饲养管理不良，饲养环境卫生恶劣，气候突变，寒冷，猪舍不保温，空气污染严重等多种因素密切相关。

第五节　猪病与年龄的关系

一、与年龄关系较为密切的传染病

1. 仔猪黄痢

由致病性大肠杆菌的某些血清型引起，主要是 7 日龄以内仔猪发病，以出生头天至第三天发病最常见，其特征为排黄色或黄白色稀粪，发病率和死亡率均可高达 90% 以上。

2. 仔猪红痢

由魏氏梭菌引起，发病日龄及发病率、病程均同仔猪黄痢，特征是排血色粪便、肠坏死、病程短、死亡率高。一旦发病很难治疗。

3. 仔猪白痢

由致病性大肠杆菌某些血清型引起，10 ~ 30 日龄仔猪常发，特征是排白色或灰白色稀粪，发病率高，死亡率低。

4. 猪水肿病

由致病性大肠杆菌的某些血清型引起，特征是出现神经症状，头部水肿、胃壁水肿。主要发生于断奶仔猪，常发于生长快、体质好的仔猪，发病率 10% ~ 35%，但死亡率 80% ~ 100%，一旦发病，很难治疗。

5. 猪轮状病毒病

常发于 8 周龄以内的仔猪，特征是腹泻和脱水，发病率 30% ~ 80%，病死率 10% ~ 30%，但出生头几天感染率和病死率可达 100%，预防主要是免疫母猪。

6. 仔猪副伤寒

由沙门氏菌引起，各种年龄的猪均可发病，但主要侵害 20 日龄至 4 月龄的小猪，常继发于猪瘟。特征是大肠的坏死性炎症。症状：最急性突然死亡，常见于断奶仔猪；急性者有腹泻、发热、眼结膜炎；慢性者消瘦腹泻，粪便呈黄色、恶臭，死前皮肤出现紫斑。

7. 猪丹毒

由猪丹毒杆菌引起，大小猪均可感染，但多见于架子猪。临床症状：急性型：高热、不食、卧地不起，粪便干硬，死后尸体大面积发红，少数未见异常突然死亡；亚急性者在发热后 1 ~ 2 天，背部、胸腹、颈部等处皮肤出现界线明显的红色疹块，指压褪色；慢性者常发生四肢关节炎和心内膜炎。

二、无论年龄大小均可发病的传染病

1. 猪瘟

俗称"烂肠瘟"，由猪瘟病毒引起，发病率、死亡率均高。症状是高热、不食，初便秘，后腹泻、脓性结膜炎，皮肤有充血及出血点，多呈针尖状。剖检可见内脏有广泛性出血点，回盲口及结肠有纽扣状溃疡。

2. 猪肺疫

由多杀性巴氏杆菌引起，又叫猪出血性败血病、"锁喉风"。最急性型，突然发病，未见症状迅速死亡，病程稍长者体温升高，喉部可出现高热、坚硬、红肿，可延及耳根和前胸，犬坐喘鸣；急性型主要为急性胸膜肺炎、咳嗽、犬坐呼吸，胸部有压痛，常见脓性结膜炎，初便秘，后腹泻，皮肤有淤血和出血点，病程 5~8 天，死亡率高；慢性主要表现是肺炎和慢性胃肠炎。

3. 猪痢疾

由猪痢疾蛇形螺旋体引起，49~84 日龄的小猪发生较多，其特征是大肠黏膜发生出血性炎症，临床表现为黏液性或黏液出血性腹泻。

4. 猪传染性胃肠炎

由猪传染性胃肠炎病毒引起，其特征为腹泻、呕吐及脱水。10 日龄以下仔猪死亡率高，成年猪发病症状轻而且死亡率也极低，多自然康复。

5. 猪流行性腹泻

由某种冠状病毒引起，其特征是呕吐、腹泻和脱水，症状和猪传染性胃肠炎很相近。1 周龄内的仔猪发病率和死亡率高，年龄越大症状越轻，多能自愈，无特效药治疗，可用疫苗预防。

6. 猪附红细胞体病

附红体属立克次氏体，其特征是贫血、黄疸、发热，症状极像猪瘟，可通过吸血昆虫等传播。

7. 猪气喘病

又叫猪支原体肺炎，病原体为猪肺炎支原体，特征是咳嗽、气喘、呼吸困难。病变特征是肺叶显著膨大和肉变。乳猪和小猪发病率、死亡率较高，母猪和育肥猪多呈慢性经过，死亡率不高，但对猪的生长发育影响较大。

8. 猪链球菌病

是由链球菌引起的一类疾病的总称。常见的有败血型和淋巴结脓肿型。败血型链球菌病最急性者多未见任何症状突然死亡，急性者高热稽留，不食喜饮，眼结膜潮红、流泪，部分猪出现神经症状，后期颈、耳、腹、四肢末端皮肤呈紫红色。呼吸困难。慢性型可见跛行，后肢瘫痪等，有的发生脑膜炎。淋巴脓肿多在颌下、咽、颈等处淋巴结化脓和形成脓肿。

9. 口蹄疫

由口蹄疫病毒引起，猪、牛、羊等偶蹄兽易感，人可偶感。特征是发热，蹄叉、口腔发生水疱、溃疡。一经发现应及时报告有关部门，病猪必须及时扑杀深埋，不得治疗。

10. 猪疥癣

是由疥螨引起的一种皮肤病。症状主要是皮肤奇痒，起红点、起痂、脱毛、传染性强，发病率高，死亡率低，对猪生长发育影响较大，寒冷、潮湿季节发病重。

三、猪不同饲养阶段与发病的关系

1. 仔猪阶段（出生至断奶后 1~2 周）

这段时间是猪生长的关键时期，大多数的传染病、部分寄生虫病以及饲养管理不当造成的营养缺乏症都可对仔猪构成威胁，引起发病。有许多病可导致仔猪直接死亡。常见的有如下病种。

仔猪红痢：多发生于 1 周龄内幼猪。

仔猪白痢：出生仔猪发病率高。

仔猪水肿病：多发生于 40~70 日龄仔猪，10 日龄内乳猪很少发生，近来日龄有增大趋势。

猪瘟：从乳猪至断奶前后的仔猪均可感染，年龄越小的病猪死亡越快。

猪丹毒：多因母猪发病引起。

猪肺疫：乳猪很少发生，断奶后仔猪在流行期可感染发病。

猪链球菌病：仔猪易感性高，其中败血性常导致仔猪快速死亡。

仔猪副伤寒：多发生在 2~4 月龄未接种疫苗的仔猪，1 月龄内仔猪极少发生。

猪流感：仔猪发病率低，断奶仔猪发病率增高。

猪副嗜血杆菌病：常在猪感染流感后继发。

仔猪先天性肌肉震颤：本病在部分地区呈散在发生，常整窝发生，初生猪常被饿死或压死。

猪口蹄疫：幼猪感染后有很高的死亡率。乳猪感染本病常看不到水疱症状，常呈急性胃肠炎或心肌炎而死亡。

传染性胃肠炎：对 10 日龄内幼猪有高致死率。

猪肺线虫病：断奶前仔猪感染可大批死亡。

猪蛔虫病：1 周龄后的乳猪即可感染。

猪囊虫病：在流行区仔猪可感染，但很少出现临床症状。

仔猪贫血：2~4 周龄哺乳仔猪常见多发病，3~10 日龄猪发病可突然死亡。

佝偻病（软骨病）：由于钙磷缺乏或比例失调引起，其中先天性佝偻病系由母猪营养缺乏导致仔猪胚胎期骨发育不良引起。

2. 育肥阶段（架子猪—大猪）

育肥阶段是猪（商品猪）生长的又一关键阶段。在这一时期，由于猪以最快速度生长，各种疫病也接踵而至。除了仔猪阶段大肠杆菌引起的黄白痢、水肿病，以及副伤寒、仔猪贫血、佝偻病外，其余大多数传染病、寄生虫病在育肥阶段均可感染，且发病率远远超出仔猪阶段，对养猪业构成极大威胁。

四、各阶段猪只的疾病

1. 腹泻病

母猪	MMA（子宫炎、乳房炎、无乳综合征）、大肠杆菌感染
哺乳猪	梭菌感染、大肠杆菌病
断奶猪	大肠杆菌病、水肿病、猪痢疾、结肠炎
仔猪	大肠杆菌感染、水肿病、猪痢疾、结肠螺旋体、回肠炎、沙门氏菌
中猪	大肠杆菌感染、猪痢疾、结肠螺旋体、回肠炎、沙门氏菌
大猪	猪痢疾、结肠螺旋体、回肠炎

2. 仔猪腹泻

细菌性	病毒性	营养性	寄生虫性
红痢（3日龄内）	传染性胃肠炎	脂性腹泻等食物性腹泻	猪球虫病（7~10日龄）
黄痢（3~5日龄）	流行性腹泻	维生素缺乏性	蛔虫病
白痢（10日龄后）	轮状病毒感染（7日龄后）	微量元素缺乏或中毒性	结节虫病
副伤寒（保育期）	仔猪温和型猪瘟	出血性肠道综合征	鞭虫病
痢疾（育肥猪）	仔猪口蹄疫	饲料抗原过敏性腹泻	猪小袋纤毛虫病
增生性肠炎	伪狂犬病	受寒冷潮湿致泻	猪隐孢子虫感染

3. 猪群呼吸系统感染性疾病

病毒性	细菌性	寄生虫性	其他
猪流感	猪气喘病	弓形体病	饲料粉尘、真菌孢子
蓝耳病	传染性萎缩性鼻炎	猪肺线虫病	不同年龄猪混养
伪狂犬病	猪肺疫	蛔虫幼虫移行期肺炎	高密度
增生性坏死肺炎	副猪嗜血杆菌病		营养差
猪呼吸道冠状病毒病	猪传染性胸膜炎		免疫、用药程序不当
巨细胞病毒	衣原体		环境卫生、管理差
	链球菌病肺炎		舍内温度调控、通风不佳等
	结核菌		
	沙门氏菌		

4. 呼吸道疾病发病年龄

新生仔猪	哺乳仔猪	断奶猪	生长育肥猪
放线杆菌	蓝耳病（1周龄）	副猪嗜血杆菌病（3周龄）	喘气病（6~8周龄开始）
传染性萎缩性鼻炎	副猪嗜血杆菌病（2周龄）	萎鼻（3~4周龄）	传染性胸膜炎（6~8周龄开始）
	萎鼻（3周龄）	喘气病（5~8周龄）	多杀性巴氏杆菌（12周龄以上）
		蓝耳病（2~4周龄为主）	

5. 各阶段猪只常发病

哺乳仔猪多发病	保育猪常见病	育肥猪主要疾病	母猪主要疾病
腹泻	蓝耳病	回肠炎	繁殖障碍疾病：流产；死胎、木乃伊；不发情或配不上
呼吸道疾病：伪狂犬（7~10日龄）；蓝耳病；萎鼻（20日龄）	链球菌	气喘病	产后疾病：不食；无乳或少乳、子宫炎、阴道炎；子宫脱出；产后便秘；产后趴形；产后瘫痪
关节炎：链球菌	伪狂犬	蛔虫病	
皮肤病：渗出性皮炎	巴氏杆菌	胃溃疡	肢蹄病
	圆环病毒	出血性肠病综合征	产前疾病
	副猪嗜血杆菌	蓝耳病	
	副伤寒	猪传染性萎缩性鼻炎	
	传染性胸膜肺炎	猪流感	
		副伤寒	
		胸膜肺炎	

中华人民共和国进境动物检疫疫病名录

一类传染病、寄生虫病（16 种）

口蹄疫	牛结节性皮肤病
猪水疱病	痒病
猪瘟	蓝舌病
非洲猪瘟	小反刍兽疫
尼帕病	绵羊痘和山羊痘
非洲马瘟	高致病性禽流感
牛传染性胸膜肺炎	新城疫
牛海绵状脑病	埃博拉出血热

二类传染病、寄生虫病（154 种）

共患病（29 种）

狂犬病	西尼罗热
布鲁氏菌病	裂谷热
炭疽	结核病
伪狂犬病	新大陆螺旋蝇蛆病（嗜人锥蝇）
魏氏梭菌感染	旧大陆螺旋蝇蛆病（倍赞氏金蝇）
副结核病	Q 热
弓形虫病	克里米亚刚果出血热
棘球蚴病	伊氏锥虫感染（包括苏拉病）
钩端螺旋体病	利什曼原虫病
施马伦贝格病	巴氏杆菌病
梨形虫病	心水病
日本脑炎	类鼻疽
旋毛虫病	流行性出血病感染
土拉杆菌病	小肠结肠炎耶尔森菌病
水疱性口炎	

牛病（11 种）

牛传染性鼻气管炎/传染性脓疱性阴户阴道炎	牛病毒性腹泻/黏膜病
	赤羽病
牛恶性卡他热	牛皮蝇蛆病
牛白血病	牛巴贝斯虫病
牛无浆体病	出血性败血症
牛生殖道弯曲杆菌病	泰勒虫病

马病（11 种）

马传染性贫血	马鼻疽
马流行性淋巴管炎	马病毒性动脉炎

委内瑞拉马脑脊髓炎

马脑脊髓炎（东部和西部）

马传染性子宫炎

亨德拉病

马腺疫

溃疡性淋巴管炎

马疱疹病毒-1型感染

猪病（16种）

猪繁殖与呼吸道综合征

猪细小病毒感染

猪丹毒

猪链球菌病

猪萎缩性鼻炎

猪支原体肺炎

猪圆环病毒感染

革拉泽氏病（副猪嗜血杆菌）

猪流行性感冒

猪传染性胃肠炎

猪铁士古病毒性脑脊髓炎（原称猪肠病毒脑脊髓炎、捷申或塔尔凡病）

猪密螺旋体痢疾猪传染性胸膜肺炎

猪带绦虫感染/猪囊虫病

塞内卡病毒病

猪δ冠状病毒（德尔塔冠状病毒）

禽病（21种）

鸭病毒性肠炎（鸭瘟）

鸡传染性喉气管炎

鸡传染性支气管炎

传染性法氏囊病

马立克氏病

鸡产蛋下降综合征

禽白血病

禽痘

鸭病毒性肝炎

鹅细小病毒感染（小鹅瘟）

鸡白痢

禽伤寒

禽支原体病（鸡败血支原体、滑液囊支原体）

低致病性禽流感

禽网状内皮组织增殖症

禽衣原体病（鹦鹉热）

鸡病毒性关节炎

禽螺旋体病

住白细胞原虫病（急性白冠病）

禽副伤寒

火鸡鼻气管炎（禽偏肺病毒感染）

羊病（4种）

山羊关节炎/脑炎

梅迪—维斯纳病

边界病

羊传染性脓疱皮炎

水生动物病（43种）

鲤春病毒血症

流行性造血器官坏死病

传染性造血器官坏死病

病毒性出血性败血症

流行性溃疡综合征

鲑鱼三代虫感染

真鲷虹彩病毒病

锦鲤疱疹病毒病

鲑传染性贫血

病毒性神经坏死病

斑点叉尾鮰病毒病

鲍疱疹样病毒感染

牡蛎包拉米虫感染

杀蛎包拉米虫感染

折光马尔太虫感染

奥尔森派琴虫感染

海水派琴虫感染

加州立克次体感染

白斑综合征	淡水鱼细菌性败血症
传染性皮下和造血器官坏死病	鲴类肠败血症
传染性肌肉坏死病	迟缓爱德华氏菌病
桃拉综合征	鱼链球菌病
罗氏沼虾白尾病	蛙脑膜炎败血金黄杆菌病
黄头病	鲑鱼甲病毒感染
螯虾瘟	蝾螈壶菌感染
箭毒蛙壶菌感染	鲤浮肿病毒病
蛙病毒感染	罗非鱼湖病毒病
异尖线虫病	细菌性肾病
坏死性肝胰腺炎	急性肝胰腺坏死
传染性脾肾坏死病	十足目虹彩病毒1感染
刺激隐核虫病	

蜂病（6种）Bee diseases

蜜蜂盾螨病	蜜蜂瓦螨病
美洲蜂幼虫腐臭病	蜂房小甲虫病（蜂窝甲虫）
欧洲蜂幼虫腐臭病	蜜蜂亮热厉螨病

其他动物病（13种）

鹿慢性消耗性疾病	犬瘟热
兔黏液瘤病	犬传染性肝炎
兔出血症	犬细小病毒感染
猴痘	水貂阿留申病
猴疱疹病毒Ⅰ型（B病毒）感染症	水貂病毒性肠炎
猴病毒性免疫缺陷综合征	猫泛白细胞减少症（猫传染性肠炎）
马尔堡出血热	

其他传染病、寄生虫病（41种）

共患病（9种）

大肠杆菌病	附红细胞体病
李斯特菌病	葡萄球菌病
放线菌病	血吸虫病
肝片吸虫病	疥癣
丝虫病	

牛病（5种）

牛流行热	茨城病
毛滴虫病	嗜皮菌病
中山病	

马病（3 种）

马流行性感冒

马媾疫

马副伤寒（马流产沙门氏菌）

猪病（2 种）

猪副伤寒

猪流行性腹泻

禽病（5 种）

禽传染性脑脊髓炎

传染性鼻炎

禽肾炎

鸡球虫病

鸭疫里默氏杆菌感染（鸭浆膜炎）

绵羊和山羊病（7 种）

羊肺腺瘤病

干酪性淋巴结炎

绵羊地方性流产（绵羊衣原体病）

传染性无乳症

山羊传染性胸膜肺炎

羊沙门氏菌病（流产沙门氏菌）

内罗毕羊病

蜂病（2 种）

蜜蜂孢子虫病

蜜蜂白垩病

其他动物病（8 种）

兔球虫病

骆驼痘

家蚕微粒子病

蚕白僵病

淋巴细胞性脉络丛脑膜炎

鼠痘

鼠仙台病毒感染症

小鼠肝炎

国际兽疫局（OIE）动物疫病通报名录。按照《陆生动物卫生法典（2018 版）》的规定，应将发现疫病的流行状况经常或及时地向 OIE 报告。

OIE 陆生动物卫生法典

易感动物种类	疫病、感染或侵染名称
多种动物共患病（24 种）	炭疽、克里米亚刚果出血热、马脑脊髓炎（东部）、心水病、伪狂犬病病毒感染、蓝舌病病毒感染、（流产、马耳他、猪）布鲁氏菌感染、细粒棘球蚴感染、多房棘球蚴感染、流行性出血病感染、口蹄疫病毒感染、结核分枝杆菌感染、狂犬病病毒感染、裂谷热病毒感染、牛瘟病毒感染、旋毛虫感染、日本脑炎、新大陆螺旋蝇蛆病、旧大陆螺旋蝇蛆病、副结核病、Q 热、苏拉病（伊氏锥虫）土拉菌病（野兔热）、西尼罗热
牛病（13 种）	牛无浆体病、牛巴贝斯虫病、牛生殖道弯曲杆菌病、牛海绵状脑病、牛病毒性腹泻、地方流行性牛白血病、出血性败血症、牛传染性鼻气管炎/传染性脓疱性阴户阴道炎、牛结节性皮肤病病毒感染、丝状支原体丝状亚种 SC 感染（牛传染性胸膜肺炎）泰勒虫病、滴虫病、伊氏锥虫病
绵羊和山羊病（11 种）	山羊关节炎/脑炎、传染性无乳症、山羊传染性胸膜肺炎、流产衣原体感染（母羊地方性流产、绵羊衣原体病）、小反刍兽疫病毒感染、梅迪—维斯那病、内罗毕绵羊病、绵羊附睾炎（绵羊布氏杆菌）、沙门氏菌病（流产沙门氏菌）、痒病、绵羊痘和山羊痘
猪病（6 种）	非洲猪瘟病毒感染、古典猪瘟病毒感染、猪繁殖与呼吸综合征病毒感染、猪带绦虫病（猪囊虫病）、尼帕病毒性脑炎、传染性胃肠炎

（续表）

易感动物种类	疫病、感染或侵染名称
马病（11种）	马传染性子宫炎、马媾疫、马脑脊髓炎（西部）、马传染性贫血、马流感、马梨形虫病、非洲马瘟病毒感染、马疱疹病毒-1型感染（EHV-1）、马动脉炎病毒感染、鼻疽伯克霍尔德菌感染（马鼻疽）、委内瑞拉马脑脊髓炎
禽病（13种）	禽衣原体病、鸡传染性支气管炎、鸡传染性喉气管炎、禽支原体病（鸡败血支原体）、禽支原体病（滑液囊支原体）、鸭病毒性肝炎、禽伤寒、禽流感病毒感染、非家禽的鸟类包括野生鸟类高致病性A型流感病毒感染、新城疫病毒感染、传染性法氏囊病（甘布罗病）鸡白痢、火鸡鼻气管炎
兔病（2种）	黏液瘤病、兔出血病
蜜蜂病（6种）	蜜蜂蜂房球菌感染（欧洲幼虫腐臭病）、蜜蜂幼虫芽孢杆菌感染（美洲幼虫腐臭病）、蜜蜂武氏螨侵染、蜜蜂小蜂螨侵染、蜜蜂瓦螨侵染（大螨病）、蜂房小甲虫侵染（小蜂房甲虫）
其他动物病（2种）	骆驼痘、利什曼原虫病

第二章　猪病的诊断技术

第一节　猪病的临床检查

诊断就是通过一定的手段，调查全面的症状、资料，再经过对有关症状、资料的综合分析，从而判断疾病的性质，确定疾病主要侵害的器官部位以及局部病变对整体的影响，阐明致病原因的机理，明确疾病的类型、时期、发展程度以及疾病的发展趋势（预后）。

一、临床检查的方法

疾病发生后，要及时的进行诊断，确定病性、病因，提出合理的防治方案，才能使疾病得到控制。要做到有的放矢地治疗猪病，首先要准确诊断猪病（诊查病情，判断何病）。猪病诊断的方法有多种，如临床诊断、剖检诊断、实验室诊断、药物诊断等，各种诊断互相配合印证，综合得出诊断结论。

要想及时的确定疾病，必须掌握临床检查的基本方式和方法。

临床检查的方法有问诊、视（望）诊、触诊、叩诊、听诊、闻（嗅）诊、实验室检验、细菌学检验、血清学检验、病毒的分离与鉴定。尽管确诊需要化验室的检查，但是养殖户一旦发现食欲降低、体温升高以及其他症状的表现往往措手不及，待化验室得出结论之后，则贻误治疗最佳时机，所以临床诊断检查和病理诊断非常重要。

（一）临床诊断检查

问诊、视（望）诊、触诊、叩诊、听诊、闻（嗅）诊为常用的诊断方法，在一般情况下，仅依靠临床诊断即可做出初步诊断。但由于猪的解剖、生理特点（特别是育肥猪），使一般的听诊与叩诊方法的应用受到很大的局限。在实际工作中应将问诊、望诊、闻诊、触诊4种诊断方法结合起来，全面了解病情，从而做出正确的判断。所以，对猪病的临床检查主要从以下几个方面为重点。

1. 问诊

向畜主或饲养员了解猪在发病前后有关情况的调查。

（1）问疾病的发生及经过，何时发病，由此推断疾病是急性或慢性经过。

（2）问疾病的主要表现，如绝食、腹泻、咳嗽等主要症状，为症状的鉴别诊断提供前提。

（3）问疾病的发展是渐重还是渐轻，病势传播的快慢，以分析病情是否是传染病以及疾病发展趋势。

（4）病猪发病的年龄，有否死亡。

（5）以前用什么方法治疗，其效果如何，可根据疗效的验证作为诊断参考。

（6）问病史及疫情，猪群过去有过什么病，是否有类似的疫病发生，其经过及结果如何，本地区及附近猪场发生过什么病，有何疫情。

（7）免疫接种情况、免疫接种的种类、疫苗的来源。

（8）饲养管理及卫生情况，包括猪场的位置、猪舍建筑及设施情况，光照、通风情况，饲养密度的大小，猪舍内的食槽、饮水情况，粪便清理情况等，饲料供应情况（营养是否全面、饲料有无霉变情况）。

（9）了解发病季节。冬春季节常发生的疾病有：口蹄疫、传染性胃肠炎和流行性腹泻、猪伪狂犬病、猪轮状病毒感染等病毒性疾病。喘气病、流行性感冒、猪传染性萎缩性鼻炎等呼吸系统疾病。

炎热多雨的季节多发生的疾病有：猪附红细胞体病、猪丹毒、猪肺疫等细菌病。弓形虫病多发生在5—10月，3~5月龄多发。

无明显季节性的疾病有：猪瘟、猪链球菌病、传染性胃肠炎、猪传染性胸膜肺炎等一年四季均能发病，无明显的季节性。

通过问诊，对病猪做出是否是传染病、中毒病、代谢病或一般普通病的估计。如饲喂了某种有毒饲料（烂菜叶、臭肉汤、农药污染青料等），发病突然、呕吐、战栗等，中毒的可能性就较大。同群猪有多头发病，体温升高，附近也有猪病发生，甚至死亡，这就是某种传染病的可能性大。即使打过某种预防针（如打过猪瘟疫苗），但也可能因免疫程序不当，或注射的疫苗质量不行，注射方法不当，或已经过了有效免疫期，仍有可能感染上猪瘟。如果较多母猪常发生流产或产死胎和木乃伊胎，则应怀疑猪细小病毒病、猪日本乙型脑炎或钩端螺旋体病、布鲁氏菌病等。

2. 望诊

望诊就是用肉眼观察猪群和病猪的一般状态，包括对整体和局部的观察。

（1）望精神。一般有病的猪，精神较差，目光呆滞，耳不扇，尾不摇，喜欢独立，或蜷卧在猪栏一角，被毛粗乱。

（2）望形态。观察病猪的动态，可直接帮助推断某些病症。

如四肢行走不灵、立如木马、背硬尾直、口紧难开，可能是破伤风。

后肢拖地，不能站立，为后躯瘫痪。

注射疫苗或某些药液后不久，突然兴奋不安、口吐白沫、间歇痉挛、甚至倒地，可能是过敏反应。

出生后1~4天的小猪，精神委顿、痉挛倒地、四肢划动、口嚼吐沫，有可能为低血糖症。

呼吸困难、呈犬坐姿势，且体温升高、喉部肿胀，可能为猪肺疫。

神经症状包括共济失调、步态异常、肌肉震颤、四肢划动、狂暴兴奋或麻痹、昏迷等，为某些疾病的主要症状，但不是唯一症状，有的疾病仅在猝死之前出现短暂的神经症状。表现有神经症状的猪病主要有：仔猪低血糖症、仔猪水肿病、脑膜炎型链球菌病、神经型弓形体病、食盐中毒、有机磷农药中毒、亚硝酸盐中毒、中耳炎、李斯特菌病、乙型脑炎、伪狂犬病等。

（3）望皮肤。皮肤粗糙、变厚、奇痒、脱毛，多是疥癣、湿疹。

蹄及乳头处出现水疱、烂斑，多是口蹄疫或传染性水泡病。

观察猪体表是否有出血红斑点及斑点特征，在诊断常见传染病时有较大意义。如猪瘟和猪丹毒，病猪的股内、腹部等处均可能发生红斑，但猪瘟病猪红斑多为点状、斑出不齐、斑形不定、抚之不碍手、指压不褪色；而猪丹毒病猪，红斑多为块状、呈方块形或菱形、抚之碍手、指压褪色。

（4）望饮食。食量减少，甚至不吃食的猪一般都是有疾病。但在某些正常生理情况下，如母猪发情期，母猪在仔猪断奶时，仔猪转圈初期，也有可能减食，这时应注意区别。猪只想吃而不敢吃，需检查口腔内是否有异物或创伤，食道是否有阻塞；猪不吃料而独饮脏水、冷水，一般有体温升高，可能是猪异嗜，因缺乏某些营养成分，如微量元素、维生素等引起。

（5）望粪便。主要观察猪粪便的形状、色泽及有无异物等。

如粪便干硬、排粪次数减少、排粪困难，常见于原发性便秘或某些急性热性病如猪瘟、流感等的初期。

出生后几天之内的乳猪排黄色或白色稀粪，则是仔猪黄痢、仔猪白痢。

补料初期的仔猪及断奶前后的仔猪，粪便稀泻，并混有未消化的饲料，则可能为消化不良。

粪泻如水，带有绿色或淡棕色，则为病毒性腹泻居多；粪泻如糊状，有腥臭味，一般细菌性腹泻居多。某些寄生虫感染，如弓形体病、鞭虫病、类圆线虫病等也发生腹泻。

（6）望呼吸。一般通过观察猪的胸部起伏和腹部肌肉运动的情况，了解猪呼吸频数及呼吸节奏与强度。

健康猪呼吸频数为每分钟 10~20 次，呼吸时，胸部、腹部起伏协调、节奏均匀，即平和的胸腹式呼吸。

呼吸频数增多，常见于一些急性热性病；猪喘气病、猪肺疫等腹式呼吸明显，猪瘟则胸式呼吸明显，临床应予以鉴别。

3. 闻诊

闻诊就是用耳听声音，鼻嗅气味，可以帮助辨清病情的性质和转归，声息包括叫声、咳声、呼吸声、呕吐声等。注意听取其病理声音，如喘息、咳嗽、喷嚏、呻吟、叫声等。

鉴别小猪健康与否，可一手抓住猪的两后脚，倒提起来，一手以拇指和其他四指分别在猪的腰下软肉处，上掐下顶，令猪叫唤，如当时叫声长而洪亮者，一般为健康；叫声短而无力者，一般为有病。当猪的叫声嘶哑无力，甚至叫不出声，则一般病情较深重。

鼻嗅气味在临床上意义较大的为嗅猪粪便的气味，如果气味腥臭，多为痢疾；如果气味酸臭，多为消化不良性泄泻（伤食泻）。

4. 触诊

触诊就是用手或借助仪器接触猪体检查猪体的温度、肿胀、脉搏等。对猪来说，较常用的为按肿胀、摸脉搏。

（1）按肿胀。对体表肿胀，首先应区别肿胀所发生的部位及性质，从而推断出某些疾病。如断奶仔猪在眼睑、头、颈部，甚至全身水肿，为仔猪水肿病。猪四肢关节部肿胀，并有热、痛感，为关节炎；公猪阴囊或脐部肿胀，但将猪倒提或仰卧，肿胀消失，为阴囊疝或脐疝。公猪阉割后阴囊肿胀或母猪阉割后腹壁创口处肿胀，为感染性肿胀，或者肠管没有完全塞入腹膜下面。有的体表肿胀，为化脓性肿块，穿刺可放出脓汁。

（2）摸脉搏。摸脉搏的部位，小猪一般在后腿内侧的股动脉部，大猪在尾根底下部即尾底动脉。触辨脉象时，须用食指、中指和无名指并拢先轻摸，再稍重摸，又再略加指力而重摸，集中注意力于手指感应上而辨别。正常时，脉跳的快慢和力量均匀，每分钟60～80次，通称平脉。如脉跳的频率、高度、脉管的充实度、紧张度以及脉跳的节律性出现异常，即统称为病脉。感触脉搏跳动的次数和强度，也可用听诊器贴听心脏部（一般贴左胸壁部），心跳的次数即为脉搏的次数。脉搏数增多，主要见于急性热性病；脉搏数减少，多见于慢性病。

测量猪的体温、脉搏、呼吸数：一般用兽用体温计测量其肛门内直肠温度。方法是先将体温计上的水银柱甩至35℃以下，然后沿猪肛门顺着直肠缓缓插入，停留3～5分钟后取出，用酒精棉将其擦净，读取度数。

猪的正常体温38～39.5℃；猪的正常脉搏60～80次/分；猪的正常呼吸数18～30次/分。

（二）病理诊断

通过剖检观看各器官的病理变化来判断病情。

（三）化验室检验

通过病原学检验检查确定病原。

（四）血清学检验

血清学检验的用途为监测与疾病暴发有关的病原或毒素；估测猪的感染情况；测定猪病所影响的年龄段；病原产生抗体的猪群占的百分比；监测免疫接种的血清学反应；监测疾病控制及根除程序的成效和进度。

二、猪病的临床检查的步骤

猪场的诊断条件极其有限，如何充分利用临床信息与尸体病理变化进行正确诊断，是猪场兽医必备的基本功，是成就一名优秀兽医的基础。猪病的临床检查主要分为3个步骤：饲养管理检查；群体检查；个体检查与解剖。

（一）饲养管理检查

1. 饲养模式检查

外购仔猪育肥加自繁自养的养猪模式是最危险的，因为很难了解清楚其免疫与驱虫工作到底做得怎样。所以，外购仔猪一旦发病，首先要怀疑猪瘟感染，其次考虑寄生虫感染与补铁补硒。

2. 免疫驱虫程序及操作执行情况检查

能够造成免疫、驱虫失败的几种原因：免疫的猪群不是健康猪群；使用多联苗免疫；有伪狂犬病、蓝耳病、圆环病毒病、支原体肺炎等免疫抑制性疾病感染的猪群中，未对该类疾病采取措施就进行免疫；免疫剂量不足，如猪瘟细胞苗应免疫4头份以上；漏药，注射时针头型号不对或注射器中有残留的空气；注射部位不准确，应该肌内注射的疫苗却注射到了皮下或应皮下注射的疫苗却注射到了肌肉中；免疫病毒苗时使用了抗病毒药物，免疫细菌苗时使用了抗生素；免疫前后3天内进行了大规模的消毒；免疫时间过晚；如仔猪出生20日龄后母原抗体逐渐减弱，因此20~25日龄免疫猪瘟苗最佳。未对猪群进行抗体检测就滥用活苗；口服驱虫药一次饲喂，注射液只注射一次，这两种驱虫方式都将导致驱虫工作的失败。

3. 饲养环境检查

不适宜的环境同样会造成猪群机体抵抗力低下并诱发传染病的发生。通风不良、空气污浊会导致并加剧猪群呼吸系统疾病的发生；仔猪腹部实感温度过低将发生腹泻，28℃以下的温度会诱发出生5日龄以内仔猪肺炎；26℃以上的环境温度将造成大猪食欲下降及心肺功能障碍，尤其严重影响种公猪精子成活率；不洁饮水、饮水不足，饲料品质不佳以及霉变等因素都将激发传染病的发生；地面过于光滑或粗糙必将增加猪只蹄病发病率。

4. 饲养管理过程检查

饲养管理过程中所带来的应激因素是对猪群健康的最大危害。

猪只断奶、转群、运输、并群、改变饲料及捕捉等，均会带来较为严重的应激反应。在每次能够给猪群造成应激之前后，在饲料或饮水中添加抗应激药物，以减轻应激反应对猪只造成的伤害。

（二）群体检查

1. 采食量

猪群大群采食量突然改变时，往往预示着要出现较大波动。采食量骤然增加，一般与饲料有关。如果是断奶仔猪，采食量骤增之后将会发生腹泻。采食量骤减，如果不是因饲料突然改变，就预示着猪群将发生重大的烈性传染病。

猪群整体采食量缓慢增长是正常的，但缓慢下降则说明猪群中存在慢性消耗性疾病。

2. 尿液

尿液在光滑洁净的水泥地面上还是易于观察的，但是在泥泞肮脏的圈面和漏缝地板上却很难观察仔细。正常的尿液颜色如干净的水。如果尿液落地后内容物中有白色物质，则说明猪群存在子宫炎。如果尿液落地后内容物发红或带血，则需仔细观察，只是在排尿初期带血，说明尿道有损伤；在排尿中段有血，说明子宫颈口附近有损伤；整个尿液中带血，说明病变在肾脏或膀胱，往往与传染病相关。

3. 粪便

在金属网床上观察粪便形态是最困难的。但是金属网床上看不到粪便时，往往猪群中已经出现较为严重的病变。一般情况是水样腹泻，可能与病毒有关，也可能与断奶、转群等应激因素引起的胃肠炎有关。全群突然发生便秘也看不到粪便，但可能性不大。

正常的猪的粪便：出生3日龄内的小猪粪便较黏，呈捻珠状，大一点的哺乳仔猪粪便呈条状，较黏。中猪、大猪的粪便颜色微黑，呈圆柱状，落地后略微散开。如果颜色、形状和坚实度改变，则预示发生了病变，需详细检查是否发生腹泻或便秘。

4. 肢体语言

猪只无法用人类的语言表达其喜怒哀乐，但是，他们同样能够通过自己的声带发出它们同类能够听懂的声音，并且能够使用肢体语言来表述其舒适或痛苦的感受。

温度、环境适宜，猪只感觉比较舒适时，其躺卧的姿势为四肢张开。温度太高时，猪只会躺在圈舍中最潮湿的地方，剧烈腹式呼吸，并不断用嘴拱地，似乎是准备掘出更多的地下水来降温。温度太低时，猪只就会俯卧在地，四肢垫于胸腹之下，尽量减少体表与寒冷地面的接触面积，群居猪只聚堆并因相互争夺位置和挤压而发出尖叫声。如果群居猪只中只有1~2头离群独居，并采取这种四肢垫在胸腹之下的姿势，说明该猪已经发热了。患有肺炎、胸膜炎、心包炎、肋骨骨折等胸腔疾患的病猪，采食时不喜欢被其他猪只夹裹着，往往溜到一边，躺卧时后肢摊开，前肢蜷曲垫在胸部下方。患有胃肠炎、腹膜炎等腹腔疾病的猪只站立时弓腰吊腹，饮水频率高且量少。患有乳房炎的母猪喜欢将乳房紧紧地压在地板上，以降低痛感和降温，并防止小猪吃奶造成的疼痛感。

5. 声音

健康的猪只叫声清脆。有呼吸系统问题的猪叫声嘶哑，病弱猪多在夜里不断地鸣叫，腹泻的猪叫声很轻很弱。一次连续咳嗽5声以上的猪，在站立或行走时腹外斜肌明显突起，形成咳喘沟。

猪的呼吸频率变化较大，当我们观察猪群时，如果有个别的猪只呼吸频率和呼吸症状与大多数猪不一样，则必须仔细观察留意该猪，极有可能呼吸系统有问题了。

（三）个体检查

1. 体温

给猪用水银体温计量体温的准确率是很低的，再捕捉时，由于应激的作用，直肠温度会骤然升高。用手试一试猪群中是否有的猪耳根、腋下的温度与其他猪不一致。体温较高的猪一般有细菌混合感染了，而体温偏低的猪往往是病毒感染或预后不良。

2. 皮肤毛色

健康白色猪的皮肤近似于婴儿的皮肤，白皙红润。

皮肤颜色的改变预示着重大疾病的发生。皮肤颜色发红、发紫，预示着缺氧、心衰；颜色发黄，预示肝肾发生障碍；体表苍白预示贫血、缺硒；体表有出血点预示着有严重的混合感染，尤其要详细观察猪只的腹下是否有出血点及淋巴结是否肿大。

三、生猪常见的临床症状

1. 发育不良

体躯矮小，结构不匀称，被毛粗乱，一般可提示营养不良（消瘦、被毛粗乱、骨骼表露明显、精神不振、躯体无力）或慢性消耗性疾病（慢性传染病、寄生虫病、长期消化紊乱或代谢障碍）。

2. 精神状态

精神状态是中枢神经机能的特点，正常情况下是中枢神经系统的兴奋与抑制两个过程保持动态平衡，表现为静止间较安静，行动间较灵活，对外界各种刺激较为敏感。当中枢神经系统发生障碍时，兴奋与抑制的平衡被破坏，临床上表现为过度兴奋或抑制。猪发病时多表现为精神沉郁，一般为离群独立或钻入垫草中嗜睡。

表现有神经症状的猪病：猪传染性脑脊髓炎、猪凝血性脑脊髓炎、猪狂犬病、猪伪狂犬病、猪乙型脑炎、猪脑心肌炎、破伤风、猪链球菌病、猪李斯特菌病、猪水肿病、猪维生素 A 缺乏、仔猪低血糖、某些中毒性疾病、仔猪先天性震颤。

3. 姿势与体态

姿势与体态指动物在相对静止之间或运动过程中的空间位置及其姿态表现。健康猪表现姿势自然、动作灵活。发病时则中枢神经系统调节失常、表现异常。

（1）患口蹄疫。不敢站立，跛行、弓背、流涎。

（2）患伪狂犬。病猪头颈歪斜，仔猪会出现神经症状如狂跑、奇痒和顶墙、仔猪腹泻、死亡前游泳状、鸣叫而声音嘶哑。

（3）患关节炎链球菌病。后腿关节疼痛，运动障碍；患神经型链球菌病时突发阵发性神经症状，全身抽搐，四肢滑动；人工感染仔猪，10 天后出现神经症状，头颈震颤，前肢强直，不吃不喝，消瘦。

（4）患慢性仔猪白肌病、风湿症及骨软症。可见两后肢瘫痪而呈"犬坐"姿势。

（5）猪瘟。可见病猪怕冷扎堆、磨牙、运动障碍、痉挛；猪瘟繁殖障碍型母猪所产的弱仔及所产的新生仔猪奄奄一息。

（6）食盐中毒、李斯特菌病。可见猪盲目运动，无目的徘徊。

（7）仔猪水肿病。见病仔猪眼睑水肿、充血、前肢呈跪趴姿势；病仔猪后肢麻痹、前肢呈强直姿势；病猪侧卧四肢呈滑水状运动。

（8）副嗜血杆菌病。病猪关节发炎，不能站立。

（9）传染性胃肠炎。仔猪发病后 2~5 天因脱水而死亡。

（10）大肠杆菌病。可引起机体脱水死亡。

（11）弓形体病。病猪呼吸困难，呈犬坐姿势，耳、背部、腹下紫斑和出血点，病的后期，呼吸极度困难，后躯摇晃或卧地不起，体温急剧下降死亡。

（12）猪气喘病。病猪常独自在猪圈一角咳嗽。

（13）猪肺疫。病猪张口呼吸。

（14）蓝耳病发病。仔猪卧床不起，有的仔猪呼吸困难，呈腹式呼吸。

4. 皮肤的颜色

白色皮肤的猪（如长白），其皮肤颜色的改变可表现一些疾病。

（1）皮肤苍白。见于贫血，常见的有仔猪贫血、腹泻、维生素缺乏、白肌病、蛔虫等。

（2）皮肤黄疸色。可见肝病，如附红细胞体病后期、圆环病毒病后期、钩端螺旋体黄胆型。

（3）皮肤蓝紫色。可见于严重的呼吸器官疾病，如猪链球菌病，轻则以耳尖、鼻盘及四肢末端为明显，重则遍及全身；圆环病毒病，病猪会阴部、四肢、胸腹部及耳朵皮肤出现红紫色斑点或斑块，有的病猪全身皮肤紫红色斑状病变，有的发病猪耳部可见大小不等的红紫斑病灶；蓝耳病母猪耳部皮肤严重发绀，呈"蓝耳"状；猪丹毒病死猪全身皮肤呈紫红色；气喘病、流行性感冒以及多种中毒病如慢性麦角中毒猪的皮肤坏疽，腹下和四肢皮肤表现紫红色坏疽区域。

（4）皮肤红色的出血斑点。常见于猪瘟急性型病猪，如胸部皮肤出血斑点，颈部皮肤出血点、耳部皮肤出血斑块、皮肤出现血斑；繁殖障碍型母猪所产新生仔猪腕部皮肤出血；猪肺疫以及急性副伤寒，也表现红色的出血斑点。

（5）皮肤出现红色疹块。常见于猪丹毒。

（6）皮肤溃烂。见于坏死杆菌及皮肤病、荨麻疹。水疱性溃烂提示口蹄疫，表现为鼻拱水疱，并能从鼻镜水疱抽出棕色液体；舌面、鼻镜出现水疱、破溃、结痂，蹄冠、蹄叉发红，蹄叉、蹄踵"脱靴"，蹄踵出血。猪丹毒慢性型皮肤坏死。

（7）毛孔处弥漫性出血。常见于附红细胞体病。

（8）陈旧性出血和坏死痂。多见于猪瘟慢性型病猪耳部皮肤及弓形虫病猪。

（9）外阴肿胀。如猪赤霉菌素中毒由于外阴肿胀、潮红，波及阴道黏膜脱垂。

5. 眼结膜

（1）眼睑及分泌物。猪大量流泪，可见于流行性感冒；眼下方有流泪痕迹，应提示传染性萎缩性鼻炎；脓性眼眵时，是化脓性结膜炎的特征，可见于某些热性传染病，尤其是猪瘟繁殖障碍型母猪所产的仔猪发生结膜炎；仔猪的眼睑水肿，应注意仔猪水肿病、伪狂犬病。

（2）眼结膜的颜色。有以下4种情况。

潮红：单眼潮红，是局部结膜炎所致；双侧均潮红，见于热性病、某些器官、系统的广泛性炎症。

苍白：多见于贫血，如仔猪贫血、蛔虫。

蓝紫色：多因呼吸困难或中毒引起。

黄疸：见于附红细胞体病、圆环病毒病等。

6. 体温

正常猪的体温在38~39.5℃。

体温升高是猪体对病原微生物及其毒素、代谢产物或组织细胞的分泌物的刺激，以及某些有毒物质被吸收后所发生的一种反应。发热时交感神经兴奋，肾上腺素分泌增加，从而引起脂肪、蛋白质分解加快，营养物质摄入不足，呼吸、心跳加快。特别是体温升高常可提示某些发热性传染病。

（1）热型。对猪病诊断有意义的热型主要有4种。

稽留热：高热，体温昼夜温差在1℃以内，且高热持续时间在3天以上，多为渗出性炎症，白细胞增多，如猪瘟、副伤寒、弓形体病的发热都表现为稽留热型；

间歇热：有热期和无热期交替出现，多发于单核细胞增多引起的增生性炎症。如猪的锥虫病有间歇热，体温高时达41℃左右；

弛张热：高热，体温昼夜温差超过1℃以上而不降到常温的。主要是微生物侵入血液，激活血液中的中性粒细胞引起发热。如败血症、卡他肺炎。

回归热：发热期与无热期间隔较长，多见慢性病。

（2）伴随高热的疾病。猪瘟、败血型猪链球菌病、猪丹毒、猪肺疫、猪副伤寒、猪副嗜血杆菌感染、弓形虫病、猪附红细胞体病、日本乙型脑炎、伪狂犬病、口蹄疫、猪传染性胸膜肺炎、传染性胃肠炎等急性传染病常伴有高热现象。

（3）表现体温不高的猪传染病。猪水肿病、猪气喘病、破伤风、副结核病。

7. 呼吸

猪的正常呼吸数为18~30次/分。

呼吸次数增多：常见于上呼吸道炎症、肺炎、感冒、贫血、中毒等。

咳嗽：多见于支原体肺炎、蛔虫病等。

气味：呼出的气体在正常时无特殊气味，当呼吸道有坏死病变时，呼出的气体有强烈的腐败性臭味。呼吸道和肺组织有化脓性病变，呼出的气体有脓臭味。尿毒症时，呼出的气体有尿臭味。

表现有呼吸道症状的猪病：猪流感、猪繁殖和呼吸道综合征、猪圆环病毒病、猪伪狂犬病、萎缩性鼻炎、猪巴氏杆菌病、猪传染性胸膜肺炎、气喘病、衣原体病、克雷伯氏菌病、猪弓形虫病、肺丝虫病。

8. 粪便

猪的正常粪便为条状，呈棕黄色和深黄色。

粪便干硬，粪便次数减少，排粪困难为便秘或急性热性病，如猪瘟、流感、弓形体、李斯特菌等。出生几天后的仔猪排红色稀便为仔猪红痢。出生几天后的仔猪排黄白色稀便为仔猪黄白痢。粪便如水，绿色或淡棕色，为病毒性腹泻。粪便如糊状有腥臭味，多为细菌性腹泻，如仔猪副伤寒。粪便稀薄，其中有不消化饲料，多为消化不良、饲料霉变。

表现有消化道症状的猪病：猪大肠杆菌病、猪沙门氏菌病、猪痢疾、弯曲杆菌性腹泻、耶氏菌性结肠炎、流行性腹泻、猪传染性胃肠炎、轮状病毒性腹泻、猪—牛黏膜病、小袋纤毛虫病、仔猪杆虫病，另外猪瘟、猪巴氏杆菌病、猪伪狂犬病、猪链球菌病、衣原体病、猪附红细胞体病、猪圆环病毒病等也兼有腹泻的症状。

9. 尿液

公猪正常排尿，尿液呈股状而持续的短促射出；母猪排尿时，后肢展开、下蹲、举尾、背腰拱起。正常猪24小时内排尿2~3次，尿量2~5升。

（1）频尿。排出尿量增多，比重降低，因肾小球滤过率增加或肾小管重吸收降低。多见于非炎症型肾病、膀胱炎、结石，若尿液性质改变可能有尿路炎症。

（2）少尿或无尿。肾小球滤过率减少，而肾小管重吸收机能增强，见于肾炎，可能有功能性肾衰竭，器质性肾衰竭，或梗阻性肾衰竭。

（3）排尿困难和疼痛。表示尿道炎、阴道炎、前列腺炎、尿道阻塞。

（4）尿失禁。表示一些脑病，中枢神经或脊髓损害，使膀胱括约肌松弛。如昏迷、中毒、腰脊髓损伤、膀胱内括约肌麻痹所致。

（5）尿色。有以下4种情况。

发黄：见于各类黄疸，如附红细胞体病、圆环病毒病等。

尿红（血尿）：肾性血尿：排尿开始到结束，始终为红色，分布均匀；膀胱血尿：排尿结束时尿液呈红色，尿液中有红细胞；尿道血尿：排尿开始时尿液中有红细胞。见于肾炎、膀胱炎、尿道炎、败血病、血孢子虫病；尿血红蛋白：见于硒缺乏等；暗红色尿：新生仔猪溶血病。

浓茶色尿：猪附红细胞体病。

尿色发暗：猪焦虫病。

10. 流产胎儿

（1）弓形体病。包囊型死胎。

（2）蓝耳病。母猪流产后的死胎。

（3）伪狂犬病。流产，死胎。

（4）细小病毒病。母猪感染，产下不同组合的木乃伊和死胎。

（5）乙脑。死胎、畸胎或木乃伊胎，乙脑小猪脑组织液化，头部和躯体不同程度水肿。

（6）猪瘟繁殖障碍型。母猪所产的死胎、木乃伊胎、仔猪头部呈水牛头样。

（7）母猪无临床症状而发生流产、死胎、弱胎的病。细小病毒病、伪狂犬病、衣原体病、繁殖障碍性猪瘟、猪乙型脑炎。

（8）母猪发生流产、死胎、弱胎并有临床症状的病。猪蓝耳病、布鲁氏菌病、钩端螺旋体病、猪弓形虫病、猪圆环病毒病、代谢病。

第二节　病理剖检常见的变化

一、心脏的炎症

1. 心内膜炎

常见于猪丹毒、黄曲霉中毒和化脓性细菌病（如链球菌病）。

2. 心外膜炎

常见于猪瘟。

3. 心肌炎

（1）实质性心肌炎。多见急性败血症，如口蹄疫（虎斑心）、弓形虫病、链球菌病、猪丹毒、猪囊尾蚴病。

（2）间质性心肌炎。见于传染性和中毒性疾病。

（3）化脓性心肌炎。

4. 心包炎

心包腔蓄积多量渗出液。如链球菌病、猪瘟、圆环病毒病、蓝耳病、猪丹毒、胸膜肺炎、猪浆膜丝虫病等。

5. 纤维素性心包炎

副嗜血杆菌病心包的纤维素性炎症；猪肺疫肺膜和心外膜的纤维素性炎。

二、脾炎

1. 急性脾炎

脾肿大。见于链球菌病、炭疽、急性丹毒、急性伤寒、附红细胞体病、沙门氏菌病、梭菌性疾病、猪圆环病毒病、肺炎双球菌病。

2. 坏死性脾炎

出血性败血症。脾不肿大或轻度肿大。如猪瘟、圆环病毒病。

3. 化脓性脾炎

猪不多见。

4. 慢性脾炎

肿大 1~2 倍，见于布鲁氏菌病。

5. 脾浆膜炎

副嗜血杆菌病脾浆膜的纤维素伪膜。

三、淋巴结炎

1. 急性淋巴结炎

见于副嗜血杆菌病、弓形体病、链球菌病、炭疽、猪丹毒、猪瘟、圆环病毒病、蓝耳病、出血败血症等急性传染病。

2. 慢性淋巴结炎

多见慢性病。

四、肺炎

与其他器官相比较，肺部的病理变化是最为复杂的，不仅有其他脏器也可发生的炎症及其后续的病变（变性、坏死、肉芽浸润、机化等），还可发生肺脏特有的病变，如气肿、肺不张、实变等；由于传播途径比其他脏器多，除血行传播、淋巴传播外，还有气道（支气管树）传播，因此，病变范围、病变早晚、病理过程的不同阶段常呈现于同一肺脏，加上并发、继发的疾病变化，使得肺脏的病理变化纷纭复杂，不好识别，给正确的诊断造成困难。

1. 肺脏病检识别中的误区

（1）以"混合感染"代替所有的诊断。正因为肺脏病变复杂多变，不经反复多次的感观实践难以分辨，"混合感染"自然成为快捷的诊断。在许多情况下，"混合感染"是事实，但是以"混合感染"一词了之，分不清疾病的主次，分不清发病的先后，找不到发病的病因，从而无法制订正确的防治方案。任何疾病，包括"混合感染"的发生都会在相应的组织器官留下病理变化的轨迹，关键是识别。

（2）只看病理变化，不知道其中的临床意义。许多人对出血点特别看重，以为肺浆膜上有较多出血点就是病情严重。其实很可能是浆液性出血性炎症的初期；见到炎灶切面流出多量的血样液体就说是肺水肿；不知道干燥的肺切面的临床意义比湿润的切面更严重；见到尖叶、心叶的腹面有少量增宽的间质就诊断为有病毒参与的混合感染。

（3）不按识别程序，遗漏了重要病变的观察。如果从横隔处打开胸腔就可能让胸水流到腹腔；如果只看纤维素沉着与粘连，不看胸膜光滑与否，就可能让胸膜性肺炎与支原体肺炎无法区别；如果漏掉肺门淋巴结的病变容易使全身性疾病遗漏。

2. 正常肺脏的表观特征

正常肺脏呈粉红色，肺胸膜平坦光滑有光泽，肺小叶间质分明，触摸柔软，有弹性，无颗粒感，切面既不干燥亦不明显湿润，用手挤压，有少量淋巴液、血液渗出，切块投入水中，既不下沉到底，亦不浮在水面。

3. 肺脏检查的程序

首先用刀尖刺穿横膈与剑状软骨的附着处直下方，让空气进入胸腔；再从两侧肋软骨处切断胸骨与肋骨的联系，打开胸腔检查胸水与粘连等病变，再在靠脊柱的肋骨端锯断肋骨，暴露胸腔；在胸腔入口处切断气管，取出肺脏，并将肋面向上，检查肺脏体积形态，肺胸膜色泽，肺表面有无凹陷、凸隆、纤维素、出血、结节；确定病变部位所占比例；再将肺脏腹面向上同样检查；对病灶先纵切后横切，检查病灶的切面。最后检查肺门淋巴结。

4. 肺部的基本病理变化

肺脏的基本病理变化包括小叶性肺炎、大叶性肺炎、间质性肺炎、肺膨胀不全、肺气肿、肺充血、肺水肿、肺实变。这些基本病理变化都有各自的形态学上的特点，有各自病变发生发展的过程，病理变化同病程之间有必然的关联，一种病变还可以引起其他病变，不同的基本病理变化寓意不同的临床意义。

（1）小叶性肺炎。

病变部位：发生于肺部前腹侧，即尖叶、心叶、中间叶、膈叶的前腹侧。若为气道传播可见扇形状分布的病灶，若有淋巴管发炎蔓延小叶邻近间质性炎症区；若为血源性散播，则在更广泛区域乃至全肺可见小叶性病变。

外观特点：早期肉眼难见明显病变，但用手触摸可感到细小颗粒感。其后，发炎的小叶肿大，隆起，质地较实，呈紫红色。依其炎症渗出物不同，其颜色还可为灰红色、灰黄色，切面平滑，如肉样，不呈颗粒状突出，湿润。从细支气管内可挤出黏液或黏液脓性分泌物。发炎小叶周围有隆起的灰白色气肿区或塌陷的肉样膨胀不全区。当小叶炎症处于不同时期时，由于多种病变混杂存在，构成多色彩的斑驳外观。发炎小叶若为灰白色，多为慢性炎症或有继发感染。若肺叶出现裂隙，是小叶性肺炎的特有外观。

临床意义：单纯性小叶性肺炎，首先寓意为条件性病原微生物所致。包括支原体、猪副嗜血杆菌、猪链球菌、伪膜性肠炎等最为多见。流感病毒也引起小叶性肺炎。此外，尘埃、刺激性气体、低温等物理因子也可引起。蛔虫、肺丝虫、霉菌所致的小叶性肺炎主要分布在膈叶肋面。

（2）大叶性肺炎。

病变部位：多发生于尖叶、心叶、隔叶等下部，以肋面居多，亦可只发生于膈叶中后肋面。常为两侧性，多不对称。

外观特点：感染组织一般高出邻近正常组织。充血水肿期，发炎肺区呈暗红色，凸出肺缘，质地稍实，切面平滑，流出多量血样液体。红色肝变期，发炎肺区变硬。如肝脏质地，呈黑红色，高出肺缘更明显，切面干燥，呈颗粒状；小叶间质增宽水肿，切面呈串珠状凝固的淋巴液小滴，切块沉入水底；胸膜无光泽，有灰白色纤维素渗出物附着，胸膜呈暗红色至黑红色，胸膜下组织水肿。灰色（黄色）肝变期，病灶呈灰红色、灰黄色、灰色，质地更硬实，切面干燥，颗粒状突出更明显。消散期时，病灶多呈灰黄色，质地变软，切面变得湿润，颗粒状外观消失，挤压可留出脓样液体，若有肉芽生长，病灶呈肉样质地，呈褐色，体积缩小，低于肺缘，切面平，无渗出液流出。

由于发炎的小叶病程不一致，加上水肿增宽的间质夹杂其中，故呈大理石样的外观，切面亦然；临床上还常见到单一的红色肝变期或灰色肝变期的病变，并不呈现大理石样的外观。

临床意义：同小叶性肺炎一样，条件性的病因是决定病原微生物致病的决定性因素，这些因素是高密度、舍内空气质量低劣、低温、暑热、霉菌毒素等引起的免疫抑制等。在条件性病因作用下，胸膜肺炎放线杆菌可引发大叶性肺炎，偶尔是沙门氏菌、肺炎球菌。

（3）间质性肺炎。

发生部位：在膈叶肋面的中后部。

外观特点：一种是以渗出细胞成分为主的，炎灶呈小灶状分布，呈灰红色或灰白色，弹性变差，稍有实感，切面平整、湿润；病灶可小如针头、粟粒，大到一个小叶，乃至融合成大叶。病灶如硬变，体积缩小发白则为慢性纤维化。另一种是以渗出的液体成分为主的，表现间质增宽几倍乃至十几倍间质呈半透明，切开间质流出淋巴样的液体或凝条，在间质周围分布有病变的小叶和正常小叶。

临床意义：间质性肺炎多是全身感染性疾病在肺部的表现。①见于流感病猪肺弥漫性肺炎性水肿；伪狂犬的出血性肺炎；②链球菌肺水肿，支气管淋巴结紫红色，体积肿大；③蓝耳病肺炎的出血性病变、间质性肺炎；④猪肺疫肺大理石样外观或肺炎灶周围组织出血或肺炎灶周围组织淤血水肿气肿；猪气喘病尖叶、中尖叶及膈叶前下沿界限明显的胰变或虾肉样变；⑤弓形体病肺脏肿大呈暗红色带光泽，间质增厚、肺表面有粟粒大或针尖大出血点或灰黄色坏死灶、或表现病肺间质增宽水肿，大小不一的灰白色病灶，弓形体病包囊型死胎肺炎灶；⑥圆环病毒肺淤血肿大、间质增宽、散在出血灶；⑦钩端螺旋体肺出血、黄染；⑧猪黄曲霉素中毒肺淤血、出血，有灰白色区域；⑨猪瘟急性型肺门淋巴结出血性病变，肺出血灶；⑩猪丹毒急性型肺花斑样；有时蛔虫感染也可形成间质性肺炎。

（4）肺膨胀不全。眼观低于周围健康肺组织，呈暗红色或紫红色或淡蓝红色，质地似肉样，切面湿润；若伴有淤血，则患部呈现脾脏样硬度；典型病变时肺胸膜有皱纹。患部紧靠发炎的小叶，一般继发于支气管肺炎。

（5）肺气肿。临床上多见局灶性肺气肿，呈小灶状分布在炎灶与膨胀不全灶的周围，高出肺缘，呈苍白色，按压可使其变平，切面整齐、干燥。

（6）肺充血。患肺呈深红色，韧度较正常略坚实，体积与重量超过正常，切面有大量的血液流出；长期被动充血的肺组织质地坚韧，呈铁锈色。长期一侧卧地造成坠积性充血，一侧肺呈现脾样变。

（7）肺水肿。患肺膨胀，但弹性下降，切开流出大量的淡红色泡沫样液体，支气管中也充满微红色的细泡沫样液体。

（8）肺实变。实变是肺脏特有的病变。胰变是因为渗出物以细胞成分为主，且血流供应减少，病变小叶颜色变淡，质地稍实似胰脏。肝变是因为渗出物中含有多量纤维素，积聚在炎区凝结使发炎小叶变硬，但由于血流淤滞，颜色呈暗红色似肝脏；随渗出物成分含量以及血流供应不同肝变的颜色还可呈现黄红色、灰红色、灰色。肉变是因为在慢性炎症中，肉芽生长到肺泡中，新生血管随肉芽也长入其内，颜色呈暗红色，质地似肌肉组织。脾样变是因为肺脏淤血并且有多量血清渗出到肺泡中，使肺脏质地颜色似脾脏。

5. 肺部病理剖检诊断要点

（1）开胸后首先排除胸膜炎、全肺气肿。开胸后，不急于取出肺脏，观察肺肋面浆膜（肺胸膜）与肋胸膜之间有无纤维素沉着，光洁度、胸水多少，以排除胸膜炎；观察肺部膨胀程度，有无肋骨压痕，手压的反弹力以及有无捻发音，以排除全肺气肿。

（2）从病灶的分布来区分疾病的类别。病毒引起的病变多分布在尖叶、心叶、膈叶的肋面，亦可全肺。见于伪狂犬病、蓝耳病、圆环病毒2、猪呼吸道综合征、腺病毒病、巨细胞病毒病。不少著作记载蓝耳病变在肺腹侧。小叶性肺炎的病变一般分布在尖叶、心叶、中间叶、偶在膈叶，且多在肺脏腹侧；若血行散播，则在全肺可见散在的小叶肺炎病灶。大叶性肺炎的病变多在尖叶、心叶、膈叶肋面前下部，也可见于膈叶肋面中后部。

（3）通过病灶颜色、质地、细支气管流出物性质来判断病变的新旧程度，进而判断是否是原发和继发。病灶颜色鲜红、大红，质地稍感实在，从细支气管切面流出浆液性或稍混浊液体的病灶应是新鲜病灶。病灶颜色暗红、黑红、灰红、灰黄，质地如捏脾脏，从切面流出黏液脓性分泌物，切面呈颗粒状应为较陈旧病灶。

颜色灰白质地如胰脏，或颜色暗红，质地如肉样，切面可挤出脓性物质或切面较干燥的病灶为陈旧病灶。

（4）混杂病变的鉴别。若在尖叶、心叶、膈叶的腹面既有小叶性肺炎，又有间质的增宽。发炎小叶中只有一两条增宽间质，比例很少，应视为小叶性肺炎的间质性散播，不应该为小叶性肺炎与间质性肺炎并发或继发。有广泛的间质增宽，发炎小叶病变又新鲜，且在增宽间质的周围，应视为间质性肺炎或间质性肺炎为先。有广泛的间质增宽，但小叶病变陈旧，且与发炎间质有距离，应为小叶性肺炎在先。

膈叶肋面有大叶性肺炎，尖叶、心叶又有小叶性肺炎，可以病灶的新鲜程度判定先后。

凡有鲜红出血病灶的均为新鲜病灶。广泛浆液性出血病灶常出现在病程后期，虽是新鲜病灶，但却是致命病变，多与心内膜心肌出血一块出现。

病灶周围有肺膨胀不全，肺气肿的病变，多为中后期病变。

（5）排除有肺部病损的全身性疾病。许多传染病都有肺部病损，这些疾病有伪狂犬病、蓝耳病、猪流感、猪瘟、猪副嗜血杆菌病、弓形体病，等等。他们不仅有肺部病损，更重要的还有各自的临床症状与其他脏器的特征病损，可以据此鉴别。例如猪流感有沿支气管树散播的浆液出血性小叶性肺炎，临床上有流浆液性鼻汁，眼结膜炎，皮肤分布不均出血斑，体温升高，传播快等特点；伪狂犬病除有花斑样间质性肺炎外，还有肾的针尖状出血，扁桃体的伪膜与化脓坏死，脑膜的充血水肿，临床上有肢瘫，失声等症状。

（6）确定病毒性疾病在病损中的地位。现代猪病中，病毒性疾病常常参与肺部病损，给诊断和治疗造成麻烦。所有嗜肺病毒，除猪流感病毒外，均表现间质性肺炎，因此，在存在间质增宽、水肿的病例中应特别注意鉴别。如果病毒性疾病如猪繁殖呼吸综合征、圆环病毒2是继发于细菌性病损之后，那么早期抗感染治疗应是有效的；如果病毒性疾病是原发的，那么抗感染治疗是徒劳的，应从防止原发病着手。

（7）确定细菌性病损中细菌的性质。根据肺部病损与其他脏器病损和临床信息是可以概略性确定病损细菌是革兰氏阳性还是革兰氏阴性，从而为正确选择抗菌药提供依据。一般讲，引起肺部病损的细菌以革兰氏阴性居多。毕竟多见的规律同样支配着肺部病损的诊断，但是同样需要综合诊断信息的支持，不可妄下论断。例如肺部有小叶性肺炎病损，当诊断为猪副嗜血杆菌病时，应有以下病变的支持，即心包腔、胸腔、腹腔、腕关节和跗关节腔有多量纤维蛋白渗出物，其颜色可为白色或黄色，若有绒毛心出现则正确率更高。

五、肝炎

1. 传染性肝炎（细菌、病毒、原虫引起）

如钩端螺旋体肝黄色及出血灶；圆环病毒病胆汁内有尘埃样残渣；链球菌病肝脏体积增大，紫红，严重淤血并有出血斑；弓形体病肝脏肿大，有针尖大，粟粒大甚至黄豆粒大的灰白色或灰黄色坏死灶，有的还表现有针尖大出血点，病肝表面有大小不一的灰白色病灶。猪肝脏表现出现坏死灶的病还有：猪伪狂犬病，针尖大小灰白色坏死灶；沙门氏菌病，针尖大小灰白色坏死灶；仔猪黄痢、李斯特菌病、猪的结核病。

2. 肝周炎

副嗜血杆菌肝周炎和腹膜炎。

3. 中毒性肝炎

真霉菌毒素如霉饲料中毒猪肝肿大、变性、色黄；猪黄曲霉中毒肝肿大，表面有灰白色区域。

4. 肝中毒性营养不良

铜、铁过量，代谢的毒物引起的中毒。

5. 肝硬变

蛋白质缺乏、寄生虫如猪蛔虫病（可见钻入猪肝脏胆管内的猪蛔虫）、猪棘球蚴病（可见寄生于猪肝脏的棘球绦虫）。

6. 肝脏变性和黄染

猪附红细胞体病、钩端螺旋体病、梭菌性疾病（大猪是诺维氏梭菌）、黄曲霉毒素中毒、缺硒性肝病、金属毒物中毒、仔猪低血糖、猪戊型肝炎。

六、肾炎

1. 肾小球肾炎

猪丹毒急性型肾切面皮质部肾小球明显可见；猪瘟急性型肾皮质出血性病变密如麻雀卵样；链球菌病肾脏淤血、紫色、微肿，表面可见白色斑块；弓形体病肾脏质地变软，颜色发黄、肾表面可见大小不一的灰白色病灶。

2. 间质性肾炎

与细菌、病毒感染和中毒有关。钩端螺旋体肾皮质部表面散在灰白色病灶；麦角中毒急性死亡猪的肾脏有大块灰黄白梗死区；猪瘟繁殖障碍型母猪所产死胎肾发育不良凹凸不平，所产仔的肾皮质有裂缝或小点状出血，生存到50日龄断奶仔猪，因免疫耐受，抗体水平低下，强毒在体内复制，产生毒血症而死亡，肾有弥散型出血；圆环病毒肾上腺切面坏死，肾肿大，外观淡灰色，有大小不一的斑点。

3. 肾盂肾炎

链球菌、沙门氏菌，表现为肾盂肾炎，钩端螺旋体病肾皮质与肾盂周围出血；猪瘟急性型肾切面肾乳头、肾盂出血。

4. 猪肾脏有出血点的病

猪瘟、猪伪狂犬病、猪链球菌病、仔猪低血糖病、衣原体病、猪附红细胞体病。

七、胃及小肠炎症

1. 仔猪水肿病

胃大弯水肿，肌层与黏膜分离，中间有稀薄水肿液，胃壁水肿断面黏膜下层增后10~20倍。

2. 链球菌病

胃底黏膜腺区鲜红色、充血、出血、黏膜脱落。

3. 弓形虫病

胃黏膜出血。

4. 大肠杆菌病

小肠管内充血、充气。

5. 猪丹毒急性型

胃底部和十二指肠初段充血、出血。

6. 轮状病毒病

肠黏膜出血，肠管变薄，内容物液状，肠黏膜易脱落。

7. 传染性胃肠炎

小肠充血，膨大，内有气泡，胃底黏膜出血，肠黏膜出血，小肠绒毛萎缩、变短、脱落。

8. 猪瘟

急性型胃底部黏膜出血溃疡，繁殖障碍型母猪所产新生仔猪胃底黏膜充血、出血、溃疡。

9. 猪黄曲霉中毒

胃黏膜弥漫性出血。

10. 猪蛔虫

寄生于猪小肠内造成肠黏膜损伤。

八、肠系膜炎

大肠杆菌病肠系膜有充血，出血变化；仔猪水肿病结肠间膜呈明显的浆液性水肿，小肠系膜水肿与肠浆膜充血出血；猪瘟急性型肠系膜出血；猪细颈囊蚴病有寄生于猪肠系膜上的细颈囊尾蚴。

九、大肠炎

猪瘟慢性型大肠黏膜表面的纽扣状肿和弥散性固膜性炎；霉菌毒素中毒结肠黏膜霉菌

结节；猪边口线虫病幼虫在结肠黏膜内形成的结节；猪毛首线虫病寄生于盲肠引起炎症；猪剖检见有大肠出血的传染病：猪瘟、猪痢疾、仔猪副伤寒。

十、其他炎症

1. 脑充血出血

如伪狂犬病脑充血；链球菌病大脑脑膜血管充血、扩张、实质变软；猪瘟急性型脑膜出血，因此均表现临床神经症状。

2. 胸腺出血

如猪瘟繁殖障碍型母猪所产死胎胸腺出血，猪瘟急性型胸腺出血。

3. 咽喉出血

如猪瘟急性型喉、会咽软骨黏膜出血，猪瘟急性型扁桃体出血、坏死。

4. 骨胳

链球菌病肋间淤血，深红色，骨骼横切面深红色；猪丹毒慢性型关节炎时，骨膜血管花边病灶；猪瘟慢性型肋软骨联合处骨骺线增厚。

5. 膀胱、输尿管炎症

链球菌病膀胱黏膜紫红色、淤血；猪瘟急性型膀胱黏膜出血，猪瘟急性型输尿管出血。

6. 腹腔炎症

副嗜血杆菌病腹腔内的纤维素条索，链球菌病皮下和腹腔脂肪粉红色。

7. 胸腔炎症

猪肺疫胸腔内的黄红色混浊液体。

8. 白肌病

引起猪的骨骼肌变性发白的病。

（1）恶性口蹄疫。成年猪患恶性口蹄疫时，骨骼肌变性发白发黄，而口腔、蹄部变化不明显，幼龄猪患口蹄疫时主要表现心肌炎和胃肠炎。

（2）应激综合征。肌肉分生变性呈白色。

（3）猪缺硒。仔猪一般发生白肌病（主要是1个月以内的发生），二个月左右的发生肝坏死和桑葚心。

（4）猪的肌红蛋白尿。骨骼肌和心肌发生变性和肿胀。

9. 睾丸炎

流行性乙型脑炎、布鲁氏菌病、衣原体病、类鼻疽一侧性和两侧性睾丸肿胀，实质性出血、坏死而转为萎缩。

10. 子宫内膜炎

链球菌病、布病、伪狂犬病、蓝耳病等均能引起子宫内膜炎，表现不孕症。

11. 乳腺炎

链球菌、葡萄球菌、大肠杆菌、沙门氏菌、绿脓杆菌、口蹄疫病毒等均能引起乳腺炎。

12. 皮炎

猪疥癣病断奶仔猪全身皮肤疥螨病变、四肢皮肤疥螨病变、耳内侧皮肤疥螨病变、面部和耳根部的皮肤疥螨病变、种公猪全身皮肤疥螨病变。猪虱病寄生于背毛上的虫卵、寄生于背毛中的血虱、因血虱叮咬引起的疱状病变。耳坏死（螺旋体病）、猪痘、玫瑰糠疹、皮炎/肾病综合征、营养缺乏（维生素 A、维生素 C、锌），也均能引起渗出性皮炎。

表现皮肤发绀或有出血斑点的猪病：猪瘟、猪肺疫、猪丹毒、猪弓形虫病、猪传染性胸膜肺炎、猪沙门氏菌病、猪链球菌病、蓝耳病、猪附红细胞体病、衣原体病、猪感光过敏、病毒性红皮病、亚硝酸盐中毒等。

猪的耳廓增厚或肿胀的病：猪感光过敏、猪皮炎肾病综合征、猪放线杆菌病。

13. 伴有关节炎或关节肿大的猪病

猪链球菌病、猪丹毒、猪衣原体病、猪鼻支原体性浆膜炎和关节炎、副猪嗜血杆菌病、猪传染性胸膜肺炎、猪乙型脑炎、慢性巴氏杆菌病、猪滑液支原体关节炎、风湿性关节炎。

第三节　猪病临床症状鉴别要点

一、咽喉、皮肤有病变的疫病

1. 症状表现

（1）明显的咽部肿胀。

呈慢性经过的：猪炭疽。

呈急性经过的：猪肺疫。

（2）不出现咽部肿胀。

一是无年龄限制、皮肤红斑指压不褪色：猪瘟。

二是多发架子猪、皮肤红斑指压褪色。

红斑不突出，皮肤也无棱角和边界：猪弓形虫病；

红斑突出，皮肤有棱形、方形、长方形等：猪丹毒。

三是多发生于仔猪、红斑多见于肢体末梢。

伴有跛行和神经症状：猪链球菌病；

伴有腹泻、皮肤湿疹：仔猪副伤寒。

2. 鉴别要点

（1）猪瘟。各种年龄猪发病率、死亡率高，流行猛烈、稽留热，脓性结膜炎，皮肤红斑点指压不褪色。先秘后泻，粪带黏液。

（2）猪肺疫。发病急，呼吸困难，鼻涕，咽颈肿。注意常有猪瘟并发。

（3）猪炭疽。慢过程，无症状。少数咽峡炎、颈痛不活动。

（4）弓形虫。散发，架子猪多。呼吸难，犬坐势，耳、腹肢下部皮肤红。腹股沟淋巴结肿。病死率高。

（5）猪丹毒。地方性流行，主发架子猪，病急。体温42℃以上，皮肤"钻石疹"。

（6）败血型副伤寒。仔猪，地方性流行，腹痛腹泻，体末梢皮肤紫。（注意：常并发猪瘟。）

（7）猪链球菌病（急性败血型）。仔猪，地方性流行，传播快，病急，病程短，体末梢皮肤紫红，有出血点，神经症状，跛行。

二、呼吸症状明显的疫病

1. 症状表现

（1）体温正常。

吸气困难，有鼻腔病变：猪萎鼻；

呼气困难，无鼻腔病变：猪气喘病。

（2）体温升高。

一是呈流行性：

经过不良：猪瘟；

良性经过：猪流感。

二是散发性或地方性流行：

良性经过：类流感型伪狂犬病；

经过不定：猪肺疫；

经过不良：猪弓形虫病。

2. 鉴别要点

（1）猪萎缩性鼻炎。吸气困难，鼻部发炎，喷嚏频繁，面部变形，半月状泪斑。

（2）猪霉形体肺炎。呼吸困难并增数，腹式，常咳嗽。（注意与猪肺丝虫、猪蛔虫寄生肺脏的咳嗽区别）。

（3）猪瘟。见前。

（4）猪流感。急性接触性传染。发热，急性支气管炎，肌肉关节痛。冬季流行，传播迅速。突然发病，病程短促，多病少死。

（5）伪狂犬病。流感型高热，呼吸困难，流涕咳嗽，上呼吸道和肺发炎，时有吐泻。良性经过，几天康复，个别有神经症状而死亡。神经败血型伪狂犬病的仔猪，高热、吐泻、惊厥、抽搐、麻痹。多病多死。大猪为隐性感染，少数呼吸症状，孕猪流产。

（6）猪肺疫。见前。

（7）弓形虫。见前。

三、神经症状明显的疫病

1. 症状表现

（1）症状明显。

眼球震颤：猪传染性脑脊髓炎；

呕吐和便秘：猪血凝病毒性脑脊髓炎；

类流感，败血症：猪伪狂犬病；

攻击人、畜：猪狂犬病；

败血症状伴逐渐消瘦：猪李斯特菌病；

头部水肿：猪水肿病；

败血症、跛行：猪脑炎型链球菌病；

肌肉强直：破伤风。

（2）病猪少数有明显神经症状。

伴流产，睾丸炎：猪乙脑。

（3）较明显。

伴败血症和肠炎：猪瘟。

2. 鉴别要点

（1）猪传染性脑脊髓炎。神经症状，眼球震颤。多发仔猪。地方流行或散发，冬季多见，病死率80%，无眼观病变。

（2）猪血凝病毒性脑脊髓炎。神经症状，呕吐、便秘，多发仔猪，散发或地方流行，冬季常见，死亡率高，呈败血症特点。

（3）猪伪狂犬病。神经症状，仔猪败血症状，4月龄以上呈类流感症状，母猪带毒、流产，无季节性，多发仔猪，地方性或散发，死亡率80%，无眼观病变。

（4）猪狂犬病。神经症状，攻击人、畜，散发，无季节性，有咬伤史，死亡率100%。

（5）猪乙型脑炎。神经症状，雄性睾丸炎，雌性流产，散发，成年猪，多见于5—9月，病死率低。

（6）猪李斯特菌病。神经症状，败血或渐瘦，多发仔猪，地方或散发，冬春多见，病死率70%。

（7）猪水肿病。神经症状明显，头面水肿，呼吸困难，速发型过敏症状，多见仔猪，地方流行，常见4—9月。病死率高，胃大弯和结肠系膜水肿。

（8）神经型猪瘟。神经症状明显，败血症，肠炎，见于少数仔猪，流行无季节，死亡100%，有典型猪瘟病变。

（9）脑膜脑炎型链球菌病。神经症状明显，败血，跛行，大小均发病，无季节性，5—11月居多，仔猪死亡率高，有出血和腹膜炎病变。

（10）猪破伤风。神经症状明显，全身肌肉强直，意识清楚，大小易感，散发，无季节，病死率高，无眼观病变。

四、仔猪腹泻症状的疫病

1. 症状表现

（1）排含有坏死组织和纤维素状物稀便：仔猪副伤寒。

（2）血性黏液腹泻：猪痢疾。

（3）排黄白、暗黑色水样或糊状稀便：猪轮状病毒病。

（4）排白色糊状便：仔猪白痢。

（5）排黄色糊状便：仔猪黄痢。

（6）排红色黏性稀便：仔猪红痢。

（7）排灰色或黄色水样稀便：

传播快、仔猪死亡率高，伴有呕吐：猪传染性胃肠炎；

传播慢、仔猪死亡率低：猪流行性腹泻。

2. 仔猪腹泻症鉴别要点

（1）猪副伤寒。1~4月龄多发，无季节性，地方性流行或散发。应激因素促进发病，急性败血，剧泻，慢性反复腹泻，皮肤紫疹。

（2）猪痢疾。2~4月龄多发，无季节性，传播慢，流行长，易复发。发病率高，死亡率低，体温正常，粪多黏液和血（胶冻状）。

（3）猪轮状病毒病。发于2月龄内仔猪。多见于寒冷季节，发病率高，病死率低，症状似传染性胃肠炎，但轻而缓，粪黄白或灰暗，水样或糊状。

（4）仔猪白痢。10~20日龄，地方流行，发病和死亡率均不高，季节性不明显，有急性和慢性之分。

（5）仔猪黄痢。1周龄内发病，地方流行，病死均高，少吐，黄痢，有急性和最急性之分。

（6）仔猪红痢。3日龄内，地方流行，发病不定，死亡高，偶呕吐，排红色便，最急性或急性。

（7）猪传染性胃肠炎。不分年龄，仔猪死亡率高，发于寒季，传播快，病多，初期呕吐，排灰、黄稀粪，迅速脱水，多数可康复。

（8）猪流行性腹泻。流行性和症状同传染性胃肠炎，传播慢，死亡率低。

五、以流产为主的疫病

1. 症状表现

（1）流产母猪不伴明显的其他症状。

流产胎儿皮下、黏膜和浆膜出血，胎衣水肿，附有纤维素：布鲁氏菌病。

流产胎儿大小不一，有不同时期死胎和木乃伊：乙脑。

初发流产，呈流行性，达30%~70%，死胎60%以上：蓝耳病。

产仔数少（4个以内），混产（木乃伊、死胎、弱仔、健仔），第一胎流产的为多，分娩延2~3周，配种36~40天后又发情：细小病毒。

（2）流产母猪伴有发热、呼吸困难、淋巴结肿大症状：弓形虫病。

2. 鉴别要点

（1）布鲁氏菌病。流产多在第三个月，流产胎儿皮下黏膜、浆膜出血，胎衣水肿附有纤维素，无木乃伊，新感染群流产率达50%~80%，雄性睾丸炎（肉芽肿），副睾肿，雌性关节炎等。

（2）乙脑。妊娠前中后期均可发生流产、非化脓性脑炎，流产胎儿大小不一，时有死胎和木乃伊。流产儿脑水肿，皮下胶样浸润，腹水多，肝、脾、肾坏死灶。公猪睾丸炎（一侧性）。

（3）蓝耳病。妊娠后期流产，死产率35%，早产：弱仔多（50%），呼吸道症状明显，受胎率降至 40%~50%，肥育猪易感染链球菌，巴氏杆菌、沙门氏菌。

（4）细小病毒感染。主要发生初产母猪。产死胎、畸胎、木乃伊、弱仔、健仔。分娩延时 2~3 周，窝仔数少（4 只仔猪或更少）。母猪发情不规律，配后 36~40 天又发情。

（5）弓形虫病。早产、死胎或胎儿发育不全。稽留 40~42℃，咳嗽，呼吸困难，皮肤结膜绀紫，（大猪败血型和慢性型），颌下淋巴结炎。

六、口蹄有水疱的疫病

1. 症状表现

（1）各种家畜均可感染：猪水疱性口炎。

（2）偶蹄兽感染：口蹄疫。

（3）仅猪感染：猪水疱疹。

（4）猪、人感染，病情轻：猪水疱病。

2. 鉴别要点

（1）口蹄疫。牛、羊、猪均易感，人也可感染，大流行，发病率高，致死率：成年 3%，仔畜 60%。口疱少而重。蹄疱多且重。

（2）猪水疱性口炎。各种家畜、人易感。地区性散发，发病率 30%~95%，无病死，口疱多，蹄疱少或无（偶见）。牛、羊、猪均易感。

（3）猪水疱疹。仅猪易感。地方性或散发，发病率 10%~100%，无病死，口蹄水疱均多。

（4）猪水疱病。猪易感，人也可感染，不感染牛羊，类似猪口蹄疫流行和症状，但不致死，口疱很少且轻，蹄疱多而重。

七、猪病临床症状判断

（一）猪下痢症判断

1. 乳猪腹泻

（1）1~3 日龄发病，黄色含凝乳块稀便，迅速死亡。可查仔猪黄痢、脂肪性腹泻。

（2）3~10 日龄发病，灰白腥味臭稀便，死亡率低。可查仔猪白痢、轮状病毒感染。

（3）7 日龄左右发病，血样稀便，死亡率高。可查仔猪红痢、坏死性肠炎。

（4）上吐下泻，大小猪都发病、病程短、死亡率高。可查传染性胃肠炎或流行性腹泻、中毒。

（5）冬春发病，水样腹泻，快速脱水，乳猪多发。可查轮状病毒感染、低血糖症。

2. 保育猪及肥猪拉稀

（1）潮湿季节多发，高烧 41℃ 左右，便秘或腹泻、耳朵腹部红斑。可查伤寒、猪瘟。

（2）2~3 月龄猪拉黏液性血便，持续时间长，迅速消瘦。可查猪白痢、肠炎。

（3）上吐下泻，大小猪都发病，病程短。中大猪死亡率低。可查传染性胃肠炎或流行腹泻、马铃薯中毒。

（二）母猪繁殖障碍及无乳症状判断

1. 流产、死胎、木乃伊、反情和屡配不孕

（1）流产、死胎、木乃伊及弱仔、母猪咳嗽、发热。可查伪狂犬病。

（2）有蚊虫季节多发，妊娠后期母猪突发流产，未见其他症状。可查流行性乙脑脑炎。

（3）初产母猪产死胎、畸形胎、木乃伊胎，未见其他症状。可查细小病毒感染。

（4）妊娠4~12周流产，公猪睾丸炎。可查布鲁氏菌病。

（5）潮湿季节多发，母猪流产与母猪不同时发病的还有中大猪身体发黄、血尿。可查钩端螺旋体病。

（6）母猪发热、厌食、怀孕后期流产，产死胎、弱仔，断奶小猪咳、喘，死亡率高。可查蓝耳病。

2. 母猪产后无乳

（1）产后少乳、无乳、体温升高、便秘，可查无乳综合征。

（2）母猪产后体温升高，乳房热痛，少乳无乳，可查乳房炎。

（3）母猪产后从阴道排出多量黏性分泌物、少乳无乳，可查子宫内膜炎。

（三）猪皮肤及神经症状判断

1. 皮肤斑疹、水疱及渗出物

（1）5~6日龄乳猪发病，红斑水疱、结痂、脱皮，可查渗出性皮炎。

（2）炎热季节猪皮肤发红，体温升高，神经症状，可查日射病或热射病。

2. 惊厥及行动异常、怪叫

（1）中大猪皮肤大片斑疹、发热、咳喘、整群发育差，可查皮炎肾病综合征。

（2）新出仔猪神经症状、体温高、妊娠母猪流产、死胎、咳喘，可查伪狂犬病。

（3）病猪突然倒地、四肢滑动、口吐白沫死亡，可查链球菌性脑膜炎、仔猪水肿病、亚硝酸盐中毒。

（4）仔猪出生后颤抖、抽搐、走路摇摆、叼不住奶头，可查仔猪先天性肌肉震颤、新生仔猪低血糖症。

（5）仔猪呼吸心跳加快、拒食、震颤、步太不稳，可查猪脑心肌炎。

（6）流延、瞳孔缩小、肌肉震颤、呼吸困难，可查有机磷中毒。

（四）自主全身性疾病症状判断

1. 仔猪体温升高性全身疾病

（1）体温升高、扎推、眼屎黏稠、初腹泻后便秘、皮肤红斑点，可查猪瘟、副伤寒。

（2）高热、皮肤上有像烙铁烫过的打火印、凸出皮肤，可查猪丹毒。

（3）体温升高、呈犬坐姿势张口呼吸、从口鼻流出带血泡沫，可查传染性胸膜肺炎。

2. 仔猪体温不高性全身疾病

（1）8~13周龄仔猪普遍长势差、消瘦、腹泻、呼吸困难，可查猪圆环病毒病。

（2）皮肤黏膜苍白、越来越瘦、被毛粗乱、全身衰竭，可查铁缺乏症。

（3）病猪症状一致、神经异常、上吐下泻、呼吸困难，可查中毒。

（4）消瘦、全身苍白、发黄、拉稀、长势差，可查寄生虫病。

（五）猪咳嗽、喘息及喷嚏症状判断

1. 育时成猪咳嗽

（1）病初体温升高、咳嗽、流鼻涕、结膜发炎、皮肤红斑，可查猪肺疫。

（2）长期咳嗽、气喘时轻时重、吃喝正常、一般不死猪，可查气喘病。

（3）全群同时迅速发病，体温升高，咳喘严重，眼鼻有多量分泌物，可查猪流感。

（4）早晚运动或遇冷空气时咳嗽严重、鼻涕黏稠、僵猪，可查猪肺丝虫病。

2. 乳猪咳嗽

（1）咳喘、发热、呕吐、拉稀、神经症状，可查伪狂犬病。

（2）咳嗽、颌下肿包、高烧、流泪、鼻吻干燥，可查链球菌病。

（3）呼吸困难、肌肉震颤、后肢麻痹、共济失调、打喷嚏、皮肤紫红，可查蓝耳病。

（4）咳喘、高热、拉稀或便秘、体表红斑、血便，可查弓形体病。

3. 乳猪打喷嚏

（1）喷嚏甩鼻、黏性鼻液、呼吸困难、鼻子拱地蹭，可查猪萎缩性鼻炎。

（2）咳喘喷嚏、全群同时迅速发病、体温升高、眼鼻有多量分泌物，可查猪流感。

（3）咳喘喷嚏、肌肉震颤、后肢麻痹、共济失调、皮肤紫红，可查蓝耳病。

第四节　兽医诊断疾病的步骤及思维方法

第一步，通过临床观察，判断疾病是否已经发生。

通过有意识地观察动物生长及繁殖的表现，了解其是否异常。若异常，判断是否为发病现象。这一步需要专业知识或饲养经验。因为有些异常生理现象有可能不是发病现象，也有可能是发病现象。如猪的拒食，因饲料变味变质等原因引起猪的拒食，因母猪处在发情初期而拒食，均不属于发病现象，除以上原因外，猪的拒食往往是发病现象。

若判断不准是否为发病现象，可进行连续全面观察，直至确认为发病的临床症状出现，才正式进入诊断的过程。

第二步，依据获知的初步临床症状，大致勾画出可疑疾病范围。

经现场亲自观察或饲养者口述，在初步了解了临床症状概况后，兽医开始正式进入诊断的过程。首先，依据初步临床症状，在脑海中大致勾画出可疑疾病的范围。此时，兽医运用的思维方法是怀疑法。即针对已知症状，将头脑中储存的与该症状有主要关系的常见疾病调出来，列入应怀疑的目标，将这些目标汇集在一起，构成可疑疾病的范围。从勾划可疑疾病范围角度，将遇到的各种各样临床症状，归纳为以下5种。

第一种，可以确定某一种疾病。此情况是有对应于某一种疾病的示病症状出现。比如，遇见病猪木马样症状，就可以确定所怀疑的疾病是破伤风，因为木马样强直痉挛是示病症状。

第二种，可以勾画出有限几种可疑疾病的范围。仅呈现一种对应于某几种疾病的主要症状。依据主要症状，可以勾画出有怀疑价值的疾病。比如，在病猪的鼻盘、齿龈、乳房皮肤、蹄部有水疱或糜烂症状，可怀疑到的疾病仅有口蹄疫、猪水疱病、猪水疱性口炎、猪水疱疹4种。

第三种，可疑范围太大，无法勾画出可疑疾病的严格范围，可选择勾画出一个参考范围，也可选择不划范围。此局面指有数个症状，其中至少有一个以上对应于数种以上疾病的症状，且这些症状的组合一时看不出与少数疾病相对应。比如，初步临床症状为败血症、呼吸困难两个症状。由这两个症状分别对应的疾病有几十种，由这两个症状相结合对应的疾病也有十几种。若选择勾画出一个参考范围，往往是从常见、当地流行、多发的疾病中筛选出几种，作为开始诊断的参考范围。面对以上两个症状，一般会将猪瘟、弓形体病、链球菌、蓝耳病、猪传染性胸膜肺炎、猪副嗜血杆菌、猪副伤寒、猪肺疫考虑到可疑疾病范围。若选择不划范围，只好待流行病学调查过程中再划范围。

第四种，无法勾画出可疑疾病范围。此局面包含两种情况。其一，仅获知一些次要症状，没有得知对应于某一种或数种疾病的主要症状。比如，病猪精神委顿、食欲下降、废绝等。面对此种情况，需要直接进入全面调查和临床检查。若发现有对应于某些疾病的主要症状，才可勾画出可疑疾病范围；若仍未发现有对应于某些疾病的主要症状只有从调查中获知的可疑原因再去分析，采取一些措施，继续观察病情的变化。其二，遇见从未见过的未知症状。此情况可能为已知疾病一个罕见症状，也可能为未知疾病的症状。

第五种，无临床症状而死亡，依据常见和多发疾病，也可以大致勾画出一个参考范围。如猪传染性胸膜肺炎、链球菌病、猪肺疫、水肿病、口蹄疫的特急性型及内出血、急性中毒均可在怀疑范围，只是需要越过依据临床症状诊断步骤，直接进入剖检。

在得知初步临床症状后，大部分情况，兽医头脑中已形成一个可疑疾病的大致范围。总体上讲，这些范围仅对兽医的下一步工作起到一个指引和参考作用，不应起到限制作用。

第三步，进行一般性临床调查和流行病学调查，并依据其结果，缩小、调整或勾画可疑疾病范围。

一般性临床调查，指对动物全身状态的概况性观察。即对动物的体格发育、营养状况、精神状况、姿势、运动状况、被毛状况、体温表现、呼吸状况等项目的观察。一般性流行病学调查，指对动物群体结构、整体发病率和死亡率，不同年龄、性别动物的发病率和死亡率，大致发病经过，环境、饲养管理、饲料概况等各方面的调查。

依据初步临床症状、一般性临床检查和流行病学调查，进行综合分析，从而初步判断可疑疾病的类别。在实际诊断中，往往需要区分开外科病、产科病、传染病、寄生虫病、中毒病、营养代谢病、普通内科病。产科病和外科病中的外部创伤病与其他疾病的症状区别都十分明显，而其他几类疾病的症状都存在着很多共同性，相互间区别的主要症状特征并不多。但在很多情况下，从某些角度还是可以进行区分的。虽然大部分疾病都有个体发病和群体发病的可能，但发病的特征还是有区别的。第一，发病的年龄和季节的区别。中毒病、营养代谢病无年龄和季节的区别，而传染病往往在这两方面都有区别。第二，群体差异。中毒病和营养代谢病的群体发病症状共同性强，而传染病、寄生虫病、普通内科病共同性弱。第三，个体差异。中毒病、体格大且健壮的动物个体先发病且病情严重，而传染病除水肿病外往往个体弱的动物先发病且病情严重。第四，食欲差异。一般营养代谢病，食欲不受影响，而传染病、寄生虫病、普通内科病往往食欲下降。第五，生长差异。营养缺乏病生长迟缓、被毛粗乱，而传染病的初期和急性中毒病无此表现。第六，体温差异。传染病和炎症性疾病体温都高，而其他病的体温或正常或低。第七，突发性和非突发性差异。传染病和急性中毒病发病普遍呈现突发性，而营养代谢病和寄生虫病无突发性表现。

疾病类别的区分，可以起到三个方面的作用。第一，可以缩小可疑疾病范围。在上一步骤中，已勾画出可疑疾病范围的，通过类别区分，可以缩小范围。因为各个可疑疾病有可能对应着几个疾病类型，若某个疾病类型得到确认，对应着该类型的可疑疾病，也就得到确认；若某个疾病类型得到排除，对应于该类型的可疑疾病，也就得到排除。第二，可以调节可疑疾病范围。若依据区分结果，已确定某类疾病存在，而在原可疑疾病范围无对应的疾病，可再次依据临床症状，将有些疾病列为可疑疾病，尤其是在上一步骤中的第三种局面已勾画出参考可疑范围的情况。第三，有助于勾画可疑疾病范围。面对上一步骤中的第三种局面未勾画可疑疾病范围的情况，在此可进行勾画。其方法是，在已确定的疾病类别内，对照着主要症状和对比着流行病学调查结果，将有限的疾病，列入可疑疾病范围。

在完全确定了可疑疾病范围后，针对每一种可疑疾病，再次展开有针对性的流行病学调查。若可疑疾病为传染病，重点调查病原微生物的来源，传播途径及动物的免疫状况；若可疑疾病为中毒病，重点调查毒物来源；若可疑疾病为营养代谢病，重点调查饲料和饲养管理；若可疑疾病为普通内科病，重点调查环境和饲养管理。

在调查过程中，兽医运用思维的确认法和排除法。将符合流行病学规律特征的可疑疾病予以确认，将不符合的疾病予以排除，从而再次缩小了可疑疾病范围。同时，在调查和分析的过程中，可能会发现存在着尚未被怀疑的另外疾病。此时，再回头与临床症状去对照，若存在着与之对应的临床症状，也可将该病列入可疑疾病的范围。

第四步，针对可疑疾病，展开临床检查和调查，缩小和调整诊病范围。

临床检查的前期方法包括由表及里和由此及彼两种方法。首先，将可疑疾病按可疑程度大小排一下次序，然后依次针对每一个可疑疾病所表现出来的主要症状，采取由表及里和由此及彼的方法进行深入细致的检查。由表及里的方法，指的是由统观症状深入细观症状的检查；由此及彼的方法，指的是由症状表现的一个部位，检查到症状表现的所有部位。每次检查都会出现两个可能的结果。一个是从细观症状或症状表现部位分布判断，符合原怀疑的疾病，另一个是不符合原怀疑的疾病。将所有检查结果汇总进行分析，运用思维的排除法和确认法，依据所有细观症状和症状表现的部位分布，将原可疑疾病中全部不符的，予以排除，将相符的疾病确认为下一步可疑疾病。同时，在此过程中，从细观症状和症状部位分布看，不符合可疑疾病范围的目标，但却符合可疑范围外的另外疾病。此时，应将新怀疑的疾病列入可疑范围。

临床调查的前期，运用思维的动态法，对每一个症状的表现过程及其变化进行调查。所谓动态法，指的是从症状发生、发展的时间过程，来看症状的变化，而不是静止的看待当时检查的症状表现。比如，当时看到的症状是腹泻，经调查，之前一段时间，腹泻和便秘相互交替。一直呈现腹泻和腹泻、便秘交替，分别对应着不同的疾病。依据调查的结果，在原被怀疑的疾病范围内，有的可能被确认，有的可能被排除。在排除的同时，有可能会发现存在着另外疾病，即另外的疾病符合症状发展变化的特征。此时，也将该疾病列入可疑疾病范围。

临床检查的后期方法，采用的是怀疑式排查法。即分别将可疑疾病一一列出，沿其理论上应具有的综合征候群中除已知症状外的其他症状，进行全面诊视，得到每一种可疑疾病全面的临床症状的表现结果。在这一过程中，有可能会发现原来未发现的新的临床症状。这些新的症状，有的与可疑疾病相符，有的与可疑疾病不相符。若遇到与所有可疑疾病都不相符的新的症状，兽医再次运用思维的怀疑法，将头脑中储存的与该症状有主要关系的新的疾病列入可疑疾病的范围，此时新的疾病有可能是一种，也有可能是数种，然后分别沿各疾病理论上应具有的综合征候群中其他症状，进行全面诊视，得到各个疾病全面的临床症状的表现结果。

临床调查的后期，运用思维的联系法，对所有症状发生的时间次序进行调查。各症状均是病原或病因与动物机体相互斗争的外在现象，这些现象应该存在着一定的相互联系。有的先出现，有的伴随着前面的症状后出现；有些症状相互伴随着同时出现。所谓联系法，即从症状相互联系的角度，调查各症状出现在时间上的关系，从而来判断各症状是否有联系，若有联系，相互间有何联系。

最后，在此步骤结束时，将新列入可疑疾病范围内的后续疾病，与前一步骤中得到的流行病学调查结果进行比对，将其再次得到确认或排除。若前一步骤中，流行病调查项目不全面，尤其是针对后续可疑疾病缺少一些调查内容时，必须重新进行补充调查，从而得到对后续疾病确认或排除的有价值的依据。

经过以上前后期临床检查及前后期临床调查，又经过对后续可疑疾病的流行病学补充调查，排除掉一些原可疑疾病，又确认一些新可疑疾病。到此为止，可疑疾病的数量会筛选到很少，这样一个结果，有利于在很小的一个范围内进行断病。

第五步，依据临床症状，联系病因和发病机理及流行特点，进行临床断病。

经过以上步骤，最后被确认下来的可疑疾病有可能为一种或数种。假如可疑疾病仅为一种，往往有三种局面与之对应。第一，有可疑疾病的示病症状，若还有其他症状，联系该疾病的病因和发病机理，都可以解释得通；第二，有可疑疾病应有的全部主要症状，联系该病的病因和发病机理，都可以解释得通；第三，有可疑疾病应有的部分主要症状，联系该病的病因和发病机理，也都可以解释得通。

面对三种局面，有三个不同的结论。第一个局面，可以将该病确诊；第二种局面，基本可以确诊；第三个局面，将可疑疾病列为疑似疾病。

假如可疑疾病为二种，首先考虑其中一种，联系其病因和发病机理及流行特点，去对照所有呈现的症状，判断是否都可以解释通。然后，再考虑其中另一种，也用同样方法去做。结果有 4 种。第一，两种疾病对应的各自症状相互独立，不重叠；第二，两种疾病所对应的各自症状完全相同，相互重叠；第三，前一种疾病所对应的症状包含了后一种疾病所对应的症状，前者所对应的症状多，后者所对应的症状少；第四，两种疾病既有重叠的症状，又有各自独立的症状。

面对以上 4 个结果，有不同的结论。面对第一个结果，可以参照以上仅有一种疾病的三种局面去分别得出结论。面对第二个结果，可以将两种疾病列为同等重要的疑似疾病。面对第三个结果，若前一种疾病有示病症状，可以将其确诊；若前一疾病应有的主要症状都已呈现，可以基本确诊；若前一疾病只呈现部分应有症状，将其列为主要疑似疾病，同时，将后一疾病列为次要疑似疾病或予以初步排除；面对第四个结果，依据两种疾病是否分别具有示病症状和对应的症状是否齐全，分别得出确诊、基本确诊或者疑似的结论。

第一个结果，是典型的相互独立疾病；第二个、第三个结果，有可能是并发病或继发病，也有可能是单一病；第四个结果，是典型的并发病或继发病。

若可疑疾病为两种以上，均可参照以上分析方法，得出结论。

归纳起来，临床诊断的结论，有3类；已确诊、初步确诊和无法确诊。第一类中包括两种情况，一种为完全确诊，一种为基本确诊，面对这一类可直接进入对病治疗。第二类中包括两种情况，一种为并列疑似疾病，一种为有主有次疑似疾病，面对这一类，可选择试验性治疗，也可选择边治疗、边进入下一步诊断，还可以选择直接进入下一步诊断，若选择试验性治疗，针对第一种并列疑似疾病，必须同时针对并列疾病进行治疗；针对第二种有主有次疾病，可选择单独针对主要疑似疾病进行治疗，也可选择同时并重治疗。第三类包括两种情况，一种情况为缺乏主要症状，仅有一些次要症状或有罕见症状，无法确诊，只有继续观察；一种情况为无症状而死亡，面对此情况，需直接进入病理诊断。

第六步，尸体解剖，检查病理变化。获得病理诊断的依据。

这是病理诊断的第一步，也是临床诊断的继续。正因如此，展开此步之前，已经有了初步的结论。原则上，只有面对疑似疾病和无法确诊的初诊结论，才有必要实施这一步。当然，为了验证基本确诊的结论是否准确，也有必要实施这一步。

针对基本确诊和确诊疑似的初诊结论的病理检查，属于有应诊目标的检查；针对无法确诊的初诊结论的病理检查，属于无应诊目标的检查。

有应诊目标的检查，采用的思维方法是怀疑式检查法。即针对可疑疾病应有的病理变化进行一一排查，得到实际的病变结果，以验证该疾病存在的可能性。若应诊目标为数种疾病，必须将诊病的次序按照有利于剖检程序的目的进行排列，以防止前一种疾病检查完，破坏了后一种疾病的检查。若应诊疾病仅为一种，可直接进入该疾病的发病系统进行检查。

无应诊目标的检查，采用的思维方法是非怀疑式普查法。即不针对任何一种疾病进行的普查，得到实际的病变结果，通过病变结果，再去推断疾病。无应诊目标往往有两种情况，一是有可疑疾病范围，另一个是无可疑疾病范围。无论哪种情况，均须采用非怀疑式的普查法，进行病理检查。

无论采用何种检查方法，诊病均应遵循先系统后器官的步骤。即先检查某个生理系统内部有哪些器官和组织发生了病变，然后再检查发病器官或组织的发病部位及病理形态。除了检查眼观病变以外，若想进一步获取疾病的病变结果，可采集一些病变组织，通过实验室进行微观病理组织学检查，以获得病理组织变化的结果。

在采用怀疑式检查法进行检查时，有可能会发现有些病变不在可疑疾病应有的病变范围内。此时，必须重新考虑可疑疾病目标。其方法是，依据已知病变，结合剖检前的临床症状，重新勾画可疑疾病范围。按照新的可疑疾病应有的病变去有针对性地检查，以期得到全面和准确的病变结果。

第七步，依据病理变化检查结果，联系病因和发病机理，结合临床症状，进行病理诊断。

有应诊目标的病理检查，结果往往有5种。第一，有该病的示病病变；第二，有该病应有的全部主要病变或有或无次要病变；第三，有该病应有的部分主要病变或有或无次要病变；第四，无该病应有的主要病变，仅有一些次要病变；第五，无对应于该病的任何病变。面对第一种结果，可以将该病确诊；面对第二种结果，可以将该病基本确诊；面对第五种结果，可以将该病排除；面对第三、第四种结果，必须依据当时应诊目标的数量及其相互关系而定。假如仅有一种可疑疾病，遇到第三或第四种结果，均可将该病列为疑似疾病。

假如有两种可疑疾病，必须分别联系各自的病因和发病机理，对照所有病变，判断是否能解释得通。判断的结果有4种，第一种结果，两种疾病所对应的病变相互独立，不重叠，将二者分别列为疑似疾病。第二种结果，前一种疾病对应的主要病变涵盖了后一种疾病所对应的主要病变，同时前一种疾病又有独立的主要病变，如果在前面诊断时，也有相同的关系，可以将前一种疾病列为疑似病例，而将后一种疾病初步排除；如果在前面的临床诊断时，二者的关系正好相反，将二者均列为同等重要的疑似疾病。第三种结果，前一种疾病的主要病变和次要病变涵盖了后一种疾病的次要病变，而后一种疾病又无主要病变，可以将前一种疾病列为疑似疾病，而将后一种疾病排除。第四种结果，两种疾病各自所对应的主要病变，既有重叠的，又有各自独立的。若某一种疾病有示病病变，将该疾病确诊，将另外一种疾病列为疑似疾病；若二者均无示病病变，将二者均列为同等重要的疑似疾病。

假如有两种以上的可疑疾病，参照以上方法，进行分析、判断，从而得到诊断的结论。

无应诊目标的检查，结果往往有3种。第一，有对应于某一种疾病的示病病变；第二，有对应于某一种疾病的主要病变，同时有或无次要病变；第三，有对应于某几种疾病的主要病变，同时有或无次要病变。

面对第一种结果，将对应于示病病变的疾病，得出确诊结论。面对第二种结果，将对应于主要病变的那一种疾病，得出基本确诊结论。面对第三种结果，分别联系所怀疑疾病的各自病因和发病机理，对照所有主要病变和次要病变，判断是否能解释得通。将最能解释得通的疾病，列为第一主要疑似疾病；将第二能解释得通的疾病，列为第二主要疑似疾病；以此类推，将难以解释得通的疾病予以排除。

经过第六步和第七步的病理诊断，最后的结论往往是，有的疾病得到确诊，有的疾病得到基本确诊，有的疾病确诊为疑似疾病。

第八步，通过实验室检查或试验，获取病因的检查结果或试验结果，进行诊断。

经历了临床诊断和病理诊断后，若仍有疑似疾病，必须进入实验室诊断阶段。当然，为验证基本确诊和确诊的结论是否准确，也可选择实验室诊断，进行最后的鉴别。实验室诊断的前提是必须有诊断的方向，否则难以进行。前期诊断的结论，如疑似疾病、基本确诊及已确诊的疾病，都是这一阶段的诊病方向。

在此阶段，兽医运用的思维方法，前期是怀疑病因法，后期主要是证实病因法。怀疑病因法，指的是将诊病目标，按怀疑的程度大小依次列出来，运用猪病知识将各疾病的病原或病因锁定。证实病因法，指的是依据锁定的病原或病因，去选择相应的检查项目及检测方法，从而直接或间接获得病原或病因存在与否的证据，并依据证据存在与否及证据充分程度来进行断病。证实病因法，与临床诊断、病理诊断中运用的确认法和排除法相比，存在着根本的区别。确认法和排除法是依据疾病的发病表现，进行主观推断，而证实病因法是依据病原或病因是否存在及其充分程度，进行客观证实。

外科创伤病，普通产科病在临床诊断过程中，不难确诊。由非传染性因素引起的有些普通内科病，在临床诊断和病理诊断中，一般也可以确诊。有些能从粪便或体内用肉眼可以看到虫体的寄生虫病，在临床诊断和病理诊断中，也可以确诊。只是传染病，看不到虫体的寄生虫病，有毒物质引起的中毒病，营养缺乏的营养代谢病，由病原体引起个体动物的内科病、外科病和产科病，必须经过实验室进行最后的确诊。当然，有些疾病也无法通过实验室确诊，如有些应激性疾病、遗传性疾病，由于病因还不十分清楚，所以难以确诊。

检查传染病的病原微生物的直接方法，主要有涂片镜检、分离培养和鉴定、动物接种试验等。检查病原微生物的间接方法，即用已知的抗原来测定被检动物血清中的特异性抗体，也可用已知的抗体来测定被检病料中的抗原，从而确定某种病原微生物是否存在。因为传染病都是由病原微生物引起，并能诱发免疫应答，因此，血清特异性抗体的检出，可以间接反映病原微生物的存在。检查病原微生物的间接方法，常用的有：沉淀试验、凝集试验、补体结合试验、综合试验、免疫荧光试验、放射免疫试验和酶联免疫吸附试验。

检查寄生虫的方法，是通过获取的病料，如粪便或肠内容物等，用显微镜直接观察虫体或虫卵，从而鉴别是否有寄生虫及哪种寄生虫虫卵。

检查引起中毒病的有毒物质的直接方法，有化验法。一方面化验动物机体的某些器官或组织中是否有毒物成分及其量的大小；一方面化验饲料或食物中是否有该毒物成分及其量的大小。间接方法，有动物试验法，即用相同的饲料或食物饲喂试验动物，以观察是否有相同的临床症状和病理变化，并以此来验证有无毒物存在及所含毒物量是否能引起中毒。

检查营养缺乏病中的某一种营养，也采用化验法。一方面化验动物机体中该营养缺乏程度，另一方面化验饲料中该营养成分有与无及量的大小。

实验室断病结果往往有如下结论。第一，所怀疑的一种或数种疾病都得到证实。可以确诊；第二，对于所怀疑的疾病，有的可以得到证实，有的可以排除；第三，对所怀疑的疾病都得到排除，无法确诊。

之所以出现第三个结论，是由于所怀疑的目标不准，即在临床和病理诊断中对疾病的初诊出现了方向性偏差，也就是说，疾病肯定存在，但到底是何种疾病，判断出现了错误。补救的办法是重新依据临床症状、流行病学调查结果及病理变化，去发现新的值得怀疑的疾病，再次通过实验室获取病原或病因的检查结果，进行断病。若通过数次反复，都无法确诊，往往会遇到新的未知疾病出现。由于新的未知疾病不知其病因或病原，所以无法有针对性去检查。即使想有针对性检查，往往缺乏有效的检测手段，也无法进行。

正是由于不断有新的疾病出现，才导致在有些情况下无法确诊。正因如此，才迫使各个国家不断立项，组织科技人员去研究新疾病的病原或病因及其发病规律，研究新的检测手段，并提出防治方案。这也正反映了人类与疾病作斗争是一项无止境的事业。

以上8个步骤，是兽医诊断猪病正常所需的步骤，只是针对不同的疾病和情况，不一定完全对应全部步骤。总结出这些步骤及思维方法，对初学兽医或自学兽医的人会有指导作用，同时对已从业兽医规范其诊断，避免步骤简单和思维片面、僵化，也有一定的帮助。表面看，这些步骤和思维方法比较复杂，其实对于有成熟经验的兽医，这些步骤和思维方法都已融入思维意识之中，有些步骤与思维方法在实际诊断中一闪而过，并不显得十分复杂，只是让其讲解出具体的诊断步骤及思维方法有相当的困难。从这个角度总结出以上内容，对普及兽医诊断有着积极的作用。

第三章 规模化猪场猪病防控措施

第一节 猪场疫病综合防控体系

一、疫病综合防控体系的重要性

近年来，我国畜牧业有了长足的发展，养猪业表现尤为突出。良种改良和推广、市场的逐步完善和生活水平的提高以及加入世贸组织等使得人们对食品的安全倍加关注，养殖业生产模式由过去的农户小规模向大型的、集约的工厂化生产模式转变。但是，工厂化养殖由于人为的创造环境、饲养密度的加大、营养的限制、引种的频繁、防疫体系的缺失等使得许多规模化养殖场疾病层出不穷，效益低下甚至倒闭。据调查：95%以上的猪场防疫体系不健全或存在漏洞，70%的猪场根本不知道何为猪场防疫体系。为了强化防疫意识，转变传统的防疫观念，必须建立猪场的疫病综合防控体系，来保障养猪业的稳步发展，创更好的经济效益。同时由于疾病的困扰，抗生素的大量使用，造成药物残留，使得肉品安全成了一个主要问题。食品安全要求疫病的防控方法必须向提高群体抗病力、健康水平和生产能力的方向转变，急需综合性防疫体系的建立和实施。

当前，有些规模猪场一直把疫病防控看成是兽医的事情，似乎与饲养管理和环境控制关系不大，而且过分依赖疫苗和药物。尤其一些养猪场在疫病防控方面，继续沿用分散的副业型养猪的兽医防疫技术，势必不能防御疫病的侵袭，结果导致养猪场亏损或趋于破产，这样的实例层出不穷。实际上，防疫工作是一项系统的综合性工作，需要人和物的配合，需要内部与外界环境的协调，并把每项措施都落到实处。集约化猪场，基于密集饲养和专业化生产条件下，环境对病原和猪体之间的直接和间接影响更为明显。因此着眼环境净化，着眼以人为本，完善防疫体系，是控制规模化猪场疾病的关键。为了维护一个健康的猪只生产群体，所有疫病及其控制措施，都必须用生态学的观点对"病原、宿主、环境"之间的关系作一番系统研究。很多疫病，特别是内源性疫病，多与环境和管理水平有关，猪场内可能有20多种慢性疾病，它们在繁殖生长的任何阶段都可能出现，如果仔猪患病死亡，非常注目，能得到场领导重视；如在生猪身上表现为生长速度的减慢，母猪产活仔数降低，空怀数增加，这就比较难发现。这些慢性疫病是"看不见的小偷"，如果不能及时地发现和有效控制，将导致猪只的生产性能效益的降低。慢性消耗性的疫病主要是阻碍猪只生长，更难被人们认识因而经常是不知不觉的、长期持续的危害猪只的健康，这种慢性消耗性的疫病造成的经济损失往往比突发性的疫病还要大。猪的一些寄生虫病可降低生产效益，同样可耗费养猪生产者大量资金。

疫病综合防控体系的建立就是从猪、人、物料、环境、设备等方面，分别采取消毒、隔离、检疫、诊断、免疫、净化猪群、间歇、药物预防、猪尸和粪便处理、杀虫、灭鼠、灭蝇以及有效管理等不同的措施以防病原的侵袭。它是由互相联系、互相作用的多项措施组成的综合性体系。

无论是单一的免疫接种还是单一的卫生措施都不能代替一个系统的综合防控措施。

二、疫病综合防控体系建立的依据和原理

规模化养猪业的综合性防疫体系的建立必须以兽医流行病学、家畜传染病学的基本理论为指导，依据《中华人民共和国动物防疫法》等兽医法律、法规的要求，根据养猪生产的规律性，在日常生产中全面而系统地对猪实行保健和防疫。

建立疫病综合防控体系的基本原理是：

（1）贯彻"预防为主，防重于治"的方针。

（2）降低和减少病原微生物在猪场环境中的浓度。

（3）增强猪只自身的抗病力。

（4）除正确的选址、布局、全进全出制、卫生消毒措施之外，最重要的还是有赖于正确、有效的管理。

三、建立疫病综合防控体系的新理念

集约化养猪场，由于猪群规模大，饲养密度高，应激因素多，很容易引起疾病的流行，一旦发生疾病，也难以控制和根除，甚至某些本来在分散饲养条件下危害不大的疫病，也会严重流行，造成很大损失。因此，集约化养猪场的兽医技术工作必须与现代化大规模养猪技术相适应，保证大群养猪业的健康发展，势必改变过去传统养猪的兽医防疫方式，由应用临床兽医学向预防兽医学方式转变，通过健康监测来提高猪群健康水平和生产能力的方向发展。为此必须转变旧观念，树立新的理念，才能建立起疫病综合防控体系。

1. 建立群防群治的理念

即确立对猪群体诊断、治疗，而不是个体防控的理念。传统的兽医注重个体的预防和治疗，集约化猪场则重视群体的预防和治疗。所采取的措施要从群体出发，要有益于群体。当然也要对个体猪只的情况予以重视，因为庞大的猪群中，个体猪只虽然价值较低，但通过个体检查可从中获得较大启示。因此应根据本场实际，制订免疫计划。对一些主要细菌性疫病，应在疫病发生之前给药物预防，而不是发病一头治疗一头。

2. 树立群体保健的理念

即确立猪群保健，特别是怀孕、哺乳和保育期的保健预防，而不是病后治疗的理念。为了维护猪群健康，必须对其健康情况进行经常性的监测，即使监测结果并未超出正常范围，猪只也未表明明显的症状，但可以通过调整日粮环境及管理方法等，达到减少患病的危险，保持良好的健康状态的目的。对一些动物流行病，除了从猪群中消灭和根除病原或用无特殊病原（SPF）动物建立猪群加以处理外，还要做好群体中个体猪只的免疫，并要测定疫苗接种效果。疫苗接种后不仅要注意平均滴度，而且对滴度分布也要加以注意。因

此应根据本场实际制订猪群健康标准及经济效益指标，掌握猪群生产状态，经常巡视猪群的状态、毛色、粪便等情况，发现问题及时处理，并根据本场的设备和条件，开展免疫监测、消毒药剂的选择及消毒效果监测、疫病净化水平监测等工作。

3. 确立多病因论的理念

即改变单纯病原学而建立多种病因论的理念。疫病的发生往往涉及多种因素，如同一来源的种猪，在有的猪场会出现严重的临床型萎缩性鼻炎，而在另一些猪症状轻微或不发生，这与饲养管理、环境卫生等因素有关。随着猪场设备的老化因素病对猪场经济的危害也越来越严重。因此，诊治疫病，不仅应查明致病的原发性及续发性病原，还应考虑外界环境、管理条件、应激因素、营养水平、免疫状态等与疫病发生有关联的各种因素，用环境、生态及流行病学的理念分析研究，从设施、制度、管理等方面，采取综合措施，才能有效地控制传染病的发生与流行。由于疾病病因学认识的发展，不可避免的导致了治疗方法的改变。就典型的传染病来说，待微生物学家鉴定出病原后便可制备疫苗进行免疫接种。今后，随着研究人员的逐渐专门化，加之对疾病病因学的认识，一种疾病往往要有微生物学、病理学、生理学、营养学等多学科的专家来解释。

4. 树立健康监测的理念

健康监测将使畜禽的饲养方法及兽医业务范围发生变化。兽医工作的重点将是群体。健康监测将使研究方法发生改变，即不再孤立地考虑某种单一因素，而是更加重视各因素间的相互影响。健康监测的重点主要是集中解决一些生殖病和多病因性疾病。健康监测还将通过调整投入和管理方式，使畜禽发挥最大的生产能力，使经济效益发生改观。

5. 树立长远规划的理念

集约化猪场兽医防疫工作是一项长期的投资，必须有一个长远的计划，有计划地分期完成各项防疫措施，使兽医防疫体系不断完善。猪场的场长、主管兽医及技术骨干应相对稳定，以保证兽医防疫工作的连续性。

6. 树立预防为主的理念

应改变过去传统养猪的兽医方法，由应用临床兽医学向预防兽医学转变，由被动防疫转为主动防疫，从产前、产中、产后着手，切实做好隔离饲养、全进全出、消毒、免疫接种等各项工作，在人、猪、饲料、环境等方面，采取可行措施，逐步控制、消灭场内已有疫源，防止新的疫病传入。

7. 树立多学科共同协作的理念

一方面，兽医、畜牧、生态、机械设备等学科应密切配合，从场址选择、猪舍建筑、种猪引进、种源净化等方法，均应考虑兽医防疫问题。另一方面，作为兽医工作者，不仅要掌握有关兽医专业知识，而且要学习饲养学、营养学、生态学、遗传学、卫生、经营管理等有关知识，在实践中理论联系实际，不断总结经验和教训，不断完善兽医防疫体系，以保证养猪生产的健康发展。

总之，兽医实践方法正在从对个体动物的治疗转向群体预防；从预防疾病的疫苗接种、预防性用药及治疗病畜转向健康监测及改善管理以防止疾病发生；从对疾病的单一病因观念转向多病因认识；从单一学科转向多学科以维护动物生产。很显然，通过消灭动物流行疾病，生产效益大为提高，但将来这种提高越来越小，随之而来的将是健康监测发挥作用。

四、规模化猪场疫病综合防控体系的架构

猪场综合性防疫体系，是通过科学合理的饲养管理、免疫程序、药物保健等构建的一系列防疫措施各系统的和谐应用，达到疫病控制目的的综合措施。

1. 技术、组织人员体系

一切生产任务的体现都是要在科学技术的指导下，依靠技术人才去实现，要充分体现以人为本的观念，建立技术机构和组织，保持防疫、技术、管理人员的相对稳定性，制订规划，使得防疫体系不能有断层，保证防疫制度和措施始终连续一致。

2. 科学饲养、饲料体系

养殖场的疾病控制和防疫工作，不单单是饲养员、技术员和兽医的事情，应该是在管理者清醒认识的指导下，多方位的所有人员密切配合的事情。从引种、饲料采购、饲料加工运输、屠宰、产品销售运输、后勤保障、接待等各个方面都要以防疫为主，共同协作，促进生产健康、稳定、全面发展。

饲料原料安全：及时了解周围疫情，及时和同行业沟通交流，采购来自非疫区的没有污染的原料；坚决杜绝霉菌污染，坚决杜绝生长激素，做到饲料生产安全。使用质量稳定、可靠的预混料，绝对不能因为片面的降低成本采购发霉变质饲料和使用违禁药物。

饲料科学配方：使用优质的原料，依据不同阶段猪群的营养需要和采食量，制订合理科学、实用、低成本的饲料配方，并及时进行检测和调整，使营养全面化、成本最低化、实用可行化。

饲料品质检测和运输贮存：坚持原料、成品的检测监控，为配方提供科学依据，并且要注重运输和储存使用过程，注意储存时间，不要让饲料长时间处于高湿度状态，保持干燥，时刻检查料仓、料槽，清除发霉变质饲料。

合理的饲喂体系和饮水：饲喂要定时定量，建立自己的喂料习惯（吃干喝稀、湿料、发酵料等），按年龄、体重、性别、强弱进行分群、分圈，按不同标准饲喂。同时保证充足和清洁的饮水。

3. 环境保护体系

一个猪场环境的美化至关重要，良好的绿化可以净化空气，美化环境，也可以杀灭细菌。猪场保持原生态式的整体环境治理是猪场安全防疫的一个重要环节。循环经济模式所构筑的清洁体系是决定猪场经济效益的重要因素，集约化猪场必须高度重视养猪场的环境美化。

4. 消毒体系

消毒药品的选择和使用：消毒药的使用和选择一定考虑其理化性质，依据消毒目的合理配比，注意配伍禁忌，定期更换，交替使用。

消毒制度：始终坚持常规、紧急、终末消毒相结合，建立完善的消毒制度，从人员、车辆、物品、环境、器械、病料、粪便等多方面入手，务求彻底的建立消毒制度并监督实施。

5. 监测分析体系

规模化猪场要积极创造条件，开展免疫监测、消毒药剂选择及效果监测、药物敏感性实验、病原监测和净化等，尤其是对种猪要加强监测。通过监测检查，有针对性地调整全场饲养制度和免疫预防措施，这个工作是今后规模化猪场工作的重点。实验室检测和监测是疫病防治的有效手段，通过准确的疫病诊断，才能对防疫提供有力的科学依据。所以作为一个大型规模化猪场，实验室的检测体系的建设势在必行。完整的、准确的实验室检测和监测是疫病防控的科学武器，要充分利用。一般实验室都必须具备免疫抗体水平的监测和分析来正确指导免疫程序和计划；药物敏感性实验，来正确指导药物的合理有效使用；特定病原检测和监测以便于疾病的净化。

6. 动物福利和保健体系

在健康检查的基础上，借助饲料、饮水等，在认真全面掌握猪群体况、毛色、粪便、姿态、饮食的情况下，猪场实行定时巡视、记录、汇报制度，有针对性地调整日粮水平，改善气候通风条件，加入保健药剂，加强饲养管理，使群体保持良好的生理状态，提高自身抗病力，减少患病危险。

福利化养猪：工厂化养猪，猪所生存的内外环境条件已经远离了猪的生物学需要，几乎超出了猪的适应极限；同时与猪有关的病毒、细菌等正以超出人类控制能力的速度急剧应变，各种传染病肆虐猪群。抗生素与添加剂的滥用，耐药性对猪及人类安全的威胁，养殖业对环境的污染、肉产品的安全等使得猪场面临困境。高密度的饲养不仅造成大量粪尿、臭气、噪声的污染，同时引发各种疾病流行，导致猪的行为表达紊乱，出现咬癖、斗癖等，猪的免疫力下降、肢蹄病增加，种猪使用年限缩短等。随着我国加入世贸组织，大家逐步认识到猪也和人一样需要福利饲养，才能提供优质安全的肉品。因为只有改善猪的饲养方式和生存环境，善待猪，保证它基本的生存福利，提高自身免疫力和抗病力才是从根本上控制疫病暴发的重点。研究表明，各种重大疫病的发生与高密度饲养方式、恶劣的生存条件密切相关。

猪群的保健：抗生素在控制猪的疾病感染、促进生长、提高经济效益方面具有非常重要的意义，但是随着不合理使用和滥用，如药不对症、不合理配伍、久用产生耐药性等，使得治疗无效和药物残留直接危害人类健康。在目前规模化猪场还不能对所有疾病都提供有效的预防措施时，群体药物预防和治疗，作为猪群保健是必不可少的手段之一。抗菌药物的应用必须特别注意，制定完整的各类猪群保健程序，掌握适应症、选好给药途径、用药剂量要准确。同时要注意观察，及时修改方案，防止耐药性产生，控制耐药菌的传播；也要防止影响免疫反应，严格控制停药期。进行药敏实验、注意配合使用和配伍禁忌。要有针对性地投放维生素、氨基酸，满足和增强机体抗病力。

7. 科学合理免疫体系

这是变过去的临床兽医到预防兽医、变过去的被动治疗到主动预测防疫。坚持从产前、产中、产后入手，做好隔离、"全进全出"、消毒、免疫，实行监测净化，制订合理科学的免疫接种计划，消灭场内已有病原，防止新疫病传入。

对猪场猪群进行不同疫苗的接种是保障猪场安全生产的基础，给猪接种疫苗，可以有针对性的净化猪场的疾病和抑制疾病的发生，是防疫体系建设一个必不可少的重点。首先，要依据当地疫情发展规律和猪群健康状况制定合理的科学的免疫程序。其次是要依据疾病流行、抗体水平、制定接种计划。最后是要严格依据计划进行接种和监测。不但要注意疫苗的运输、保存、质量保证，同时要注意注射方法的正确性、疫苗类别、使用范围和剂量。做到预防接种和紧急接种的统一、随即和计划的统一，才能有效发挥这一体系的作用。

8. 治疗体系

集约化猪场致病因子众多，养猪生产又是一个系统工程，出现疾病，作为一名管理者和兽医技术人员，一定要树立发散思维、多因子论理念，从多方面考虑病因，千万不可武断。从考虑环境、管理、应激、营养、免疫状态、消毒多种因素，认真分析，多管齐下，采用综合措施，才有可能控制疾病的流行。任何一个猪场，即使没有大的疫情的发生，但是疾病是不可避免。

对疾病进行及时诊断和治疗，建立相应的治疗体系，结合免疫预防体系是必不可少的。免疫是群体，治疗则主要是针对个体。只有个体的健康才能保证群体的健康。个体的健康得不到及时处理，弱毒就会变成强毒，贻害群体。所以，治疗是必要的，也是必须及时的。防和治是一个统一体，密不可分。

9. 快速应急处理体系

出现疫情后，建立快速的应急体系，是有效及时扑灭疫情的有效手段。所以必须建设完善的应急方案，便于有效的领导和物资准备以应对不测风云，包括紧急预案的制订、启动，紧急屠宰等。

总之，一个有效的疫病综合防控体系的建设，必须遵循系统论的理念，在以上9个体系共同、完整协调和密切的配合下才能有效的发挥作用，缺失其中一个，都有可能是功亏一篑。所以我们必须从各个方面入手，只有每个体系都做好尽善尽美，才可能做到万无一失。

五、疫病综合防控体系的基本内容

具体内容主要包括隔离、消毒、免疫接种、药物保健预防、驱虫、杀虫灭鼠、诊断与检疫、疾病治疗、疫情扑灭等基本内容。

（一）隔离

隔离包括养殖场与外界环境的隔离、场区内功能区的隔离、饲养阶段的隔离、圈舍内的隔离、引种隔离、病健隔离、出栏与补栏的隔离、人与动物的隔离等。

1. 施行全进全出的生产系统

在生产线的各主要环节上，分批次安排猪的生产，做到全进全出，使每批猪的生产在时间上拉开距离以进行隔离消毒，可有效地切断疫病的传播途径，防止病原微生物在群体中形成的连续感染、交叉感染。

2. 建立完善的隔离设施

除建立消毒池、装猪台等常规隔离设施外，最好在生产区下风向处设立病猪隔离治疗舍、引进种猪的隔离检疫舍，以利于个别发病猪的治疗和防止外来病菌带入。当发现病猪时可及时转入病猪隔离舍，避免在全群中造成污染。

（二）消毒

1. 制定合理的消毒程序

根据消毒的种类、对象、气温、疫病流行的规律，制定合理的消毒程序。

"全进全出"的猪场消毒步骤为：清扫—高压水冲洗—喷洒消毒剂—清洗—熏蒸—干燥（或火焰消毒）—喷洒消毒剂—转进猪群。

2. 选用优质的消毒产品

在选择消毒药时不要怕多花几元钱，一定要选择优质的消毒药，喷雾用消毒药最好选用聚维酮碘和聚维酮溴的成分，熏蒸消毒药可选用对猪无伤害的带猪熏蒸消毒药。

消毒液最好轮换使用（每月换一种成分），推荐使用醛酸类消毒剂，具有杀菌快、穿透力强、作用持久等优点，同时对口蹄疫病毒、流感病毒、蓝耳病病毒、伪狂犬病毒及各种细菌、支原体和芽孢等具有强效的杀灭作用，冬春季节在猪舍密闭较严的情况下可同时进行带猪熏蒸消毒。

（三）免疫接种

要制订科学的免疫接种计划，按程序给猪群进行接种免疫，同时要注重疫苗的保存与运输条件，防止失效，我们调查发现很多较大的猪场在免疫接种上也有很多的误区，比如随意加大疫苗用量、防疫日龄不合理、猪瘟脾淋苗滥用等，这样易导致猪群免疫麻痹和未灭活完全的病原微生物大面积传播。

（四）药物预防保健

猪场除了部分传染病可使用免疫接种来防控外，许多传染病尚无疫苗或无可靠疫苗用于防控，而对于这部分疾病只能依靠药物进行预防。同时由于猪体内仍有一定数量的条件性病原微生物群落，加上各种饲料来源于四面八方，饲料原料在收获、晒干、贮存过程中难免携带尘土及各类病原，这些病原微生物仍可致使猪群发病。因此在饲料中加入药物预防疾病是很有必要的。

（五）驱虫

寄生虫病给养猪业带来的危害是非常巨大的，不但能掠夺猪体的营养、破坏猪体营养平衡，同时可使机体免疫力降低、生长速度下降，还增强了细菌性疾病的易感性，对猪场的经济效益影响极大。而多数养殖户只关注烈性传染病，不重视或忽略了寄生虫病的影响，没有合理的驱虫计划和措施，甚至有部分养殖户在母猪怀孕期间不敢驱虫，怕引起流产。

（六）杀虫灭鼠

想办法做好猪场灭鼠工作，但禁止养猫，因为猫属是弓形体的终末宿主，是弓形体病的主要传染源。夏季还要做好灭蚊蝇工作，消灭血虫病的传播媒介。

（七）检疫与治疗

对猪群健康状况定期检查，发现病猪立即隔离，严重者予以淘汰处理。

对于一些无传染性的疾病或有治疗价值的病猪可进行单独治疗，但要做好防止病原菌扩散工作。

（八）疫情扑灭

科学的疫情扑灭措施：发现有重大疫情时要快速诊断，查清疫源；及时隔离或淘汰，然后建立合理的全场消毒计划，根据情况全群进行紧急接种或药物预防，避免疫病的流行。

从猪场的防疫和保健入手，加大疫病防控体系的建立，并严格实施，就完全可以筑起一道安全的"防护墙"，把疫病抵御在猪场之外。

六、猪场疫病综合防控体系实施的误区

（一）消毒

消毒是保障猪场安全生产的一个非常重要的措施。猪场的许多病原微生物可以通过消毒工作来达到杀灭和抑制其传播的效果。但是，猪场工作人员在实施消毒的过程中往往会走入以下几个误区。

1. 消毒药浓度越大越好

任何消毒药浓度的配比，都具有其一定的科学性和合理性，在正常情况下。无论是环境消毒还是带猪消毒。正常的浓度配比就足以杀灭和抑制病原菌的繁殖和传播。如果消毒药的浓度过大，一方面造成消毒药的浪费，增加饲养成本；另一方面很容易导致猪的皮肤、黏膜、呼吸道的损伤，同时也有可能造成饲养工作人员的伤害。

2. 消毒药的浓度配比不准确

在生产过程中，由于工作人员责任心不强或其他原因，在对消毒液的配制过程中不采取称量或使用有固定容积的容器，往往凭感觉，这样配制出来的消毒液的浓度不高即低，浓度低起不到消毒效果，浓度高不仅造成药物的浪费，同时也容易造成对猪只和操作人员的伤害。

3. 消毒不到位、不彻底

猪场工作人员在消毒过程中，往往出现走捷径的现象。如消毒速度过快、喷洒不均匀、不采取喷雾的方式等，这样，无论是环境消毒还是带猪消毒很容易留有死角，不能很好地起到消毒的作用。

4. 消毒不同步

无论是环境消毒还是带猪消毒，应尽可能在大致固定的时间范围内进行。对于一个流水线作业的万头猪场来说，全场消毒一次大约在 2~3 小时内即可完成。所以在对猪场的消毒过程中，各车间应同时进行同时结束，能很好地起到消毒的作用，否则，病原菌就有可能扩散或传播，给猪场的安全生产构成威胁。

5. 不能彻底的贯彻和落实消毒程序

猪场在生产过程中，由于负责人监督力度不够或对职工的宣传、教育、指导不到位，造成不能彻底地贯彻和落实消毒程序和消毒制度，尤其是不进行清扫、不清除污物即进行消毒，则导致消毒效果大打折扣，给猪场的安全生产埋下隐患。

6. 对人流、物流、车流的消毒不到位

对于规模化养猪场来讲，一般都采用封闭式的管理制度，但是现实决定又不可能完全彻底的封闭，必须与人流、物流、车流不同程度的接触，如何对人流、物流、车流进行彻底的消毒是任何一个养猪场都面对的现实问题。如果这项工作做不到位，是养猪场最大的安全隐患。

7. 消毒池利用不充分

任何一个养猪场都设置车辆消毒池和员工消毒脚池，但是在实际操作过程中往往出现很大的漏洞，如消毒池消毒药的浓度不够、不定期更换消毒液、消毒池消毒液不干净、员工不走消毒池、甚至有些消毒池只加水不加消毒药等，这种现象如不加以杜绝，猪场出现疫情是必然的。

（二）疫苗免疫

对猪场不同猪群的猪只进行不同的疫苗接种是保障猪场安全生产的基础，给猪只接种疫苗，可以抑制猪场疾病的发生。但是，在猪场的生产实践过程中，往往会出现以下几个误区。

1. 免疫程序不合理

免疫程序的制定，必须以当地疫情的发展规律和猪场猪群的健康状况为依据，不能固定的套用某个地区或某个猪场的免疫程序。如果猪群的免疫程序制定的不科学、不合理，一方面使猪场的某种疾病漏防，另一方面可能引发其他的疾病，导致猪场出现疫情，给猪场的生产造成不可估量的损失。

2. 疫苗质量不过关

猪场给猪群接种疫苗质量的优劣，直接关系到猪场的命运。目前市场上流通的疫苗很多，同一个种类的疫苗就有多个生产厂家，但是质量参差不齐，甚至出现假冒伪劣产品，如果购买方稍有不慎，就会给猪场带来致命的打击。所以，猪场在选择疫苗时必须谨慎，应选择信誉度高、知名厂家生产的疫苗。

3. 疫苗运输、保存不科学

由于不同猪场的基础设施有差别，在疫苗的采购、保存过程中不规范，可能出现疫苗冷链的中断，造成疫苗质量的下降或失效。如果使用这种疫苗，对猪群不能起到很好的保护作用，甚至出现疫情。

4. 在疫苗免疫过程中操作不规范

猪场应根据已制定的免疫程序，由专人按标准的操作方法进行免疫注射。但是，由于猪场的监督力度不够或技术人员责任心不强，在操作中往往出现类似情况：疫苗的领取没有做详细的记录；没有按说明进行严格的稀释或在稀释过程中受消毒液污染；针头大小、长度不合适；疫苗没有防日晒、高温措施，稀释后在2小时内没有用完；疫苗在使用前或每次吸苗前没有充分的摇匀；注射时没有做好皮肤消毒、注射深度没保证、注射位置不正确、接种剂量不够；疫苗流出后没有立即用沾有消毒液的棉球擦拭、消毒；打飞针、不是头头免疫、不是一猪一个针头；病猪、瘦弱猪同步免疫等情况，势必导致免疫失败结果的出现。

（三）引种隔离不当

猪场在生产过程中一般都要坚持自繁自养的原则，但是，由于原有猪群的生产力下降或老龄化，为了追求更高的经济效益，需要不定时的更换猪的品种。如果对新引进的猪隔离措施不当，会对原有猪群的安全生产带来一定的风险。引进种猪时，要安排适当的圈舍，与其他猪隔离饲养60天以上，并随时观察其健康状况。在隔离期内未发生任何疾病，方可混群饲养。

（四）病死猪及胎衣的处理不当

集约化猪场应有病死猪及胎衣处理的专门场所，对病死猪只进行焚烧或深埋，也可在粪场附近设置一沉尸井，最好、最安全的方法是用焚尸炉将病死或解剖猪只及胎衣进行无害化处理。一般情况下，对病死或解剖猪只及母猪产后的胎衣应立即无害化处理，否则，容易造成病原微生物的扩散，影响其他正常猪群的健康生长。

（五）疫病检测不及时

在集约化养猪条件下，应进行经常性的疫病检测工作，以便对场内疫病情况、免疫质量、疫病净化水平进行监控，同时也为本场的防疫工作提供客观依据。尤其本地区、本季节暴发和流行严重的传染病更应该加强检测，以便作出及时反应。同时，对场内使用的疫苗、消毒剂的质量也要进行检测，以保证确实有效。如不能及时的做好以上工作，就不可能准确和深入的了解猪场疾病的流行和发展趋势，就不可能及时的采取有效的防治措施，从而影响猪群健康地生长发育。

（六）疫病发生时没能及时的采取有效的措施

猪场如遇到或怀疑是传染病发生时，必须及时隔离，尽早诊断并尽快上报，病因不明或不能确诊时，应将病料送有关部门紧急检验。如确诊为传染病时，应迅速采取紧急措施，对全场进行封锁和消毒，全场猪群进行检疫，病猪隔离治疗或屠宰、焚烧；健康猪只进行紧急预防接种或药物预防，并对被污染的场地、用具、环境及其他污染物进行彻底消毒。反之，则容易延误最佳防治和治疗时机，造成疫情的扩散和蔓延，给猪场造成更大的经济损失。

（七）在疫病防控方面主次不分

猪场的防疫工作，要结合本地和本场的实际情况，分清主次，有针对性地对某些危害性强、发病频率高的疫病，根据其流行特点、发病规律采取切实有效的措施，做到有针对性地预防和治疗。反之，一方面造成人力、物力、财力的浪费，另一方面也起不到对疫病的防控效果。

（八）防疫措施不完善

传统的养猪防疫似乎仅仅是兽医分内的工作，而且是季节性的；集约化猪场的防疫则是全方位的、常年的。除常规的消毒、免疫、治疗外，还需要加强管理，保证营养平衡，优化场区和畜舍环境。猪场内的诸多因素都和防疫效果有着直接或间接的关系，因此集约化猪场的防疫措施要形成配套的体系，全面落实生物安全体系和疫病综合防控体系。

（九）不重视猪群的保健

猪场在生产过程中，往往在消毒和疫苗免疫方面投入很大的精力，这当然是猪场防疫不可缺少和关键的步骤。但是，对猪群的保健，也是猪场防疫不可缺少的一个重要方面。当然，对猪群进行保健，需要投入一定的财力，会增加饲养成本，但是可以提高猪群的健康水平，提高猪只对疾病的抵抗能力，降低猪场发生疫情的风险。

（十）对猪场整体环境的治理不重视

猪场的环境卫生体系是以传统的防疫保健为基础，以猪的生物学特性为根据。规模养猪在生产过程中，通过完善猪场内外布局和猪舍内部的工艺设计等一系列措施，给猪群提供一个良好的生长和繁育的环境；定期的对猪体内外进行驱虫和杀灭蚊蝇和老鼠，消灭疾病的传播媒介，减少猪只疾病发生的机会；定期清除杂草和填埋阴沟，消灭病原微生物的滋生地；经常保持猪舍内空气新鲜、干燥、温度适宜、干净卫生，可以在很大程度上提高猪群的健康水平。所以猪场整体环境的治理是猪场安全防疫的一个重要环节。

总之，养猪场疫病综合防控体系的建立和实施是一个不断修改和完善的过程。防疫体系内的众多环节必须环环相扣、节节相连、步步到位。才能充分发挥疫病综合防控体系的作用，保障猪场生产的安全和效益。

第二节 猪场生物安全体系

一、建立生物安全体系的重要性

随着养猪业的发展，经过品种高度选育的猪群对疾病的特异性和非特异性抵抗能力逐代降低，从国外引种时也不可避免地引入众多的新病原，同时随着猪群的流动增加、猪场规模变大与饲养方式的改变，病原变异的速度越来越快，有限的空间和较高的饲养密度进一步加剧了猪群抵抗力的降低。因此，猪群健康问题是规模化养猪业发展的主要障碍。

但值得注意的是，近年来发生的全国性大流行的损失巨大的猪高致病性蓝耳病，还是有部分地区、部分猪场从没有发生过，包括其他任何重大猪的传染病。在猪种、营养、保健（疫苗、药物）、管理、环境相差不多的条件下，为什么会出现如此天壤之别的差异呢？

综合分析问题猪场与健康猪场之间的差异，在于是否建立和完善规范化标准化生物安全体系并长期严格执行生物安全措施。健全的生物安全体系能够最大限度的降低猪场暴发疾病的风险，这是国外发达养猪业国家若干年前形成的共识。

生物安全体系主要着眼于为畜禽生长提供一个舒适的生活环境，从而提高畜禽机体的抵抗力，同时尽可能地使畜禽远离病原体的攻击。目前，针对现代化饲养管理体系下疫病控制的新特点，生物安全已经和药物治疗、疫苗免疫等共同组成了疫病控制的三角体系，通过生物安全的有效实施，可为药物治疗和疫苗免疫提供一个良好的应用环境，尽量获得药物治疗和疫苗免疫的最佳效果，进而减少在饲养过程中药物的使用。

现实的大多数猪场，生物安全措施要不是套用过去的，要不就是凭空设计的，很多时候一些猪场所谓的生物安全措施是在整人，实际效果很差。由于不存在适用于所有猪场的放之四海而皆准的生物安全方案，就好像不存在对所有的猪场都有效的疫苗一样。不同的猪场在地理位置、设施设备、宿主易感性、所面临的疾病威胁等方面各不相同，所以不同猪场的生物安全规程应该是不一样的，必须建立适合本场的生物安全规程。

二、生物安全体系的概念

生物安全体系就是为阻断致病病原（病毒、细菌、真菌、寄生虫）侵入畜（禽）群体、为保证动物健康安全而采取的一系列疫病综合防范措施，是较经济、有效的疫病控制手段。也就是通过各种手段以排除疫病威胁，保护猪群健康，保证猪场正常生产发展，发挥最大生产优势的方法集合体系的总称。它由猪场建设与生产管理中的环境质量控制体系、科学饲养管理控制体系和疫病综合防控体系三部分组成。

三、采取生物安全措施达到的目的

（1）防止猪场以外有害病原微生物（包括寄生虫）进入猪场（防止传入）
（2）防止病原微生物（包括寄生虫）在猪场内的传播扩散（防止场内散播）
（3）防止猪场内病原微生物（包括寄生虫）传播扩散到其他猪场（防止传入）

在现阶段的自繁自养单点饲养的规模猪场，后两者之间做得都相差无几，不同猪场之间生物安全措施之间差异主要是防止猪场以外有害病原微生物（包括寄生虫）进入猪场措施不同而已，所以，生物安全是把疾病挡在门外的技术。

任何完备周密的生物安全措施能够最大限度地减少病原微生物传播入场的的机会，但不能完全阻止部分病原微生物入场，由于各阶段猪群的健康等级不同和对病原微生物易感性存在差异，若不采取相应的生物安全控制措施，进入猪场的病原微生物可能很快扩散到猪群的各个阶段，甚至造成疾病的暴发。因此，场内控制病原扩散的生物安全措施是猪场生物安全体系重要组成部分。

任何猪场均是微生物高度密集区，这些微生物无论是病原性还是非病原性的，无论对本场猪只致病还是有益的，均会对本区域其他猪场造成深刻影响，同时可能污染本区域养殖环境，间接影响本场的健康状态。

四、建立生物安全体系的基础（原因）

1. 猪场与猪群的健康等级区别

在生物安全体系中，不同的猪场由于地理位置，猪群的健康状况不同，其健康等级存在明显差别，猪群的健康状况高，其猪场的健康等级亦高；同样，在同一猪场的猪群中，其健康等级也是不同的，公猪是整个猪场的效益之源（提供精液）和发展动力（遗传改良），因而公猪的健康等级最高，其次是配种妊娠、产房母猪群、保育舍猪群、健康等级最低的是肥育猪群。

2. 猪场与猪群的净区和污区的划分

净区和污区的概念是相对的，不同的区域其含义不同，相对于整个猪场区域，猪场以外是污区，以内是净区；而在猪场内部区域，生活区是污区，生产区是净区；相对于生产区，凡是猪群活动的区域（赶猪道与圈舍）是净区，其他区域是污区。

3. 猪群的单向流动不可逆原则

健康等级高的猪场猪群可以向低等级猪场流动，同一猪场的猪群只能按照公猪舍—配种舍—妊娠舍—产房—保育舍—肥育舍流动；同样，猪群只能从净区流向污区。上述的单向流动原则是不可逆转的。

五、生物安全体系的任务

在严密的隔离饲养条件下，创造一个安全、舒适、无病的"生态环境"。
在一个猪场里要完成预防、控制和消灭猪的各种各样的疾病，的确是不容易的，也是非常困难的，要实现这个艰巨的任务，必须从卫生、免疫、营养、设备等方面入手，采取相应的措施，来保护这种"环境"不受有害生物（微生物等）、物理、化学（应激）因素的危害，从而把疫病病原拒之大门之外。有学者将动物传染病分成两大类。第一类为古典性传染病，也称为外源性传染病，其传染源来自病畜，如狂犬病、结核病、布鲁氏菌病、乙型脑炎、口蹄疫等；第二类为应激性传染病，也称为条件性或内源性传染病，有人也称为因素性传染病，其病原分布广泛，毒力较弱。但这类传染病多见于幼龄畜禽，多发生密集饲养的畜（禽）群，如猪黄痢、猪白痢、猪水肿病、猪副伤寒、猪链球菌病、猪葡萄球菌病、猪萎缩性鼻炎、绿脓杆菌病、肠病毒、腺病毒、疱疹病毒感染等均属此类，如长期用一种消毒液或抗生素，造成病原产生抗药性时，往往激化内源性和条件性传染病的发生和流行。对古典性传染病的防控，应着重于种群净化和免疫；对应激性传染病，应着重于环境管理、控制和净化。

从生态学观点来看，养殖场的生产力是由遗传能力和环境组成的，只有环境（温度、湿度、光照、水、空气等）、饲料、生物等三方面满足动物的生长需要，才能发挥最大的遗传能力，得到最佳的生产效果。据此，可见其环境控制与净化是多么重要。据了解，目前一些地区，一些养殖场（舍）内有害气体超标，饮水不符合卫生标准，通风换气不良，耗能多，饮水系统漏水，清粪不合要求，有的舍内粉尘多，有的舍内很潮湿，有的圈舍很阴暗，场区和场周围环境污染日益严重等。据统计，猪禽大肠杆菌病，在一些局部地区的发生率呈上升趋势，变成了重点病和引起猪禽最严重的传染病，一些场里的大肠杆菌病和副伤寒两病合计占剖检病例数的50%以上，这足以说明环境污染的严重性，作为集约化养猪场或养殖生产者来说，环境控制和净化是养殖场自身发展的需要，是获更大经济效益的需要，减少污染，保护社会环境也是养殖场（户）义不容辞的责任。

六、生物安全体系的内涵

1. 正确的防疫体系和理念

改变传统的"先病后防""重治轻防"的错误观念，树立"无病先防""环境、饲养、管理都是防疫""防重于治"的正确的疫病防控理念。要清醒认识到一旦发生疾病，只能采取极为被动的办法，不仅造成畜禽死亡，成本增加，而且影响产品质量，造成更大的经济损失。

改变将疫病防控片面地理解成简单的喂药治病、免疫接种、疫病监测行为的狭隘的疫病防控。应该认识到动物疫病防控是养殖技术水平的综合体现，动物疫病的防控必须从动物的种源安全、饲养条件、管理水平和防疫规则等环节采取综合措施，真正将预防高于一切的理念渗透到生产管理的每一个环节和每一天的工作中去，才能使养猪业获得更大的效益。

2. 重视动物福利，更好地保护和利用动物

所谓动物福利，就是让动物在康乐的状态下生存，其标准包括动物良好的生活环境条件、无任何疾病、无行为异常、无心理紧张压抑和痛苦等。基本原则包括：让动物享有不受饥渴的自由、生活舒适的自由、不受痛苦伤害的自由、生活无恐惧感和悲伤感的自由以及表达天性的自由。

给动物应有的福利，这样能够最大程度地使动物处于生理自然状态，最大限度地发挥机体免疫机能和其他生理功能，大大降低疾病感染概率，获得更多更好的动物产品。

3. 实施科学、合理的生物安全配套技术

生物安全是预防传染因子进入生产的每个阶段或场点或猪舍内所执行的规定和措施。生物安全还包括控制疾病在猪场中的传播、减少和消除疾病的发生等。生物安全是一个猪群的管理策略，通过它尽可能减少引入致病性病原体的可能性，并且从环境中去除病原体，是一种系统的连续的管理方法，也是最有效、最经济的控制疫病发生和传播的方法。生物安全体系的具体内容包括如下几个方面：环境控制；人员的控制；畜禽生产群的控制；饲料、饮水的控制；对物品、设施和工具的清洁与消毒处理；垫料及废弃物、污物处理等。

七、建立生物安全体系的步骤

1. 确定本猪场中哪些病原是地方性的

本场猪群中的有些病原是地方性的，尽可能测定其相关信息（流行情况、发病率、死亡率、药费与生产性能的损失），用来衡量采用生物安全措施后新增病原进入猪场方面的实际效果。

2. 确定需防范的病原目标及确定这些目标病原的优先级别

对于不同猪群来说需要挡在外面的病原的优先级别是不同的，确定优先级别需要考虑的因素包括感染概率、猪群对病原的易感性、感染造成的经济损失以及猪场所生产的产品是种猪还是肉猪。根据病原的特性来制定针对特定病原特别有效的防范措施及可以测量特定病原的防范结果，避免把成本浪费在不必要或不切实际的措施上。

3. 对目标病原的传染源进行评估

通过查阅科学文献资料可以找出目标病原的潜在的传染源，一般潜在的传染源包括：气雾、引入的种猪群、精液、饲料、饮水、人员、粪便、车辆、其他非生物传染源、猪以外的其他动物、啮齿动物、昆虫以及飞鸟等。

4. 找出对猪场生产威胁最大的传染源

根据对本猪场猪群构成的威胁大小、猪场接触传染源的频率、传染源的污染水平以及病原在该传染源中存活的时间长短将各种外部传染源按优先级排序。

5. 确定本场的生物安全规程

根据特定的病原威胁的大小及控制成本，确定或复杂或简单（可能仅引入有效的疫苗与适当强度的注射密度即可）的战略性生物安全规程。

6. 场内人员充分讨论沟通、培训

猪场的全体人员都应参与生物安全制度制定，只有这样才能为大家所接受，同时也要充分沟通与培训，使所有人员明白所采取的生物安全措施的必要性与重要性，才能保证所有规程执行到位，否则规程只是一纸空文，而没有任何价值。

7. 对执行情况与效果的评估、规程措施的修改与纠正

规程制定后还应定期检查规程执行情况，评估规程运行效果。当猪场目标病原的科研有了新的进展，或出现了新病原还要及时根据情况对生物安全制度进行修改，将无效或成本效益不好的程序应当废除。

八、常用的生物安全措施

（一）猪场建设中的生物安全措施

1. 场址

是猪场生物安全体系中最重要的要素。场址一旦确定由于成本等因素一般很难改变，直接决定猪场是否能够长期健康发展。

目前严重危害猪群的病原大部分能够通过空气传播，因此猪场的选址应地势高燥、向阳、通风、有一定坡度，最好具有天然屏障保护；应选择在全年大部分时间为上风向处，同时能保证常年有清洁水源；远离主要交通、生活居民区、厂区、集贸市场或畜禽养殖场、屠场、畜产品加工厂，至少 1.5km，最好是 3km 以上。场址所在区域猪群密度和场址周围猪群密度尽可能低，尽可能远离其他猪群。与牛、羊、猫狗等动物养殖场距离 100~1 000m。生产区、生活区和管理区应严格分开，缓冲隔离带至少 200m。根据所要控制的目标病原的不同，具体的距离要求会有所变化。应选择土质坚实、渗水性强、未被病原体污染的沙质土壤为好。要避免可能滑坡、断层、新填或杂填土上建设。周围要建一定的鱼塘、水塘或果林，以利于污水的处理。禁止在旅游区、畜禽疫病区和污染严重地区建场。

2. 猪舍

猪舍应远离公共道路。由于场内各阶段猪群的健康等级存在差别，健康等级较高的猪舍尽可能建在地势较高上风口，各阶段猪舍由上风向到下风向依次安排为配种舍→妊娠母猪舍→产房→带仔母猪舍→保育舍→育成舍→育肥舍→出猪台，并实行隔离饲养。隔离舍尽可能远离基础母猪群，距离不低于 50~100m。同时猪舍还要建设防寒保温设施、通风换气设施、光照设施、给排水设施等，各阶段污水排放系统独立运行，设施的安装必须符合生物安全防范规程的需要。

3. 空气

在密集养猪区域的种猪场如果无法支付重建费用，可投资配备高效率空气过滤网，以便降低气雾传播疾病的风险。

4. 饮水

使用居民饮用自来水或本场自备深井水；定期添加次氯酸钠消毒净化饮水；饮水水质每年检测 2 次，主要检测大肠杆菌数。

5. 出猪台

在猪场的生物安全体系中，出猪台设施是仅次于场址的重要的生物安全设施，也是直接与外界接触交叉的敏感区域，因此建造出猪台时需考虑以下因素。

（1）划分明确的出猪台净区和污区，猪只只能按照净区—污区单向流动，生产区工作人员禁止进入污区。

（2）出猪台的设计应保证冲洗出猪台的污水不能回流到出猪台。

（3）保证出猪台每次使用后能够及时彻底冲洗消毒。

6. 防鸟灭鼠和绿化

建造防鸟网和防鼠措施；搞好场区绿化。

下大力气处理苍蝇和老鼠。如在饲料中加入灭蝇添加剂，定期灭蝇，及时处理新鲜粪便和脏水防止蚊蝇滋生。对病死猪、垃圾必须及时进行无害化处理。能吸收有害气体绿化苗木的栽植能有效控制和净化猪场空气，同时经济类作物的种植（如：胡萝卜、甜菜）不但能利用养猪场废水及粪便，同时也能提供多汁饲料。干净的环境能够减少蚊蝇的滋生，切断疾病的传染途径。

对猪场周围和场区空闲地进行植树种草（包括蔬菜、花草、灌木等）绿化环境，对改善小气候有重要的作用。一般要求猪场内的道路两侧种植行道树，每幢猪舍之间都要栽种速生、高大的落叶树（如水杉、白杨树等），场区内的空闲地都要遍种蔬菜、花草和灌木。有条件的猪场最好在场区外围种植5~10m宽的防风林。

猪舍若能置于这样的环境中，带来的好处是：在寒冷的冬季可使场内的风速降低70%~80%，又能使炎热的夏季气温下降10%~20%，还可将场内空气中有毒、有害的气体减少25%，臭气减少50%，尘埃减少30%~50%，空气中的细菌数减少20%~80%。

生活在这样一个绿化美化环境中，不仅能使长期在猪场工作的人员感到心旷神怡，也能使终生关在笼舍内的猪感受自然。

7. 实行"全进全出"，批量生产

做到同日龄范围内的猪只"全进全出"。只要不重新引进猪只，在一定时间内出完，也算全出。"全进全出"并不强调一场一地的大规模"全进全出"，强调的是一栏或一舍的"全进全出"（养殖户很多时候由于饲养规模和资金的周转而做不到"全进全出"）。

8. 采取生活区和生产区完全分开、多点式生产布局

有的两地生产，配种、怀孕、分娩和哺乳在一地，保育、生长和育成在另一地；有的三地生产，配种、怀孕、分娩和哺乳在一地，然后集中在一起保育，生长及育成又在另一地。现最流行的是三地生产模式。各地相隔几里至几十里。但须交通发达，运猪车辆配有饮水及哺料设备，则猪的移动对猪只影响不大，不会产生大的应激反应。

9. 围绕猪场构建四道生物安全防线

（1）第一道防线。以猪场围墙为圆心，3km为半径，建立生物安全防疫区，充分评估猪场周边的地形、地貌和生物安全隐患。通过乡（镇）政府、村委会和基层动物防疫机构、村级防疫员，调查防疫区范围内的养猪场个数、存栏猪头数等，调查工作必须做到不漏户、不漏猪，同时加强非洲猪瘟防控知识的宣传。

在防疫区3km范围内的主要交通路口，设立一个车辆清洗消毒中心，建立联防联控指挥部。规模猪场牵头，建立非洲猪瘟防控微信群，把防疫区范围内猪场经营主体请入群内，成立养猪利益共同体，一起学习非洲猪瘟防控知识，及时发布非洲猪瘟防控资讯。

共同体内对那些需要进种猪、仔猪和猪精的养猪场（户），规模猪场及时特惠提供，减少疾病传入风险。规模猪场技术力量雄厚，存栏量大，饲料和兽药的采购、生猪的出栏等均具有优势，可以为共同体内养猪场（户）们提供技术服务和同价格采购原材料等，争取把防疫区范围内猪场的猪打造成非洲猪瘟防控的哨兵猪、预警猪。

（2）第二道防线。在距猪场围墙大门口200~800m处，且受猪场管理的主干道上，建立车辆洗消点、生猪中转站、物料中转仓、人员消毒隔离室等，同时必须避开非洲猪瘟疫情威胁因素，包括居民区、村庄集市、其他猪场及其无害化处理区等，人为构建空间隔离屏障消除风险隐患。

（3）以猪场围墙为边界构建第三道防线。猪场围墙全部建成 2.5~3.5m 高的实体水泥墙，把猪场围墙内分为生活区和生产区，生活区包括宿舍、食堂、办公室、物料仓库、猪场大门口的消毒池、人员洗澡消毒间、物品消毒间等。每周巡查一次围墙、堵老鼠洞、灭鼠、灭苍蝇，周围环境药物喷洒，舍内引诱药物灭杀，饲料中添加环丙安嗪等；灭蚊子，安装纱窗，蚊香灭杀；除草，定时喷洒除草剂等。

（4）围着生产区构建第四道防线。从最近非洲猪瘟防控的经验得知，发病猪舍相邻实体水泥墙，隔壁栏舍不易被传染。围着生产区建 1.5~2.0m 高的实体围墙也是非洲猪瘟防控的有力措施之一，围墙以内包括猪舍、料房（料塔）等和边界上的出猪台、进猪台、出粪台、人员洗澡消毒间、物品消毒间等。

上述因素是相互影响和制约的，同时猪场场址的生物安全风险随着本区域社会经济发展是不断变化，因此，有必要建立场址生物安全风险评估标准，根据拟建猪场健康等级，量化评估场址是否符合健康要求以及定期量化评估已建猪场场址生物安全风险的变化对猪群可能造成的影响。

（二）种猪引入的生物安全措施

种猪更新是规模化猪场发展过程中不可回避的的问题，由于不同种源提供场健康状态不同，疾病状况亦千差万别，引进的不同后备种猪可能会造成场内疾病的流行和暴发，因此，种群的单一化管理是猪场生物安全管理不可忽视的问题。

（1）采用封闭的种猪群。普通商品场可以考虑回交方式生产本场所需的终端母本，实现自繁自养。为了改良种猪的遗传特质，尽可能引入精液而非种猪。种猪（精液）供应方和接受方的兽医应共同探讨猪群的健康状况以及化验规范，采用最先进的化验手段，最大限度降低疾病引入的风险。

（2）必须要引入种猪时，必须限制种猪来源的数量，最好是"无特定病原"（SPF）的猪。

种源提供场的健康等级必须高于引种场（理想状态是首批种猪提供场），引种前必须通过实验室检测等手段确定本场引种的最佳时机和了解种源提供场的基本健康状况，并依据健康匹配原则确定是否适合引种；禁止从不明健康状态场和健康等级低于本场的种源提供场引种；引进种猪时要进行仔细的挑选、观察和化验，即使是单一种源（包括本场自留后备母猪）混入基础母猪群前还要经过一定时间的隔离、适应、驯化过程。

选种前必须做好疾病检测，严格检疫，确认"无任何疫病"，特别是对布鲁氏菌病、伪狂犬病、繁殖与呼吸综合征等重要的传染性疾病检测。引入猪场前再次检测，通过放置隔离区进行隔离观察，合格后方可入场。

隔离设施应安置在猪场区之外。无论如何都要为隔离区安排专门的饲养人员。隔离区的饲养人员必须淋浴、更换干净的外套和靴子才能进入主场区。

新引进的后备种猪由于经过长途运输等应激因素，其健康状况可能发生变化并影响本场猪群的健康状况，因此必须经过一定时间的隔离适应措施处理后混群，最大限度减少引种带来疾病的风险。隔离期长短应根据目标病原已知的最长排毒期来确定，想要控制的目标病原不同，隔离期长短的要求也会有变化，根据控制病原的不同一般在隔离舍饲养 2 个月，最长可能需隔离 5 个月。

隔离后经检疫合格后，每栏猪再混入一头本场的猪，进行本土驯化，使外来猪适应本场的微生物群体和生活环境，并做好气喘病免疫接种等工作。

（3）禁止使用不明健康状况的遗传物质（如精液、冻精）和生物制品（如组织活疫苗、生化肽类疫苗）。

（三）人员的生物安全措施

包括本场工作管理人员和外界来访者，主要考虑以下因素。

（1）使用栅栏或建筑材料建立明确的围墙和大门，且围墙、大门的高度和栅栏的间隙能够阻止猪场以外的人员，动物和车辆进入猪场内；大门随时关闭上锁；在围墙和大门的明显位置，悬挂或张贴"禁止入内"警示标志。

（2）由于每天出入猪场的人员和物品频繁，因此有必要对进出猪场或生产区的人员和物品实行淋浴或消毒和登记制度，以便对出入猪场的人员和物品进行监督和生物安全风险评估，防止可能的病原进入场内。强制人员出入登记。

（3）限制人员进入猪场，未经猪场管理者和兽医的许可，任何人员不准擅自进入场区；只允许必要的人员进入猪场，杜绝外来人员的参观。

（4）特定的来访人员必须洗手与消毒、换鞋、穿干净的外套，以降低人员传播病原的机会，但来访前接触过其他家畜（包括员工自养的家畜）或环境的人必须淋浴并除去身上的可见污染物之后方可入场。

（5）淋浴间建造在生活区与生产区交界处，划分明确的污区和净区，淋浴前所有衣物，鞋帽和私人物品在污区保管，裸体充分淋浴，香波洗发后进入净区穿上生产区专用内外衣物鞋帽进入生产区；同样，出生产区前必须在淋浴间净区脱去所有生产区专用内外衣鞋帽，充分淋浴后在淋浴间污区穿上个人衣物进入生活区；生产区专用内外鞋帽必须在生产区清洗消毒后生产区保管；除非得到兽医许可并经过严格消毒，任何私人物品（包括手机、项链、MP3、MP4、相机等）不准进入生产区。

（6）任何人员进生产区前必须在场外隔离 24~48h 和生活区隔离 48h，隔离时间未到，禁止进入生产区。如果猪场没有淋浴措施，增加 24h 隔离时间。

（7）本场工作人员与管理人员不准在其他有猪区域居住，进场前至少 1 周未接触其他猪只。

（8）本场内各猪舍的饲养员禁止互相往来；技术人员进入不同猪舍要更换衣物，严格消毒。加强卫生消毒，是防控交叉感染的关键。

（9）猪场生活区入口处和生产区入口处（即淋浴间入口处）以及猪舍门口设置脚浴消毒盆（池），用于脚底消毒。

（10）为了降低人员频繁进出带来的疾病风险，规定所有猪场工作人员和管理人员必须连续居住在场区内一段时间（30 天）后实行集中休假制度。

（11）禁止本场工作人员与其他猪场人员共同居住，或在其他猪场兼职。

（四）车辆的生物安全措施

车辆是出入猪场最频繁的工具，因此，如何最大限度的降低车辆带来的生物安全风险是生物安全体系重点关注的内容之一。

（1）只允许干净车辆进入。出入生产场所的运输车辆必须经过严格的清洗和消毒。冬天气温较低时，可以考虑使用辅助电加热冲洗消毒器械，增强冲洗消毒效果，否则不允许进入场区。

（2）设置围墙和大门，阻止外来车辆进入猪场。外来车辆除非经过严格的清洗消毒。

（3）来访车辆及运猪车的停车场距离猪舍至少300m。在场区外临近的位置安排设立场外车辆清洗消毒点、车辆停泊区和专用车库。

（4）料仓应安置在场区内挨着围墙的地方，这样料车不必进入围墙就可以卸料。如果采用非散装颗粒饲料的运输，车辆必须进场时，注意车辆装料之前与进入场区的消毒，司机进入场区后不能下车。或必须经过消毒后，才可下车。

（5）销售过程猪的转运车辆携带病原是猪场控制外来疾病中风险最大，也是最为头疼的地方。如果车辆的表面或轮胎上粘有粪便，就可能传播疾病。有证据显示，车辆可传播放线杆菌胸膜肺炎、传染性胃肠炎、链球菌感染等疾病。如果雇用的车辆可能装过其他场的猪或其他动物，不安全因素更大。

用本场车辆或赶猪通道将猪运到场区围墙内的装猪区，猪只在这里可转到围墙外，外来车辆不能进入场区即可装猪。

从外面雇来的车辆，在进场前必须彻底充分的清洗消毒，通过猪场规定的卫生检查后方可进入待装点。

司机或生猪购买者及押运人员不能进入猪场帮助抓猪。

所有参与装猪人员，特别是接触了外面运猪车的人员，必须按外来人员进场规则管理，绝对不允许不消毒换衣、换鞋进场。

赶出来的猪不能返回猪场。

运猪车辆车厢底部要求密闭性高，防止运输过程中，粪尿洒落地面。

（6）淘汰死亡猪的运输只能用本场车辆运至指定安全地点（离场300m以上）后，方让其他车辆运走，本场运输设备返回猪场时必须进行有效的清洁与消毒。

（7）生产区间内的运输工具要做到及时清洗消毒，保持清洁卫生。不能将场内的运输工具到场外使用。

（8）生产区用于转猪或运送饲料的车辆，做到专车专用，禁止混用和离开生产区。

（9）车辆每次使用完毕和使用前均需要彻底的清洗消毒，并停放在专用车库干燥（冬天寒冷时，可以考虑加温加速干燥）；必须经过一定的隔离时间后再次使用，隔离天数1~4天。

（五）非生命媒介的生物安全措施

包括猪场使用的设备、物资、包装、药品和食品。

（1）尽可能采用一次性的器具。

（2）任何进入猪场的设备和物质必须是崭新的，在相关管理员监督下，进场前去除所有的包装，经过严格的熏蒸消毒后进入生产区。

（3）禁止任何可能受到猪源污染或接触过猪只的设备和物质入场。

（4）禁止场内人员食用牛羊肉（包括牛羊肉加工制品）及非本场的猪肉（包括猪肉制品），禁止含有上述肉品的食品制品（包括含有猪牛羊制品的方便面和罐头食品）入场；场外隔离期间禁止食用上述食品。

（5）尽可能减少或杜绝不同猪场共用器具的情况。特别注意的是一些贵重精密设备，在不同猪场使用时由于不便消毒造成传播。另外检验设备、采样设备在不同猪场共用时传播疾病也不少见。

（6）进入养猪区的物品必须经过消毒。在场外与场内的交界处，生活区与生产区交界处设立两处消毒间，分别用于进入生活区和生产区物品的熏蒸消毒；选择消毒剂时应根据消毒剂对目标病原的效果。应按标签说明使用消毒剂。应保证达到标签上注明的接触时间。

（7）未经兽医许可，禁止使用任何垫料；生产区使用的任何垫料使用前必须经过严格充分的熏蒸消毒。使用后运至无害化处理区进行无害化处理后方可运出场区。

（六）有害生物的生物安全措施

包括其他畜禽动物和家养宠物、野生动物、鸟类、苍蝇、蚊虫和啮齿类动物。

（1）禁止其他野生动物、畜禽进入场区，禁止饲养宠物和其他畜禽，限制猪场内生活区及饲养区的动物种类。

（2）采用的围墙或栅栏、捕鼠器有效阻挡其他动物进入场内接触猪只。

（3）饲料库、圈舍和赶猪道门窗应设防鸟网，且网的缝隙能够阻挡鸟类、蛇类和大的蚊虫进入，避免鸟与其他野生动物接触到猪与饲料。

（4）场内常年实施灭鼠和捕杀蚊虫、苍蝇措施。

（5）猪场内散落的饲料要即时清理，避免引诱其他动物进入场内。

（6）动物尸体要合理存放、迅速处置，尽量降低对食腐动物的吸引。

（7）养成良好的卫生（清除垃圾、洒落饲料、陈旧存水等）以及场地维护（剪草、用石头做围墙）的习惯，降低猪场对啮齿类、鸟类和昆虫的吸引。

（8）通过化学杀虫剂、诱饵、捕鼠器以及其他专业的工具，控制和杀灭有害动物的进入。

（七）饲料的生物安全措施

饲料是直接与猪群接触最频繁的物质，根据统计数据表明，猪群80%以上肠道健康问题与饲料有关，因此控制饲料及其原料，加工和运输过程中可能出现的生物安全风险，可以明显降低猪群健康问题的发生概率。

（1）确保采用全价饲料以及饲料原料不被病原污染。

（2）饲料中禁止添加除鱼类加工品以外任何动物源性原料（包括猪牛羊骨粉、肉骨粉、血粉、血浆蛋白粉和奶源性制品）。

（3）运输饲料的车辆做到专车专用，禁止运输猪只或其他可能遭受动物污染的物品。

（4）饲料车不能进入生产区，饲料袋禁止进入生产区和圈舍。

（5）为了加强饲料及其原料，加工运输过程的控制，由猪场主管兽医或其他技术人员每半年对提供饲料的的厂家进行饲料厂家生物安全评估。

（八）生产区内污区和净区交界处的生物安全措施

（1）从生产区污区进入净区，更换净区衣服鞋帽（或更换胶鞋）或脚底经过交界处的 3%~5% 氢氧化钠脚浴消毒盆，反之亦然。

（2）净区物品和生产工具的清洗消毒均在净区中进行，禁止进入污区。

（3）污区物品须经充分消毒后才能进入净区。

（4）各阶段生产工具和物品专舍专用，禁止混用。

（九）死猪生物安全措施

（1）死猪处理方法必须遵守法律规定。

（2）禁止出售任何原因死亡的猪只。

（3）禁止食用任何原因死亡的猪只。

（4）可以接受的死猪处理方法有坑埋、深埋和焚烧，建议使用处理最彻底的焚烧方式处理死猪。

（5）死猪的处理只能在生产区特定区域进行，禁止死猪出生产区。

（十）粪便和污水生物安全措施

（1）粪便处理方法，必须遵守当地法律规定。

（2）粪便处理设施可以建在猪场围墙内且远离圈舍；禁止未经处理的粪便直接运往场外。

（3）粪便需经过无害化处理（如堆肥熟化、暴晒）后可以运到其他区域作为肥料，禁止未经处理的污水直接排放到河流。

（4）禁止使用猪场粪便污水饮养其他动物。

（5）粪便处理设施和车辆专用，不能与其他猪场共用。

（十一）科学饲养管理中的生物安全措施

做好猪群的饲养与管理，提高猪群的特异性与非特异性免疫力，适时适度使用药物保健，学会与一些地方性病原和平共处，保持猪群的适度健康，是控制猪病泛滥的正确策略。

1. 制定科学的免疫程序

根据猪场猪群的实际抗体效价（规模化的养殖场一般都会有抗体检测设施，而没有设施的猪场可以抽血到防疫检疫或者科研机构进行检测），结合本场流行病的特点，制定合理的免疫程序。如果场址附近猪的密度较大，为了降低附近猪对本场猪群健康的影响，可以在场址周围 2km 范围内的猪针对特定疾病实施疫苗免疫，疫苗与免疫程序与本场相同。本场使用的生物制品或自制血液制品禁止外流到其他猪场使用；废弃或未使用完的生物制品必须经过焚烧等无害化处理禁止随意丢弃。

2. 加药早期断奶和早期隔离断奶（产房管理的一种方法，如果没有抗体检测设施的话很多时候会适得其反）

加药早期断奶是将母猪和肉猪的免疫和给药结合起来，进行早期断奶，并按日龄进行隔离饲养。应根据猪群健康情况制订免疫和加药计划。一般母猪进行本地病毒性疫病的免疫接种，仔猪加药。这些方法适用于不同来源混养的猪只，以建立最少疾病猪群。早期隔离断奶是在仔猪母源抗体水平较高，病原菌群增殖较弱时，将仔猪饲养在尽可能少病原菌的环境中（隔离），在各类猪群间建立防病屏障，防止猪群内部疾病之间的传播。仔猪一般 15 天断奶，最早为 12 天。

早期隔离断奶的优点：①仔猪尽早地与母猪所带的病原隔离，有利于控制疾病；②保育—肥育期生长更快，上市时间缩短；③缩短母猪的非生产期，增加胎数；④猪健康水平高，提高了胴体的价值。

早期隔离断奶的缺点：①健康猪更易感，容易暴发新的疫病；②有的老疫病可能更加严重，如猪链球菌病、心包炎、胸膜肺炎等；③影响母猪的繁殖性能（如窝仔猪数可能下降，延长断奶—发情间隔等）。

3. 疾病暴发时的控制措施

停止所有猪只运输，限制车辆和人员流动；通过临床观察，病理剖检和实验室检测相结合，快速作出疾病诊断；猪群疾病的临床处理和病死猪的无害化处理；调查与评估：包括发病原因，直接与间接的经济损失以及对周围猪场的影响；重新审视现存的生物安全体系存在的隐患与疾病暴发的关系。

随着畜牧生产者对生物安全体系观念的深刻领会和自觉运用，有效地控制疫病的发生和发展，确保猪场的生物安全，以使猪场可持续发展，必将给我国畜牧业的健康发展带来深远的影响。

总之，生物安全体系的建立需要猪场系统各环节的紧密衔接与配合，同时，建立生物安全体系自我监督与第三方兽医监督相结合的反馈机制，是促进生物安全体系不断健全完善的重要保证；人是猪场的主体，通过持续的培训强化员工的生物安全意识，是规模化猪场能够长期严格执行生物安全措施的根本保证。

第三节　综合防控技术措施

一、加强饲养管理，改善饲养环境，减少各种应激

加强猪舍管理，改善饲养环境，保持干燥，冬季注意保暖，夏季注意降温，并加强通风换气，改善空气质量，降低各种应激因素，减少对猪只惊吓、刺激，及时清理猪舍粪便、尿液和脏物，以降低舍内氨气、硫化氢、二氧化碳等有害气体的浓度，可有效的提高猪群的抗病力，降低发病率。维护合理的饲养密度，保育舍仔猪每头应有 $0.6m^2$ 的空间，生长舍每头猪应有 $0.8m^2$ 的生活空间，成猪舍每头猪应有 $1.2m^2$ 的生活空间。

对小区实行统一规划，建立防疫屏障，如围墙、绿化带等，将控制在有利于防疫和生产管理的范围内饲养，是预防传染病发生的主要措施之一。小区（场）要选择背风、向阳、地势高燥、交通方便、水电充足、远离工厂等污染源 3km 以上，距居民区、机关、学校等 1 000m 以上，以及粪尿排放、处理方便的地方。区内生产区、生活区、污道、净道、各年龄段猪舍要分开，舍距 5m 以上。小区外围应建立隔离墙；小区门口及生产区和每栋猪舍门前设消毒池；小区下风向一角，应设隔离舍和病死猪等污物处理场、生猪装运台。同时，应对粪尿进行无害化处理，一般每户应建沼气池，处理尿污和部分粪便，多余的猪粪应收集发酵处理后作有机肥。

二、慎重引种，严把检疫关

引种前一定要了解当地猪疫病情况，要从安全种猪场引种，须在选购前要严格进行产地检疫和诊断检查。一定要把好引种这一关，以免将疫病带入而传播。引种时要特别注意，应引入没有猪瘟、细小病毒、伪狂犬、繁殖和呼吸系统综合症等传染病的种猪。对本场的种猪也应用荧光抗体法监测，测出的抗原阳性带毒猪，应及时淘汰。引入的种猪，应隔离饲养观察 30 天确认无病后，做 1 次全面的血清学检测，驱虫 1 次，并补注 1 次猪瘟、口蹄疫、蓝耳病、细小病毒及伪狂犬病疫苗后，方能进入生产区混群饲养。

三、自繁自养，实行"全进全出"的饲养制度

坚持自繁自养，"全进全出"，自己建立其健康稳定的种猪群，可防止因引种带入病源，以免危害猪群健康。作为规模化猪场，必须建立较为完善的繁育体系，至少应建有良种繁殖场和商品繁殖场，根据发展计划，养有一定数量的母猪，解决猪源不足的问题。为切断传染源，对不同阶段的猪要"全进全出"，最低限度要做到产房和保育舍的猪的全进全出。

猪场应以周为生产节律，将全年生产量，均匀分布于每周内。并在配种妊娠、产仔哺乳、保育与育肥四个阶段实行全进全出制度。每批猪全部出舍后，要彻底清扫猪舍，冲洗干净，反复消毒 3 次，再空舍 3 天后进入下一批新猪。这样可以避免不同日龄的猪与不同生长阶段的猪混群饲养，减少猪群之间的直接接触防止发生交叉感染与连续感染。这是一项能降低猪群疫病发生的有效措施，也是提高生产水平的关键技术。

四、建立健全猪场的生物安全体系

猪场要严格实行封闭式生产管理，严格执行兽医卫生防疫与消毒制度，这是生物安全体系的中心。注意用具及环境定期消毒，人员出入猪舍要注意消毒。大门和猪舍出入口设消毒池，消毒池每周换药一次，保证消毒液的有效浓度。猪舍与猪圈每天上午和下午各清扫一次，每 2~3 天消毒 1 次；坚持猪舍每周带猪喷雾消毒一次，疫病流行时可每天消毒一次；生产工具与用具每天要清洗干净，并定期进行消毒；各个猪舍不准串用；猪舍外环境要彻底清除杂草和污物，填平水沟和洼地，每星期消毒 1 次。

进入生产区的各种物品要经消毒后再发放使用。生产区内要固定专车运送饲料与运送猪只，每用完 1 次要清洗消毒。人员进入生产区要淋浴后更换工作服和鞋帽后进入猪舍，并定向流动，不准串舍。外来人员与车辆一律不准进入生产区，场外的动物及动物产品不准带入猪场，场内严禁饲养牛、羊、犬、猫等动物，并驱赶鸟类。

生猪出栏时及发生烈性传染病时要进行全方位的彻底消毒。发病时猪舍每天消毒 1 次，环境每 2~3 天消毒 1 次。其消毒程序是：清扫、冲洗、喷雾、干燥、熏蒸、喷雾、空舍 7~10 天。消毒药物要选择多种敏感药交替使用。

如预防消化道传染病应抓好饲料、饮水、饲养用具、环境及粪尿污水的管理；预防呼吸道传染病应保持猪舍空气流通，降低饲养密度及空气消毒等；预防虫媒感染，应改善环境卫生，驱杀蚊虫等。

粪便、垫草、垃圾、污物每天要打扫清除，运往远离猪舍的下风处堆积发酵，做无害化处理。死亡猪尸体要焚烧或深埋。运动场、净道、污道、装猪台每周消毒一次。

消毒工作应做到有效、彻底，避免流于形式。要根据生产日程、消毒程序，形成制度化的消毒工作制度。明确消毒工作的管理者、执行者及消毒剂的种类、使用浓度、方法等，形成书面文字，共同监督执行。

五、提高饲料营养水平

饲料营养水平的高低对猪体的免疫功能和生长速度、成活率都有很大的影响。当饲料中缺乏某种维生素或矿物质时，可导致猪体免疫反应滞后，使免疫应答受到抑制。因此，要提供标准的全价饲料，保证猪群各个生长阶段的营养需要，使机体的免疫系统正常运转，有利于抵抗各种疫病的侵袭。严禁饲喂发霉变质的饲料。建议在饲料中添加微生态产品，如猪用的唯泰 C211 与唯肽 231，不仅可提高饲料利用率，促进消化吸收，猪只的生长速度快，而且能增强机体免疫力，保持菌群平衡，预防消化道疾病的发生。微生态饲料是发展方向。

六、定期驱虫、灭鼠、杀虫

驱虫：成年猪的体内虫体排卵高峰期为每年 4 月、7 月、11 月，仔猪体内寄生虫成虫排卵高峰期在 75 日龄、135 日龄。

驱虫方式：成年猪每年 3 月、6 月、10 月，仔猪 40 日龄、70 日龄，怀孕母猪产前 2 周进行驱虫。引进后备种猪 20 天驱虫 1 次；配种前 7～14 天驱虫 1 次；生产母猪于仔猪断奶后驱虫 1 次；种公猪每年春秋各驱虫 1 次；仔猪与育肥猪转群时驱虫 1 次。可选用伊维菌素，每千克体重 0.3mg，肌内注射，或用"通灭"每 33kg 体重 1mL，肌内肉注射。也可于每吨料中加入 2g 阿维菌素或伊维菌素粉，连喂 1 周，间隔 10 天后再喂 1 周。或用 0.2％阿维菌素粉剂，按 2.0g/kg 饲料的比例拌料，连喂 3 天，仔猪添加剂量减半。如估计有弓形虫、球虫感染，可以使用磺胺类药物。驱虫后，应注意环境卫生，及时清理粪便和污物，防止猪的二次感染。

灭鼠：每季度灭鼠 1 次。用灭鼠药灭鼠，注意防止引发猪只中毒。

杀虫：要因地制宜，采取物理和化学、生物学等方法，有计划地开展杀虫工作。

诺蝇净：每吨料中加 1％预混剂 500g，饲喂 7 天；或蚊蝇净：用 0.05％溶液喷洒猪舍和猪体，杀灭之。

七、药物预防

针对猪的非传染性疾病及一些无疫苗预防的传染病，选择适当药物通过饲料或饮水定期进行预防，可有效地控制病原感染，增强猪体的免疫力和抗病力，降低疫病的发生和传播，这是一项重要的防控措施。

八、强化免疫、制定科学的免疫程序

规模化养猪场，根据本场的实际情况，猪群健康状况，免疫监测情况，传染病流行的

规律，结合当地的动物疫情和疫苗的性质制订符合猪场实际的科学合理可行的免疫程序，包括接种的疫病种类、疫（菌）苗种类、接种时间、次数和间隔时间等内容，使猪群在整个生产期都得到有效的免疫保护，这是综合性防疫体系中的一个重要的环节和措施。

九、建立疫病监测制度

种猪场应每季度进行 1 次免疫监测，每半年进行 1 次抗原监测，监测重点是猪瘟、蓝耳病、圆环病毒 2 型感染、口蹄疫、伪狂犬病与猪流感等危害严重的疫病。免疫抗体监测按猪群 5% 的比例采血送检，病原检测按猪群 3% 比例采血送检。使用一次性注射器，每头猪采血 5mL。以分析猪群的健康状况，发现存在的问题，找出原因，以便及时采取防范措施。同时结合疫病监测，淘汰隐性感染猪只，以净化猪群，保证猪只的健康。

十、发生疫情时应采取的措施

立即确诊，找出原发病原与继发病原，以便及时采取对症措施。猪舍全面彻底消毒，每天 2 次。病猪隔离及时治疗，与病猪接触的猪群，没有出现临床症状的猪只，立即注射疫苗，加量进行紧急接种，可有效地控制疫情。注射疫苗后 5~7 天，仍应通过饲料或饮水加药预防，以便彻底控制疫情。死亡猪只一律无害化处理，严格消毒，严禁倒卖与食用，以免影响公共卫生的安全。

十一、规范操作规程

规模户生产各主要环节，应分批次制订生产时间表，拉开出栏时间距离，做到每栋猪舍的猪群"全进全出"，以便彻底清扫和消毒，并可防止不同年龄段之间疫病的相互传播。同时要严格按照防疫要求，建立和执行严格的隔离制度，包括人员（内、外）、车辆（内、外）、猪群流动、病猪及新购猪隔离观察、禁养其他动物等规定和制度。要组织专业户学习相关法律法规和业务知识，相互学习、交流，逐步提高技术水平。

十二、重视日常诊疗工作

必须进一步学习兽医知识，在日常饲养管理中，要加强疫病诊断治疗工作。在猪睡觉安静时观察呼吸道病，搞卫生时观察消化道病，喂料时观察食欲，分析病因。对于生猪普通病、个体病，有治疗价值的应积极治疗，无价值的及时淘汰。对于生猪常见病、多发病、寄生虫病，应及时治疗，控制扩散，减少损失。对于新发生的传染病如猪瘟、口蹄疫等急、烈性传染病疑似病例，要立即上报疫情，请求确诊和处理。如确诊为一类传染病应立即封锁、隔离，按规定扑杀和无害化处理病猪，全场净化消毒，并对健康猪进行紧急免疫接种和药物防治。

多数发病猪只表现为双重和多重感染，因此，实施治疗时要采取细胞因子疗法、抗病毒疗法与抗细菌疗法相结合，兼顾对症治疗方可收到良好的治疗效果。全群改饮电解质多维加葡萄糖粉和黄芪多糖粉 10 天，以增强猪只的免疫力、抗病力与抗应激的能力。

必须进一步加强防疫管理，才能实现生产、资源、环境三方面的良性循环，确保养殖业的可持续发展。

第四章　规模化猪场的疫病防控技术

第一节　消毒技术

消毒，是指通过物理、化学或生物学方法杀灭或清除传播媒介中（如空气、物体表面、手等）的病原微生物的方法，使其达到无害化的处理技术或措施。

消毒针对的是病原微生物，并不是清除或杀灭所有微生物。只要求达到消除传染性的目的，而对非病原微生物及其芽孢、孢子并不严格要求全部杀死。它是将有害微生物的数量减少到无害的程度，并不要求把所有的有害微生物全部杀灭。

消毒是贯彻"预防为主"方针的一项重要措施。消毒的目的就是消灭传染源，切断病原体的传播途径，达到预防疾病的继续蔓延。

一、消毒的分类

根据消毒的目的，可以分为预防性的消毒、随时性消毒和终末消毒。

预防消毒：是指对场地、用具、猪栏和饮水等进行定期消毒，以达到预防传染病的发生。

随时消毒：已发生传染病时，为及时消灭刚从病猪体内排出的细菌和病毒所进行的消毒。

终末消毒：解除隔离、痊愈或死亡猪只后，对其原场地的消毒。

二、常用消毒方法

（一）机械消毒法

是生产中最常用和最普遍的消毒法。通过清扫、洗刷、通风等定期对杂物、堆积物进行清除，每天对猪栏进行清除，将大量的病原体清除掉，然后再配合其他消毒方法彻底杀灭病原体。

清扫出的污物，根据病原体的性质，进行堆沤发酵、掩埋、焚烧或其他药物处理。

通风也可降低舍内的病原体数量。

（二）物理消毒法

对微生物影响较大的物理因素包括：温度、辐射、干燥、声波、微波、滤过等方法。常用的有：高温、干燥、紫外线等。

1. 阳光、紫外线和干燥

阳光中的紫外线有较强的杀菌能力，阳光的灼热和使水分蒸发引起的干燥亦有杀菌作用。

一般病毒和非芽孢性致病菌，在直射的阳光下数分钟至数小时可被杀死，就是抵抗力很强的细菌芽孢，连续几天在强烈的阳光下反复暴晒，也可变弱或被杀死。

因此，阳光对于衣物、用具、场地及畜栏等的消毒具有很大的现实意义，应该充分利用。

人工紫外线消毒：应用紫外线消毒物体表面必须光滑、无污物，室内必须清洁（尤其是空气尘埃要少）。对污染物表面消毒时，灯管距表面不超过 1cm，灯管周围 1.5~2m 处为消毒有效范围，消毒时间为 1~2h。房屋消毒每 10~15m² 面积可设 30W 灯管 1 个，最好每照 2h 后间歇 1h 后再照，以免臭氧浓度过高。当空气相对湿度为 45%~60% 时，照射 3h 可杀灭 80%~90% 的病原体。若灯下装一小吹风机，能增强消毒效果。

2. 高温消毒

是最常用且效果最确实的物理消毒法，它包括巴氏消毒、煮沸消毒、蒸汽消毒、火焰消毒、焚烧，在畜禽的消毒工作中应用的多是蒸汽消毒、火焰消毒和焚烧。

（1）火焰消毒。火焰的烧灼和烘烤是简单而有效的消毒方法，其缺点是很多物品由于烧灼而被损坏。当发生抵抗力强的病原体引起的传染病（如炭疽、气肿疽等）时，病畜的粪便、饲料残渣、垫草、污染的垃圾和其他价值不大的物品，以及倒毙病畜的尸体，均可用火焰焚烧；不易燃的畜舍地面、墙壁可用喷火消毒；金属制品也可用火焰烧灼和烘烤进行消毒。应用火焰消毒时必须注意周围环境的安全。

（2）煮沸消毒。是经常应用且效果较好的消毒方法。大部分非芽孢病原菌在 100℃ 的沸水中迅速死亡，大多数芽孢在煮沸 15~30min 内亦能致死。煮沸 1~2h 可以消灭所有病原体。

将煮不坏的污染物（如衣物、玻璃用具、金属和木质器具等）放入锅内，加水浸没物品，可加少许碱（如 1%~2% 的碳酸钠、0.5% 的肥皂或氢氧化钠等）能使蛋白、脂肪溶解，防止金属生锈，提高沸点，增强灭菌作用。

（3）蒸汽消毒。相对湿度在 80%~100% 的热空气能携带许多能量，遇到消毒物品凝结成水，放出大量热能，因而能达到消毒目的。这种消毒法与煮沸消毒的效果相似。如果蒸汽与化学药品（如甲醛等）并用，杀菌力更强。

（三）化学消毒法

用化学药品的溶液喷洒等对病原杀灭消毒。

（四）生物热消毒

污物如粪便的堆积和发酵，利用微生物发酵产热来达到消毒。

生物热消毒法主要用于污染的粪便的无害处理。在粪便堆垒的过程中，利用粪便中的微生物发酵发热，可使温度高达 70℃ 以上。经过一段时间，可以杀死病毒、病菌（芽孢除外）、寄生虫卵等病原体而达到消毒目的，同时保持了粪便的良好肥效。在疫病发生的地区，使用该方法能够很好的防止病原体通过粪便散播。对污染有一般病原体的粪便是一种很好的消毒方法，但这种方法不适用于产芽孢的病菌引起的疫病（如炭疽、气肿疽等）的粪便消毒。

三、消毒的简要步骤

（1）清走所有的粪便、垃圾和未使用的饲料。

（2）彻底清洗所有物品表面，包括喂养的器具，使用优质的洗涤剂通过高压洗涤器（蒸汽更好）。

（3）所有物品表面采用大量的消毒剂进行喷雾。

（4）在某些情况下，有必要对消过毒的表面进行清洗。

（5）如果用喷雾的形式不能充分的进行消毒，考虑使用熏蒸消毒的方法。

（6）在重新储存设备之前，让这些设备干燥并且放置一段时间。

四、消毒剂使用注意事项

（一）消毒剂的选择原则

一种理想的消毒剂应该首先是对该猪场微生物有杀灭作用的；其次是无臭，没有强烈或刺激性的气味，性质稳定，可溶于水，使用方便，价廉易得；抗菌谱广，杀菌能力强；作用迅速，有效寿命长，具有较高的脂溶性和分布均匀的特点；对人、畜安全；不易燃、易爆；储存方便；对金属衣物等无腐蚀作用。单一的消毒剂很难满足以上要求，因此消毒剂的选择应该兼顾各种因素，例如要清洗的表面类型，如何清洗（机械清洗还是擦洗）以及引起疾病的病原微生物等方面。

应根据不同类型消毒剂的特点，加以适当的选择。

根据不同消毒场所（室内、室外、大门消毒池等）、不同要求（空栏舍、带畜禽、饮水等），选择合适的消毒剂。

不同的消毒方法（喷洒、浸泡、熏蒸等），选择合适的消毒剂。

根据不同的气候条件、环境卫生、有机物等情况，选择合适的消毒剂。

化学消毒剂种类繁多，根据对菌体的作用机制可分为：①使菌体蛋白质变性或凝固，如酚类、表面活性剂、醇类、重金属盐、酸碱类、醛类；②使菌体胞浆膜损伤，如酚类、表面活性剂、醇类等脂溶剂；③干扰细菌的酶系统和代谢，如重金属盐、某些氧化剂；④改变核酸的功能，如染料、烷化剂等。作为一个理想的化学消毒剂，应具备杀菌谱广、使用有效浓度低、杀菌作用速度快、性能稳定、易溶于水等优点。

一般认为，卤素、酚类、醛类及氧化剂，对各类病毒、芽孢及霉菌均有效；亲脂病毒对常用的大多数消毒剂敏感，都能被抑制或杀死；亲水病毒，对消毒剂都具抵抗性，某些消毒剂无效。

（二）微生物对消毒剂的敏感性

不同的微生物对不同类的消毒剂的敏感性不同，应该根据养殖场周围的微生物流行特点及消毒目的选择消毒剂。如革兰氏阳性菌比革兰氏阴性菌对消毒剂更敏感。

（三）正确选择消毒处理剂量

一般认为，消毒处理剂量和消毒效果及其副作用都成正比。但是除了酒精外，几乎所有消毒剂浓度越高作用越强，一般常使用对组织不起刺激反应的高浓度消毒液。

通常厂商标示的浓度过低，或有效成分不足，或成分不稳定，从出厂至临用时有效成分已丧失不少。故使用浓度宜比指示浓度稍高。

（四）消毒作用时间与理化因素的影响

消毒时必须有足够的作用时间。稀释过的消毒剂要一次用完，并将原液储存于冷暗处。

温度可直接影响杀菌效力，温度升高可以显著增高除卤素外的消毒剂的消毒作用。

氯及酚类消毒剂的消毒效力在酸性时比碱性时好，而阳离子表面消毒剂则正相反，因此消毒剂中一般加有缓冲液。

熏蒸消毒时，环境中的湿度影响消毒效果。

金属离子的存在对消毒效果也有一定的影响。

（五）消毒剂的更换

不要永久使用同一种消毒剂，每种消毒剂各具特性，其能杀灭的病原种类也一定。久用一种，可能使一些该剂无法杀灭之病原大量增殖，所以常用复式消毒，定期换用各种不同消毒剂。

为避免消毒谱不广和避免消毒剂的相互干扰，达到全面杀灭原微生物，在使用消毒及时一定要轮换使用不同的消毒药。

一般可按下列轮换：碘制剂、醛制剂、氯制剂、过氧化物、酚制剂……

（六）不能盲目相信消毒的效果

有条件的养殖场可以对消毒效果进行科学的监测。

要充分认识到，在动物疫病的防控工作中，消毒不是万能的，完整的防疫措施，必须配合卫生管理、免疫及药物防治，才能控制疾病发生。

五、空气消毒

空气消毒方法有物理消毒法和化学消毒法。

物理消毒法，常用的有通风和紫外线照射两种方法。通风可减少室内空气中微生物的数量，但不能杀死微生物；紫外线照射可杀灭空气中的病原微生物。

化学消毒法，有喷雾和熏蒸两种方法。用于空气化学消毒的化学药品需具有迅速杀灭病原微生物、易溶于水、蒸气压低等特点，如常用的甲醛、过氧乙酸等，当进行加热，便迅速挥发为气体，其气体具有杀菌作用，可杀灭空气中的病原微生物。

（一）紫外线照射消毒

紫外灯，能辐射波长主要为 253.7nm 的紫外线，杀菌能力强而且较稳定。紫外线对不同的微生物灭活所需的照射量不同。革兰氏阴性无芽孢杆菌最易被紫外线杀死，而杀死葡萄球菌和链球菌等革兰氏阳性菌照射量则需加大 5~10 倍。病毒对紫外线的抵抗力更大一些。需氧芽孢杆菌的芽孢对紫外线的抵抗力比其繁殖体要高许多倍。

1. 操作步骤

（1）消毒前准备。紫外线灯一般于空间 6~15m^3 安装一只，灯管距地面 2.5~3m 为宜，紫外线灯于室内温度 10~15℃，相对湿度 40%~60% 的环境中使用杀菌效果最佳。

（2）将电源线正确接入电源，合上开关。

（3）照射的时间应不少于 30min。否则杀菌效果不佳或无效，达不到消毒的目的。

（4）操作人员进入洁净区时应提前 10min 关掉紫外灯。

2. 注意事项

（1）紫外线对不同的微生物有不同的致死剂量，消毒时应根据微生物的种类而选择适宜的照射时间。

（2）在固定光源情况下，被照物体越远，效果越差，因此应根据被照面积、距离等因素安装紫外线灯（一般距离被消毒物 2m 左右）。

（3）紫外线对眼黏膜及视神经有损伤作用，对皮肤有刺激作用，所以人员应避免在紫外灯下工作，必要时需穿防护工作衣帽，并戴有色眼镜进行工作。

（4）房间内存放着药物或原辅包装材料，而紫外灯开启后对其有影响和房间内有操作人员进行操作时，此房间不得开启紫外灯。

（5）紫外灯管的清洁，应用毛巾蘸取无水乙醇擦拭其灯管，并不得用手直接接触灯管表面。

（6）紫外灯的杀菌强度会随着使用时间逐渐衰减，故应在其杀菌强度降至 70% 后，及时更换紫外灯，也就是紫外灯使用 1 400h 后更换紫外灯。

（二）喷雾消毒

喷雾消毒法是利用气泵将空气压缩，然后通过气雾发生器，使稀释的消毒剂形成一定大小的雾化粒子，均匀地悬浮于空气中，或均匀地覆盖于被消毒物体表面，达到消毒目的。

1. 喷雾消毒的步骤

（1）器械与防护用品准备。喷雾器、天平、量筒、容器等。高筒靴、防护服、口罩、护目镜、橡皮手套、毛巾、肥皂等。消毒药品应根据污染病原微生物的抵抗力、消毒对象特点，选择高效低毒、使用简便、质量可靠、价格便宜、容易保存的消毒剂。

（2）配置消毒药。根据消毒药的性质，进行消毒药的配制，将配制的适量消毒药装入喷雾器中，以八成为宜。

（3）打气。感觉有一定抵抗力（反弹力）时即可喷洒。

（4）喷洒。喷洒时将喷头高举空中，喷嘴向上以画圆圈方式先内后外逐步喷洒，使药液如雾一样缓缓下落。要喷到墙壁、屋顶、地面，以均匀湿润和畜禽体表稍湿为宜，不适用带畜禽消毒的消毒药，不得直喷畜禽。喷出的雾粒直径应控制在 80~120μm，不要小于 50μm。

（5）消毒后处理。当喷雾器内压力很强时，先打开旁边的小螺丝放完气，再打开桶盖，倒出剩余的药液，用清水将喷管、喷头和筒体冲干净，晾干或擦干后放在通风、阴凉、干燥处保存，切忌阳光暴晒。

2. 注意事项

（1）装药时，消毒剂中的不溶性杂质和沉渣不能进入喷雾器，以免在喷洒过程中出现喷头堵塞现象。

（2）药物不能装得太满，以八成为宜，否则，不易打气或造成筒身爆裂。

（3）气雾消毒效果的好坏与雾滴粒子大小以及雾滴均匀度密切相关。喷出的雾粒直径应控制在 80~120μm，过大易造成喷雾不均匀和畜禽舍太潮湿，且在空中下降速度太快，与空气中的病原微生物、尘埃接触不充分，起不到消毒空气的作用；雾粒太小则易被畜禽吸入肺泡，诱发呼吸道疾病。

（4）喷雾时，房舍应密闭，关闭门、窗和通风口，减少空气流动。

（5）喷雾过程中要时时注意喷雾质量，发现问题或喷雾出现故障，应立即停止操作，进行校正或维修。

（6）使用者必须熟悉喷雾器的构造和性能，并按使用说明书操作。

（7）喷雾完后，要用清水清洗喷雾器，让喷雾器充分干燥后，包装保存好，注意防止腐蚀。不要用去污剂或消毒剂清洗容器内部。定期保养。

（三）熏蒸消毒

熏蒸消毒是利用消毒药物的气体或烟雾，在密闭空间内进行熏蒸以达到消毒目的的一种方法，它既可用于处理污染的空气，也可用于处理污染的表面。优点是：①方法简单，节省人力；②可在缺水的情况下消毒；③能同时处理大批物品；④不会浸湿消毒的物品。缺点是：①药物有的易燃易爆，有的有一定的毒性；②消毒所需时间较长；③受温度、温度影响明显；④费用较高。

1. 操作步骤

（1）药品、器械与防护用品准备。消毒药品可选用福尔马林、高锰酸钾粉、固体甲醛、烟熏百斯特、过氧乙酸等；准备温度计、湿度计、加热器、容器等器材，防护服、口罩、手套、护目镜等防护用品。

（2）清洗消毒场所。先将需要熏蒸消毒的场所（畜禽舍、孵化器等）彻底清扫、冲洗干净。有机物的存在影响熏蒸消毒效果。

（3）分配消毒容器。将盛装消毒剂的容器均匀的摆放在要消毒的场所内，如动物舍长度超过 50m，应每隔 20m 放一个容器。所使用的容器必须是耐燃烧的，通常用陶瓷或搪瓷制品。

（4）关闭所有门窗、排气孔。

（5）配制消毒药。

（6）熏蒸。根据消毒空间大小，计算消毒药用量，进行熏蒸。

一是固体甲醛熏蒸：按每立方米 3.5g 用量，置于耐烧容器内，放在热源上加热，当温度达到 20℃时即可挥发出甲醛气体。

二是烟熏燃剂熏蒸：按照商品熏蒸消毒剂使用方法使用。

三是高锰酸钾与福尔马林混合熏蒸。空畜禽舍熏蒸消毒时，一般每立方米用福尔马林 14~42mL、高锰酸钾 7~21g、水 7~21mL，熏蒸消毒 7~24h。

种蛋消毒时福尔马林 28mL、高锰酸钾 14g、水 14mL，熏蒸消毒 20min。

杀灭芽孢时每立方米福尔马林 50mL。

如果反应完全，则只剩下褐色干燥粉渣；如果残渣潮湿说明高锰酸钾用量不足；如果残渣呈紫色说明高锰酸钾加得太多。

四是过氧乙酸熏蒸：使用浓度是 3%~5%，每立方米用 2.5mL，在相对湿度 60%~80%条件下，熏蒸 1~2h。

2. 注意事项

（1）注意操作人员的防护。在消毒时，消毒人员要戴好口罩、护目镜，穿好防护服，防止消毒液损伤皮肤和黏膜，刺激眼睛。

（2）甲醛与福尔马林消毒的注意事项。

一是甲醛熏蒸消毒必须有适宜的温度和相对湿度，温度 18~25℃较为适宜，相对湿度 60%~80%较为适宜。室温不能低于 15℃，相对湿度不能低于 50%。

二是如消毒结束后甲醛气味过浓，若想快速清除甲醛的刺激性，可用浓氨水（2~5mL/m³）加热蒸发以中和甲醛。

三是用甲醛熏蒸消毒时，使用的容器容积应比甲醛溶液大 10 倍，必须先放高锰酸钾，后加甲醛溶液，加入后人员要迅速离开。

（3）过氧乙酸消毒的注意事项。过氧乙酸性质不稳定，容易自然分解，因此，过氧乙酸应现用现配。

六、粪便污物消毒

粪便污物消毒方法有生物热消毒法、掩埋消毒法、焚烧消毒法和化学药品消毒法。

（一）生物热消毒法

生物热消毒法是一种最常用的粪便污物消毒法，这种方法能杀灭除细菌芽孢外的所有病原微生物，并且不丧失肥料的应用价值。粪便污物生物热消毒的基本原理是，将收集的粪便堆积起来后，粪便中便形成了缺氧环境，粪中的嗜热厌氧微生物在缺氧环境中大量生长并产生热量，能使粪中温度达 60~75℃，这样就可以杀死粪便中病毒、细菌（不能杀死芽孢）、寄生虫卵等病原体。此种方法通常有发酵池法和堆粪法两种。

1. 发酵池法

适用于动物养殖场，多用于稀粪便的发酵。操作步骤如下。

（1）选址。在距离饲养场 200~250m 以外，远离居民、河流、水井等的地方挖两个或两个以上的发酵池（根据粪便的多少而定）。

（2）修建消毒池。可以筑为圆形或方形。池的边缘与池底用砖砌后再抹以水泥，使其不渗漏。如果土质干固，地下水位低，也可不用砖和水泥。

（3）先将池底放一层干粪，然后将每天清除出的粪便、垫草、污物等倒入池内。

（4）快满的时候在粪的表面铺层干粪或杂草，上面再用一层泥土封好，如条件许可，可用木板盖上，以利于发酵和保持卫生。

（5）经 1~3 个月，即可出粪清池。在此期间每天清除粪便可倒入另一个发酵池。如此轮换使用。

2. 堆粪法

适用于干固粪便的发酵消毒处理。操作步骤如下。

（1）选址。在距畜禽饲养场 200~250m，远离居民区、河流、水井等的平地上设一个堆粪场，挖一个宽 1.5~2.5m、深约 20cm，长度视粪便量的多少而定的浅坑。

（2）先在坑底放一层 25cm 厚的无传染病污染的粪便或干草，然后在其上再堆放准备要消毒的粪便、垫草、污物等。

（3）堆到 1~1.5m 高度时，在欲消毒粪便的外面再铺上 10cm 厚的非传染性干粪或谷草（稻草等），最后再覆盖 10cm 厚的泥土。

（4）密封发酵，夏季 2 个月，冬季 3 个月以上，即可出粪清坑。如粪便较稀时，应加些杂草，太干时倒入稀粪或加水，使其干湿适当，以促使其迅速发热。

3. 发酵池法和堆粪法注意事项

（1）发酵池和堆粪场应选择远离学校、公共场所、居民住宅区、动物饲养和屠宰场所、村庄、饮用水源地、河流等。

（2）修建发酵池时要求坚固，防止渗漏。

（3）注意生物热消毒法的适用范围。

（二）掩埋法

此种方法简单易行，但缺点是粪便和污物中的病原微生物可渗入地下水，污染水源，并且损失肥料。适合于粪量较少，且不含细菌芽孢。

1. 操作步骤

（1）消毒前准备。漂白粉或新鲜的生石灰，高筒靴、防护服、口罩、橡皮手套，铁锹等。

（2）将粪便与漂白粉或新鲜的生石灰混合均匀。

（3）混合后深埋在地下 2m 左右之处。

2. 注意事项

（1）掩埋地点应选择远离学校、公共场所、居民住宅区、村庄、饮用水源地、河流等。

（2）应选择地势高燥，地下水位较低的地方。

（3）注意掩埋消毒法的适用范围。

（三）焚烧法

焚烧法是消灭一切病原微生物最有效的方法，故用于消毒最危险的传染病畜禽粪便（如炭疽等）。可用焚烧炉，如无焚烧炉，可以挖掘焚烧坑，进行焚烧消毒。

1. 操作步骤

（1）消毒前准备。燃料、高筒靴、防护服、口罩、橡皮手套、铁锹等。

（2）挖坑。坑宽 75~100cm，深 75cm，常以粪便多少而定。

（3）在距壕底 40~50cm 处加一层铁梁（铁梁密度以不使粪便漏下为度），铁梁下放燃料，梁上放欲消毒粪便。如粪便太湿，可混一些干草，以便烧毁。

2. 注意事项

（1）焚烧产生的烟气应采取有效的净化措施，防止一氧化碳、烟尘、恶臭等对周围大气环境的污染。

（2）焚烧时应注意安全，防止火灾。

（四）化学药品消毒法

用化学消毒药品，如含 2%~5% 有效氯的漂白粉溶液、20% 石灰乳等消毒粪便。这种方法既麻烦，又难达到消毒的目的，故实践中不常用。

七、污水消毒

污水中可能含有有害物质和病原微生物，如不经处理，任意排放，将污染江、河、湖、海和地下水，直接影响工业用水和城市居民生活用水的质量，甚至造成疫病传播，危害人、畜健康。污水的处理分为物理处理法（机械处理法）、化学处理法和生物处理法3种。

1. 物理处理法

物理处理法也称机械处理法，是污水的预处理（初级处理或一级处理），物理处理主要是去除可沉淀或上浮的固体物，从而减轻二级处理的负荷。最常用的处理手段是筛滤、隔油、沉淀等机械处理方法。

筛滤是用金属筛板、平行金属栅条筛板或金属丝编织的筛网，来阻留悬浮固体碎屑等较大的物体。

经过筛滤处理的污水，再经过沉淀池进行沉淀，然后进入生物处理或化学处理阶段。

2. 生物处理法

生物处理法是利用自然界的大量微生物（主要是细菌）氧化分解有机物的能力，除去废水中呈胶体状态的有机污染物质，使其转化为稳定、无害的低分子水溶性物质、低分子气体和无机盐。根据微生物作用的不同，生物处理法又分为好氧生物处理法和厌氧生物处理法。

好氧生物处理法是在有氧的条件下，借助于好氧菌和兼性厌氧菌的作用来净化废水的方法。大部分污水的生物处理都属于好氧处理，如活性污泥法、生物过滤法、生物转盘法。

厌氧生物处理法是在无氧条件下，借助于厌氧菌的作用来净化废水的方法，如厌氧消化法。

3. 化学处理法

经过生物处理后的污水一般还含有大量的菌类，特别是屠宰污水含有大量的病原菌，需经消毒药物处理后，方可排出。常用的方法是氯化消毒，将液态氯转变为气体，通入消毒池，可杀死99%以上的有害细菌。也可用漂白粉消毒，即每千升水中加有效氯0.5kg。

八、畜禽饲养场所的消毒

养殖场消毒的目的是消灭传染源散播于外界环境中的病原微生物，切断传播途径，阻止疫病继续蔓延。养殖场应建立切实可行的消毒制度，定期对畜禽舍地面土壤、粪便、污水、皮毛等进行消毒。

（一）入场消毒

养殖场大门入口处设立消毒池（池宽同大门，长为机动车轮一周半），内放2%氢氧化钠溶液，每周应更换一次。大门入口处设消毒室，室内两侧、顶壁设紫外线灯，一切人员皆要在此用紫外线照射5~10min，进入生产区的工作人员，必须更换场区工作服、工作鞋，通过消毒池进入自己的工作区域，严禁相互串舍（圈）。不准带入可能污染的畜产品或物品。

1. 人员消毒

一切需进入养殖场的人员（来宾、工作人员等）必须走专用消毒通道，并按规定消毒。

（1）体表消毒。在大门人员出入口通道应设置汽化喷雾消毒装置，在人员进入通道前先进行汽化喷雾，使通道内充满消毒剂汽雾，人员进入后全身黏附一层薄薄的消毒剂气溶胶，能有效地阻断外来人员携带的各种病原微生物。

推荐消毒剂：卤素类消毒剂等，选择两种，1~2个月互换一次。

（2）鞋底消毒。人员通道地面应做成浅池型，池中垫入有弹性的室外型塑料地毯，并加入消毒剂。

推荐消毒剂：卤素类/酚类消毒剂，每天适量添加，每周更换一次。两种消毒剂1~2个月互换一次。

（3）人手消毒。用消毒药洗手或涂擦手部即可。

推荐消毒剂：碘伏，做适当稀释，涂擦手部，无须用水冲洗。

2. 车辆（包括客车、饲料运输车、装猪车等）消毒

所有进入养殖场（非生产区、或生产区）的车辆必须严格消毒，特别是车辆的挡泥板和底盘必须充分喷透。

大门口消毒池的长度为进出车辆车轮2个周长以上，消毒池上方最好建顶棚，防止日晒雨淋；并且应该设置喷雾消毒装置。

推荐消毒剂：卤素类/酚类消毒剂，每天适量添加，每周更换一次。两种消毒剂1~2个月互换一次。

3. 办公及生活区环境消毒

正常情况下，办公室、宿舍、厨房、冰箱等必须每周消毒一次，卫生间、食堂餐厅等必须每周消毒两次。疫情暴发期间每天必须消毒1~2次。

推荐消毒剂：卤素类/酚类消毒剂，两种消毒剂1~2个月互换一次。

（二）畜舍消毒

畜舍除保持干燥、通风、冬暖、夏凉以外，平时还应做好消毒。

一般分两个步骤进行：第一步先进行机械清扫；第二步用消毒液。

畜舍及运动场应每天打扫，保持清洁卫生，料槽、水槽干净，每周消毒一次，圈舍内可用0.3%~0.5%过氧乙酸做带畜消毒，做舍内环境和物品的喷洒消毒或加热做熏蒸消毒（每立方米空间用2~5mL）。猪舍的出入口应设有消毒槽，里面放置浸有消毒液的麻袋片或生石灰。对种猪舍、后备种猪舍可用带猪消毒方式，用过氧乙酸、百毒杀等消毒药喷洒。

（三）空畜舍的常规消毒程序

首先彻底清扫干净粪尿。用2%氢氧化钠溶液喷洒和刷洗墙壁、笼架、槽具、地面，消毒1~2小时后，用清水冲洗干净，待干燥后，用0.3%~0.5%过氧乙酸喷洒消毒。对于密闭畜舍，还应用甲醛熏蒸消毒，方法是每立方米空间用40%甲醛30mL，倒入适当的容器内，再加入高锰酸钾15g，请注意，此时室温不应低于15℃，否则要加入热水20mL。为了减少成本，也可不加高锰酸钾，但是要用猛火加热甲醛，使甲醛迅速蒸发，然后熄灭火源，密封熏蒸 12~14h。打开门窗，除去甲醛气味。

（四）畜舍外环境消毒

畜舍外环境及道路要定期进行消毒，填平低洼地，铲除杂草，灭鼠、灭蚊蝇、防鸟等。

（五）生产区消毒

1. 人员通道的消毒

人员进入必须生产区要更衣消毒，或更换一次性的工作服，换胶靴后通过脚踏消毒池（消毒桶）才能进入生产区。有条件的养殖场可以进行更衣沐浴。

更衣沐浴：外换衣间 → 喷水消毒室 → 沐浴室 → 内换衣间。

推荐消毒剂：卤素类消毒剂/酚类消毒剂，每天适量添加，每周更换一次。两种消毒剂 1~2 个月互换一次。

2. 车辆通道消毒

同前。

3. 生产区入口消毒池

卤素类消毒剂/酚类消毒剂，每天适量添加，每周更换一次。两种消毒剂 1~2 个月互换一次。

4. 生产区道路、空地、运动场、排污沟、场内环境消毒

场内道路、空地、运动场等：应做好厂区环境卫生工作，经常使用高压水清洗，每周用消毒液对厂区环境进行 1~2 次平时消毒。

赶猪通道、装猪台消毒：有条件应将种猪台和肉猪台分开，每次使用前后都必须消毒，以防止交叉感染。

推荐消毒剂：卤素类消毒剂/酚类消毒剂，1~2 个月互换一次。

5. 产房消毒

包括母猪、仔猪断脐及保温处理、断尾、剪牙、去势及产房环境消毒。母猪保护性处理如下。

产前处理：选用碘伏等刺激性小的消毒剂，做适当稀释作为洗涤消毒剂，洗净干燥后，再着重对外阴部、乳头做好消毒。

产后保护性处理：产后必须清洁消毒，特别是人工助产，必须严格进行保护性处理，以保证母猪生殖系统健康。

母猪分娩后，可以选用合适的消毒剂，冲洗子宫或者是放入子宫内，保护子宫。

6. 生产区专用设备消毒

生产区专用送料车每周消毒 1 次，可用 0.3% 过氧乙酸溶液喷雾消毒。进入生产区的物品、用具、器械、药品等要通过专门消毒后才能进入畜舍。可用紫外线照射消毒。

（六）尸体处理

尸体可用掩埋法、焚烧法等方法进行消毒处理。掩埋应选择离养殖场 100m 之外的无人区，找土质干燥、地势高、地下水位低的方挖坑，坑底部撒上生石灰，再放入尸体，放一层尸体撒一层生石灰，最后填土夯实。

（七）注意事项

（1）养殖场大门、生产区和畜舍入口处皆要设置消毒池，内放氢氧化钠溶液，一般10~15天更换新配的消毒液。畜舍内用具消毒前，一定要先彻底清扫干净粪尿。

（2）尽可能选用广谱的消毒剂或根据特定的病原体选用对其作用最强的消毒药。消毒药的稀释度要准确，应保证消毒药能有效杀灭病原微生物，并要防止腐蚀、中毒等问题的发生。

（3）有条件或必要的情况下，应对消毒质量进行监测，检测各种消毒药的使用方法和效果，并注意消毒药之间的相互作用，防止药效降低。

（4）不准任意将两种不同的消毒药物混合使用或同时消毒同一种物品，因为两种消毒药合用时常因物理或化学配伍禁忌而使药物失效。

（5）消毒药物应定期替换，不要长时间使用同一种消毒药物，以免病原菌产生耐药性，影响消毒效果。

九、隔离场的消毒

隔离场使用前后，用指定的消毒药物按要求进行消毒，并接受检疫机关的监督。

（一）操作步骤

1. 运输工具的消毒

装载动物的车辆、器具及所有用具须经消毒后方可进出隔离场。

2. 铺垫材料的消毒

运输动物的铺垫材料须进行无害化处理，可采用焚烧方法进行消毒。

3. 工作人员的消毒

工作人员及饲养人员及经批准的其他人员进出隔离区的所有人员均须消毒、淋浴、更衣，经消毒池、消毒道出入。隔离场饲养人员须专职。

4. 畜舍和周围环境的消毒

保持动物体、畜舍（池）和所有用具的清洁卫生，定期清洗、消毒，做好灭鼠、防毒等工作。

5. 死亡和患有特定传染病动物的消毒

发现可疑患病动物或死亡的动物，应迅速报告，并立即对患病动物停留过的地方和污染的用具、物品进行消毒，患病（死亡）动物按照相关规定进行消毒处理。

6. 动物排泄物及污染物的消毒

隔离动物的粪便、垫料及污物、污水须经无害化处理后方可排出隔离场。

（二）注意事项

（1）经常更换消毒液，保持有效浓度。

（2）病死动物的消毒处理应按照有关的法律法规进行。

（3）工作人员进出隔离场必须遵守严格的卫生。

十、疫病发生时的消毒方式

（一）病毒性传染病

猪舍放空深翻垫料并覆盖透气覆盖物（如麻袋），过道和饲喂台用3%氢氧化钠溶液充分消毒后放干，再用次氯酸钠 100 倍复式消毒；地面、天花板、柱梁、墙窗、沟道均要消毒。器械、衣物、废弃物等可焚烧者尽可能焚烧消毒，否则浸于 3% 氢氧化钠溶液中隔日丢弃。须再用者依器材作湿热灭菌（煮沸或高压蒸气灭菌），干热灭菌或浸于次氯酸钠 200 倍液，0.5%~1% 氢氧化钠溶液等消毒液中至少一夜。猪瘟、猪痘、猪流行性感冒、传染性胃肠炎、日本脑炎等可比照此法行之。猪细小病毒、肠道病毒、腺病毒、口蹄疫、水痘疹、水疱病毒等只能用氢氧化钠溶液、次氯酸钠溶液、福尔马林溶液及碘剂等进行消毒。

（二）细菌性传染病

可比照上法行之，消毒剂可供选择的范围比较广泛。如大肠杆菌，对氯十分敏感，水中若有 0.2mg/L 游离氯存在，即能杀死本菌，5% 苯酚溶液、3% 来苏儿等 5min 内可将其杀死。

十一、提高消毒效果的作法

（1）按消毒对象选择消毒方法，应合理运用。

（2）按疫病类型确定消毒重点。如经消化道传染的应搞好卫生，加强饲料、饮水和用具的消毒。经呼吸道传播的应重点做好猪舍空气和猪体表消毒。

（3）按疫病流行情况掌握消毒次数。消毒工作必须定时、定期进行，推广带猪消毒法。

（4）掌握好环境、温度。一般温度相对高的消毒效果更好些，所以每天上午 9：30~11：30，下午 3：30~5：00 开展消毒较好。湿度在 60%~70% 开展消毒效果更好些，舍温在 10~30℃，作用时间 30min。

（5）控制好环境酸碱度。微生物的正常生长繁殖的酸碱度范围是 pH 值 6~8。当 pH 值>7 时，细菌带的负电荷增多，有利于氢氧化钠等杀灭细菌。

（6）掌握好消毒剂的浓度。例如酒精在 70% 时消毒效果最好，而非纯酒精（98.5%）或 65% 的稀释液。

（7）不同消毒药品不能混合使用。

十二、带体消毒

（一）概念

带体消毒就是在不清空畜禽舍的情况下，对饲养着畜禽的舍内一切物品及畜禽体、空间，用一定浓度的消毒液进行喷洒或熏蒸消毒，以清除畜禽舍内的多种病原微生物，阻止其在舍内积累的消毒方式。亦称带畜消毒或带禽消毒。

带体消毒是现代集约化饲养条件下综合防疫的重要组成部分，是控制畜禽舍内环境污染和疫病传播的有效手段之一。

（二）带体消毒的方法

1. 喷雾法或喷洒法

消毒器械一般选用高压动力喷雾器或背负式手摇喷雾器或超低容量喷雾器。

先将喷雾器清洗干净，配好药液，由畜禽圈舍一端开始消毒，边喷雾边向另一边慢慢移动。将喷头高举空中，喷嘴向以画圆方式先内后外逐步喷洒，使药液如雾一样缓慢下落。雾粒可在空气中缓缓下降，除与空气中的病原微生物接触外，还可与空气中的尘埃结合，起到杀菌、除尘、净化空气、减少臭味的作用。

要喷到墙壁、屋顶、地面，以均匀湿润和畜禽体表稍湿为宜。不得直喷畜禽体，以距畜体 60~80cm 喷雾为佳。

喷出的雾粒直径应控制在 80~120μm，不要小于 50μm。雾粒过大易造成喷雾不均匀和畜禽舍太潮湿，且在空中下降速度太快，与空气中的病原微生物、尘埃接触不充分，起不到消毒的作用；雾粒太小则易被畜禽吸入肺泡，引起肺水肿，甚至引发呼吸道病。同时必须与通风换气措施配合起来。

喷雾量应根据畜禽舍的构造、地面状况、气象条件适当增减，一般按 50~80mL/m³ 计算。用超低容量喷雾器，则每立方米用药量以不超过 5mL 为宜。

预防疫病每周消毒 2~3 次。在发病期一般农用背负式喷雾器一天要消毒 3~4 次；用高压水枪消毒，一天要 2 次，用超低容量喷雾器消毒一天一次。

对舍内墙面、护栏地面消毒可用一般喷雾器；有条件的还可选用电动喷雾器，压力为 0.2~0.3kg/cm，可以随时调节雾粒大小及流量。对舍内空气，猪体表面消毒最好用超低容量喷雾器。

2. 熏蒸法

对化学药物进行加热使其产生气体，达到消毒的目的。常用的药物有食醋或过氧乙酸。每立方米空间使用 5~10mL 的食醋，加 1~2 倍的水稀释后加热蒸发；30%~40% 的过氧乙酸，每立方米用 1~3g，稀释成 3%~5% 溶液，加热熏蒸，室内相对湿度要在 60%~80%。若达不到此数值，可采用喷热水的办法增加湿度，密闭门窗，熏蒸 1~2h，打开门窗通风。

（三）带体消毒的程序

1. 消毒前的准备

首先将畜禽圈舍、环境及畜禽体表彻底清扫干净，然后打开门窗，让空气流通，然后用高压水枪对地面沉积物及污物进行彻底清洗。

2. 选择合适的消毒药及合理配制

针对不同畜禽场地，根据畜禽的日龄、体质状况、季节和传染病流行特点等因素，有针对性地选用不同的带体消毒药，并参照说明书，准确用药。配药最好选用深井水，含有杂质的水会降低药效。还要根据畜禽的日龄和季节确定水温，低龄畜禽用温水，一般畜禽夏季用凉水，冬季用温水，水温一般控制在 30~45℃。在夏季，尤其是炎热的夏伏天，可选在最热的时候消毒，以便消毒的同时起到防暑降温的作用。

3. 选择适用的消毒器

一般选用高压动力喷雾器、背负或手摇喷雾器或超低容量喷雾器，喷嘴直径以 80~120μm 为佳。雾粒过大这会导致喷雾不均匀和圈舍潮湿；雾粒过细则易被畜禽吸入，引起肺水肿、呼吸困难等呼吸道疾病。有条件的还可选用电动喷雾器，压力为 0.2~0.3kg/cm，可以随时调节雾粒大小及流量。

（四）带体消毒药的选用

1. 选用原则

（1）要有广谱的杀菌能力。广谱消毒药对多种病原具有控制和杀灭作用。

（2）要有较强的消毒能力。所选用的消毒药应具有强大的杀菌和杀病毒能力，能够在短时间内杀灭入侵养殖场的病原。病原一旦侵入动物机体，消毒药将无能为力。同时，消毒能力的强弱也体现在消毒药的穿透能力上。消毒药要有一定的穿透能力，这样才能真正达到杀灭病原的目的。

（3）要价格低廉，使用方便。养殖场应尽可能地选择低价高效的消毒药。消毒药的使用应尽可能的方便，以降低不必要的开支。

（4）要性质稳定，便于贮存。每个养殖场都贮备有一定数量的消毒药，且消毒药在使用以后还要求可长时间地保持杀菌能力。这就要求消毒药本身性质稳定，在存放和使用过程中不易被氧化和分解。

（5）对畜禽机体毒性要小。在杀灭病原的同时，不能造成工作人员和畜禽中毒。

（6）要无腐蚀性。目前，养殖业所使用的养殖设备大多采用金属材料制成，所以在选用消毒药时，特别要注意消毒药的腐蚀性，以免造成畜禽圈舍设备生锈。同时也应避免消毒引起的工作人员衣物腐蚀、皮肤损伤。

（7）要不受有机物的影响。畜禽舍内脓汁、血液、机体的坏死组织、粪便和尿液等的存在，往往会降低消毒药物的消毒能力。所以选择消毒药时，应尽可能选择那些不受有机物影响的消毒药。

（8）要无色无味，对环境无污染。有刺激性气味的消毒药易引起畜禽的应激反应，有色消毒药不利于圈舍的清洁卫生。

2. 常用带体消毒药

（1）百毒杀。广谱、速效、长效消毒剂，能杀死细菌、霉菌、病毒、芽孢和球虫等，效力可维持 10~14 天。0.015%百毒杀用于日常预防带体消毒，0.025%百毒杀用于发病季节的带体消毒。

（2）新洁尔灭。具有较强的除污和消毒作用，可在几分钟内杀死多数细菌。0.1%新洁尔灭溶液用于带体消毒，使用时应避免与阳离子活性剂（如肥皂等）混合，否则会降低消毒效果。

（3）过氧乙酸。广谱杀菌剂，消毒效果好，能杀死细菌、病毒、芽孢和真菌。0.3%~0.5%溶液带体消毒，还可用于水果、蔬菜和食品表面消毒。本品稀释后不能久贮，应现配现用，以免失效。

（4）强力消毒灵。是一种强力、速效、广谱，对人畜无害、无刺激性和腐蚀性的消毒剂，易于储运，使用方便，成本低廉，不使衣物着色是其最突出的优点。它对细菌、病毒、霉菌均有强大的杀灭作用。按比例配制的消毒液，不仅可用于畜禽带体消毒，还可进行浸泡、熏蒸消毒。带体消毒浓度为 0.5%~1%。

（5）其他。爱迪伏、百菌毒净、1210 消毒液、抗毒威等。

（五）带体消毒的注意事项

1. 消毒前进行清洁

带体消毒的着眼点不应只限于畜禽体表，而应包括整个畜禽所在的空间和环境，否则就不能全面杀灭病原微生物。先对消毒的畜禽舍环境进行彻底的清洁，如清扫地面、墙壁和天花板上的污染物，清理设备用具上的污垢，清除光照系统（电源线、光源及罩）、通风系统上的尘埃以及畜禽体表污物等，以提高消毒效果和节约药物的用量。

2. 正确配制及使用消毒药

带体消毒过程中，根据畜禽群体状况、消毒时间、喷雾量及方法等，正确配制和使用药物。严格按药物使用说明书的规定与要求配制消毒溶液。药量与水量的比例要准确，注意不要随意增高或降低药物浓度。有的消毒药要现配现用，有的可以放置一段时间，按消毒药的说明要求进行，一般配好消毒药不要放置过长时间再使用，并尽可能在短时间内1次用完。如过氧乙酸是一种消毒作用较好、价廉、易得的消毒药。按正规包装应将30%过氧化氢及16%醋酸分开包装（称为二元包装或A、B液，用之前将两者等量混合），放置10小时后即可配成0.3%~0.5%的消毒液，A、B液混合后在10天内效力不会降低，但60天后消毒力下降30%以上，存放时间越长越易失效。

3. 消毒药的选用

选择带体消毒药时，不要随心所欲，要有针对性选择。不要随意将几种不同的消毒药混合使用，否则会导致药效降低，甚至药物失效。选择3~5种不同的消毒剂按一定的时间交替使用，因为不同消毒剂抑杀病原微生物的范围不同，交替使用可以相互补充，杀死各种病原微生物，并防止病原微生物产生耐药性。

4. 注意稀释液的选用

消毒药液配制稀释用水应选择杂质较少的深井水或自来水，寒冷季节水温要高一些，以防水分蒸发引起家禽受凉而患病；炎热季节水温要低一些，并选在气温最高时使用，以便消毒同时起到防暑降温的作用。喷雾用药物的浓度要均匀，必须由兽医人员按说明配制，对不易溶于水的药应充分搅拌使其溶解。

5. 免疫接种时慎用带体消毒

消毒药可以降低疫苗效价。因此，在饮水、气雾和点眼滴鼻免疫时，前后2~3天不要进行带体消毒，避免降低免疫效果。

6. 严防应激反应发生

可固定喷药时间或在下午、晚上等时间，在暗光下进行喷雾消毒。也可在消毒前12小时内给畜禽饮用0.1%维生素C或水溶性多维溶液。

7. 严格操作规程，喷雾雾滴应细而均匀，不要喷得太多太湿。

8. 消毒后应加强通风换气，便于畜禽体表和圈舍干燥。

十三、消毒程序

目前随着养殖业不断发展，养殖场规模集约化、高密度饲养，容易使养殖场的病原体也不断复杂，而这些病原微生物在适当条件下能造成疫病的流行，如非洲猪瘟（ASF）、口蹄疫（FMD）、猪瘟（HC）、猪蓝耳病（PRRS）、猪圆环病毒（PCV）等。又如猪流行性感冒、传染性胸膜肺炎、气喘病等呼吸道疾病可通过飞沫和空气传播给健康猪群，引起大面积的发病。养殖场一旦发病，将导致严重的经济损失。消毒就是防止外来的病原体传入养殖场内，杀灭或清除外界环境中病原体、消灭疫病源头的好办法，通过切断疫病的传播途径以防止疫病的发生或防止传染病的扩大与蔓延，确保安全生产。消毒是兽医防疫工作中的重要措施之一，是养殖场生物安全体系的中心内容和保障。消毒还是疫苗免疫和药物防治缺陷的补充，只有环境控制、免疫、药物防治和消毒四者共同作用，保持环境清洁卫生，通过消毒工作减轻外界病原对养殖场的压力，保证畜禽健康成长，减少疫病危害的机会。

（一）规模化养殖场日常卫生消毒程序

1. 非生产区消毒

（1）人员消毒是关键控制点。

体表消毒：一切需进入养殖场的人员（来宾、工作人员等）必须走专用消毒通道。在大门人员出入口通道应设置汽化喷雾消毒装置，在人员进入通道前先进行汽化喷雾，使通道内充满消毒剂汽雾，人员进入后全身黏附一层薄薄的消毒剂气溶胶，能有效地阻断外来人员携带的各种病源微生物。可用碘酸1:500稀释、全安1:500稀释或绿力消1:800稀释，3种消毒剂1~2个月轮换一次。

鞋底消毒：人员通道地面应做成浅池型，池中垫入有弹性的室外型塑料地毯，并加入消毒威1:500稀释或菌毒灭1:300稀释，每天适量添加，每周更换一次。两种消毒剂1~2个月互换一次。

人手消毒：可用碘酸混合溶液1:300稀释，菌敌1:300稀释（即每升水添加菌敌3mL）涂擦手部即可，无需用水冲洗。

（2）大门消毒池是外来病源的重要控制点。消毒池的长度为进出车辆车轮2个周长以上，消毒池上方最好建顶棚，防止日晒雨淋；并且应该设置喷雾消毒装置。可用消毒威1:800稀释或菌毒灭1:300稀释，每天添加1~2盖消毒剂，7天更换一次，1~2个月互换一次。

（3）车辆消毒（包括客车、饲料运输车、装猪车等）。所有进入养殖场（非生产区、或生产区）的车辆消毒必须严格消毒，特别是车辆的挡泥板和底盘必须充分喷透、驾驶室等必须严格消毒。可用消毒威1:800稀释或菌毒灭1:300稀释，每天添加，7天更换一次。1~2个月互换一次。（与大门消毒池所用的消毒剂一致）

（4）办公及生活区环境消毒。正常情况下，办公室、宿舍、厨房、冰箱等必须每周消毒一次，卫生间、食堂餐厅等必须每周消毒两次。疫情暴发期间每天必须1~2次。可用消毒威1:1 000稀释或绿力消1:1 200稀释，1~2个月互换一次。

2. 生产区消毒

员工和访客进入生产区必须要更衣消毒沐浴，或更换一次性的工作服，换胶鞋后通过脚踏消毒池（消毒桶）才能进入生产区。

（1）更衣沐浴。喷雾消毒室，可用消毒威1:1 800稀释或绿力消1:1 200稀释，每天适量添加，每周更换一次，1~2个月互换一次。

（2）脚踏消毒池（消毒桶）。工作人员应穿上生产区的胶鞋或其他专用鞋，通过脚踏消毒池（消毒桶）进入生产区。可用消毒威1:800稀释或菌毒灭1:300稀释，每天适量添加，每周更换一次，两种消毒剂1~2个月互换一次。

（3）生产区入口消毒池。可用消毒威1:800稀释或菌毒灭1:300稀释，每天适量添加，每周更换一次，两种消毒剂1~2个月互换一次。

（4）生产区道路、空地、运动场等。应做好厂区环境卫生工作，经常使用高压水清洗，每周用消毒威1∶1 200对厂区环境进行1~2次消毒。

（5）排污沟消毒。定期将排污沟中污物、杂物等清除通顺干净，并用高压水枪冲洗，每周至少用菌毒灭1∶300消毒1次，对蚊蝇繁殖有抑制作用。

（6）赶猪通道、装猪台消毒。有条件应将种猪台和肉猪台分开，每次使用前后都必须消毒，以防止交叉感染。可用消毒威1∶800稀释液或绿力消1∶1 000稀释液，1~2个月互换一次。

（7）产房消毒。

产前处理：用全安1∶200稀释液或碘酸1∶150稀释液作为洗涤消毒剂，全身抹洗后擦干。

产后保护性处理：产后必须清洁消毒，特别是人工助产，必须严格进行保护性处理，以保证母猪生殖系统健康。母猪分娩后，24小时以内，先用全安1∶200稀释液或碘酸1∶150稀释液，冲洗子宫，两小时后可将滞留胎衣剥离排出；然后用消毒灭菌后专用不锈钢推进器将抗生素类药推入子宫内。

仔猪断脐及保温处理：仔猪一出生断脐后，迅速用毛巾等将胎衣简单擦拭抹去后，马上用干燥粉（仔猪专用保温干爽粉-除湿保温、消毒爽身）彻底擦拭抹干，尤其是脐带部位。可使仔猪迅速干燥，保持体温，减少体能损失；能更快、更多地吃到初乳。可再将仔猪脐带在碘酸1∶150稀释液中浸泡一下，双重保护。

断尾、剪牙、去势等：断尾、剪牙、趋势等手术创口直接用碘酸1∶150稀释液反复涂抹几下即可。

产房环境消毒：产前在产房内放置缓释消毒盆，即在塑料盆中加2~3盖的碘酸或全安，再加适量的水稀释，每10~20m²放置一个缓释消毒盆。

（8）仔猪出生后消毒。仔猪出生10天后，可用碘酸1∶500稀释液或全安1∶500稀释液喷雾消毒，夏天可直接对仔猪喷雾消毒，冬天气温较低时，向上喷雾，水雾（滴）要细，慢慢下降，仔猪不会感到冷。每天一次，用量15~30mL/窝。同时猪只通过吸入聚维酮碘细雾，直接作用于肺泡，可有效控制和改善仔猪呼吸道疾病。

（9）保育室消毒。保育舍进猪前一天，对高床、地面，保温垫板充分喷洒，可杀菌消毒、驱赶蚊蝇、防止擦伤等，同时让仔猪保育室跟产房的气味一致，降低断奶仔猪对变更环境的应激。干燥后再进猪。可用碘酸1∶500稀释液或全安1∶500稀释液或消毒威1∶1 000稀释液，用量100mL/m²。

（10）后备及怀孕母猪室及公猪室的消毒。无论是后备、怀孕母猪以及公猪的生活环境都必须保持卫生、干燥，并严格消毒；这样不但可以降低各种传染病的感染概率，同时可以减少生殖系统被病原微生物感染致病，导致不孕、流产、死胎、少精、死精等疾病的发生。可用消毒威1∶1 000稀释液，3天1次。暴发疾病时，消毒威1∶800稀释液，每天消毒1次。

公猪采精时，用手抓阴茎易擦伤或残留精液腐败，使阴茎感染。在采精完毕时，一手抓住阴茎先不放，另一手涂上碘酸1∶150稀释液，慢慢放开抓阴茎的手，使其均匀涂抹在阴茎上，保护阴茎。

（11）育肥猪室（中、大）消毒。用专用汽化喷雾消毒机喷雾消毒，喷雾水滴直径80~100μm，使消毒剂水滴慢慢下降时与空气粉尘充分接触，杀灭粉尘中的病原微生物。

日常隔天消毒一次，可用消毒威 1∶1 200 稀释液或绿力消 1∶1 500 稀释液，一周二次；暴发疾病时，消毒威 1∶800 稀释液，每天消毒一次。

（12）病猪（病猪隔离室）的消毒。每个生产区应有单独的病猪隔离室，一旦发现某一或某几个猪只出现异常，应隔离观察治疗，以免传染给其他健康猪只。

每天用消毒威 1∶800 稀释液或菌毒灭 1∶300 稀释液，如发生呼吸道疾病，可用碘酸 1∶300 稀释液汽化喷雾消毒，十分钟后再开窗通风，让猪只充分吸入活性碘，直接作用肺泡，能有效控制和杀灭肺泡里的病原微生物，使呼吸道疾病得到有效的控制和减缓。如发生肠道疾病，如细菌性或病毒性腹泻，在饮用水中按 0.8kg/t 水添加碘酸，疗效确切。

（13）饮用水消毒。无论水质本身或二次污染，猪饮用污染的水会引起很多疾病的发生；进行饮用水消毒是为了杀灭和控制饮用水中致病微生物的浓度。但过量或有毒害的消毒剂通过饮水进入胃肠后，可能影响正常菌群的平衡或造成健康问题，影响饲料的消化吸收，因而日常饮用水消毒剂要注意消毒剂品种及加入比例。季铵化合物不适用于饮用水消毒。猪饮水应清洁无毒，无病原菌，符合人的饮用水标准，生产中要使用干净的自来水或深井水。应该将饮用水和冲洗用水分开，一方面饮用水必须消毒，而冲洗水一般无需消毒，成本低，同时可以很方便在饮用水中添加各种保健和治疗药物。饮用水消毒，可用消毒威 2~15g/t 水或绿力消 4~15g/t 水消毒，暴发急病时加大用量（日常用量加倍），特别是发生肠道疾病，如病毒性腹泻等，饮水中以 0.8kg/t 水添加碘酸，连续 3 天，可有效控制病情。

（14）饲喂工具、运载工具、及其他器具的消毒。频繁出入猪舍的各种器具、推车，如小猪周转箱（车）等，必须经过严格的消毒。各种饲喂工具每天必须刷洗干净，用水枪冲洗后，再用 1∶800 消毒威稀释液、1∶500 全安稀释液或 1∶300 菌毒灭稀释液洗刷浸泡消毒，方可使用。

（15）药物、饲料等物料外表面（包装）。对于不能喷雾消毒的药物饲料等物料的表面采用全安 1∶800 倍或绿力消 1∶1 500 密闭熏蒸消毒，物料使用前除去外包装。

（16）皮炎湿疹消毒。猪只无论大小，体表出现细菌、霉菌性的皮炎、湿疹等，可用全安 1∶500、碘酸 1∶300 稀释每天喷猪体表两次，连续 3 天以上；或直接用棉签蘸聚维酮碘原液涂抹患处，直至治愈。

（17）手术（伤口）消毒。在进行手术前，手术创面可用碘酸 1∶200 直接涂抹两次以上进行灭菌；兽医工作人员用碘酸 1∶200 倍的稀释液反复搓抹 1min 以上，进行灭菌；伤口或溃疡可先用碘酸 1∶200 倍的稀释液冲洗干净，再用直接涂抹原液即可。

（18）医疗器械消毒。术后使用过的各种医疗器械，可先用碘酸 1∶150 稀释液浸泡刷洗后，再放入全安 1∶300 浸泡半天以上，取出用洁净水冲洗晾干备用。同一器械要连续用于不同猪只时，如专用栓剂推进器，紧急消毒方法是：先用洁净水冲洗一下，再浸泡在碘酸 1∶100 稀释液 2~3min 中，即可使用。

（19）病死猪、活疫苗空瓶等处理消毒。病死猪最好在专用焚化炉中焚烧处理，也可深埋，用生石灰和氢氧化钠拌撒深埋。每次使用后的活疫苗空瓶应集中放入装有盖塑料桶中灭菌处理，防止病毒扩散，可用消毒剂：全安 1∶100 稀释溶液、菌毒灭 1∶100、绿力消 1∶100 稀释液中。

（二）空栏（舍）终端消毒操作规程

一般在某种传染性疫病平息后或猪舍空栏后，需要对环境及每间猪舍进行终末消毒，其措施如下。

1. 打扫

猪粪和垃圾的污染程度高，又是感染的主要来源，所以必须彻底清除。

（1）猪舍若有猪，应将猪赶出，并搬出饲料及饮水设备、猪圈隔板等，并对其进行清洗。

（2）用刷、刀或机械刮粪器清除所消毒区域内的所有粪便和被污染的垫料及剩余的饲料。

（3）清除的粪便和污染垫料可经深埋，焚烧或其他无害化处理。

2. 清洁

任何打扫过程都不能除尽所有具有感染性的污染物，因而在打扫后要使用具有去污和杀菌作用的消毒剂对墙壁和地板进行清洗去污，为此目的的可选 1∶1 500 消毒威或 1∶1 500 绿力消药液，用压力喷洗机进行喷洗，用量大约每平方米面积 1L 消毒药液。冲洗先从舍顶棚开始，然后沿墙壁一直喷洒到地板上，同时要注意清洗死角和脏物积聚的地方。

3. 饮水系统及设备的清洁与消毒

所有的供水系统一般都存在微生物污染，特别是贮水箱或池等是尘埃和脏物容易堆积的地方，对其进行清洁消毒就能清除微生物的存在。

（1）排水系统。在排水系统的总管道处卸开贮水箱，并从贮水箱的最远端将水排净，清除贮水箱内积聚的脏物，重新加满水，并按水中终浓度 5~8mg/L 要求，按每吨水加入 5~8g 绿力消药粉、消毒威 4~15g、碘酸 50~200g，放水冲洗排水管道，保持 30min 后排出，再重新注满新鲜用水。对非排水系统和水质差、被污染的供水系统，也可参照"排水系统"处理。

（2）可移动的设备。将移出的设备，如喂料及饮水设备、猪圈隔板等可能被病原微生物污染，可采取如下措施进行清洗：将设备浸泡在水池中并擦洗，或用 1∶2000 绿力消药液喷洗消毒，将处理过的设备放在不受污染的地方。

4. 喷雾

清洗后，其病原微生物，特别是病毒类的污染程度可能仍然很高，足以对敏感青年猪群或刚引进猪群构成严重威胁，所以必须进行彻底消毒，以杀灭各种病原微生物，视消毒对象不同可选用消毒威、全安、菌毒灭、绿力消、碘酸、氢氧化钠、过氧乙酸等消毒剂，这些消毒剂既可以杀灭细菌又可以杀灭病毒，还可以杀灭细菌芽孢，属于广谱、高效、低毒性（除氢氧化钠外）、低残留的消毒剂。

用 1∶1 500 绿力消药液或 1∶300 碘酸溶液进行全面的喷洒消毒和对非金属制品（用具）的浸泡消毒（维持时间 25~30min），喷洒消毒时每平方米表面（如地面、墙壁等）用配好的消毒药液 300mL。

喷洒时特别要注意那些容易残留污物的地方，如角落、裂隙、接缝和易渗透的表面，其喷洒顺序先猪舍顶棚，并沿墙壁冲到地面。待清洗的表面干燥后，再引入猪群。

5. 空间喷雾消毒

猪舍的空间（空气）消毒对现代集约化养殖场来说也是非常重要的，特别对降低呼吸道疾病的效果很显著。用 1∶1 200 绿力消或 1∶800 全安进行空气喷洒消毒，每平方米用 500mL 配好的消毒剂药液，间隔 2 天 1 次，共进行 2 次。

（三）注意事项

1. 慎重选择消毒剂（最好在专家指导下选择使用）

2. 消毒程序需要选择责任心强的消毒员实施

3. 消毒措施应与其他措施结合起来，才能取得良好的效果

所谓消毒即是杀死病原微生物，它构成了目前养猪业中疫病防控的核心。消毒能够控制家畜传染病的发生，是杀死或杀灭病原，切断了疾病的最佳传播途径。大量的实践结果表明，严格消毒可以将养殖场的疾病发生率降低到 80%。也就是说，做好消毒工作能给养殖场安全生产带来较大的经济效益。

第二节　免疫预防技术

一、免疫程序制订的原则

（一）母猪免疫程序制订原则

母猪免疫程序制订之目的有三，其一，保障繁殖性能不受疫病伤害；其二，保证初乳中有有效效价的相应抗体；其三，保障母猪身体健康，不受疫病的侵害。据此，有以下原则应遵循。

（1）初配前 1 个月完成所有的必须免疫和个别的非必须免疫，包括加强免疫。

（2）根据某些疫病的流行病学特点安排免疫。如猪日本乙型脑炎病毒因其广泛存在，大部分后备母猪会自然感染，只要不在妊娠期感染不会伤害母猪，反而，母猪多次少量接触猪日本乙型脑炎病毒后可自然免疫，且是坚强的终身免疫，现在之所以要对后备母猪强制免疫，是为了弥补自然免疫中的空白。因此，猪日本乙型脑炎的免疫可以最多做到经产第二年，其后可省，并且依其蚊虫活动特点，各地应在蚊虫活动前 1 个月接种。猪细小病毒只致头胎母猪发病的特点，决定了只对后备母猪免疫，最多做到第二胎。

（3）为防止仔猪疫病临时添加的免疫。如产房临时发现有红痢，可以通过给产前 1个月母猪接种两次仔猪红痢灭活苗来预防疫病的扩大。传染性胃肠炎的免疫也有类似的情况。

（4）严格控制免疫间隔。正在反应期的疫苗会对再接种疫苗的效价产生干扰，因此要注意接种间隔。如喘气病疫苗、传胸疫苗接种以后，应隔二周再接种其他疫苗。

（二）商品猪免疫程序制订原则

商品猪生存期短，除必须免疫病种外，非必须免疫病种中应抓住 1~2 个主要病种，在体现简约高效的原则下才好安排免疫程序。

（1）应综合考虑母源抗体的有效效价在仔猪体内持续的时间，主要的非必须免疫病种发病时间，疫苗接种后产生有效抗体水平所需要的时间，其他疫苗接种所必需的间隔以及能否联合免疫。例如，若为了预防猪副嗜血杆菌病，应知道本病一般发生在 4 周龄后，接种后须 21 天才产生免疫，因此，接种应在 10 日龄左右进行。如果为了预防支原体肺炎，应了解本病多发生 6 周以后，胸腔接种后 4 周才产生 IHA 抗体，因此，最迟不能超过 2 周龄接种，并且再接种其他疫苗必须间隔 2 周。猪场还可以根据主要疫病发生时间来安排非必须免疫疫病免疫程序，不必拘泥于推荐程序。有的猪场，链球菌病多发于 60 日龄转出保育舍时，那么，在 45 日龄接种即可。

小型专业户和农村散养户在免疫程序安排上难度较大些，因为病种可能多一些，主要集中在副伤寒、猪丹毒、猪肺疫 3 种疫苗上。经验证明，应将这 3 种病放在必须免疫后的第一位考虑，特别是副伤寒接种时间该在 45 日龄，10 天后考虑猪丹毒—猪肺疫二联苗。

（2）为了清除某种疾病，商品猪一定要接种。例如为了达到清除伪狂犬病，商品猪必须免疫 1~1.5 年。建议用国产基因缺失苗做超前滴鼻免疫 1 头份，即达到预防效果又不打乱免疫程序。

（3）上市前免疫。只有口蹄疫一种，出场前 4 周接种。

二、养猪场实用免疫程序

疫苗接种是控制传染性猪病的主要措施，但有的猪场疫苗接种高达 20 多次，对疫苗的依赖程度可想而知。猪群的免疫程序应从各个猪场生物安全体系实施程度、猪群健康状况等实际情况出发，结合周边的疫病发生情况，制定个性化合理的免疫程序是必要的。下面的免疫程序仅供大家筛选借鉴参考。

（一）基础母猪 100 头以下的猪场（包括养猪比较集中的村镇或养殖小区）

1. 猪场周边环境较复杂，养猪过分集中

种公猪、种母猪：每年肌内注射 3 次，猪瘟细胞苗 6 头份、猪肺疫苗 2 头份、猪丹毒苗 2 头份、猪伪狂犬基因缺失苗 1 头份、猪口蹄疫灭活苗（后海穴注射）半头份。

后备猪：配种前肌内注射，猪细小病毒苗 1 头份、猪乙型脑炎苗 1 头份、猪伪狂犬基因缺失苗 1 头份、猪瘟 6 头份、猪口蹄疫灭活苗 1 头份。

商品猪：20 日龄猪瘟细胞苗 4 头份、仔猪副伤寒苗 1 头份；断奶 1 周后猪肺疫苗、猪丹毒苗各 1 头份；60 日龄猪瘟细胞苗 4~5 头份；70 日龄猪口蹄疫灭活苗按说明使用。

2. 周边暴发猪瘟、猪蓝耳病，疫情严重

种公猪、种母猪：每年 3 次肌内注射，猪瘟脾淋苗 2 头份、猪伪狂犬基因缺失苗 1 头份、猪蓝耳病灭活苗（后海穴注射）1 头份。

母猪：断奶前 5d 肌内注射猪肺疫苗、猪丹毒苗各 2 头份；断奶时肌内注射猪口蹄疫灭活苗 1 头份。

后备猪：配种前肌内注射，猪细小病毒苗 1 头份、猪乙型脑炎苗 1 头份、猪伪狂犬基因缺失苗 1 头份、猪瘟脾淋苗 2 头份、猪口蹄疫灭活苗 1 头份、猪蓝耳病灭活苗 1 头份。

商品猪：肌内注射，12 日龄猪蓝耳病灭活苗按说明使用；20 日龄猪瘟细胞苗 4 头份、仔猪副伤寒苗 1 头份；断奶前 3 天猪蓝耳病灭活苗按说明使用；48 日龄猪肺疫苗、猪丹毒苗各 1 头份；60 日龄猪瘟脾淋苗 1~2 头份；70 日龄猪口蹄疫灭活苗 1 头份。

3. 猪传染性萎缩性鼻炎、猪链球菌病、仔猪副伤寒疫情极为严重

种公猪：每年 3 次肌内注射，猪瘟细胞苗 6 头份、猪伪狂犬缺失苗 2 头份、猪蓝耳病灭活苗 1 头份。

种母猪：肌内注射，产前 35d 左右猪伪狂犬基因缺失苗 1 头份、猪链球菌苗 4 头份；产前 25 天左右仔猪副伤寒苗 4 头份；产后 20d 左右猪瘟细胞苗 6 头份；断奶时肌内注射猪口蹄疫灭活苗 1 头份、猪萎缩性鼻炎苗 1 头份（如为进口苗，产前 48 天左右注射效果更好）。

后备猪：配种前肌内注射，猪细小病毒苗 1 头份、猪乙型脑炎苗 1 头份、猪伪狂犬基因缺失苗 1 头份、猪瘟细胞苗 6 头份、猪口蹄疫灭活苗 1 头份。

商品猪：肌内注射，20 日龄猪瘟细胞苗 4 头份；断奶前 3 天仔猪副伤寒苗 1 头份；48 日龄左右猪肺疫苗、猪丹毒苗各 1 头份；60 日龄左右猪瘟细胞苗 4~5 头份；70 日龄左右猪口蹄疫灭活苗 1 头份。

（二）中型猪场（基础母猪 100~300 头，存栏数约 1 000~3 000 头的猪场）

1. 猪场所处的环境不利于控制猪病的猪场（如地势偏低、人员流动频繁等）

种母猪：每年 3 次肌内注射，猪伪狂犬基因缺失苗 1 头份、后海穴注射猪蓝耳病灭活苗 1 头份、后海穴注射猪口蹄疫灭活苗半头份；另外，产后 20 天左右肌内注射猪瘟脾淋苗 1 头份或组织苗 2 头份，断奶前 3 天肌内注射猪肺疫苗、猪丹毒苗各 2 头份。

种公猪：每年 2~3 次肌内注射，猪细小苗 2 头份、猪蓝耳病灭活苗 1 头份、猪伪狂犬基因缺失苗 2 头份、猪瘟脾淋苗 2 头份或组织苗 3 头份、猪口蹄疫灭活苗 1 头份。

后备猪：配种前，猪细小苗 1 头份、猪乙脑苗 1 头份、猪伪狂犬基因缺失苗 1 头份、猪瘟脾淋苗 1 头份或组织苗 2 头份、猪口蹄疫灭活苗 1 头份。

商品猪：20 日龄猪瘟组织苗 1 头份；60 日龄左右猪瘟脾淋苗 1 头份；70 日龄左右猪口蹄疫灭活苗 1 头份。

2. 猪场环境条件较好，隔离、消毒等卫生防疫制度严格，但人员流动不可控

种母猪：每年 3 次肌内注射，猪伪狂犬基因缺失苗 1 头份、后海穴注射猪口蹄疫灭活苗 1 头份；另外，产后 20d 左右肌内注射猪瘟脾淋苗 1 头份或组织苗 2 头份。

种公猪：每年 2~3 次肌内注射，猪细小苗 2 头份、猪伪狂犬基因缺失苗 2 头份、猪瘟脾淋苗 2 头份或组织苗 3 头份、猪口蹄疫灭活苗 1 头份。

后备猪：配种前，猪细小苗 1 头份、猪乙脑苗 1 头份、猪伪狂犬基因缺失苗 1 头份、猪瘟脾淋苗 1 头份或组织苗 2 头份、猪口蹄疫灭活苗 1 头份。

商品猪：20 日龄猪瘟组织苗 1 头份，60 日龄左右猪瘟脾淋苗 1 头份，70 日龄左右猪口蹄疫灭活苗 1 头份。

（三）大型猪场（基础母猪 300 头，存栏数 3 000 头以上）

对于大型猪场，控制猪病的重点在于生物安全，接种疫苗主要针对病毒性传染病，免疫程序按常规即可。

1. 无重大疫情暴发

由于基础母猪群较大，因此根据母猪生产周期注射疫苗比较方便。此外，母猪断奶至配种阶段尽量不注射疫苗，以免引起负面影响。

母猪：产前 60 天猪萎缩性鼻炎苗 1 头份；产前 42 天左右肌内注射猪口蹄疫高效苗 1 头份；产前 35 天左右肌内注射猪伪狂犬基因缺失苗 1 头份；产前 25 天左右后海穴注射猪胃肠炎流行性腹泻二联苗 1 头份；产前 15 天左右肌内注射 K88、K99 大肠杆菌苗 1~2 头份；产后 20 天左右肌内注射猪瘟细胞苗 6 头份或组织苗 2 头份。

种公猪：每年 2~3 次肌内注射，猪细小苗 2 头份、猪乙脑苗 2 头份、猪伪狂犬基因缺失苗 2 头份、猪瘟细胞苗 6 头份、口蹄疫高效苗 1 头份。

后备猪：配种前肌内注射，猪细小苗 1 头份、猪乙脑苗 1 头份、猪伪狂犬苗 1 头份、猪瘟细胞苗 6 头份、猪口蹄疫苗 1 头份。

商品猪：20 日龄肌内注射猪瘟细胞苗 2~4 头份；42 日龄左右肌内注射猪口蹄疫高效苗按说明使用；55~60 日龄肌内注射猪瘟细胞苗 4~5 头份；70 日龄左右肌内注射猪口蹄疫高效苗按说明使用。

2. 暴发难控制的疫病（如猪蓝耳病、猪瘟等呼吸道疾病），短期调整免疫程序

种母猪：产前 48 天肌内注射猪蓝耳病灭活苗或自家苗按说明使用；产前 42 天后海穴注射猪口蹄疫高效苗半头份；产前 35 天肌内注射猪伪狂犬基因缺失苗 1 头份；产前 25 天后海穴注射猪腹泻二联苗 1 头份；产后 20 天肌内注射猪瘟脾淋苗 1~2 头份。

种公猪：每年 3 次肌内注射，猪蓝耳病灭活苗或自家苗 1 头份猪瘟脾淋苗 2 头份、猪伪狂犬基因缺失苗 2 头份、猪细小苗 1 头份、猪乙脑苗 1 头份、猪口蹄疫高效苗 1 头份。

后备猪：配种前肌内注射，猪细小苗 1 头份、猪蓝耳病灭活苗 1 头份、猪乙脑苗 1 头份、猪伪狂犬基因缺失苗 1 头份、猪瘟脾淋苗 1 头份、猪口蹄疫高效苗 1 头份、猪细小苗 1 头份、猪蓝耳病灭活苗 1 头份。

商品猪：初生肌内注射猪瘟脾淋苗 1 头份；3 日龄内肌内注射猪伪狂犬基因缺失苗 1 头份；12 日龄肌内注射猪蓝耳病灭活苗或自家苗 1 头份；25 日龄肌内注射猪蓝耳病灭活苗或自家苗 1 头份；35 日龄肌内注射猪瘟组织苗或脾淋苗 1 头份；60 日龄肌内注射猪口蹄疫高效苗 1 头份；70 日龄肌内注射猪瘟脾淋苗 1 头份。

（四）一般综合性免疫程序（表 4-1）

表 4-1　一般综合性免疫程序

疫苗名称	猪只类型	免疫程序	剂　量	方　法
猪瘟兔化弱毒苗	后备母猪 生产母猪	引种时补注 1 次，配种前 30 天 1 次，加转移因子 1mL 产后 7~10 天 1 次，加转移因子 1mL	6 头份（脾淋苗 2 头份）	颈肌
	种公猪	每年春、秋各 1 次，加转移因子 1mL		
	仔猪	21~25 日龄首免，加转移因子 0.5mL	4 头份	
		60~65 日龄二免（脾淋苗）	2 头份	
猪 O 型口蹄疫灭活苗（浓缩型）	种猪	每 3 个月 1 次，每年免疫 4 次，母猪临产前 20 天不注苗，首次免疫加转移因子 1mL	2 头份	颈肌
	仔猪	30 日龄首免，可与猪瘟同时分开注射，加转移因子 0.5mL	1 头份	
		55 日龄二免	2 头份	

（续表）

疫苗名称	猪只类型	免疫程序	剂　量	方　法
细小病毒灭活苗	种公猪	配种前30天首免，15天后二免，以后每半年免疫1次，连续二年后可不再免疫	2mL	颈肌
	种母猪	180日龄首免，15天后二免，以后产仔后15天免疫1次，连续免疫二年后，可不再免疫		
伪狂犬病基因缺失疫苗	后备母猪	引种后补注1次，配种前20天1次，加转移因子1mL	2mL	股内肌
	生产母、公猪	每4个月1次，每年免疫3次，加转移因子1mL		
	仔猪	出生后24h内首免	0.5mL	滴鼻
		30日龄二免，加转移因子0.5mL	1mL	肌注
乙型脑炎灭活苗	种猪	每年4月注射1次，初生仔猪不注射	1mL	皮下
高致病性蓝耳病灭活疫苗	种母猪	配种前10天免疫，加转移因子1mL	4mL	肌注
	仔猪	23~25日龄免疫，加转移因子0.25mL	2mL	肌注
猪链球菌多价血清灭活苗	仔猪	10~12日龄首免，加转移因子0.5mL	1mL	肌注
		5周龄二免。	2mL	
气喘病灭活苗	仔猪	7~10日龄首免，2周后二免，以后每年免疫1次，首次免疫加转移因子0.5mL	1mL	皮下

　　上述推荐的疫苗为常用疫苗，其他疫苗，如病毒性腹泻、大肠杆菌基因工程苗、猪肺疫菌苗、猪丹毒菌苗、传染性胸膜肺炎灭活苗以及猪水肿病灭活苗等是否一定要使用，应根据当地的动物疫情和养猪生产实际情况而定，不要盲目使用过多的疫苗，并不是疫苗用的越多猪就越健康。

　　在使用上述疫苗免疫接种时，可在疫苗中加入猪用转移因子，分别稀释后，按量与活疫苗混合同时肌注。小猪每头用转移因子0.5mL，大猪用1mL。免疫后产生抗体快，抗体水平高，抗体均匀度整齐，免疫保护时间延长，减少免疫耐受与免疫麻痹，可明显的增强动物机体的免疫效果。

三、母猪免疫疫苗的最佳时间

　　后备母猪最好在发情配种前1~3个月内完成免疫，不要在接近发情期免疫，因为疫苗反应有可能影响发情，比如推迟发情期。

　　整个妊娠期间不要做任何免疫，因为疫苗是否对胎儿产生影响很多时候说不清楚。如果有不得不做的疫苗，最好先试验几头，无不良反应再大群应用。

　　母猪哺乳期20天左右，哺乳高峰已过，这是免疫疫苗较好的时间，如果错过这个时间，可在断奶后免疫。

　　关于母猪所用疫苗根据当地情况定，一般都要免疫细小病毒疫苗。

四、防止免疫失败的措施

1. 正确选择疫苗

　　疫苗品种繁多，正确选择很重要。仔猪不要用脾林苗，用细胞苗。喘气病苗有国产胸腔注射活苗，进口灭活苗，效果不分上下，但国产苗价廉。最好不用进口基因缺失的伪狂犬病苗、猪繁殖呼吸综合征苗，可引发疫病流行。同一猪场切忌先后使用同一病种的两种不同的基因缺失苗。

2. 遵守免疫程序

必须免疫疫病的免疫程序比较成熟，不要任意更改。

3. 要清除有多少种疫苗就用多少疫苗的错误的防病思想

本着简约高效的原则，对非必须免疫疫病要有选择性，抓住本场主要疾病，安排免疫程序，也避免了疫苗间的干扰。

4. 消除免疫抑制

在所有对猪群产生免疫抑制的因素中，霉菌毒素对中国猪群影响最大。我国没有安全玉米（指霉菌的污染）的事实是主要的成因。诚然，许多病原，如蓝耳病病毒、伪狂犬病病毒、圆环病毒2型等对猪群有免疫抑制，但多可与猪共处稳态，而霉菌毒素则不可能如此。且由此引发这些疫病流行的事实均说明霉菌毒素的危害是第一位的。为此，添加有效剂量的霉菌毒素处理剂应视为常规，以保证接种后有效免疫反应的产生。

5. 免疫增强剂的应用

许多中药制剂效果慢，非长年累月应用不可，且伪品充斥市场。另有许多免疫增强剂须慎重对待。笔者建议在接种疫苗时，用5%左旋咪唑按每20~30kg体重1mL计，加入猪瘟苗稀释液中接种，可快速提高免疫水平。

6. 搞好猪舍小环境，防止病原超量积累，超出疫苗保护能力

每天至少清扫栏舍两次，空气消毒（载畜）一次。

7. 规范接种操作

尽管这是老生常谈，但是，由于接种失误造成的隐性弱仔（外观健康，但对相应疫病的抗体水平低下乃至缺如的仔猪）是猪场的高危群体，只有规范接种操作方可最大限度避免。

（1）使用疫苗质量良好的疫苗。使用在有效期内的疫苗，最好使用尽量靠近生产日期的疫苗。

直观感觉判断质量。观察疫苗外观性状与以往惯用疫苗的性状是否一致。例如，色泽、容积、固态疫苗的蓬松度、异物、混悬度等；若为真空瓶装疫苗，在插入针头时，稀释液会自动进入瓶中，反之，为不合格的疫苗。

（2）接种器具的准备。准备足够的注射器、针头、70%的酒精棉球、记号笔、疫苗专用稀释液或通用稀释液、0.1%肾上腺素注射液。夏季，应备有有冰块的疫苗盒。针头应按猪的大小配备：哺乳仔猪为9号、10mm长；断奶仔猪为9号、20mm长；育成猪与肥育猪为12号、38mm长；种猪为16号、45mm长。

（3）接种器具的清洗与消毒。用清洁的生活用水清洗注射器、针头与针盒，注射器不可漏液，不可滑杆，刻度清晰，计量螺旋灵活。用流通蒸汽消毒30min或高压蒸汽（121℃、0.2MPa）灭菌15min。

（4）检查猪群的健康状况，剔除生病猪，待痊愈后补注。补注的部位应选择治疗时未注射过药物的肌肉丰满处，如臀部、股内侧。

（5）不打飞针，对仔猪要一人保定，一人接种；做到一猪一消毒，一猪一针头，健康猪群可以一栏一针头；做到接种一头，标记一头，不露注，不复注；做到按猪的大小选用针头。

（6）若发生疫苗过敏反应，视病情用肾上腺素行皮下注射或心包腔注射。

（7）接种完毕应将注射用具、疫苗瓶以及剩余疫苗先煮沸消毒，再清洗备用。

（8）接种后一周应尽量减少猪群的应激，以期获得良好的免疫水平。

五、疫苗免疫注意事项

给猪群进行疫苗接种，一定要选择优质的疫苗、制定合理的免疫程序、采用正确的接种途径、注意操作技术、建立抗体监测制度、加强科学的饲养管理、健全生物安全体系等，才能真正确保猪群的健康生长，提高经济。

（一）疫苗质量

目前，所用的疫苗必须经过质检合格后才能使用，保证安全有效。

（二）疫苗的运输、验收和保存

疫苗运输必须保持冷链持续，收到疫苗后，其封口、名称、合格批号、有效期、容量和使用方法、疫苗色泽等物理性状应与说明书相符。疫苗应严格按照按生产厂家的要求进行保存，一般灭活苗2~8℃冷藏保存，弱毒冻干苗-20℃冷冻保存。疫苗保存冰箱内后，还需放置温度计，应随时关注温度变化。

（三）疫苗的接种

1. 疫苗的解冻回温

疫苗免疫前，需要放置于常温解冻，疫苗回温后应立即进行稀释与免疫。不同疫苗种类，疫苗的回温时间会随着体积不同而存在差异，猪瘟苗、勃林格蓝耳病疫苗、大华农猪蓝耳病活疫苗解冻的时间约为1分钟，口蹄疫疫苗、猪圆环病毒2型疫苗回温的时间约为8~10min，体积大于100mL的冻干苗解冻需待其完全变为液体，可使用自来水冲水回温，解冻的时间约为15~20min。

2. 疫苗的稀释

需要解冻与稀释的疫苗，必须注明疫苗与稀释液的领用数量、稀释方法、免疫时间等。养户领回疫苗时，免疫时需在管理员的监督下进行。冻干苗，需使用稀释液进行稀释，先用10mL注射器抽取稀释液2mL注射进疫苗瓶，轻轻摇匀，待疫苗完全融化后，用注射器抽取溶液与稀释液一并注入干净的100mL生理盐水空瓶，并混匀。

3. 免疫操作

（1）免疫前准备。疫苗接种前，要认真阅读标签及使用说明，严格按照规定稀释和使用疫苗，不得任意变更；仔细检查疫苗瓶子有无破损、封口是否严密、瓶签是否完整，有效期情况与瓶内容物，变质、发霉及切记过期的疫苗不能使用。

注射用具在使用前一定要清洗干净后，蒸煮消毒20分钟以上，等到注射器温度降至室温后再使用。

备好肾上腺素注射液，以用来解救过敏猪只。

（2）注射部位和时间。正确的肌内注射部位位于猪耳后5.0~7.5cm，靠近耳根部最高处的松皮皱折部与紧皮交接处。

应在怀孕猪喂料时、肉猪空腹时免疫较佳。

做到一头种猪一个针头，一栏仔猪一个针头；在注射时按先强后弱的顺序，因为弱一些的猪有带病的可能；每次吸取疫苗时应更换针头，或在疫苗瓶上固定 1 枚针头，避免反复吸取疫苗时污染瓶内疫苗；注射器内吸取疫苗后，将空气排净，不能有气泡；并且在注射疫苗时最后的 1mL 不用，因为有可能数量不够，引起免疫失败。

疫苗稀释后其效价会不断下降，在温度 15℃ 以下 4 小时失效、15～25℃ 2 小时失效、25℃ 以上 1 小时内失效。因此，稀释后的疫苗要在规定的时间内用完，不能过夜，否则废弃。

（3）免疫完毕后。接种疫苗后，要认真观察猪群的动态，发现问题及时处理。疫苗免疫接种反应如下。

一般反应：猪精神不振，减食，体温稍高，卧地嗜睡等。一般不需治疗，1～2 天后可自行恢复。

急性反应：注射疫苗后 20min 发生急性过敏反应，猪表现呼吸加快、喘气、眼结膜潮红、皮肤红紫或苍白、口吐白沫、后肢不稳、倒地抽搐等。可立即肌注 0.1% 盐酸肾上腺素等，每头 1mL 或者肌注地塞米松 10mg（妊娠猪不用），每千克体重 1～3mg，必要时还可肌注安钠加强心。

最急性反应：与急性反应相似，只是发生快、反应更严重一些。治疗时除使用急性反应的抢救方法外，还应及时静脉注射 5% 葡萄糖溶液 500mL、维生素 C 1g、维生素 B_6 0.5g。

用完疫苗瓶一定要煮沸消毒，滴落的疫苗要用酒精棉球吸净，防止疫苗毒的扩散。

注射完疫苗后，一切器械与用具都要严格消毒，拆分注射器，将注射器、持针钳、针头置于消毒水中浸泡 10min，反复清洗，然后清洗干净，丢弃翻卷、带刺针头，使用电饭锅或电磁炉加热煮沸至少 15min，水位至少要浸过各种器具，晾干后，保存好至下次免疫时再使用。

（四）注意事项

（1）在肉猪免疫前后 3 天的饲料或饮水中添加抗应激药物，注射细菌活苗前后 3 天禁止全群使用各种抗生素，注射病毒活苗后 3 天内禁止使用抗病毒药物和干扰素及中药保健。

（2）免疫前后，避免转群、采血等，防止猪群应激影响免疫效果。

（3）疫苗不得混用，同时免疫必须分别注射。2 种病毒性活疫苗一般不要同时接种，应间隔 7～10 天，以免产生相互干扰。病毒性活疫苗和灭活疫苗可同时使用，分别肌注。注射活菌疫苗前后 7 天不要使用抗生素，2 种细菌性活疫苗可同时使用，分别肌注。抗生素对细菌性灭活疫苗一般没有影响，可以同时使用，分别肌注。

（4）确保剂量，不随意增减，发现有猪流血，应及时补免；免疫后仔细观察猪群，特别是免后半小时内，若出现过敏性休克，可注射肾上腺素或地塞米松。

（5）免疫后 3～5 周采血检测，能有效评估疫苗免疫效果，免疫不达标应及时补免。抗体水平的高低与疫苗注射剂量有正相关性，但是免疫接种时一定要按规定的免疫剂量注射，不要人为随意增大剂量，超大剂量的接种会导致免疫麻痹，使免疫细胞不产生免疫应答。同时免疫接种的次数也不宜过多，一定要科学合理，接种次数过多，对猪的应激越大，有时当抗体水平高时再接种疫苗会发生中和反应，反而导致猪体免疫力下降。

（6）保定好生猪，确保注射数量与部位准确无误，不能注射在坏死的肌肉上，如果有流出的现象，一定要重新注射。

（7）免疫和治疗器具应分开使用，避免交叉。

（8）使用疫苗接种时，可配合使用猪用转移因子或白细胞介素-4，仔猪每头每次0.25mL，中猪每头0.5mL，大猪每头1mL，用生理盐水、灭菌注射用水或疫苗稀释液稀释后，可与弱毒活疫苗混合肌注，与灭活苗则应分开肌注。可有效地提高疫苗的免疫效果，产生抗体快、抗体均匀度好、抗体在体内持续时间长；减少因免疫抑制引发的免疫麻痹与免疫耐受，并具有抗应激的功能；诱导机体产生细胞因子，增强机体的抗病力。

（9）不要给病猪注射疫苗。当猪群已感染了某种传染病时，正在疫病潜伏期接种弱毒活疫苗不但达不到免疫目的，反而会导致猪的死亡，或造成疫情扩散；妊娠母猪尽可能不要接种弱毒活疫苗，特别是病毒性活疫苗，避免经胎盘传播，造成仔猪带毒。对繁殖母猪，最好在配种前1个月注射疫苗，这样既可防止母猪妊娠期内因接种疫苗而引起流产，又可提高出生仔猪的免疫力；不要过早给仔猪注射疫苗，由于母源抗体干扰仔猪免疫应答较差；体温升高、老、弱、病残猪不要接种疫苗。

六、动物免疫的副反应

（一）动物免疫副反应的概念及反应种类

免疫副反应是指疫苗接种到动物体内所产生的与免疫作用无关的不良反应。疫苗等生物制品对机体来说是一种异源物质，经接种后刺激机体产生一系列的反应。在免疫反应时间内，要观察免疫动物的饮食、精神状况等，并抽查检测体温，对有异常表现的动物应予登记，严重时应及时救治。

1. 正常反应

是指疫苗注射后出现的短时间精神不好或食欲消减等症状，此类反应一般可不作任何处理，自行消退。

2. 严重反应

主要表现在反应程度较严重，反应动物超过正常反应的水平。常见的反应有震颤、流涎、流产、瘙痒、皮肤丘疹、注射部位出现肿块、糜烂等，最为严重的可引起免疫动物的急性死亡。

3. 合并症

只有少数动物发生综合症状，反应比较严重，需要及时救治。

（1）血清病。抗原抗体复合物产生的一种超敏反应，多发生于一次大剂量注射动物血清制品后，注射部位出现红肿、体温升高、荨麻疹、关节痛等，需精心护理和注射肾上腺素等。

（2）过敏性休克。个别动物于注射疫苗后20~30min内出现不安、呼吸困难、四肢发冷、出汗、大小便失禁等，需立即救治。

（3）全身感染。指活疫苗接种后因集体防御机能较差或遭到破坏时发生的全身感染和诱发潜伏感染，或因免疫器具消毒不彻底致使注射部位或全身感染。

（4）变态反应。多为荨麻疹。

（二）动物免疫副反应的鉴定程序

免疫动物出现副反应，属一般副反应的，畜主应自行处理；出现严重副反应的要立即救治；出现副反应死亡的，应立即上报县（区）动物疫病预防控制中心，县（区）动物疫病预防控制中心接到报告后应及时指派技术人员到现场核查鉴定，建立鉴定档案，同时向上一级疫控中心报告。对同一地区同一时段集中出现严重副反应（10头以上）或副反应死亡（5头以上）情况的，上级疫控中心应及时上报省级疫控中心。省级疫控中心应指派专业技术人员进行现场检查鉴定处理。

（三）对动物免疫接种后的副反应的处理

1. 一般反应

慢性型较多，即免疫注射后出现体温升高、呼吸急促、食欲减退或废绝、呕吐、尿黄、便利、皮肤发红。由此可见疫苗的免疫反应较为严重。此阶段不宜对生猪使用抗生素或退热药物，应供给电解质多维自由饮水，以缓解反应症状。

2. 严重反应

呈最急性经过，即免疫注射后立即出现站立不安、卧地不起、呼吸困难、可视黏膜充血或水肿、肌肉震颤、瘤胃臌气、口角出现白沫、倒地抽搐、鼻腔出血等现象。

最急性型免疫反应的救治：

（1）皮下注射0.1%盐酸肾上腺素，牛5mL，猪、羊1mL。视病情缓解程度，20min后可重复注射1次。

（2）肌内注射盐酸异丙嗪，牛500mg，猪、羊100mg。肌内注射地塞米松磷酸钠，牛30mg，猪、羊10mg（孕畜不用）。

3. 免疫副反应的预防

为减少、避免动物在免疫过程中出现副反应，应注意以下事项。

（1）保持动物舍内温度、湿度、光照适宜，通风良好；做好日常消毒工作。

（2）制定科学的免疫程序，选用适宜的毒力或毒株的疫苗。

（3）应严格按照疫苗的使用说明进行免疫接种，注射部位要准确，接种操作方法要规范，接种剂量要适当。

（4）免疫接种前对动物进行健康检查，掌握动物健康状况。凡发病的，精神、食欲、体温不正常的，体质瘦弱的、幼小的、年老的、怀孕后期的动物均应不予接种或暂缓接种。

（5）对疫苗的质量、保存条件、保存期均要认真检查，必要时先做小群动物接种实验，然后再大群免疫。

（6）免疫接种前，避免动物受到寒冷、转群、运输、脱水、突然换料、噪音、惊吓等应激反应。可在免疫前后3~5天在饮水中添加速溶多维，或维生素C、维生素E等以降低应激反应。

（7）免疫前后给动物提供营养丰富、均衡的优质饲料，提高机体非特异免疫力。

由于动物的个体差异或对某种疫苗反应过大，给动物进行预防接种时，往往会出现精神不振、食欲废绝、口吐白沫、全身发绀等，若不及时处理，轻则引起动物致残、流产等后遗症，严重者能引起动物死亡。为了畜牧业持续稳定健康发展，做好动物疫病的防控工作，防止动物疫情的发生极其重要。因此，做好动物疫病免疫发生免疫副反应后的处置工作极其重要。

第三节　药物预防技术

猪场发生的传染病种类多，目前有些传染病已经研制出有效的疫苗，通过预防接种可以达到预防的目的。但还有不少传染病尚无疫苗可用，有些传染病虽然有疫苗，但在生产中应用还有一些问题。因此，对于这些传染病除了加强饲养管理，搞好饲料卫生安全，坚持消毒制度、定期进行检疫之外，有针对性地选择适当的药物进行预防，也是猪场传染病防控工作中的一项重要措施。

一、药物预防用药的原则

由于各种药物抗病原体的性能不同，所以预防用药必须有所选择。如何做到合理用药进行预防，以提高药物预防的效果，应按照以下原则选用药物。

1. 不可滥用药物

要根据猪场与本地区猪病发生与流行的规律、特点、季节性等，有针对性地选择高疗效、安全性好、抗菌谱广的药物用于预防，方可收到良好的预防效果，切不可滥用药物。

2. 进行药物敏感试验

使用药物预防之前最好先进行药物敏感试验，以便选择高敏感性的药物用于预防。

3. 保证用药的有效剂量，以免产生耐药性

不同的药物，达到预防传染病作用的有效剂量是不同的。因此，药物预防时一定要按规定的用药剂量，均匀的拌入饲料或完全溶解于饮水中，以达到药物预防的作用。用药剂量过大，造成药物浪费，还可引起副作用。用药剂量不足，用药时间过长，不仅达不到药物预防的目的，还可能诱导微生物对药物产生耐药性。猪场进行药物预防时应定期更换不同的药物，可防止耐药性菌株的出现。

4. 要防止药物蓄积中毒和毒副作用

有些药物进入机体后排出缓慢，连续长期用药可引起药物蓄积中毒，如猪患慢性肾炎，长期时间使用链霉素或庆大霉素可在体内造成蓄积，引起中毒。有的药物在预防疾病的同时，也会产生一定的毒副作用，如长期大剂量使用喹诺酮类药物会引起猪的肝肾功能异常。

5. 要考虑猪的品种、性别、年龄与个体差异

幼龄猪、老龄猪及母猪，对药物的敏感性比成年猪和公猪要高，所以药物预防时使用的药物剂量应当小一些。怀孕后用药不当易引起流产。同种猪不同个体，对同一种药物的敏感性也存在着差异，用药时应加倍注意。体重大、体质强壮的猪比体重小、体质虚弱的猪对药物的耐受性要强。因此，对体重大的与体质虚弱的猪，应适当减少药物用量。

6. 要避免药物配伍禁忌

当两种或两种以上的药物配合使用时，如果配合不当，有的会发生理化性质的改变，使药物发生沉淀、分解、结块或变色，结果出现减弱预防效果或增加药物的毒性，造成不良后果。如磺胺类药物与抗生素混合产生中和作用，药效会降低。维生素 B_1、维生素 C 属酸性，遇碱性药物即可分解失效。在进行药物预防时，一定要注意避免药物配伍禁忌。

7. 选择最合适的用药方法

不同的给药方法，可以影响药物的吸收速度、利用程度、药效出现时间及维持时间，甚至还可引起药物性质的改变。药物预防常用的给药方法有混饲给药、混水给药及气雾给药等，猪场在生产实践中可根据具体情况，正确地选择给药方法。

8. 制定预防保健程序

要制定出适合自己猪场的预防保健程序，有计划地按程序进行药物预防。

二、预防用药的方法

1. 混饲给药法

将药物拌入饲料中，让猪只通过采食获得药物，达到预防疫病之目的一种给药方法。本法的优点是省时省力，投药方便，适宜群体给药，也适宜长期给药。其缺点是如药物搅拌不匀，就有可能发生有的猪只采食药物量不足，有的猪只采食药物过量而发生药物中毒。混饲时应注意以下问题。

（1）药物用量要准确无误。

（2）药物与饲料要混合均匀。

（3）饲料中不能含有对药效质量有影响的物质。

（4）饲喂前要把料槽清洗干净，并在规定的时间内喂完。

2. 混水给药法

将药物加入饮水中，让猪只通过饮水获得药物，以达到预防传染病的目的一种给药方法。这种方法的优点是省时省力，方便使用，使用于群体给药。其缺点是当猪只饮水时往往要损失一部分水，用药量要大一点。另外由于猪只个体之间饮水量不同，每头猪获得的药量可能存在着差异。混水给药时应注意以下问题。

（1）使用的药物必须溶解于饮水。

（2）要有充足的饮水槽或饮水器，保证每头猪只在规定的时间内都能饮到够量的水。

（3）饮水槽或饮水器一定要清洗干净。

（4）饮用水一定要清洁干净，水中不能含有对药物质量有影响的物质。

（5）使用的浓度要准确无误。

（6）药物饮水之前要停水一段时间，夏天停水 1~2 小时，冬天停水 3~4 小时，然后让猪饮用含有药物的水，这样可以使猪只在较短的时间内饮到足量的水，以获得足量的药物。

（7）药物饮水要按规定的时间饮完，超过规定的时间药效就会下降，失去预防作用。

三、药物预防在养猪生产中的实际应用

（一）综合性药物保健方案

1. 后备母猪

在 1 吨后备母猪饲料中添加 10% 的泰妙菌素 1kg、强力霉素预混剂 1kg，或者拌 5% 的替米考星 1kg、阿莫西林 0.5kg，可有效净化后备母猪体内的细菌性病原体如肺炎支原体、猪痢疾密螺旋体、结肠螺旋体等，确保后备母猪健康繁殖。具体用药时间是在配种前连续应用 15 天，或配种前每月连续用药 7 天。以上药方要交替使用。

2. 经产母猪

在生产前后各 7 天的饲料中按每吨添加 10% 的泰妙菌素 1kg、强力霉素预混剂 1kg，或者添加 5% 的替米考星 1kg、阿莫西林 0.5kg，可有效净化肺炎支原体，降低蓝耳病病毒的感染率，防止细菌性病原体的传播，更能预防子宫炎、乳房炎和泌乳障碍综合征，确保奶水的质量，降低仔猪腹泻的发病率，提高断奶窝重。

3. 断奶仔猪

添加药物预防肺炎支原体、链球菌、猪痢疾密螺旋体、细胞内劳森菌和结肠螺旋体等感染。每吨饲料中添加 10% 的泰妙菌素 1kg、强力霉素预混剂 1kg，或者添加 5% 的替米考星 1kg、阿莫西林或强力霉素预混剂 1kg。保育舍换料后连续添加 15 天。

4. 保育猪

添加药物，以避免接种过多疫苗。如果保育阶段没有使用药物，为了防止育肥阶段的呼吸道综合征，可以在发病前如 12 周龄或 17 周龄在每吨饲料中添加 10% 的泰妙菌素 1kg、强力霉素预混剂 1kg，或者添加 5% 的替米考星 1kg、阿莫西林 1kg，连用 7 天。

（二）不同饲养阶段用药保健方案

1. 后备猪引入第一周及配种前一周

饲料中适当添加一些抗应激药物如速补康、维生素 C、多维、矿物质添加剂等；同时饲料中适当添加一些抗生素药物如呼诺玢、支原泰妙、呼肠舒、泰灭净、强力霉素、利高霉素、泰乐菌素、土霉素等。

2. 妊娠母猪前期第一周

饲料中适当添加一些抗生素药物如呼诺玢、支原泰妙、泰灭净、利高霉素等；同时添加亚硒酸钠维生素 E 粉剂；妊娠全期添加霉菌毒素。

3. 母猪产前产后两周

饲料中适当添加一些抗生素药物如呼肠舒、强力霉素、阿莫西林等；产前肌注一次德力先、长效土霉素等；或于每吨饲料中添加"喘速治" 600g，黄芪多糖粉 600g；或于每吨饲料中添加 5% 爱乐新 800g，强力霉素 160g，连续饲喂 14 天。断奶至配种期间的，饲料中添加土霉素预混剂，产前 1 个月开始添加生命 1 号，产前产后 2 周添加金霉素或阿莫西林。

4. 哺乳仔猪

3 日龄内补铁（如血康、牲血素、富来血）、补硒（亚硒酸钠维生素 E）；1 日、7 日、14 日龄鼻腔喷雾支原泰妙、呼诺玢、卡那霉素等；7 日龄左右开食补料前后及断奶前后饲

料中适当添加一些抗应激药物如维力康、开食补盐、维生素C、多维等。哺乳全期饲料中适当添加一些抗生素药物如呼诺玢、呼肠舒、泰灭净、恩诺沙星、诺氟沙星、氧氟沙星及环丙沙星等。

仔猪出生后仔猪吃初乳前口服庆大霉素素0.5mL、氟哌酸1~2mL或土霉素半片或母猪产前2天肌注长效土霉素5mL；1日龄与4日龄每头各肌注1次排疫肽（高免球蛋白），每次每头0.2mL；同时1日、2日、3日龄每头口服畜禽生命宝（微生态制剂）0.5mL，每日1次，可有效的增强免疫力，提高抗病力；如预防白痢、猪痢疾、喘气病、附红细胞体、黄痢等，在仔猪出生的第3天、7天、21天做好3针保健，分别注射长效土霉素0.5mL；或在饲料中添加支原净和金霉素，按每吨饲料250g的剂量添加。仔猪出生后3天注射0.1%亚硒酸钠和牲血素，每头肌注2mL，预防仔猪缺铁、缺硒引起的疾病等。

仔猪断奶前3天，每头肌注猪用转移因子（多核苷酸低分子多肽复合物）0.2mL或倍康肽（白细胞介素-4）0.2mL，可明显的增强仔猪免疫力，降低应激反应，提高其抗病力和抗各种应激的能力，避免因断奶应激而诱发各种疫病的发生。

仔猪断奶前后各7天，于每吨饲料中加入"喘速治"（泰乐菌素、强力霉素、微囊包被的干扰素、排疫肽）400g，连续饲喂12天；或者于每吨饲料中加支原净100g，强力霉素120g，阿莫西林180g，连续饲喂12天。同时改饮电解质多维加葡萄糖粉和黄芪多糖粉10天。

5. 断奶保育猪第一周

饲料或饮水中适当添加一些抗生素药物如呼诺玢、支原泰妙、呼肠舒、慢呼清、泰灭净、强力霉素、支原净、泰乐菌素、阿莫西林等。

6. 生长育肥猪第一周

转群前7天开始，每吨饲料中添加"喘速治"500g，黄芪多糖粉600g连续饲喂12天；或于每吨饲料中添加利高霉素1.2kg，阿莫西林200g，黄芪多糖粉300g，或于每吨饲料中加10%氟苯尼考（氟康王加有微囊化干扰素与排疫肽）400g，强力霉素160g，连续饲喂12天。

饲料中添加抗菌促生长药物如土霉素预混剂、支原泰妙、呼诺玢、呼肠舒、泰灭净、泰乐菌素、喹乙醇、速大肥等；同时饲料中添加伊维菌素、阿维菌素或帝诺玢、净乐芬等驱虫药物进行驱虫。

母猪分娩前7~14天，驱除体内寄生虫。母猪产前及产后7天，饲料中添加80%"支原净"（泰妙菌素）125g/t+15%金霉素300g/t+阿莫西林150g/t，能有效地控制仔猪呼吸道疾病的发生。

7. 公猪每月一周

每月饲料中适当添加一些抗生素药物如土霉素预混剂、支原泰妙、呼诺玢、呼肠舒、泰灭净、支原净、泰乐菌素等，连用1周。每个季度饲料中适当添加伊维菌素、阿维菌素连用1周。

8. 空怀断奶母猪

断奶—配种空怀期饲料中适当添加一些抗生素药物如土霉素预混剂、呼诺玢、呼肠舒、泰灭净、支原净、泰乐菌素等；配种前肌注一次德力先、长效土霉素等。

在生猪转群、高温、运输时，为防止内分泌失调，代谢紊乱和发生应激症，应用热激康、促免一号，按使用说明在饲料中添加。

（三）不同疾病用药保健方案

1. 猪腹泻性病的药物预防

（1）仔猪出生后，吃初乳之前，每头口服 1% 稀盐酸 3mL，连用 3 天。可预防仔猪黄、白痢的发展。

（2）仔猪出生后，每天早晚各口服 1 次乳康生，连用 2 天，以后每隔 1 周服 1 次，可服用六周，每头每次服 0.5g（1 片）。或仔猪出生后立即服 1 次促菌生，以后每天服 1 次，连服 3 天，每头每次 3 亿个菌数。或按 0.1~0.15g/kg 体重，每天服用 1 次调痢生，连服 3 天。可预防仔猪黄白痢，并能促进仔猪的生长，提高成活率。

（3）仔猪出生后 3 天注射 0.1% 亚硒酸钠和牲血素，每头肌注 2mL，可预防仔猪黄白痢等。

（4）敌菌净，每千克体重 100mg 内服。每日 2 次，连服 5 天，可预防仔猪黄白痢等。

（5）仔猪出生后，吃初乳之前，每头内服青、链霉素各 10 万 IU，可预防仔猪红痢等。

（6）杆菌肽，每吨饲料中添加 50~100g，连喂 7 天，可预防猪痢疾及其他细菌性腹泻等。

（7）发生猪痢疾的猪场，按每 kg 饲料中添加 1g 痢菌净，连喂 30 天，或每吨饲料中加入洁霉素 100g，连喂 21 天，或用二甲硝基咪唑，按 0.025% 水溶液饮水，连饮 7 天。乳猪用 0.5% 痢菌净溶液，每千克体重灌服 0.25mL，每日 1 次。停药后观察 3~9 个月，可净化猪痢疾。

（8）氟哌酸，每吨饲料中加药 200g，连喂 7 天，可预防肠道，呼吸道及泌尿系统细菌性感染等。

2. 呼吸道疾病的药物预防

（1）泰妙菌素+克痢平或泰妙菌素+金霉素或泰妙菌素+强力霉素，40~60 日龄猪喂 1 周；种母猪产前产后各喂 1 周；种公猪每月喂 1 周，可预防猪气喘病及呼吸道细菌性疾病等。

（2）精制土霉素粉，每吨饲料中加 50g；土霉素碱，每吨饲料中加 50~150g；土霉素钙，每吨饲料中加 400g，3 月龄以内的仔猪，连服 7 天。可预防猪喘气病、猪肺疫等肠道及呼吸道细菌性疾病。

（3）林可霉素，每吨饲料中加 40~200mg，连喂 3 周，可预防猪喘气病等呼吸道疾病。

（4）恩诺沙星粉，按每千克饲料中加药 100mg，拌入料中连喂 7 天，或按每升水中加药 50mg，溶解后连饮 7 天，可预防传染性胸膜肺炎等呼吸道疾病及泌尿系统疾病。

（5）磺胺增效剂，按每千克体重 25~30mg，拌料中，连喂 7 天，可预防呼吸道与肠道细菌性疾病。

3. 猪圆环病毒感染的药物预防

（1）妊娠母猪：产前 7 天和产后 7 天，按每吨饲料中加入 80% 支原净 125g、15% 金霉素 300g、阿莫西林 150g，拌料均匀，连喂 15 天。

（2）哺乳母猪：1 日龄、7 日龄和断奶时各注射 1 次速解灵（头孢噻呋 500mg/mL）、每头每次 0.2mL。

（3）断奶仔猪：每吨饲料中加入 80% 支原净 50g、15% 金霉素 150g（或强力霉素 150g）、阿莫西林 50g，拌料均匀，连喂 7 天。

4. 猪链球菌病的药物预防

（1）发生疫情时，按每千克饲料中加入强力霉素 150mg，或以 2% 恩诺沙星粉，每 20 升水中加药 50g，连喂或饮水 2 周。

（2）每吨饲料中加入土霉素 400g，或每吨饲料中加入四环素 125g，连喂 2 周。

（3）红霉素粉 1g 加入 50kg 水中溶解后，每日引用 2 次，连饮 5 天。

5. 猪水肿病的药物预防

（1）仔猪开食后，在饲料中加入 1% 土霉素或 0.1% 氟哌酸，连喂 5 天。

（2）痢立清，拌料，连喂 5 天。

（3）仔猪断奶前 1 周和断奶后 2 周，每头肌注组织胺球蛋白 2mL，每周注射 1 次，同时每天每头内服磺胺二甲基嘧啶 1.5g。

6. 传染性萎缩性鼻炎的药物预防

（1）磺胺二甲基嘧啶，每吨饲料中拌入 100g，连喂 5 周。

（2）磺胺二甲基嘧啶 100g/t 料、金霉素 100g/t 料、青霉素 50g/t 料，三药混合拌料喂猪，连喂 5 周。

（3）泰乐菌素 100g/t 料、磺胺嘧啶 100g/t 料，二药混合拌入料中喂猪，连喂 4 周。

（4）土霉素，每吨料中拌入药 400g，连喂 5 周。

7. 猪衣原体病的药物预防

（1）种公、母猪配种前 1~2 周以及母猪产前 2~3 周，按每吨料中加入四环素 200~400g，连喂 1~2 周。

（2）新生仔猪，从 10 日龄开始，按每千克体重四环素 0.1g 的量拌入料中，连喂 1 周。

8. 附红细胞体病的药物预防

（1）怀孕母猪从妊娠后 21 天开始，按每吨料中拌入对氨基苯砷酸 90g，连喂 10 天；产后在产房的整个哺乳期连续喂饲。

（2）仔猪断奶后，按每吨料中拌入四环素 150g、对氨基苯砷酸 45g，连喂 10 天。

（3）发病猪场，种公猪及其他成年猪，按每吨料中拌入对氨基苯砷酸 180g，连喂 1 周。

（4）按每吨料中拌入土霉素 600g，连喂 1 周。

9. 猪弓形虫病的药物预防

发病猪场可用磺胺-6-甲氧嘧啶或配合三甲氧苄胺嘧啶拌料喂猪，连喂 7 天。

10. 其他

（1）阿莫西林，每 10kg 水中加药物 1g，每月饮用 2 次，每次连续饮水 3 天，可预防消化道、呼吸道及泌尿系统细菌性感染。

（2）氧氟沙星粉，每 10kg 水中加药物 1g，每月饮用 2 次，每次连续 5 天，可预防消化道及泌尿系统细菌性感染。

（3）百菌清，每千克饲料中或每升水中加药物 1g，连喂 7 天，可预防消化道、呼吸道及泌尿系统细菌性感染。

（4）蚊蝇净，10g（1 瓶）溶于 500mL 水中，喷洒即可，对猪和人体无毒害作用。

（5）加强蝇必净，250g 药加水 2.5 升混均，喷洒即可，对人体和猪无毒害作用。

11. 病毒性疫病治疗用药

方案 1：上午肌注排疫肽，每 50kg 体重 1mL，重症加量，每日 1 次，连用 3 天；肌注转移因子，每 40kg 体重 1mL，重症加量，每日 1 次，连用 2 天；第 3 天开始肌注干扰素，每日 1 次，连用 2 天；同时肌注柴胡注射液（或穿心莲注射液、或双黄连注射液等）每千克体重 0.1mL，每日 1 次，连用 4 天；下午肌注红弓链康注射液，（附红体明显者肌注二次血虫净，1 天 1 次）每千克体重 0.1mL，重症加量，每日 1 次，连用 4 天。

方案 2：上午肌注排疫肽与转移因子，用法同上，清开灵注射液，小猪 10mL，中猪 15mL，大猪 20mL，每日 1 次，连用 4 天；下午肌注头孢噻呋（或头孢拉啶，恩诺沙星等）每千克体重 5mg，每日 1 次，连用 4 天。

方案 3：上午肌注干扰素，每 40kg 体重 1mL，重病加量，每日 1 次，连用 3 天，转移因子用法同上，黄芪多糖注射液，（或灵芝多糖、或复方板蓝根注射液等）每千克体重 0.1mL，每日 1 次，连用 4 天；下午肌注抗菌肽（抗菌活性肽），每 60kg 体重 1mL，每日 1 次，连用 4 天，重症加量。

同时要注意静注 5% 糖盐水，加维生素 C、维生素 B$_1$、维生素 E 等，每日 1 次。饮用电解质多维加葡萄糖粉和黄芪多糖粉一周。治愈后 5 天根据具体情况可考虑给猪群补注应该免疫的疫苗，以免疫病反复。

四、使用抗生素注意事项

前面讲各阶段猪药物预防程序，有人提出要注意耐药菌株，这就提到了药物的正确使用问题，养猪多用抗生素，以下主要阐述抗生素使用的注意问题。

1. 坚持预防为主

在猪病防控中一定要坚持预防为主的方针，加强科学管理，重视生物安全，有计划的实施疫苗免疫预防与药物预防，防控猪病的发生与流行，避免使用大量的抗生素去实施治疗。

2. 要选购优质的抗生素

选购抗生素药物时，一定要从国家批准生产的厂家购买，并认准其批准文号、生产许可证书、质量标准、适应症、生产日期与保存期等。严禁购买无批准文号、无生产许可证书、无生产厂家的"三无抗生素"，以免贻误疫病的防控，造成不可挽回的经济损失。

3. 正确诊断，对症下药

当猪群发生疫病时，首先要立即进行诊断，找出原发病原与继发病原，并作药敏试验，然后针对病原选用敏感药物。

由革兰氏阳性菌引起的疾病，如猪丹毒、破伤风、炭疽、葡萄球菌性和链球菌性炎症、败血症等，可选用青霉素类、头孢菌素类、四环素类和大环内酯类、林可霉素等。

由革兰氏阴性菌引起的疾病，如巴氏杆菌病、大肠杆菌病、沙门氏菌病、肠炎、泌尿道炎症，则选用氨基糖苷类和氟喹诺酮类等。

对耐青霉素 G 金黄色葡萄球菌所致的呼吸道感染、败血症等，可选用耐青霉素酶的半合成青霉素，如苯唑西林、氯唑西林，也可选用大环内酯类和头孢菌素类抗生素。

对绿脓杆菌引起的创面感染、尿路感染、败血症、肺炎等，可选用庆大霉素、多黏菌素等。

对支原体引起的猪喘气病和慢性呼吸道病，则应首选氟喹诺酮类药，如恩诺沙星、红霉素、泰乐菌素、泰妙菌素等。

4. 控制好抗生素药物的使用剂量

有的养猪户认为防控疫病用药剂量越大，治疗效果就越好，因而在临床上有盲目的加大抗生素药物的使用剂量的现象。各种抗生素药物都规定有预防剂量、治疗剂量和中毒剂量。因此，在使用抗生素药物防治猪病时，一定要按照药物规定的剂量实施，不要随意改变药物的使用剂量。抗生素药物使用量过大，不仅造成药物的浪费，增大成本的支出，严重时更可引起毒性反应，过敏反应和二重感染，甚至造成重大死亡。比如加大青霉素的用量，可干扰凝血机制而造成出血和中枢神经系统中毒，引起动物抽搐、大小便失禁，甚至出现瘫痪症状；长期大量的使用链霉素、庆大霉素、卡那霉素、新霉素和壮观霉素等氨基糖苷类抗生素药物，可在体内蓄积，损害第八对脑神经和肾脏，造成神经肌肉接头阻滞作用，引起猪只呼吸麻痹而死亡；头孢类药物、青霉素、四环素类及磺胺类药物超量使用可引起肾脏毒性。

用药剂量不足，用药时间过长，不仅达不到防治效果，而且易诱发细菌产生耐药性。当前耐药菌株以金黄色葡萄球菌、痢疾杆菌、大肠杆菌、结核杆菌、伤寒杆菌和绿脓杆菌为多，并且许多细菌对青霉素、链霉素、庆大霉素、四环素和红霉素等药物的耐药性都在不断提高，而且常诱发二重感染，应引起重视。

针对细菌的耐药性，在临床上要做到：根据药敏试验有针对性选用抗生素药物、合理的联合用药、治疗 2 天无效立即更换药品、正确诊断疫病、确保药物的使用剂量和足够的疗程、饲料与饮水中不要长期添加抗生素药物，加强耐药菌株的监测与控制等。从上述几个方面着手，就可预防细菌耐药性的产生。

五、猪疾病治疗应注意的几个问题

1. 快速准确的疾病诊断

这是治疗任何疾病的前提条件，如果失去这个前提，任何治疗都没有意义，为无效治疗。这就要求我们平时应加强专业知识的学习，掌握各种疾病的流行病学、临床症状、病理解剖、示病特征及各种疾病的鉴别诊断等知识，并善于听取、分析、总结其他专家学者对疾病的见解，为我们快速准确的疾病诊断做好知识贮备。生产实践中没有进行详细诊断而盲目治疗的比比皆是。

2. 具备丰富的药理知识

要了解各种药物的特性、适用范围、使用剂量及有效配伍。我们在技术服务过程中发现许多场存在药物配伍不当，甚至出现配伍禁忌的情况，造成治疗失败和大量的药物浪费。

3. 做到早发现、早治疗

在疾病的早期，各器官的炎症病变为可逆性的，通过合理治疗，能够恢复其功能；疾病发展到中后期或晚期，各器官的炎症病变发展为不可逆性的（成为实质性病变或坏死），治愈的希望就很小，即使治愈，也变成病理性和药物性僵猪，以后的生长发育严重受阻，生长速度非常慢。猪不象我们人类能够表达身体的不适，只有通过行为改变来表达，如饮水次数增加、喷鼻、皮肤颜色、咬架、叠卧、食欲不振或不食等，这就要求我们每天应认真观察猪的行为变化，发现异常应及时诊治，一旦出现不食，预示疾病已发展到中后期，增加了治疗的难度。

4. 疾病治疗时不仅要对症治疗，更重要的是对因治疗

现在大多数治疗疾病时多采用解热、镇痛、消炎、止咳、平喘、止泻的方法，在药物的选择上不是根据病因选药，而是根据临床症状选药，选购药品时是看药品说明书对照猪的临床症状来选择，对药物的评判和疾病是否治愈以猪是否采食为标准，出现病情反复，治愈率低，疾病没治好也不知为什么没治好，即使治愈也不知为什么治愈的情况发生。

5. 在药物的使用方面，不提倡单一用药

因目前猪场的发病多为混合感染，建议多种药物配伍使用，才能起到很好的防治效果。应听取当地知名兽医或专家的建议，避免走弯路。

6. 要注意全群用药保健

在采用针剂治疗发病猪的同时，全群应及时在饲料或饮水中添加药物，以增加针剂的疗效和防止疾病进一步扩散蔓延，保护整个群体的健康。

7. 疫病防治要分轻重缓急

（1）在疫病的预防上应分出先后次序。像仔猪大肠杆菌病、猪瘟、猪丹毒、猪肺疫、仔猪副伤寒、链球菌病、气喘病等传染病，目前大多有疫（菌）苗，要按照各自的免疫程序接种，避开免疫接种交叉应激的时间。

（2）在疾病的治疗上要分轻重缓急。当传染病与普通病同时发生时，应以传染病为重；在两种传染病同时发生时，应以烈性传染病以及人畜共患病为重；在一些继发感染发生时（如流感引起的继发症），要会鉴别诊断。

8. 治疗及淘汰原则

发生疾病时坚持突出病猪五不治疗及时淘汰原则：无法治疗好的不治疗；治疗费用高的不治疗；治疗费时费工的不治疗；治愈后价值不高的不治疗；传染性强、危害大的不治疗。

六、猪场常见猪病用药

（1）阿莫西林。作为三线药，用于严重的肺炎、子宫炎、乳房炎、急泌尿道感染；组织穿透性比羟氨苄青霉素强；肌注。

（2）阿托品。具有解毒及缓解胃肠蠕动，特别是严重拉稀时，配合抗生素用有很好效果。

（3）阿维菌素。新型驱虫药，对线虫、绦虫、吸虫及皮肤寄生虫、疥癣也有较好效果。但毒性较大，易造成母猪流产。

（4）安洛血。止血针。

（5）安钠加。强心药。

（6）安乃近。起着解热镇痛作用，临床上常用安乃近配合青霉素治疗一般性不吃料的猪，但要注意，对怀孕母猪使用的剂量不能过大，否则会导致流产。

（7）安痛定。起着解热镇痛作用，临床上常用安乃近配合青霉素治疗一般性不吃料的猪，但要注意，对怀孕母猪使用的剂量不能过大，否则会导致流产。

（8）氨苄青霉素。作为二线药，用于严重的肺炎、子宫炎、乳房炎、急泌尿道感染；肌注。

（9）氨茶碱。平喘、舒张支气管，对喘气、咳嗽猪能迅速平喘。

（10）氨基比林。起着解热镇痛作用，临床上常用安乃近配合青霉素治疗一般性不吃料的猪，但要注意，对怀孕母猪使用的剂量不能过大，否则会导致流产。

（11）北里霉素。对猪的喘气病效果较好，同时有一定的促生长作用。

（12）丙流苯咪唑。对线虫、绦虫、吸虫均有较好效果，也较安全。

（13）促排卵药物。包括绒毛膜促性腺激素、排卵2号、3号等；配种后肌注，会使每胎产仔数增加2~3只。

（14）大黄。泻药。

（15）敌百虫。传统上常用它进行猪驱虫，效果好，但易中毒，有一定的健胃作用。

（16）地塞米松。抗炎，抗毒，配合青霉素和安痛定使用，但会导致母猪流产和泌乳减少。

（17）丁胺卡那。对呼吸道感染，特别对咳嗽、喘气较好，也有一定的毒性。

（18）恩若沙星。第三代喹若酮类，对呼吸道，肠道病有较好效果，不能口服。

（19）氟哌酸。属于喹若酮类抗菌素，对革兰氏阳性、革兰氏阴性菌均有效，0.5~10mg/kg。

（20）杆菌肽锌。对革兰氏阳性菌有较强作用，对生长有促进作用。

（21）红霉素。广谱抗菌素；组织穿透性也较好；对子宫炎，呼吸道炎效果较好；8~10mg/kg。

（22）环丙沙星。第二代喹诺酮类，效果比氟哌酸更好。0.5~10mg/kg。

（23）黄体酮。用于母猪的保胎，安胎。

（24）磺胺-5-甲氧嘧啶（长效磺胺D）。广谱合成抗菌素，对猪弓形体病效果好；0.07~0.1g/kg 口服、肌注。

（25）磺胺-6-甲氧嘧啶（长效磺胺C）。同上。

（26）磺胺二甲基嘧啶SM2。同上。

（27）磺胺甲基异恶啉SMZ又叫新若明。抗菌谱较广，常与TMP合成增效。0.07~0.1g/kg 口服、肌注。

（28）磺胺咪SG：不吸收，只对肠炎有效。0.1~0.2mg/kg。

（29）磺胺嘧啶SD。广谱合成抗菌素，0.1~0.2mg/kg，口服肌注。

（30）金霉素。广谱抗菌素，对肠炎，拉稀效果好。

（31）卡那霉素。对呼吸道感染，特别对咳嗽，喘气较好，但毒性较大，5～15mg/kg。

（32）喹乙醇。属于喹恶啉类，有抗菌，促生长作用；50mg/kg拌料。

（33）痢菌净。属于喹恶啉类，对血痢及其他下痢均有效，2.5～5mg/kg。

（34）链霉素。抗革兰氏阴性菌，在临床上常与青霉素配合使用，10mg/kg。

（35）林可霉素。对革兰氏阳性菌有较强作用，同时对呼吸道咳嗽效果好，20mg/kg。

（36）硫酸镁。泻药。

（37）硫酸钠。泻药。

（38）氯前列腺素。有催情，催产，同期分娩等功效。

（39）羟氨苄青霉素。作为三线药，用于严重的肺炎，子宫炎，乳房炎急泌尿道感染；组织穿透性比羟氨苄青霉素强；2～7mg/kg，肌注。

（40）青霉素钾。猪感冒，丹毒，肺疫，败血症，乳房炎及各种炎症和感染。1万～1.5万/kg，肌注。

（41）青霉素钠。猪感冒，丹毒，肺疫，败血症，乳房炎及各种炎症和感染。1万～1.5万/kg，肌注。

（42）庆大霉素。广谱抗菌素；1 500单位/kg。

（43）三合激素。用于母猪催情。

（44）三甲氧苄氨嘧啶（TMP）。常与磺胺类药物合用，可提高几倍效果，按1∶5比例与磺胺类合用。

（45）肾上腺素。抗过敏，抗休克作用；对疫苗过敏要立即肌注进行解救，同时对喘气，咳嗽很严重的病猪也可肌注进行解救。

（46）双甲脒。对皮肤疥癣效果较好，价格便宜。

（47）四环素。广谱抗菌素，对肠炎，拉稀效果好。

（48）速尿。对水肿病的治疗配合用药。

（49）泰乐菌素。对猪的喘气病效果较好，同时有一定的促生长作用；2～10mg/kg。

（50）土霉素。广谱抗菌素，对肠炎，拉稀效果好。

（51）维生素B_{12}针。健胃，补体；对一般无体温变化的猪，配合用药。

（52）维生素B_1针。健胃，补体；对一般无体温变化的猪，配合用药。

（53）维生素K_3止血针

（54）先锋霉素5号。作为三线药，作用更广泛，效果好；2～7mg/kg，肌注。

（55）先锋霉素6号。作为三线药，作用更广泛，效果好；2～7mg/kg，肌注。

（56）新霉素。对肠炎有特效，20～30mg/kg，口服。

（57）新斯的明。促进胃肠蠕动，起着健胃，帮助消化作用，作用与阿托品恰恰相反。

（58）嗅氢菊酯。对皮肤疥癣效果较好，用量30～100mg/L。

（59）伊维菌素。新型驱虫药，对线虫，绦虫，吸虫及皮肤寄生虫疥癣也有较好效果，但毒性较大，易造成母猪流产。

（60）孕马血清。母猪的催情和助情作用，使用时往往与氯前列烯醇配合使用，但要注意，肌注后 1~2h 内易过敏。

（61）樟脑。强心药。

（62）止血敏。止血针。

（63）子宫收缩药。包括催产素，麦角，氯前列烯醇。

（64）左旋咪唑。主要驱线虫，较安全。

第四节　现代生物工程制剂在猪病防治中的应用

生物工程生物制剂在畜禽疾病防治中，因无药残、不产生耐药性、发挥效果快等原因被广泛推广应用，发挥着常规化学药品难以达到的效果。下面介绍几种生物工程制剂及其应用。

一、猪用干扰素（IFN）

干扰素是机体受病毒或其他干扰素诱生剂刺激巨噬细胞、淋巴细胞及体细胞产生的具有高活性的多功能糖蛋白，在正常机体的脾脏、肝脏、肾脏、外周血淋巴细胞和骨髓中都可以检出。通过基因工程手段获得的猪用干扰素无论是含量或是活性，均高于机体受病毒或其他干扰素诱生剂刺激产生的干扰素。

（一）作用机理

1. 抗病毒作用

干扰素作用于动物机体细胞内的干扰素受体，经信号传导等一系列的生物化学过程，启动基因合成抗病毒蛋白，抑制病毒多肽链的合成，阻断了病毒的繁殖，使病毒不能在动物机体内生长与繁殖，从而起到抗病毒的作用。

2. 免疫调节作用

猪干扰素能增强免疫器官巨噬细胞的吞噬作用和消毁能力，从而达到调节免疫自稳功能，降低应激反应等目的。

（二）猪用干扰素在猪病防治中的应用

主要用于猪流行性腹泻、传染性胃肠炎、轮状病毒感染、猪瘟、蓝耳病、圆环病毒 2 型感染、伪狂犬病、猪流感、水疱病、细小病毒病等的防治，特别是和猪用转移因子协同使用时，对猪的一些免疫抑制性疾病的防治有更好的效果。

1. 使用方法

每 40kg 体重肌内注射 1mL，每日 1 次，连用 3 天，重症加量 2~3 倍。与猪用转移因子联合使用，应用灭菌注射用水或生理盐水稀释，混合后肌内注射。

2. 预防与治疗方案

（1）猪传染性胃肠炎、流行性腹泻、轮状病毒病的治疗。按使用治疗量肌注干扰素，每日 1 次，连用 3 天，同时肌注复方穿心连注射液或双黄连注射液或痢菌净，每日 1~2 次，连用 4 天，并改饮电解质多维或口服补液盐 7 天。

（2）蓝耳病、圆环病毒 2 型感染、非典型猪瘟、伪狂犬病、细小病毒病、猪流感的治疗：按使用治疗量肌注干扰素，每日 1 次，连用 3 天，同时配合肌注复方灵芝多糖注射液或奇健（复方黄芪多糖注射液）或复方柴胡注射液，每千克体重 0.1mL，每日 1 次，连用 3~4 天。

在进行上述治疗中，为了增强疗效，提高治愈率，减少死亡率，应使用转移因子配合治疗，每 100kg 体重肌注 1mL，每日 1 次，连用 3 天，可使病猪很快康复，并能减少病后僵猪的发生。

（三）使用干扰素注意事项

（1）由于干扰素能抑制病毒的复制与繁殖，因此使用干扰素 96 小时之内不要给动物接种弱毒活疫苗，以免影响弱毒疫苗的免疫效果。灭活疫苗（油剂苗）可与干扰素同时使用，但不要混合注射。

（2）用灭菌的注射用水或生理盐水稀释干扰素，不要使用酸碱性溶液和葡萄糖盐水作稀释剂，否则失效。

（3）妊娠母猪、哺乳母猪及仔猪使用安全，无毒副作用。

（4）启用后在规定的时间内一次用完。

二、猪用转移因子（TF）

转移因子（TF）是从动物机体特定免疫器官以特定手段获得的一种低分子多核苷酸与低分子多肽的复合物，即为转移因子，属淋巴因子的一种。能激活 T、B 淋巴细胞，增强机体细胞免疫和体液免疫。无抗原性，但具有种属特异性，动物的转移因子一般不能用于人类。

（一）作用机理

转移因子进入动物机体内通过核酸渗入受体的淋巴细胞，起着传递特异性和非特异性细胞免疫信息的作用，现已证实，它能转移细菌、真菌、病毒、组织相容性抗原等细胞的细胞免疫。受体接受转移因子后，2~24h 内产生效应，可持续数月至 1 年。转移因子能激活辅助性 T 细胞，增强机体的细胞免疫和体液免疫的功能；能诱导淋巴细胞及吞噬细胞在炎症局部集聚，发挥抗感染和抗肿瘤等作用；还能将免疫反应活性转移给正常未致敏的细胞，使之成为致敏淋巴细胞，从而扩大细胞免疫反应。能诱导干扰素（IFN）和白细胞素-2（IL-2）的产生；能修复和增强机体的免疫功能，提高机体的抗病力，减少免疫抑制、免疫麻痹、免疫不全、并能降低免疫应激与其他应激发生的比例。

（二）猪用转移因子在猪病防治中的应用

1. 使用方法

每 100kg 体重 1mL，每日 1 次，连用 3 次，重症加量。与干扰素或排疫肽（猪浓缩免疫球蛋白）配合使用，效果更佳。

2. 预防与治疗方案

（1）预防。在临床上给猪免疫接种疫苗时，加入转移因子，可有效的提高疫苗的免疫效果。

按免疫程序给猪接种猪瘟弱毒疫苗，加入稀释后的转移因子与疫苗混合后肌注，使猪瘟抗体产生快、抗体水平高、抗体持续时间长，明显的增强其疫苗的免疫效果。当发生猪瘟时，用10~12头份猪瘟弱毒疫苗加转移因子（小猪0.5mL、大猪1~2mL）混合肌注，2天即可控制疫情。给猪接种O型口蹄疫灭活浓缩疫苗时，同时分开肌注转移因子，也可收到增强疫苗免疫的效果。

当猪群中发生伪狂犬病时，可用基因缺失弱毒疫苗加转移因子肌内注射，进行紧急接种，在使用后16~24h产生明显的防治效果，短期内可控制疫情，减少死亡。

由于免疫抑制性疾病如蓝耳病、圆环病毒2型感染、伪狂犬病、细小病毒病及猪气喘病等抑制动物机体免疫细胞的功能，干扰疫苗的免疫应答，产生免疫麻痹，导致免疫失败。如在接种疫苗的同时使用转移因子，可激活被免疫抑制性疾病病原所抑制的免疫细胞，使其恢复免疫功能，可有效的减少免疫抑制与免疫麻痹的发生。故转移因子可用于预防与治疗猪的免疫抑制性疾病。

仔猪断奶前3天，每头肌注0.2mL转移因子，断奶时可有效的控制断奶应激反应的发生，提高仔猪断奶后的发育整齐度和成活率。

（2）治疗。转移因子用于治疗猪蓝耳病、圆环病毒2型感染、非典型猪瘟、伪狂犬病、猪流感、传染性胃肠炎及流行性腹泻等，应配合中药抗病毒制剂及广谱抗生素进行综合治疗，其治疗方法请参照干扰素对病毒性疾病治疗方法实施。

猪呼吸道病综合征、传染性胸膜肺炎、副猪嗜血杆菌病、气喘病、大肠杆菌病的治疗，可按规定剂量肌注转移因子和排疫肽，每日1次，连用3天；同时针对病情选用复方板蓝根注射液或复方穿心莲注射液以及抗生素类，如加康、强力霉素、头孢塞呋、长效土霉素、克林霉素等配合治疗，每日1次，连用4天。咳嗽与气喘严重者加注冰蟾熊胆注射液或复方蒲公英注射液或喘力克注射液等，每日2次，连用3天。临床治愈后，为防止疾病反复，应有针对性的在饲料中或饮水中添药，使用7~10天。

（三）使用转移因子注意事项

（1）转移因子用灭菌注射用水或生理盐水稀释后可与弱毒活疫苗混合1次肌注，但不要与灭活疫苗（油苗）混合注射，可分别肌注。

（2）转移因子不能用酸碱性溶液或葡萄糖盐水稀释，否则影响药效。

（3）母猪妊娠期，哺乳期及哺乳仔猪使用安全，无毒副作用。

（4）药品启开后1次性用完，如有污染严禁使用。

三、排疫肽（Ig，猪浓缩免疫球蛋白）

排疫肽为浓缩的免疫球蛋白制剂，是针对特定抗原的抗体。

（一）作用机理

排疫肽含有高浓度的免疫球蛋白，包括IgG、IgA、IgE、IgM、IgD。IgG在免疫过程中占主导地位，具有抗病毒、抗外毒素等多种活性；IgA作为主要免疫球蛋白，在保护肠道、呼吸道、泌尿生殖道、乳腺、五官等黏膜器官免受细菌与病毒的入侵起关键作用，并和IgG一起中和多种病毒粒子，对增强猪的免疫能力具有重要作用。因此，给动物注射排疫肽就是增加其特异性抗体，直接加强了机体的免疫能力，因此可用于许多疫病的预防与治疗。

（二）排疫肽在猪病防治中的应用

1. 使用方法

每 50kg 体重肌注 1mL，每日 1 次，连用 3 天，重症可加量。

2. 预防与治疗方案

（1）预防。仔猪断奶前 3 天，每头肌注排疫肽与转移因子各 0.2mL，转群时可明显的降低由于断奶应激而诱发的圆环病毒 2 型感染、蓝耳病、非典型猪瘟、伪狂犬病、猪流感及呼吸道病综合征的发生。仔猪发育不良、生长缓慢时，使用排疫肽并配合转移因子肌注 3 天，每日 1 次，可增进食欲，减少僵猪的发生；母猪产后不食，体质差，使用排疫肽与转移因子肌注，每日 1 次，连用 2 天，可使精神好转，恢复食欲。

（2）治疗。对蓝耳病、圆环病毒 2 型感染、非典型猪瘟、伪狂犬病及猪流感等病毒病的治疗，可用排疫肽配合转移因子或干扰素，与抗病毒中药制剂和抗生素联合用药进行综合性对症治疗，其方法可按干扰素和转移因子治疗方案实施；对猪附红细胞体病、链球菌病、猪水肿病及弓形虫病等的治疗，以排疫肽联合转移因子，每日 1 次肌注，连用 3 天，配合选用血虫净、长效土霉素、强力霉素、阿莫西林、头孢塞呋，以及磺胺类药物等进行综合性对症治疗方可获得满意的疗效；不明原因的高热、精神食欲不佳的猪只可使用排疫肽联合转移因子，每日肌注 1 次，连用 3 天，同时配合肌注柴胡注射液或板兰根注射液，每日 1 次，连用 4 天，可获得良好的治疗效果；生产母猪夏天发生热应激时也可使用此法进行治疗，可使母猪尽快恢复生产性能。

（三）使用排疫肽注意事项

（1）使用排疫肽时可与转移因子、抗生素、中药同时应用，但不能混合注射；与干扰素联合使用时，可将干扰素与排疫肽混合后注射。

（2）用灭菌的注射用水或生理盐水稀释排疫肽时，不要使用酸碱性溶液和葡萄糖盐水作稀释剂，否则失效。

（3）妊娠母猪、哺乳母猪及仔猪使用安全，无毒副作用。

（4）启用后在规定的时间内一次用完。

四、抗菌肽

（一）抗菌肽的生物学功能

抗菌肽（ABP）又称抗微生物肽或肽抗生素，它是生物体内产生的具有抵抗外界微生物侵害，消除体内突变细胞的一类小分子多肽，是生物天然免疫防御系统的重要组成部分。

抗菌肽具有广谱抗细菌活性，还具有高效的抗真菌、抗病毒、抗原虫和抗肿瘤活性，是宿主防御细菌、真菌、病毒和原虫等病原体入侵的重要分子屏障。抗菌肽能杀灭抗生素耐药性菌株，而且能使病原菌不易产生耐药性突变。对动物无毒副作用，无药物残留。

（二）抗菌肽的分类

抗菌肽广泛存在于细菌、植物、无脊椎和脊椎动物等物种中，来源十分广泛。目前已从动物、鸟类、植物与原核生物中分离到 750 多种抗菌肽。根据其作用对象的不同，抗菌肽可以分为抗细菌肽、抗真菌肽、抗肿瘤肽，既抗细菌又抗真菌的抗菌肽，既抗肿瘤又抗微生物的抗菌肽等类型。根据其来源不用又可将抗菌肽分为哺乳动物抗菌肽、两栖类动物抗菌肽、昆虫抗菌肽、植物抗菌肽和海洋生物抗菌肽等。

（三）抗菌肽的作用机理

抗菌肽分子的氨基酸大多数带正电荷，具有两性电解性质，肿瘤细胞和细菌的质膜结构是其作用的靶目标。抗菌肽分子通过正电荷与质膜磷脂分子上的负电荷形成静电吸附而结合在脂质膜上，并能插入质膜中去，扰乱质膜上蛋白质和脂质原有的排列秩序，使得膜外正电荷增多，超过阈值时导致膜去极化，至使细胞膜通透性增高，细菌不能保持正常渗透压而死亡；并能通过抑制细菌细胞壁的合成，使细菌不能维持正常的细胞形态而生长受阻，并造成细胞壁穿孔，导致细胞死亡；还能通过干扰编码菌体细胞外膜蛋白的基因转录，使蛋白的含量减少，细胞的生长受到抑制。抗菌肽对细菌和真菌都有很强的杀伤作用，能使菌体线粒体出现肿胀、空泡化、脱落、排列不规范，核膜界线不清，核破裂、内容物溢出，提示抗菌肽通过抑制细胞呼吸作用可将细菌杀死。抗菌肽对肿瘤细胞的核染色体有直接的杀伤作用，使肿瘤细胞的 DNA 出现断裂，诱导肿瘤细胞凋亡，肿瘤体积缩小。

不同的抗菌肽可能存在多种作用机理，对不同的微生物其作用机理也可能不只一种。尽管如此，抗菌肽在结构上具有相似或相同的特征，生物活性也相同或相似，因此，在一定程度上其作用机理也是相同或相似的。

（四）抗菌肽的使用方法

动物用抗菌肽，以生理盐水或灭菌注射用水稀释，肌内注射，每 60kg 体重 1mL，重症加量，每日 1 次，连用 3~4 天即可。

（五）抗菌肽在猪病防治中的应用

1. 对多种病毒混合感染并继发感染细菌性疾病的治疗

当前在临床上猪群发生蓝耳病、猪瘟、圆环病毒 2 型感染、伪狂犬病及猪流感等，多见其 2 种或 2 种以上病毒混合感染，并常继发感染 1 种或 2 种以上细菌，如链球菌、多杀性巴氏杆菌、支原体、放线杆菌、副猪嗜血杆菌及沙门氏菌等。使病情复杂化，增大了治疗的难度。治疗时应采取细胞因子疗法与抗病毒疗法、抗细菌疗法、对症治疗相结合，综合性进行治疗，方可收到良好的效果。下面结合两种典型病型的治疗，介绍方法如下。

（1）猪高热病的治疗。

上午：排疫肽（高免球蛋白，每 50kg 体重 1mL，重症加量）加猪用转移因子（每 40kg 体重 1mL），混合肌注，每日 1 次，连用 2 天；第 3 天改注干扰素（每 40kg 体重 1mL，重症加量），每日 1 次，连用 3 天；同时配合肌注复方板蓝根注射液或复方柴胡注射液，每千克体重 0.2mL，每日 1 次，连用 5 天。

下午：肌注抗菌肽，每日 1 次，连用 5 天。

饮用电解质多维加葡萄糖粉和黄芪多糖粉 7 天。

（2）猪呼吸道病综合症的治疗。

上午：肌注干扰素，每日 1 次，连用 4 天；同时配合肌注板陈黄注射液，每千克体重 0.2~0.4mL，每日 1 次，连用 4 天。

下午：肌注抗菌肽，每日 1 次，连用 4 天；咳嗽、气喘明显者，加注冰蟾熊胆注射液，每千克体重 0.1mL，每 2 天 1 次，用 2 次即可。

饮用电解质多维加葡萄糖粉和黄芪多糖粉 7 天。

2. 对急性败血性细菌性疾病的治疗（链球菌病、猪肺疫、猪丹毒、水肿病、魏氏梭菌病等）

肌注抗菌肽，每日 1 次，连用 4 天；同时配合肌注清开灵注射液，小猪每头每次 10mL、中猪 15mL、大猪 20mL，每日 1 次，连用 4 天；或者配合肌注复方穿心莲注射液，每千克体重 0.2mL，每日 1 次，连用 4 天，病重者并有神经症状，加注葡萄糖注射液，维生素 C、维生素 E 和磺胺嘧啶钠注射液，首次用量，每千克体重 0.14~0.2g，每日 2 次。

3. 对猪附红细胞体病的治疗

上午：肌注血虫净（贝尼尔），每千克体重 5~7mg，用生理盐水稀释成 5%溶液，每日 1 次，连用 2 次；同时配合肌注红弓链康注射液，每千克体重 0.1mL，重症加量，每日 1 次，连用 4 天；也可配合肌注清开灵注射液，每日 1 次，连用 4 天。

下午：肌注抗菌肽，每日 1 次，连用 4 天。

治疗中注射补血针 1 次，猪用转移因子 1 次，并补充维生素 C、维生素 B_1 等。使其康复快，减少病后僵猪的发生。

4. 对猪病毒性腹泻的治疗（传染性胃肠炎、流行性腹泻及轮状病毒病等）

肌注抗菌肽，每日 1 次，连用 4 天；同时配合肌注干扰素与黄芪多糖注射液，每千克体重 0.2mL，每日 1 次，连用 4 天。并注意补液补糖，补充维生素 C、维生素 E，防止脱水。

5. 对猪细菌性腹泻的治疗（仔猪黄、白痢、副伤寒等）

肌注抗菌肽，每日 1 次，连用 3 天；同时口服杆诺泰溶液（枯草芽孢杆菌结构蛋白），每头每次 1mL，每日 1 次，连用 3 天。注意补液补糖，补充维生素 C、维生素 E，防治脱水。

6. 对猪乳房炎、子宫内膜炎及阴道炎的治疗

肌注抗菌肽，每日 1 次，连用 4 天；同时配合肌注双黄连注射液或鱼腥草注射液，每千克体重 0.2mL，每日 1 次，连用 4 天。

（六）使用抗菌肽注意事项

（1）本品严禁与酸碱性溶液和葡萄糖盐水溶液混合使用，否则失效。

（2）稀释后要充分摇匀，启开后一次性用完，如有污染勿用。

（3）本品可与其他药物以不同方式同时使用，但不要混合注射。

（4）本品对猪无毒副作用，无药物残留，不产生抗药性。

五、猪用白细胞介素-4

猪白细胞介素-4 又称为 T 细胞生长因子，是 T 细胞自身分泌的一种生长因子，能诱导机体细胞免疫和体液免疫，增强机体免疫力，提高抗病毒和抗感染的能力。

（一）作用机理

1. 对 T 细胞的免疫调节作用

猪白细胞介素-4 能维持 T 细胞增殖，高浓度白细胞介素-4 能诱导胸腺细胞的增殖，对毒性淋巴细胞（CTL）和淋巴因子激活杀伤细胞（CAK）具有分化、调节作用。

2. 对 B 细胞的免疫调节作用

猪白细胞介素-4 可提高体液免疫应答水平，显著增强病毒和细菌以及寄生虫抗原的免疫原性；它是体液免疫的重要调节因子，可增强抗原的提呈能力，使免疫系统对小量抗原刺激发生免疫应答。还能促进 B 细胞分泌 IgG 和 IgE，增强机体的保护性免疫效应。

3. 抗肿瘤作用

白细胞介素-4 是一种活性很强的巨噬细胞激活因子，能诱导巨噬细胞增殖并提高其活性，杀伤肿瘤细胞，对肿瘤有免疫作用。

（二）规模猪场应用猪用白细胞介素-4 思路

1. 当一种新的或未知的病毒病出现而又没有相应疫苗的时候，必须应用猪用白细胞介素-4

包括猪高热病在内，变异病毒株或是未知病毒的出现的时候，猪群没有抵抗新病毒的能力、没有免疫力，因此给我们广大养猪场（包括部分养殖条件好的规模猪场）造成了很大损失。我们最好的方法就是提高机体抵抗力，此时应该用猪用白细胞介素-4 预防，效果特别明显。方法：每 60kg 体重肌注猪用白细胞介素-4 1mL。

2. 猪"高热病"过后，猪蓝耳病病毒对猪瘟疫苗免疫产生明显的免疫抑制的时候，必须用猪用白细胞介素-4 稀释猪瘟疫苗进行免疫

我们都知道免疫猪瘟疫苗必须和蓝耳病疫苗间隔 10 天以上，原因是蓝耳病疫苗对猪瘟免疫产生抑制，严重影响猪瘟的免疫，造成免疫失败。然而高致病性蓝耳病病毒是猪高热病的罪魁祸首，事实上许多猪场已经存在高致病性蓝耳病病毒野毒，我们如何人为岔开猪瘟疫苗的免疫时间呢？因此，我们认为猪"高热病"过后，猪瘟的威胁更大，必须用猪用白细胞介素-4 稀释猪瘟疫苗进行免疫才能产生免疫应答，最大限度提高猪瘟抗体效价，保护猪群安全。方法：稀释猪瘟疫苗，每头猪用猪用白细胞介素-4 1mL。

3. 怀孕母猪免疫疫苗的时候，必须联合应用猪用白细胞介素-4

怀孕母猪本来容易出现应激，从去年至今，母猪免疫疫苗出现流产的现象明显增多。临床证明，免疫大肠杆菌、高致病性蓝耳病、伪狂犬病、口蹄疫等疫苗时应用猪用白细胞介素-4 可以有效预防怀孕母猪应激。用量：每头母猪 1 头份，与疫苗联合应用。

4. 怀孕母猪产前转圈避免出现应激的时候，肌注猪用白细胞介素-4 1 头份以减少应激

怀孕母猪（尤其是初产母猪）从妊娠舍转到产房时，由于驱赶及环境的改变，容易出现应激，此时肌注猪用白细胞介素-4 可以有效避免应激的出现。方法：每 60kg 体重肌注猪用白细胞介素-4 1mL。

5. 哺乳仔猪出现大批死亡时，应使用猪用白细胞介素-4

近期许多地区发生哺乳仔猪不明原因的大批死亡，抗生素预防和治疗无效。临床证明，初生仔猪第 1~3 日龄每头肌注猪用白细胞介素-4 或转移因子 0.5mL／日，效果明显。

6. 仔猪断奶前预防应激必需使用猪用白细胞介素-4

断奶对小猪来说是最大的应激，容易发生腹泻、感冒或仔猪断奶应激综合征。预防：肌注猪用白细胞介素-4 0.5mL／头。

7. 外购或出售猪苗预防应激，使用猪用白细胞介素-4

外购或出售的猪苗，由于运输、免疫、换料、环境的改变及饲养管理的改变极容易出现应激，诱发腹泻、高热等多种疾病。预防：肌注猪用白细胞介素-4 0.5mL/头。

8. 引种或出售种猪时避免运输过程造成应激，使用猪用白细胞介素-4

一些好的品种（如英系大白、比利时长白、皮特兰）应激性强，运输过程中极易造成应激。预防：肌注猪用白细胞介素-4 1mL/头。

9. 仔猪常规或紧急猪瘟免疫时，必须用猪用白细胞介素-4稀释猪瘟疫苗

紧急免疫猪瘟疫苗时，配合猪用白细胞介素-4能尽快产生免疫应答，同时最大限度减少死亡率。用量：每头猪1头份。

10. 猪群发病时配合抗生素治疗，可以明显提高疗效

用量：0.2mL/kg体重。

（三）猪白细胞介素-4在猪病防治中的实际应用

猪白细胞介素-4在增强猪体的免疫应答和提高免疫保护力方面，具有重要的应用价值。

1. 预防

可与猪所有的弱毒疫苗混合同时使用，与灭活疫苗分别稀释，分别使用，能使疫苗提前产生免疫力，抗体产生快、抗体水平高、抗体整齐度好、保护力维持时间长，并能减轻接种反应。

在仔猪断奶转群，长途运输前，炎热，换料时应用，能明显提高猪只的抗应激能力，降低应激的发生，保持猪体各系统功能的稳定与平衡。

2. 治疗

猪白细胞介素-4在兽医临床上应用，其使用方法和治疗适应症与猪用转移因子相同，效果一致，请参照上述猪用转移因子的治疗方法使用即可。

与猪用干扰素和排疫肽分别稀释混合使用，治疗猪的传染性疾病，可明显的提高疗效，减少死亡。

（四）使用方法

用生理盐水或灭菌注射用水或疫苗稀释液稀释后使用，弱毒冻干疫苗可混合肌注，灭活疫苗分别肌注。

与疫苗联合使用时，仔猪每头0.25mL，中猪每头0.5mL，大猪每头1mL。

治疗时，每60kg体重用本品1mL，重病加倍量，肌内注射，每日1次，连用2~3天；预防时，仔猪每0.2mL，中猪每头0.25mL，大猪每头0.5mL。

（五）注射事项

（1）本品严禁与酸碱性溶液和葡萄糖盐水混合使用，否则无效。

（2）使用前要充分摇匀，启开后1次性用完，如有污染不能使用。

（3）本品可用于猪只的各个生长阶段，对妊娠母猪、哺乳仔猪、种公猪无毒副作用，无残留，无抗药性。

六、中药制剂在猪病防治中的应用

中药是我国中医学中的瑰宝，有几千年的历史。现代医药学研究成果表明，许多中药含有丰富的多糖类，生物碱类，有机酸类、苷类、挥发油类及树脂类等。用这些物质制成的中药制剂用于动物，均具有激活免疫细胞，增强免疫功能，抗病毒，抗细菌，抗应激的作用。近年来，在兽医临床上使用这些中药制剂防治猪的疫病已取得非常好的效果，得到社会的认可，受到用户的好评。

当前猪群中发病主要表现为多种病原混合感染与继发感染，同时又存在免疫抑制、病毒不断变异、细菌耐药性增强，致使临床上呈现病原多元化，病症复杂化，给病的诊断与防治带来很大的困难。为此，在当前猪病的防控中一定要采取中药制剂与细胞因子（现代生物工程）制剂和广谱优质的抗生素制剂联合用药，进行综合防治。做到提高机体免疫力、抗病毒、抗细菌、抗应激同时并举，方可收到良好的防治效果。

（一）中药制剂预防保健方案

1. 哺乳仔猪

方案1：每吨饲料中加黄芪多糖粉1 000g，干扰素1 000g、转移因子500g、溶菌酶400g，连续饲喂7天。

方案2：每吨饲料中加柴胡粉2 000g，排疫肽400g，抗菌肽200g，支原净150g，连续饲喂7天。

仔猪断奶前10天进行保健，可有效的预防消化道与仔猪呼吸道的疾病，并防止断奶时发生断奶应激，饲料应激，营养应激及环境应激，而诱发其他疾病发生。

2. 保育仔猪

方案1：每吨饲料中加清开灵粉2 000g，转移因子500g，溶菌酶500g，连续饲喂7天。

方案2：每吨饲料中加板兰根粉3 000g，氟康王（氟苯尼考、包被干扰素）400g、强力霉素1 000g，连续饲喂7天。

上述方案于仔猪断奶转入保育舍后进行保健一次，能有效的控制断奶后仔猪拉稀、呼吸道病综合征、高热病、断奶后多系统衰竭综合征及其他病毒病的发生。保健后驱虫一次，再转入育肥舍饲养。

3. 后备种猪与育肥猪

方案1：每吨饲料中加穿心莲粉4 000g，喘速治（泰乐菌素、强力霉素、包被的干扰素、排疫肽）600g，连续饲喂10天。

方案2：每吨饲料中加大青叶粉3 000g，干扰素1 000g、利高霉素800g，连续饲喂10天。

上述方案可于育肥猪转群后保健1次，以后每月保健1次，育肥的中期驱虫1次，出栏上市前20天可停止保健，能有效的预防高热病、呼吸道病综合征及其他细菌病的发生。

4. 种猪

方案1：每吨饲料中加双黄连粉4 000g，排疫肽500g，抗菌肽200g，连续饲喂7天。

方案2：每吨饲料中加鱼腥草粉4 000g，转移因子600g，溶菌酶600g，连续饲喂7天。

方案3：每吨饲料中加免疫增效剂500g，干扰素1 000g，黄芪原粉600g，连续饲喂7天。

上述方案可于种猪配种前 10 天，妊娠中期与产仔前 10 天各保健 1 次，可有效的预防高热病、繁殖障碍疾病及其产道疾病的发生。

以上各个保健方案，在猪群发生疫情时可随时使用，并将保健时间由 7 天延长至 12 天，能有效控制疫情，降低发病率，减少死亡率。

（二）中药制剂临床治疗方案

对猪群发生的疫病要做到早发现、早诊断、早治疗。并及时采用中药抗病毒、抗细菌制剂，配合细胞因子疗法和对症治疗，定能收到良好的疗效。

1. 猪高热综合征

方案 1：清开灵注射液，小猪每头每次 10~15mL，中猪 15~20mL，大猪 25~30mL，肌注，每日 1 次；干扰素，40kg 体重 1mL，重症加倍量，肌注，每日 1 次；排疫肽，50kg 体重 1mL，重症加倍量，肌注，每日 1 次；用清开灵注射液稀释干扰素和排疫肽混合肌注，连用 3~4 天。同时，肌注头孢噻呋钠（或头孢拉啶），每千克体重 5mg，每日 1 次，连用 3~4 天。

方案 2：柴胡注射液每千克体重 0.2mL，肌注，每日 1 次；免疫核糖核酸每 25kg 体重 1mL，重症加倍量，肌注，每日 1 次；猪用白细胞介素-4 每 30kg 体重 1mL，重症加倍量，肌注，每日 1 次；用柴胡注射液稀释免疫核糖核酸和猪用白细胞介素-4 混合肌注，连用 3~4 天。同时，肌注泰拉菌素，每 40kg 体重 1mL，每 2 日肌注 1 次，连用 2 次即可。本品对大多数常见多发的病原菌有强大的杀灭作用，可有效的控制多种细菌的继发感染，降低发病率和死亡率。

方案 3：当高热综合征病猪呼吸道症状明显，高热不退时，改用板兰根注射液（每千克体重 0.1mL）或大青叶注射液（每千克体重 0.2mL），加干扰素和转移因子（每 40kg 体重 1mL）混合肌注，或者加免疫核糖核酸和猪用白细胞介素-4 混合肌注，每日 1 次，连用 3~4 天；同时肌注 10% 氟苯尼考注射液，每千克体重 0.1mL，每日 1 次，连用 3~4 天。

在实施上述方案时，同时配合饮用电解质多维（200g 对水 1 000L）加葡萄糖粉加黄芪多糖粉（400g 对水 10t）加溶菌酶（200g 对水 1t）混合饮水 7 天；下午肌注复合维生素 B，每千克体重 0.1mL，每日 1 次，连用 2 天；或者肌注双胆黄注射液（牛磺酸、金银花、胆汁、增食因子），每千克体重 0.2mL，每日 1 次，连用 2 天。一般 3 天即可吃食。

2. 猪呼吸道病综合征

方案 1：银黄注射液（金银花、黄芪、柴胡、连翘等），每千克体重 0.2mL，加猪用干扰素和猪用转移因子混合肌注，每日 1 次，连用 3~4 天；同时肌注长效多西环素注射液，每千克体重 0.05mL，每 2 天 1 次，连用 2 次。

方案 2：射干注射液（射干、茵陈、蒲公英、金银花、板蓝根、灵芝多糖、黄芪、党参等）每千克体重 0.2mL，加白细胞介素-4 和免疫核糖核酸混合肌注，每日 1 次，连用 3~4 天；同时肌注复方阿齐霉素注射液（阿齐霉素、氟苯尼考、止咳平喘因子等），每千克体重 0.1mL，重症可加量，每日 1 次，连用 3~4 天。

3. 猪链球菌病与弓形虫病

方案 1：清开灵注射液加白细胞介素-4 和免疫核糖核酸混合肌注，每日 1 次，连用

3~4 天；同时肌注 30%磺胺间甲氧嘧啶注射液，每千克体重 0.1mL，每日 1 次，连用 3~4 天。

方案 2：穿心莲注射液（每千克体重 0.1mL）加排疫肽加转移因子混合肌注，每日 1 次，连用 3~4 天。同时肌注磺胺六甲氧嘧啶，每千克体重 0.05g，每日 2 次，连用 3 天。

4. 副猪嗜血杆菌病、传染性胸膜肺炎、猪肺疫

方案 1：大青叶注射液，每千克体重 0.2mL，加排疫肽加转移因子混合肌注，每日 1 次，连用 3~4 天；同时肌内注射泰拉菌素注射液（每 40kg 体重 1mL），每 2 日 1 次，连用 2 次或 10%氟苯尼考注射液（每千克体重 0.1mL），每日 1 次，连用 3~4 天。

方案 2：复方板蓝根注射液（板蓝根、穿心莲），每千克体重 0.15mL，加白细胞介素-4 混合肌注，每日 1 次，连用 3~4 天；同时肌注施美芬（第四代头孢菌素）注射液，每 25kg 体重 2mL，每日 1 次，连用 3 天。

5. 附红细胞体病

方案 1：香菇多糖注射液，每千克体重 0.2mL 加排疫肽混合肌注，每日 1 次，连用 3~4 天；同时肌注复方强力霉素（强力霉素、磷酸氯喹、盐酸吖啶黄、牛黄、咪唑苯脲等）注射液，每千克体重 0.1mL，每日 1 次，连用 3 天。

方案 2：人参多糖注射液，每千克体重 0.1mL，加白细胞介素-4 混合肌注，每日 1 次，连用 3~4 天；同时肌注复方三氮脒（三氮脒、咪唑苯脲、磺胺间甲氧嘧啶等）注射液，每千克体重 0.1mL，重症加倍量，每日 1 次，连用 3 天。

临床治愈后，补注 1 次右旋糖肝铁注射液，仔猪每头肌注 2mL，可减少僵猪的发生。

6. 母猪产前与产后高热不食，皮肤发红，并出现繁殖障碍或产道疾病时

方案 1：鱼腥草注射液，每千克体重 0.2mL，加干扰素和转移因子混合肌注，每日 1 次，连用 3~4 天；同时肌注泰拉菌素注射液，每 2 天 1 次，连用 2 次。

方案 2：双黄连注射液，每千克体重 0.2mL，加免疫核糖核酸和白细胞介素-4 混合肌注，每日 1 次，连用 3~4 天；同时肌注头孢噻呋钠注射液，每千克体重 5mg，每日 1 次，连用 3~4 天。

不食者，下午加注复合维生素 B 或双胆黄注射液 1 次，每日 1 次，连用 2 天。饮用电解质多维（200g 对水 1 000L）加葡萄糖粉（200g 对水 1t）加溶菌酶或加黄芪多糖粉（400g 对水 1t），饮水 7 天。

7. 气喘病

方案 1：穿心莲注射液，每千克体重 0.1mL，加转移因子和排疫肽混合肌注，每日 1 次，连用 4 天；同时肌注长效土霉素注射液，每千克体重 20mg，每 2 日 1 次，连用 3 次，或者林可霉素注射液，每千克体重 15mg，每日 1 次，连用 4 天。

方案 2：银黄注射液，每千克体重 0.2mL，加白细胞介素-4 混合肌注，每日 1 次，连用 4 天；同时肌注支原净注射液，每千克体重 20mg，每日 1 次，连用 4 天。

如病猪气喘咳嗽较严重，可加注冰蟾熊胆注射液，每千克体重 0.2mL，每 2 日 1 次，连用 2 次即可。

8. 猪腹泻性疾病

方案 1：病毒性腹泻

黄芪多糖注射液（每千克体重 0.15mL）加干扰素和排疫肽混合肌注，每日 1 次，连用 2~3 日；同时肌注恩诺沙星注射液，每千克体重 2.5mg，每日 1 次，连用 2~3 天；口服溶菌酶（乳猪每头 0.5~1mL）或杨树花口服液（乳猪每头 0.5~1mL），每日 2 次，连用 2~3。

方案 2：细菌性腹泻

穿心莲注射液（每千克体重 0.1mL）或双黄连注射液（每千克体重 0.15mL），加白细胞介素-4 混合肌注，每日 1 次，连用 3 天；口服止痢宝（每头仔猪口服 1mL）加口服补液盐，每日 2 次，连服 3 天。

注：文中的中药制剂预防与治疗的使用剂量均为当前我国兽药 GMP 企业生产出场规定的使用剂量。

七、微生态制剂在猪场疫病防控中的作用

（一）动物微生态系统

1. 微生态系统的概念

微生态系统指在一定结构的空间内，正常微生物群以其宿主的组织和细胞及其代谢产物为环境，在长期进化过程中形成的能独立进行物质、能量及基因相互交换的统一生物系统。

除了在实验室刻意培养出来的无菌动物，一般环境中的动物体表和体内都有微生物的存在，主要分布于皮肤、口腔、呼吸道、胃肠道和尿道。这些微生物和动物机体形成了一种共生的关系，二者相互依赖、相互作用、又相互影响、共同形成了一个复杂而又微妙的微生态系统。

2. 对动物机体影响比较大的微生态系统

（1）口咽部微生态系统。在动物体内的微生态系统中，口咽部是动物体内与外界接触最频繁的部位，经常受到外界致病菌的侵害，也是最常发生微生态系统平衡被破坏的地方，不同菌群优势的变化在临床上则表现出不同的疾病症状，造成气管炎、支气管炎、咽喉炎、口腔溃疡等病症。

口咽部虽易受感染，如果通过直接调节该部位的微生态平衡治愈疾病，则可以替代或部分替代抗生素的吞服，经消化道吸收，再由血液送达病灶这一传统的、有副作用的、而又曲折的治疗方式上将有所突破。

（2）胃肠道微生态系统。胃肠道微生态系统在微生态系统中是最大、最复杂的重要组成部分。

食管、胃、小肠、大肠中容纳的细菌主要位于结肠。分为原籍菌群和外籍菌群。原籍菌群多为肠道正常菌群、正常病毒群、正常真菌群、正常螺旋体群等，各有其生理作用。小肠内以乳酸杆菌为主，大肠内主要的有益菌为双歧杆菌。肠道菌群最显著的特征之一是它的稳定性，它对人类抵抗肠道病原菌引起的感染性疾病是极其重要的。维持其稳定性是临床治疗的重点。

对宿主有益的共生菌包括乳酸杆菌、双歧杆菌和梭菌等，可能致病的有变形杆菌、假单孢菌和金黄色葡萄球菌等，还有一些在正常情况下不致病的中间菌群，包括大肠杆菌、

拟杆菌和肠球菌等。但由于种类繁多又数量庞大，所以现在尚未对这些胃肠道细菌的具体菌种作出较为全面的鉴定和检出。

正常生理状态下，正常的肠道菌群处于一种相对平衡状态，对人体的维生素合成、促进生长发育和物质代谢以及免疫防御功能都有重要的作用，是维持人体健康的必要因素，也是反映机体内环境稳定的一面镜子。

引起动物普通病和传染病的各种理化和生物因素同时也会引起微生态失调。这样把微生态平衡理论应用于动物疾病研究，对疾病控制具有重要意义。

（二）微生态制剂

1. 微生态制剂的出现

动物胃肠道内的微生态系统虽然受机体外环境的影响相对较小，但随动物年龄的增长或自身体质的衰弱导致的自身代谢功能失调、滥用抗生素杀灭肠道内的正常微生物群、饮食结构不合理，使食物残渣在体内滞留时间过长等宿主自身的原因也可以导致菌群失调。于是，可以改善这种状况的微生态制剂应运而生。

微生态制剂从调整微生态失调、恢复其平衡入手，来改善机体的病理状态或抑制病理状态的出现。

2. 微生态制剂的含义

微生态制剂又称为微生态调节剂是指根据微生态平衡理论、微生态失调理论、微生态营养理论和微生态防治理论等微生态理论，选用动物体内外分离的对动物有益的正常微生物成员及其促进物质，经特殊的加工工艺而制成的只含有活菌或包含有益微生物菌体及其代谢产物的活菌制剂，用于调节动物机体微生态平衡，具有直接通过增强动物结肠内有害微生物的抑制作用或通过增强非特异性免疫功能来预防疾病，从而促进动物生长或提高饲料转化率的一类药物或饲料添加剂。

微生态制剂是由一些特殊的有益微生物和特殊的消化酶、营养物质等组成，具有无毒、无害、无污染、无残留等优点，同时还具有防病治病，提高饲料利用率，提高动物生产性能等作用，克服了抗生素所产生的菌群失调、二重感染和耐药性等缺点，从生物的角度评估是非常安全的。

微生态制剂可以帮助胃肠道有益菌的生长、或者创造有利于有益菌生长的环境，来改善或维持动物肠道中微生物菌群平衡、增强机体免疫力、防止某些疾病的发生、提高动物对饲料的利用率、促进生长、改善生产性能与饲养环境和避免动物产品药物残留等作用。

3. 微生态制剂的种类

主要包括益生菌、益生元、合生元。

（1）益生菌。益生菌能凋整维护动物体内微生态平衡的，提高动物健康水平的活菌种制剂。即一种或多种复合活微生物及其代谢产物，能在动物肠道内通过自身生长繁殖抑制有害细菌的生长，增强非特异性免疫功能，达到防治疾病、促进生长和提高饲料报酬的目的。是有利于宿主肠道微生物平衡的活菌食品或饲料添加剂。目前，用作微生态饲料添加剂的微生物主要有：乳酸菌、芽孢杆菌、酵母菌、放线菌、光合细菌等几大类。

（2）益生元（素）。益生元是不能被宿主吸收，只能被肠道微生物利用的，可以帮助有益菌群优势生长的化学物质。它是一类非消化性物质，能选择性地刺激或促进一种或几种定植于结肠内常住菌（有益菌）的活性或生长繁殖的物质，通过有益菌的繁殖增多，抑制有害菌的生长，达到调整肠道菌群、促进机体健康的目的。是对动物产生有利作用的食品或饲料中的不可消化成分，增进宿主健康的物质。这类物质选择性促进宿主肠道原有的一种或几种有益细菌（益生菌）生长繁殖，最初发现的是双歧因子。某些寡糖、多糖、肽类、蛋白质及我国的中草药等均可作为益生元。现在的研究热点多集中于寡糖，应用较多的是大豆寡糖、半乳寡糖、低聚果糖、微藻（如螺旋藻、节旋藻）及天然植物（如中草药、野生植物）等。

（3）合生元（素）。合生元指益生菌和益生元同时并存的制剂，被摄入宿主体内后益生菌在益生元作用下繁殖增多，抗病保健作用加强。益生菌和益生元联合应用，既可发挥益生菌的活性，又可选择性地提高这些菌的数量，使益生作用更显著持久。

4. 微生态制剂的类型

（1）按制品剂型可分为液体剂型和固体剂型。

（2）按制品所含有效微生物种类多少的不同可划分为单一有效菌剂和多菌复合菌剂。

单一有效菌剂：即有效活菌为某一种微生物构成的制剂，如乳酸菌剂、芽孢菌剂、酵母菌剂等。

多菌复合菌剂：即有效菌是由二种或二种以上微生物构成的制剂。芽孢杆菌与乳酸杆菌联合组成和乳酸杆菌与酵母联合组成的复合微生物添加剂，具有促进生长和提高饲料效率的作用。

单一菌株的益生菌较少，复合菌制剂的作用效果更好，更符合实际生态环境。复合菌制剂一般都具有协同作用。以蜡样芽孢杆菌与乳酸菌的协同作用为例，蜡样芽孢杆菌是高度耗氧菌，它所造成的体内缺氧环境可抑制致病菌生长，但却有利于厌氧的乳酸菌的生长，乳酸菌的生长又增加了环境的酸度，更加强了对致病菌生长的抑制。

（3）按制品使用目的可分为饲料添加剂型、药用型和发酵剂型。

饲料添加剂型可用于提高动物的生产性能，提高饲料的利用率以及维护动物机体的健康；药用型作用方式与抗生素类药物相似，主要用于防病治病等治疗目的；发酵剂型主要用于发酵床垫料的发酵，降解消化垫料中有害物质。

（4）按微生物的菌种类型还可将其划分为乳酸菌类制剂、芽孢杆菌类制剂、酵母菌类制剂等为主的制剂。

5. 常用益生菌及其功能特点

（1）乳酸菌。是一种可以分解糖类产生乳酸的革兰氏阳性菌，厌氧或者兼性厌氧生长。在动物体内通过降低 pH 值，阻止和抑制致病菌的侵入和定植；降解氨、吲哚、粪臭素等有害物质，维持肠道中正常的生态平衡；增强体液免疫和细胞免疫。乳酸菌可用于哺乳和断乳期动物的饲料中。

目前应用的乳酸菌主要是来源于乳酸杆菌属、乳酸链球菌属和双歧杆菌属的近 30 种的微生物。我国允许用作饲料添加剂的乳酸菌有：干酪乳杆菌、植物乳杆菌、粪链球菌、屎链球菌、乳酸片球菌、嗜酸乳杆菌、乳链球菌，共 7 种。

乳酸链球菌族，菌体球状，通常成对或成链。乳酸杆菌族，菌体杆状，单个或成链，有时呈丝状、产生假分枝。

乳酸菌的生理功能：

一是促进蛋白质、单糖及钙、镁等营养物质的吸收，产生 B 族维生素等大量有益物质。分解纤维素。

二是使肠道菌群的构成发生有益变化，改善胃肠道功能，恢复肠道内菌群平衡，形成抗菌生物屏障，预防腹胀、腹泻等症状，维护健康。

三是抑制腐败菌的繁殖，消解腐败菌产生的毒素，清除肠道垃圾。

四是免疫调节作用，增强免疫力和抵抗力，抗肿瘤、预防癌症作用。

五是有效预防泌尿生殖系统细菌感染。

六是抑制胆固醇吸收，控制内毒素水平，保护肝脏并增强肝脏的解毒、排毒功能。

（2）芽孢杆菌。用于益生素的芽孢杆菌是肠道的过路菌，不能定植于肠道中。芽孢杆菌好氧、无害、能产生芽孢、耐酸碱、耐高温和耐挤压，在肠道酸性环境中具有高度的稳定性；促进有益菌的生长；拮抗肠道内有害菌；增强机体免疫力，提高抗病能力；能分泌较强活性的蛋白酶及淀粉酶，可明显提高动物生长速度，促进饲料营养物质的消化。

目前报道较多的菌种有枯草芽孢杆菌、地衣芽孢杆菌、蜡样芽孢杆菌及东洋芽孢杆菌等有益菌种类。

（3）酵母菌。酵母菌用于微生态制剂的有两种：一种是活性酵母制剂，一种是酵母培养物。酵母细胞富含蛋白质、核酸、维生素和多种酶，具有增强动物免疫力，增加饲料适口性，促进动物对饲料的消化吸收能力等功能，并可提高动物对磷的利用率；其培养物营养丰富，富含 B 族维生素、矿物质、消化酶、促生长因子和较齐全的氨基酸。

目前允许用于益生菌的酵母菌有：酿酒酵母、啤酒酵母、产朊假丝酵母等。

（4）拟杆菌。本科细菌革兰氏染色阴性，无芽孢，专性厌氧杆菌，细胞可呈直杆状、弧状、螺旋状或多形态，但不分枝；运动或不运动；可代谢碳水化合物、蛋白胨或代谢中间产物，产生可检测的有机酸。

本科包括的细菌种类非常庞杂。依照能量代谢的最终电子受体不同，可分为三大群。

第一群以有机物为最终电子受体的细菌，包括拟杆菌属和梭杆菌属。还包括纤毛菌属、丁酸弧菌属等11个属。这些属是以细胞形态、鞭毛、可代谢的底物和产物的种类来区分的。拟杆菌属和梭杆菌属中的有些种是人类致病菌，造成深层器官（脑、肺、肝等）脓肿。其余各属、种细菌多是动物消化道栖居菌，有许多是瘤胃细菌。

第二群是以元素硫或氧化性无机含硫化合物为最终电子受体的细菌，有脱硫磺单胞菌、脱硫弧菌属等8属。这群细菌都是具有细胞色素，可依据其含硫电子受体的种类、细胞形态、代谢底物等来区分。它们多栖息于水域淤泥中，少数可见于动物消化道中。

第三群是以质子为最终电子受体的细菌。目前还不能单独培养，必须与利用氢的产甲烷细菌或硫酸盐还原菌共同培养。包括共养杆菌属、沃氏共养杆菌和共养单胞菌属、沃氏共养单胞菌。前者只降解丙酸，后者即可降解多种脂肪酸，又可降解丙酸。

（三）微生态制剂的合理使用

微生态制剂无毒副作用、无残留、可促进动物生产性能发挥、提高饲料转化率，可以替代抗生素作为饲料添加剂应用。

但由于存在菌种的筛选、活菌数、菌种的失活、杂菌含量的多少、使用条件等问题而导致微生态制剂活性降低，影响到使用效果的重复性和稳定性。因此，在养殖生产中为了确保微生态制剂的使用效果，应科学使用。

目前，大部分疾病都是由应激因素引起的，微生态制剂内含抗应激因子，能有效地减少各种应激引起的疾病。微生态制剂作为生物保健剂，毒副作用和抗病能力都优于抗生素。益菌元（素）配合维生素和中药保健剂使用，预防效果更佳。

1. 菌种的选择

（1）菌种的来源。在微生物大家族里，可选作微生态制剂的菌种很多，包括细菌、真菌及许多来自土壤、腌制品、发酵食品以及动物消化道和粪便的无毒菌株。

欧美选用的菌种：1989 年美国食品与药物管理局（FDA）和美国饲料协会（AAFCO）公布的可安全用于微生态制剂的微生物菌种有 43 种主要名录下如。

- 黑曲霉
- 米曲霉
- 凝结芽孢杆菌
- 迟缓芽孢杆菌
- 地衣芽孢杆菌
- 短小芽孢杆菌
- 枯草杆菌（仅限于不产生抗生素的区系）
- 嗜淀粉拟杆菌
- 多毛拟杆菌
- 栖瘤胃拟杆菌
- 猪拟杆菌
- 青春双歧杆菌
- 动物双歧杆菌
- 双歧杆菌
- 婴儿双歧杆菌
- 长双歧杆菌
- 嗜热性双歧杆菌
- 嗜酸乳杆菌
- 短乳杆菌
- 保加利亚杆菌
- 干酪乳杆菌
- 纤维二糖乳杆菌
- 弯曲乳杆菌
- 德氏乳杆菌
- 发酵乳杆菌
- 瑞士乳杆菌
- 乳酸乳杆菌
- 胚芽乳杆菌
- 罗特氏乳杆菌
- 肠膜明串珠菌
- 乳酸片球菌
- 啤酒片球菌
- 戊糖片球菌
- 费氏丙酸杆菌
- 谢氏丙酸球菌
- 酿酒片球菌
- 乳酪链球菌
- 二乙酰乳酸链球菌
- 粪链球菌
- 中间链球菌
- 乳链球菌
- 嗜热链球菌
- 酵母

2003 年中国农业部公布了 15 种可以使用的的菌种，分别为：地衣芽孢杆菌、枯草芽孢杆菌、双歧杆菌、粪肠球菌、屎肠球菌、乳酸肠球菌、嗜酸乳杆菌、干酪乳杆菌、乳酸乳杆菌、植物乳杆菌、乳酸片球菌、戊糖片球菌、产朊假丝酵母、酿酒酵母、沼泽红假单胞菌。

（2）菌种的安全性。作为微生态制剂，菌种的安全性或非病原性是筛选菌种的首要条件。因此，必须确定出菌株的安全性，并且对该菌种可能的代谢产物进行系统的研究。

值得注意的是，一株现在无毒副作用的菌种，将来也可能会因为理化、微生物毒素和菌种本身原因引起负性突变，所以应定期对生产菌种进行安全性检测或评价，注意菌株的变异。

评价菌种的安全性包括致病性、感染性、毒力或毒素、代谢活性以及菌株的遗传特性。

（3）活菌数和使用剂量。微生态制剂的功效是通过有益微生物在动物体内的一系列生理活动来实现的，其最终效果同动物食入活菌的数量密切相关。若数量不够，在体内不能形成优势菌群，难以起到益生作用。

2. 合理选用微生态制剂

（1）根据畜禽的种类和生产阶段合理选用微生态制剂。正常菌群在动物消化道内定植是通过细菌的黏附作用完成的，这种黏附作用具有种属特性。因此，使用微生态制剂要充分考虑使用对象和目的，对不同的动物要区别对待。

防治1~7日龄仔猪腹泻首选植物乳酸菌、乳酸片球菌、粪链球菌等产酸的制剂；而促进仔猪生长发育、提高日增重和饲料报酬，则选用双歧杆菌等菌株。

预防动物常见疾病主要选用乳酸菌、片球菌、双歧杆菌等产乳酸类的细菌，效果会更好。

促进动物快速生长、提高饲料效率，则可选用以芽孢杆菌、乳酸杆菌、酵母菌和霉菌等制成的微生态制剂。

如果以改善养殖环境为主要目的，应从以光合细菌、硝化细菌以及芽孢杆菌为主的微生态制剂中去选择。

一般认为，乳酸菌类在各种动物的各阶段添加均较好；芽孢菌类在生长期添加较好，在幼龄期可以添加；曲霉菌类在幼龄期、水产动物全期不必添加；酵母菌类在生长期不必添加；在水产动物养殖中，以改善水质为目的时，可将微生态制剂或光合细菌直接洒于水中。

（2）使用时间及使用方法。微生态制剂在动物的整个生产过程中都可以使用，但不同的生产阶段其作用效果不尽相同。

在动物幼龄阶段，体内微生态平衡尚未完全建立，抵抗疾病的能力较弱，此时引入益生菌，可较快地进入体内，占据附着点，效果最佳。如新生反刍动物肠道内有益微生物种群数量的增加不仅可以促进宿主动物对纤维素的消化，而且有助于防止病原微生物侵害肠道。

在断奶、运输、饲料更换、天气突变和饲养环境恶劣等应激条件下，动物体内微生态平衡遭到破坏，使用微生态制剂对形成优势种群极为有利。因此，把握益生菌的应用时机，尽早并长期饲喂，使其益生菌的功能得到充分体现。

使用方法一是连续使用，二是阶段性使用，三是在某些阶段一次性使用。

（3）应用条件或环境。保持菌种的稳定性或活性，是微生态制剂使用的又一重要问题。其影响因素主要有温度、湿度、酸度、机械摩擦和挤压以及室温贮存的时间等，制粒温度的影响尤为重要。

温度：不同的菌种对高温的耐受力差异较大，芽孢杆菌耐受力最强，100℃下2min损失5%~10%，而在80℃下5min乳酸杆菌、酵母菌损失70%~80%，95℃下2min损失98%~99%。一般制粒温度为80~90℃，对芽孢杆菌影响较小，对乳酸杆菌、酵母菌和粪链球菌等影响较大。

枯草芽孢杆菌经过100℃处理15min和30min，活菌数损失率分别为2.1%和4.2%。

水分：活菌在干燥状态下存活时间长，水分升高则存活率降低。饲料原料如玉米、豆饼含水量多在14%左右，与微生态制剂混合后，对活菌影响很大。就耐水性，孢子型细菌耐受性最好，肠球菌次之，乳酸杆菌最差。

酸度：除耐酸性的芽孢杆菌和乳酸菌外，一般的活菌制剂在胃酸作用下大量被杀死，残存的少量活菌进入肠道后就很难形成菌群优势。因此，不耐酸的活菌制剂其含菌量必须达到相当大的浓度才能发挥益生作用。

重金属离子等：饲料的保存时间、饲料中的矿物质（如重金属离子Cu^{2+}、Zn^{2+}、Mn^{2+}、Fe^{2+}等和食盐）、胆碱和不饱和脂肪酸也会影响益生菌的活力。

3. 微生态制剂与抗生素的配合应用

由于微生态制剂的益生菌是活菌制剂，而抗生素具有杀菌作用。因此，一般情况下，在畜禽饲料中不可同时应用。若同时应用时，微生态制剂的功效将大大减弱。

但我们仍可以巧妙地利用某些抗生素，如当肠道中存在较多的病原体，而微生态制剂又不能取代肠道微生物时，会降低其抵抗力，或使用某些微生态制剂补充特定的正常菌时，对过盛的种群，可利用窄谱抗生素予以控制。

对于肠道菌群紊乱或菌群调整不奏效的病例，可在用抗生素后用微生态制剂，即先选用针对性较强的广谱抗生素如新霉素、卡那霉素、制霉菌素口服杀灭或抑制致病微生物的繁殖，控制疾病的蔓延，然后再使用微生态制剂。

对于抗菌素和微生态制剂的结合使用效果并不能一概而论，两者联合使用时应考虑组成微生态制剂的每个菌种对特定抗生素的敏感性、动物品种及年龄等的影响。只有根据微生态制剂的菌种组合及特性以及抗生素的种类和作用对象进行合理配合，才能达到预期结果。

不含有益微生物的微生态制剂（益生素）可以与抗菌素合用。

为了提高微生态制剂的稳定性和活力，目前国内外采用微囊化技术或包衣技术，将乳酸菌等一些低抗逆性的益生菌进行微囊化。

包被的优点在于：可将菌体与外界的不良环境分开，免受微量元素等的损害，减轻制粒过程中温度的影响；形成固体微粒，利于在预混料中均匀分布，也有利于贮存和运输；采用肠溶性壁材后，还能防止胃液的破坏。

4. 微生态制剂的应用前景

微生态制剂避免了抗菌素长期使用的毒副作用、耐药性或抗药性，可防治微生态平衡失调。同时促进畜禽生长发育，提高饲料消化、吸收和转化率，增加肉蛋产率，而且产品中没有残留污染，符合绿色食品要求。因此医药、饲料和兽医界都主张大力研制推广益生素以替代抗菌素。

第五节 传染病的治疗技术

动物传染病的治疗与一般普通病不同，特别是那些流行性强、危害严重的动物传染病，必须在严格封锁或隔离的条件下进行，务必使治疗的病畜不致成为散播病原的传染病。对动物传染病的治疗，一方面是为了挽救病畜，减少损失，另一方面在某种情况下也是为了消除传染源，是综合性防疫措施中的一个组成部分。治疗中，在用药方面坚持因地制宜，勤俭节约的原则。既要考虑针对病原体，消除其致病作用，又要帮助动物机体增强一般抗病能力和调整、恢复生理机能，而采取综合性的治疗方法。病畜的治疗必须及早进行，不能拖延时间。还应尽量减小诊疗工作的次数和时间，以免经常惊扰而使病畜得不到安静的休养。不能单靠药物治疗，而应尽力扶持和增强病畜本身的抵抗力。

一、针对病原体的疗法

在动物传染病的治疗方面，应用能够抑制病原体的繁殖或杀灭病原体的药物或制品帮助动物机体杀灭或抑制病原体，或消除其致病作用的疗法是很重要的，一般可分为特异性疗法、抗菌素疗法和化学疗法等。扼要介绍如下。

1. 特异性疗法

应用针对某种动物传染病的高免血清、痊愈血清（或全血）等特异性生物制品进行治疗，因为这些制品只对某种特定的动物传染病有效，而对其他病无效，故称为特异性疗法。

高免血清由于代价高、生产少、难购买而使应用受到限制，一般用于某些急性动物传染病或珍贵动物传染病的治疗。诊断确实的基础上在病的早期注射足够剂量的高免血清，常能取得良好的疗效。如缺乏高免血清，可用耐过动物或人工免疫动物的血清或血液代替，也可起到一定的作用，但用量须加大。使用血清时如为异种动物血清，应特别注意防止过敏反应。最近几年，高免卵黄液的开发应用，使动物传染病的特异治疗得到较多应用。因为卵黄中的抗体与血清中的抗体基本上相同（最多差一个滴度），所以可用某种动物传染病（如新城疫和法氏囊病等）的疫苗对鸡进行强化免疫，当抗体水平达到要求（用血清学方法监测）时，即可采集鸡蛋制备高免卵黄液应用于生产。

常用特异性疗法制剂及使用与保存简介如下。

（1）抗猪瘟高免血清。用于猪瘟的紧急预防及治疗发病初期的猪瘟病猪。采用皮下或肌内注射。预防剂量，体重20kg以下小猪，注射15~20mL；20kg以上的猪，每千克注射1mL。用于治疗时，剂量加倍，次日可重复注射一次。如有必要可用澄清的血清作静脉注射。保存于2~15℃冷暗处，有效期3年。

（2）抗鸡新城疫高免血清和高免卵黄。主要用于新城疫的紧急预防和初发病的治疗；其次还可用于新城疫病的血清学诊断。预防量每只鸡皮下注射0.5~1.0mL；治疗量为2~3mL，必要时可重复注射1次。成品于4~8℃可保存12~18个月，-20℃保存可减缓抗体效价下降的速度，延长保期。要注意高免卵黄液应摇匀后使用，高免血清则应吸取上清液使用。

（3）抗鸡传染性法氏囊病高免血清与高免卵黄。本品可用于被动免疫和治疗。肉用仔鸡 15 日龄时皮下注射 0.5mL/只，间隔 10~15 天重复注射 1 次，直至出栏。治疗量每只可用 1~2mL，病情较轻者次日重复注射 1 次。卵黄抗体应适当加大剂量。

（4）抗猪、牛出血性败血病高免血清。本品主要用于猪、牛巴氏杆菌病的紧急预防及治疗。预防量是小猪每头 5mL，大猪每头 10mL；小牛每头 10~20mL，大牛每头 30~50mL。皮下或肌内注射。治疗量是猪按每千克体重 2~3mL，可以 8~12h 重复注射 1 次，可采取静脉、肌内、皮下相结合的形式注射血清，以使之尽快达到治愈目的。在 2~15℃ 冷暗处保存，有效期 3a 左右。

2. 抗生素疗法

抗生素主要用于由细菌引起的动物传染病的治疗。合理地应用抗生素是发挥抗生素疗效的重要前提，不合理的应用或滥用抗生素往往引起多种不良后果，一方面可能使敏感的病原微生物产生耐药性；另一方面可能对机体造成不良反应，甚至引起中毒，再就是可能使药效降低或抵消。使用时一般需注意以下几个问题。

（1）掌握抗生素的适应症（最好结合药敏试验结果选药）。每一种抗生素都有其固定的抗菌谱，应根据临诊诊断确定或估计出病原微生物种类，选择最敏感的药物进行治疗。但是随着抗生素在生产中的广泛应用，耐药菌株越来越多，有的甚至找不到敏感的药物。鉴于这种情况，最好是先分离病原菌，做药敏试验，然后根据药敏试验结果选用高敏药物进行治疗。这样既可有效的治疗患病动物，又可防止由于抗生素无效或效果差而延误治疗时机造成药物的浪费。

（2）要考虑用量、疗程、给药途径、不良反应、经济价值等问题。关于剂量，开始宜大，以便使血液浓度快速升至有效水平，以后再据病情酌减。疗程应以发病的具体情况而定，急性疫病病例，在药物效果较好时 3 天后即可停药。慢性疫病由于病程缓慢，疗程一般较长，可控制在 5~7 天，若有必要继续治疗，可适当延长或换另一种药物。用药途径最好根据药物的特点及病情和病的特点来确定。如消化道疫病最好经饲料拌药途径给药，食欲下降或废绝的患病动物可经饮水途径给药，食欲、饮水均废绝的患动物则应注射给药。饮水途径给药只能用水溶性好的药物；易被消化道破坏的药物最好注射给药；有的药物有不良反应（如硫酸庆大霉素、先锋霉素Ⅱ、洁霉素等对肾脏有损害作用），应用时应加以注意。当药物价格总值超过患病动物本身价值时则不应进行治疗。

（3）不要滥用。用量既要充足，又不能超量，否则都会带来不良后果。用量不足易导致耐药菌株的出现；用量大，一是造成浪费，二是易引起中毒，如痢特灵在用量超过 0.04%，经过一定时间便会使鸡中毒。用量大小与细菌对药物的敏感性有关，中敏药物剂量应适当增加。另外肉鸡于出售前 15 天禁止用抗生素，以防止药物残留。

（4）抗生素的联合应用。有些抗生素联合应用，通过协同作用可以增进疗效。如青霉素与链霉素主要表现出协同作用，抗生素和磺胺类药物的联合应用多数都有协同作用，如青霉素和磺胺、链霉素与磺胺嘧啶等均有协同作用。另外应防止有拮抗作用的抗生素联合应用，如土霉素与链霉素等合用会产生拮抗作用，反而影响治疗效果。

抗生素的联合应用，取得成功的实例很多，但临床上不能无原则地盲目应用，必须有明确的特征。一般适合用于下列情况：①病因不明，病情危害的严重感染或败血症；②单一抗菌药不能有效控制的感染或混合感染；③需长期用药的疾病；④对某些抗生素不易渗入的感染病灶，如中枢神经的感染；⑤毒性较大，联合用药减少剂量后可降低不良反应的抗生素。

3. 化学疗法

使用化学药物帮助机体消灭或抑制病原微生物的治疗方法，称为化学疗法。治疗动物传染病常用的化学药物有以下几种。

（1）磺胺类药物。这是一类化学合成的抗菌药物，可抑制大多革兰氏阳性和部分阴性细菌，对放线菌和一些大型病毒也有一定作用；个别磺胺类药物还能选择性地抑制某些原虫（如球虫等）。除用于消化道抗菌作用的磺胺脒（SG）以外，其他许多磺胺类如磺胺嘧啶（SD）、磺胺双甲嘧啶（SM_2）等，在口服（饲料）给药时应加等量的小苏打，以助其溶解、吸收，并防止它在泌尿系统结晶析出，造成严重后果。

（2）抗菌增效剂。这是一类广谱抗菌药物，与磺胺类药并用，能显著增加疗效，与某些抗生素并用亦能显著增加疗效，故称为抗菌增效剂。临诊上常用的抗菌增效剂有三甲氧苄氨嘧啶（TMP）和二甲氧苄氨嘧啶（DVD，又称敌菌净）等。

（3）氧喹诺酮类药物。这是一类分子结构中含有4-喹诺酮环结构的药物，属于广谱抗菌药，对绝大部分革兰氏阴性细菌抗菌效率好。主要品种有诺氟沙星、培氟沙星、依诺沙星、氧氟沙星、环丙沙星、乙基环丙沙星、单诺沙星、洛美沙星、氧罗沙星等。其中以环丙沙星、乙基环丙沙星、氧氟沙星的抗菌作用较强。

（4）其他抗菌药。如有黄连素、痢菌净、氟哌酸、吡哌酸、喹乙醇等，这些药物抗菌谱广，抗菌活性强，多用于动物肠道感染。异烟肼（雷米封）、对柳氨酸等，对结核病有一定疗效。

抗病毒感染的药物近年来有所发展，但仍远较抗菌药物为少，毒性一般较大。目前在人医临床上试用的药物有碘苷（疱疹净）、三氮唑核苷（病毒唑）、吗啉胍（病毒灵）、阿昔洛韦和干扰素等十余种，但在兽医临床上应用的还很少。

二、针对动物机体的疗法

在动物传染病的治疗中，除针对病原微生物进行治疗外，还要采取针对动物机体的疗法，以增强机体抵抗力，调整和恢复动物机体的生理机能，促使机体战胜疫病，恢复健康。

1. 加强护理

对患病动物的护理是治疗工作的基础。对患疫病的动物的治疗应在严格隔离的条件下进行，冬季应注意防寒保暖、阳光充足，夏季应注意防暑降温、通风良好，供给优质的饲料和饮水，并经常消毒，亦可经注射、灌服或饮水给以葡萄糖、维生素或其他营养性物质以维持生命，帮助患病动物渡过难关。

2. 对症疗法

在动物传染病的治疗过程中，为了减缓或消除某些严重的症状，调节和恢复机体的生理机能所采取的疗法，称为对症疗法。如使用退热、止痛、止血、镇静、兴奋、强心、利尿、清泻、止泻、防止酸中毒、调节电解质平衡等药物，以及采取某些急救手术或局部治疗等，都属于对症治疗的范畴。

三、微生态制剂调整治疗

微生态制剂是利用正常微生物群的成员制成的活的微生物制剂，它具有补充或调整充实微生物群落的内涵，维持或调整微生态平衡，达到治疗疾病、增进健康的目的。例如调痢生，主要用于仔猪黄痢、白痢等。

四、中药制剂的治疗

中药制剂的治疗作用主要是通过调整动物机体的整体功能，直接或间接起治疗作用。

（1）中药制剂的一些有效成分对动物机体直接起缓解症状的作用，即对症治疗作用。如柴胡的有效成分柴胡甙，有显著的镇静作用和较强的镇咳作用。

（2）有些中草药被动物机体吸收后，通过从不同方面对动物机体的功能进行综合调整，可增强机体的免疫功能和抗病力。如党参、黄芪、白术、何首乌、熟地等具有增加营养、增强体质、提高机体免疫机能和抗病力的作用。

（3）有些中草药的有效成分可直接具有抗菌和抗病毒的作用。如金银花的含氯原酸类等具有抑制金黄色葡萄球菌、痢疾杆菌、伤寒杆菌、肺炎球菌等的作用。

中药的治疗作用，往往是以上几种兼而有之，这就是中药治疗疾病的独到之处。

五、治疗效果的评价

动物传染病治疗效果评价的目的主要是便于对现行治疗方法或措施有一个客观的认识，以利于在临床实践中选择最佳的方法。

评价某种药物或治疗方法临床疗效的常用方法是流行病学试验。这里简要介绍评价时的注意事项和评价指标。

1. 治疗效果评价的注意事项

（1）治疗对象选择应合理，其中应包含不同病型的病例，并进行随机分组。

（2）疫病应经过确诊，而且诊断标准应统一。

（3）治疗方案应具有实用性和可行性，具体措施应易于推广和应用。

（4）评价的结果应具有完整性和可信性，如设计的科学性、数据的完整性和可靠性、测量方法的客观性和灵敏性等。

（5）其他如治疗的病例数应符合统计学原理，使用双盲法观察结果等措施。

2. 常用的评价指标

（1）有效率是指经治疗处理后有效的病例数占接受治疗总病例数的百分比。有时也用相对有效率表示。

有效率(%)＝有效病例数(包括治愈病例数和好转病例数)/接受治疗的总病例数×100

相对有效率(%)＝(试验组有效率−对照组有效率/1−对照组有效率)×100

（2）病死率是指某时间内因某病死亡的动物占患病动物总数的百分比。

（3）复发率是指某种疫病临床痊愈后，经过一定时间再次复发的动物占全部痊愈动物的百分比。

（4）阴转率或阳转率是指经治疗后患病动物体内病原体或血清学指标转为阴性或转为阳性者占所有接受治疗动物的百分比。

第六节　疫情监测技术

一、疫情监测的重要性

免疫是猪场一项重要的日常工作，是保证猪场正常生产的有力措施，所以免疫对养猪人来说都非常熟悉。但就是这个非常普通的工作环节，却一直存在很多问题。猪病种类多，感染途径复杂，所以很多猪场使用疫苗十几种，小猪一出生就要各种疫苗的"辅佐"，并且跟随其一生，疫苗能有效地防止疫病发生，但是增加的应激也着实不少，因此产生一个极端反向观点，认为猪病太多了，我也不知道到底应该打哪些疫苗，如果都打，不但投资大，而且可能产生副作用，所以什么疫苗也不打；另外一部分猪场比较重视防疫，请专家制订免疫程序，这其中有饲养管理各个方面措施到位的，生产平平安安，而有些猪场虽然制订了免疫程序，也没能把疫病赶走，追究原因错综复杂，难辨是非。猪场抱怨疫苗质量不过关，疫苗厂家倍感冤枉。因为猪场没弄明白猪群到底感染哪些病，更不知道这些病是什么时候感染上的，不能对症下药，做不到有的放矢，更谈不上正确免疫。

要解决上述问题，只有一个方法就是对猪群进行病原学与血清学动态监测，对猪群定期采血化验，对发病猪及时诊断与病原检测，所有疫情都在人的掌握之中。那时候，自然知道需要接种什么疫苗，疫苗接种后的效果如何，最终控制疫病并将某些疾病净化。

国外养猪业之所以能够有效控制几种重大传染病的发生，正是采用了监测技术作为后盾，成本虽高，却物有所值。

不同猪场需要注射哪些疫苗应该根据自己情况而定，一般来说目前几种猪病必须使用疫苗免疫，如猪瘟、伪狂犬病、细小病毒、口蹄疫等。一些细菌性疾病也可以使用疫苗，比如大肠杆菌。但是传统的猪病在很多猪场不必使用疫苗免疫。比如猪丹毒、猪肺疫，因为很多广谱性药物都可以间接控制。

正确使用疫苗在很多猪场没有做到，因为猪场在使用疫苗时往往不知道猪场里到底有多少种疾病；不知道猪群在什么时候感染上的这些疾病，这些疾病的严重程度有多大；不知道使用疫苗的时候猪群潜伏了哪些疾病，这些疾病对疫苗使用将产生什么影响。"三个不知道"便使疫苗免疫效果下降，而且有时会增加猪群的应激反应。

要解决如何正确使用疫苗的问题，只有发挥实验室的作用，对猪群进行动态监测。猪场应对不同阶段的猪进行定期采血，这样采样范围广，具有代表性。通过动态采样监测就可以解决"三个不知道"的问题：首先了解猪场中到底存在哪些疾病，另外知道这些疾病的严重程度，什么时候感染哪个阶段的猪群，这样才能正确选择疫苗的种类，接种疫苗的时间，同时也能知道疫苗免疫效果，即疫苗接种后抗体水平的高低、抗体均匀度、保护率和保护时间。

目前绝大多数猪场没有充分利用实验室手段，所以在疫苗使用方面存在很多问题，效果不理想，或者使用疫苗后会引发各种异常反应及病症。

不同类型不同病种的疫苗免疫效力不尽相同，有的能提供坚强的免疫保护（如猪瘟弱毒疫苗），有的只能提供有限的保护（如猪圆环病毒灭活疫苗）；有的疫苗可以提供终生保护（日本脑炎活疫苗），有的需要加强免疫（如蓝耳病灭活疫苗）。通过观察接种过疫苗的动物在疫情暴发期间对相应疫病侵袭的抵抗力，可以初步检验疫苗的效力。有的疫苗（如猪伪狂犬病弱毒疫苗）可以用于紧急预防接种，如果接种后疫情得到控制或避免疫情，死亡率大幅度减少，表明疫苗是有效的。

动物接种疫苗后，一般在接种后一定时间内产生相应的免疫应答（体液免疫和细胞免疫），并维持一定的时间。实际生产过程中，比较可行的是进行血清抗体效价监测，可根据不同疫苗的特点，适时采集接种前后的血清，送有关实验室进行血清学检测，检查抗体滴度和免疫持续期。

猪场当然希望什么疫苗也不需要，什么兽药也不用买，但在目前养猪业疫情如此复杂的情况下还达不到。疫苗免疫是预防疾病的重要手段，不用疫苗不太可能，但尽量通过综合手段提高猪群的健康水平，减少疫苗的使用种类，准确掌握疫苗使用时间。确定猪场需要打哪些疫苗根据猪场所在区域内的大环境而定，因为在交通发达的今天，疫病的传播无孔不入，再偏远的猪场做到洁身自好也很难，所以猪群健康水平动态监测对猪场非常重要。只有这样才能了解到底需要对哪些疾病进行免疫，什么时间免疫最适合。

规模化猪场疫情监测是一项十分重要的工作。通过疫情监测有利于猪场实时掌握疫病的流行和病原感染状况，有的放矢地制定和调整疫病控制计划，及时发现疫情，及早采取防控措施；对疫苗免疫效果监测可以了解和评价疫苗的免疫效果，同时可为免疫程序的制定和调整提供依据。

二、建立防疫及疫病监测制度

（1）根据《中华人民共和国动物防疫法》及其配套法规的要求，制定本场疫病免疫程序，并严格按照免疫程序进行猪群免疫。

（2）根据疫苗种类，选择适宜的免疫方法和注射剂量，免疫用具在免疫前后彻底消毒，剩余或废弃疫苗及使用过的疫苗瓶进行无害化处理。

（3）驱虫程序根据畜群年龄、生长阶段、用途和疫病情况制定。

（4）根据《中华人民共和国动物防疫法》及其配套法规的要求，制订符合主管部门规定的疫病监测计划和控制方案，接受畜牧兽医主管部门的监督，并向当地畜牧兽医主管部门提供连续的监测信息。

（5）定期做好口蹄疫、高致病性猪蓝耳病、猪瘟等病的监测，怀疑发病时尽快报告主管部门，并将病料送达指定实验室确诊。

（6）配合动物疫病监测机构定期或不定期进行必要的疫病监测抽查，并将抽查结果及时上报主管部门。

（7）发生重大动物疫病或疑似重大动物疫病时，根据《中华人民共和国动物防疫法》及时采取疫情上报、畜禽群隔离、扑杀、消毒、无害化处理等措施，确保疫情不扩散。

三、动物疫病的监测方法

1. 监测程序

动物疫病的监测程序包括资料收集、整理和分析，疫情信息的表达、解释和发送等。

（1）资料收集。疫病监测资料收集时应注意完整性、连续性和系统性。资料来源的渠道应广泛。收集的资料通常包括疫病流行或暴发及发病和死亡等资料；血清学、病原学检测或分离鉴定等实验室检验资料；现场调查或其他流行病学方法调查的资料；药物和疫苗使用资料；动物群体及其环境方面的资料等。上述资料可通过基层监测点按常规疫情进行上报，或按照周密的设计方案要求基层单位严格按规定方法调查并收集样品和资料信息。

（2）资料的整理和分析。资料的整理和分析是指将原始资料加工成有价值信息的过程。收集资料通常包括以下步骤。

一是将收集的原始资料认真核对、整理，同时了解其来源和收集方法，选择符合质量要求的资料录入疫病信息管理系统供分析用；

二是利用统计学方法将各种数据转换为有关的指标；

三是解释不同指标说明的问题。

（3）资料的表达、解释和发送。将资料转化为不同指标后，要经统计学方法检验，并考虑影响监测结果的因素，最后对所获得的信息作出准确合理的解释。

运转正常的动物疫病监测系统能够将整理和分析的疫病监测资料以及对监测问题的解释和评价，迅速发送给有关的机构或个人。这些机构或个人主要包括：提供基本资料的机构或个人、需要知道有关信息或参与疾病防治行动的机构或个人以及一定范围内的公众。监测信息的发送应采取定期发送和紧急情况下及时发送相结合的方式进行。

2. 监测方法

监测方法包括流行病学调查、临床诊断、病理学检查、病原分离或免疫学检测等，已有国家技术规范的按照规范要求进行，没有技术规范的由农业农村部统一确定。

3. 监测方式

监测方式通常包括被动疫病监测和主动疫病监测2种。

（1）被动疫病监测。被动疫病监测是疫病相关资料收集的常规方法，主要通过需要帮助的养殖业主、现场兽医、诊断实验室和疫病监测员以及屠宰场、动物交易市场等以常规疫病报告的形式获得资料。被动监测必须有主动疫病监测系统作为补充，尤其对紧急疫病时更应强调主动监测。疫病报告的内容包括疑似疫病的种类；疫病暴发的确切地点，发生疫病的养殖场户的名称和地址；发病动物的种类；病死动物的估计数量；发病动物临床症状和剖检变化的简要描述；疫病初次暴发被发现的地点和蔓延情况；当地易感动物近期的来源和运输去处；其他任何关键的流行病学信息如野生动物疫病和昆虫的异常活动；初步采取的疫病总制措施等。

（2）主动疫病监测。主动疫病监测指根据特殊需要严格按照预先设计的检测方案，要求监测员有目的地对动物群进行疫病资料的全面收集和上报过程。主动监测的步骤通常是按照流行病学监测中心的要求，监测员在其辖区内随机选择采样地点、动物群和动物进行采样，同时按规定的方法填写采样表格。

　　无论是通过主动监测还是被动监测，所获得的疫病监测资料均应汇集到动物疫病监测中心以便进行有序的管理、储存和分析，然后将分析的结果反馈给资料呈递的有关人员，如养殖业主、诊疗兽医、屠宰检疫员、市场检验员或地区疫病监测员，必要时还需要在较大范围内通报。

四、动物疫病的流行病学调查

　　流行病学调查对动物群发病预防和控制十分重要，动物流行病学调查其意义可理解为"去访问"一个区域发生的动物异常疾病和遇到严重的卫生问题，其可分为预防性调查、诊断性调查和病原学调查等。其目的：一是查明病因，寻找病因线索及危害因素。二是确定群发病的可能扩散范围。三是预测群发病暴发或流行趋势。四是提出控制措施和建议。五是评价控制措施效果。以达到预防、控制和消灭动物疾病的目的。

　　（一）动物疫病的流行病学调查方案的制定

　　调查方案的内容和形式大体包括调查目的、调查对象和调查单位、调查项目和调查表等内容。

　　1. 确定调查目的

　　调查目的一般包括以下两方面的内容。

　　（1）为什么要组织这次调查？

　　（2）要取得哪些资料？

　　2. 确定调查对象和调查单位

　　根据调查目的确定调查对象（或调查研究的总体）；调查单位是构成调查对象的每一个单位（或个体），是收集数据、分析数据的基本单位。

　　3. 确定调查内容与调查表

　　调查哪些指标，将这些指标分解成具体的项目，拟订出调查表或问卷。

　　4. 选择抽样方法和确定抽样框

　　在流行病学调查中，基本上是采取抽样调查的方式，要抽样首先要根据研究总体的特点等选择合适的抽样方法，如随机抽样、整群抽样还是分层抽样等。

　　抽样框：就是抽样时调查对象中所有抽样单位的名单。

　　5. 确定样本容量

　　根据估计方法、估计量、预算经费，确定样本容量。

　　6. 抽取样本，收集数据

　　根据发病前存栏数、发病数、死亡数，抽取样本，收集数据。

　　7. 结果分析及建议

　　根据全部调查资料和分析结果，对疫情发生的病原、促成因素、经验教训等作出结论，提出预防和扑灭传染病的计划和措施，并写出书面报告。

　　（二）动物疫病的流行病学调查的开展

　　1. 确定调查的内容疫病流行情况

　　最初发病时间、地点，蔓延情况，疫病传播速度和持续时间。

发病家畜的种类、数量、年龄、性别，感染率，发病率、病死率、死亡率。

发病前的饲养管理、饲料、用药及发病后诊治情况以及采取了那些措施。

2. 疫病调查

疫情调查包括以下几方面：疫点、疫区、受威胁区、患病动物上端原产地、患病动物下端原产地。

（1）疫点。患病动物临床症状、剖检变化，初诊结论；发病前存栏数、发病数、死亡数；免疫情况、免疫程序；发病前 21 天和发病后至调查日进出疫点及产品；消毒及无害化处理执行情况；疫点近 3 年内相关疫情情况。

（2）疫区。疫区相关动物免疫情况及程序；发病数和死亡数；疫情（近 3 年内）及疫情处置情况；近 6 个月内免疫抗体与病原监测；消毒及无害化处理。

（3）受威胁区。易感动物的免疫及免疫程序；是否进行过免疫抗体与病原监测，免疫是否在有效期内；动物免疫是否存在空白区域；预防消毒情况。

（4）患病动物上端原产地（溯源）。相关动物的免疫及免疫程序；动物所在地的疫情及疫情处置。

（5）患病动物下端原产地（追踪）。去向、途径、终点（销售点、饲养点等）上述地点周边易感动物免疫情况；患病动物的处置及无害化处理。

3. 传播途径和方式的调查

（1）调查传染源。即病畜、带菌者或染疫畜禽产品的来源情况。

（2）调查传播方式。一是没有外界因素情况下，病畜与健康畜直接接触的直接传播。二是病原体通过媒介物如饲料、饮水、空气、土壤、用具、动物、工作人员等的间接传播。

（3）其他情况。当地动物防疫卫生状况，畜禽流动、交易市场、交通检疫、产地检疫、屠宰检疫、检疫申报、检疫隔离、动物调运备案、病死畜禽无害化处理情况。

（三）动物群发病调查的主要方法

1. 询问调查

是流行病学调查的最主要的方法。通过向畜主、管理人员、当地居民进行询问、调查等方式，了解传染源、传播媒介、自然情况、动物群资料、发病和死亡等情况，并将调查收集到的资料记入流行病学调查表中。

（1）调查询问应注意事项。要善于引导、启发，从动物来源、免疫注射、病史、饲养管理乃至粪便情况、生活环境、行为习惯等均作细致的询问，收集动物及其产品全方位的情况，从中发现疑点，为进一步判定提供依据，为拟定防疫措施打基础。

（2）调查询问人员应具备的知识。要掌握动物的传染病和流行病学知识，特别是要掌握本地及附近地区和畜禽调出地区动物疫情情况。每种动物传染病都有一定的流行特点、季节、暴发范围。例如，猪瘟可四季发生，猪丹毒多发夏秋多雨季节，猪肺疫多发气候剧变的寒冷季节，弓形体病多发秋季和多雨季节等。调查询问人员要本着公平、公正的原则，不能有徇私报复的私心和"卡、要"敲诈的歪心。

（3）调查询问的方法。

积极宣传动物防疫法律、法规，取得货主的支持和配合，以便得到更多真实可靠的材料。

询问动物周边环境情况。调查动物来源和免疫注射情况，当地动物疾病史，动物的生活环境和日常的防疫卫生措施等。

询问动物饲养管理情况。调查包括饲料、饮水、饲喂方式，平常的饲养管理、消毒净化和患病情况等。

询问动物流动情况。调查动物的产地检疫和流动、收购、调拨中防疫卫生情况及运输检疫情况等。

询问畜禽的屠宰情况。调查屠宰场的设置，畜禽宰前健康情况与原因，屠宰时间、地点，屠宰工具和方法，屠宰中和宰后有何异常情况等。

询问鱼的捕捞情况。调查历年来捕捞水面的疫病史和水质情况，捕捞原因，捕捞前鱼的活动情况，捕捞工具和方法；近期气候变化、附近农田用农药等也应同时了解。

询问野生动物的捕获情况。调查捕获时间、地点、方法等。

询问肉品保存运输情况。调查畜、禽、鱼等肉品的保存时间、方法、设备和运载单位、工具、时间、方法等。

2. 现场观察

深入疫区现场进行实地观察，进一步了解流行发生的经过和关键问题所在。可根据不同种类的疾病进行重点项目调查。如发生肠道传染病时，特别注意饲料来源和质量、水源卫生、粪便、尸体处理情况等。发生由节肢动物传播的传染病时，应注意当地节肢动物的种类和分布、生态习性和感染情况等。对于疫区的地形特点、植被和气候条件也应注意查看。

3. 实验室检查

检查的目的主要是确定诊断，查明传染源，发现隐性传染，证实传播途径，摸清畜群免疫水平和有关病因。一般是在初步调查印象的基础上，应用病原学、血清学、变态反应、尸体剖检和病理组织学等各种诊断方法进行实验室检查。

（四）进行流行病学分析

流行病学分析是以流行病学调查所获得的资料为依据，运用统计学的方法，揭示传染病流行过程的本质，从而提出预防和控制传染病流行的基本措施。

1. 流行病学分析目标

资料分析必须目标明确，有的放矢，预计要解决什么问题，通过哪些项目、指标或数据来说明问题。例如，为了了解某种传染病在不同年龄家畜的发生情况，应分析不同年龄家畜的发病率；为了判断流行强度，应将流行期间的发病率与历年比较；为了了解某种传染病的流行特征，应分析发病率在时间上、地区上和畜群中的分布动态。通过分析研究，找出流行规律。

2. 流行病学分析常用的指标

（1）数、率、比的概念。数指绝对数。如感染数、发病数、死亡数等。率是指一定数量的动物群体中发病的动物的数量。可用百分率表示。比是指构成比。也用百分率表示。但不能与率一同使用于相互比较。

一是发病率：指在一定时期内，发生某病新病例数占同期畜群动物平均数的百分率。

发病率较完全地反映出传染病的流行情况，但不能说明整个流行过程，因为常有许多家畜呈隐性感染。

发病率（%）＝某期间内某种疾病新病例数/某期间该畜群动物的平均数×100

二是感染率：是指用临床诊断法和各种检验法检查出来的所有感染家畜头数占被检查的家畜总头数的百分比。感染率能较深入地反映流行的全过程，特别是某些慢性传染病时具有重要实践意义。

感染率（%）＝感染某传染病的家畜头/检查总头数×100

三是患病率：是指在某一期间内畜群中存在新旧病例的总数占同一期间内畜群动物总数的百分比。

患病率（%）＝在某一指定时间畜群中存在的病例数/在同一指定时间畜群中动物总数×100

四是死亡率：是指某病病死数占某种动物总头数的百分比。

死亡率（%）＝因某病死亡头数/同时期某种动物总头数×100

五是病死率：是指因某病死亡家畜头数占该病患畜总数的百分比。

病死率（%）＝因某病病死头数/同时期内该病患畜总数×100

3. 分析内容及方法

（1）历年发病率分析。根据疫情报告资料或历年来调查资料，比较历年发病率高低，或用发病指数来表示某病的消长规律，以分析该病的动态和严重性

（2）发病率按时间分析。用以分析传染病发病时间的变动规律。某些传播快的传染病，如口蹄疫、猪流行性腹泻、鸡传染性法氏囊炎等数天内即可传遍全群；而传播缓慢的传染病，则流行时间长，病例数不集中，如鸡大肠杆菌病、猪密螺旋体痢疾、猪链球菌病等。

（3）发病季节分析。用以分析某种传染病在不同季节发病的变动规律。某些有些传染病发病有明显的季节性，如流行性日本乙型脑炎多发生于蚊虫多的夏季、炭疽多发生于洪水泛滥的季节、猪传染性胃肠炎多发生于12月至翌年4月等。

（4）发病动物分布分析。按不同动物种类、年龄分析发病率，有助于分析病因和采取预防措施。如口蹄疫、日本乙型脑炎、鸡新城疫等可使多种动物发病；猪瘟、鸡新城疫等可发生于不同年龄；小鹅瘟雏鹅发病率高，鸭瘟则成年鸭发病率高。

（5）地区分布分析。传染病的地区分布与疫源地和传播速度有关。如炭疽大多在疫源地周围发生，范围较小；破伤风虽然呈零星散发，但范围广泛；马流行性感冒传播速度快，常呈大流行。

4. 流行病学分析的结论

最后根据全部调查资料和分析结果，对疫情发生的病原、促成因素、经验教训等作出结论，提出预防和扑灭传染病的计划和措施，并写出书面报告。

五、动物疫病监测的具体方案

监测即采用统一的标准和方法，对某种疫病的发生、流行、分布及相关因素进行系统的长时间的观察与检测，系统收集疾病资料及影响疾病的因素，进行连续的分析、解释和

反馈，由此来观察疾病发展的趋势和变化，以作出预测和确定需要采取的措施。

（一）监测畜种、病种

1. 监测畜种

（1）监测的畜种。为猪、牛、羊、犬、猫、鸡、鸭等。

（2）监测畜年龄。猪为 3～5 月龄，牛、羊、犬、猫为成年畜，鸡、鸭为 45 日龄以上。

（3）监测畜禽性别。公母各半。

2. 监测病种

（1）各种动物的传染病。

（2）各种动物的营养代谢病。

（3）各种动物的寄生虫病。

（4）各种动物的中毒病。

（二）监测数量

猪、牛、羊各 100 头份；鸡 300 头份；牛结核病监测为供应城（镇）地区奶源的全部奶牛。

（三）监测时间

根据实际情况确定监测时间。

（四）疫病监测方法

1. 流行病学调查

（1）基本情况，包括地理地貌特征、气候特点、人口、各种动物结构、饲养量、畜种结构及近 20 年的演变情况。

（2）近 10 年动物及其产品市场流通的情况。

（3）野生动物、传播媒介及其种类分布。

（4）引进动物及其产品地区的动物疫情态势。

（5）近 10 年动物疫情发生和流行情况。

（6）近期各种动物疫病发生的临床病例。

（7）动物群体病原体携带状况以及病原体的型别、毒力等。

（8）周围环境动物疫情发生和流行情况。

（9）动物疫病的流行规律。

（10）动物疫病的防控措施及其效果。

（11）各种动物疫病群体免疫水平的状态。

2. 血清学监测

（1）选样。

一是选样原则：

在定额的监测数量中，监测被检地区（一个县）的各种动物疫情。

在定额监测数量中，将监测数额分成多个样本，猪、牛、羊、骆驼、马 10 头（只、匹）为一个样本，鸡为 30 羽一个样本。

选样工作在分析监测地区动物疫情发生和流行资料的基础上进行。

选样必须在疑似动物疫病或原发病疫区（畜群）中进行。

选样注意集中养殖、散养、市场流通三个方面相结合。

有些试剂难以区分自然病原与免疫抗体时，选样应避开免疫期。

二是分层次分配样本选样：

在分类的动物中，按计划监测的疫情以普遍发生的急性、烈性动物疫情首选选样，为第一层次。按选样原则的规定，分别选点进行采样。样本不得少于四个。

第二层次是曾普遍发生的急性、烈性动物疫情，按选样原则的规定，分别选点进行采样。样本不得少于两个。

第三层次是一般性动物疫情，按选样原则分别选点进行采样。样本不得少于两个。

第四层次地方性流行的疫情，按选样原则，分别选点进行采样。样本不得少于一个。

在监测区，对批量或成规模地引进动物，按选样原则②的规定选样进行监测，样本不得少于一个。

动物入境时，发现疑似动物疫情，或动物引进地流行某种疫病，可酌情增加样本的比例进行监测。

对地方性流行的疫病，若在样本中未检出阳性时，可酌情增加样本进行监测。

（2）采样。样品的采集与送样，DB/T 459—2004 的规定进行。

3. 病原学监测

病原学监测选样按选样原则的规定进行。

病原学检测可扑杀血清学监测阳性病畜的基础上进行。

猪瘟病料可在病死猪体内收集。

布病病料可在流产胎儿体内收集。

病原学病料采样技术与送样，按 NY/T 541—2002 行业标准规定的各种动物疫病特定的采样与送样要求进行。

4. 血清学、病原学监测预备

（1）送检病料进实验室后，按采样编号、地区、户主、畜种、年龄、性别、采样时间、收样时间、收样人进行登记。

（2）送检病料进实验室后进行严格检查，检查病料是否发生混浊、融血、腐败等的现象，并采取相应的措施。

（3）送检病料经检查登记后按各种病料的要求的规定进行保存。

（4）检查试验动物饲养室的安全性，保证动物接种试验正常进行，并保证不扩散疫源。

（5）检查接种动物健康状况，使用健康状态的动物做试验接种。

（6）被检病料必须在规定的时间内进行检测。

（7）检查检测仪器设备运转情况。

（8）检查检测试剂，若发现过期、变异等情况，更换检测试剂。

（9）检测工作必须进行预试验，在预试验成立的基础上再进行监测工作。

（10）检测工作必须有专人负责，专人操作，专人检验。

（五）动物主要监测方法

各种动物疫病的监测必须按国家标准或行业监测规程规定的操作技术进行。主要疫病监测技术方法如下。

（1）口蹄疫。血清学监测方法病抗原（VIA）琼脂凝胶免疫扩散试验（AGID），对检出的阳性再用夹心 ELISA 或 ELISA 检验；病原学监测方法微量补体结合试验、食道探杯查毒试验、RT-PCR、病毒中和试验。

（2）猪瘟。目前我国规模化猪场普遍应用猪瘟疫苗进行预防接种，因此，对于猪瘟疫苗免疫效果的监测是十分重要的。血清学监测可采用 ELISA 或间接血凝检测免疫猪群的猪瘟抗体水平，也可用于猪瘟母源抗体的检测，一般是在猪瘟疫苗免疫后 15 天左右采血，根据猪群的大小，按 1%~10% 的比例采样，猪瘟疫苗抗体阳性率应达到 85% 以上。作为抗体监测的血清学技术，还不能很好地区分猪瘟强毒抗体与疫苗免疫抗体。病原学监测可采用聚合酶链反应（PCR）。猪瘟强毒的监测可采用 RT-PCR 技术、免疫组化染色（如免疫荧光抗体）、病原的分离与鉴定，可采取发病死亡的猪扁桃体、淋巴结、肾脏进行检测。带毒母猪可进行扁桃体的活体采样。

（3）高致病性猪蓝耳病。可用 ELISA 检测猪群血清抗体，以了解猪群蓝耳病病毒和猪圆环病毒 Ⅱ 型的感染状况。采集发病死亡猪的淋巴结、脾脏、肺脏、肾脏等组织可用于猪繁殖与呼吸综合征病毒和猪圆环病毒 Ⅱ 型的检测，常用病原学检测方法主要为 RT-PCR、PCR，也可作病毒的分离与培养。

（4）猪伪狂犬病。可采用 ELISA 监测伪狂犬病疫苗免疫的抗体水平和状况。目前猪场普遍使用伪狂犬病基因缺失疫苗，因此，监测伪狂犬病毒野毒感染状况，可用 ELISA 通过检测猪群的野毒感染抗体来评价猪群野毒感染状况，同时可配合净化方案，对阳性带毒猪实行淘汰处理。发病死亡猪可通过采取脑组织、脾脏、肺脏等组织，进行 PCR 检测、免疫组化和病毒的分离与鉴定。

（5）猪病毒性腹泻疾病。引起猪病毒性腹泻的病原很多，一般可检测猪传染性胃肠炎病毒、猪流行性腹泻病毒、轮状病毒等，可采取腹泻粪便和肠道组织用相关分子生物学技术（如 RT-PCR）和病毒分离培养。

（6）细菌性疾病。可取发病死亡猪的病变组织，进行细菌的分离与培养，同时对分离到的细菌作耐药性监测。

（六）资料分析

（1）各种原始资料进行汇总整理，并进行生物统计学处理。

（2）动物疫情监测资料经统计处理后，出现与监测目的正相关的监测结果时，应结合监测地区历年疫情发生和流行的状况、外界动物疫情的影响、环境影响、防疫情况等风险因子分析，探讨激发疫病的因素，疫情流行的规律以及消除风险因子的措施，对重大动物疫情发生的可能性做出预测分析。

（3）对监测结果、预见性发病因素等，结合监测地区的实际情况，其他地区监测的资料，提出可行的防疫（免疫、检疫、监测、扑杀、消毒、无害化处理）意见。

（4）对部分（或个别）监测疫情（或部分工作）出现与监测目的不相符的结果，应从选样、监测操作技术或者是抗原漂变等方面进行分析，寻找原因。凡属选样、采样、实验室操作技术出现失误的，重新监测。

（5）对出现技术问题或疫情变迁等难以解释清楚的，应在查阅资料、咨询、分析原因的基础上重新监测。

（6）对出现与监测目的完全相反结果的，从监测实施方案检查起，从特定监测地区动物疫病流行情况资料的收集、分析以及监测实施过程中查出各种负相关结果的原因。

（七）监测档案

1. 检测资料的收集

（1）收集被检地区流行病学资料。按流行病学调查监测的内容收集资料。

（2）被检病料资料的收集。

（3）各种动物疫病检测原始资料的收集（包括血清学、病原学）。

（4）各种动物疫病复检资料的收集。

（5）各种动物疫病监测结果分析资料的收集。

（6）各种动物疫病检测汇总资料的收集。

（7）监测总结资料的收集。

2. 各种相关资料的收集

（1）有关动物疫病监测法律法规资料的收集。

（2）OIE 有关动物疫情监测规定资料的收集。

（3）国家关于动物疫情监测有关规定资料的收集。

（4）有关动物疫病监测标准、规程、程序等资料的收集。

（5）其他地区有关动物疫病监测资料的收集。

3. 建立档案

（1）档案的程序是任务书（或申报书、合同书）、实施方案、原始资料、汇总表、小结、各种单项监测资料（总结、报告书）、其他资料、项目总结。

（2）动物疫病监测档案的建立，必须具备文字档案和光盘档案。

六、生猪主要疫病的监测计划

（一）口蹄疫监测计划

1. 监测范围

猪、牛、羊。重点对种畜场、规模饲养场、屠宰场、交易市场、发生过疫情地区以及边境地区的家畜进行监测。

2. 监测时间

月度常规监测由各地根据实际情况安排。春秋季节各进行一次集中重点监测，分别在 6 月底前和 12 月底前完成。发现可疑病例，随时采样，及时检测。

3. 监测数量

月度常规监测数量由各地根据实际情况确定。

各省每次集中重点监测时采集样品总量最低不少于 950 份。每次至少采集 5 个种畜场（血清样品≥15 头份/场），5 个奶牛场（血清样品≥15 头份/场）；5 个生猪屠宰场（血清样品≥10 头份/场），5 个牛羊交易市场，低于 5 个的全采（同时采集血清样品 O-P 液各

15 份/场)；30 个存栏 50～300 头饲养场户（血清样品≥15 头份/场），15 个村散养户（家畜血清样品≥10 头份/村，适当兼顾猪、牛、羊的比例）。

4. 监测内容

对猪检测 O 型口蹄疫病原和免疫抗体。

对羊检测 O 型、亚洲 I 型口蹄疫病原和免疫抗体。

对牛检测 O 型、亚洲 I 型、A 型口蹄疫病原和抗体。

5. 检测方法

（1）血清学检测方法及判定。猪免疫 28 天后，其他畜免疫 21 天后，进行免疫效果监测。

方法：

O 型口蹄疫：正向间接血凝试验，液相阻断 ELISA，使用合成肽疫苗免疫的，采用 VP1 结构蛋白 ELISA 进行检测；

亚洲 I 型和 A 型口蹄疫：液相阻断 ELISA。

判定：

正向间接血凝试验：抗体效价≥25 为免疫合格。

液相阻断 ELISA：抗体效价≥26 为免疫合格。

VP1 结构蛋白抗体 ELISA：抗体效价≥25 为免疫合格。

（2）病原学检测方法及判定。食道—咽部分泌物（O-P 液）用 RT-PCR 方法检测。牛羊口蹄疫感染情况采用非结构蛋白抗体 ELISA 方法检测，检测结果为阳性的，采集 O-P 液用 RT-PCR 方法检测，如检测结果为阴性，应间隔 15 天再采样检测一次 RT-PCR 检测阳性的判定为阳性畜。

（3）对猪的检测。从屠宰场采集猪颌下淋巴结用 RT-PC 方法进行检测，结果为阳性的判定为阳性猪。

6. 病原学检测阳性样品及动物的处理

（1）未使用 A 型口蹄疫疫苗免疫的牛，检出抗体阳性的，需进一步做病原学检测。

（2）病原学检测结果为阳性的，应立即采取以下措施。

样品要及时送国家口蹄疫参考实验室进行病原分离鉴定。

扑杀阳性畜，必要时对同群畜进行扑杀，并进行无害化处理。

将阳性情况按快报要求报告。

（二）高致病性猪蓝耳病监测计划

1. 监测范围

猪。重点对种猪场、中小规模饲养场、交易市场和发生过疫情地区的猪进行监测。

2. 监测时间

月度常规监测由各地根据实际情况安排。春秋季节各进行一次集中重点监测，分别在 6 月底前和 12 月底前完成。发现可疑病例，随时采样，及时检测。

3. 监测数量

月度常规监测数量由各地根据实际情况确定。

各省全年监测数量：血清学样品不低于 1 200 份，病原学样品不低于 400 份。

4. 检测方法

（1）血清学检测方法与判定。

方法：ELISA；

判定：活疫苗免疫28天后，高致病性猪蓝耳病 ELISA 免疫抗体 IRPC 值>20 为合格，存栏猪免疫抗体合格率≥70%时为群体免疫合格。

（2）病原学检测方法。RT-PCR 或荧光 RT-PCR 检测方法。

5. 病原学检测阳性样品及动物的处理

（1）对病原学检测结果为阳性的猪进行扑杀，并进行无害化处理。

（2）将阳性情况按快报要求报告。

（三）猪瘟监测计划

1. 监测范围

猪。重点对种猪场、中小规模饲养场、交易市场和发生过疫情地区的猪进行监测。

2. 监测时间

月度常规监测由各地根据实际情况安排。春秋季节各进行一次集中重点监测，分别在6月底前和12月底前完成。发现可疑病例，随时采样，及时检测。

3. 监测数量

月度常规监测数量由各地根据实际情况确定。各省每次集中重点监测采集血清学样品不少于1 350份，病原学样品不少于300份。至少采集20个种猪场，少于20个场的全采（血清学样品≥15头份/场）、50个商品猪场户（血清学样品≥15头份/场）、30个村散养户（血清学样品≥10头份/村）。

4. 检测方法

（1）免疫抗体监测方法及判定。

方法：正向间接血凝试验或抗体阻断 ELISA；

判定：使用正向间接血凝试验，免疫21天抗体效价≥25 为免疫合格；使用猪瘟抗体阻断 ELISA 的，抗体阳性即为合格。

（2）病原学检测方法。荧光免疫抗体方法、RT-PCR 或荧光 PCR 方法或 ELISA。

5. 病原学检测阳性样品及动物的处理

对病原学检测结果为阳性的猪进行扑杀，并进行无害化处理。

（四）猪甲型 H1N1 流感监测计划

1. 监测范围

猪。重点对种猪场、规模饲养场和屠宰场的猪进行监测。

2. 监测时间

1—3月和10—12月，每月对固定监测点进行一次监测（北方地区可根据具体情况进行调整）。发现可疑病例，随时采样，及时检测。

3. 监测数量

每次监测数量不低于50份鼻咽拭子或组织样品，全年监测数量不低于300份鼻咽拭子或组织样品。其中，种猪场不低于90份，规模饲养场不低120份，屠宰场不低于90份。

4. 检测方法

RT-PCR 方法。

5. 病原学检测阳性样品及动物的处理

（1）病原学检测阳性样品送国家禽流感参考实验室，经复核阳性的猪按农业农村部有关规定处理。

（2）将阳性情况按快报要求进行报告。

第七节　抗体检测技术

动物疫病是影响和危及养殖业发展、人体健康和社会公共卫生安全的主要因素之一。据世界卫生组织（WHO）的资料显示，75%的动物疫病可以传染给人，70%人的疫病至少可以传染给 1 种动物。某些动物疫病的暴发不仅对养殖业造成毁灭性打击，对人类生命安全也造成危害，更影响着社会的稳定。近年来，随着国际国内动物重大疫病对畜牧业生产、公众卫生安全、人体健康的危害程度不断加大，动物疫病防控的突出作用越来越明显。

抗体检测技术随着生物检测技术的进步得到了较大的发展，是近年来较为先进的检测技术。动物疫病及免疫抗体检测技术除应用于疫病初步诊断外，在疫病监测、免疫质量评估、疫情预警、疫病控制效果认证等领域发挥着更加积极的重要作用。有利于确保疫病诊断的准确性，并合理控制疫情发展，以此确保防控工作的科学性与合理性。

一、抗体检测技术的原理与具体内容

抗体检测的主要目的是进行相关疾病的临床诊断，也是观察相关疾病治疗效果和预后情况的重要参考指标，在预防性免疫接种质量和临床传染性疾病流行病学观察中具有十分特殊的地位。

抗体检测技术就是发现并证实动物体内特异性抗体真实存在的技术，抗体在检测中发挥着重要的作用。其基本原理是依据生物的天然免疫（细胞、体液免疫）系统即生物自身的免疫应答体系，当有活性异物（病原体）进入生物体内时，生物的免疫器官、免疫细胞会进行免疫分析或靶向识别，进而分泌特异性活性物质（抗体），抵御并清除异物入侵，保证生物体健康生长与生活。

抗体检测能及时了解动物免疫后的免疫效果，当疫苗接种到动物体内后，经过一系列复杂的反应之后才能够产生保护，究竟体内的免疫应答情况如何，产生的保护情况怎样，虽然涉及的因素很多，起决定作用的还是针对该接种抗原所产生的抗体，抗体滴度或效价的高低直接影响着免疫效果，随着免疫时间的延长体内抗体水平会逐渐下降到保护值以下，因此及时采血检测抗体上升或下降的情况，监测即时抗体水平或动态抗体水平的变化，来判断动物接种疫苗后，能否抵抗与疫苗相对应的疫病，只有通过抗体检测免疫效果，才能做到"有的放矢"，有效控制疫病的发生。定期进行抗体监测可以根据抗体滴度的高低及时进行免疫或确定加强免疫的时间。

抗体检测技术主要是进行细胞免疫与体液免疫两方面的检测。一般是在培养基中进行抗原抗体生物反应，根据该反应结果，准确无误地判断动物体内病原体的有无和种类，更准确的诊断动物疾病，进而采取切实可行的预防措施，防止连锁感染与大面积动物疫情的发生。

抗体检测的主要方法有：凝集反应实验、沉淀反应实验、标记免疫实验、免疫印迹实验、快速斑点免疫结合性实验等。

二、抗体检测技术的作用

（一）诊断动物疫病

抗体检测技术最重要的应用就是进行动物疫病的诊断，它提升了疫病诊断的准确性和质量以及可靠性。检测病原特异性抗体是动物疫病实验室诊断的主要方法之一，可以初步诊断动物感染某种疫病，但单一的抗体检测结果，只能作为疫病确诊的依据之一，而不能作为唯一依据，应结合发病情况和临床症状进行综合分析才可以确诊。

动物疫病诊断一般要经过病原分离培养、生化反应、易感动物实验等环节进行鉴定，工作烦琐、时间很长且成功率不高，特别是病原分离培养由于受培养基新鲜度、温度、pH 值等影响，需要反复多次才能成功，有时辛苦几个月也没有成功；易感动物实验由于潜伏期的影响也需要一定时间；一些病原体本身就很难分离培养，有些动物疫病实验室由于条件所限分离成功率更低。由于动物疫病诊断成功率低，发生动物疫病只能按疑似病例处理，很难做到科学合理处理动物疫情。

在动物患病时，由于病原体对免疫系统的攻击，对动物的免疫器官也会造成伤害，导致免疫系统功能紊乱，进而影响到抗体的产生，不产生或即使产生也极少的抗体，会出现误诊。

由于动物种类的多样性，各类动物机体机能各不相同，抗病力也存在着一些差异，使得在抗体检测技术的应用上也存在着一定的差异性，应根据动物相应的机体免疫功能进行合理、准确的检测和判断。

对免疫与非免疫群体，在依据抗体检测结果诊断疫病时，必须进行科学分析，否则会导致误判漏诊，耽误扑灭疫病的最佳时机。

在对非免疫群体进行检测时，若经过抗体检测未发现或已发现动物出现抗体，则还应注意部分动物的免疫能力存在一定的不确定性。

疫病发病时间的差异性，抗体检测结果也存在差别。

对于发病时间相对较长的病例，在其病程的中后期进行抗体检测时会呈现阳性结果，依据发病资料，结合临床症状和检验结果进行深入的研究分析，可以做出初步的诊断，这时检测的抗体水平相关数据在动物疫病诊断中有着较高参考价值。

对于一些感染期相对较短且急促的病例，通过抗体检测技术进行检测的结果，可能会呈现阴性，在这种情况下，检测结果存有较大的局限性，参考价值要稍差一些，必然会导致检测人员作出错误的诊断。要依靠病原学检测和血清特异抗体检测结果进行有机的融合，以此来切实提高检测的准确率。

对急性病例，进行早期诊断仍然受到局限。急性疫病死亡的动物，其抗体产生水平很容易影响抗体检验的准确性。因为从开始发病到死亡时间非常短，动物自身对病原的侵入产生的抗体量较少，在检测时检测试剂对检测样品的灵敏度大大降低，显示的数据相对少，有可能检测不到相关的抗体，这样对病情的分析判断会受到很大的影响，在一定程度上会出现误诊。如有些猪体内的某些疾病的病原体损害猪体的器官，但在产生抗体上很少或不产生抗体，在用抗体检测技术进行检测时阳性检出率很低，不能准确判断出病情，从而不能进行合理治疗而造成损失。类似的急性疫情病例，一定要引起我们的重视，要确诊病例，可以通过多次检测，而且必须结合临床症状、病理学、流行病学综合诊断或病原学检测等多种方法相结合，进行综合诊断。

对于免疫群体，受多种因素影响，免疫力高低有所不同，检测结果也存在不确定性。

免疫群体动物发病后，用常规试剂进行检测时，会出现不能准确区分免疫弱毒株和自然感染病毒毒株（野毒攻击）的抗体，即使抗体检测的结果呈现阳性，也不能作为确诊的依据。如果要想取得有诊断价值的抗体检测结果：对于免疫力较强的动物，可以采用病毒非结构蛋白抗体检测试剂进行检测，能够区分自然感染病毒（野毒攻击），判断动物此时是否已被病原体感染；对于那些免疫力较弱的动物，应在患病动物隔离治疗的中后期进行抗体检测，以检测动物的治疗情况；还可以通过采取同群健康动物的血清有时间间隔的两次抗体检测，比较发病和健康动物血清抗体水平平均差异进行检测分析，依据抗体变化的幅度，并结合临床症状、流行病学调查分析可以做出初步诊断，来提高诊断的准确率。

（二）预警与监测动物疫病

对动物疫病进行及时监测与预警是防疫工作的重要内容，也发挥着重要的作用。将抗体检测技术应用于动物疫病预防工作中，不仅能够实时监测动物疫病的状况，而且还能够获得动物疫病的相关数据信息，这些数据信息，对于动物疫病防控工作具有重要意义。

动物在受到自然感染疫病一段时间或者康复后，身体中会在长时间带有抵抗该病原的特异性抗体，如果能检测到某病毒特异抗体，便可以初步确定动物是否感染或者曾经感染过某种疫病。对于检测时发现呈阳性的疑似感染疫病的动物，再进一步作病原学检测，可以较早发展病情，起到病情监测效果，从而更好地制定治疗和防控措施，控制疫情的暴发。

对定期获取的动物细胞或体液，利用抗体检测技术对其进行检测，将所得到的一系列结果，进行综合对比分析，科学评估疫情风险及发病流行态势，制定成抗体检测报告；通过各种技术或手段确认地区内部已发生特定种类的疫情，此时便可根据对疫病病原体特点的判断以及动物主要分布区域，采取相应的隔离措施，将患病动物的疫点进行小隔离，将疫情受威胁区域进行大隔离，将疫区内部动物作为重要治疗与检测对象，防止疫情进一步扩大。若发现可疑疫情，及时报告有关人员，采取相应的预防措施，进而从根源上防止疫情暴发，最大限度的降低经济损失与人员伤亡。

在动物疫病监测中采用抗体检测技术，可以及时发现动物内部感染疫病的情况，并根据动物感染病原体的强弱来制订相对的治疗方案，提高动物疫病的监测效率。在进行动物疫病监测中要充分结合当地实际情况、季节情况及相关动物疫病的流行病学趋势情况进行综合判断，提高对相应动物的采样率，避免大规模动物疫病的蔓延，对于所发现的动物疫情要及时向上级部门进行报告。

由于动物疫病的发生具有极大的不确定性，尤其更伴随着发病时间的不确定性，这就要求相关疫病检测人员等加强抗体检测技术的应用，定期或不定期地开展抗体检测，将检测结果进行分析，如果存在数据异常情况，及时分析原因，如果有疫情发生，要及时建立动物疫病预警措施，及时上报相关部门，制定疫情预防措施，将疫情损失控制在一定的范围内，降低动物死亡率等。

（三）评估动物免疫质量

在评价免疫质量的过程当中，抗体检测技术也发挥着重要的作用。进行动物免疫质量评估，既是提高动物疫病防控水平的有效途径，也是国家和社会发展的需要。动物防疫部门的主要工作是防止重大动物疫情发生，而这之中的重要工作就是免疫。在动物体内注射免疫疫苗后，动物体内产生抗体，通过抗体检测结果来分析动物免疫系统的变化情况，进而得出该免疫疫苗对动物抗体产生的影响，来评估动物免疫质量。

免疫接种作为动物疫病防控的重要手段，免疫率达100%也并不意味着免疫成功，它取决于接种时疫苗的质量、接种途径和免疫程序以及机体的免疫应答能力等多种因素。免疫动物整体抗体水平合格率、抗体滴度均匀度、抗体维持时间等直接影响着免疫质量，与疫病发生与否直接相关。免疫抗体检测可考核免疫是否成功。

免疫效果监测是检验免疫质量最直接、最有效的方法。在进行动物疫苗接种后，由于疫苗效用并不能在瞬时或短时发挥作用，而是要经过一连串的生物与化学反应后，才会产生抗体对病原体进行清除和保护动物的效果，通过对一定时间段的免疫效果进行抗体检测，来评估动物受保护状况，才能确定科学的免疫程序、免疫时间、优质的疫苗、准确的免疫剂量，确保免疫质量。

1. 评价疫苗质量

在免疫前和免疫后2~3周对免疫动物采血进行抗体检测，并将抗体水平检测结果进行比对分析，可以确认免疫效果；同时，通过每隔2~4周1次的抗体检测，可以确定免疫有效保护持续时间，从而客观、有效地评价疫苗质量。而疫苗的免疫又受到机体内外环境、疫病流行情况、母源抗体水平等因素的影响，会产生较大差异。只有通过大量免疫抗体检测实践的检验，才能评定某种疫苗的好坏，从而保证免疫质量。

2. 评估畜群免疫后的抗体水平

应用抗体检测可以评估畜群免疫后的抗体水平，从而判定选用的疫苗是否质量可靠、免疫方式是否确凿有效、免疫程序是否合理。

3. 可以预测免疫时间

恰当的免疫接种时间往往是有效免疫的关键。在使用疫苗尤其是活苗的时候，一定要考虑母源抗体（MDA）的影响，最可靠和可行的方法就是通过抗体检测方法来测定母源抗体的消长，确定首免最佳时机，并为以后的免疫打好坚实的基础。

在实施抗体检测中，一是要注重免疫结束后对有效免疫抗体的检测，评估动物群体免疫合格率；二是注重定期检测，对动物群体抗体动态变化、维持时间进行评估分析；三是要注重检测样品的质量，抽样应有代表性，可以采取随机抽样和重点抽样相结合，对一定数量的免疫动物血清进行检测；四是对检测结果进行综合分析评估，对整体免疫合格率达不到70%以上规定水平的，要调查、分析影响免疫成败的因素和原因，具体准确且有针对性的安排所需疫苗，及时采取补免措施，确保免疫效果。在动物疫苗接种一段时间内，通常情况下猪口蹄疫、蓝耳病为 28 天后，禽流感、猪瘟和牛口蹄疫为 21 天后，开展免疫质量评估工作，合格率均超过 70%，可达到国家相关规定要求。

加强免疫质量评估考核，是最有效的免疫工作绩效评价方法之一，可以推动动物重大疫病防控工作从重视常规指标向重视效果转变。

（四）评估动物免疫程序

动物免疫是一个复杂过程，免疫程序受母源抗体、免疫时间、免疫方法、疫苗种类、免疫次数、成年动物免疫后残余抗体水平的高低和当地动物疫病流行情况等多种因素的影响。

动物一生要接种多种疫苗，由于各种传染病易感日龄不同，且各种疫苗间又有相互干扰作用，每一种疫苗接种后抗体消长规律不同，通过抗体检测，掌握抗体消长规律，选择恰当的免疫时机，制定符合实际的动物免疫程序，才能更好地做好动物防疫工作。

良好免疫效果的获得依赖于首次免疫和再次免疫时机是否合适，母源抗体水平决定首次免疫的时间，上次免疫后动物体内的残留抗体水平决定再次免疫的时间。所以监控抗体的消长状况，选择恰当的免疫时机，制定适合本场的免疫程序是非常重要的。因此，应根据标准的抗体监测结果，选择达到合格的最低抗体滴度的时间作为再次免疫时间，选择适合的免疫时机会大大增加免疫成功的概率。

（五）检疫净化人畜共患病

人兽共患病主要对人类健康、畜牧业安全生产、畜产品安全和公共卫生造成重大危害，从而造成巨大的经济损失，导致人类大批死亡、残疾和丧失劳动能力，带来生物灾害，影响社会稳定。利用免疫抗体检测技术，对人兽共患病进行检疫净化，才能彻底消灭人兽共患病，保障畜牧业生产安全和人类健康。

（六）重大动物疫情防控预警和防控成效认证

重大动物疫情的发生不但会给养殖户带来较大的经济损失，也会影响人类的正常生活和健康，所以国家都十分重视对重大动物疫情的防控，而重大动物疫情防控工作的重要环节就是进行抗体监测数据的收集，对抗体检测技术结果的采集、上报、汇总、总结性分析，可以更好地帮助动物疫病防控部门对重大动物疫病的发生作出最为准确的判断，进一步提高重大疫情预警和重大疫病防控成效认证的质量，对于动物疫病防控工作的方案制定、实际工作的开展具有积极推动作用。

近年来，我国在自然条件相对封闭，动物防疫基础较好的地区，启动了"无规定动物疫病区"项目，如达到"免疫无规定动物疫病""非免疫无规定动物疫病"标准，必须检查两年以上，按规定数量、规定区域建立抗体监测数据库，认证时还需实地抽样检测抗体。

三、抗体检测中的注意事项

利用动物抗体检测技术要注意以下几点。

（1）对非免疫群体及疫苗免疫群体来说，对抗体检测结果的数据进行分析时，一定要科学准确，才能进行疾病的确诊，如果数据不准确，会造成误诊从而可能出现严重后果。

（2）相关人员或机构利用抗体检测技术进行动物疫病检测时，应本着认真严谨负责的态度，进行全面科学性的检查，避免由于操作不规范等自身因素产生与实际不符的诊断结果，出现漏诊、错诊等现象，进而错过动物治疗、疫情控制和彻底消灭疫病的最佳时期，导致疫情进一步扩大的损失。

（3）在具体检测工作中，应首先进行现状调查，依据实际情况制订工作方案，科学确定可实际操作的检测内容和方法，保证检测工作顺利进行。

（4）在进行动物细胞或体液等样品采集时，要保证所采集到的样品具有典型性和代表性，样品的数量必须合理，质量必须合格，采集样品与动物群总量的比例能如实地反映群体状况，只有这样才能保证所分析结果的准确性。

（5）要有明确的检测目的与流程，应该根据动物的整体免疫方案、疾病流行情况等有针对性地选择自己的检测项目，比如需要做免疫抗体检测还是野毒感染检测，是需要做猪瘟检测还是伪狂犬检测等。并根据检测的实际情况进行检测方案的制订与优化等。

（6）抗体检测的关键在于选择正确的检测方法、检测试剂，并且结合临床诊断进行综合分析。目前，国内外应用比较成功的检测试剂大多是针对病原的抗体进行定性和定量分析，也就是说并没有非常成功的针对病原进行检测的检测试剂，因此检测试剂的应用结果需要进行综合性的分析，也就是说并不能依靠单纯的检测结果的阴阳性来简单地判定结果，而是要提供尽可能详细的背景资料，比如动物健康状况、免疫程序、日龄等，经过综合地分析后，才能得出一个科学合理的结论。

四、抗体检测技术的发展前景

抗体检测技术已经不单单是一种诊断手段，已经成为动物疫情管理工作中的重要环节，其作为动物疫情的预警已经发挥出越来越重要的贡献，但需要在发展过程中逐步进行技术的优化，提高检测的准确度，要提高对抗体检测技术的认识，也要提高自身抗体检测技术水平，严格遵守检测流程，充分结合实际情况，进行综合性的判断，抗体检测技术在未来的动物疫情防控工作中一定能做出更大的贡献。

五、几种常用的抗体检测方法

（一）免疫酶技术

免疫酶技术是将抗原抗体反应的特异性和酶对底物显色反应的高效催化作用有机结合而成的免疫学技术。由于它特异性强，灵敏度高，现已广泛用于筛选和鉴定单抗。

1. 器材和试剂

（1）包被缓冲液。

碳酸盐缓冲液：取 0.2mol/L Na_2CO_3：8mL，0.2mol/L $NaHCO_3$：17mL 混合，再加 75mL 蒸馏水，调 pH 值至 9.6。

Tris-HCl 缓冲液（pH 值 8.0，0.02mol/L）：取 0.1mol/L Tris：100mL，0.1mol/L HCl：58.4mL，混合，加蒸馏水至 1 000mL。

（2）洗涤缓冲液（pH 值 7.2 的 PBS）。KH_2PO_4：0.2g，KCl：0.2g，Na_2HPO_4：

2.9g，NaCl：8.0g，Tween-20：0.5mL，加蒸馏水至1 000mL。

（3）稀释液和封闭液。牛血清白蛋白（BSA）0.1g，加洗涤液至100mL；或用洗涤液将小牛血清配成5%～10%使用。

（4）酶反应终止液（2mol/L H_2SO_4）。取蒸馏水178.3mL，滴加浓硫酸（98%）21.7mL。

（5）底物缓冲液（pH值5.0，磷酸盐—柠檬酸缓冲液）。取0.2mol/L Na_2HPO_4：25.7mL，0.1mL/L柠檬酸24.3mL，再加50mL蒸馏水。柠檬酸溶液及配成的底物缓冲液不稳定，易形成沉淀，因此一次不宜配制过多。

（6）底物使用液。

OPD底物使用液（测490nm的OD值）：OPD：5mg，底物缓冲液10mL，3% H_2O_2：0.15mL。

TMBS或TMB底物使用液（测450nm的OD值）：TMBS或TMB（1mg/mL）1.0mL，底物缓冲液10mL，1% H_2O_2：25μL。

ABTS底物使用液（测410nm的OD值）：ABTS：0.5mg，底物缓冲液1mL，3% H_2O_2：2μL。

（7）抗体对照。以骨髓瘤细胞培养上清作为阴性对照，以免疫鼠血清作为阳性血清。

（8）抗原。

可溶性抗原：尽量纯化，以获得高特异性。

病毒感染的传代细胞或全菌抗原。

淋巴细胞等悬液。

（9）酶标抗鼠抗体或酶标SPA或其他类似试剂。

（10）细胞固定液：-20℃丙酮；或丙酮—甲醛固定液：Na_2HPO_4：100mg，KH_2PO_4：500mg，蒸馏水：150mL，丙酮：225mL，甲醛：125mL；或丙酮—甲醛溶液（1：1）；或-20℃甲醇。

（11）聚苯乙烯微孔板。40孔、96孔、或条孔；硬板或软板均可使用。

（12）酶联免疫阅读仪；或光镜。

（13）吸管、加样器及水浴箱、离心机等。

2. 可溶性抗原的酶联免疫吸附试验（ELISA）

（1）纯化抗原用包被液稀释至1～20μg/mL。

（2）以50～100μL/孔量加入酶标板孔中，置4℃过夜或37℃吸附2h。

（3）弃去孔内的液体，同时用洗涤液洗3次，每次3～5min，拍干。

（4）每孔加200μL封闭液4℃过夜或37℃封闭2h；该步骤对于一些抗原，可省略。

（5）洗涤液洗3次；此时包被板可-20℃或4℃保存备用。

（6）每孔加50～100μL待检杂交瘤细胞培养上清，同时设立阳性、阴性对照和空白对照；37℃孵育1～2h；洗涤，拍干。

（7）加酶标第二抗体，每孔50～100μL，37℃孵育1～2h，洗涤，拍干。

（8）加底物液，每孔加新鲜配制的底物使用液50～100μL，37℃10～30min。

（9）以2mol/L H_2SO_4终止反应，在酶联免疫阅读仪上读取OD值。

（10）结果判定：以 P/N≥2.1，或 P≥N+3D 为阳性。若阴性对照孔无色或接近无色，阳性对照孔明确显色，则可直接用肉眼观察结果。

3. 全菌抗原的 ELISA

（1）新鲜培养的细菌用蒸馏水或 PBS 悬浮，并调整细菌浓度至 1×10^8 个/mL。必须指出，对于人畜共患病病原体需注意安全操作，最好是灭活处理。

（2）每孔中加 100μL 5% 戊二醛溶液（0.1mol/L NaHCO₃ 95mL+25% 戊二醛溶液 5mL），37℃作用 2h，蒸馏水洗涤 3 次；加上述细菌悬液 50μL/孔；37~56℃烘干；每孔加 200μL 封闭液 4℃过夜或 37℃ 2h 封闭。

也可采用先每孔加 50μL 细菌悬液，37~56℃烘干，然后用-20℃预冷的无水甲醇室温作用 15min，蒸馏水洗涤 3 次；每孔加 200μL 封闭液 4℃过夜或 37℃ 2h 封闭。

（3）洗涤液洗 3 次；此时包被板可在-20℃或 4℃保存备用。

（4）以下步骤同上法。

4. 用全细胞抗原的 ELISA

（1）按常规方法培养细胞，接种病毒，收获感染细胞和未感染细胞，进行细胞计数，用 PBS 制成适当浓度悬液。

（2）淋巴细胞悬液的制备采用新鲜外周血加肝素抗凝后，滴加于淋巴细胞分离液之上，1 500r/min 离心 30min，吸取界面细胞洗涤 2 次，即为新鲜淋巴细胞悬液。该细胞悬液中若仍混有红细胞，离心后加 0.83% 的氯化铵溶液，室温 10min，洗涤一次即可。将该细胞悬液稀释至适当浓度。

（3）每孔加 100μL 上述（1）或（2）的细胞悬液，使每孔含细胞 5×10^4 个；1 500 r/min 15min，甩去上清；室温干燥或吹干后用丙酮—甲醇（1∶1）4℃固定 10min；可 4℃或-20℃保存备用。

（4）以下步骤同上法。

5. 抗体捕捉 ELISA 试验

本法用抗 BALB/c 小鼠 Ig 的多克隆抗体捕捉待检样品中的 McAb，再依次加抗原、酶标多克隆抗体及底物显色。该法是常用的 ELISA 中较理想的一种。

其操作步骤如下。

（1）以适当浓度的纯化抗鼠 Ig 抗体包被酶标板，每孔加 100μL，37℃ 2h 或 4℃过夜。

（2）洗涤、拍干后加待测的 McAb 样品，37℃ 1~2h。

（3）洗涤后加适量的抗原，37℃ 1~2h。

（4）洗涤后加入酶标多克隆抗体，37℃ 1~2h。洗涤后加底物显色，判定结果。

6. ABC-ELISA 试验

ABC-ELISA 是在常规 ELISA 原理的基础上，增加了生物素（Biotin）与亲和素（Avidin）间的放大作用。亲和素有 4 个亚单位组成，对生物素有高度的亲和力。生物素很易与蛋白质共价结合。因此，结合了酶的亲和素与结合有抗体的生物素发生反应即起到了多极放大作用。

其操作步骤如下。

（1）已知抗原的包被及加待检 McAb 样品，同间接 ELISA 试验。

（2）加生物素化抗鼠 Ig 抗体，每孔 100μL，37℃ 1h；洗涤。

（3）加酶标亲和素，每孔 100μL，37℃ 30min 洗涤；加底物显色，判定结果。

7. Dot-ELISA 试验

免疫斑点试验（Dot-ELISA）是以硝酸纤维素膜或醋酸纤维素膜为固相载体，进行抗原抗体反应的免疫检测手段。该法采用不溶性底物（如 DAB，或 4-氯萘酚或 $AgNO_3$ 等），其与相应标记物（HRP、AP、胶体金）作用形成不溶性产物，呈现斑点状着色，从而易于判定结果。根据所用的标记物不同，可分为 HRP 免疫斑点试验、AP 免疫斑点试验和免疫金银斑点法等。

其操作步骤如下。

（1）将抗原液 2~5μL 点加于纤维素膜上，室温 37℃ 干燥。

（2）将纤维膜浸入封闭液中，37℃ 30min。

（3）用洗涤液洗 2 次，吸干后加待检 McAb 样品，37℃ 1h；用洗涤液振荡洗涤 3 次，每次 5min，加 HRP 或 AP 或胶体金标记的抗鼠 Ig 抗体，37℃作用 30min。

（4）同法洗涤，吸干，用新配的相应底物溶液显色，然后水洗终止反应，观察结果。

8. 免疫组化染色法

该法主要用于检测针对细胞抗原成分的 McAb，常用的方法是间接免疫过氧化物酶试验及 APAAP 技术。其结果用光镜或倒置显微镜检查。

（二）免疫荧光技术

免疫荧光技术可用于多种抗原的杂交瘤抗体检测，如细胞性抗原（包括细菌和动物细胞）、感染细胞中的病毒抗原和膜抗原等。其操作简单、敏感性高，可直接观察抗原定位等优点，在 McAb 的筛选与鉴定上具有重要的应用价值。

1. 器材和试剂

（1）供检测抗体用的抗原制备—固定细胞片或板，活细胞悬液。

（2）PBS（pH 值 7.2，0.01mol/L）。

（3）待检的 McAb 样品。

（4）冷丙酮。

（5）FITC（异硫氰酸荧光素）或 TRITC（四甲基异硫氰酸罗丹明荧光素）标记的抗鼠 Ig 抗体等。

（6）荧光显微镜，磁力搅拌器，离心机，水浴箱等。

2. 间接免疫荧光法

（1）固定细胞片的制备。生长在盖片上的细胞（接种或未接种病毒），可直接收获盖片，在 PBS 中洗涤，用 4℃ 丙酮固定 10min，空气干燥，置密封容器于-20℃保存备用；单细胞悬液可在盖片上制成涂片，固定方法同上。

细胞涂片的制备：将 10μL 细菌悬液（$1×10^8$ 个/mL）涂抹 7mm×21mm 盖片上，自然干燥后，用-20℃丙酮固定 10~15min，于-20℃保存备用。

（2）盖片在去离子水中湿润后置架上滴加 10~20μL 杂交瘤上清或其他待检样品；设立阳性、阴性对照；置 37℃水浴孵育 0.5~1h。

（3）取出盖片置 PBS 中用磁力搅拌器洗涤 15min。

（4）盖片置架上，滴加工作浓度的抗鼠Ig的荧光抗体10~20μL，37℃孵育0.5~1h。

（5）同法洗涤15min；取出盖片，用延缓荧光碎灭的封载剂（如缓冲甘油，9份甘油加1份PBS）封于干净载玻片上。

（6）光显微镜上观察，阳性结果可见特异性荧光（FITC为黄绿色荧光，TRITC为橘红色荧光。

（7）细胞固定片的制备，也可改在培养板孔中进行，其余步骤同上，在观察结果时，将培养板翻转置于荧光显微镜下，判断标准不变。

3. 细胞的膜荧光染色

完整的活细胞的细胞膜，抗体不能透过。如果细胞在4℃操作，则荧光染色仅限于细胞膜。必须注意死细胞常以非特异性方式吸附大量荧光抗体，因此试验过程中要保证细胞的高活力。

活细胞的膜荧光染色步骤如下。

（1）制备活性较好的细胞悬液，调节浓度至10^7个/mL。

（2）在小试管（5mm×50mm）中加入100μL细胞悬液，再加入100μL待检McAb的样品，混匀，4℃作用30~90min。

（3）用洗涤液（PBS 900mL，小牛血清50mL，4%NaN$_3$ 50mL）洗二次，每次加洗涤液1~5mL，1 000r/min离心5min，弃上清。加入100μL荧光抗体，4℃作用30~90min。

（4）同法洗涤，将细胞重新悬于20~30μL含10%甘油和10~100μg苯二胺/mL的溶液中；滴加于载玻片上，加盖片封载。

（5）立即在荧光显微镜上检查。

（6）细胞也可在染色后用1%多聚甲醛生理盐水固定，立即检查，或至少在4℃可保存1周。

（三）间接血凝试验

间接血凝试验又称被动血凝试验（PHA），是目前应用较广的检测方法之一。本试验是以包被可溶性抗原的红细胞作为指示系统，当被检抗体与包被在红细胞上的抗原产生特异性反应时，导致红细胞呈凝集现象。该法具有灵敏、快速、容易操作和无须昂贵仪器等优点，而且经改用醛化红细胞以后，克服原来重复性差的缺点。

1. 器材和试剂

（1）绵羊抗凝血，或人"O"型抗凝血。

（2）缓冲液：PBS（pH值7.2）；醋酸缓冲液。

（3）甲醛，丙酮醛，NaN$_3$，抗凝剂等。

（4）血凝板，振荡器等。

2. 多糖抗原的间接血凝试验

（1）甲醛化绵羊红细胞的制备。无菌采集绵羊颈静脉血50mL，用枸橼酸钠作抗凝剂；用5倍于红细胞压积的pH值7.2 PBS充分洗涤5次，每次1 500r/min 5~10min，直至上清测定无蛋白质（用饱和硫酸铵滴定上清，观察有无白色沉淀），再以相同缓冲液配成25%红细胞悬液；将25%红细胞悬液与20%甲醛以2.5：1的比例混匀，37℃水浴作用2h，每15min振荡一次，红细胞颜色逐渐由鲜红色转变为棕色；以pH值7.2 PBS洗涤4

次，每次 2 000r/min 10min，再以同样的 PBS 制成 25%红细胞悬液；其后，重复醛化一次，方法同前；最后配成 20%醛化绵羊红细胞悬液，加甲醛至 0.3%防腐，4℃保存备用。

（2）脂多糖抗原致敏甲醛化绵羊红细胞的制备。取脂多糖（LPS），以 0.2mol/L pH 值8.0 PB 液，调整多糖浓度至 120μg/mL，然后 100℃水浴处理 1h；将冷却至 37℃的热处理 LPS 与6%醛化红细胞等量混合，37℃搅拌作用 45min；取出离心 2 000r/min 10min，以 0.01mol/L pH 值 7.2 PBS 洗涤 4 次；配制成 4%致敏血球，分装，保存于 4℃备用，或冻干保存。

（3）McAb 的筛选。取待测 McAb 样品 25μL，加入 V 型微量血凝板孔中，同时设立阴性、阳性对照；再加入 0.5%~4%致敏红血球悬液 25μL，在振荡器上混匀 30s；置室温或 37℃ 30~60min 观察结果。阴性对照孔应呈紧缩的圆点。

3. 可溶性蛋白抗原的间接血凝试验

（1）红细胞醛化。采用双醛法。采绵羊或人"O"型抗凝血，每次加 10 倍于红细胞压积的 PBS 洗涤 4~6 次，然后配成 8%红细胞悬液；向此 8%红细胞悬液缓慢加入等量含有 3%丙酮醛和 3%甲醛的 PBS，于室温缓慢搅拌 17h；其后洗涤 3 次，配成 20%双醛化红细胞悬液，加 0.1% NaN₃防腐，4℃保存备用。

（2）致敏红细胞。取 20%双醛化红细胞 0.1mL，1 500r/min 10min，弃上清，沉积红细胞加 0.2mol/L pH 值 4.0 醋酸-醋酸钠缓冲液 1mL，并加最适浓度（应预先测定，蛋白抗原为 50μg/mL 左右）的抗原 1mL，混匀，于 45℃致敏 30min，有时轻轻摇动，使红细胞不下沉。然后离心去上清，并用 20 倍于红细胞压积的 PBS 洗 3~4 次，最后用 PBS 配成 0.5%~1%致敏红细胞，4℃保存备用。

（3）McAb 测定。同上法。

（四）放射免疫测定

放射免疫测定是用放射性同位素标记抗原或抗体，以检测相应抗原或抗体的定量方法。在筛选和鉴定单抗时常用抗原固相法，即用抗原包被聚乙烯微板，借以检测样品中的 McAb，其操作步骤如下。

（1）用碳酸盐缓冲液将抗原稀释至适宜的浓度（1~100μg/mL），滴加聚乙烯微板孔内，100μL/孔，4℃过夜或 37℃ 2h。

（2）弃去抗原液，每孔加 100μL 含 0.5~1% BSA 的 PBS，4℃ 1~2h 封闭。

（3）用 BSA-PBS 洗涤 3 次，每次 3min。

（4）加待检样品，每孔 100μL，设立阴性孔、阳性孔和空白孔；37℃ 1~2h，同法洗涤。

（5）每孔加 125I 标记的抗鼠 Ig 抗体工作液 100μL，37℃ 1~2h，同法洗涤。

（6）用 γ-射线闪烁计数仪分别测定各孔放射性。通常要求样品孔和阳性对照孔的放射性脉冲分别超过本底 5 倍和 10 倍。若以空白孔的放射性为基准，凡样品孔与阴性孔放射性之比大于 3 的样品定为阳性。

第八节　动物疫病净化技术

一、动物疫病净化概述

（一）动物疫病净化的概念和必要性

1. 动物疫病净化概念

任何疫病的防控都要经过控制、净化和消灭3个阶段。

动物疫病净化是实现动物疫病消灭目标的重要基础，是指通过采取监测、检验检疫、隔离、扑杀等一系列综合措施，在特定区域或场所对某种或某些重点动物疫病实施的有计划的消灭和清除病原的过程，从而达到该并且维持在该范围内的动物个体不发病和无感染状态，实现有效净化。疫病净化是以消灭和清除传染源为目的。这个"特定区域"是人为确定的一个固定范围，可以是一个养殖场、一个自然区域、一个行政区，也可以是一个国家。

从狭义上来说，动物疫病净化是指在一个养殖场，通过检测、监测发现患病动物或感染动物，通过淘汰这些动物根除某种动物疫病的过程，主要是针对种用动物或规模化养殖场进行疫病净化。从广义上来说，动物疫病净化则是通过监测、检验检疫、隔离、淘汰、培育健康动物、强化生物安全等综合措施，在特定区域消灭某种动物疫病的过程。

2. 动物疫病净化工作的必要性

一是养殖企业降低防控成本、提升竞争力的有效手段。通过买施疫病净化，可有效减少和消除规模化养殖场的疫病隐患，促进养殖场改善防疫条件，提高生物安全和管理水平，减少养殖企业疫病防控费用，降低疫病对养殖业造成的损失，实现动物疫病防控由应急性防控转向日常性防控，保障畜牧业健康发展。

二是维护公共卫生安全的重要保障。布鲁氏菌病、高致病性禽流感等人兽共患病时有报道，特别是布鲁氏菌病。例如2014年，河南省全省13个省辖市均有布鲁氏菌病阳性样品检出，且每月都有，表明布鲁氏菌病的发生不再具有明显的季节性，威胁常年持续存在。因此，通过疫病净化，从源头上做好布病防控，维护公共卫生安全已迫在眉睫。

（二）动物疫病净化的基本过程

动物疫病净化通常包括以下几个基本过程（步骤）：疫病普查（对感染群清群）—目标群监测（逐步建立无感染群）—持续监测（保持无感染群）—疫病净化。在疫病净化过程中，还要辅助采取封闭管理、环境改造、定期消毒、严格检疫、及时隔离等措施，消灭环境中的目标病原，减少动物的感染概率。

1. 疫病普查

疫病普查是在一定时间内对一定范围内的动物群体中每一个体所作的调查或检查，它实际上就是流行病学调查工作的一项重要内容。调查者直接调查区内所有动物，并记录观察结果，对符合所普查的目标疫病症状特点的动物进行仔细的个体检查（包括实验室诊断），并进行详细记录。在目标群体的样本数量不是特别大的情况下，最好能对目标群体的所有动物进行一次实验室诊断，可以准确掌握所普查的疫病在整个目标群体中的感染情况，从而对感染群及时清群。如果暂时不具备进行全群实验室诊断的条件，则可以随机抽取一定数量的样本进行检测。疫病普查的主要目的就是全面掌握所普查疫病在目标群中的感染情况，查找出发病个体或感染个体，为感染群清群提供科学依据。

2. 目标群监测

经过一次感染群清群远远不足以实现疫病净化的目标。由于饲养环境中可能存在着目标病原的污染，部分处于感染初期的动物也可能没有通过疫病普查所发现，因此对进行疫病净化的目标群还要进行多次的监测和淘汰。目标群监测主要采用实验室监测方法，通常是以血清学监测为主，首先对目标群中一定数量的动物样本进行抽样监测，淘汰监测结果为阳性的动物个体，然后对阳性个体的同栏或同群动物进行全群监测和密切观察掌握疫病的横向传播情况，及时清除隐性感染个体。在进行目标群反复监测和淘汰的同时，必须加强对新引进动物的检疫和隔离观察，改善环境卫生条件，定期对饲养场进行严格消毒，彻底切断疫病感染途径，才能实现真正的净化。

3. 持续监测

要达到疫病净化的标准，最关键的指标就是保持一段较长时间的无发病和无感染状态，这就需要进行持续的疫病监测。这个无疫和无感染时间段各个国家标准不一，我国一般要求达到 2 年以上。持续监测也是以实验室监测为主，监测的动物种类、数量和进行监测的试验方法都应符合国家制定的相关标准，以便统一评价。

（三）动物疫病净化的标准、方法步骤和技术路线

动物疫病监测净化是一项综合性的、技术含量较高的动物疫病防控工作。

1. 动物疫病净化的标准

动物疫病净化标准是最终达到非免疫畜群血清学和病原学监测阴性，免疫畜群病原学监测阴性。其疫病净化的病种则要根据特定区域的疫病状况，同时结合自身的实际，确立需要净化的疫病病种。

动物疫病净化的前提：在特定的范围内，一定时期无重大动物疫情发生和流行，即符合 OIE 概念中的轻度流行区标准。

2. 动物疫病净化的主要方法

（1）引进无特定疫病的种群。彻底淘汰带病的所有畜禽，从没有疫病的地方或养殖场引进无病的畜禽。该方法简单易行，避免了疫病净化的复杂过程。但前提是其他地方要有既无病又符合要求的畜禽品种。另外，本地特有的畜禽品种，只能靠自己进行疫病净化。

（2）培育健康动物。动物分娩后，立即将幼畜与母畜隔离，用健康动物的初乳饲喂幼畜，培养无特定疫病的健康动物，同时逐步淘汰带病或疑似带病动物。如净化牛结核病，即可采用这种方法。对比较珍贵的动物可采取这种方法进行疫病的净化，另外要净化的疫病不能经子宫（胚胎）传播。

（3）剖腹产培育无特定疫病动物。先经过检测，确定怀孕的动物没有确定的疫病，然后通过剖腹产取出临产前的幼畜，在隔离情况下，用培育无特定病原的动物（如 SPF 猪培育、猪喘气病净化等）。这种方法净化的疫病也不能经子宫（胚胎）传播。该方法的优点是

一次可净化多种疫病，缺点是技术要求高，母畜利用率低，很难在实际生产中推广应用。

（4）检测（检疫）净化。在某一限定地区或养殖场内，根据特定疫病的流行病学调查结果和疫病监测结果，及时发现并淘汰各种形式的感染动物，经过反复检测淘汰，使限定动物群中某种疫病逐渐被清除的疫病控制方法。如猪瘟、猪喘气病、马传贫、马鼻疽、布鲁氏菌病、牛结核病、牛白血病、鸡白血病、鸡白痢等疫病的净化。该方法是目前常用的净化方法，适用于大规模区域性的动物疫病净化，其缺点是净化周期长，如果前期疫情控制得不好，疫情容易反复，代价将会很高。

3. 动物疫病监测净化的步骤

（1）净化区域和范围的确定。净化区域和范围的确定的原则：一是要根据本地动物养殖情况；二是要根据动物疫病对当地畜牧生产影响情况；三是要根据当地财力支付能力。净化区域和范围的选择可以是一个行政区域，也可以是一个或几个养殖场。

（2）净化动物和病种的确定。净化的动物可以是一种或几种。病种的选择原则上应选择对当地畜牧生产危害较大的动物疫病及人兽共患病。

（3）检测方法的筛选。实施动物疫病净化应根据净化病种的不同筛选不同的检测方法，并按国家规定选择诊断试剂。

（4）检测频次和时间的确定。不同动物疫病、不同地区或养殖场由于动物疫病感染状况不一，需进行检测的次数有所不同，检测时间应根据不同地区或养殖场生产情况确定，一般每年安排两次，也可每季度安排一次。

（5）检测阳性动物的处理。按照《中华人民共和国动物防疫法》的规定，监测净化检出的阳性动物不同病种处理方法有所不同。其处理方法主要有深埋法、焚烧法、发酵法、化制处理及高温处理等。

（6）净化结果的评价。实施净化的地区或养殖场，经过净化，最终达到并保持非免疫动物群血清学和病原学监测阴性，免疫动物群病原学监测阴性，方可认定为某种或几种动物疫病达到净化。

4. 净化的技术路线

动物养殖场（户）场登记建档—备案（县级兽医主管部门）—制定净化措施（生物安全、免疫、监测）—落实净化措施—检疫检测—扑杀净化（疑似发病动物和检测阳性动物）—调运监管（实施移动控制）。

针对不同疫病本底调查情况，一场一策制定相应净化方案。采取严格的生物安全措施、免疫预防措施、病原学检测、免疫抗体监测、野毒感染与疫苗免疫鉴别诊断监测，淘汰带毒动物，分群饲养，建立健康动物群。对假定阴性群加强综合防控措施，逐步扩大净化效果，最终建立净化场。

同时加强人流、物流管控，降低疫病水平和传播风险；强化本场引种的检测，避免外来病原传入风险；建立完善的防疫和生产管理等制度，优化生产结构和建筑设计布局，构建持续有效的生物安全防护体系，确保净化效果持续、有效。

5. 动物疫病净化还应做好的几项工作

（1）动物监测样品的采集。采集样品是诊断、检测、净化工作的重要内容。采样的时机是否适宜，样品是否具有代表性，样品处理、保存、运送是否合适及时，与检验结果的准确性、可靠性关系极大。

（2）调入调出动物的检疫。《动物检疫管理办法》（农业部令 2010 年第 6 号）规定。调入调出动物的检疫应包括检疫申报和实施产地检疫两个环节，并经所在地县级动物卫生监督机构的官方兽医检疫合格，并取得《动物检疫合格证明》后，方可调入调出动物。

（3）净化动物疫病免疫。实施监测净化的动物群，在开展净化的同时，要结合本地或本场的实际，制定动物免疫程序，并及时组织实施，确保免疫效果。

（4）净化动物生物安全管理。生物安全管理措施是防范动物疫病发生流行的综合性控制措施。开展动物疫病净化的同时，不可掉以轻心，要积极做好生物安全各项措施的管理和实施，有效防止动物疫病的传入传出。

（四）国家规定的动物疫病的净化制度

（1）制定动物疫病净化实施方案。

（2）加强动物防疫条件监管。

（3）强化检疫监督执法。

（4）依法开展自主检测。

（5）做好阳性家畜淘汰/扑杀工作。

（6）完善疫病净化档案。

（五）做好动物疫病净化应采取的策略

随着畜牧业生产规模不断扩大，养殖密度不断增加，畜禽感染病原机会增多，病原变异概率加大，禽流感、口蹄疫等多种烈性传染病依旧严重威胁着畜牧业安全和公共卫生安全。以动物疫病净化工作为抓手，提高动物疫病防控的基础能力，从根本上做好我国的动物疫病防控工作，成为新阶段我国动物疫病防控的重大任务。根据我国国情，从养殖场入手，逐场推进，建立动物疫病净化大联盟，形成疫病净化的长效机制是做好动物疫病净化工作的有效途径。

1. 从养殖场入手，逐场推进是疫病净化工作的最佳切入点

动物疫病净化工作作为一项系统工程，是从养殖场入手还是从区域入手开展是搞好这项工作的战略性选择。根据我国国情，把养殖场作为疫病净化的基本单元开展疫病净化工作是最佳切入点。

抓住了养殖场的疫病净化也就抓住了疫病净化工作的关键。养殖场作为疫病净化的主体在整个动物疫病净化过程中处于特殊地位，扮演着关键角色。

一是净化了养殖场也就净化了许多疫病传播的源头。

二是在养殖场开展净化工作也就从根本上提高了我国养殖场生物安全管理水平。在养殖场开展一种或多种疫病净化工作，可以有效改善养殖场生物安全环境，带动养殖场管理水平的提升，最大限度地保护易感动物，确保畜禽产品供应，这才是当前开展动物疫病净化工作的最现实意义。

三是养殖场既是疫病净化技术应用的核心区也是净化技术推广的辐射带动区。养殖场作为一个独立的生产单元，在疫病净化各环节中是净化技术应用的最密集区。同时，养殖场具有辐射带动作用，能够将净化技术辐射给更多的养殖企业，带领更多的养殖企业参与到疫病净化中来。抓住了养殖场的净化技术应用，就抓住了净化技术推广的关键环节。

四是养殖场是疫病净化工作的直接受益者，具有较高的疫病净化工作热情。

2. 创新机制，建立以养殖企业为主体的疫病净化大联盟是疫病净化工作的关键点

第一，疫病净化具有协作性，需要建立疫病净化大联盟形成合力。对于整个国家来讲，动物疫病净化工作既需要纵向协作，还需要面上的配合。任何一个环节不到位净化工作就难以实施，任何一个场子不参与净化工作就无法完全实现。建立以养殖企业为主体的动物疫病净化大联盟就是要凝聚各方面力量，通力协作、合力推进。其中，疫控机构要加强引导，着力扮演好推动者、组织者、协调者、监督者角色；企业要大力主导，切实发挥好责任者、实施者作用；兽医要成为支柱，履行好技术指导与服务者职责。

第二，疫病净化具有反复性，需要建立疫病净化大联盟来巩固。一方面疫病的传播特点决定了疫病发生受环境的影响极大，如果措施不到位，即使已经被净化的疫病有可能卷土重来，疫病的发生易反复；另一方面因净化工作的复杂性和长期性，容易让企业产生畏难情绪，企业易出现反复。因此，必须通过建立联盟来提高净化技术指导的针对性，确保净化措施应用的持续性，巩固净化效果的长久性。

第三，疫病净化具有统一性，需要建立疫病净化大联盟来约束。疫病净化工作的专业性和技术性要求必须实行统一的净化措施，参与企业共同遵守，并通过联盟保证其实施。所有加盟企业要实行"四统一"，即统一净化方案、统一监测方法、统一检测标准、统一评估验收，以提高净化工作的科学性和公正性。

第四，疫病净化具有效益性，需要建立疫病净化大联盟来维护。通过建立净化联盟，可以使养殖企业结成紧密的利益共同体，在激烈的市场竞争中确立技术优势和利益优势，不断提升市场竞争力和应对风险的能力，最大限度地保护净化企业利益和社会效益。

3. 搞好技术集成，实施分层服务是疫病净化工作的着力点

第一，疫病净化技术集成要体现综合性。应用技术是基础，管理措施是保障，必须将二者综合集成一个有机整体。既要加强免疫预防、监测诊断、应急扑杀等应用技术，逐级建立净化核心群、繁殖群、生产群，也要加强及时淘汰、消毒灭源、无害化处理、检疫隔离、可追溯管理、生物安全措施等管理措施，逐步扩大净化范围，巩固净化成果，实现区域性或全国性疫病的净化。

第二，疫病净化技术服务要体现层次性。在国家层面，要组织专家分动物、分病种集成制定一批单病种净化技术基本操作规程；在地方层面，各级疫控部门要结合各养殖场实际情况制订具体个性化净化技术操作方案，做到每场一册。

第三，疫病净化技术示范要体现带动性。要重点突出，发挥技术示范带动作用。在示范场的选择上，优先在种畜禽场、奶畜场、特大型商品畜禽养殖场开展，逐步向其他养殖场推进；在病种的选择上，优先净化垂直传播的或有较好技术支撑、较小污染面的疫病，通过净化一种或多种疫病提升养殖场的综合管理水平。

4. 认证管理，帮助疫病净化企业提高效益是疫病净化工作的落脚点

提高效益是企业主动开展动物疫病净化工作的最大动力，也是疫病净化工作的生命力所在。一方面开展认证工作是增强企业竞争力的有效手段。企业的竞争归根结底是质量的竞争，而衡量质量的标准需要权威部门的质量认证。当前，一些养殖企业之所以没有开展疫病净化工作，关键是疫病净化成果没与认证工作相结合，鱼龙混杂，形不成竞争优势。

通过开展无特种疫病的认定，有利于增强消费者信心，有利于促进企业品牌化的形成，可为养殖企业实现优质优价提供平台，这是养殖企业开展净化工作的内在动力。另一方面开展认证工作是促进市场准入的有效途径。通过权威部门的评估认定，可以对养殖企业疫病情况进行公平合理的评价，增强企业话语权，为市场准入创造条件，避免因某种疫病的暴发而造成对整个地区或整个行业的"误伤"。

5. 夯实基础，完善配套服务是疫病净化工作的支撑点

一是要不断完善法律法规。完善与动物疫病净化工作密切相关的《中华人民共和国动物防疫法》等法律法规，把疫病净化作为立法的价值取向。制订单项病的净化计划，并制定与之有关的技术标准。

二是不断完善财政保障机制。合理划分公共支出范围以及中央和地方事权。政府主要承担实验室、交通工具等硬件建设费用；由于养殖户是疫病净化的直接受益者，要承担疫苗的采购、免疫等费用。

三是强化动物移动控制。要严格动物的追溯管理，严格动物检疫，把检疫工作做细做实。

四是积极培养公众的防疫意识。大力开展普法宣传和教育，培养公众的防疫意识，形成动物防疫的铜墙铁壁。

二、规模化养猪场主要动物疫病净化目标

规模种猪场开展疫病净化的主要疫病：猪口蹄疫、猪瘟、猪繁殖与呼吸综合征、猪伪狂犬病。

养殖场应结合本场实际，制订动物疫病净化目标和具体实施计划，分阶段实施净化工作，达到相应病种的净化评估认证标准。具体标准如下。

（一）猪口蹄疫

1. 净化评估标准

同时满足以下要求，视为达到免疫净化标准（控制标准）。

（1）生产母猪和后备种猪抽检，口蹄疫免疫抗体合格率90%以上。

（2）连续两年以上无临床病例，种公猪、生产母猪、后备种猪抽检，口蹄疫病原学检测阴性。

（3）现场综合审查通过。

2. 抽样要求

评估小组专家负责设计抽样方案并监督抽样，省级疫病预防控制机构配合完成（表4-2）。

表 4-2　免疫净化无疫评估实验室检测方法

检测项目	检测方法	抽样种群	抽样数量	样本类型
病原学检测	PRC	种公猪	生产公猪存栏50头以下，100%采样；生产公猪存栏50头以上，按照证明无疫公式计算：置信度CL：95%，预期流行率P：3%	扁桃体
		生产母猪 后备种猪	按照证明无疫公式计算：置信度CL：95%，预期流行率P：3%（随机抽样，覆盖不同猪群）	血清

(续表)

检测项目	检测方法	抽样种群	抽样数量	样本类型
口蹄疫免疫抗体	ELISA	生产母猪后备种猪	按照预期期望值公式计算：置信度 CL：95%，期望 P：90%，误差 e：10%	血清

（二）猪瘟

1. 净化评估标准

（1）同时满足以下要求，视为达到免疫净化标准（控制标准）：

一是生产母猪、后备种猪猪瘟抗体抽检合格率90%以上；

二是连续两年以上无临床病例，猪瘟病原学检测阴性；

三是现场综合审查通过。

（2）同时满足以下要求，视为达到非免疫净化标准（净化标准）：

①种公猪、生产母猪和后备种猪抽检，猪瘟抗体检测均为阴性；

②停止免疫两年以上，无临床病例发生；

③现场综合审查通过（表4-3，表4-4）。

2. 抽检要求

评估小组专家负责设计抽样方案并监督抽样，省级疫病预防控制机构配合完成。

表4-3 免疫净化无疫评估实验室检测方法

检测项目	检测方法	抽样种群	抽样数量	样本类型
病原学检测	荧光 PRC	种公猪	生产公猪存栏50头以下，100%采样；生产公猪存栏50头以上，按照证明无疫公式计算：置信度 CL：95%，预期流行率 P：3%	扁桃体
		生产母猪后备种猪	按照证明无疫公式计算：置信度 CL：95%，预期流行率 P：3%（随机抽样，覆盖不同猪群）	
猪瘟抗体检测	ELISA	生产母猪后备种猪	按照预期期望值公式计算：置信度 CL：95%，期望 P：90%，误差 e：10%	血清

表4-4 净化评估实验室检测方法

检测项目	检测方法	抽样种群	抽样数量	样本类型
猪瘟抗体检测	ELISA	种公猪	生产公猪存栏50头以下，100%采样；生产公猪存栏50头以上，按照证明无疫公式计算（置信度 CL=95%，预期流行率 P：3%）	血清
		生产母猪后备种猪	按照证明无疫公式计算（置信度 CL：95%，预期流行率 P：3%）；随机抽样，覆盖不同猪群	

（三）猪繁殖与呼吸综合征

1. 净化评估标准

（1）同时满足以下要求，视为达到免疫净化标准（控制标准）。

一是生产母猪和后备种猪抽检，免疫抗体阳性率90%以上；种公猪抗体抽检阴性；

二是连续两年以上无临床病例，种公猪、生产母猪、后备种猪病原学检测阴性；

三是现场综合审查通过。

（2）同时满足以下要求，视为达到非免疫净化标准（净化标准）。

一是种公猪、生产母猪、后备种猪抽检，抗体全部阴性；

二是停止免疫两年以上，无临床病例发生；

三是现场综合审查通过。

2. 抽检要求

评估小组专家负责设计抽样方案并监督抽样，省级疫病预防控制机构配合完成（表4-5，表4-6）。

表4-5 免疫净化无疫评估实验室检测方法

检测项目	检测方法	抽样种群	抽样数量	样本类型
猪繁殖与呼吸综合征抗体检测	ELISA	种公猪	生产公猪存栏50头以下，100%采样；生产公猪存栏50头以上，按照证明无疫公式计算：置信度CL：95%，预期流行率P：3%	血清
		生产母猪后备种猪	按照证明无疫公式计算：置信度CL：95%，预期流行率P：3%（随机抽样，覆盖不同猪群）	
病原学检测	PCR	生产母猪后备种猪	按照预期期望值公式计算：置信度CL：95%，期望P：90%，误差e：10%	

表4-6 净化评估实验室检测方法

检测项目	检测方法	抽样种群	抽样数量	样本类型
猪繁殖与呼吸综合征抗体检测	ELISA	种公猪	生产公猪存栏50头以下，100%采样；生产公猪存栏50头以上，按照证明无疫公式计算（置信度CL＝95%，预期流行率P：3%）	血清
		生产母猪后备种猪	按照证明无疫公式计算（置信度CL：95%，预期流行率P：3%）；随机抽样，覆盖不同猪群	

（四）猪伪狂犬病

1. 净化评估标准

（1）同时满足以下要求，视为达到免疫净化标准（控制标准）。

一是种公猪、生产母猪和后备种猪抽检，猪伪狂犬病gE抗体检测均为阴性；

二是生产母猪和后备种猪抽检，猪伪狂犬病gB抗体合格率大于90%；

三是连续两年以上无临床病例；

四是现场综合审查通过。

（2）同时满足以下要求，视为达到非免疫净化标准（净化标准）。

一是种公猪、生产母猪和后备种猪抽检，猪伪狂犬病抗体检测均为阴性；

二是停止免疫两年以上，无临床病例发生；

三是现场综合审查通过。

2. 抽样要求

评估小组专家负责设计抽样方案并监督抽样，省级疫病预防控制机构配合完成（表4-7，表4-8）。

表4-7　免疫净化无疫评估实验室检测方法

检测项目	检测方法	抽样种群	抽样数量	样本类型
gE 抗体检测	ELISA	种公猪	生产公猪存栏50头以下，100%采样；生产公猪存栏50头以上，按照证明无疫公式计算：置信度CL：95%，预期流行率P：3%	血清
		生产母猪后备种猪	按照证明无疫公式计算：置信度CL：95%，预期流行率P：3%（随机抽样，覆盖不同猪群）	
gB 抗体检测		生产母猪后备种猪	按照预期期望值公式计算：置信度CL：95%，期望P：90%，误差e：10%	

表4-8　净化评估实验室检测方法

检测项目	检测方法	抽样种群	抽样数量	样本类型
抗体检测	ELISA	种公猪	生产公猪存栏50头以下，100%采样；生产公猪存栏50头以上，按照证明无疫公式计算（置信度CL=95%，预期流行率P：3%）	血清
		生产母猪后备种猪	按照证明无疫公式计算（置信度CL：95%，预期流行率P：3%）；随机抽样，覆盖不同猪群	

（五）现场综合审查

依据《种猪场主要疫病净化现场审查评分表》，现场综合审查必备条件全部满足，总分不低于90分，且关键项（＊项）全部满分，为现场综合审查通过（表4-9）。

表4-9　种猪场主要疫病净化现场审查评分表（参考）

类别	编号	具体内容及评分标准	关键项	分值	得分	扣分原因	合计
必备条件	1	土地使用符合相关法律法规与区域内土地使用规划，场址选择符合《中华人民共和国畜牧法》和《中华人民共和国动物防疫法》有关规定	必备条件				
	2	具有县级以上畜牧兽医主管部门备案登记证明，并按照农业部《畜禽标识和养殖档案管理办法》要求，建立养殖档案					
	3	具有县级以上畜牧兽医主管部门颁发的《动物防疫条件合格证》，两年内无重大疫病和产品质量安全事件发生记录					
	4	种畜禽养殖企业具有县级以上畜牧兽医主管部门颁发的《种畜禽生产经营许可证》					
	5	有病死动物和粪污无害化处理设施设备或有效措施					
	6	种猪场生产母猪存栏500头以上（地方保种场除外）					

类别	编号	具体内容及评分标准	关键项	分值	得分	扣分原因	合计
人员管理5分	1	有净化工作组织团队和明确的责任分工		1			
	2	全面负责疫病防治工作的技术负责人具有畜牧兽医相关专业本科以上学历或中级以上职称		0.5			
	3	全面负责疫病防治工作的技术负责人从事养猪业三年以上		1			
	4	建立了合理的员工培训制度和培训计划		0.5			
	5	有完整的员工培训考核记录		0.5			
	6	从业人员有健康证明		0.5			
	7	有1名以上本场专职兽医技术人员获得《执业兽医资格证书》		1			
结构布局10分	8	场区位置独立，与主要交通干道、居民生活区、屠宰场、交易市场有效隔离		2			
	9	场区周围有有效防疫隔离带		0.5			
	10	养殖场防疫标志明显（有防疫警示标语、标牌）		0.5			
	11	分点饲养		2			
	12	办公区、生产区、生活区、粪污处理区和无害化处理区完全分开且相距50m以上		2			
	13	对外销售的出猪台与生产区保持有效距离		1			
	14	净道与污道分开		2			
栏舍设置5分	15	有独立的引种隔离舍		1			
	16	有相对隔离的病猪专用隔离治疗舍		1			
	17	有预售种猪观察舍或设施		1			
	18	每栋猪舍均有自动饮水系统		0.5			
	19	保育舍有可控的饮水加药系统		0.5			
	20	猪舍通风、换气和温控等设施运转良好		1			
卫生环保6分	21	场区卫生状况良好，垃圾及时处理，无杂物堆放		1			
	22	能实现雨污分流		1			
	23	生产区具备有效的预防鼠、防虫媒、防犬猫、防鸟进入的设施或措施		1			
	24	场区禁养其他动物，并防止周围其他动物进入场区		1			
	25	粪便及时清理、转运，存放地点有防雨、防渗漏、防溢流措施		1			
	26	水质检测符合人畜饮水卫生标准		0.5			
	27	具有县级以上环保行政主管部门的环评验收报告或许可		0.5			
无害化处理9分	28	粪污的无害化处理符合生物安全要求		1			
	29	病死动物剖检场所符合生物安全要求		1			
	30	建立了病死猪无害化处理制度		2			
	31	病死猪无害化处理设施或措施运转有效并符合生物安全要求		2			
	32	有完整的病死猪无害化处理记录并具有可追溯性		2			
	33	无害化处理记录保存3年以上		1			

（续表）

类别	编号	具体内容及评分标准	关键项	分值	得分	扣分原因	合计
消毒管理12分	34	有完善的消毒管理制度		1			
	35	场区入口有有效的车辆消毒池和覆盖全车的消毒设施		1			
	36	场区入口有有效的人员消毒设施		1			
	37	有严格的车辆及人员出入场区消毒及管理制度		1			
	38	车辆及人员出入场区消毒管理制度执行良好并记录完整		1			
	39	生产区入口有有效的人员消毒、淋浴设施		1			
	40	有严格的人员进入生产区消毒及管理制度		1			
	41	人员进入生产区消毒及管理制度执行良好并记录完整		1			
	42	每栋猪舍入口有消毒设施		1			
	43	人员进入猪舍前消毒执行良好		1			
	44	栋舍、生产区内部有定期消毒措施且执行良好		1			
	45	有消毒剂配液和管理制度		0.5			
	46	消毒液定期更换，配制及更换记录完整		0.5			
生产管理8分	47	产房、保育舍和生长舍都能实现猪群全进全出		2			
	48	制定了投入品（含饲料、兽药、生物制品）管理使用制度，执行良好并记录完整		1			
	49	饲料、药物、疫苗等不同类型的投入品分类分开储藏，标识清晰		1			
	50	生产记录完整，包括配种、妊检、产仔、哺育、保育与生长等记录		1			
	51	有健康巡查制度及记录		1			
	52	根据当年生产报表，母猪配种分娩率（分娩母猪/同期配种母猪）80%（含）以上		1			
	53	全群成活率90%以上		1			
防疫管理9分	54	卫生防疫制度健全，有传染病应急预案		2			
	55	有独立兽医室		1			
	56	兽医室具备正常开展临床诊疗和采样条件		1			
	57	兽医诊疗与用药记录完整		1			
	58	有完整的病死动物剖检记录及剖检场所消毒记录		1			
	59	有动物发病记录、阶段性疫病流行记录或定期猪群健康状态分析总结		1			
	60	制定了科学合理的免疫程序，执行良好并记录完整		2			
种源管理10分	61	建立了科学合理的引种管理制度		1			
	62	引种管理制度执行良好并记录完整		1			
	63	国内引种来源于有《种畜禽生产经营许可证》的种猪场；外购精液有《动物检疫合格证明》；国外引进种猪、精液符合相关规定		1			
	64	引种种猪具有"三证"（种畜禽合格证、动物检疫证明、种猪系谱证）和检测报告		1			
	65	引入种猪入场前、外购供体/精液使用前、本场供体/精液使用前有猪瘟病原或感染抗体检测报告且结果为阴性	*	1			

（续表）

类别	编号	具体内容及评分标准	关键项	分值	得分	扣分原因	合计
种源管理10分	66	引入种猪入场前、外购供体/精液使用前、本场供体/精液使用前有口蹄疫病原或感染抗体检测报告且结果为阴性	*	1			
	67	引入种猪入场前、外购供体/精液使用前、本场供体/精液使用前有猪繁殖与呼吸综合征抗原或感染抗体检测报告且结果为阴性	*	1			
	68	引入种猪入场前、外购供体/精液使用前、本场供体/精液使用前有猪伪狂犬病病原检测报告或感染抗体且结果为阴性	*	1			
	69	有近3年完整的种猪销售记录		1			
	70	本场销售种猪或精液有疫病抽检记录，并附具《动物检疫证明》		1			
监测净化18分	71	有猪瘟年度（或更短周期）监测方案并切实可行		0.5			
	72	有猪伪狂犬病年度（或更短周期）监测方案并切实可行		0.5			
	73	有口蹄疫年度（或更短周期）监测方案并切实可行		0.5			
	74	有猪繁殖与呼吸综合征年度（或更短周期）监测方案并切实可行		0.5			
	75	检测记录能追溯到种猪及后备猪群的唯一性标识（如耳标号）	*	3			
	76	根据监测方案开展监测，且检测报告保存3年以上	*	3			
	77	开展过动物疫病净化工作，有猪瘟/猪口蹄疫/猪伪狂犬病/猪繁殖与呼吸综合征净化方案	*	1			
	78	净化方案符合本场实际情况，切实可行	*	2			
	79	有3年以上的净化工作实施记录，记录保存3年以上	*	3			
	80	有定期净化效果评估和分析报告（生产性能、发病率、阳性率等）		2			
	81	实际检测数量与应检测数量基本一致，检测试剂购置数量或委托检测凭证与检测量相符		2			
场群健康8分		具有近一年内有资质的兽医实验室监督检验报告（每次抽检头数不少于30头）并且结果符合：					
	82	猪瘟净化示范场：符合净化评估标准；创建场及其他病种示范场：种猪群或后备猪群猪瘟免疫抗体阳性率≥80%	*	1/5#			
	83	口蹄疫净化示范场：符合净化评估标准；创建场及其他病种示范场：口蹄疫免疫抗体阳性率≥70%，病原或感染抗体阳性率≤10%	*	1/5#			
	84	猪伪狂犬病净化示范场：符合净化评估标准；创建场及其他病种示范场：种猪群或后备猪群猪伪狂犬病免疫抗体阳性率≥80%，病原或感染抗体阳性率≤10%	*	1/5#			
	85	猪繁殖与呼吸综合征净化示范场：符合净化评估标准；猪繁殖与呼吸综合征创建场及其他病种示范场：近两年内猪繁殖与呼吸综合征无临床病例	*	1/5#			
		总分		100			

注：1. 创建场总分不低于80分，为现场评审通过；示范场总分不低于90分，且关键项（＊项）全部满分，为现场评审通过；2. #申报评估的病种该项分值为5分，其余病种为1分

（六）猪场疫病净化应采取的综合防控措施和净化程序

种猪场完善和健全净化综合防控措施，是猪病净化工作的重要组成部分，是实施净化工作、达到净化目标、维持净化效果的有效手段。

1. 设施设备

（1）结构布局。种猪场规划布局应符合《动物防疫条件审查办法》中相关要求。种猪场生产区位置独立，与主要交通干道、生活区、动物隔离场所、无害化处理场所、动物屠宰加工场所、动物产品集贸市场、动物诊疗场所及其他动物养殖场分开且有效隔离。

隔离观察区、粪污处理区和无害化处理区宜位于生产区的下风向或侧风向。生产区和生活区、健康猪和发病猪、净道和污道应有效隔离。净道与污道如部分交叉须有严格的消毒制度。粪污处理区、无害化处理区及出猪台应与生产区保持 50m 以上距离。

生产区内种猪区、保育区与生长区分开并分区饲养。对于种公猪量较大的养殖场，应建有种公猪站。各猪舍实行全进全出饲养模式。根据需要，种猪场还应当设置单独的动物精液、卵、胚胎采集区域等。

（2）防疫设施设备。开展动物疫病净化的养殖场应配备必要的防疫设施设备，以满足生产和防疫的需要。对关键的设施设备应建立档案，按计划开展维护和保养，确保设施设备的齐全完好，保存相关记录。

种猪场应设置屏障以与外界有效隔离，防止外来人员、车辆、动物随意进入猪场。种猪场猪舍应有防鸟防鼠措施和设施，如非封闭猪舍的防鸟网、猪舍周围的防鼠石子等。养殖场应设置明显的防疫标志。进入养殖场的车辆、人员和物品应经严格消毒和登记；入场车辆应选择喷淋（雾）、熏蒸或其他更有效的消毒方式，确保对车顶及车身进行全面消毒；入场人员应选择喷雾、喷淋、负离子臭氧消毒或其他更有效的方式消毒。

养殖场生产区门口应设置人员消毒设施，采取喷淋、雾化、负离子臭氧消毒或其他更有效的方式。开展疫病净化的种猪场宜选用较为严格的沐浴、更衣、换鞋，并配合喷淋、雾化或负离子臭氧消毒等综合消毒方式，或其他更有效的方式，确保进入生产区人员的消毒效果。

种猪场应配套日常物品消毒设备和水源消毒设备，每一栋猪舍门口应设置消毒池。种猪场核心群猪舍还应配有洗手盆，供出入猪舍人员洗手，避免病原在舍间传播，必要时，种猪场宜配备火焰消毒设备。拟开展猪繁殖与呼吸综合征净化的种猪场猪舍宜尽可能配备空气过滤设施。

种猪场应设置隔离舍，保持隔离舍与生产区的有效隔离。种猪场应设置种猪观察舍，防止种猪出售挑选过程的人员直接接触。

（3）兽医室。种猪场应设置兽医室，配备必要的设备和专业技术人员，以满足日常诊疗、采样和血清分离工作需要。因兽医室存在严重的传染源隐患，兽医室的设置应与生产区有效隔离，除非必要，其人流、物流应不可与生产区交叉。种猪场兽医室应配备与工作相适应的消毒设施设备，确保必要时从兽医室进入生产区的人和物经过有效的消毒处理。

（4）无害化处理设施设备。种猪场应有无害化处理设施，采用有效方式进行无害化处理，并有无害化处理记录。养殖场应配备处理粪污的环保设施设备，有固定的猪粪储存、堆放设施和场所，并有防雨、防渗漏、防溢流措施或及时转运。

（5）生产设施设备。开展动物疫病净化的种猪场应配备相应的生产设施设备，在满足基本生产需要的同时，应有利于降低疫病传播风险。对关键的设施设备应建立档案，按计划开展维护和保养，确保设施设备的齐全完好，保存相关记录。

种猪场应配备相应数量的种猪舍、配种妊娠舍、分娩舍、保育舍、育肥舍、隔离舍及种猪性能测定舍等。公猪舍应独立。猪舍的设计应充分考虑减少用水、便于清粪、利于防疫，宜采用漏缝、半漏缝或高床设计。种猪场应尽可能提高喂料、喂水和给药过程的自动化和定量控制水平。种猪场应配备必要的降温保暖设施，确保各阶段生猪在较适宜的温度环境下生长。种猪场应在关键环节配备相适宜的通风设备，保持猪舍空气清新，维持舍内温度湿度。养殖场的各类投入品，如饲料、添加剂、药物、疫苗等应分开储存且符合相关规定，应配有专门用于疫苗、兽药保存的冰箱或冰柜。

2. 管理措施

（1）生产管理。

档案记录管理：有配种、怀孕、产仔、哺育、保育与生长等生产记录，转群及销售记录和育种记录，饲料、兽药使用记录。有科学合理的免疫程序，并根据实验室检测结果适时调整。有完整的兽医管理记录，包括兽医人员、免疫、引种、隔离、检测、兽医诊疗与用药、疫情报告、淘汰、病死猪无害化处理和消毒等。种猪场的动物疫病检测记录应能追溯到种猪或后备猪群的唯一性标识（如耳号），确保种猪或后备猪的检测记录、生产记录、淘汰和无害化处理等防疫记录相关联。有员工培训记录。有动物疫病发病记录或阶段性疫病流行情况档案。对生产和防疫可能造成重大影响的关键设备应有使用和保养记录。以上所有档案和记录保存3年（含）以上，建场不足3年的以建场时间算。

制度管理：种猪场应建立投入品（含饲料、兽药、生物制品）使用制度；建立免疫、引种、隔离、兽医诊疗与用药、疫情报告、淘汰、病死猪无害化处理和消毒等防疫制度；建立生猪销售检疫申报和生猪质量安全管理制度；建立日常生产管理制度、主要生产操作规程、员工培训考核奖惩制度和动物发病或阶段性疫病情况报告制度；建立车辆及人员出入管理制度；制定猪口蹄疫、猪瘟、猪繁殖与呼吸综合征、猪伪狂犬病年度（或更短周期）监测计划，建立有特定疫病净化方案和发现阳性动物处置方案等。

饲养管理：种猪场应实行分区饲养和"全进全出"生产模式，坚持自繁自养，鼓励有条件的养殖场实行分点饲养，确保种猪区、保育区与生长区合理分开。合理调整养殖密度，根据来源、体重、体况、性别和采食等要素开展分群饲养。

（2）生物安全管理。

人流物流管理：种猪场需建立进出场区和生产区的登记消毒制度并严格执行。进入生产区人员须经严格消毒，由消毒通道进入。进出猪舍时应经消毒池进行脚部消毒和洗手消毒。外来人员禁止进入生产区，必要时，按程序批准和严格消毒方可入内。外来物品须经有效消毒后方可进入生产区。本场负责诊疗巡查、配种和免疫的人员，每次出入猪舍和完成工作后，都应严格消毒。生产区人员不得开展对外诊疗、配种或免疫等工作，也不得在其他养殖场从事动物养殖工作，与其他动物接触须经隔离消毒后方可入场。场内禁止饲养猫、狗、禽及其他动物。各舍饲养员不得串舍。尽量减少本场兽医室工作人员和物品向生产区流动，必要时须经严格消毒。

严禁外购猪产品及其制品；外来车辆入场前应经全面消毒，非经许可批准，禁止进入生产区。外来购猪车辆禁止入场，只可经污道和装猪台装猪，且装猪前后严格消毒；外售猪只向外单向流动。

无害化处理：种猪场应有无害化处理设施及相应操作规程，并有相应实施记录。对发病动物及时隔离治疗，限制流动；病死或死因不明动物应按照《病死及病害动物无害化处理技术规范》（农医发〔2017〕25号）进行无害化处理。种猪场实行雨污分流，配备污水处理设施。场区内垃圾及时处理，无杂物堆放。定期开展水质检测，满足人畜饮水卫生标准应用于畜禽，人不适用，应调整《生活饮用水卫生标准》（GB 5749—2006）。

消毒：种猪场应严格做好人员、车辆、物资进入场区、通道和生产区的消毒。养殖场的消毒设施应定期更换消毒液以保证有效成分浓度。厂区门口消毒设施的常用消毒剂有醛类消毒剂、碱类消毒剂等。

生产区内环境，包括生产区道路及两侧、猪舍间空地应定期消毒，常用的消毒要有醛类消毒剂、氧化剂类消毒剂等。

生产区内空栏消毒和带猪消毒是预防和控制疾病的重要措施。猪舍空栏后，应彻底清扫、冲洗、干燥和消毒，有条件的猪场在进猪之前最好再进行火焰消毒。带猪消毒常用的药物有过氧乙酸、戊二醛、次氯酸钠、新洁尔灭等溶液。

生活区周围环境应定期消毒，常用的消毒剂有季铵盐类、氧化剂类消毒剂等；出猪台、磅称及周围环境每售一批猪后消毒1次，常用的消毒剂有醛类、碱类消毒剂。

除上述日常预防性消毒外，必要时种猪场应对疫源地开展紧急消毒，增加消毒频次，加强对猪舍及其周边环境的消毒，避免病原体从猪舍传出和扩散。种猪场应在上述工作基础上，根据本场的实际情况在常规预防性消毒基础上制定紧急消毒预案，在发现净化病种隐性带毒动物或病例时，启动紧急消毒；根据猪场周围或本地域动物疫病流行情况，增加本场消毒频率，严格控制人员和车辆出入，防止外来疫病传入。

种源管理：引种应来源于有《种畜禽生产经营许可证》的种猪场，国外引进种猪、精液应符合相关规定，宜优先考虑从获得农业部净化评估认证的种猪场引种。引进种猪应具有"三证"（种畜禽合格证、动物检疫证明、种猪系谱证）。本场所用精液或精液供体、后备种猪和引入种猪应逐头检测，确认开展净化的特定病种为感染阴性。引入种猪应尤其应实行严格的隔离检测，一般在独立的隔离舍隔离40天以上，确保临床健康、净化病种感染阴性、应免动物疫病免疫合格后，经彻底消毒方可进入生产线。

（3）防疫管理。

免疫：种猪场应根据本场制定的免疫制度，结合各病种特点、疫苗情况及本场净化工作进程，制定合理的免疫程序，建立免疫档案。同时，根据周边及本场疫病流行情况、净化工作效果、实验室检测结果，适时调整免疫程序。鼓励通过特定疫病免疫净化评估认证的种猪场，结合自身实际，评估疫病防控成本，分种群、分阶段、有步骤地由免疫净化向非免疫净化推进。

监测：根据制定的猪瘟、口蹄疫、猪繁殖与呼吸综合征、伪狂犬病的监测计划，切实开展疫病监测工作，及时掌握疫病免疫保护水平、流行现状及相关风险因素，适时调整疫病控制策略。

收集、了解和掌握本区域动物疫病流行情况，及时开展相应综合防控措施。必要时启动紧急消毒预案及配套措施，如减少人员外出、严控人流物流入内等，有条件的养殖场可探索预警机制。

诊疗巡查：兽医管理人员及生产人员定期（一般每天）巡查猪群健康状况，尽早发现病猪，及时隔离病猪、处理死猪、彻底消毒，采取必要的治疗措施，持续跟踪转归情况，并作相应记录。

需要开展临床解剖时，应做到定点解剖、无害化处理、填写解剖记录和无害化处理记录；确保人流和物流的单向流动，临床解剖人员应严格消毒后方可经过生产区；必要时采集样品开展实验室检测。

种猪场要做好日常疑似病例的巡查，根据净化病种不同，做好疑似病例的处理。一般而言，如发现疑似病例应立即隔离处置，推荐有条件养殖场立即淘汰/扑杀，并及时确诊。

按本场建立的动物发病或阶段性疫病情况报告制度，定期上报至本场相关负责人或相关单位，并建立报告档案。

淘汰：种猪场应建立种猪淘汰更新和后备猪留用标准，在关注生产性能、育种指标、临床状况的同时，重点关注垂直传播疫病情况。在净化病种感染比率较高时，可在免疫、监测、分群、淘汰的基础上，加大种猪群淘汰更新比率，严控后备猪并群。在净化病种感染比例较低时，在免疫、监测、清群、淘汰的基础上，鼓励有条件的种猪场结合生产性能，缩短更新周期甚至一次性淘汰所有带毒猪。种猪场应建立种猪淘汰记录。因传染病淘汰的生猪，应按照国家有关规定执行，必要时实行扑杀和无害化处理。

防疫人员管理：开展动物疫病净化的种猪场应建立一支分工明确、责任清晰、能力与岗位相当的疫病净化工作小组，确保净化工作顺利实施，出现临床病例或隐性感染时能及时进行处理。养殖场应至少配备一名专业兽医人员。场内所有员工应开展定期培训并有相关记录，确保相应生产和管理制度得以有效宣贯。鼓励种猪场对场内员工开展定期体检，如患有人畜共患病的人员应将其调离生产岗位。

3. 净化程序

为实现净化目的和维持净化效果，种猪场在开展疫病净化之前，应根据本指南，力求健全生物安全防护设施设备、强化饲养管理、严格执行消毒措施和规范无害化处理措施，构建"规范化、制度化、设施化和无害化"的防疫和生产体系。

三、规模化种猪场主要动物疫病净化程序

各疫病净化工作中需要经历三个阶段，即本底调查阶段、免疫控制阶段和净化阶段。有条件的养殖场可根据本场本底调查情况，自主选择进入免疫控制阶段或净化阶段。

（一）猪口蹄疫

1. 本底调查阶段

调查目的：了解本场各年龄段猪群健康状态、口蹄疫免疫保护水平和非结构蛋白抗体水平。评估口蹄疫发生和传播风险。

调查内容：按一定比例采集种公猪、生产母猪、后备种猪、保育猪和育肥猪血清，检测口蹄疫（O型）免疫抗体及非结构蛋白抗体，非结构蛋白抗体阳性的，继续开展口蹄疫病原学检测。参考本指南，分析本场口蹄疫发生史和控制情况、周围口蹄疫疫情情况和本场口蹄疫隐性带毒情况等关键风险因子，评估本指南综合防控措施部分所涉及的普通风险因子。

根据净化成本和人力物力投入，制订适合本场实际情况的净化技术方案（图4-1）。

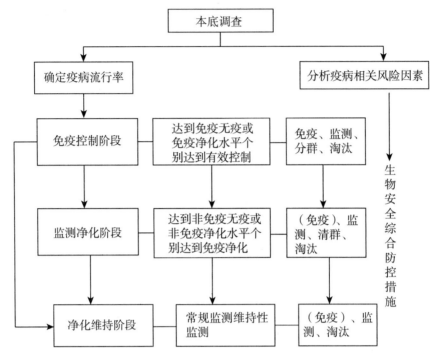

图4-1 规模化种猪场主要疫病净化技术路线

2. 免疫控制阶段

本阶段，养殖场采取免疫、监测、分群、淘汰和严格后备猪管理相结合的综合防控措施，保障养殖管理科学有效、生物安全措施得力和环境可靠，将口蹄疫的临床发病控制在最低水平甚至免疫无疫状态，为下一步非免疫无疫监测净化奠定基础。

阶段目标：种猪群、后备猪群及育肥猪群抽检抗体合格率达到90%以上；种猪群非结构蛋白抗体阳性率逐年度降低，且逐渐维持在一个较低的水平；连续两年以上无临床病例。

免疫措施：免疫技术方面，养殖场应优先选用与本场或区域优势毒株相匹配的优质疫苗，制订口蹄疫免疫程序和抗体监测计划，根据抗体监测效果及周边疫情动态适时调整免疫程序。

监测内容及比例：本阶段的监测重点是严格后备猪的筛选、确保种猪群及个体良好的免疫保护屏障、跟踪非结构蛋白抗体水平，具体监测情况见表4-10。

表4-10 口蹄疫免疫控制阶段具体检测情况

种群	监测比例	监测频率	监测内容	备注
生产母猪	25%或100头以上	1次/半年	免疫抗体、非结构蛋白抗体	非结构蛋白抗体阳性再结合病原学检测
后备猪群	100%	混群前一次；混群后纳入生产母猪/种公猪监测范畴	免疫抗体、非结构蛋白抗体	免疫抗体合格/非结构蛋白抗体阴性方可继续留用

（续表）

种群	监测比例	监测频率	监测内容	备注
种公猪	100%	1 次/半年	免疫抗体、非结构蛋白抗体	非结构蛋白抗体阳性再结合病原学检测
育肥猪	30 头以上	与生产母猪监测（采样）同步	免疫抗体	10 周龄育肥猪，了解免疫抗体保护水平和非结构蛋白水平稳定性

监测结果处理：生产母猪、种公猪、后备猪群口蹄疫免疫抗体合格率应达到 90%，低于 70% 的加强免疫。非结构蛋白抗体阳性者，开展病原学检测，如病原学阳性，对阳性畜及同群畜按有关规定处理，如病原学阴性，分群饲养，跟踪观察，适时淘汰，鼓励有条件的养殖场立即淘汰。育肥猪免疫抗体合格率如低于 70%，应分析原因，及时调整免疫程序。

发现口蹄疫隐性带毒或临床疑似病例时，应按照国家有关规定处理，同时加强同舍免疫监测，做好消毒及生物安全控制。

监测效果评价：当种猪群、后备猪群及育肥猪群抽检抗体合格率达到 90% 以上，常年具有优秀的免疫保护屏障。种猪群口蹄疫非结构蛋白抗体阳性率逐年度降低，并逐渐维持在一个较低水平，且连续两年以上无临床病例，认为达到有效的免疫控制。

3. 免疫净化阶段

阶段目标：种猪群、后备猪群和待售种猪口蹄疫免疫抗体合格率达到 90% 以上；非结构蛋白抗体阳性率控制在较低水平；病原学检测阴性；连续两年以上无临床病例。

监测内容及比例：本阶段，以猪口蹄疫抗体合格和病原阴性的种猪构建假定阴性群。对假定阴性群分期开展全群普检，构建真正的猪口蹄疫阴性群，具体监测情况见表 4-11。

表 4-11　口蹄疫免疫净化阶段监测情况

种群	监测比例	监测频率	监测内容	备注
生产母猪	25%	4 次/年	免疫抗体、非结构蛋白抗体	非结构蛋白抗体阳性再结合病原学检测
后备猪群	100%	混群前一次；混群后纳入生产母猪/种公猪监测范畴	免疫抗体、非结构蛋白抗体	免疫抗体合格/非结构蛋白抗体阴性方可继续留用
种公猪	100%	1 次/半年	免疫抗体、非结构蛋白抗体	非结构蛋白抗体阳性再结合病原学检测
育肥猪	30 头以上	与生产母猪监测（采样）同步	免疫抗体	10 周龄育肥猪，了解免疫抗体保护水平和非结构蛋白水平稳定性

对于工作初期生产母猪量较大的种猪场，为降低成本和工作难度，生产母猪群可以分批次进行血清学筛查；通过生产母猪的定期更新和口蹄疫非结构蛋白抗体阴性后备猪的不断补充，间接构建生产母猪口蹄疫感染阴性群。

监测结果处理：生产母猪、后备种猪、种公猪和引种猪群发现猪口蹄疫抗体不合格者，立即加强免疫。

监测效果评价：种猪群、后备猪群和待售种猪口蹄疫抗体合格率达到90%以上，非结构蛋白抗体维持在较低水平，病原学检测阴性，且连续两年以上无临床病例，可基本认为达到猪口蹄疫的免疫净化状态，可按照程序申请净化评估认证。

4. 净化维持阶段

达到口蹄疫的免疫净化状态或通过农业农村部评估认证后，养殖场可开展净化维持性监测，具体监测情况见表4-12。

表4-12　口蹄疫净化维持阶段监测情况

种群	监测比例	监测频率	监测内容	备注
生产母猪	30头以上	1次/季度	免疫抗体、非结构蛋白抗体	非结构蛋白抗体阳性再结合病原学检测
后备猪群	100%	混群前一次；混群后纳入生产母猪/种公猪监测范畴	免疫抗体、非结构蛋白抗体	免疫抗体合格/非结构蛋白抗体阴性方可继续留用
种公猪	100%	1次/半年	免疫抗体、非结构蛋白抗体	非结构蛋白抗体阳性再结合病原学检测
育肥猪	30头以上	与生产母猪监测（采样）同步	免疫抗体、非结构蛋白抗体	10周龄育肥猪，了解免疫抗体保护水平和非结构蛋白水平稳定性

维持性监测期间，如发现种群非结构蛋白抗体异常升高，应及时分析管理因素及技术因素，加大监测密度，及时开展病原学监测，调整免疫程序，评估生物安全措施有效性，评估感染风险。

发现口蹄疫隐性带毒或临床疑似病例时，应按照国家有关规定处理，并做好消毒及生物安全控制。

维持性监测期间，有条件的养殖场，可探索哨兵动物监测预警机制，于每栋猪舍两头各设置一栏非免疫小猪，跟踪观察，定期监测。

检测方法：猪口蹄疫检测方法，免疫抗体检测应优先选用LpB-ELISA（灭活疫苗）或VP1-ELISA（多肽疫苗），或其他经试剂比对和有效验证可靠的方法。非结构蛋白抗体检测应选用ELISA方法。病原学检测方法应选用敏感性等于或高于RT-PCR的方法。

检测试剂：由养殖场或检测机构自行选购。试剂选择应坚持质量至上，应优先考虑重复性、特异性和敏感性。

为提高检测结果的科学性和可比性，确保以检测为基础的各项处理措施的严谨性，检测试剂的选择应以尽可能降低随机误差为目的，保持试剂的相对稳定，不宜频繁更换。养殖场可参考农业部净化评估认证标准的相关内容选择监测净化试剂。

（二）猪瘟

1. 本底调查阶段

调查目的：了解本场各年龄段猪群健康状态、猪瘟免疫保护水平及猪瘟病原带毒状况，评估猪瘟发生和传播风险。

调查内容：按一定比例采集种公猪、生产母猪、后备种猪、保育猪和育肥猪血清，检测猪瘟免疫抗体；抽检种猪扁桃体，检测猪瘟病原。参考本指南，分析本场猪瘟发生史和控制情况、周围疫情情况和本场猪瘟隐性带毒情况等关键风险因子，评估本指南综合防控措施部分所涉及的普通风险因子。根据净化成本和人力物力投入，制定适合本场实际情况的净化技术方案。

2. 免疫控制阶段

本阶段，养殖场主要采取免疫、监测和淘汰免疫抑制种猪，严格后备猪管理为主的综合防控措施，保障养殖管理科学有效、生物安全措施得力和环境可靠，建立猪群优秀的免疫保护屏障，将临床发病控制在最低水平甚至免疫无疫状态，为下一步监测净化奠定基础。

阶段目标：种猪抽检猪瘟抗体合格率达到90%以上，育肥猪猪瘟抗体合格率达到70%以上，获得良好的免疫保护屏障和抗体整齐度。

免疫措施：免疫技术方面，养殖场应选用优质疫苗，制定科学的免疫程序和抗体监测计划，重点关注10周龄以上育肥猪的免疫效果，根据抗体监测效果及周边疫情动态适时调整免疫程序。

监测内容及比例：本阶段的监测重点确保种猪群良好的免疫保护水平，具体监测情况见表4-13。

表4-13　猪瘟免疫控制阶段监测情况

种群	监测比例	监测频率	监测内容	备注
生产母猪	25%或100头以上	1次/半年	猪瘟抗体	有条件的养殖场，可一次性100%检测
引进种猪	100%	并群前一次；并群后纳入生产母猪/种公猪监测范畴	猪瘟抗体猪瘟抗原	只有猪瘟抗体合格及猪瘟野毒病原学阴性的猪，方可混群。如外购精液，则应确保精液或精液供体猪瘟野毒病原学阴性
后备猪群	100%	混群前一次；混群后纳入生产母猪/种公猪监测范畴	猪瘟抗体	
种公猪	100%	1次/半年	猪瘟抗体	
育肥猪	30头以上	与生产母猪监测（采样）同步	猪瘟抗体	10周龄以上育肥猪，了解育肥猪群免疫抗体水平，及时调整免疫程序；了解是否存在野毒循环

监测结果处理：生产母猪、种公猪、后备猪和引进种猪，猪瘟抗体检测不合格时，应加强免疫。引进种猪如发现猪瘟病原学阳性，坚决淘汰。育肥猪如发现猪瘟抗体合格率低于70%，或抗体整齐度较低，应调整免疫程序，并跟踪种猪群的免疫抗体情况。

发现猪瘟隐性带毒或临床疑似病例时，应按照国家有关规定处理，同时做好消毒及生物安全控制。

监测效果评价：养殖场应根据本场日常监测计划，确定和适时调整免疫程序。在做好种猪群免疫的基础上，重点做好保育、育肥猪群的免疫。通过高强度免疫及有效的生物安全防护体系阻断猪瘟病毒垂直传播和水平传播，逐步实现核心群种猪猪瘟抗体合格率

90%以上、育肥猪群猪瘟抗体合格率70%以上，获得良好的免疫保护屏障和抗体整齐度。

3. 免疫净化阶段

一般认为，经免疫控制阶段工作，核心群达到良好的免疫保护屏障后和稳定的抗体整齐度后，可实施以病原学检测淘汰为基础的监测净化工作。有条件的养殖场，如种猪群猪瘟抗体合格率达到90%以上、病原学隐性带毒比例在15%以下时，可选择性直接进入本阶段。对大多数养殖场而言，本阶段仍然须全场高强度猪瘟疫苗免疫。

阶段目标：种猪群、后备猪群和待售种猪猪瘟抗体合格率达到90%以上；猪瘟病原学检测阴性；连续两年以上无临床病例。

监测内容及比例：本阶段，以猪瘟抗体合格和猪瘟病原阴性的种猪构建假定阴性群。对假定阴性群分期开展全群普检，构建真正的猪瘟阴性群，具体监测情况见表4-14。

表4-14 猪瘟免疫净化阶段监测情况

种群	监测比例	监测频率	监测内容	备注
生产母猪	25%	1次/季度	猪瘟抗体猪瘟抗原	确保一年内，假定隐性群生产母猪普检完毕。有条件的养殖场，可一次性100%检测，缩短净化周期
引进种猪	100%	并群前一次；并群后纳入生产母猪/种公猪监测范畴	猪瘟抗体猪瘟抗原	只有猪瘟抗体合格及猪瘟野毒病原学阴性的猪，方可混群。如外购精液，则应确保精液或精液供体猪瘟野毒病原学阴性
后备猪群	100%	混群前一次；混群后纳入生产母猪/种公猪监测范畴	猪瘟抗体猪瘟抗原	只有猪瘟抗体合格及猪瘟野毒病原学阴性的猪，方可混群
种公猪	100%	1次/半年	猪瘟抗体猪瘟抗原	只有猪瘟抗体合格及猪瘟野毒病原学阴性的猪，方可留用
育肥猪	30头以上	与生产母猪监测（采样）同步	猪瘟抗体	10周龄以上育肥猪，了解育肥猪群免疫抗体水平，及时调整免疫程序；了解是否存在野毒循环

对于工作初期生产母猪量较大的种猪场，为降低成本和工作难度，生产母猪群可以血清学筛查为主，辅以病原学筛查，通过生产母猪的定期更新和猪瘟病原学阴性后备猪的不断补充，间接构建生产母猪猪瘟感染阴性群。

监测结果处理：生产母猪、后备种猪、种公猪和引种猪群发现猪瘟抗体不合格者，应加强免疫。

育肥猪的猪瘟抗体检测结果，作为养殖场猪瘟保护屏障的重要监视靶标，需加以重视。育肥猪如发现猪瘟抗体合格率低于70%或抗体整齐度较低，应调整免疫程序，并跟踪种猪群的免疫抗体情况。

发现猪瘟隐性带毒或临床疑似病例时，应按照国家有关规定处理，同时做好消毒及生物安全控制。

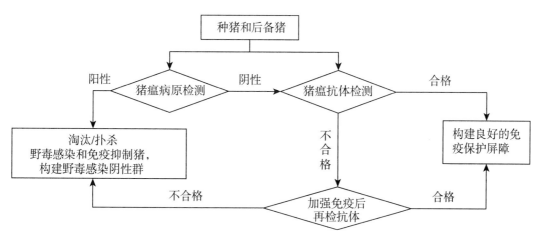

图 4-2　猪瘟免疫净化种猪群主要技术路线

建立猪瘟病原阴性及免疫功能良好的核心猪群，逐步缩小猪瘟病原阳性及免疫功能受抑制的猪群。

监测效果评价：净化实施全程，全场猪群免疫猪瘟疫苗，提高并保持育肥猪群猪瘟疫苗免疫密度和强度。当生产母猪历经一次以上普检和隔离淘汰，应达到种猪群、后备猪群和待售种猪猪瘟抗体合格率达到 90% 以上，猪瘟病原学检测阴性，且连续两年以上无临床病例，可基本认为达到猪瘟的免疫净化状态，可按照程序申请净化评估认证（图 4-3）。

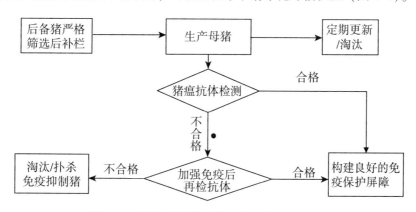

图 4-3　猪瘟免疫净化生产母猪群参考技术路线

4. 净化维持阶段

达到猪瘟的免疫净化状态或通过农业部评估认证后，养殖场可开展净化维持性监测，具体监测情况见表 4-15。

表 4-15　猪瘟净化维持阶段监测情况

种群	监测比例	监测频率	监测内容	备注
生产母猪	30 头以上	1 次/季度	猪瘟抗体 猪瘟抗原	如发现野毒病原学阳性立即淘汰，加大监测密度。如群体免疫合格率低于 90%，应调整免疫程序

种群	监测比例	监测频率	监测内容	备注
引进种猪	100%	混群前一次；混群后纳入生产母猪/种公猪监测范畴	猪瘟抗体 猪瘟抗原	只有猪瘟体合格及猪瘟野毒病原学阴性的猪，方可混群。如外购精液，则应确保精液或精液供体猪瘟野毒病原学阴性
后备猪群	100%	混群前一次；混群后纳入生产母猪/种公猪监测范畴	猪瘟抗体 猪瘟抗原	只有猪瘟抗体合格及猪瘟野毒病原学阴性的猪，方可混群
种公猪	100%	1次/半年	猪瘟抗体 猪瘟抗原	只有猪瘟抗体合格及猪瘟野毒病原学阴性的猪，方可留用
育肥猪	30头以上	与生产母猪监测（采样）同步	猪瘟抗体	10周龄以上育肥猪，了解育肥猪群免疫抗体水平，及时调整免疫程序；了解是否存在野毒循环

维持性监测期间，发现猪瘟免疫抗体水平异常，应及时分析管理因素及技术因素，必要时调整免疫程序。发现猪瘟隐性带毒或临床疑似病例时，应按照国家有关规定处理，同时做好消毒及生物安全控制。

检测方法：猪瘟免疫控制阶段以血清学检测为主，监测净化阶段以病原学检测为主。抗体检测用于了解机体免疫功能及猪瘟的免疫保护水平，病原学检测用于确诊猪瘟病毒野毒感染。

血清学检测方法应优先选用 ELISA 方法或其他经试剂比对和有效验证可靠的方法。病原学检测方法应选用敏感性等于或高于 RT-PCR 的方法。为尽可能降低疫苗免疫对 RT-PCR 的干扰，建议病原学采样时间在脾淋苗免疫或细胞苗免疫后 45 天以上。

检测试剂：由养殖场或检测机构自行选购。试剂选择应坚持质量至上，免疫抗体检测试剂应优先考虑重复性、特异性和敏感性。

为提高检测结果的科学性和可比性，确保以检测为基础的各项处理措施的严谨性，检测试剂的选择应以尽可能降低随机误差为目的，保持试剂的相对稳定，不宜频繁更换。养殖场可参考农业农村部净化评估认证标准的相关内容选择监测净化试剂。

（三）猪繁殖与呼吸综合征

1. 本底调查阶段

调查目的：了解本场各年龄段猪群健康状态、免疫情况、免疫保护水平和带毒状况，评估猪繁殖与呼吸综合征发生和传播风险。

调查内容：按一定比例采集种公猪、生产母猪、后备种猪、保育猪和育肥猪血清，检测猪繁殖与呼吸综合征抗体；抽检种猪扁桃体，检测猪繁殖与呼吸综合征病原。参考本指南，分析本场猪繁殖与呼吸综合征发生情况、周围疫情情况和本场隐性带毒情况等关键风险因子，评估本指南综合防控措施部分所涉及的普通风险因子，重点了解本场能否配备猪舍空气过滤设施设备和较理想的周边环境。根据净化成本和人力物力投入，制订适合于本场实际情况的净化技术方案。

2. 免疫控制阶段

净化重点：要做好后备猪管理和环境控制，鼓励有条件的养殖场做好猪舍空气过滤。因此猪繁殖与呼吸综合征的净化，需要综合考虑本底感染率、养殖场的周边疫情风险和养殖场的生产管理。

阶段目标：种猪群、后备猪群和待售种猪，免疫抗体阳性率70%以上；病原学抽检阴性；连续两年以上无临床病例。

免疫措施：进入免疫控制阶段，要求全场停止活苗免疫并开展猪繁殖与呼吸综合征灭活疫苗免疫两年以上。在做好生产猪群灭活苗免疫的基础上，重点做好育肥猪群的免疫，确保生产猪群和育肥猪群的免疫抗体整齐水平，防止猪繁殖与呼吸综合征病毒由中大猪向种猪群扩散。后备猪并群前，应逐头检测确保猪繁殖与呼吸综合征免疫抗体合格，同时猪繁殖与呼吸综合征病原学检测阴性。

当本底调查发现种猪群临床表现相对稳定，但隐性带毒群体占比较大，可尝试实施严格的"全进全出"、空栏、淘汰、消毒，严格控制人流物流，阻断水平传播；严格控制后备猪群并群前检查，确保头头检测；通过隔离淘汰阳性母猪和引入健康母猪相结合，逐步减小阳性群。通过实行全群免疫灭活疫苗，保持良好的抗体整齐水平，构建有效的生物安全防护体系，阻断病毒垂直传播和水平传播，逐步实现猪繁殖与呼吸综合征的免疫控制。

免疫技术方面，养殖场应选用优质疫苗，制定科学的免疫程序和抗体监测计划，重点关注10周龄以上育肥猪的免疫效果，根据抗体监测效果及周边疫情动态适时调整免疫程序。

监测内容及比例：本阶段监测重点在于构建良好的免疫屏障，及时发现和阻断病毒循环，具体监测情况见表4-16。

表4-16 猪繁殖与呼吸综合征免疫控制阶段监测情况

种群	监测比例	监测频率	监测内容	备注
生产母猪	25%或100头以上	1次/半年	猪繁殖与呼吸综合征抗体和抗原	
引进种猪	100%	混群前一次；混群后纳入生产母猪/种公猪监测范畴	猪繁殖与呼吸综合征抗体和抗原	只有猪繁殖与呼吸综合征免疫抗体合格及猪繁殖与呼吸综合征病原学阴性的猪，方可混群。外购精液，应确保猪繁殖与呼吸综合征病原学阴性
后备猪群	100%	并群前一次；并群后纳入生产母猪/种公猪监测范畴	猪繁殖与呼吸综合征抗体和抗原	只有猪繁殖与呼吸综合征免疫抗体合格及猪繁殖与呼吸综合征病原学阴性的猪，方可混群
种公猪	100%	1次/半年	猪繁殖与呼吸综合征抗体和抗原	只有猪繁殖与呼吸综合征免疫抗体合格及猪繁殖与呼吸综合征病原学阴性的猪，方可留用
育肥猪	30头以上	与生产母猪监测（采样）同步	猪繁殖与呼吸综合征抗体	10周龄以上育肥猪，了解育肥猪群抗体情况，及时调整免疫程序；了解是否存在野毒循环

监测结果处理：生产母猪、种公猪、后备猪和引进种猪，猪繁殖与呼吸综合征抗体检

测不合格时，应加强免疫。引进种猪如发现病原学阳性，坚决淘汰。育肥猪如发现抗体合格率低于70%，或抗体整齐度较低，应调整免疫程序，并跟踪种猪群的免疫抗体情况。

发现病原学阳性或临床疑似病例时，应按照国家有关规定处理，同时做好消毒及生物安全控制。

监测效果评价：猪繁殖与呼吸综合征净化工作中，中大猪的免疫控制是关键点，要确保免疫抗体整齐水平，防止病毒由此向种猪群的大范围扩散。种猪群、后备猪群和待售种猪，免疫抗体合格率达到90%以上，种猪群野毒感染阴性，连续两年以上无临床病例后，认为达到有效的免疫控制。

3. 免疫净化阶段

经免疫控制阶段工作，核心群达到良好的免疫保护屏障后和稳定的抗体整齐度后，可实施以病原学检测淘汰为基础的监测净化工作。有条件的养殖场，如种猪群猪繁殖与呼吸综合征免疫抗体合格率达到90%以上、病原学隐性带毒比例在15%以下时，可选择性直接进入本阶段。

阶段目标：种猪群、后备猪群和待售种猪猪繁殖与呼吸综合征免疫抗体合格率达到90%以上；病原学检测阴性；连续两年以上无临床病例。

净化重点：要做好后备猪管理和生物安全管理，有条件的养殖场应配备猪舍空气过滤设施。

监测内容及比例：本阶段监测以血清学筛查为主，种公猪、后备猪和引进种猪辅以病原学筛查，及时发现隐性感染病例，具体监测情况见表4-17。

表4-17　猪繁殖与呼吸综合征免疫净化阶段监测情况

种群	监测比例	监测频率	监测内容	备注
生产母猪	25%	1次/季度	猪繁殖与呼吸综合征抗体和抗原	确保一年内，假定阴性群生产母猪普检完毕。有条件的养殖场，可一次性100%检测，缩短净化周期
引进种猪	100%	混群前一次；混群后纳入生产母猪/种公猪监测范畴	猪繁殖与呼吸综合征抗体和抗原	只有猪繁殖与呼吸综合征免疫抗体阴性且猪繁殖与呼吸综合征病原学阴性的猪，方可混群。外购精液，应确保猪繁殖与呼吸综合征病原学阴性
后备猪群	100%	混群前一次；混群后纳入生产母猪/种公猪监测范畴	猪繁殖与呼吸综合征抗体和抗原	只有猪繁殖与呼吸综合征免疫抗体阴性及猪繁殖与呼吸综合征病原学阴性的猪，方可混群
种公猪	100%	1次/半年	猪繁殖与呼吸综合征抗体和抗原	只有猪繁殖与呼吸综合征免疫抗体阴性及猪繁殖与呼吸综合征病原学阴性的猪，方可留用
育肥猪	30头以上	与生产母猪监测（采样）同步	猪繁殖与呼吸综合征抗体	10周龄以上育肥猪，了解育肥猪群抗体情况，了解是否存在野毒循环

监测结果处理：原则上猪繁殖与呼吸综合征非免疫场如发现猪繁殖与呼吸综合征抗体阳性的隐性带毒者，应立即扑杀个体，加强同舍监测。但如果猪场临床表现相对稳定，且隐性感染阳性群体占同一栋猪舍比较大，可尝试实施严格的全进全出、空栏消毒模式，严

格控制人流物流，阻断水平传播；严格控制后备猪群并群前检查，确保头头检测；通过淘汰阳性母猪和引入健康母猪相结合，逐步减小阳性群。

如出现疑似病例，应立即开展病原学检测，淘汰确诊病例，鼓励有条件的养殖场直接淘汰临床疑似猪，做好消毒和生物安全措施，防止舍间扩散。

监测效果评价：猪繁殖与呼吸综合征免疫净化工作中，后备猪的控制是关键点，要确保后备猪头头检测后并群。

生产母猪历经 1 次以上普检和隔离淘汰，且确认对种公猪、生产母猪、后备猪及待售种猪抽检，免疫抗体合格率达到 90%以上，猪繁殖与呼吸综合征病原阴性，可按照程序申请免疫净化评估认证。

净化维持性监测：种猪场达到免疫净化状态或通过农业部评估认证后，可开展净化维持性监测，具体监测情况见表 4-18。

表 4-18　猪繁殖与呼吸综合征免疫净化维持阶段监测情况

种群	监测比例	监测频率	监测内容	备注
生产母猪	30 头以上	1 次/季度	抗体	了解猪群抗体情况，是否存在野毒循环
引进种猪	100%	混群前一次；混群后纳入生产母猪/种公猪监测范畴	抗体病原	只有猪繁殖与呼吸综合征免疫抗体阴性且猪繁殖与呼吸综合征病原阴性的猪，方可混群。外购精液，应确保猪繁殖与呼吸综合征病原学阴性
后备猪群	100%	混群前一次；混群后纳入生产母猪/种公猪监测范畴	抗体病原	只有猪繁殖与呼吸综合征免疫抗体阴性及猪繁殖与呼吸综合征病原学阴性的猪，方可混群
种公猪	100%	1 次/半年	抗体病原	只有猪繁殖与呼吸综合征免疫抗体阴性及猪繁殖与呼吸综合征病原学阴性的猪，方可留用
育肥猪	30 头以上	与生产母猪监测	抗体	10 周龄以上育肥猪，了解育肥猪群抗体情况，了解是否存在野毒循环

如维持性监测发现隐性感染个体或临床疑似病例，按猪繁殖与呼吸综合征监测净化阶段的"监测结果处理"处置。

当维持性监测发现猪繁殖与呼吸综合征免疫抗体水平异常，应及时分析管理因素及技术因素，必要时调整免疫程序；当生产母猪或种公猪出现病原学阳性，应立即淘汰病原学阳性猪并对阳性猪所在舍所有种猪开展病原学检测，小猪及时淘汰；如育肥猪出现病原学阳性，应加大后备猪筛查力度，加强生物安全处理。

维持性监测期间，有条件的养殖场，可探索哨兵动物监测预警机制，于每栋猪舍两头各设置一栏非免疫小猪，跟踪观察，定期监测。

4. 非免疫净化阶段

养殖场经历免疫控制阶段工作，达到免疫净化水平后，可根据自身情况选择性逐步退出免疫。退出免疫后两年以上，养殖场可根据情况，开展本阶段的非免疫净化工作。

净化重点：要做好后备猪管理和环境控制，有条件的养殖场应配备猪舍空气过滤设施。因此猪繁殖与呼吸综合征的非免疫净化，需要综合考虑本场生物安全水平和周边疫情风险。一般认为停止免疫两年后，抽样发现生产母猪群中猪繁殖与呼吸综合征野毒感染（血清学或病原学）比例低于5%时，可实施监测净化工作。

阶段目标：种公猪、生产母猪、后备猪及待售种猪猪繁殖与呼吸综合征抗体阴性；停止免疫两年以上，无临床病例发生。

监测内容及比例：本阶段监测以血清学筛查为主，种公猪、后备猪和引进种猪辅以病原学筛查，及时发现隐性感染病例，具体监测情况见表4-19。

表4-19　猪繁殖与呼吸综合征非免疫净化阶段监测情况

种群	监测比例	监测频率	监测内容	备注
生产母猪	25%	1次/季度	猪繁殖与呼吸综合征抗体	确保一年内，假定阴性群生产母猪普检完毕。有条件的养殖场，可一次性100%检测，缩短净化周期
引进种猪	100%	混群前一次；混群后纳入生产母猪/种公猪监测范畴	猪繁殖与呼吸综合征抗体	只有猪繁殖与呼吸综合征免疫抗体阴性，方可混群。外购精液，应确保猪繁殖与呼吸综合征病原学阴性
后备猪群	100%	混群前一次；混群后纳入生产母猪/种公猪监测范畴	猪繁殖与呼吸综合征抗体	只有猪繁殖与呼吸综合征免疫抗体阴性猪，方可混群
种公猪	100%	1次/半年	猪繁殖与呼吸综合征抗体	只有猪繁殖与呼吸综合征免疫抗体阴性猪，方可留用
育肥猪	30头以上	与生产母猪监测（采样）同步	猪繁殖与呼吸综合征抗体	10周龄以上育肥猪，了解育肥猪群抗体情况，了解是否存在野毒循环

监测结果处理：原则上猪繁殖与呼吸综合征非免疫场如发现猪繁殖与呼吸综合征抗体阳性者，应立即淘汰，加强同舍监测和生物安全措施。

如出现疑似病例，应立即开展病原学检测，淘汰确诊病例，鼓励有条件的养殖场直接淘汰临床疑似猪。必要时对同栏和同舍猪进行紧急免疫，做好消毒和生物安全措施，防止舍间扩散。

猪繁殖与呼吸综合征非免疫场应坚持自繁自养，如确需引种时，尽可能不引入免疫抗体阳性的种猪。

监测效果评价：猪繁殖与呼吸综合征非免疫净化工作中，后备猪的控制是关键点，要确保后备猪头头检测后并群。

生产母猪历经两次及两次以上普检和隔离淘汰，且确认种公猪、生产母猪、后备猪及待售种猪，猪繁殖与呼吸综合征抗体阴性；停止免疫两年以上，无临床病例发生，认为达到非免疫净化状态，可按照程序申请净化评估认证。

净化维持性监测：种猪场达到非免疫净化状态或通过农业农村部评估认证后，可开展净化维持性监测，具体监测情况见表4-20。

表 4-20　猪繁殖与呼吸综合征非免疫净化维持阶段监测情况

种群	监测比例	监测频率	监测内容	备注
生产母猪	30 头以上	1 次/季度	抗体	了解猪群抗体情况，是否存在野毒循环
引进种猪	100%	混群前一次；混群后纳入生产母猪/种公猪监测范畴	抗体	只有猪繁殖与呼吸综合征免疫抗体阴性的猪，方可混群。外购精液，应确保猪繁殖与呼吸综合征病原学阴性
后备猪群	100%	混群前一次；混群后纳入生产母猪/种公猪监测范畴	抗体	只有猪繁殖与呼吸综合征免疫抗体阴性的猪，方可混群
种公猪	100%	1 次/半年	抗体	只有猪繁殖与呼吸综合征免疫抗体阴性的猪，方可留用
育肥猪	30 头以上	与生产母猪监测	抗体	10 周龄以上育肥猪，了解育肥猪群抗体情况，了解是否存在野毒循环

如维持性监测发现隐性感染个体或临床疑似病例，按猪繁殖与呼吸综合征监测净化阶段的"监测结果处理"处置。

检测方法：猪繁殖与呼吸综合征免疫控制阶段以病原学检测为主，兼顾血清抗体检测，其中病原学用于确诊猪繁殖与呼吸综合征病毒野毒感染，抗体检测用于辅助诊断并了解群体猪繁殖与呼吸综合征的抗体整齐度。猪繁殖与呼吸综合征监测净化阶段以血清学检测为主，辅以病原学检测，两种方法都用于发现猪繁殖与呼吸综合征隐性感染。

免疫控制阶段和监测净化阶段的血清学检测方法应优先选择 ELISA 方法或其他经试剂比对和有效验证可靠的方法；病原学检测方法应选用敏感性等于或高于 RT-PCR 的方法。试剂选择应坚持质量至上，应优先考虑重复性、特异性和敏感性。

检测试剂：为提高检测结果的科学性和可比性，确保以检测为基础的各项处理措施的严谨性，检测试剂的选择应以尽可能降低随机误差为目的，保持试剂的相对稳定，不宜频繁更换。养殖场可参考农业农村部净化评估认证标准的相关内容选择监测净化试剂。

（四）猪伪狂犬病

1. 本底调查阶段

调查目的：了解本场各年龄段猪群健康状态、免疫情况、免疫保护水平和感染状况，评估伪狂犬病发生和传播风险。

调查内容：按一定比例采集种公猪、生产母猪、后备种猪、保育猪和育肥猪血清，检测伪狂犬病免疫抗体（gB 抗体，下同）和野毒抗体（gE 抗体，下同）。参考本指南，分析本场猪伪狂犬病发生情况、周围疫情情况和本场隐性带毒情况等关键风险因子，评估本指南综合防控措施 部分所涉及的普通风险因子，重点了解本场后备种猪的健康筛选制度。根据净化成本和人力物力投入，制订适合于本场实际情况的净化技术方案。

2. 免疫净化阶段（图4-4）

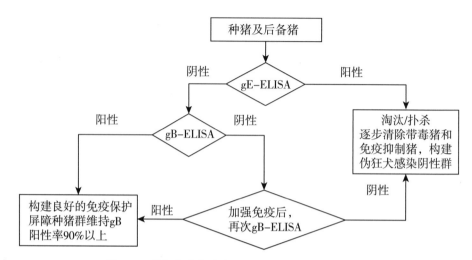

图 4-4 伪狂犬病免疫净化阶段种猪群主要技术路线

阶段目标：种公猪、生产母猪、后备猪及待售种猪，伪狂犬病 gE 抗体阴性；生产母猪、后备猪及待售种猪，伪狂犬病 gB 抗体合格率在90%以上；连续两年以上无临床病例发生。

免疫措施：进入免疫控制阶段，要求全场开展伪狂犬病基因缺失疫苗（gE 基因缺失）免疫，根据本场日常监测计划，确定和适时调整免疫程序。在做好种猪群免疫的基础上，重点做好保育、育肥猪群的免疫，确保6~10周龄以上育肥猪的免疫效果。同时着重确保后备猪并群前，逐头确认伪狂犬病 gB 抗体合格和 gE 抗体阴性。

监测内容及比例：本阶段监测重点在尽可能发现并淘汰 gE 抗体阳性猪，并确保后备猪健康入群，具体监测情况见表4-21。

表4-21 伪狂犬病免疫净化阶段监测情况

种群	监测比例	监测频率	监测内容	备注
生产母猪	25%	1次/季度	gB 抗体 gE 抗体	确保一年内，假定阴性群生产母猪普检完毕。有条件的养殖场，可一次性100%检测，缩短净化周期
引进种猪	100%	混群前一次；混群后纳入生产母猪/种公猪监测范畴	gE 抗体 gB 抗体	gE 抗体阴性，gB 抗体合格方可混群饲养。如外购精液，则应确保供体 gE 抗体阴性或精液伪狂犬病病原学阴性
后备猪群	100%	混群前一次；混群后纳入生产母猪/种公猪监测范畴	gE 抗体 gB 抗体	gE 抗体阴性，gB 抗体合格方可混群饲养
种公猪	100%	1次/半年	gE 抗体 gB 抗体	gE 抗体阴性，gB 抗体合格方可继续留用

（续表）

种群	监测比例	监测频率	监测内容	备注
育肥猪	30头以上	与生产母猪监测（采样）同步	gE抗体 gB抗体	10周龄以上育肥猪，了解育肥猪群免疫抗体水平，及时调整免疫程序；了解是否存在伪狂犬病野毒循环

监测结果处理：后备种猪、种公猪、引种猪群发现 gE 抗体阳性者，坚决予以淘汰。所有后备种猪和引进种猪，只有在确保 gE 抗体阴性的前提下方能并群饲养。育肥猪（10周龄以上）的伪狂犬病 gB、gE 抗体检测结果，作为养殖场伪狂犬病循环的重要监视靶标，需加以重视。

生产母猪 gE 抗体阳性率如低于15%，建议一次性全部淘汰。如出现疑似病例，应立即开展病原学检测，淘汰确诊病例，鼓励有条件的养殖场直接淘汰临床疑似种猪，加强同栏和同舍免疫，做好消毒和生物安全措施，防止舍间扩散。

监测效果评价：生产母猪历经两次及两次以上普检和隔离淘汰，且确认种公猪、生产母猪、后备猪及待售种猪，伪狂犬病 gE 抗体阴性；生产母猪、后备猪及待售种猪，伪狂犬病 gB 抗体合格率在90%以上；连续两年以上无临床病例发生后，认为达到免疫净化状态，可按照程序申请免疫净化评估认证。

净化维持性监测：种猪场达到伪狂犬病免疫净化状态或通过农业农村部评估认证后，可开展维持性监测，具体监测情况见表4-22。

表4-22 伪狂犬病免疫净化维持阶段监测情况

种群	监测比例	监测频率	监测内容	备注
生产母猪	30头以上	1次/季度	gE抗体	了解生产母猪群免疫抗体水平，及时调整免疫程序
	30头以上	1次/季度	gB抗体	
引进种猪	100%	混群前一次；混群后纳入生产母猪/种公猪监测范畴	gE抗体 gB抗体	gE抗体阴性，gB抗体合格方可混群饲养。如外购精液，则应确保供体 gE 抗体阴性或精液伪狂犬病病原学阴性
后备猪群	100%	混群前一次；混群后纳入生产母猪/种公猪监测范畴	gE抗体 gB抗体	gE抗体阴性，gB抗体合格方可混群饲养
种公猪	100%	1次/半年	gE抗体 gB抗体	gE抗体阴性，gB抗体合格方可继续留用
育肥猪	30头以上	与生产母猪监测（采样）同步	gE抗体 gB抗体	10周龄以上育肥猪，了解育肥猪群免疫抗体水平，及时调整免疫程序；了解是否存在伪狂犬病野毒循环

当维持性监测发现生产母猪或种公猪出现伪狂犬病 gE 抗体阳性，应立即淘汰并对阳性猪所在舍所有种猪开展伪狂犬病 gE 抗体检测，增加同舍种猪和小猪免疫强度，同舍小猪尽早出栏或淘汰；同时评估 生物安全措施有效性，跟踪其他猪舍感染风险。如发现育

肥猪伪狂犬病 gE 抗体阳性，提示育肥猪免疫程序存在问题，应及时调整，并加大后备猪筛选力度。

维持性监测期间，有条件的养殖场，可探索哨兵动物监测预警机制，于每栋猪舍两头各设置一栏非免疫小猪，跟踪观察，定期监测。

3. 非免疫净化阶段

养殖场经历免疫净化阶段工作，达到免疫净化水平后，可根据本场生物安全水平和周边疫情风险，自主选择性逐步退出免疫，开展本阶段的非免疫净化工作。

阶段目标：种公猪、生产母猪、后备猪及待售种猪，伪狂犬病 gE 或 gB 抗体阴性；停止免疫两年以上，且无临床病例发生。

监测内容及比例：本阶段监测主要目的是发现退出免疫后的抗体阳性个体，即认为野毒感染个体，具体监测情况见表 4-23。

表 4-23　伪狂犬病免疫非净化阶段监测情况

种群	监测比例	监测频率	监测内容	备注
生产母猪	25%	1 次/季度	gE 或 gB 抗体	确保一年内，假定阴性群生产母猪普检完毕。有条件的养殖场，可一次性 100%检测，缩短净化周期
引进种猪	100%	混群前一次；混群后纳入生产母猪/种公猪监测范畴	gE 或 gB 抗体	gE 或 gB 抗体阴性方可混群饲养。如外购精液，则应确保供体 gE 或 gB 抗体阴性或精液伪狂犬病病原学阴性
后备猪群	100%	混群前一次；混群后纳入生产母猪/种公猪监测范畴	gE 或 gB 抗体	gE 或 gB 抗体阴性方可混群饲养
种公猪	100%	1 次/半年	gE 或 gB 抗体	gE 或 gB 抗体阴性方可继续留用
育肥猪	30 头以上	与生产母猪监测（采样）同步	gE 或 gB 抗体	10 周龄以上育肥猪，了解是否存在伪狂犬病野毒循环

监测结果处理：后备种猪、种公猪、引种猪群发现伪狂犬病抗体阳性者，坚决予以淘汰。所有后备种猪和引进种猪，只有在确保伪狂犬病抗体阴性的前提下方能并群饲养。育肥猪（10 周龄以上）的伪狂犬病抗体检测结果，作为养殖场伪狂犬病循环的重要监视靶标，需加以重视。

如出现疑似病例，应立即开展病原学检测，淘汰确诊病例，鼓励有条件的养殖场直接淘汰临床疑似猪。必要时对同栏和同舍进行紧急免疫，做好消毒和生物安全措施，防止舍间扩散。

监测效果评价：生产母猪历经 1 次以上普检和隔离淘汰，且确认种公猪、生产母猪、后备猪及待售种猪，伪狂犬病 gE 或 gB 抗体阴性；连续两年以上无临床病例发生后，认为达到非免疫净化状态，可按照程序申请净化评估认证。

净化维持性监测：种猪场达到伪狂犬病非免疫净化状态或通过农业农村部评估认证后，可开展维持性监测，具体监测情况见表 4-24。

表 4-24　伪狂犬病免疫非净化阶段监测情况

种群	监测比例	监测频率	监测内容	备注
生产母猪	30 头以上	1 次/季度	gE 或 gB 抗体	
引进种猪	100%	混群前一次；混群后纳入生产母猪/种公猪监测范畴	gE 或 gB 抗体	gE 或 gB 抗体阴性方可混群饲养。如外购精液，则应确保供体 gE 或 gB 抗体阴性或精液伪狂犬病病原学阴性
后备猪群	100%	混群前一次；混群后纳入生产母猪/种公猪监测范畴	gE 或 gB 抗体	gE 或 gB 抗体阴性方可混群饲养
种公猪	100%	1 次/半年	gE 或 gB 抗体	gE 或 gB 抗体阴性方可继续留用
育肥猪	30 头以上	与生产母猪监测（采样）同步	gE 或 gB 抗体	10 周龄以上育肥猪，了解是否存在伪狂犬病野毒循环

如维持性监测发现隐性感染个体或临床疑似病例，按猪伪狂犬病监测净化阶段的"监测结果处理"处置。

4. 检测方法

猪伪狂犬病免疫净化阶段以 gE 抗体检测为主，兼顾 gB 抗体检测，前者意在发现病毒携带个体，后者旨在评估个体抗体水平和群体免疫保护屏障。猪伪狂犬病监测净化阶段以伪狂犬病抗体检测为主用于发现病毒携带个体。

免疫净化阶段和非免疫净化阶段的抗体检测应优先选择 ELISA 方法或其他经试剂比对和有效验证可靠的方法。试剂选择应坚持质量至上，免疫净化阶段 gB 抗体检测试剂应优先考虑重复性、特异性和与临床的符合性，而非免疫净化阶段伪狂犬病检测试剂和免疫控制阶断的 gE 抗体检测应优先考虑敏感性和特异性。建议非免疫净化阶段伪狂犬病检测项目，优先选用 gE 抗体检测。

为提高检测结果的科学性和可比性，确保以检测为基础的各项处理措施的严谨性，检测试剂的选择应以尽可能降低随机误差为目的，保持试剂的相对稳定，不宜频繁更换。养殖场可参考农业部净化评估认证标准的相关内容选择监测净化试剂。

四、规模化种猪场必要动物疫病净化的具体方案

（一）种猪场猪伪狂犬病净化方案

猪伪狂犬病（PR）是猪群多种传染病的原发性疾病之一。病毒（PRV）感染会导致种猪群繁殖障碍引发流产、死胎、新生仔猪典型神经症状，死亡率高达 100%，同时也是猪群免疫抑制性疾病、呼吸道病综合征、仔猪断奶后多系统衰竭综合征的原发病原之一。据调查发现 2012 年以来我国南北方大部分地区规模猪场出现猪伪狂犬病抬头趋势，暴发的猪场逐渐增加损失惨重。主要表现是母猪大面积流产，新生仔猪表现神经症状、后肢瘫痪、尖叫死亡率高；育肥猪表现类似流感样症状，表现为严重呼吸道病，咳喘、流鼻涕、四肢无力、采食量下降等症状，死亡率低，但淘汰率高。最近也有报道，我国 50% 以上的规模化猪场伪狂犬野毒（gE 基因）呈阳性，猪群野毒感染严重，并呈上升趋势。

1. 临床症状

特征：断奶仔猪发生顽固性腹泻；育肥猪出现高热和呼吸道症状。

伪狂犬病临床症状因猪的感染日龄不同而各有所异。初生乳猪多在产后 2~3 天发病，病猪震颤，精神沉郁，吮乳无力，体温升至 41~41.5℃，有的叫声嘶哑，流涎，眼睑水肿，共济失调，头颈歪斜，转圈运动，有的腹泻、呕吐或后肢瘫痪，犬坐，继而倒地，四肢划动，数分钟后恢复正常，自行站立，每隔数小时后又反复出现如上症状。1~2 天后，病猪口吐白沫、磨牙、呆立或盲目行走，抽搐、癫痫、角弓反张，最后死亡，往往全窝无一幸免；断乳前后仔猪发病率和死亡率较低，而一旦拉黄色稀粪时，常以死亡为转归；成年猪一般为隐性感染，主要出现咳嗽、打喷嚏、呼吸减慢等呼吸系统症状和发热、厌食等，3~5 天耐过，康复病猪长期带毒和排毒，成为本病的主要传染源，整体生产性能低下；怀孕母猪以流产、木乃伊胎、死胎、弱仔增多等为主要症状。

2. 病理变化

解剖可见膜脑充血、出血、脑脊髓液增多；肺水肿、部分有出血点（斑）；扁桃体肿胀、出血；肾脏布满针尖状出血；胃肠黏膜有炎症，胃底部大片出血；部分喉头黏膜出血。

3. 净化标准

（1）免疫净化标准。连续 2 年以上无临床病例；种公猪、生产母猪、后备种猪的 gE 抗体阴性，gB 抗体合格率90%（含）以上。

（2）非免疫净化标准。连续 2 年以上无临床病例；停止猪伪狂犬病免疫 2 年以上；种公猪、生产母猪、后备种猪抗体阴性。

4. 技术路线

（1）开展本底调查。按照种公猪普检、种母猪抽检至少10%的比例，检测 gE、gB 抗体，掌握猪群伪狂犬病野毒感染状况和免疫水平。

（2）确定净化方案。根据调查结果制订并适时调整具体净化方案。非免疫净化按照"检测—淘汰—分群"的循环模式，淘汰阳性带毒猪，逐步建立和扩大健康核心群；免疫净化按照"检测—淘汰—分群—免疫"的循环模式，淘汰野毒感染猪和免疫无应答猪，逐步建立和扩大健康核心群。gE 抗体阳性率低于10%的猪群，可直接进行非免疫净化；gE 抗体阳性率10%~20%的猪群，先进行免疫净化，再进行非免疫净化；gE 抗体阳性率高于20%~30%的猪群，全部清群、重新从净化场引种，或淘汰所有 gE 抗体阳性猪。

（3）落实保障。措施坚持科学饲养管理，健全生物安全防护体系，有效落实生物安全措施，保障净化技术支持。

5. 检测方法

（1）猪伪狂犬病病毒核酸检测。活猪采集扁桃体，病死猪或流产胎儿采集大脑、三叉神经节、扁桃体、淋巴结、肺脏等组织，依据《伪狂犬病诊断方法》（GB/T 18641—2018），利用 PCR 方法，检测组织中的猪伪狂犬病病毒核酸。

（2）血清学检测。

猪伪狂犬病病毒 gB（PRV-gB）抗体检测：采集猪血清，采用 ELISA 试剂盒，检测猪血清中的 PRV-gB 抗体，评估免疫抗体水平。

猪伪狂犬病病毒 gE（PRV-gE）特异性抗体检测：采集猪血清，利用 ELISA 试剂盒，检测猪血清中的 PRV-gE 特异性抗体，评估野毒感染状态。

6. 种猪群伪狂犬病野毒感染状况的普查阶段

采样数量及检测：按种公猪 100%、种母猪 10% 比例采集血液，分离血清。测定 PRV-gE 抗体，根据野毒抗体阳性率高低，确定具体净化方案。

净化方案的确定：

如果血清样品 PRV-gE 抗体阳性率低于 10%，可实行检测淘汰监测与认证维持的净化方案。

如果 PRV-gE 抗体阳性率在 10%～20%，可实行强化免疫检测淘汰补充阴性后备猪监测与认证维持的净化方案。

如果 PRV-gE 抗体阳性率在 20%～30%，可实施"部分清群"措施；如果 PRV-gE 抗体阳性率大于 30%，该猪群不具备净化条件。

7. 免疫净化

（1）免疫控制。

一是疫苗选择：推荐使用安全性高、免疫原性好的伪狂犬病 gE 基因缺失疫苗。

二是免疫程序：

稳定（有感染、无病例）猪场：种公猪每年集中普免 3 次，每次间隔 4 个月；种母猪每年普免 3～4 次，避免在分娩前 7 天内接种，或在产前 4 周和产后 2 周（空怀期）各免疫 1 次；也可根据疫苗免疫后抗体跟踪检测情况确定合理的免疫程序。后备猪在配种前 6～8 周、2～4 周各免疫 1 次；仔猪通常 60～70 日龄、90～100 日龄各免疫 1 次，也可通过测定在 50 日龄、60 日龄和 70 日龄时的 gB 抗体，每个阶段抽样 30 份，样品分别来自 10 窝猪，以 gB 抗体阳性率达 85% 为群体免疫合格的临界值，作为确定首免时间的参考，4 周后加强免疫 1 次。并根据母源抗体检测情况确定首免日龄。如果产房小猪和保育猪出现伪狂犬病临床症状的猪场，仔猪可采用出生 1～2 天内滴鼻免疫。

不稳定（有病例）猪场：种猪可连续免疫 2 次，每次间隔 1 个月；待稍稳定后，每年免疫 4 次，每次间隔 3 个月。后备猪在配种前 6～7 周、2～4 周各免疫疫苗 1 次。仔猪可在 1～2 日龄（使用活疫苗和专用滴鼻器），70～75 日龄、100～110 日龄各免疫 1 次。可根据本场实际进行调整。

三是免疫评价：

个体免疫抗体合格标准：PRV-gB 抗体按所选取的试剂盒判定标准执行。

群体免疫抗体合格标准：分别于免疫后 3～4 周抽样检测，采集 30 份血清，检测 gB 抗体、gE 抗体。当 gE 抗体阴性时，gB 抗体阳性率 85% 以上为群体免疫合格；在下次计划免疫前抽样检测，根据检测结果调整免疫程序。

临床评估：通过强化免疫后，母猪应无繁殖障碍，哺乳仔猪无尖叫、腹泻、转圈、死亡等现象；保育猪无神经症状，育肥猪无伪狂犬病病毒引起的呼吸道症状。

（2）监测净化。

一是种公猪每 4 个月集中普检 1 次，gE 抗体阳性猪，2～3 天后复检仍阳性猪淘汰；gE 抗体阴性猪检测 gB 抗体，2 次免疫 gB 抗体均为阴性猪淘汰。gE 抗体阴性、gB 抗体阳性猪继续留用。

二是生产母猪每半年普检1次，最好一次性集中普检，也可3个月集中检测50%。gE抗体阴性、gB抗体阳性猪继续留用；不达标猪淘汰或单独组群继续免疫，怀孕猪在隔离区/圈内分娩后淘汰。

三是后备种猪分别在选留时（4~5月龄）、配种前20~30天（7~8月龄）集中普检1次。gE抗体阴性、gB抗体阳性猪可留种，不达标猪淘汰。

四是引进种猪同后备种猪。如外购精液，确保精液病原学（PCR）阴性或供体gE抗体阴性。

（3）成效确认。

一是种公猪、生产母猪、后备种猪，gE抗体阴性、gB抗体合格率90%（含）以上；抗体整齐度高、离散度小；生产成绩稳定。

二是伪狂犬病稳定猪场：完成"检测淘汰"阶段，初步达到免疫净化标准1年后，在生产母猪群，先设立哨兵仔猪（gE，gB抗体均阴性），哨兵仔猪的数量为2%~3%（每条生产线30头猪，最低10头），均匀分散在不同的猪栏。1个月后全部检测，应该为野毒gE，gB抗体阴性；做2~3批猪重复试验，批次之间间隔1个月。后设立哨兵母猪，哨兵母猪占净化群体母猪数量2%~3%，或最低为10头母猪，也可固定一定数量的非免疫母猪哨兵猪，循环使用。非免疫哨兵母猪分别在配种前、妊娠后40~50天、80~90天、分娩后2周分别检测野毒抗体，其后代于断奶时（3~4周龄）全部检测，均应该为野毒抗体阴性。哨兵母猪需做2批或2次产仔周期的监测。一年内，全群公猪和母猪PRV-gE抗体阴性；疑似病例为伪狂犬病病原阴性；生产成绩正常稳定。猪群则进入稳定和维持阶段。

伪狂犬病净化猪场：在进入"稳定阶段"后，在1年内监测全群种猪，所有种猪的PRV-gE野毒抗体均为阴性；且全群种猪生产成绩正常，即为伪狂犬病净化猪场。

（4）维持净化。

一是种猪场要制定并实施合理的免疫程序，选用合格的猪伪狂犬病gE基因缺失灭活疫苗，按照免疫程序进行免疫接种。初步完成净化后改用灭活疫苗，并减少免疫次数，实行阶段免疫或部分猪群免疫，直至完全停止免疫。

二是完成免疫净化2年后，按种公猪普检、生产母猪抽检10%的比例，每年进行病原学和血清学检测1次；选留后备种猪、引进种猪进行gE、gB抗体检测，确保转入种猪群的猪只gE抗体为阴性，gB免疫抗体水平符合合格标准。引进精液时100%检测。

8. 非免疫净化

（1）适用条件。达到猪伪狂犬病免疫净化标准并退出免疫2年以上的猪群。

（2）监测净化。

一是种公猪：每半年集中普检1次。gE或gB抗体阴性猪继续留用，不达标猪淘汰。

二是生产母猪：每年普检1次，最好一次性集中普检，也可每季集中检测25%。gE抗体或gB抗体阴性猪继续留用，不达标猪淘汰。

三是后备种猪在选留混群前集中普检1次。gE抗体或gB抗体阴性猪可混群饲养，不达标猪淘汰。

四是引进种猪 gE 抗体或 gB 抗体阴性猪方可混群，如外购精液，确保精液病原学检测阴性或者供体 gE 抗体或 gB 抗体阴性。

（3）成效确认。连续 2 年种公猪、生产母猪、后备种猪、引进种猪、育肥猪 gE 抗体或 gB 抗体检测全部阴性，且全群生产成绩稳定正常，即为伪狂犬病净化猪场。

（4）净化维持。净化猪场第 1 年种公猪、后备种猪、引进种猪 100% 检测，生产母猪、育肥猪每季度抽选 30 头以上检测；gE 抗体或 gB 抗体仍保持全部阴性的，以后每隔 1 年对种公猪、生产母猪、后备种猪按 10% 抽检。

种猪群检测：每年对阴性种猪群，按 10% 比例随机抽样，监测 PRV-gE 特异性抗体。

后备猪的检测：在后备猪选留时进行 PRV-gE 特异性抗体和 PRV-gB 免疫抗体检测，确保转入种猪群的猪只 PRV-gE 抗体为阴性，PRV-gB 免疫抗体水平应符合合格标准。

引种检疫：从净化场引种，按照《跨省调运乳用、种用动物产地检疫规程》规定引进猪只。

病死猪的检测：要及时收集病死猪及母猪所生产的弱仔猪、死胎、流产胎儿，进行猪伪狂犬病病毒核酸检测，检测方法按 GB/T 18641—2018 的执行。如果猪伪狂犬病病毒核酸检测阳性，则检测对应的亲本母猪 PRV-gE 野毒抗体，阳性者淘汰。

9. 控制措施

伪狂犬病的控制与净化需要实施综合措施，包括规范的引种，严谨的生物安全措施，定期血清监测与病猪的果断淘汰，科学的免疫程序，良好的饲养管理以及优质高效的基因缺失疫苗的合理应用等。

（1）阴性猪场的控制措施。

一是规范引种：不得从本病阳性猪场引种（包括精液），而且应于种猪启运前对拟引进猪只采血送检，确定无伪狂犬野毒阳性后始可启运引进。种猪入场后，需隔离饲养观察至少 6 周才能并入生产猪群。为避免因引种带入病原的风险，提倡自繁自养。

二是实施封闭式管理：加强猪场大门口来往人员、车辆的严格控制与消毒，把病原拒于猪场之外；控制生产一线人员外出，严格细化回场后的消毒净化工作，防止把病原带回场内或猪舍内；原则上谢绝场外人员进入生产区参观。总之，尽最大可能把伪狂病毒拒于猪场之外。

三是实行猪场单一性饲养：伪狂犬病毒可以感染多种动物，猪场内不得混养多种家畜，有些养殖场户有养狗看门护院的习惯，但应该将狗拴住或关进笼里，不得让其到处走动，更不可让其进入产房叼食死仔、胎衣；严防野狗、野猫等动物钻入场内。

四是进行免疫接种：实践证明，进行免疫接种，保护易感猪群是预防本病最有效的措施之一。要建立健全符合本场实际的免疫程序，特别是要严格本病的免疫接种的操作规程，选用高效优质疫苗，确保易感猪群始终得到疫苗抗体的有效充分保护。

使用 PRVgE 基因缺失弱毒疫苗；优选国产苗：SA215 株（gE/gI、TK）；HB～98（gE/gI）。

后备种猪种：基础免疫后，于配种前一个月肌内注射 1 头份。

妊娠母猪：产前 4 周肌内注射 1 头份。

生产公猪：每 6 个月肌内注射 1 头份。

若采取全群"一刀切"的免疫方法，每年至少3~4次（每3~4个月一次）。妊娠母猪在产前4周加强免疫1次。

仔猪5~6周龄时（此时母源抗体较低）肌内注射1头份（若1日龄滴鼻时剂量减半）。感染压力大的猪场应于11~12周龄加强免疫一次。

五是建立健全规章制度：兽医防疫规章制度的建立健全和贯彻落实，是防止疫病暴发流行的重要保障，也是避免本病发生的重要手段。但笔者看到不少中小猪场不是防疫规章制度缺位，就是规章制度得不到贯彻落实。有的猪场大门口的消毒池没有半滴消毒水；有的猪场任由场外车辆人员随意进入生产场区；相当一部分中小猪场规范化、制度化的消毒工作基本缺位，如此种种是本病入侵危害的最大隐患。

（2）阳性猪场的控制策略。

一是隔离消毒与治疗：首先把出现临床症状的病猪及时隔离，严格消毒被其污染的栏舍，防止病原扩散。哺乳小猪发病严重，死亡率高，应予淘汰。抗生素治疗无济于事，有时可用排疫肽、干扰素等制剂试治，每猪每次1mL，每天一次，连用2~3天。成年猪或种猪，一般都能耐过，不需治疗，但由于康复后病猪能长期带毒排毒，原则上应予淘汰，不便淘汰时，需隔离专人饲养，加强消毒防止病原扩散。

二是改善饲养管理：对全群实施优饲，为各个生产阶段的猪群提供优质、合理和充足的营养物质，满足机体营需求；加强保健，用加强保易多按0.2%~0.3%实施混饮或混饲；用圆蓝重症康散（600kg料/500g）拌料混饲，连用5天，同时注射疫苗。对控制疫情有显著效果；生产管理上应实行早期（3周龄）断奶，隔离饲养和"全进全出"的管理方法，为猪群营造舒适的生活环境，减少环境应激。总之，通过改善管理提高猪群整体健康状况，增强机体抗病能力。

三是免疫接种：进行疫苗免疫接种是控制疫情乃至净化本病的重要措施。疫情发生后，给猪群接种疫苗可预防由本病导致的流产死胎和仔猪死亡，降低排毒量和缩短排毒持续时间，对于防止疫情扩散蔓延，减少经济损失等方面具有重要意义。由于灭活疫苗不能在靶组织定植，因此难以阻止或降低潜伏感染；而活疫苗可在短期内产生保护抗体，有效阻止或降低潜伏感染。对于感染压力较大的阳性场的易感猪群，应用活疫苗可以提供更迅速、更充分的保护力。因此，阳性场不宜使用灭活苗，而往往注射基因缺失弱毒疫苗（活疫苗）。免疫程序如下。

使用PRVgE基因缺失弱毒疫苗；优选国产苗：SA215株（gE/gI、TK）；HB~98（gE/gI）。

仔猪：1~3天滴鼻0.5头份，或45~50天免疫1头份；如作后备母猪则1~3天滴鼻，60天左右免疫一次；

种公猪：每年普免3次；

种母猪：产前28天和14天各一次；

后备母猪：配种前加强免疫1头份。

每季度或半年进行一次疫苗抗体水平检测，对疫苗抗体水平低下的个体或滴度参差不齐的群体予以补针或普注，以确保猪群保持较理想的疫苗抗体水平，避免本病发生，有效控制疫情。

四是检测淘汰病猪：病猪和隐性带毒者是本病的主要传染源，它们的存在是阳性场病原净化的最大障碍，应予特别关注。通常的做法是在疫情流行期间果断淘汰有临床症状的病猪，疫情平息后，则通过抽血检测来发现隐性带毒者。

种猪群：当抽检种猪群样品的伪狂犬病野毒感染抗体（gE 抗体）阳性率在 10% 以下时，对种猪群实行逐头采样检测。如 gE 抗体阳性，直接淘汰感染猪；对可疑样品，可用不同批次的同类试剂盒再次检测，也可在 10 ~ 14 天后再抽样复核；如仍为可疑，判为野毒感染阳性，直接淘汰。

后备种猪：对拟选留的后备种猪，可分别在 5 月龄或进入后备舍和配种前 1 个月检测 gE 抗体，如为阴性，即可作为种猪使用；gE 抗体阳性或两次可疑，应淘汰处理。

种猪场每年监测 2 次。种公猪（包括后备种公猪）应全部检测；种母猪（包括后备种母猪）按 10% ~ 20% 的比例抽检；商品猪不定期进行抽检。留作种用的仔猪在 100 日龄时检测。对有流产、产死胎、产木乃伊胎等症状的种母猪全部进行检测。

如果种猪群的伪狂犬病野毒抗体阳性率在 30% 以上，全部清群，重新引种；或者该猪群不能作为种猪群使用，通过加强免疫接种，作为商品猪场的繁殖猪群，最终全部淘汰该猪群。部分清群时，种公猪野毒抗体阳性立即淘汰；对有流产、产死胎、产木乃伊胎等症状的种母猪 100% 进行检测，伪狂犬野毒抗体阳性或生产性状表现较差的立即淘汰或断奶后淘汰；对阴性后备加大补充力度，更新率达到 40% 以上，逐步达到伪狂犬病净化猪群的目的。

通过检测，掌握猪群野毒感染状况，对于野毒感染阳性猪隐性带毒者要坚决淘汰，种用仔猪，阴性留种，阳性一律淘汰；阳性公猪绝对禁止用于采精或配种，发现一头淘汰一头，决不姑息；母猪一时无法淘汰的，也要严格限制其活动，防止猪与猪接触和人为传播。然后逐步进行淘汰，最终将所有阳性猪与带毒者统统清除出场，建立无伪狂犬病的种猪群，以至最终根除净化。

但有些猪场业主错误认为，母猪发病不死，有了免疫力，不予淘汰；也有的单从经济上考虑，觉得淘汰一头种猪不合算。因此，对发病种猪持姑息态度，结果导致本病在场内对猪群的持续危害，招到经济上的巨大损失。

五是清除传播媒介：进入生产区域人员和车辆严格消毒；一线生产人员严禁串栏串舍；生产工具不得混用；全场开展一次彻底的杀虫、灭蝇、灭鼠工作。尤其值得一提的是灭鼠问题，因为疫情一旦发生，鼠类就是本病毒的主要带毒者和传染媒介，是猪场控制伪狂犬病工作中绝对不容忽视的重要环节，应予高度重视。同时，要加强饲料保管，严防鼠害，被老鼠粪尿污染的饲料切勿用来喂猪。

六是加强消毒灭原：消毒是杀灭病原、防止疫情蔓延的有效手段。隔离病猪后，应严格消毒猪舍和周围环境，病猪舍可用 2% ~ 3% 氢氧化钠溶液或 20% 新鲜石灰乳消毒，并将消毒工作规范化、制度化；粪便、污染物和生产污水，经消毒液严格处理后才可排放；病死猪尸及流产胎儿、胎衣等，应及时收集，用密封袋装好，深埋处理，防止病原扩散。总之，只要扎扎实实地抓好以上各项措施，伪狂犬病是完全可以得到有效控制并最终根除净化的。

（3）配套保障措施。

健全生物安全体系：按 NY/T 1568—2007 规定执行，合理的猪场选址。优化生产结构和建筑布局，构建持续有效的生物安全防护体系。地理位置、有效屏障、结构布局、设施设备符合《动物防疫条件审查办法》相关要求；生活管理区、生产区、隔离区（分设引种隔离圈、病猪隔离圈）、粪污病害处理区，以及各功能圈舍、道路（净道、污道）设置、间距符合防疫要求；消毒、无害化处理、防鸟防鼠防虫等防疫设施设备齐全。

落实生物安全措施：建立完善并有效落实人流、物流管控和各项动物防疫制度。严格做好人员、物品、用具、车辆、猪舍内外环境、以及粪便排泄物和污水的消毒；谢绝参观，限制外来车辆、人员、物品入场；场内工作人员不对外兼职，工具用品专舍专用；粪污、流产物和病死动物进行无害化处理；定期杀虫灭鼠；加强各个环节、场所、物品、用具等的清洁消毒；所用弱毒疫苗经严格检测无外源性伪狂犬污染，接种疫苗避免共用针头。病死猪及母猪所生产的弱仔猪、死胎、流产胎儿按农医发〔2017〕25 号的规定执行。粪便按 NY/T 1168—2006 的规定进行无害化处理。定期开展杀虫、灭鼠、防蝇工作。

实行科学饲养管理：按 GB/T 17824.2—2008 的规定执行，加强饲养管理，减少应激。建立完善并有效落实生产管理制度，坚持自繁自养、分群饲养、封闭管理和全进全出饲养模式，有条件的分点（"两点式"或"三点式"）、分区饲养模式；禁止在猪场内饲养猫、犬等其他易感动物；使用符合相关卫生标准的饲料和饮水，禁止使用动物源性饲料；引种（含精液、胚胎等）来源于本病阴性且持有《种畜禽生产经营许可证》的企业，引进猪取得"三证"（种畜禽合格证、动物检疫证、种猪系谱证）；混群前严格隔离检测；健全各种生产和防疫档案记录。分别做好生产记录、饲料和饲料添加剂购进和使用记录、兽药购进和使用记录、畜禽免疫记录、消毒记录、病死畜禽无害化处理记录、防疫监测记录、畜禽疾病诊疗记录、粪便及污物无害化处理记录和产品销售记录等。

配备专业设备人员：在生产区外设置兽医实验室，配备适宜的设备及经验丰富的专业技术团队。

10. 注意事项

（1）由于一般弱毒疫苗有毒力返强和基因缺失弱毒苗有重组变强的可能，因此，当阴性猪场注射疫苗时，建议使用基因缺失灭活苗，既安全，又便于鉴别野毒感染抗体和疫苗抗体；而发生疫情后，为使受威胁的易感猪群尽快得到疫苗抗体的有效保护，应选用基因缺失弱毒苗。

（2）免疫接种时，一个猪场只能使用同一种基因缺失弱毒苗，不能使用两种或多种基因缺失弱毒苗，以防发生基因重组现象。

（3）感染后的母猪能长期带毒与排毒，对其实施免疫接种能有效降低其排毒量、缩短其排毒持续时间，对控制疫情具有重要意义。

（4）稀释疫苗须用专用稀释液，不得以生理盐水或纯净水代替。

（5）病猪和隐性带毒者以及鼠类是本病的主要传染源，要根除病原、净化猪场，必须定期进行抽样检测，发现病猪和隐性带毒者，并果断淘汰；还须加强常年灭鼠。

（6）本病对初生哺乳仔猪危害极大，为确保仔猪渡过这一难关，应特别关注妊娠母猪产前 4 周的免疫注射，以使母猪初乳中具有较高的母源抗体。

（二）种猪场猪瘟净化技术方案

1. 净化标准

（1）免疫净化标准：连续 2 年以上无临床病例；种公猪、生产母猪、后备种猪抽检猪瘟免疫抗体合格率 90% 以上；病原学检测阴性。

（2）非免疫净化标准：连续 2 年以上无临床病例；停止猪瘟免疫 2 年以上；种公猪、生产母猪、后备种猪、抽检猪瘟抗体全部阴性。

2. 技术路线

（1）开展本底调查：按照种公猪全检、生产母猪抽检 10% 的比例，活体采集扁桃体和血清样品，采用 RT-PCR 方法检测猪瘟野毒、ELISA 方法检测免疫抗体，掌握猪群带毒和免疫状况（包括免疫抗体合格率，抗体整齐度、离散度）。

（2）确定净化方案：根据调查结果制定并适时调整具体净化方案。非免疫净化按照"检测—淘汰—分群"的循环模式，淘汰阳性带毒猪，逐步建立和扩大健康核心群；免疫净化按照"检测—淘汰—分群—免疫"的循环模式，淘汰野毒感染猪和免疫不合格猪，逐步建立和扩大健康核心群。猪瘟免疫抗体合格率在 90% 以上且抗体整齐、病原学抽检测阴性的猪群，可在退出猪瘟免疫 2 年后进行非免疫净化；猪瘟免疫抗体合格率在 90% 以下、病原学抽检出现阳性的猪群，先进行免疫净化，再进行非免疫净化。

（3）落实保障措施：坚持科学饲养管理，健全生物安全防护体系，有效落实生物安全措施，保障净化技术支持。

3. 免疫净化方案

（1）免疫控制。疫苗选择：推荐使用安全性高、免疫原性好猪瘟传代细胞苗。

参考免疫程序：种公猪和生产母猪每年集中普免 2~3 次；仔猪根据母源抗体检测情况确定首免日龄，通常 4~5 周龄免疫 1 次，6 周后加强免疫 1 次；后备猪配种前 2~4 周免疫 1 次。种猪场可根据本地区、本场流行情况进行调整。

免疫效果评价：种公猪、生产母猪于免疫后 6 周采集血清普检，淘汰免疫应答低下猪只，直至免疫抗体合格率达到 90% 以上，进入监测净化阶段。

（2）监测净化。种公猪：每半年集中普检 1 次。免疫抗体不合格猪进行加强免疫 1 次，6 周后复检仍为阴性淘汰；野毒感染猪淘汰。

生产母猪：首次普检，集中普检或每季集中检测 25%。免疫抗体不合格猪加强免疫 1 次，6 周后复检仍不合格猪淘汰；野毒感染猪淘汰。

后备种猪：分别在 5 月龄、选留混群前（单圈饲养猪可在配种前 30 天）集中普检 1 次。免疫抗体合格且病原学检测阴性猪留种，不达标猪淘汰。

引进种猪：同后备种猪。如外购精液，确保精液病原学（RT-PCR）阴性或供体免疫抗体合格。

（3）成效确认。种公猪、生产母猪猪瘟抗体合格率 95% 以上，抗体整齐度高、离散度小，生产成绩稳定。

初步达到免疫净化标准 1 年后，在生产母猪群设立 2%~3%（最低 10 头）哨兵母猪（猪瘟抗体阴性），分散在不同栏舍，1 个月内检测抗体阴性，哨兵母猪在配种前、孕后 40~50 天和 80~90 天、产后 2 周检测猪瘟抗体阴性。

净化实施完成后连续 2 年，生产成绩正常稳定。种猪群每年按 10% 比例检测一次，确认净化效果。

（4）维持净化。完成免疫净化 2 年后，按种公猪普检、生产母猪抽检 10% 的比例，每年检测 1 次；选留后备种猪、引进种猪或精液时 100% 检测。

4. 非免疫净化方案

（1）适用条件。达到猪瘟免疫净化标准并退出免疫 2 年以上的猪群。

（2）监测净化。种公猪：每半年集中普检 1 次。抗体检测阴性猪继续留用，不达标猪淘汰。

生产母猪：每年普检 1 次，集中普检或每季集中检测 25%。抗体检测阴性猪继续留用，阳性猪淘汰。

后备种猪：在选留混群前普检 1 次。抗体检测阴性猪留用，阳性猪淘汰。

引进种猪：抗体检测阴性猪方可混群，如外购精液，确保精液病原学阴性和供体抗体阴性。

（3）成效确认。连续 2 年种公猪、生产母猪、后备种猪、引进种猪、育肥猪抗体检测全部阴性。

（4）维持净化。净化猪场第 1 年种公猪、后备种猪、引进种猪 100% 检测，生产母猪、育肥猪每季度抽选 30 头以上检测；抗体仍保持全部阴性的，以后每隔 1 年对种公猪、生产母猪、后备种猪按 10% 抽检。

5. 配套保障措施

（1）健全生物安全体系。地理位置、有效屏障、结构布局、设施设备符合《动物防疫条件审查办法》相关要求；生活管理区、生产区、隔离区（分设引种隔离圈、病猪隔离圈）、粪污病害处理区，以及各功能圈舍、道路（净道、污道）设置、间距符合防疫要求；消毒、无害化处理、防鸟防鼠防虫等防疫设施设备齐全。

（2）落实生物安全措施。建立并有效落实各项清洁消毒制度；谢绝参观，限制外来车辆、人员、物品入场；场内工作人员不对外兼职，工具用品专舍专用；粪污、流产物和病死动物进行无害化处理；定期杀虫灭鼠；所用弱毒疫苗经严格检测无外源性猪瘟污染，接种疫苗避免共用针头。

（3）实行科学饲养管理。坚持自繁自养、分群饲养、封闭管理和全进全出饲养模式，有条件的分点、分区饲养；不饲养其他动物；使用符合相关卫生标准的饲料和饮水，禁止使用动物源性饲料；引种（含精液、胚胎等）来源于本病阴性且持有《种畜禽生产经营许可证》的企业，引进猪取得"三证"（种畜禽合格证、动物检疫证、种猪系谱证）；混群前严格隔离检测；健全各种生产和防疫档案记录。

（4）配备专业设备人员。在生产区外设置兽医实验室，配备适宜的设备及经验丰富的专业技术团队。

（三）种猪场高致病性猪蓝耳病净化方案

1. 净化标准

以种猪场为单位，连续 2 年无临床病例，且病原学监测结果连续 1 年以上无阳性。

2. 净化条件

（1）种猪群出现高致病性猪蓝耳病临床症状超过 12 个月；

（2）预估种猪群高致病性猪蓝耳病病毒感染率<25%（30 个样本/群）；

（3）种猪群距离高致病性猪蓝耳病病毒感染场超过 3km；

（4）种猪群采用隔离生产系统（分群/分区隔离饲养）；

（5）种猪群停止使用高致病性猪蓝耳病疫苗时间≥2 年或从没有使用过疫苗，且净化期间不使用疫苗。

3. 净化技术路线

按照"检测—淘汰/分群→免疫→检测→淘汰—净化"的程序，采取对野毒感染猪群进行扑杀或淘汰，同时加强消毒和提高综合饲养管理水平等措施开展高致病性猪蓝耳病净化工作。

4. 净化实施步骤

（1）集成净化检测方法。

病原检测：按照《鉴别猪呼吸与繁殖综合征病毒高致病性与经典毒株复合 RT-PCR 方法》（GB/T 27517—2011）中规定的复合反转录聚合酶链式反应（RT-PCR）方法检测，适用于组织样品和血清样品。

抗体检测：按照《猪繁殖与呼吸综合征诊断方法》（GB/T 18090—2008）中规定的酶联免疫吸附试验（ELISA）方法检测，适用于血清样品检测。

（2）规范饲养管理行为。

按照《中华人民共和国畜牧法》及配套法规、《动物防疫条件审查办法》《种用动物健康标准》的规定，做好饲养管理和动物防疫工作。根据净化结果分群饲养，不从非净化场引种；严格执行引种隔离、观察、检测制度。

（3）净化前的准备。

实施方案：制订符合本场实际的净化实施方案。

技术人员：具有熟练进行耳静脉、前腔静脉和组织样品采集与检测的技术人员。

仪器设备：配备血液与组织样品采集、处理、保存设备，血清学和病原学检测设备。

（4）净化。

首次检测：利用 RT-PCR 和 ELISA 方法分别对所有核心群、后备群进行病原学和抗体检测，二者检测结果均阴性者留作种用。

扑杀：若 RT-PCR 和 ELISA 检测结果均为阳性，或 ELISA 结果为阴性但 RT-PCR 为阳性，表明该猪已经被野毒感染，应扑杀感染猪，并做好无害化处理。

隔离淘汰：ELISA 检测结果阳性但 RT-PCR 为阴性的猪，应及时隔离饲养，间隔 2 周后重新采样检测。若 ELISA 和 RT-PCR 检测均为阴性者留作种用；若 ELISA 检测结果阳性但 RT-PCR 为阴性的猪，应及时淘汰；若 RT-PCR 检测结果阳性，扑杀感染猪。

二次检测：间隔 3 个月再次采用 RT-PCR 和 ELISA 方法进行一次普检，处置措施同首次检测。

再次检测：连续 2 次检测结果均为阴性者，以后每 6 个月进行一次抽检，每次每群抽检 30~60 头，不足 30 头者全部检测。若有抽检出现阳性者则对全群进行普检并扑杀/淘汰阳性猪。

结果判定：连续 2 次采用 RT-PCR 和 ELISA 方法检测结果均为阴性的猪群为净化猪群，否则按照净化步骤循环进行。

每次样品的采集、检测、阳性猪的处理均应在 10 天内完成。

5. 净化效果的维持

（1）管理。严格执行卫生防疫制度，全面做好清洁和消毒；严格执行生物安全管理措施，实行人员进出控制隔离制度；规范饲养管理行为。

（2）免疫。种猪场按照"国家动物疫病强制免疫计划"的要求，对猪群实施除高致病性猪蓝耳病外的其他动物疫病免疫。免疫抗体合格率达到国家规定的要求。

（3）持续监测。净化猪群建立后，每 6 个月进行一次病原和抗体监测；每次每群抽检 30~60 头，不足 30 头者全部检测。以持续维持净化猪群的健康状态。

（四）种猪场猪气喘病的控制与净化方案

猪气喘病（猪支原体肺炎 MPS，猪地方性肺炎 EPS）是猪的一种直接接触、慢性呼吸道传染病，发病率高，很难根除，慢性病猪易诱发呼吸道的疾病，并增加病死率。多杀性巴氏杆菌、链球菌、胸膜肺炎放线杆菌等可加重病情的发生，引起猪呼吸疾病复合感染的综合症（PRDC）。近来，猪肺炎支原体由于与猪繁殖与呼吸道综合征病毒（PRRSV）和其他病原混合感染，使感染性进一步提高，并破坏猪群的免疫功能，易导致猪瘟免疫失败。大型猪场须据感染情况及养殖特点制订不同的净化方案。

1. 猪气喘病的发病特点

（1）品种敏感性。二花脸、梅山猪、姜曲海等极易感，仔猪最早 9 日龄即可表现明显症状。

（2）种猪场隐性感染和潜伏性感染猪为主要危害，尤以初产母猪为甚，初产母猪是控制和净化的重点。

（3）主要依靠疫苗预防、生物安全、药物控制三角形体系，支原体可以改变表面抗原而造成免疫逃逸，适当的用药程序比药物本身更重要，猪群要进行全群治疗而不仅仅是个体治疗。用促生长剂量代替治疗剂量是许多猪场用高效药物亦不能奏效的原因之一。

（4）MPS 常与多种细菌病毒及环境因素协同作用，引起猪呼吸道病复合体（PRDC），在 18~20 周龄育成猪发展到严重程度，临床表现明显，俗称"呼吸道病 18 周龄墙"。

2. 抗猪气喘病药物

（1）盐酸土霉素。对不经常使用土霉素的猪场，按 1 000g/t 饲料添加，连用 5~7 天，效果显著，超过 7 天易产生抗药性。

休药期为宰前 7 天。

土霉素针剂：浓缩长效盐酸土霉素针剂（"得来先"）。盐酸土霉素按每千克体重 6~8mg 作气管内注射病猪治疗效果较好。

治喘灵：小猪 1~3mL，中猪 4~6mL，大猪 7~12mL 疗效好。重病猪须配合卡那霉素肌注。

（2）泰乐菌素。饲料添加预防用量，1~3 周龄仔猪：100mg/kg 体重；4~6 周龄生长猪：40mg/kg 体重；育肥猪：20mg/kg 体重；一直到出栏止。

饲料中加入200mg/kg以上的磷酸泰乐菌素有一定治疗作用，泰乐菌素与土霉素或金霉素联合应用可增加疗效。

（3）泰妙菌素。以每天每千克体重50mg拌料，连续2周，可使发病猪在73~86天不发病；复方"金泰妙"（含49.5g泰妙菌素，150g金霉素纯品）按每吨饲料加1.5kg连续饲喂一个月对气喘病的发生有明显的预防作用；以每吨饲料加4.5kg"金泰妙"（含148.5g泰妙菌素，450g金霉素纯品）连续饲喂10天有明显的治疗作用。泰妙灵和磺胺嘧啶按每千克体重分别加20mg拌入饲料，连喂10天，亦有较好预防效果。泰妙菌素与金霉素或强力霉素联合应用脉冲给药可有效防治引发PRDC的支原体及细菌。

（4）林可霉素。又称洁霉素。在肺组织渗透力强，对肺部革兰氏阳性菌感染有特效。林可霉素按50mg/kg体重，5天一疗程，杂交猪2周治愈率可达88.67%，但对二花脸猪疗效较差，疗效与品种之间有明显的差异。轻病群每吨饲料加入200g，连续喂3周。休药期为宰前1天。复方：利高霉素预混剂：每千克含100g林可霉素、100g状观霉素，抗菌广谱，对PRDC有特效，治疗量：150~200mg/kg。预防量：乳猪1kg/t饲料，仔猪0.5~1kg/t饲料，中猪0.25~0.5kg/t饲料，大猪0.25kg/t饲料，宰前5天停药。新肥素：（每千克新肥素220含220g硫酸新霉素，相当于154g新霉素有效力价）对畜禽安全性高，无副作用。与利高霉素效用相似，用量：每吨全价饲料添加0.5kg新肥素220，休药期为宰前5天。

（5）克林霉素。效用理论上是林可霉素的四倍，饲料添加建议剂量为林可霉素的半量。克林霉素针剂对MPS治疗有速效。肌注用量：0.1~0.2mL/kg体重，一日1~2次，还可根据病情酌情加量。

（6）喹喏酮类药物。有较好疗效，常用恩诺沙星、诺氟沙星、氧氟沙星、环丙沙星、甲磺酸培氟沙星等。多用于口服，针剂或饮水，诺氟沙星、环丙沙星、氧氟沙星味苦，口服时应注意剂量，用量过大怀孕母猪易导致停食。恩诺沙星用量：400~800g/t饲料，肌内注射为2.5mg/kg体重，每日2次。

（7）硫酸卡那霉素注射液。肌注可延缓急性症状，见效快，但复发率较高，治愈率50%左右。与土霉素交替使用，可以提高疗效。

（8）其他。螺旋霉素、硫黏菌素、四环素、北里霉素、红霉素、甲砜霉素、氟苯尼考等多种药物可用，复方药物效果更好。金西林为专家推荐的防控PRDC的有效复方，增效金西林-500，有效成分为金霉素、磺胺二甲嘧啶、青霉素，抗菌广谱，抗菌力强，用量：1 000~1 250 mg/kg拌料，停药期：宰前7天。常用的复方还有：泰乐霉素+磺胺+青霉素、红霉素+状观霉素、氟甲砜霉素+强力霉素/金霉素/磺胺等。复方用药注意休药期及与饲料中Ca^{2+}、酸化剂等的配伍，支原净、四环素等还可引起"瘦肉精"检测假阳性。

3. 种猪场猪气喘病净化方案步骤

（1）种猪场猪气喘病摸底普查与监测。种猪场气喘病根据流行病学、临床症状和病变特征可做出初步诊断；早期诊断，早期隔离、及时消除传染源。确定病猪及早挑出，集中隔离饲养，进行有效的药物治疗并消毒处理，这是防止扩散、迅速控制本病发展的重要环节。实验室诊断方法有间接血凝，ELISA病原分离较难；通过群体临床调查，实验室PCR检测病原，对种猪、后备猪进行血清学检查，屠宰猪胸腔器官检查，可掌握全场猪气喘病及 PRDC 感染率，并确定猪场是属于低感染率、高感染率还是严重感染。评判标准见表4-25。

表4-25　猪支原体肺炎感染率临床症状大体评判标准

	判定参数	低感染率	高感染率	严重感染
保育猪	干咳、喷嚏	5%以下	5%~10%	10%以上
保育猪	干咳腹式呼吸	5%以下	5%~10%	10%以上
育肥猪	干咳喷嚏	8%以下	8%~16%	10%以上
育肥猪	干咳腹式呼吸	8%以下	8%~16%	16%以上
母　猪	咳嗽、喷嚏、腹式呼吸	3%以下	3%~10%	10%以上
屠　宰	典型肺病变	8%以下	8%~16%	16%以上
控制策略		免疫加药物	药物为主	只用药物

评判标准：保育猪、育肥猪、母猪、屠宰检查有2个标准达到即可确定规类。

检查方法：检查并记录咳嗽，特别在夜间、清晨打扫猪舍、喂食、运动时，尤其是强制运动时有无咳嗽、喷嚏现象；查呼吸，在猪群休息时注意呼吸次数和深度及是否有腹式呼吸现象；三是在肥猪及淘汰猪扑杀时，检查猪肺脏是否有典型肉变。

血清学监测方法：可用 IDEXX 的 ELIAS 试剂盒、江苏省农科院的 IHA。抗体阳性不能说明猪是否在发病或隐性带毒。

（2）饲养管理要点。

引种：坚持自繁自养和"全进全出"。

通风：合理调控猪舍通风是防止猪气喘病的关键措施之一。

温度：高密度猪场寒冷、潮湿的气候易感性大增，还要减少温差。

湿度：一般猪舍相对湿度保持在45%~75%。

密度：以小群体为好。

饲料与营养：避免饲料突然更换、饲料霉变等造成的应激。

消毒：定期消毒。冬天产房和保育舍以双氧水、过氧乙酸消毒有特别益处。

多点式生产：

两点式生产：配种、怀孕、分娩和哺乳在一地，保育、生长和育成在另一地。

三点式生产：是最流行的，配种、怀孕、分娩和哺乳在一地，然后集中在一起保育，生长及育成在另一地。

加强日常的隔离工作：由国外引进的纯种杜洛克、长白、大白及 PIC 配套系，由于核心场多采用 SPF 技术，MPS 一般很少存在，严格隔离饲养和21天断奶可有效防止 MPS 的发生。引进猪场与有 MPS 的其他猪混群，则须进行疫苗防疫，并适当配合用药；引进猪由于生长速度快，抗应激能力差，对饲养管理和提高生物安全标准要求较高；健康猪更易感，容易暴发新的疫病，同时对 APP、AR、PR、链球菌病、心包炎等影响母猪的繁殖性能，须作综合控制。

利用康复母猪基本不带菌、不排菌的原理，使用各种抗生素治疗使病猪康复，利用康复母猪建立健康群在我国当前最值得推广。小猪感染本病只能来自本窝母猪，反过来检查母猪是否为带菌母猪或已病母猪或是健康母猪，逐步确定无本病的健康母猪群，使之扩大为无本病的健康猪场。有条件的猪场可以用剖腹产建立无特定病原（SPF）猪核心群。

（3）免疫接种。

弱毒苗免疫保护率在78%~85%，168无细胞培养猪气喘病弱毒株冻干疫苗采用"苏气"穴肺内免疫，即在肩胛骨后缘（中上部）1cm处肋间隙，5~7日龄一次免疫即可一个月产生免疫力，免疫期9个月以上，仔猪60~80日龄进行二次免疫可以提高猪群免疫力。弱毒苗免疫后一周避免使用大剂量广谱抗生素，但可用阿莫西林、青链霉素。

灭活苗仔猪7~12日龄首免1~2mL，14天后再二免2mL。

后备母猪及其后代连续注射疫苗2年，可以控制猪气喘病，仔猪从哺乳期到架子猪都未出现气喘症状，通过疫苗注射，仔猪亦未发现气喘病的病变，可以定为健康猪群。

从集市上购买的苗猪或架子猪，临诊上如无咳嗽，又无气喘症状，体温正常（40℃以下），可以立即进行右侧肋间肺内注射疫苗1mL，在暴发此病猪场，未发病的棚舍，进行紧急预防，可以降低发病率。

（4）净化步骤：

一是高感染率猪场（控制第一阶段）

控制目标：以药物控制3个月，降低猪气喘病发病率至5%以下，使MPS及其他呼吸道疾病基本达到控制标准。

用药方案：

方案1：

母猪（可能隐性带菌者）临产前14~20天以1 000mg/kg土霉素碱饲喂1周，仔猪群中如有已感染病猪须及时隔离，并在二免前15天以0.1%土霉素碱连续饲喂1周。

母猪分娩前、后各1周的母猪料中、仔猪断奶前、后各1周的仔猪料中添加"加康"，按每吨饲料200~300/g吨量添加；或每吨添加支原净100mg/kg+金霉素300mg/kg，二药品轮流使用，每种药物可使用2个月。

育肥猪在13~18周龄墙发生前连续2周使用"加康"，每吨饲料200~300g/t量。

后备母猪：100mg泰妙菌素和400mg金霉素（或100g强力霉素）/kg饲料，每月1周，直喂至配种。

方案2：

经产母猪：每吨饲料中添加土霉素1 000mg/kg（或支原净100mg/kg+强力霉素150mg/kg），每月1次，每次7天。母猪分娩前后各一周用金霉素250mg/kg+氟苯尼考100mg/kg+阿莫西林250mg/kg拌料喂饲。

后备母猪：金霉素400mg/kg+支原净100mg/kg拌料，每月1次，每次7天，直至配种。

种公猪：土霉素1 000mg/kg拌料，每两月一次，每次7天。

哺乳仔猪：出生后1日龄注射瑞可新（泰拉菌素）0.2mL/头。

断奶仔猪：转到保育室后，饲料中添加药物支原净100mg/kg+阿莫西林250mg/kg+电解多维拌料，连续使用5天；间隔10天后于饲料中添加药物氟苯尼考100mg/kg+强力霉素100~150mg/kg+电解多维，连续使用5天。

育肥猪：保育转群至育肥后，饲料中添加电解多维+氟苯尼考100mg/kg+强力霉素150mg/kg/t，连用7天，间隔10天后再使用药物支原净100mg/kg+强力霉素100~150mg/kg/t，饲喂7天。

治喘灵：土霉素碱200目筛去颗粒，花生油熬开冷却后1 000mL加500g土霉素粉，无菌操作搅匀，分装与40mL或100mL无菌玻璃瓶中，避光保存，猪场一次制成油剂3 000mL，可存一年。油混悬液“治喘灵”5天一针为一疗程。一般用量小猪3~4mL，中猪6~8mL，大猪最多只需12mL/头，大剂量可颈部两侧行深部肌肉分点轮流注射，每5天治疗一次，一般治疗1~2次。此外，重病猪配合卡那霉素4~6mL/头肌注；20%~50%葡萄糖生理盐水50~100mL，腹腔注射；轻病猪使用治喘灵治疗1次即可收到良好效果。

二是低感染率猪场（控制第二阶段）

控制目标：基本净化猪气喘病，气喘病临床症状仔猪、育肥猪少于3%，母猪少于1%，屠宰典型肺病变少于3%。

用药方案：

怀孕母猪分娩前14~20天以支原净、利高霉素或林可霉素、克林霉素、甲砜霉素等投药7天。

仔猪1日龄口服0.5mL庆大霉素，仔猪5~7日龄免疫气喘病弱毒苗。20日龄仔猪注射瑞可新（泰拉菌素）0.2mL/头。或7日龄、21日龄2次分别免疫注射气喘病灭活苗1和2mL，并注射瑞可新（泰拉菌素）0.2mL/头。

保育猪、育肥猪、怀孕母猪脉冲用药，可选用1 000mg/L土霉素，200mg/L克林霉素，或200mg/L恩诺沙星，或300g加康。保育期2~3天给药，5~10天停药间隔，重复进行，育肥初期5天给药，30天停药间隔，育肥后期和怀孕母猪5~7天给药，40天停药间隔，重复进行。

种猪（包括种母猪、公猪、后备猪）每年春秋季各注射气喘灭活苗一次。

三是健康猪场维护（控制第三阶段）

仔猪免疫，保育猪、育肥猪、怀孕母猪脉冲用药。

（5）猪气喘病健康猪场鉴定标准。

观察3个月以上，未发现气喘病症状并同时放入易感健康小猪2头，同群饲养，也不被感染。

一年之内整个猪群未发现气喘病症状，检查所宰杀的肥猪、淘汰猪、死亡猪的肺部均无气喘病病变。

一年之内采用X光机透视检查全部断奶前后的小猪，间隔一个月左右透视两次以上，均无气喘病病变者。

五、净化效果维持措施

（一）加强管理

严格执行卫生防疫制度，全面做好清洁和消毒；严格执行生物安全管理措施，实行人员进出控制隔离制度；规范饲养管理行为。

（二）规范免疫

根据本地区和本场疫病流行情况，依据《中华人民共和国动物防疫法》及有关法律法规的要求，制定免疫程序，并按程序执行。通过净化评估认证的企业，根据自身情况可逐步退出免疫，实施非免疫无疫管理。如净化维持期间监测发现隐性感染或临床发病，应及时调整免疫程序，必要时全群免疫，加大监测和淘汰力度，实行全进全出，严格生物安全操作，维持净化效果。

（三）持续监测

净化猪群建立后，监测比例和频率同净化维持阶段，以持续维持净化猪群的健康状态。

（四）保障措施

养殖企业是疫病净化的实施主体和实际受益者，应遵守净化管理的相关规定，保障疫病净化的人力、物力、财力的投入，按本指南要求，结合本场实际，开展动物疫病净化。种猪场应做好疫病净化必要的软硬件设计改造，保障净化期间采样、检测、阳性猪淘汰清群、无害化处理等措施顺利实施。种猪场应按照本指南要求，健全生物安全防护设施设备、加强饲养管理、严格消毒、规范无害化处理，按期向净化认证单位提交疫病净化实施材料，并及时向净化认证单位报告影响净化维持体系的重大变更及疫病净化中的重大问题等。

第五章　规模化猪场重大疫病的防控

第一节　非洲猪瘟

非洲猪瘟（ASF）是由非洲猪瘟病毒引起的家猪和各种野猪的一种急性、热性、出血性、高度接触性、高致死率烈性传染病。该病以高热、皮肤发绀及内脏器官严重出血为特征。其病毒毒力分为强毒力毒株、中等毒力毒株和低毒力毒株三种类型。强毒力毒株可引起最急性型（感染 1~3 天死亡）和急性型（感染 6~15 天死亡）发病；中等毒力毒株可引起亚急性型（感染 7~20 天死亡）发病；低毒力毒株可引起慢性型（感染 30 天内或更长时间内死亡）发病。该病致死率高，最急性和急性感染死亡率高达 100%，强毒力毒株和中等毒力毒株引起的症状以发热和网状内皮组织出血为特征；临床表现为发热（达 40~42℃），心跳加快，呼吸困难，部分咳嗽，眼、鼻有浆液性或黏液性脓性分泌物，皮肤发绀，淋巴结、肾、胃肠黏膜明显出血，均可引起妊娠母猪流产；引起胎儿全身水肿，胎盘、皮肤、心肌或肝脏可见淤血点。发病率和死亡率最高可达 100%。世界动物卫生组织将其列为法定报告动物疫病，我国将其列为一类动物疫病。非洲猪瘟临床症状与猪瘟症状相似，只能依靠实验室监测确诊。

一、病原

非洲猪瘟病毒是非洲猪瘟科非洲猪瘟病毒属的重要成员，病毒有些特性类似虹彩病毒科和痘病毒科。病毒粒子的直径为 175~215nm，呈 20 面体对称，有囊膜。基因组为双股线状 DNA，大小 170~190kb。在猪体内，非洲猪瘟病毒可在几种类型的细胞浆中，尤其是网状内皮细胞和单核巨噬细胞中复制。该病毒可在钝缘蜱中增殖，并使其成为主要的传播媒介。

本病毒能从被感染猪之血液、组织液、内脏及其他排泄物中证实出来，低温暗室内存在血液中之病毒可生存 6 年，室温中可活数周，加热被病毒感染的血液 55℃ 30min 或 60℃ 10min，病毒将被破坏，许多脂溶剂和消毒剂可以将其破坏。

二、流行病学

1. 主要为害部位

脾脏、淋巴结、肾脏、肝脏、心脏等。

2. 宿主

家猪、野猪和软蜱。

3. 传染源

血液、组织、分泌物和排泄物（发病动物和死亡动物）为非洲猪瘟传染源。野猪、疣猪和软蜱是非洲猪瘟病毒的天然宿主和储存宿主。该病潜伏期为 4~15 天。

4. 传播途径

该病主要通过直接或者密切接触传染源传播，由感染猪排泄物经口鼻传播，或通过摄入含有病毒的食物或其他污染物（如潲水、废弃物、猪屠体等）而被感染，也可通过间接接触污染物或被软蜱叮咬而感染。所有品种、年龄和性别的猪均受感染。

ASF 病毒在不同的循环内持续存在，传统上是丛林传播循环、蜱—猪传播循环和家猪（猪—猪）传播循环。近期研究发现了野猪传播循环在某些情况下与家猪传播循环有所联系。丛林传播循环只发生在非洲的部分地区，并涉及疣猪—非洲钝缘蜱虫。蜱—猪传播循环涉及猪和钝缘蜱属蜱虫，被认为在非洲和伊比利亚半岛大量存在。从丛林传播循环（非洲野生猪科动物）到家猪传播循环（养殖猪）的传播是通过蜱虫间接造成的，这种情况可能会发生在猪和疣猪共同存在的地方。

5. 易感动物

猪与野猪对本病毒都系自然易感性的，各品种及各不同年龄之猪群同样是易感性，梦特哥马利氏等（Montgomery）于 1921 年曾设法试验白鼠、天竺鼠、兔、猫、犬、山羊、绵羊、牛、马、鸽等动物，都未被感染成功，非洲猪瘟，只传染猪不传染人。非洲猪瘟不是"人畜共患病"，不传染人，对人体健康和食品安全不产生直接影响，但对猪来说是非常致命的。从研究情况看，也不太可能出现变异毒株传染人的情况。

6. 传播媒介

非洲和西班牙半岛有几种软蜱是 ASFV 的贮藏宿主和媒介。美洲等地分布广泛的很多其他蜱种也可传播 ASFV。一般认为，ASFV 传入无病地区都与来自国际机场和港口的未经煮过的感染猪制品或残羹喂猪有关，或由于接触了感染的家猪的污染物、胎儿、粪便、病猪组织，并喂了污染饲料而发生。

7. 流行情况

1921 年肯尼亚首次报道发生非洲猪瘟疫情，一直存在于撒哈拉以南的非洲国家，该病于 20 世纪 60 年代传入欧洲，70 年代传入南美洲，多数被及时扑灭，但在葡萄牙、西班牙西南部和意大利的撒丁岛仍有流行。2007 年以来，非洲猪瘟在全球多个国家发生、扩散、流行，传入高加索地区和俄罗斯及其周边地区。2017 年 3 月以来，俄罗斯远东地区发生数起非洲猪瘟疫情。该病现主要在非洲、中东欧和高加索地区流行。

疫情发生地距离我国较近，另外，我国是养猪及猪肉消费大国，生猪出栏量、存栏量以及猪肉消费量均位于全球首位，每年种猪及猪肉制品进口总量巨大，与多个国家贸易频繁；而且，我国与其他国家的旅客往来频繁，旅客携带的商品数量多、种类杂。因此，非洲猪瘟传入我国的风险日益加大，一旦传入，其带来的直接以及间接损失将不可估量。对此，2017 年 4 月 12 日，我国农业部发布了关于进一步加强非洲猪瘟风险防范工作的紧急通知。

2018 年之前，中国没有非洲猪瘟发生。2018 年 8 月 2 日，经中国动物卫生与流行病学中心诊断，沈阳市沈北新区沈北街道（新城子）五五社区发生疑似非洲猪瘟疫情，并于 8 月 3 日上午 11 时确诊。成为国内首例病例。

分子流行病学研究表明：传入中国的非洲猪瘟病毒属基因 II 型，与格鲁吉亚、俄罗斯、波兰公布的毒株全基因组序列同源性为 99.95% 左右。

通常非洲猪瘟跨国境传入的途径主要有四类：一是生猪及其产品国际贸易和走私，二是国际旅客携带的猪肉及其产品，三是国际运输工具上的餐厨剩余物，四是野猪迁徙。从中国已查明疫源的 68 起家猪疫情看，传播途径主要有三种：一是生猪及其产品跨区域调运，约占全部疫情 19%；二是餐厨剩余物喂猪，约占全部疫情 34%；三是人员与车辆带毒传播，这是当前疫情扩散的最主要方式，约占全部疫情 46%。

健康猪与患病猪或污染物直接接触是非洲猪瘟最主要的传播途径，猪被带毒的蜱等媒介昆虫叮咬也存在感染非洲猪瘟的可能性。

根据官方公布数据统计，截至 2019 年 12 月 24 日，全国已有 31 个省份发生非洲猪瘟疫情共 161 起，其中 2018 年 5 个月发生 99 起，家猪 157 起，野猪 4 起；全国累计扑杀生猪 119.2 万头。

三、发病机理

ASFV 可经过口和上呼吸道系统进入猪体，在鼻咽部或是扁桃体发生感染，病毒迅速蔓延到下颌淋巴结，通过淋巴和血液遍布全身。强毒感染时细胞变化很快，在呈现明显的刺激反应前，细胞都已死亡。弱毒感染时，刺激反应很容易观察到，细胞核变大，普遍发生有丝分裂。发病率通常在 40%~85%，死亡率因感染的毒株不同而有所差异。高致病性毒株死亡率可高达 90~100%；中等致病性毒株在成年动物的死亡率在 20%~40%，在幼年动物的死亡率在 70%~80%；低致病性毒株死亡率在 10%~30%。

四、临床症状

自然感染潜伏期 5~9 天，往往更短，临床实验感染则为 2~5 天。发病时体温升高至 41℃，约持续 4 天，直到死前 48h，体温开始下降为其特征，同时临床症状直到体温下降才显示出来，故与猪瘟体温升高时症状出现不同；最初 3~4 天发热期间，猪没有食欲，显出极度脆弱；猪只躺在舍角，强迫赶起要它走动，则显示出极度累弱，尤其后肢更甚；脉搏动快、咳嗽、呼吸快约 1/3，显呼吸困难；浆液或黏液脓性结膜炎，有些毒株会引起带血之下痢、呕吐、血液变化似猪瘟；从 3~5 个病例中，显示有 50% 白血球数减少现象，淋巴球也同样减少，体温升高时发生白血球性贫血，至第四日白血球数降至 40% 才不下降，也可观察到未成熟中性球数增加，往往发热后第七天死亡，或症状出现仅一二天便死亡。

1. 最急性型

发病特征是高热（41~42℃），食欲废绝、厌食，不愿活动，气喘。猪在发病 3 天内有可能突然死亡，或在无任何临床症状的情况下死亡。最急性型发病率和死亡率可达 100%。

2. 急性型

病猪表现发热（40~42℃），食欲不振，厌食，嗜睡且体质虚弱，身体蜷缩，呼吸频率增加，呼吸困难；耳朵、胸部、腹部、后腿、会阴、尾巴、臀部等处皮肤充血，变红色或蓝色，出现青紫斑块和出血斑（出血斑呈点状或片状）；眼和鼻有脓性分泌物，或鼻子和口腔有血液泡沫；有的出现便秘，粪便表面有血液和黏液覆盖，有的出现腹泻，粪便带有黏液或血液（黑便），尾部周围区域被带血的粪便污染。妊娠母猪在孕期各个阶段都有可能流产，流产胎儿皮肤水肿。猪在发病 15 天内死亡。发病仔猪的耳、鼻、唇和腿皮肤发红；共济失调或步态僵直，出现神经症状，数小时内死亡。急性型发病率和死亡率可达 100%。

3. 亚急性型

亚急性型临床症状与急性型的临床症状相似（通常较不强烈）。病猪常见不同程度的发热（波动性发热），精神沉郁，食欲不振；行走时出现疼痛，关节因积液和纤维化而肿胀；呼吸困难，出现呼吸道症状。妊娠母猪易流产，流产胎儿皮肤水肿。病猪在 20 天内死亡，死亡率为 30%~70%。耐过猪经 3~4 周康复，但成为带毒猪。

4. 慢性型

病猪轻微发热（40~40.5℃），伴随有轻度呼吸困难及中度至重度关节肿胀；不出现出血变化，但皮肤发生坏死，局部出现红斑或突起，常见于耳部、腹部和大腿内侧等部位。妊娠母猪易流产。

五、剖检病变

1. 最急性型

发病猪急性死亡，各器官肉眼观察无明显病理特征。

2. 急性型

病猪皮下、浆膜、黏膜出血，在耳、鼻、腋下、腹、会阴、尾、脚无毛部分呈界线明显的紫色斑，耳朵紫斑部分常肿胀，中心深暗色分散性出血，边缘褪色，尤其在腿及腹壁皮肤肉眼可见到。

切开胸腹腔、心包、胸膜、腹膜上有许多澄清、黄或带血色液体，尤其在腹部内脏或肠系膜上表部分，小血管受到影响更甚，于内脏浆液膜可见到棕色转变成浅红色之瘀斑，即所谓的麸斑，尤其于小肠更多，直肠壁深处有暗色出血现象，肾脏有弥漫性出血情形，胸膜下水肿特别明显，及心包出血。

淋巴结增大、水肿和有罕见的不同程度的出血现象，上表或切面有似血肿结节，质地变脆，形态类似血块，呈大理石花斑。

脾脏增大（3~6 倍不等）、质地脆化易碎，髓质肿胀区呈暗红色甚至黑紫色，切面突起，淋巴滤胞小而少，有 7% 猪脾脏边缘发生小而暗红色突起三角形栓塞梗坏情形。

肾脏包膜出现斑点状出血，皮层和肾盂有出血点；膀胱有出血点。

心包、胸腔、腹腔积有淡黄色液体；心外膜、心肌出现点状出血或出血斑；心包液特别多，少数病例中呈混浊且含有纤维蛋白，但多数心包膜及心内膜充血。

肺脏水肿、充血、出血，严重的出现间质性肺水肿，肺切面流出泡沫性液体，气管和支气管内有血性泡沫样黏液；喉、会厌有瘀斑充血及扩散性出血，比猪瘟更甚，瘀斑有发生瘀气管前 1/3 处，镜检下，肺泡则呈现出血现象，淋巴球呈破裂。

肝脏肉眼检查显正常，充血暗色或斑点大多异常，近胆部分组织有充血及水肿现象，小叶间结缔组织有淋巴细胞、浆细胞（Plasma Cell）及间质细胞浸润，同时淋巴球之核破裂为其特征。

胃、小肠和大肠有充血淤斑而没有出血病灶、淤血及过量凝血；肝脏充血、出血，胆囊充盈、充血、出血。发生腹泻或血便的病猪可见出血性肠炎。

显微镜下，于真皮内小血管，尤其在乳头状真皮呈严重的充血和肉眼可见的紫色斑，血管内发生纤维性血栓，血管周围有许多之嗜酸球，耳朵紫斑部分上皮之基层组织内，可见到血管血栓性小坏死现象。

3. 亚急性型

病猪体内有腹水和心包积液，发生浆液性心包炎（心脏周围液体充盈），严重的发生纤维素性心包炎；

胆囊、胆囊壁及肝脏周围出现特征性胶冻样水肿；

脾脏起初表现出血肿大，之后逐渐转归，然后伴随有局灶性梗坏，最终消失；

淋巴结出血、水肿、易碎，出现深红色血肿（特别是胃淋巴结和肾淋巴结）；

肾脏严重出血（有瘀斑和瘀血），皮质、髓质和肾盂出现广泛性出血，比急性型更严重。

4. 慢性型

病猪肺部出现干酪样坏死，或肺部局部出现肉芽肿，形成结节，发生纤维素性胸膜炎、干酪样肺炎；淋巴结（主要是纵隔淋巴结）淋巴网状组织增生肿大及局部出血；在扁桃体和舌上可见坏死。

六、诊断

1. 临诊诊断

非洲猪瘟与猪瘟的其他出血性疾病的症状和病变都很相似，它们的亚急性型和慢性型在生产现场实际上是不能区别的，因而必须用实验室方法才能鉴别。如果发现现场尸体解剖的猪出现脾和淋巴结严重充血，形如血肿，则可怀疑为猪瘟。

2. 实验室诊断

（1）红细胞吸附试验。将健康猪的白细胞加上非洲猪瘟猪的血液或组织提取物，37℃培养，如见许多红细胞吸附在白细胞上，形成玫瑰花状或桑葚体状，则为阳性。

（2）直接免疫荧光试验。荧光显微镜下观察，如见细胞浆内有明亮荧光团，则为阳性。

（3）动物接种试验。

（4）间接免疫荧光试验。将非洲猪瘟病毒接种在长满 Vero 细胞的盖玻片上，并准备未接种病毒的 Vero 细胞对照。试验后，对照正常，待检样品在细胞浆内出现明亮的荧光团核荧光细点可被判定为阳性。

（5）酶联免疫吸附试验。对照成立时（阳性血清对照吸收值大于 0.3，阴性血清吸收值小于 0.1），待检样品的吸收值大于 0.3 时，判定为阳性。

（6）免疫电泳试验。抗原于待检血清间出现白色沉淀线者可判定为阳性。

（7）间接酶联免疫蚀斑试验。肉眼观察，或显微镜下观察，蚀斑呈棕色则为阳性，无色则为阴性。

七、综合防控

1. 非洲猪瘟防控原则（24 字原则）

加强指导，密切配合，依靠科学，依法防治，群防群控，果断处理。

2. 非洲猪瘟防控方针（4 字方针）

早，及早发现；快，快速反应；严，严格处置；小，减小损失。

3. 预防措施

（1）加强饲养管理。猪群必须按日龄分类隔离饲养（采取全进全出饲养管理）；加强营养，饲喂全价饲料，提高猪的免疫力和抗病力，如适当饲喂高免回春素、芪贞增免颗粒、优肥素等。

（2）加强生物安全措施。由于在世界范围内没有研发出可以有效预防非洲猪瘟的疫苗，但高温、消毒剂可以有效杀灭病毒，所以做好养殖场生物安全防护是防控非洲猪瘟的关键。

提高养殖场所生物安全管理水平，改善或建立良好的生物安全管理机制，降低病毒的侵入，严格控制人员、车辆和易感动物进入养殖场；进出养殖场及其生产区的人员、车辆、物品要严格落实消毒等措施，做到"管住车、守住门、把住料、盯住人、看住猪、关住邻。"不要从外面引进种猪；不要从外面买肉和肉制品入场；少参会、少出差、少聚餐；控制车辆及人员入场；发现异常病例立即隔离送检；密切关注邻近地区和周边猪场状况；将防控级别提升至最高水平。应尽量减少养殖场人员访问，并要求入场前清洁、消毒鞋靴，或更换衣物和鞋类后方可进入，特别是高风险人群，如养殖场主、猪贩子、患场推销人员、从事生猪工作的人员等。车辆禁止进入养殖场，或进入时应进行彻底清洗、消毒。养殖场应实行封闭饲养，避免引入新的动物。禁止生猪交易市场的猪再次返回养殖场，或应采取相关隔离防疫措施。日常防止野生鸟类、昆虫或其他动物进入或靠近养殖舍、饲料和水源。尽可能封闭饲养生猪，采取隔离防护措施，尽量避免与野猪接触、钝缘软蜱等吸血昆虫接触叮咬。

（3）加强清洁和消毒。设备和相关场所应经常清洁和消毒，增加消毒频率。在消毒前，首先应清理猪圈、设备、车辆附着的有机物质。车辆和人员（包括鞋、设备等）在进出养殖场时应消毒。消毒剂可选用戊二醛、次氯酸盐、菌毒威（聚维酮碘）、通杀、氢氧化钠等。注意防止蜱虫等吸血昆虫叮咬，不定期驱杀蜱虫，减少传播途径。

（4）严禁使用未经高温处理的餐馆、食堂的泔水或餐余垃圾饲喂生猪。采用泔水喂猪的猪场避免给猪喂食含有猪肉的泔水，且泔水在饲喂前应充分搅拌，并煮沸消毒30min，待冷却后再饲喂。在无本病的国家和地区应防止 ASFV 的传入，在国际机场和港口，从飞机和船舶来的食物废料均应焚毁。

（5）提高防控意识。积极配合当地动物疫病预防控制机构加强疫情日常监测排查，及时掌握疫情发生的风险和动态，防止疫情暴发，发现疑似病例及时上报、及时处置。特别是发生猪瘟疫苗免疫失败、不明原因死亡等现象，应及时上报当地兽医部门。养殖户应积极学习非洲猪瘟防范知识和防控政策，增强防范意识。

4. 控制措施

对无本病地区事先建立快速诊断方法和制订一旦发生本病时的扑灭计划。遇到疑似疫情时，立即采取适当的行动措施，上报相关部门，尽早识别与确诊；尽早确定污染和可能污染的场所，现场的垫料、饲料和动物一律不得流出（因为动物在临床症状出现前48h就开始大量排出病毒），努力控制和防止疫病的蔓延；尽早对感染和可能感染的猪场实施严格有效的检疫封锁；尽早销毁和无害化处理病死猪和污染物，彻底清洁消毒场地；尽早划定控制区，制定有效防控对策，防止带毒和可能带毒的猪及其产品流通；控制野猪及软蜱等吸血昆虫与生猪接触。由于非洲猪瘟是通过病毒传播，发病后死亡率极高，目前无法使用药物与疫苗对其进行治疗，发现病猪后要及时向有关部门上报，积极配合，对猪群做无害化处理。重点抓好"五控一隔离"：控"猪"就是严控外部生猪流入河南，控"肉"就是严禁从外省疫区购进猪肉及相关制品，控"泔"就是严格泔水管理、禁止泔水喂猪，控"宰"就是管控好生猪屠宰环节，控"检"就是严格生猪及猪肉制品的抽样检测，"一隔离"就是构筑养殖场周边生物安全隔离带，进一步织密防控网络，严防新的疫情发生。

八、疫苗研制

2019年5月24日，由中国农业科学院哈尔滨兽医研究所自主研发的非洲猪瘟疫苗取得阶段性成果。中国在非洲猪瘟疫苗创制阶段主要取得以下五项进展。

一是分离中国第一株非洲猪瘟病毒。建立了病毒细胞分离及培养系统和动物感染模型，对其感染性、致病力和传播能力等生物学特性进行了较为系统的研究。

二是创制了非洲猪瘟候选疫苗，实验室阶段研究证明其中两个候选疫苗株具有良好的生物安全性和免疫保护效果。

三是两种候选疫苗株体外和体内遗传稳定性强。分别将两种候选疫苗株在体外原代细胞中连续传代，其生物学特性及基因组序列无明显改变，猪体内连续传代，也未发现明显毒力返强现象。

四是明确了最小保护接种剂量，证明大剂量和重复剂量接种安全。

五是临床前中试产品工艺研究初步完成，已建立两种候选疫苗的生产种子库，初步完成了疫苗生产种子批纯净性及外源病毒检验，初步优化了候选疫苗的细胞培养及冻干工艺。

九、非洲猪瘟疫情应急实施方案

为有效预防、控制和扑灭非洲猪瘟疫情，切实维护养猪业稳定健康发展，保障猪肉产品供给安全，根据《中华人民共和国动物防疫法》《中华人民共和国进出境动植物检疫法》《重大动物疫情应急条例》《国家突发重大动物疫情应急预案》等有关规定，制定本实施方案。

（一）疫情报告与确认

任何单位和个人，一旦发现生猪、野猪异常死亡等情况，应立即向当地畜牧兽医主管部门、动物卫生监督机构或者动物疫病预防控制机构报告。

县级以上动物疫病预防控制机构接到报告后，根据临床诊断和流行病学调查结果怀疑发生非洲猪瘟疫情的，应判定为可疑疫情，并及时采样送省级动物疫病预防控制机构进行检测。相关单位在开展疫情报告、送检、调查等工作时，要及时做好记录备查。

对首次发生疑似非洲猪瘟疫情的省份，省级动物疫病预防控制机构根据检测结果判定为疑似疫情后，应立即将样品送中国动物卫生与流行病学中心确诊，同时按要求将疑似疫情信息以快报形式报中国动物疫病预防控制中心。

对再次发生疑似非洲猪瘟疫情的省份，由省级动物疫病预防控制机构进行确诊，同时按要求将确诊疫情信息以快报形式报中国动物疫病预防控制中心，将病料样品送中国动物卫生与流行病学中心备份。

对由中国动物卫生与流行病学中心确诊的疫情，中国动物卫生与流行病学中心按规定同时将确诊结果通报样品来源省级动物疫病预防控制机构和中国动物疫病预防控制中心。中国动物疫病预防控制中心按程序将有关信息报农业农村部。农业农村部根据确诊结果和相关信息，认定并发布非洲猪瘟疫情。

在生猪运输过程中，动物卫生监督检查站查到的非洲猪瘟疫情，其疫情认定程序，由农业农村部另行规定。

各地海关、林业和草原部门发现可疑非洲猪瘟疫情的，要及时通报所在地省级畜牧兽医主管部门。所在地省级畜牧兽医主管部门按照上述要求及时组织开展样品送检、信息上报等工作，按职责分工，与海关、林业和草原部门共同做好疫情处置工作。农业农村部根据确诊结果，认定并发布疫情。

（二）疫情响应

1. 疫情分级

根据疫情流行特点、危害程度和涉及范围，将非洲猪瘟疫情划分为四级：特别重大（Ⅰ级）、重大（Ⅱ级）、较大（Ⅲ级）和一般（Ⅳ级）。

（1）特别重大（Ⅰ级）疫情。全国新发疫情持续增加、快速扩散，30天内多数省份发生疫情，对生猪产业发展和经济社会运行构成严重威胁。

（2）重大（Ⅱ级）疫情。30天内，5个以上省份发生疫情，疫区集中连片，且疫情有进一步扩散趋势。

（3）较大（Ⅲ级）疫情。30天内，2个以上、5个以下省份发生疫情。

（4）一般（Ⅳ级）疫情。30天内，1个省份发生疫情。必要时，农业农村部将根据防控实际对突发非洲猪瘟疫情具体级别进行认定。

2. 疫情预警

发生特别重大（Ⅰ级）、重大（Ⅱ级）、较大（Ⅲ级）疫情时，由农业农村部向社会发布疫情预警。发生一般（Ⅳ级）疫情时，农业农村部可授权相关省级畜牧兽医主管部门发布疫情预警。

3. 分级响应

发生非洲猪瘟疫情时，各地、各有关部门按照属地管理、分级响应的原则做出应急响应。

（1）特别重大（Ⅰ级）疫情响应。农业农村部根据疫情形势和风险评估结果，报请国务院启动Ⅰ级应急响应，启动国家应急指挥机构；或经国务院授权，由农业农村部启动Ⅰ级应急响应，并牵头启动多部门组成的应急指挥机构。全国所有省份的省、市、县级人民政府立即启动应急指挥机构，实施非洲猪瘟防控工作日报告制度，组织开展紧急流行病学调查和排查工作。对发现的疫情及时采取应急处置措施。各有关部门按照职责分工共同做好非洲猪瘟疫情防控工作。

（2）重大（Ⅱ级）疫情响应。农业农村部，以及发生疫情省份及相邻省份的省、市、县级人民政府立即启动Ⅱ级应急响应，并启动应急指挥机构工作，实施非洲猪瘟防控工作日报告制度，组织开展监测排查。对发现的疫情及时采取应急处置措施。各有关部门按照职责分工共同做好非洲猪瘟疫情防控工作。

（3）较大（Ⅲ级）疫情响应。农业农村部，以及发生疫情省份的省、市、县级人民政府立即启动Ⅲ级应急响应，并启动应急指挥机构工作，实施非洲猪瘟防控工作日报告制度，组织开展监测排查。对发现的疫情及时采取应急处置措施。各有关部门按照职责分工共同做好非洲猪瘟疫情防控工作。

（4）一般（Ⅳ级）疫情响应。农业农村部以及发生疫情省份的省、市、县级人民政府立即启动Ⅳ级应急响应，并启动应急指挥机构工作，实施非洲猪瘟防控工作日报告制度，组织开展监测排查。对发现的疫情及时采取应急处置措施。各有关部门按照职责分工共同做好非洲猪瘟疫情防控工作。

发生特别重大（Ⅰ级）、重大（Ⅱ级）、较大（Ⅲ级）、一般（Ⅳ级）等级别疫情时，要严格限制生猪及其产品由高风险区向低风险区调运，对生猪与生猪产品调运实施差异化管理，关闭相关区域的生猪交易场所，具体调运监管方案由农业农村部另行制定发布并适时调整。

4. 响应级别调整与响应终止

根据疫情形势和防控实际，农业农村部或相关省级畜牧兽医主管部门组织对疫情形势进行评估分析，及时提出调整响应级别或终止应急响应的建议由原启动响应机制的人民政府或应急指挥机构调整响应级别或终止应急响应。

（三）应急处置

1. 可疑和疑似疫情的应急处置

对发生可疑和疑似疫情的相关场点实施严格的隔离、监视，并对该场点及有流行病学关联的养殖场（户）进行采样检测。禁止易感动物及其产品、饲料及垫料、废弃物、运载工具、有关设施设备等移动，并对其内外环境进行严格消毒。必要时可采取封锁、扑杀等措施。

2. 确诊疫情的应急处置

疫情确诊后，县级以上畜牧兽医主管部门应当立即划定疫点、疫区和受威胁区，开展追溯追踪调查，向本级人民政府提出启动相应级别应急响应的建议，由当地人民政府依法做出决定。

（1）划定疫点、疫区和受威胁区。

疫点：发病猪所在的地点。相对独立的规模化养殖场（户）、隔离场，以病猪所在的养殖场（户）、隔离场为疫点；散养猪以病猪所在的自然村为疫点；放养猪以病猪活动场地为疫点；在运输过程中发现疫情的，以运载病猪的车辆、船只、飞机等运载工具为疫点；在牲畜交易场所发生疫情的，以病猪所在场所为疫点；在屠宰加工过程中发生疫情的，以屠宰加工厂（场）（不含未受病毒污染的肉制品生产加工车间）为疫点。

疫区：一般是指由疫点边缘向外延伸 3km 的区域。受威胁区：一般是指由疫区边缘向外延伸 10km 的区域。对有野猪活动地区，受威胁区应为疫区边缘向外延伸 50km 的区域。划定疫点、疫区和受威胁区时，应根据当地天然屏障（如河流、山脉等）、人工屏障（道路、围栏等）、行政区划、饲养环境、野猪分布情况，以及疫情追溯追踪调查和风险分析结果，必要时考虑特殊供给保障需要，综合评估后划定。

（2）封锁。疫情发生所在地的县级畜牧兽医主管部门报请本级人民政府对疫区实行封锁，由当地人民政府依法发布封锁令。疫区跨行政区域时，由有关行政区域共同的上一级人民政府对疫区实行封锁，或者由各有关行政区域的上一级人民政府共同对疫区实行封锁。必要时，上级人民政府可以责成下级人民政府对疫区实行封锁。

（3）疫点内应采取的措施。疫情发生所在地的县级人民政府依法及时组织扑杀疫点内的所有生猪，并对所有病死猪、被扑杀猪及其产品进行无害化处理。

对排泄物、餐厨剩余物、被污染或可能被污染的饲料和垫料、污水等进行无害化处理。对被污染或可能被污染的物品、交通工具、用具、猪舍、场地环境等进行彻底清洗消毒。出入人员、运载工具和相关设施设备要按规定进行消毒。禁止易感动物出入和相关产品调出。疫点为生猪屠宰加工企业的，停止生猪屠宰活动。

（4）疫区内应采取的措施。疫情发生所在地的县级以上人民政府应按照程序和要求，组织设立警示标志，设置临时检查消毒站，对出入的相关人员和车辆进行消毒。禁止易感动物出入和相关产品调出。关闭生猪交易场所。对生猪养殖场（户）、交易场所等进行彻底消毒，并做好流行病学调查和风险评估工作。

对疫区内的养殖场（户）进行严格隔离，经病原学检测为阴性的，存栏生猪可继续饲养或就近屠宰。对病原学检测为阳性的养殖场户，应扑杀其所有生猪，并做好清洗消毒等工作。疫区内的生猪屠宰企业，停止生猪屠宰活动，采集猪肉、猪血和环境样品送检，并进行彻底清洗消毒。

对疫点、疫区内扑杀的生猪原则上应当就地进行无害化处理，确需运出疫区进行无害化处理的，须在当地畜牧兽医部门监管下，使用密封装载工具（车辆）运出，严防遗撒渗漏；启运前和卸载后，应当对装载工具（车辆）进行彻底清洗消毒。

（5）受威胁区应采取的措施。禁止生猪调出调入，关闭生猪交易场所。疫情发生所在地畜牧兽医部门及时组织对生猪养殖场（户）全面开展临床监视，必要时采集样品送检，掌握疫情动态，强化防控措施。

受威胁区内的生猪屠宰企业，应当暂停生猪屠宰活动，并彻底清洗消毒；经当地畜牧兽医部门对其环境样品和猪肉产品检测合格，由疫情发生所在县的上一级畜牧兽医主管部门组织开展动物疫病风险评估通过后，可恢复生产。

（6）运输途中发现疫情的疫点、疫区和受威胁区应采取的措施。疫情发生所在地的县级人民政府依法及时组织扑杀疫点内的所有生猪，对所有病死猪、被扑杀猪及其产品进行无害化处理，对运载工具进行彻底清洗消毒，不得劝返。当地可根据风险评估结果，确定是否需划定疫区和受威胁区并采取相应处置措施。

3. 野猪和虫媒控制

养殖场户要采取措施避免饲养的生猪与野猪接触。各地林业和草原部门要对疫区、受威胁区及周边地区野猪分布状况进行调查和监测。在钝缘软蜱分布地区，疫点、疫区、受威胁区的养猪场户要采取杀灭钝缘软蜱等虫媒控制措施，畜牧兽医部门要加强监测和风险评估工作。当地畜牧兽医部门与林业和草原部门应定期相互通报有关信息。

4. 疫情排查监测

各地要按要求及时组织开展全面排查，对疫情发生前至少1个月以来疫点生猪调运、猪只病死情况、饲喂方式等进行核查并做好记录；对重点区域、关键环节和异常死亡的生猪加大监测力度，及时发现疫情隐患。

要加大对生猪交易场所、屠宰场、无害化处理厂的巡查力度，有针对性地开展监测。要加大入境口岸、交通枢纽周边地区以及中欧班列沿线地区的监测力度。要高度关注生猪、野猪的异常死亡情况，排查中发现异常情况，必须按规定立即采样送检并采取相应处置措施。

5. 疫情追踪和追溯

对疫情发生前至少30天内以及疫情发生后采取隔离措施前，从疫点输出的易感动物、相关产品、运载工具及密切接触人员的去向进行追踪调查，对有流行病学关联的养殖、屠宰加工场所进行采样检测，分析评估疫情扩散风险。

对疫情发生前至少30天内，引入疫点的所有易感动物、相关产品、运输工具和人员往来情况等进行溯源性调查，对有流行病学关联的相关场所、运载工具进行采样检测，分析疫情来源。疫情追踪追溯过程中发现异常情况的，应根据检测结果和风险分析情况采取相应处置措施。

6. 解除封锁和恢复生产

（1）疫点为养殖场、交易场所的。疫点和疫区应扑杀范围内的生猪全部死亡或扑杀完毕，并按规定进行消毒和无害化处理42天后（未采取"哨兵猪"监测措施的）未出现新发疫情的；或者按规定进行消毒和无害化处理15天后，引入哨兵猪继续饲养15天后，哨兵猪未发现临床症状且病原学检测为阴性，未出现新发疫情的，经疫情发生所在县的上一级畜牧兽医主管部门组织验收合格后，由所在地县级畜牧兽医主管部门向原发布封锁令的人民政府申请解除封锁，由该人民政府发布解除封锁令，并通报毗邻地区和有关部门。

（2）疫点为生猪屠宰加工企业的。对畜牧兽医部门排查发现的疫情，应对屠宰场进行彻底清洗消毒，经当地畜牧兽医部门对其环境样品和生猪产品检测合格，经过15天后，由疫情发生所在县的上一级畜牧兽医主管部门组织开展动物疫病风险评估通过后，方可恢复生产。对疫情发生前生产的生猪产品，抽样检测和风险评估表明未污染非洲猪瘟病毒的，经就地高温处理后可加工利用。

对屠宰场主动排查报告的疫情，应进行彻底清洗消毒，经当地畜牧兽医部门对其环境样品和生猪产品检测合格，经过48h后，由疫情发生所在县的上一级畜牧兽医主管部门组织开展动物疫病风险评估通过后，可恢复生产。对疫情发生前生产的生猪产品，抽样检测表明未污染非洲猪瘟病毒的，经就地高温处理后可加工利用。

疫区内的生猪屠宰企业，企业应进行彻底清洗消毒，经当地畜牧兽医部门对其环境样品和生猪产品检测合格，经过48h后，由疫情发生所在县的上一级畜牧兽医主管部门组织开展动物疫病风险评估通过后，可恢复生产。

解除封锁后，在疫点和疫区应扑杀范围内，对需继续饲养生猪的养殖场（户），应引入哨兵猪并进行临床观察，饲养45天后（期间猪只不得调出），对哨兵猪进行血清学和病原学检测，均为阴性且观察期内无临床异常的，相关养殖场（户）方可补栏。

7. 扑杀补助

对强制扑杀的生猪及人工饲养的野猪，按照有关规定给予补偿，扑杀补助经费由中央财政和地方财政按比例承担。

（四）信息发布和科普宣传

及时发布疫情信息和防控工作进展，同步向国际社会通报情况。坚决打击造谣、传谣行为。未经农业农村部授权，地方各级人民政府及各部门不得擅自发布发生疫情信息和排除疫情信息。坚持正面宣传、科学宣传，及时解疑释惑、以正视听，第一时间发出权威解读和主流声音，做好防控宣传工作。科学宣传普及防控知识，针对广大消费者的疑虑和关切，及时答疑解惑，引导公众科学认知非洲猪瘟，理性消费生猪产品。

（五）善后处理

1. 后期评估

应急响应结束后，疫情发生地人民政府畜牧兽医主管部门组织有关单位对应急处置情况进行系统总结评估，形成评估报告。重大（Ⅱ级）以上疫情评估报告，应逐级上报至农业农村部。

2. 责任追究

在疫情处置过程中，发现生猪养殖、贩运、交易、屠宰等环节从业者存在主体责任落实不到位，以及相关部门工作人员存在玩忽职守、失职、渎职等违法行为的，依据有关法律法规严肃追究当事人的责任。

3. 抚恤补助

地方各级人民政府要组织有关部门对因参与应急处置工作致病、致残、死亡的人员，按照国家有关规定，给予相应的补助和抚恤。

（六）附则

（1）本实施方案有关数量的表述中，"以上"含本数，"以下"不含本数。

（2）供港澳生猪及其产品在执行本实施方案中的有关事宜，由农业农村部商海关总署另行规定。

（3）家养野猪发生疫情的，按家猪疫情处置；野猪发生疫情的，根据流行病学调查和风险评估结果，参照本实施方案采取相关处置措施，防止野猪疫情向家猪和家养野猪扩散。

（4）在饲料及其添加剂、猪相关产品检出阳性样品的，经评估有疫情传播风险的，对饲料及其添加剂、猪相关产品予以销毁。

十、非洲猪瘟诊断规范

（一）流行病学

1. 传染源

感染非洲猪瘟病毒的家猪、野猪（包括病猪、康复猪和隐性感染猪）和钝缘软蜱为主要传染源。

2. 传播途径

主要通过接触非洲猪瘟病毒感染猪或非洲猪瘟病毒污染物（餐厨剩余物、饲料、饮水、圈舍、垫草、衣物、用具、车辆等）传播，消化道和呼吸道是最主要的感染途径；也可经钝缘软蜱等媒介昆虫叮咬传播。

3. 易感动物

家猪和欧亚野猪高度易感，无明显的品种、日龄和性别差异。疣猪和薮猪虽可感染，但不表现明显临床症状。

4. 潜伏期

因毒株、宿主和感染途径的不同，潜伏期有所差异，一般为 5～19 天，最长可达 21 天。世界动物卫生组织《陆生动物卫生法典》将潜伏期定为 15 天。

5. 发病率和病死率

不同毒株致病性有所差异，强毒力毒株可导致感染猪在 12～14 天 100% 死亡，中等毒力毒株造成的病死率一般为 30%～50%，低毒力毒株仅引起少量猪死亡。

6. 季节性

该病季节性不明显。

（二）临床表现

1. 最急性

无明显临床症状突然死亡。

2. 急性

体温可高达 42℃，沉郁，厌食，耳、四肢、腹部皮肤有出血点，可视黏膜潮红、发绀。眼、鼻有黏液脓性分泌物；呕吐；便秘，粪便表面有血液和黏液覆盖；或腹泻，粪便带血。共济失调或步态僵直，呼吸困难，病程延长则出现其他神经症状。妊娠母猪流产。病死率可达 100%。病程 4～10 天。

3. 亚急性

症状与急性相同，但病情较轻，病死率较低。体温波动无规律，一般高于 40.5℃。仔猪病死率较高。病程 5～30 天。

4. 慢性

波状热，呼吸困难，湿咳。消瘦或发育迟缓，体弱，毛色暗淡。关节肿胀，皮肤溃疡。死亡率低。病程 2～15 个月。

（三）病理变化

典型的病理变化包括浆膜表面充血、出血，肾脏、肺脏表面有出血点，心内膜和心外膜有大量出血点，胃、肠道黏膜弥漫性出血；胆囊、膀胱出血；肺脏肿大，切面流出泡沫性液体，气管内有血性泡沫样黏液；脾脏肿大，易碎，呈暗红色至黑色，表面有出血点，边缘钝圆，有时出现边缘梗死。颌下淋巴结、腹腔淋巴结肿大，严重出血。

最急性型的个体可能不出现明显的病理变化。

（四）鉴别诊断

非洲猪瘟临床症状与古典猪瘟、高致病性猪蓝耳病、猪丹毒等疫病相似，必须通过实验室检测进行鉴别诊断。

（五）实验室检测

1. 样品的采集、运输和保存

见"十一、（四）样品采集、包装与运输"。

2. 抗体检测

抗体检测可采用间接酶联免疫吸附试验、阻断酶联免疫吸附试验和间接荧光抗体试验等方法。

抗体检测应在符合相关生物安全要求的省级动物疫病预防控制机构实验室，以及受委托的相关实验室进行。

3. 病原学检测

（1）病原学快速检测。可采用双抗体夹心酶联免疫吸附试验、聚合酶链式反应和实时荧光聚合酶链式反应等方法。

（2）病毒分离鉴定。可采用细胞培养等方法。从事非洲猪瘟病毒分离鉴定工作，必须经农业农村部批准。

4. 结果判定

（1）临床可疑疫情猪群符合下述流行病学、临床症状、剖检病变标准之一的，判定为临床可疑疫情。

一是流行病学标准：

A. 已经按照程序规范免疫猪瘟、高致病性猪蓝耳病等疫苗，但猪群发病率、病死率依然超出正常范围；

B. 饲喂餐厨剩余物的猪群，出现高发病率、高病死率；

C. 调入猪群、更换饲料、外来人员和车辆进入猪场、畜主和饲养人员购买生猪产品等可能风险事件发生后，15天内出现高发病率、高死亡率；

D. 野外放养有可能接触垃圾的猪出现发病或死亡。

符合上述4条之一的，判定为符合流行病学标准。

二是临床症状标准：

A. 发病率、病死率超出正常范围或无前兆突然死亡；

B. 皮肤发红或发紫；

C. 出现高热或结膜炎症状；

D. 出现腹泻或呕吐症状；

E. 出现神经症状。

符合第 A 条，且符合其他条之一的，判定为符合临床症状标准。

三是剖检病变标准：

A. 脾脏异常肿大；

B. 脾脏有出血性梗死；

C. 下颌淋巴结出血；

D. 腹腔淋巴结出血。

符合上述任何一条的，判定为符合剖检病变标准。

（2）疑似疫情。对临床可疑疫情，经病原学快速检测方法检测，结果为阳性的，判定为疑似疫情。

（3）确诊疫情。对疑似疫情，按有关要求经中国动物卫生与流行病学中心或省级动物疫病预防控制机构实验室复核，结果为阳性的，判定为确诊疫情。

十一、非洲猪瘟检测与诊断技术要点

（一）早期发现

为尽早发现 ASF 疫情，首先要让猪场全体员工熟悉 ASF 的临床症状。了解周边 3km 范围内的养猪场户、屠宰场点、生猪交易场所、无害化处理场等情况，密切关注周边生猪异常死亡情况，及时发现疫情隐患。

时刻关注本猪场各个环节的猪只异常情况，包括猪只的精神状态、采食情况、体温变化、体表变化和经产母猪表现等。目前我国大多数的 ASFV 感染病例属于急性—亚急性。通常，ASF 急性—亚急性的症状主要包括：发热、昏睡、厌食、皮肤出血以及循环系统、呼吸系统、消化系统出现问题并伴有神经失调。

精神状态：及时发现栏舍内眼神异常猪只（这时猪只可能还未排毒）、精神沉郁的猪只，并及时采样和送检。猪场要积极发动一线员工关注异常猪只，对于提前发现猪只异常并及时采样经实验室检测阳性的，给予相应奖励。

采食情况：关注群体和个猪只的采食情况，对于采食量稍微减少（排除饲料因素），要尽快采样送检。采食量明显下降的猪只一般会伴随着体温升高。

体温变化：正常保育猪、育肥猪体温一般在 39~40℃；正常成年基础猪群的体温在 38~39℃（其中母猪发情、分娩前后几天，体温会升到 39~40℃）。如果发现体温超过正常范围的猪只，应及时采样送检。为了防止测量体温时交叉污染，体温计必须一猪一换，须戴手套和穿防护服；可采用远红外体温计测温，尽量不入栏。

体表变化：看到皮肤发红猪只，表明猪只处于发热状态。另外，有些猪只打针时出现凝血不良。对于这些异常猪只，要及时采样进行检测。

经产母猪的表现：经产母猪除上述临床表现外，还会出现流产。ASF 造成流产有别于其他疫病常见的黑胎或白胎，会出现胎儿均质发红。

一旦发现可疑症状，第一时间采样送检（采样优先顺序：鼻腔拭子>唾液>阴门拭子>肛门拭子）。

（二）现场排查（图5-1）

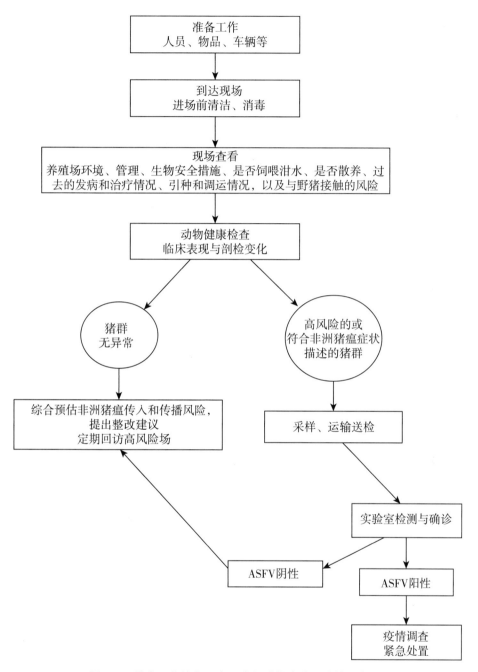

图5-1　排查工作流程示意（中国动物疫病预防控制中心）

1. 准备工作

（1）人员准备。了解非洲猪瘟基本知识（基本的生物学特征、流行病学特点、临床表现、剖检病理变化等）。

了解非洲猪瘟感染与传播的高风险因素（饲喂泔水、生物安全水平低、动物贩运、猪肉及其制品流通）。

了解排查工作中需遵守的生物安全操作要求，避免人为造成的传播。

养殖户等相关人员可能面临较大压力，应注意工作方式方法。

（2）车辆准备。

车辆必须彻底清洗消毒。

车辆不携带无关物品。

在车内、车的后备箱里铺塑料布防止污染。

（3）物品准备（生物安全防护及采样所需物品）。

一是进场所需材料清单：胶靴；一次性生物安全防护服；口罩；鞋套或靴套；一次性乳胶手套；消毒剂及喷壶（适用于非洲猪瘟病毒的消毒剂）；垃圾袋（包括生物危险品垃圾袋）；自封袋（用来装手机或其他设备）；面部用消毒湿巾；密封用胶带；护目镜。洗涤剂及刷子；

二是采样所需材料清单：

一般材料：标签和记号笔；数据记录表、笔、写字板；盛放针头和刀片的锐器盒；高压灭菌袋；用于环境采样的拭子和盛放拭子用的离心管。

样品包装运输所需材料：容器/离心管/小瓶（防漏并标示清楚）；吸水纸；密封性好的容器或袋子，作为二次包装（防漏）、用于储存动物样品的容器和采血管；冷藏箱（+4℃）；便携式-80℃冷冻箱/干冰/液氮罐（仅在远离设备齐全的实验室进行取样时才需要）；保定动物的材料（如套索、木板）。

采血所需材料：消毒剂和脱脂棉（酒精棉）；不含抗凝剂的无菌采血管（10mL）（红色盖子）；含有EDTA的无菌采血管（10mL）（紫色盖子）；根据猪的大小和采样部位（颈静脉、耳缘静脉）选取真空采血管或10~20mL注射器。

2. 进出养殖场要求

（1）抵达养殖场。车辆停在养殖场入口附近，不得驶进场内。

在养殖场指定的地点（清洁区），穿戴个人防护设备（如需要，应遵循养殖场的要求进行个人防护），并进行物资的准备、制备消毒剂等。

进入养殖场生产区域前，脱下和摘掉不必要的衣服和物品（夹克、领带、手表等），清空衣服口袋，按照养殖场进场程序（沐浴洗澡或其他方式）进入生产区域。

电子设备（移动电话等）应放置在密封的塑料袋中，以便随后进行清洁和消毒。在养殖场内，只能通过塑料袋使用手机，不要从袋子里拿出。

其他非一次性物品，应在消毒后进场。如需要，应按照养殖场物资进场程序进行消毒后进场。

消毒工作要在清洁干燥的地面进行（最好是混凝土地面），应划分清洁和非清洁区并保证界线清晰。

（2）穿戴个人防护设备（在清洁区）。

脱下鞋子，并放在塑料布上。

在遵守养殖场进场要求的前提下，部分场需要脱去全部个人衣服，洗澡后穿戴养殖场内部衣服方可进场。

部分场可以首先穿戴一次性防护服，穿上靴子。戴手套，手套要用胶带封上。

如果需要穿防水服，防水服应套在靴子外层。再戴一层手套，方便中间更换。

靴套至少覆盖胶鞋底部和下部。

进场前，戴口罩并仔细检查物品清单。

（3）离场前准备。

在非清洁区域对接触过养殖场的所有物品进行清洗和消毒处理。

对盛放样品容器的表面进行消毒，然后放在清洁区。

脱下鞋套放入非清洁区的垃圾袋中，然后彻底擦洗靴子（特别是鞋底）。

脱下手套并放入非清洁区的垃圾袋中。

脱下一次性防护服并放入非清洁区的垃圾袋中。

脱下靴子，对靴子进行消毒后放入清洁的袋子里。

手和眼镜也必须进行消毒，并用消毒湿巾清洁脸部。

进入生产区域的人员在指定区域进行沐浴洗澡更衣后方可离开。

非一次性物品（胶靴等）和盛放样品的容器用双层袋盛放并胶带封装。可穿回日常的鞋子。

携带出养殖场的袋子需放在车辆内预先铺好的塑料布上。

进入生产区域的人员在指定区域进行沐浴洗澡更衣后方可离开。

接触过样品或潜在污染的车辆进行重点清洗消毒。

在离开可能受到污染的区域之前，清洁和消毒汽车的轮胎和表面。清除所有可见的污垢。不要忘记清理隐藏的区域，如车轮拱、轮胎板和汽车底部。清除所有污垢后，用消毒剂喷洒表面。

处理车内所有垃圾并清理所有污垢（应妥善处理垃圾）。

用浸有消毒剂的布擦拭方向盘、变速杆、踏板、手闸等。

（4）离场后。

如家中没有饲养生猪，可以回家淋浴并彻底清洗头发。将当天所穿衣服浸泡在消毒剂中 30min；如果家中饲养生猪，应在其他地方进行清洗。

如果进入了疑似感染场，确诊前不应前往任何饲养生猪的场所。如果确认该场感染了非洲猪瘟，3 天内不应前往任何有猪的场所。

再次对汽车内部和外部进行消毒。清除汽车上的所有塑料布，并妥善处理。

（5）消毒剂的选择。

非洲猪瘟病毒对热的抵抗力较弱，一般的消毒措施都可以将病毒杀灭，但是在感染病猪组织以及在低温的条件下病毒存活时间可达 6 个月以上乃至数年。

最有效的消毒剂是去污剂、次氯酸盐、碱类及戊二醛。

8/1 000 的氢氧化钠（30min）、2%～3% 次氯酸盐氯（30min）、0.3% 福尔马林（30min）、3% 邻苯基苯酚（30min）可灭活病毒。

碱类（氢氧化钠、氢氧化钾等）、氯化物和酚化合物适用于建筑物、木质结构、水泥表面、车辆和相关设施设备消毒，酒精和碘化物适用于人员消毒。

不易消毒的设备放置在阳光下暴晒消毒。

（三）临床诊断

非洲猪瘟病猪主要临床表现差异较大，不易识别，但通常有以下几种或全部典型症状，包括高热、呕吐、腹泻或便秘，有的便血，虚弱、难以站立，体表不同部位（尤其是耳、鼻、腹部、臀部）皮肤呈红色、紫色或蓝色，有的咳嗽、呼吸困难，母猪流产、产死胎或弱胎。出现上述临床症状后，一般2～10天死亡。剖检可见内脏多个器官组织出血，脾脏显著肿大，颜色变暗，质地变脆。部分首次发生非洲猪瘟的养殖场，猪群发病非常急，最急性型不表现任何症状而突然死亡，无特临床表现和剖检病变。

1. 临床症状

根据其毒力，ASFV分为3个主要类别：高毒力毒株、中等毒力毒株和低毒力毒株。ASF的临床表现形式从特急性（非常急）到无症状（不明显）。目前我国大多数的ASFV感染病例属于急性—亚急性。非洲猪瘟的特征通常是猪突然死亡、死前呈现体温升高。临床表现从感染7天之内急性死亡，到持续几周或几个月的慢性感染不等。

主要临床症状：无症状突然死亡；发病率、病死率高；高热，体温升高40.5～42℃；耳、四肢、腹背部皮肤有出血点、发绀；呕吐，腹泻或便秘，粪便带血；虚弱、步态僵直，不愿站立等；偶见眼、鼻有黏液脓性分泌物。

其他临床症状：精神沉郁、食欲下降；呼吸困难，湿咳；关节疼痛、肿胀；妊娠母猪流产、死胎、弱仔。

2. 剖检病变

非洲猪瘟特征性剖检病变通常是可见多脏器出血。

最明显的剖检病变是：淋巴结（特别是胃肠和肾）增大、水肿以及整个淋巴结出血，形态类似于血块；脾脏显著肿大，一般情况下是正常脾的3～6倍，颜色变暗，质地变脆；肾脏表面瘀点（斑点状出血）。

剖检变化还可能包括：皮下出血；心包积液和体腔积水、腹水；心脏表面（心外膜）、膀胱和肾脏（皮质和肾盂）的出血点；肺可能出现充血和瘀点，气管和支气管有泡沫，严重肺泡和间质性肺水肿；瘀点、瘀斑（较大的出血），胃、小肠和大肠中过量的凝血；肝充血和胆囊出血。

3. 鉴别诊断

非洲猪瘟的临床表现多样，严重程度也不一样，ASF临床症状与古典猪瘟（CSF）、猪丹毒症、沙门氏菌、放线杆菌、其他败血症、猪皮炎肾病综合征（PDNS）的临床症状非常类似，有时候容易混淆（表5-1）。

表5-1　非洲猪瘟鉴别诊断

临床体征	非洲猪瘟	猪瘟	高致病性猪繁殖与呼吸综合征	丹毒	沙门氏菌病（猪霍乱沙门菌）	巴氏杆菌病	伪狂犬病	猪皮炎肾病综合征（猪圆环病毒病）
法定报告疫病	√	√						
可用疫苗		√	√	√			√	
治疗方案					√	√		
发热	√	√	√	√	√	√	√	√
食欲不振	√	√	√	√	√	√	√	
沉郁	√	√	√	√	√	√	√	
红色至紫色皮肤病变	√	√		√	√	√		√
呼吸困难	√	√	√	√	√	√	√	
呕吐	√	√	√				√	
腹泻	√	√			√		√	
腹泻带血			√		√			
高死亡率	√	√	√					
突然死亡	√	√		√				√
流产	√		√				√	
临床症状鉴别	结膜炎、共济失调，幼猪中枢神经系统症状、蜷缩姿势、便秘可能会导致黄灰色腹泻，更长的临床过程		呼吸窘迫的强度变不同	待出栏猪常见菱形皮肤病变	淡黄色的腹泻，中枢神经症状包括震颤、虚弱、瘫痪和抽搐	有不同严重程度的发病	体征各不相同，主要取决于免疫状况。体温过低，震颤。共济失调，癫痫发作。出现鼻炎和打喷嚏	常见于生长／育肥猪

（续表）

临床体征	非洲猪瘟	猪瘟	高致病性猪繁殖与呼吸综合征	丹毒	沙门氏菌病（猪霍乱沙门菌）	巴氏杆菌病	伪狂犬病	猪皮炎肾病综合征（猪圆环病毒病）
扩大的深红色至黑色和易碎的脾脏	√							
肾脏出血	√	√	√	√				√
出血性淋巴结	√	√	√		√			√
淋巴结肿大	√	√	√					
黏膜出血	√	√		√				
体腔和心脏周围有多余的液体	√							
肺炎	√				√	√	√	√
剖检鉴别		在胃肠道、会厌和喉部黏膜上出现坏死或"扣状"溃疡，脑炎，患有CSF的猪体重快速下降、脾脏边缘苍白	同质性肺炎，无脾脏增大，胸腺萎缩	关节炎和增生性心内膜炎，在胸膜和腹膜出血，外周淋巴结病变，而不胃肝和肾淋巴结	肠炎和偶发性脑炎，坏死性心内膜炎。肝脏米粒状坏死灶，在脾脏和淋巴结中不存在血管病变	肺与胸腔粘连	灶性坏死和脑脊髓炎病变发生在大脑、小脑、肾上腺和其他脏器，如肺、肝或脾。在胎儿或幼仔猪中，肝、脾脏上的白斑是特征性病变。坏死性肠炎	变大且发白的肾脏，体腔积液，皮下水肿，胃溃疡，滑液增多

注：参考联合国粮食及农业组织（FAO）《动物生产及动物卫生手册》和中国动物疫病预防控制中心《非洲猪瘟现场排查手册》

4. 发现疑似病例的情况下应立即采取的行动

发现疑似病例，应立即按照《非洲猪瘟防治技术规范》和《非洲猪瘟疫情应急预案》要求上报疫情。

（四）样品采集、包装与运输

1. 采样方法

ASF 样品有效而准确采集是实现 ASF 快速精准检测的非常关键步骤。当疫情暴发（被动监测）时，应针对患病猪、死亡猪及猪舍环境进行采样；而在常规监测时，应对 ASFV 易感猪群及环境（如出猪台、场区大门等风险较大的地方）进行采样；如果是针对处于精准清除的群体，采样的数量可以适当加大。采样应注意避免交叉污染，并在采集每头猪只后更换一次性手套。触碰猪只、料槽、栏杆后，及时更换一次性手套。采血时，必须做到每采集 1 头猪只更换 1 个新的针头，以免造成 ASFV 传播。提交到诊断实验室的相关样品应有清晰且保存持久的标签，样品质量良好。所有采样后的防护用品焚烧或高压处理。

（1）样品类型。

口鼻拭子：将每头猪口、鼻拭子收集于同一采样管中，以便提高检测的准确性和减少工作量。拭子装于 EP 管内，建议将样品保存于 4℃，立刻送检，没有实验条件的应在 24h 内送至有资质的实验室。

全血：采血过程中应保持无菌操作。

采血前，先用酒精棉对采血部位进行局部消毒。

采血完毕，进行局部消毒并用干棉球按压止血。

使用含有抗凝血剂（EDTA-紫色盖）的真空采血管从颈静脉、前腔静脉或耳缘静脉抽取全血。

如果动物已经死亡，可立即从心脏中采血。避免使用含肝素的真空采血管（绿色盖子）。

血清：使用未加抗凝剂（红色盖子）的真空采血管从颈静脉、前腔静脉、耳缘静脉采血，或剖检过程收集血液样品。

静置分离后，收集血清。如果血清是红色，这表明样品发生了溶血。通常已经死亡动物的血液样品易发生溶血。

血清样品在分离后可以立即开展检测，如果需要储存，对于抗体检测，储存在 -20℃，但是对于病毒检测，最好储存于 -80℃。

（2）器官和组织样品。可采集脾脏、淋巴结、肝脏、扁桃体、心脏、肺和肾脏样品。脾脏和淋巴结的病毒含量最高。

对于死亡时间较长的动物，可采集骨髓样品，也可采集关节内组织液。

建议将样品保持在 4℃，尽快提交给实验室。如无法及时送样，可将样品储存在冷库或液氮中。

样品用 10% 缓冲福尔马林浸泡 30min 以上，病毒可被灭活，可用于 PCR 检测。

样品的最小需求量：血清 1mL；全血 1mL；组织样品 10g。

（3）环境样品。可多点采集养殖场软蜱等媒介和环境拭子，如粪便、泔水、饲料等。

软蜱等媒介样品：钝缘蜱可以用于检测 ASFV。有三种收集技术：手动收集、二氧化碳诱捕和真空吸引捕捉。收集后，应让蜱保持存活或直接储存在液氮中，避免 DNA 降解。

环境样品：以区块为单位，对风险等级进行区域采样。如猪场内所有墙体、地面、设备等表面进行全覆盖采样。

生产区内：包括各区间猪舍内所有区间单元墙体、地面、风机、地沟、设备、水线、料线等。采样应全覆盖包括死角、料槽底部等不易采集到的位置。

生产区外：对可能的风险区域进行采样，包括出猪台、场区大门、料塔、下水道、员工宿舍、储物间、浴室、办公室、餐厅厨房、车辆、水源等所有可能受到污染的区域。

建议样品 4℃ 以下保存。

2. 样品的记录、保存、包装和运送

为保证准确诊断，必须在适当温度下、以最快速度，将样品仔细包装、做好标记和相关记录，以最快路线送到最近的农业农村部指定的实验室。样品运输必须遵守农业农村部《高致病性动物病原微生物菌（毒）种运输包装规范》等规定。

采样之前必须致电相关实验室，确保遵循正确的样品提交程序，保证所送样品能在第一时间完成检测及储存。

做好样品运输过程中的安全保障工作，避免在运输途中感染其他动物，避免样品被污染。

运送的样品必须附有足够数量的冷却材料（如冰袋），以防变质。

（1）采样信息记录。

采样同时，应填写采样单。

采样单应用钢笔或签字笔逐项填写（一式三份）。样品标签和封条应用签字笔填写；保温容器外封条应用钢笔或签字笔填写；小塑料离心管上可用记号笔做标记；应将采样单和病史资料装在塑料包装袋中，并随样品送实验室，每个样品应能对应到来源动物。

样品信息至少应包括以下内容：畜主姓名和养殖场地址；养殖场饲养动物品种及数量；疑似或被感染动物或易感动物种类及数量；首发病例和继发病例的日期；感染动物在畜群中的分布情况；死亡动物数、出现临床症状的动物数量及年龄；临床症状及其持续时间，死亡情况和时间等；饲养类型和标准，包括饲料来源等；送检样品清单和说明，包括病料种类、保存方法等；动物免疫和治疗史；送检者的姓名、地址、邮编、电话号码和邮箱；送检日期；采样人和被采样单位签章。

（2）样品包装要求。

采集好的样品应仔细进行包装，做好标记并送到实验室。样品应使用"三重包装系统"，保障运输过程中的生物安全，并避免样品受到污染。

推荐样品使用"三重包装系统"，并正确标记，以防止泄漏，内附采样单。

直接盛装容器。样品应该储存在密封、无菌的主容器中，根据检验样品性状及检验目的选择不同的容器，如图 5-2 所示。每个样品容器外应做好标记，注明样品名、样品编号、采样日期等，要能明确识别来自哪只动物。

二次包装。吸收材料也应放置在二次容器内。如果将多个易碎的主容器放置在单个二次容器中，则必须单独包装或分离，以防止相互接触。二次包装容器应贴封条，封条上应有采样人签章，并注明贴封日期，标注放置方向。

坚硬的外部包装。外包装在盛装液体的情况下不得超过 4L，在固体物质的情况下不得超过 4kg（不包括冰的重量）。样品必须保持 4℃ 或更低温度，并就近送动物疫病预防控制机构进行保存。注意：切勿冻结全血或混合有血凝块的血清。

外包装标签和标记："B 类感染物质"标签，其正确的运输名称旁边标注"B 类感染物质"。

采样负责人的全名、地址和电话号码。

实验室联系人的全名、地址和电话号码。

标签上标明"在 4℃""在−20℃"或"在−80℃"保存。

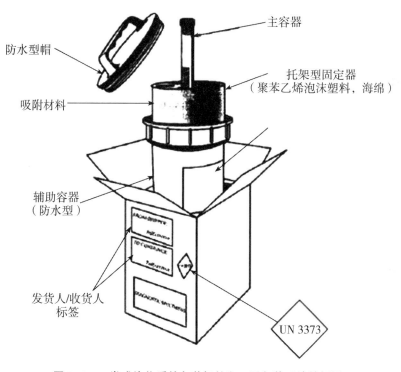

图 5-2 B 类感染物质的包装标签和三重包装系统的例子

注：参考联合国粮食及农业组织（FAO）《动物生产及动物卫生手册》和中国动物疫病预防控制中心《非洲猪瘟现场排查手册》

（3）废弃物处理。采样结束后，做好尸体、场地、物品、个人防护用品的消毒和无害化处理。

对不同场点尽量安排不同的采样人员，避免交叉污染。

（五）实验室诊断与确诊

1. 快速精准检测

实时荧光定量 PCR（qPCR）是实验室快速检测 ASFV 的常用方法。大型养猪企业可建设 ASFV 检测实验室，当猪场周边和自己猪场受到威胁时做好疫情排查与监测，为疫情处置和精准清除提供技术支撑。开展 qPCR 检测必须配备专用的实时荧光 PCR 仪和相应检测试剂。实验室可以根据技术标准开展 ASFV 的 qPCR 检测。由于 qPCR 检测技术灵敏，极其微量的污染即可造成假阳性，对 PCR 实验室进行分区管理可以避免检测污染。应根据条件将 PCR 实验室分为试剂准备区、样本制备区、产物扩增区等。

2. 疫情确诊

中国动物卫生与流行病学中心或省级动物疫病预防控制中心实验室可以按要求确诊 ASF 疫情见下表 5-1。

表 5-1　ASF 实验室诊断技术一览表（译者注：×××代表最高，×代表一般）

病毒检测	时间	敏感度	特异性	样品类型	费用	说明
聚合酶链反应（PCR）*	5~6h	×××	××	组织、血液、蜱或细胞培养	$ $	最常见的方法，容易受到污染，检测活的或灭活的病毒
红细胞吸附试验（HA）	7~21d	××	×××	猪巨噬细胞	$ $ $ $	黄金标准仅在部分参考实验室中使用
直接荧光抗体检测（FAT）	75min	×××（用于早期发现）	×××	冷冻切片、印记涂片、浸出液的细胞培养物	$ $ $	推荐在 PCR 不可用时或缺乏经验使用。需要荧光显微镜感染一周后，敏感性下降
酶联免疫吸附试验（ELISA）	3h	×（用于早期发现）	××	血清、浸出液	$	不经常使用，对感染后第一周内的样品，缺乏敏感性
抗体检测	时间	灵敏度	特异性	样品类型	费用	说明
酶联免疫吸附测验（ELISA）*	3h	×	×	血清	$	筛查试验。内部自建方法和商业试剂盒均可用
免疫印迹实验	3h	×	×	血清	$ $ $ $	确诊技术。无商业试剂盒
间接荧光抗体试验（IFA）	4h	×××	×××	组织渗出液、血清或血浆	$ $ $	确诊技术。无商业试剂盒，需要荧光显微镜

（＊）：最常用

注：参考联合国粮食及农业组织（FAO）《动物生产及动物卫生手册》

十二、非洲猪瘟防控清洁消毒技术要点

（一）清洁与消毒

非洲猪瘟病毒环境耐受力强，灭杀的基本原则是"七分清洗，三分消毒"。

1. 清洁消毒一般程序

去除有机物（干洗）—预浸洗涤—使用清洁剂清洁—冲洗去除洗涤剂—干燥—消毒—消毒剂作用—冲洗—干燥。

2. 清洁以保证消毒效果

清洁是消毒过程中不可忽略的步骤，清洁的作用。

一是去除可能抑制消毒作用的油、油脂、渗出物或粪污等。二是减少微生物。

（1）清洁的方式。

①干洗：

从生产区或设备中去除所有污染物和有机物质（如土壤、粪便、饲料和垫料），移走并无害化处置这些物质，避免有机物质降低消毒剂的消毒效果。

废弃物的处理和处置应尽可能减少病原体在土壤、空气或水中的进一步传播。由于有传播微生物的风险，不应使用鼓风机进行干洗。

用水湿润区域或物品，控制灰尘和病原体的气雾化（浸泡前）。

清洁所有区域、设备和物品，包括地板、灯具、风扇叶和百叶窗等。

②湿洗：

清洗前，关闭电气设备，将其密封或移走。

必要时，擦洗和刮削去除油、油脂或渗出物，确保清洁干净。

特别注意清除积聚的污垢。

深裂、裂缝、凹坑、孔隙或其他表面不规则的地方，应控制排水，防止污染扩大。

根据需要，使用低压或高压水枪冲洗去除环境中经常存在的尿液、粪便以及孔隙中的污染物。

使用90℃以上热水进行清洗。条件允许时，使用热蒸汽清洁方法清理裂缝和管道内部。

（2）清洁剂的选择（表5-2）。

表5-2　清洁剂类型与消除目标物的对应关系

目标物	酸性清洁剂 （pH 值<6.5）	中性清洁 （pH 值 6.5~7.5）	碱性清洁 （pH 值>6.5）
微生物	好	差	中
无机物	好	差	差
有机物	中	中	好
脂类物质	中	好	好

3. 消毒

（1）消毒剂的种类。

一是高水平消毒剂：

杀菌谱广、消毒方法多样。包括含氯消毒剂、二氧化氯、过氧乙酸、甲醛、过硫酸氢钾等消毒剂及一些复配消毒剂。

二是中等水平消毒剂：

溶解度好、性质稳定、能长期贮存，但不能作灭菌剂。包括碘类（碘伏、碘酒）、酚类、醇类、双链季铵盐类、醇类等消毒剂。

三是低水平消毒剂：

性质稳定、能长期贮存，无异味，无刺激性，但杀菌谱窄，对芽孢只有抑制作用，无显著杀灭作用。包括单链季胺盐类、胍类等消毒剂。

（2）消毒方法。见表5-3。

表5-3　不同消毒方法类别与适用范围

类别	消毒方法	灭杀病原体方式	适用范围
物理消毒	紫外线消毒法	紫外线照射	物体表面和空气
	焚烧消毒法	火焰焚烧	垃圾、污物
	煮沸消毒法	水中加入 1%~2%Na_2CO_3（100℃）煮沸	金属制品和耐煮物品
	干热消毒法	干热灭菌（160℃）	实验室器皿、金属器械等
化学消毒	喷洒法	消毒液喷洒物体表面	地面、墙壁、畜体表等
	喷雾法	气雾发生器将消毒液制成雾化粒子	畜舍内空气、畜体表、带畜消毒
	浸泡法	预消毒物体浸泡于消毒液	饲养工具、治疗与手术器械等
	熏蒸法	在密闭的舍内生成消毒剂气体	畜舍内空气、缝隙、舍内物品
	生物热消毒法	微生物发酵产热	粪便、垫料

（3）不同场所的消毒剂选择。见表5-4。

表5-4　不同场所的消毒剂选择

应用范围		推荐消毒剂种类
道路、车辆	生产线道路、疫区及疫点道路	氢氧化钠（烧碱）、生石灰、含氯消毒剂
	车辆及运输工具	酚类、过氧乙酸、二氧化氯、含氯消毒剂
	大门口及更衣室消毒池、脚踏池	氢氧化钠、含氯消毒剂
	畜舍建筑物、围栏、木质结构、水泥表面、地面	含氯消毒剂、季铵盐类、过氧乙酸、过硫酸氢钾类
生产加工区	生产、加工设备及器具	二氧化氯、过氧乙酸、含氯消毒剂、季铵盐类、过硫酸氢钾类
	环境及空气消毒	次氯酸、过氧乙酸、二氧化氯
	饮水消毒	季铵盐类、过硫酸氢钾类、二氧化氯、次氯酸等含氯消毒剂
	人员皮肤和手消毒	含碘类、次氯酸、乙醇+氯己啶
	衣、帽、鞋等	含氯消毒剂、过氧乙酸、2.0%碳酸氢钠溶液（煮沸）
办公、生活区	疫区内办公室、宿舍、公共食堂等场所	二氧化氯、含氯消毒剂、过氧乙酸、过硫酸氢钾类
人员、衣物	出入人员，隔离服、胶鞋等	二氧化氯、含氯消毒剂、过氧乙酸、过硫酸氢钾类

（4）选择消毒方法的基本原则。见表5-5。

一是产品合规，即正式批准的产品。

二是有效，即有效快速杀灭目标微生物。

三是安全，即对人畜安全，毒副作用小，保护消毒物品不受或少受损。

四是环保，即对环境无污染或污染轻微。

表5-5 消毒剂的类别及毒副作用

类别	产品举例	毒副作用			推荐指数	
		人	畜	环境	推荐	慎用
含氯消毒剂	次氯酸、次氯酸钠、二氯异氰脲酸钠	刺激大（除次氯酸）	刺激大（除次氯酸）	易分解	√	
二氧化氯类	二氧化氯消毒剂	无毒，刺激小	无毒，刺激小	安全	√	
醛类	戊二醛、甲醛	致癌、刺激性强	致癌、刺激性强	水体污染大		√
酚类	甲基苯酚	低毒	低毒	水体污染小	√	
过硫酸氢钾类	过硫酸氢钾	刺激性低	刺激性低	易分解	√	
季铵盐类	苯扎溴铵、双癸甲溴铵	低毒、刺激小	低毒、刺激小	污染小	√	

（5）影响消毒效果的因素。

一是消毒剂浓度：一般消毒剂有效浓度与消毒效果成正比。

二是作用时间：作用时间与消毒效果成正比，浓度越高消毒时间越短。

三是病原微生物的数量：微生物越多，需要消毒剂的剂量越大。

四是温度：通常消毒速度随温度的升高而增快，故温度高灭杀效果好。

五是酸碱度：有些消毒剂酸碱度的改变直接影响消毒效果。

六是有机物质或拮抗物质：一些有机物对病原有保护作用，影响消毒效果。

七是消毒频率：消毒频率越高，消毒效果相应越好。

4. 清洁冲洗与消毒后冲洗污水的处理

集中收集清洁冲洗与消毒后冲洗产生的污水至污水处理池，并按比例投放含氯消毒剂消毒处理，其排放应符合《GB 18596 畜禽养殖业污染物排放标准》。

（二）关键场所、关键环节的消毒程序

1. 养殖场清洁消毒程序

猪栏清洁消毒。

一是用热水及除垢剂清洗所有的猪栏、水管等固定设备，再用钢丝球加清洁剂擦拭猪栏，然后消毒、干燥。

清扫栏舍表面的灰尘、饲料残渣、粪便和蜘蛛网等。

使用2%氢氧化钠溶液充分泼洒，软化硬块，24h后清洗。

使用高压水枪彻底清洗猪舍后，晾干。

用过氧乙酸、次氯酸、二氧化氯等含氯消毒剂等彻底消毒，第二天重复一次。

用生石灰+氢氧化钠溶液混合成20%的生石灰乳，彻底覆盖栏舍、墙面和地面。

甲醛+高锰酸钾或商品化的烟熏剂熏蒸，或使用微酸性次氯酸溶液雾化消毒，密闭48h，自然干燥，或者加热干燥后，通风。

二是猪舍内设备、器具清洁消毒

猪栏等铁制品，进行火焰消毒。

可浸泡的器具，用2%氢氧化钠溶液、含氯消毒剂等浸泡24h。

将所有能拆卸的设备，如猪栏、漏缝地板、产床隔离板、保温箱、手推车、柜子、架子、门窗、灯具等，移至室外清洗、消毒后，晾晒。

三是猪舍内外墙及通道、地面清洁消毒

清洗消毒后，涂抹上石灰浆，复产前重复两次。干燥后将所有小设备、门窗、地板、挡板、漏缝板移走，在地面喷撒生石灰或氢氧化钠溶液（可用专门的粉末喷撒设备提高喷撒均匀度）。

四是粪污及其管道清洁消毒

处理干净猪舍内外粪沟和舍内漏粪板下的粪尿，清空粪水池后进行清洗消毒。

对所有粪污痕迹或粪污堆积物，都应喷撒生石灰，并搅拌、混匀。

清理所有排粪管道及蓄粪池，然后冲洗、消毒。

用60℃以上的热水清洗所有漏缝地板、粪池、粪沟，彻底清洗后再用2%氢氧化钠溶液消毒。

清理的粪便应进行深埋、堆积发酵等无害化处理。如深埋处理，应将撒上生石灰。

五是料线水线清洁消毒

拆卸所有料线，清洁后放置于2%氢氧化钠溶液中浸泡消毒24h。

拆卸所有饮水器和接头等，放置于2%氢氧化钠溶液或100mg/L次氯酸溶液中浸泡消毒24h。蓄水池或水塔应清洗、消毒。

水线在组装好后，在蓄水池中添加含氯制剂或高锰酸钾，浸泡管道后，用水循环冲洗24h。

清空所有饲料库存，并无害化处理。

清洗料仓、料塔，熏蒸消毒。间隔1~2周进行第二次消毒处理。

六是药房库房清洁消毒

收集整理剩余的兽药、物品外包装，并无害化处理。

密闭库房，熏蒸消毒（甲醛+高锰酸钾）。

库房内所有备用器材、设备、工具等，用消毒液浸泡或高压喷洗消毒。

七是通风系统清洁消毒

清洁、消毒风机、水帘、控制器、传感器等。

八是水道清洁消毒

用过硫酸氢钾、二氧化氯、次氯酸等含氯消毒剂等对水线、饮水器消毒24h，清洗。

九是办公室、食堂和宿舍、生产线、洗澡间和更衣室清洁消毒

使用甲醛和高锰酸钾熏蒸，或次氯酸溶液雾化消毒48h。

无害化销毁剩余所有衣服和鞋子、杂物，或湿热高压处理。

第二轮清洗消毒，应使用60℃以上热水，应再次消毒、熏蒸。

十是防鸟防鼠驱蝇驱虫

杀灭场内蚊、蝇、蟑、老鼠等，饲料塔应装驱鸟器，有条件的场舍外装备智能电子驱鸟器。

在猪场围墙四周，建立"生石灰+碎石"隔离带。

入口处安装防蚊网，室内安装电子灭蚊蝇灯。

将室内风机开至最大功率检测，对所有通道及角落清洗、消毒、驱蝇、驱虫。

2. 生猪交易市场清洁消毒程序

（1）出入场消毒。交易市场门口，铺设与门同宽 8m 以上的消毒草垫，洒布氢氧化钠溶液或高浓度含氯消毒剂，并保持浸湿状态。车辆出厂时，应用过氧乙酸、二氧化氯、次氯酸等含氯消毒剂喷洒消毒。

（2）地面消毒。用过氧乙酸、二氧化氯、次氯酸等含氯消毒剂，每日消毒 2 次，每周应休息 1 天，进行彻底清洁消毒；被污染交易市场每日消毒 3~5 次，连续 7 天，经检验合格后，再进行日常消毒。

（3）废弃物清洁消毒。集中收集，动物粪便、饲料等固体废弃物，焚烧或深埋等无害化处理。集中收集清洁产生的污水等废弃物，撒布生石灰或按比例投放氢氧化钠溶液或含氯消毒剂进行消毒。

3. 屠宰场清洁消毒程序

（1）场区和办公场所清洁消毒。清扫地面、墙面、门窗后，喷洒氢氧化钠溶液、过氧乙酸、含氯消毒剂等，保持 30min 后冲洗。

（2）进出场清洁消毒。消毒池内应投放氢氧化钠溶液或高浓度含氯制剂等，消毒溶液应每日更换。如冬季结冰，铺撒 2~5cm 厚生石灰。

（3）车辆清洁消毒。主要对运猪车和运肉车进行消毒。按照车辆消毒程序进行。

（4）卸猪台、赶猪通道、待宰间、隔离间清洁消毒。彻底打扫清洁卸猪台、赶猪通道、隔离间、待宰间，地面、墙面、门窗、料槽喷洒 1% 氢氧化钠溶液、过氧乙酸、含氯消毒剂等溶液或撒布生石灰，密闭消毒 24h 后，冲洗干净。

（5）生产车间清洁消毒。彻底清理生产车间的地面、墙壁、台桌、设备、用具、工作服、手套、围裙、胶靴等。地面、墙面、台桌、设备、围裙、胶靴等可采用氢氧化钠溶液、过氧乙酸和二氧化氯、次氯酸等含氯消毒剂喷洒消毒，消毒 1~4h 后，冲洗干净。工作服等可煮沸消毒 30min。

（6）检测室消毒。检测结束后，彻底清洁、消毒，并无害化处理废弃物。

（7）废弃物处理消毒。集中收集粪便、饲料、猪毛、蹄壳等固体废弃物，堆积发酵、焚烧或深埋处理等无害化处理。

堆积存放场所要用氢氧化钠溶液、过氧乙酸、含氯消毒剂等进行消毒。

污水等废弃物，使用生石灰或按比例投放含氯消毒剂、氢氧化钠溶液进行消毒。

4. 运输车辆的清洗消毒

（1）清洗消毒前的准备。按照清洗消毒场所的要求，将车辆停放在指定区域，做好清洗消毒前的准备。

清理废弃物：集中收集运输途中产生的污染物、垃圾等废弃物，放置于指定区域。

整理物品：整理驾驶室、车厢内随车配备和携带的物品，清洗、消毒和干燥。

拆除可移动隔板：拆除厢壁及随车携带隔离板或隔离栅栏、移除垫层，进行清洗、消毒和干燥。

（2）清理。按照由内向外、由上到下的顺序清理车辆内外表面。

大块污染物清理：清理车厢和驾驶室内粪便、饲料、垫料和毛发等污染物。

车辆预清洗：用低压水枪对车体内外表面进行初步冲洗，打湿车体外表面、车厢内表面、底盘、车轮等部位，重点去除附着在车厢外表面、车厢内表面、底盘、车轮等部位的堆积污物。

清理工具处理：清理完毕后，应立即对所有清理工具进行清洗、浸泡消毒。

（3）清洗。优先选择使用中性或碱性、无腐蚀性的，可与消毒剂配合使用的清洁剂。

一是高压冲洗：用高压水枪清洗车体外表面、车厢内表面、底盘、车轮等部位，重点冲洗污染区和角落。

二是喷洒清洁剂：用泡沫清洗车或发泡枪喷洒泡沫清洁剂，覆盖车体外表面、车厢内表面、底盘、车轮等部位，刷洗污染区域和角落，确保清洁剂与全车各表面充分接触，保持泡沫湿润、不干燥。

三是冲洗清洁剂：用高压水枪全面清洗车体外表面、车厢内表面、底盘、车轮等，直至无肉眼可见的泡沫和污染物。

四是晾干：将车辆停放到晾干区域，尽量排出清洗后残留的水，有条件的可设计坡度区域供车辆控水。有条件的可以设立独立的消毒区域，在车辆彻底控水（车辆内外表面无水渍、滴水）后，对车辆进行消毒。

五是消毒方法：拆除厢壁及随车携带的隔离板或隔离栅栏等物品冲洗干净后，用过氧乙酸、含氯消毒剂喷雾消毒，或在密闭房间内熏蒸消毒。

随车配备和携带的物品可使用紫外线照射，充分消毒。

车内可密封的空间用甲醛+高锰酸钾熏蒸消毒，用过氧乙酸气溶胶喷雾或次氯酸雾化消毒。

车身和底盘可用过氧乙酸、含氯消毒剂喷雾消毒。

参与非洲猪瘟疫情处置的车辆，先用0.5%过氧乙酸或含有不低于2%有效氯的含氯制剂喷洒消毒，浸润半小时后冲洗干净，再按照程序进行清洗消毒。

六是消毒程序：

车辆表面消毒

喷洒消毒剂：使用低压或喷雾水枪对车体外表面、车厢内表面、底盘、车轮等部位喷洒消毒液，以肉眼可见液滴流下为标准。

消毒剂浸泡：喷洒后，应按照消毒剂使用说明，保证消毒剂在喷洒部位浸润时间不少于30min。

冲洗消毒剂：用高压水枪冲洗车体外表面、车厢内表面、底盘、车轮等部位。

驾驶室的清洗消毒

驾驶室的清洗消毒应与车辆同步进行。

清理驾驶室：移除驾驶室内杂物并吸尘。

清洗消毒可拆卸物品：移除脚垫等可拆卸物品，清洗、消毒并干燥。

擦拭：用清水、洗涤液对方向盘、仪表盘、踏板、挡杆、车窗摇柄、手扣部位等进行擦拭。

消毒：对驾驶室进行甲醛+高锰酸钾熏蒸消毒、用过氧乙酸气溶胶喷雾或次氯酸雾化消毒。驾驶室消毒作用时间不少于15min。

除虫：必要时，在驾驶室内使用除虫菊酯杀虫剂除虫。

人员清洁消毒

消毒：随车人员进入消毒通道，喷雾消毒。在洁净区等待车辆消毒完成后驾驶车辆离开。

清洗：消毒后，换下衣物，进入喷淋区清洗。

更衣：清洗后，更换清洁的工作服和靴子。

衣物清洗消毒：换下的衣物放到指定区域进行清洗消毒。衣物清洗消毒可使用洗衣液配合含氯消毒剂处理或采取熏蒸消毒或湿热高压消毒。

（4）干燥（可选择项目）。有条件的可以设立车辆烘干间，对车辆进行烘干。利用有坡度的地面对车辆进行自然干燥。车辆进行干燥时，应打开所有车门进行车辆通风。

5. 车轮浴场消毒管理

应在养殖场、生猪交易市场、屠宰场的出入口设置轮浴场，并保持正常作业状态。轮浴场每2~3天更换一次消毒液。轮浴前，应移除车轮上的粪便等污物。

6. 猪场废弃物处理消毒程序

集中收集固体废弃物，堆积发酵、焚烧或深埋等无害化处理。集中收集污水等废弃物，撒生石灰或按比例投放氢氧化钠溶液、高浓度含氯制剂等进行消毒。

7. 无害化处理场清洁消毒程序

（1）入场消毒。车辆经过的消毒池，消毒池内采用1%~2%氢氧化钠溶液或高浓度含氯消毒剂等进行消毒。若无消毒池，铺撒2~5cm厚生石灰或用洒布1%~2%氢氧化钠溶液或高浓度含氯消毒剂的消毒草垫（8m以上）消毒。

（2）车辆消毒：具体参照运输车辆的清洗消毒程序执行。

（3）处理车间、生活区及废弃物等的消毒：按该无害化处理厂的规程操作。

8. 清洁冲洗与消毒后冲洗污水的处理

具体参照清洁冲洗与消毒后冲洗污水的处理执行。

（三）疫点疫区清洁消毒程序

1. 疫点疫区清洁消毒

（1）清洁消毒的关键场所。

生猪养殖场、生猪交易市场、屠宰加工厂场、运输车辆、无害化处理厂、疫区临时检查消毒站。

（2）清洁消毒程序。

首次清洁—首次消毒—再次清洁—二次消毒—终末清洁—终末消毒。

（3）养殖场圈舍清洁程序。扑杀生猪，无害化处理。集中收集养殖场猪舍内粪便、饲料、垫料、垃圾等，并随扑杀生猪一起无害化处理。

一是养殖场圈舍首次消毒程序：使用高压冲洗机将2%氢氧化钠溶液、0.5%过氧乙酸、有效氯含量2%以上的含氯消毒剂等喷洒消毒。

喷洒消毒液时，应按照从上到下、从内到外的原则，即先屋顶、屋梁钢架，再墙壁，最后地面，不留死角。

二是养殖场圈舍再次清洁程序：首次消毒喷洒消毒液1h后，彻底清扫猪舍内残留的粪便、垫料、灰尘等。

集中收集清扫的粪便、垃圾等污染物，堆积发酵或深埋等无害化处理。

三是养殖场圈舍二次消毒程序：参考首次消毒程序进行。

四是养殖场圈舍终末清洁程序：二次消毒1h后，对猪舍进行彻底清洗，不留死角。

五是养殖场圈舍终末消毒程序：墙面、顶棚和地面等喷洒2%氢氧化钠溶液、0.5%过氧乙酸、有效氯含量2%以上的含氯消毒剂等，以表面全部浸湿为标准。

猪舍的墙裙、地面、金属笼具等耐高温的物品进行火焰消毒。

备注：首次消毒、二次消毒及终末消毒应交替使用不同类别的消毒剂。

（4）养殖场场区环境消毒程序。对养殖场生活区（办公场所、宿舍、食堂等）的屋顶、墙面、地面用2%氢氧化钠溶液、0.5%过氧乙酸、有效氯含量2%以上的含氯消毒剂等喷洒消毒。

场区或院落地面洒布生石灰或2%氢氧化钠溶液、0.5%过氧乙酸、有效氯含量2%以上的含氯消毒剂等消毒。

进出门口铺设与门同宽、8m以上的消毒草垫，洒布2%氢氧化钠溶液、有效氯含量2%以上的含氯消毒剂，并保持浸湿状态。

集中收集污水，按比例投放含氯制剂消毒。

（5）养殖场圈舍和场区的消毒频次。

每日消毒3~5次，连续7天，之后每天消毒1次，持续消毒15天。

（6）疫点疫区进出人员及物品消毒程序。

进出人员应先清洁，后消毒。

进入疫点疫区时，应在洁净区穿一次性防护服、防水鞋套，戴口罩、乳胶手套，通过消毒垫步入。

出疫点疫区时，应在污染区边缘脱掉一次性防护服、防水鞋套、乳胶手套、口罩（收集后通过焚烧进行无害化处理），通过消毒垫步入洁净区。

疫点疫区出入人员手部喷洒75%酒精、3%枸橼酸碘、100mg/L次氯酸溶液等进行消毒。

衣、帽、鞋等物品，可用过硫酸氢钾、过氧乙酸、含氯消毒剂等浸泡、湿热高压灭菌等方式消毒。耐热的衣物、被褥、床单等采用2%碳酸氢钠溶液煮沸1h。

（7）疫点疫区养殖场内外和圈舍内外灭蜱程序。

用40%辛硫磷浇泼溶液、氰戊菊酯溶液、溴氰菊酯溶液等喷洒养殖场内外和圈舍内外环境、缝隙、巢窝和洞穴等处杀灭蜱虫。

（8）疫点疫区出入车辆清洁消毒程序。

参照运输车辆的清洗消毒程序执行。

（9）疫点疫区无害化处理场点消毒程序。

参照无害化处理场点消毒程序执行。

（10）疫点疫区生猪屠交易市场清洁消毒程序。

参照生猪屠宰场清洁消毒程序执行。

（11）疫点疫区生猪屠宰场清洁消毒程序。

参照生猪屠宰场清洁消毒程序执行。

（12）疫点疫区消毒记录。

所有的消毒登记需逐日、逐次进行登记，登记内容应包括消毒地点、消毒时间、消毒人员、消毒药名称、消毒药浓度、消毒方式等。

（13）疫区临时检查消毒站清洁消毒程序。

放置路障或足够数量的限制车辆缓行的路锥或在消毒站处向疫区内延伸 30~50m 路段设置 3~5 个缓冲带（每 10m 一个），并设立减速标识。

配制消毒垫及车辆消毒药，可用 1%~2% 氢氧化钠、0.5% 过氧乙酸、100mg/L 次氯酸溶液等含氯制剂、3% 邻苯基苯酚等；配制人员消毒药，可用 75% 酒精或 100mg/L 次氯酸溶液或 3% 枸橼酸碘。

按路面宽度铺设不少于 8m 长的双层草垫或麻袋，喷洒消毒药并保持浸湿状态。

在疫点疫区临时检查站出入口方向的 200m 道路洒布生石灰或 1%~2% 氢氧化钠溶液消毒，生石灰应洒布均匀且厚度为 2~5cm。

出入疫区的人员，对其手部喷洒 75% 酒精、100mg/L 次氯酸溶液或 3% 枸橼酸碘进行消毒，可用次氯酸溶液进行全身消毒，鞋底通过踩消毒垫进行消毒。

疫点疫区的工作人员，进入时应在洁净区穿一次性防护服，防水鞋套，戴口罩、乳胶手套，通过消毒垫步入疫点；出来时应在污染区边缘脱掉一次性防护服、防水鞋套、乳胶手套、口罩（收集后通过焚烧进行无害化处理），通过消毒垫步入洁净区。

对出入疫点疫区的车辆进行消毒，参照运输车辆清洁消毒程序执行。

（14）清洁冲洗与消毒后冲洗污水的处理。

具体参照清洁冲洗与消毒后冲洗污水的处理执行。

（15）疫点疫区消毒效果评价。

一是设置消毒指示微生物评价消毒效果：

消毒前，将枯草杆菌芽孢涂于棉布或纱布，作为消毒指示微生物，置于待消毒场所。消毒结束后，检测芽孢杀灭率。杀灭率达到 99.9% 以上，判定消毒合格。

备注：枯草杆菌芽孢抗性强于朊病毒以外的所有微生物，非洲猪瘟病毒是有囊膜病毒，对消毒剂抗力较弱，故可以枯草杆菌芽孢作为消毒指示微生物评价灭杀非洲猪瘟病毒的效果。

二是检测非洲猪瘟病毒评价消毒效果：

消毒后，在养殖场、交易市场、屠宰场、无害化处理场点、疫区临时检查站点等高风险场所，采集样品，检测非洲猪瘟病毒。

三是采用"哨兵"动物评价消毒效果：

在终末消毒后、恢复生产前，试养 10 头左右非洲猪瘟易感动物（非洲猪瘟抗体阴性）作"哨兵"动物，让"哨兵"动物进入养殖场的每个建筑物或动物饲养区。每日观察"哨兵"的临床症状，连续观察 30 天后，采集样品，检测非洲猪瘟病毒抗体。

2. 疫点疫区恢复生产的清洁消毒程序

参考农业农村部《感染非洲猪瘟养殖场恢复生产技术指南》清洗消毒部分。

十三、规模猪场（种猪场）非洲猪瘟防控生物安全手册

猪场生物安全指识别威胁养猪生产的风险因素，通过科学、有效的技术手段和管理措施加以控制，防止或阻断病原体侵入、侵袭猪群，确保养猪生产的健康、稳定。猪场生物安全包括外部生物安全和内部生物安全，外部生物安全主要是防止病原微生物通过可能性的载体传入场内和防止场内疫病向外传播；内部生物安全主要是控制场内病原在猪群间的循环。生物安全是一门科学管理和实践学科，既包括科学的方法，也包括有效的实践。其主要内容包括且不限于猪场选址、猪舍布局、生产模式、洗消中心管理、引种控制、主要病原载体（猪、车辆、饲料、物资、精液、人、食品、动物、空气等）进出途径以及内部生产周转等。

猪场生物安全工作是所有疫病预防和控制的基础，也是最有效、成本最低的健康管理措施。

（一）场址选择

猪场场址选择主要包括猪场周围养殖环境和地理位置。猪场周围养殖环境包括周围猪只存栏和高风险场所；猪场地理位置包括天然地理条件和交通布局等。

1. 猪场周围养殖环境

（1）周围猪只存栏。实地查看并统计 0~3km、3~10km 范围内猪场数量和猪只存栏量，标记 3km 内猪场和养殖户的位置，其分布与选址猪场位置越近，生物安全威胁越大。计算选址猪场周围 3km 范围内猪只密度以及 10~50km 范围内野猪密度，密度越大生物安全威胁越大。

（2）高风险场所。屠宰场、病死动物无害化处理场、粪污消纳点、农贸交易市场、其他动物养殖场/户、垃圾处理场、车辆洗消场所及动物诊疗场所等均为生物安全高风险场所，猪场选址时应与上述场所保持一定的生物安全距离。

2. 猪场地理位置

（1）自然条件。充分考虑地形与地势，猪场生物安全高低依次为：高山优于丘陵优于平原。

（2）主干道距。猪场与最近公共道路的距离大于 500m。猪场离公共道路越近，周边公共道路交叉越多，生物安全风险越大。

（3）其他公共资源距离。猪场与城镇居民区、文化教育科研等人口集中区域距离大于 500m。

猪场须每年对周围养殖环境进行调查评估，了解周围生物安全风险，根据生物安全风险点的变化制定针对性防控措施。

（二）场内布局

猪场饲养模式一般分为一点式和多点式。相对一点式，多点式饲养可有效避免病原在不同生产区之间的循环传播，降低疫病风险，但不同点之间转运猪只可能带来疫病风险。

1. 猪场功能区

猪场主要功能区包括办公区、生活区、生产区、隔离区及环保区等。办公区设置办公室、会议室等；生活区为人员生活、休息及娱乐的场所；生产区是猪群饲养的场所，是猪

场的主要建筑区域，也是生物安全防控的重点区域；隔离区主要是引进后备猪时隔离使用；环保区主要包括粪污处理、病死猪无害化处理以及垃圾处理等区域。

种猪场还包括选种区。选种区的设计应使外部选种人员直接从场外进入选种展示厅，而不经过猪场内部，可采用玻璃等有效措施将外部选种人员与猪群完全隔离。

2. 净区与污区

净区与污区是相对的概念，生物安全级别高的区域为相对的净区，生物安全级别低的区域为相对的污区。

在猪场的生物安全金字塔中，公猪舍、分娩舍、配怀舍、保育舍、育肥舍和出猪台的生物安全等级依次降低。猪只和人员单向流动，从生物安全级别高的地方到生物安全级别低的地方，严禁逆向流动。

3. 边界围墙/围网

猪场使用围墙或围网与外界隔离，尤其生产区须使用围墙与外界隔离。

4. 道路

猪场内部设置净道与污道，避免交叉。

5. 门岗

猪场采用密闭式大门，设置"限制进入"等明显标识。

门岗设置入场洗澡间。洗澡间布局须净区、污区分开，从外向内单向流动。洗澡间须有存储人员场外衣物的柜子。

门岗设置物资消毒间。消毒间设置净区、污区，可采用多层镂空架子隔开。物资由污区侧（猪场外）进入，消毒后由净区侧（生活区）转移至场内。

门岗设置全车洗消的设施设备，包括消毒池、消毒机、清洗设备及喷淋装置等。

6. 场区洗澡间及物资消毒间

场区洗澡间是人员从生活区进入生产区换衣、换鞋及洗澡的场所。确保洗澡间舒适，具备保暖设施设备和稳定的热水供应等。洗澡间旁设置洗衣房和物资消毒间，分别用于生产区内衣物清洗、消毒和进入生产区物资的消毒。

7. 料塔

料塔设置在猪场内部靠近围墙边，满足散装料车在场外打料。或者建立场内饲料中转料塔，配置场内中转饲料车。确保内部饲料车不出场，外部饲料车不进场。

8. 出猪台/通道

出猪台/通道是与外界接触的地方，须有标识或实物将净区、污区隔开，不同区域人员禁止交叉。建议种猪场和规模猪场使用场外中转车转运待售猪只。中转站距离猪场至少 3km。

9. 引种隔离舍

引种隔离舍距离生产区至少 500m。隔离舍具备人员洗澡和居住的条件，猪只隔离期间，人员居住在隔离舍，猪只检疫合格后解除人员隔离。

（三）猪群管理

猪群管理主要包括后备猪管理、精液引入管理、猪只转群管理以及猪群环境控制等。

1. 后备猪管理

建立科学合理的后备猪引种制度，包括引种评估、隔离舍的准备、引种路线规划、隔离观察及入场前评估等。

（1）引种评估。

资质评估：供种场具备《种畜禽生产经营许可证》，所引后备猪具备《种畜禽合格证》《动物检疫合格证明》及《种猪系谱证》；由国外引进后备猪，具备国务院畜牧兽医行政部门的审批意见和出入境检验检疫部门的检测报告。

健康度评估：引种前评估供种场猪群健康状态，供种场猪群健康度高于引种场。评估内容包括：猪群临床表现；口蹄疫、猪瘟、非洲猪瘟、猪繁殖与呼吸综合征、猪伪狂犬病、猪流行性腹泻及猪传染性胃肠炎等病原学和血清学检测；死淘记录、生长速度及料肉比等生产记录。

（2）隔离舍的准备。后备猪在引种场隔离舍进行隔离；由国外引种，在指定隔离场进行隔离。

隔离舍清洗、消毒：后备猪到场前完成隔离舍的清洗、消毒、干燥及空栏。

物资准备：后备猪到场前完成药物、器械、饲料、用具等物资的消毒及储备。

人员准备：后备猪到场前安排专人负责隔离期间的饲养管理工作，直至隔离期结束。

（3）引种路线规划。后备猪转运前对路线距离、道路类型、天气、沿途城市、猪场、屠宰场、村庄、加油站及收费站等调查分析，确定最佳行驶路线和备选路线。

（4）隔离观察。隔离期内，密切观察猪只临床表现，进行病原学检测，必要时实施免疫。

（5）入场前评估。隔离结束后对引进猪只进行健康评估，包括口蹄疫、猪瘟、非洲猪瘟、猪繁殖与呼吸综合征、猪流行性腹泻及传染性胃肠炎等抗原检测，以及猪伪狂犬病 gE 抗体、口蹄疫感染抗体、口蹄疫 O 型抗体、口蹄疫 A 型抗体、猪瘟抗体及猪伪狂犬病 gB 抗体等抗体检测。

2. 精液引入管理

精液经评估后引入，评估内容包括供精资质评估和病原学检测。

（1）供精资质评估。外购精液具备《动物检疫合格证明》；由国外引入精液，具备国务院畜牧兽医行政部门的审批意见和出入境检验检疫部门的检测报告。

（2）病原学检测。猪瘟、非洲猪瘟、猪繁殖与呼吸综合征及猪伪狂犬病等病毒和链球菌等细菌检测为阴性。

3. 猪只转群管理

猪场生产区功能单元主要包括：公猪舍、隔离舍、后备猪培育舍、配怀舍、分娩舍、保育舍及育肥舍等。猪只转群过程中存在疫病传播风险。

（1）"全进全出"管理。隔离舍、后备猪培育舍、分娩舍、保育舍及育肥舍执行严格的批次间"全进全出"。

转群时，避免不同猪舍的人员交叉；转群后，对猪群经过的道路进行清洗、消毒，对栋舍进行清洗、消毒、干燥及空栏。

（2）猪只转运管理。猪只转运一般包括断奶猪转运、淘汰猪转运、肥猪转运以及后备猪转运。根据运输车辆是否自有可控分为两类：自有可控车辆可在猪场出猪台进行猪只转运；非自有车辆不可接近猪场出猪台，由自有车辆将猪只转运到中转站交接。

建议使用三段赶猪法进行猪只转运。将整个赶猪区域分为净/灰/污三个区域，猪场一侧（或中转站自有车辆一侧）为净区，拉猪车辆为污区，中间地带为灰区。不同区域由不同人员负责，禁止人员跨越区域界限或发生交叉。

猪只转运时，到达出猪台或中转站的猪只须转运离开，禁止返回场内。转运后，对出猪台/中转站清洗、消毒。

4. 猪群环境控制

合适的饲养密度、合理的通风换气、适宜的温度、湿度及光照是促进生猪健康生长的必要条件，相关指标参考《标准化规模养猪场建设规范》（NY/T 1568—2007）、《规模猪场环境参数与环境管理》（GB/T 17824.3—2008）。

（四）人员管理

根据不同区域生物安全等级进行人员管理，人员遵循单向流动原则，禁止逆向进入生物安全更高级别区域。

1. 入场人员审查

外部人员到访需提前24h向猪场相关负责人提出申请，经近期活动背景审核合格后方可前来访问。

猪场休假人员返场需提前12h向猪场相关负责人提出申请，经人员近期活动背景审查合格后方可返场。

人员在进场前3天不得去其他猪场、屠宰场、无害化处理场及动物产品交易场所等生物安全高风险场所。

2. 人员进入办公区/生活区流程

每个流程分区管理，责任到人，监督落实，关键点安装摄像头进行实时管理。

（1）入场证明。入场人员需持审核合格证明到达猪场大门处。

（2）登记。在门卫处进行入场登记，包括日期、姓名、单位、进场原因、最后一次接触猪只日期、离开时间及是否携带物品等，并签署相关生物安全承诺书。

（3）淋浴。洗澡后，更换干净衣服及鞋靴入场，注意头发及指甲的清洗。

（4）携带物品。携带物品经消毒后入场，严禁携带偶蹄动物肉制品入场。

（5）隔离。在规定区域活动，完成36h以上隔离，未经允许，禁止进入生产区。

3. 人员进入生产区流程

参考《人员进入办公区/生活区流程》进入生产区。注意人员在生产区洗澡间洗澡的同时，携带物品须经生产区物资消毒间消毒后进入。

4. 人员进入生产单元流程

人员按照规定路线进入各自工作区，禁止进入未被授权的工作区。

进出生产单元均清洗、消毒工作靴。先刷洗鞋底鞋面粪污，后在脚踏消毒盆浸泡消毒。人员离开生产区，将工作服放置指定收纳桶。

疫情高风险时期，人员应避免进入不同生产单元。如确需进入，更换工作服和工作靴。

（五）车辆管理

猪场车辆包括外部运猪车、内部运猪车、散装料车、袋装料车、死猪/猪粪运输车以及私人车辆等。

1. 外部运猪车

外部运猪车尽量自有、专场专用。如使用非自有车辆，则严禁运猪车直接接触猪场出猪台，猪只经中转站转运至运猪车内。

（1）清洗与消毒。运猪车清洗、消毒及干燥后，方可接触猪场出猪台或中转站。运猪车使用后及时清洗、消毒及干燥。具体流程参见第八章。

（2）司乘人员管理。司乘人员48~72h内未接触本场以外的猪只。接触运猪车前，穿着干净且消毒的工作服。如参与猪只装载时，则应穿着一次性隔离服和干净的工作靴，禁止进入中转站或出猪台的净区一侧。运猪车严禁由除本车司机以外的人员驾驶。

2. 内部运猪车

猪场设置内部运猪车，专场专用。

（1）清洗与消毒。选择场内空间相对独立的地点进行车辆洗消和停放。洗消后，在固定的地点停放。洗消地点应配置高压冲洗机、消毒剂、清洁剂及热风机等设施设备。

运猪车使用后立即到指定地点清洗、消毒及干燥。流程包括：高压冲洗，确保无表面污物；清洁剂处理有机物；消毒剂喷洒消毒；充分干燥。

（2）司乘人员管理。司乘人员由猪场统一管理。接触运猪车前，穿着一次性隔离服和干净的工作靴。运猪车上应配一名装卸员，负责开关笼门、卸载猪只等工作，装卸员穿着专用工作服和工作靴，严禁接触出猪台和中转站。

（3）运输路线。按照规定路线行驶，严禁开至场区外。

3. 散装料车

规模猪场应做到散装料车自有、专场专用。

（1）清洗与消毒。散装料车清洗、消毒及干燥后，方可进入或靠近饲料厂和猪场。

（2）司乘人员管理。严禁由司机以外的人驾驶或乘坐。如需进入生产区，司机严禁下车。

（3）行驶路线。散装料车在猪场和饲料厂之间按规定路线行驶。避免经过猪场、其他动物饲养场及屠宰场等高风险场所。散装料车每次送料尽可能满载，减少运输频率。如需进场，须经严格清洗、消毒及干燥，打料结束后立即出场。

（4）打料管理。如散装料车进入生产区内，打料工作由生产区人员操作，司机严禁下车。如无须进入生产区内，打料工作可由司机完成。

4. 袋装料车

规模猪场应做到袋装料车自有，且尽量专场专用。

袋装料车经清洗、消毒及干燥后方可使用。如跨场使用，车辆清洗、消毒及干燥后，在指定地点隔离24~48h后方可使用。

5. 死猪/猪粪运输车

死猪/猪粪运输车专场专用。

交接死猪/猪粪时，避免与外部车辆接触，交接地点距离场区大于1km。使用后，车辆及时清洗、消毒及干燥，并消毒车辆所经道路。

6. 私人车辆

私人车辆禁止靠近场区。

（六）物资管理

猪场物资主要包括食材、兽药疫苗、饲料、生活物资、设备以及其他物资等。

1. 食材

（1）食材的选取。食材生产、流通背景清晰、可控，无病原污染。偶蹄类动物生鲜及制品禁止入场。蔬菜和瓜果类食材无泥土、无烂叶，禽类和鱼类食材无血水，食用食品消毒剂清洗后入场。

（2）饭菜进入生产区。由猪场厨房提供熟食，生鲜食材禁止进入。饭菜容器经消毒后进入。

2. 兽药疫苗

（1）进场消毒。疫苗及有温度要求的药品，拆掉外层纸质包装，使用消毒剂擦拭泡沫保温箱后，转入生产区药房储存。

其他常规药品，拆掉外层包装，经臭氧或熏蒸消毒，转入生产区药房储存。

（2）使用和后续处理。

严格按照说明书或规程使用疫苗及药品，做到一猪一针头，疫苗瓶等医疗废弃物及时无害化处理。

3. 饲料

饲料无病原污染。袋装饲料中转至场内运输车辆，再运送至饲料仓库，经臭氧或熏蒸消毒后使用。所有饲料包装袋均与消毒剂充分接触。散装料车在场区外围打料降低疫病传入风险。

4. 生活物资

生活物资集中采购，经臭氧或熏蒸等消毒处理后入场，减少购买和入场频率。

5. 设备

风机、钢筋等可以水湿的设备，经消毒剂浸润表面，干燥后入场。水帘、空气过滤网等不宜水湿的设备，经臭氧或熏蒸消毒后入场。

6. 其他物资

五金、防护用品及耗材等其他物资，拆掉外包装后，根据不同材质进行消毒剂浸润、臭氧或熏蒸消毒，转入库房。

（七）卫生与消毒

1. 洗消试剂

（1）清洁剂。清洁须重视清洁剂的使用。可选择肥皂水、洗涤净以及其他具有去污能力的清洁剂。

（2）消毒剂。充分了解消毒剂的特性和适用范围。应考虑：能否迅速高效杀灭常见病原；能否与清洁剂共同使用，或自身是否具有清洁能力；最适温度范围，有效作用时间；不同用途的稀释比例；能否适应较硬的水质；是否刺激性小，无毒性、染色性及腐蚀性等。猪场定期更换消毒剂。常见消毒剂见表5-6。

表5-6 常用消毒剂的特性和适用范围

消毒剂种类	优点	缺点	适用范围
过氧化物	作用速度快、适用于病毒和细菌	具有刺激性	预防病毒性疫病、水线消毒、栏舍熏蒸
氯化物	起效速度快、对病毒、细菌均有效、价格低廉	具有腐蚀性、遇有机物和硬水失活、持续效果短、具有刺激性	栏舍熏蒸环境消毒
苯酚	活性维持时间长、对金属无腐蚀性、对细菌消毒效果好、价格低廉	具有毒性、腐蚀橡胶塑料、可能的环境污染	水泥地面
碘制剂	安全性高、无毒无味、起效速度快、适用于病毒和细菌	价格较贵、某些碘制剂具有毒性	适合足浴盆、预防病毒性疫病
季铵盐类	适用于水线消毒、细菌消毒效果好、安全性高	有机物存在失效、对真菌和芽孢效果不佳、不能和清洁剂混用	洗手、水线消毒
醛类	对病毒和细菌均有效	可能具有毒性	水泥地面、车轮浸泡
碱类	起效速度快、对病毒、细菌均有效、价格低廉	可能具有毒性	水泥地面、车轮浸泡

2. 栏舍消毒

（1）空栏消毒。

洗消前准备：准备高压冲洗机、清洁剂、消毒剂、抹布及钢丝球等设备和物品，猪只转出后立即进行栏舍的清洗、消毒。

物品消毒：对可移出栏舍的物品，移出后进行清洗、消毒。注意栏舍熏蒸消毒前，要将移出物品放置舍内并安装。

水线消毒：放空水线，在水箱内加入温和无腐蚀性消毒剂，充满整条水线并作用有效时间。

栏舍除杂：清除粪便、饲料等固体污物；热水打湿栏舍浸润1h，高压水枪冲洗，确保无粪渣、料块和可见污物。

栏舍清洁：低压喷洒清洁剂，确保覆盖所有区域，浸润30min，高压冲洗。必要时使用钢丝球或刷子擦洗，确保祛除表面生物膜。

栏舍消毒：清洁后，使用不同消毒剂间隔12h以上分别进行两次消毒，确保覆盖所有区域并作用有效时间，风机干燥。

栏舍白化：必要时使用石灰浆白化消毒，避免遗漏角落、缝隙。熏蒸和干燥：消毒干燥后，进行栏舍熏蒸。熏蒸时栏舍充分密封并作用有效时间，熏蒸后空栏通风36h以上。

（2）日常清洁。栏舍内粪便和垃圾每日清理，禁止长期堆积。发现蛛网随时清理。病死猪及时移出，放置和转运过程保持尸体完整，禁止剖检，及时清洁、消毒病死猪所经道路及存放处。

3. 场区环境消毒

（1）场区外部消毒。外部车辆离开后，及时清洁、消毒猪场周边所经道路。

（2）场内道路消毒。定期进行全场环境消毒。必要时提高消毒频率，使用消毒剂喷洒道路或石灰浆白化。猪只或拉猪车经过的道路须立即清洗、消毒。发现垃圾即刻清理，必要时进行清洗、消毒。

（3）出猪台消毒。转猪结束后立即对出猪台进行清洗、消毒。先清洗、消毒场内净区与灰区，后清洗、消毒场外污区，方向由内向外，严禁人员交叉、污水逆流回净区。

洗消流程：先冲洗可见粪污，喷洒清洁剂覆盖30min，清水冲洗并干燥，后使用消毒剂消毒。

4. 工作服和工作靴消毒

猪场可采用"颜色管理"，不同区域使用不同颜色/标识的工作服，场区内移动遵循单向流动的原则。

（1）工作服消毒。人员离开生产区，将工作服放置指定收纳桶，及时消毒、清洗及烘干。流程：先浸泡消毒作用有效时间，后清洗、烘干。

生产区工作服每日消毒、清洗。发病栏舍人员，使用该栏舍专用工作服和工作靴，本栏舍内消毒、清洗。

（2）工作靴消毒。进出生产单元均须清洗、消毒工作靴。流程：先刷洗鞋底鞋面粪污，后在脚踏消毒盆浸泡消毒。消毒剂每日更换。

5. 设备和工具消毒

栏舍内非一次性设备和工具经消毒后使用。设备和工具专舍专用，如需跨舍共用，须经充分消毒后使用。根据物品材质选择高压蒸汽、煮沸、消毒剂浸润、臭氧或熏蒸等方式消毒。

（八）洗消中心管理

有条件的猪场应建立洗消中心，洗消中心具备对车辆（运猪车、运料车等）清洗、消毒及烘干等功能，以及对随车人员、物品的清洗、消毒功能。

1. 选址与功能单元

洗消中心选址在猪场3km附近，距离其他动物养殖场/户大于500m。

洗消中心功能单元包括值班室、洗车房、干燥房、物品消毒通道、人员消毒通道、动力站、硬化路面、废水处理区、衣物清洗干燥间、污区停车场及净区停车场等。洗消中心设置净区、污区，洗消流程单向流动。

2. 洗消流程

（1）前期准备。司机驾车驶入洗消区，司机沿规定路线前往洗澡间洗澡。

（2）驾驶室清理。取下脚垫进行清洗、消毒，清理驾驶室内灰尘。消毒剂擦拭驾驶室内部，喷洒或烟雾消毒驾驶室。

（3）初次清洗。车厢按照从上到下、从前到后的顺序进行猪粪、锯末等污物清洁。低压打湿车厢及外表面，浸润10~15min。底盘按照从前到后进行清洗。按照先内后外，先上后下，从前到后的顺序高压冲洗车辆。注意刷洗车顶角、栏杆及温度感应器等死角。

（4）泡沫浸润。对全车喷洒泡沫，全覆盖泡沫浸润15min。

（5）二次清洗。再次按照从内到外、从上到下、从前到后的顺序高压冲洗。

（6）沥水干燥。清洗完毕后，沥水干燥或风筒吹干，必要时采用暖风机保证干燥效果。确保无泥沙、无猪粪和无猪毛，否则重洗。

（7）消毒。对全车进行消毒剂消毒，静置作用有效时间。

（8）烘干。司机洗澡、换衣及换鞋后按规定路线进入洗车房提取车辆，驾车驶入烘干房进行烘干。烘干房密闭性良好，车辆70℃烘干30min。烘干后车辆停放在净区停车场。

（9）洗车房及设备处理。车辆洗消后，洗消洗车房地面。高压清洗机、泡沫清洗机、烘干机及液压升降平台等设备经消毒后方可再次使用。使用过的工作服、工作靴和清洁工具移出洗消房，在指定区域清洗、消毒及干燥。

（九）风险动物控制

牛、羊、犬、猫、野猪、鸟、鼠、蜱及蚊蝇等动物可能携带危害猪群健康的病原，禁止在猪场内和周围出现。

1. 外围管理

了解猪场所处环境中是否有野猪等野生动物，发现后及时驱赶。选用密闭式大门，与地面的缝隙不超过1cm，日常保持关闭状态。建设环绕场区围墙，防止缺口。禁止种植攀墙植物。定期巡视，发现漏洞及时修补。

2. 场内管理

猪舍大门保持常闭状态。猪舍外墙完整，除通风口、排污口外不得有其他漏洞，并在通风口、排污口安装高密度铁丝网，侧窗安装纱网，防止鸟类和老鼠进入。吊顶漏洞及时修补。赶猪过道和出猪台设置防鸟网，防止鸟类进入。

使用碎石子铺设80~100cm的隔离带，用以防鼠；老鼠出没处每6~8m设立投饵站，投放慢性杀鼠药；可聘请专业团队定期进行灭鼠。

猪舍内悬挂捕蝇灯和粘蝇贴，定期喷洒杀虫剂。猪舍内缝隙、孔洞是蜱虫的藏匿地，发现后向内喷洒杀蜱药物（如菊酯类、脒基类），并水泥填充抹平。

场内禁止饲养宠物，发现野生动物及时驱赶和捕捉。猪舍周边清除杂草，场内禁止种植树木，减少鸟类和节肢动物生存空间。

3. 环境卫生

及时清扫猪舍、仓库及料塔等散落的饲料，做好厨房清洁，及时处理餐厨垃圾，避免给其他动物提供食物来源。做好猪舍、仓库及药房等卫生管理，杜绝卫生死角。

（十）污物处理

猪场污物主要包括病死猪、粪便、污水、医疗废弃物、餐厨垃圾以及其他生活垃圾等。

1. 病死猪无害化处理

猪场死猪、死胎及胎衣严禁出售和随意丢弃，及时清理并放置指定位置。猪场按照《病死及病害动物无害化处理技术规范》等相关法律法规及技术规范建立场内无害化处理设施设备，进行场内无害化处理。没有条件场内处理的需由地方政府统一收集进行无害化处理。如无法当日处理，需低温暂存。

2. 粪便无害化处理

使用干清粪工艺猪场，及时将粪清出，运至粪场，不可与尿液、污水混合排出。清粪工具、推车等每周至少清洗、消毒一次。

使用水泡粪工艺猪场，及时清扫猪粪至粪池。分娩舍、保育舍及育肥舍每批次清洗一次，配怀舍定期排出粪水，进行清理。

猪场设置贮粪场所，位于下风向或侧风向，贮粪场所有效防渗，避免污染地下水。按照《畜禽粪便无害化处理技术规范》（GB/T 36195—2018）进行粪便无害化处理。

3. 污水处理

猪场具备雨污分流设施，确保管道通畅。污水经综合处理，达到排放标准后排放，严禁未经处理直接排放。

4. 医疗废弃物处理

猪场医疗废弃物包括过期的兽药疫苗，使用后的兽药瓶、疫苗瓶及生产过程中产生的其他废弃物。根据废弃物性质采取煮沸、焚烧及深埋等无害化处理措施，严禁随意丢弃。

5. 餐厨垃圾处理

餐厨垃圾每日清理，严禁饲喂猪只。

6. 其他生活垃圾处理

对生活垃圾源头减量，严格限制不可回收或对环境高风险的生活物品的进入。场内设置垃圾固定收集点，明确标识，分类放置。垃圾收集、贮存、运输及处置等过程须防扬散、流失及渗漏。生活垃圾按照国家法律法规及技术规范进行焚烧、深埋或由地方政府统一收集处理。

（十一）制度管理与人员培训

完善的生物安全体系在于有效的组织管理以及措施的落地执行。

1. 生物安全制度管理

（1）生物安全小组。猪场成立生物安全体系建设小组，负责生物安全制度建立，督导措施的执行和现场检查。

（2）制定规程。针对生物安全管理的各个环节，制定标准操作规程，并要求人员严格执行。将各项规程在适用地点张贴，随时可见并方便获得。

（3）登记制度。人员完成生物安全操作后，对时间、内容及效果等详细记录并归档。

（4）检查制度。制定生物安全逐级审查制度，对各个环节进行不定期抽检。可对执行结果进行打分评估。

（5）奖惩制度。制定奖惩制度，对长期坚持规程操作的人员予以奖励，违反人员予以处罚。

2. 人员培训

猪场可通过集中培训、网络学习、现场授课及实操演练等形式开展培训，并进行考核。

（1）制订培训计划。猪场制订系统的生物安全培训计划。新入职人员须经系统培训后上岗；已在职人员持续定期培训，确保生物安全规程执行到位。

（2）理论培训。重视人员理论知识学习，系统对疫病知识、猪群管理、生物安全原则、操作规范及生物安全案例等方面内容进行培训，提高生物安全意识。

（3）实操培训。定期组织生物安全实操练习，按照标准流程和规程进行操作，及时纠偏改错，确保各项程序规范执行并到位。

（4）执行考核。对完成系统培训的人员，进行书面考试和现场实操考核，每位人员均应通过相应的生物安全考核。

十四、感染非洲猪瘟养殖场恢复生产技术指南

（一）基本知识

目前，全世界尚无有效疫苗和药物用于预防和治疗非洲猪瘟，清除已存在的非洲猪瘟病毒，并有效阻止非洲猪瘟病毒再次进入养殖场，是决定养殖场恢复生产成功的关键。恢复生产是一项基于生物安全的系统工程，涉及许多设施条件、防控技术和管理细节。不同养殖场规模及其生物安全情况不同，生产恢复方法无法完全统一。对于中小规模养殖场，可结合本场实际，参照本指南恢复生产；对于种猪场、大型特别是超大型养殖场，可根据本指南推荐的原则采取更严格的生物安全措施。

1. 概念

恢复生产是指养殖场发生非洲猪瘟疫情后，经全部清群、清洗消毒、设施改造、管理措施改进，并经适当时间空栏和综合评估后，再次引进生猪进行养殖的过程。

空栏期是指从发生非洲猪瘟疫情养殖场全部清群、第一次清洗消毒后，至再次引入生猪养殖的时间间隔。基于非洲猪瘟病毒的生物特性，空栏期以4~6个月为宜，具体时长可根据风险评估情况确定。

2. 病毒存活时间

非洲猪瘟病毒对环境耐受力强，病毒在肉品、血液、组织、粪便，以及养殖场、市场、屠宰场、车辆等环境中可长时间存活。病毒存活时间与所处介质、温度和湿度等因素密切相关，详见表5-7。

表5-7 非洲猪瘟病毒在各种环境下的存活时间

介质	条件	存活时间
血液	4℃	18个月
	常温	15周
	56℃	70min
	60℃	30min
带血的木板	—	70天
肉类	-18℃	>1 000天
	4℃	150天
骨髓	-4℃	188天
粪便/尿液	4℃	160天
	常温	11天

3. 流行病学特征

（1）传染源。非洲猪瘟感染猪、发病猪、耐过猪及猪肉产品和相关病毒污染物品等

都是该病的传染源，感染病毒的钝缘软蜱也是传染源之一。非洲猪瘟的潜伏期一般为5~19天，最长可达21天。高致病性毒株感染后，生猪的发病率多在90%以上，感染猪多在2周内死亡，病死率最高可高达100%。

（2）传播途径。非洲猪瘟以接触传播为主，群内传播速度较快，但群间传播速度较为缓慢。目前，我国出现的病毒株为高致病性毒株。流行病学调查表明，我国非洲猪瘟的主要传播途径是：污染的车辆与人员机械性带毒进入养殖场（户）、使用餐厨废弃物喂猪、感染的生猪及其产品调运。

车辆。运送生猪、饲料、兽药、生活物资等的外来车辆，或去往生猪集散地/交易市场、屠宰场、农贸市场、饲料/兽药店、其他养殖场等高风险场所的本场车辆（生产、生活和办公），未经彻底清洗消毒进入本养殖场，是当前病毒传入的主要途径。

售猪。出售生猪特别是淘汰母猪时，出猪台和内部转运车受到外部病毒污染，或贩运/承运人员携带病毒，是非洲猪瘟病毒传入的重要途径。

人员。外来人员（生猪贩运/承运人员、保险理赔人员、兽医、技术顾问、兽药/饲料销售人员等）进入本场，本场人员到兽药/饲料店、其他养殖场、屠宰场、农贸市场返回后未更换衣服/鞋并严格消毒，是病毒传入的重要途径。

餐厨废弃物（泔水）。使用餐厨废弃物（泔水）喂猪，或养殖人员接触外部生肉后未经消毒接触生猪，是小型养殖场户病毒传入的主要途径。

引进生猪。引进生猪、精液或配种时，病毒可通过多种方式传入。

水源污染。病毒污染的河流、水源可传播病毒。

生物学因素。在病毒高污染地区、养殖密集区，养殖场内的犬、猫、禽和环境中的鼠、蜱、蚊蝇等，以及养殖场周边有野猪活动，可能机械携带病毒并导致病毒传入。

饲料污染。使用自配料的养殖场饲料原料被污染；使用成品料的养殖场其饲料中含有猪源成分（肉骨粉、血粉、肠黏膜蛋白粉等），可能导致病毒传入。

成功实现恢复生产，必须切断以上所有可能的病毒传入途径。

（二）生产恢复计划的制订

1. 疫情传入途径的分析

生产恢复前，首先要分析本场疫情传入的具体途径，并重点防范。本场首个病例发病前3~21天，上述传播途径都可能是本场疫情传入的途径。对同一养殖场，病毒传入途径可能是其中一种或几种，制订生产恢复计划时应当充分考虑。

2. 病毒再次传入的风险评估

（1）养殖场规模和选址。养殖规模越大，病毒传入的途径和机会越多，疫情发生的概率越高。养殖场所处地势较低，与公路、城镇居民区等人口密集区距离近时，病毒传入风险较高。

（2）周边疫情情况。养殖场周边疫情越重，病毒传入风险越高。

周边经济社会环境。养殖场周边养殖场户多、距离近、隔离条件差，屠宰场、无害化处理场、生猪交易市场分布不合理、防疫条件差，贩运人员多、防疫意识差，车辆清洗消毒不彻底，都会增加病毒传入风险。

3. 生产恢复计划的制订

评估后，若本场适合恢复生产，则应根据非洲猪瘟传入途径和当前疫情传入风险，查找本场生物安全漏洞，从车辆、人员、物流管理等方面改造生物安全设施，健全管理制度，做好恢复生产前的准备。具体可根据本场实际，有计划、有选择地做好清洗消毒、设施升级改造、完善生产管理制度等工作。若评估认为传入风险高，则应采取更为严格的生物安全措施。

（三）清洗消毒

生产区（生猪饲养栋舍、死猪暂存间、饲料生产及存放间、出猪间/台、场区道路等）、生活区（办公室、食堂、宿舍、更衣室、淋浴间等）、场区外道路等，应全面彻底清洗消毒。总体上，应按照从里到外，即由猪舍内到猪舍外、生活区再到场区外的顺序，渐次消毒，防止交叉、反复污染。

1. 生产区的清扫

（1）表面消毒。用2%氢氧化钠全面喷洒生猪饲养栋舍、死猪暂存间、饲料生产及存放间、出猪间/台、场区道路等生产场所，至表面湿润，至少作用30min。

（2）污物处理。清除生产区内粪便、垫料、饲料及残渣等杂物，清空粪沟，粪尿池和沼气罐经发酵后清空。将清扫出来的垃圾、粪便等污物，以及可能被污染的饲料和垫料，选择适当位置（尽可能移出场区）进行隔离堆积发酵、深埋或焚烧处理。

尽量拆开栋舍内能拆卸的设备，如隔离栏、产床、地板、吊顶的棚顶、风机、空气循环系统、灯罩等，将拆卸的设备移出栋舍外消毒。拆除并销毁所有木质结构，销毁可能污染的工作衣物、工具、纸张、药品等物资。

（3）冲洗。用清水高压冲洗生猪饲养栋舍、死猪暂存间、饲料生产及存放间、出猪间/台、场区道路等生产区域，确保冲洗无死角。拐角、缝隙等边角部分可用刷子刷洗。严重污染的栋舍可用去污剂浸泡后，高压清水冲洗。

冲洗后，生产区内设施设备、工具上应当无可见污物残留，挡板上无粪渣和其他污染物，产床上无粪便、料块，漏粪地板缝隙无散料和粪渣，料槽死角无剩料残渣，粪沟内无粪便，料管及百叶无灰尘。冲洗后的污水应当集中收集，并加入适量氢氧化钠等消毒剂进行处理，经平衡酸碱后排放。

（4）晾干。通风透气，晾至表面无明显水滴。

【注意事项】初次消毒是非常关键的环节，要清理并无害化处理栋舍内的粪尿、污渍、污水和杂物，以及可能受污染的物品（包括挡猪板、扫把、木制品、泡沫箱、饲料袋等），确保冲洗彻底，从而清除绝大多数病原。

2. 消灭生物学因素

经初步消毒后，应集中杀灭老鼠、蚊蝇等。

3. 生产区的消毒

（1）消毒剂的选择。使用附表推荐的适当消毒剂（按照说明书配制和使用），对生猪饲养栋舍、死猪暂存间、出猪间/台、场区道路、饲料生产及存放间等进行消毒。推荐以下两种方案，供参考。

方案一：喷洒消毒剂。选用2%氢氧化钠充分喷洒生猪饲养栋舍、死猪暂存间、饲料生产及存放间、出猪间/台、场区道路等，保持充分湿润6~12h后，用清水高压冲洗至表面干净，彻底干燥。必要时，可冲洗干净氢氧化钠后晾至表面无明显水滴，再喷洒附表推荐的其他消毒剂（如戊二醛），保持充分湿润30min，冲洗并彻底干燥。

有条件的，可在彻底干燥后对地面、墙面、金属栏杆等耐高温场所，进行火焰消毒。若养殖场墙面、棚顶等凹凸不平，可选用泡沫消毒剂。

【注意事项】应避免酸性和碱性消毒药同时使用，若先用酸性药物，应待酸性消毒药挥发或冲洗后再用碱性药，反之亦然。出猪台、赶猪道是病毒传入高风险区，产床、棚顶、栋舍设施接口和缝隙，以及漏粪地板的反面及粪污地沟、粪尿池，水帘水槽以及循环系统为消毒死角，应重点加强消毒。火焰消毒应缓慢进行，光滑物体表面以3~5s为宜，粗糙物体表面适当延长火焰消毒时间。最后一次消毒后应彻底干燥。

方案二：石灰乳涂刷消毒。20%石灰乳与2%氢氧化钠溶液制成碱石灰混悬液，对生猪饲养栋舍、死猪暂存间、饲料生产及存放间、出猪间/台、场区道路、栏杆、墙面以及养殖场外100~500m内的道路、粪尿沟和粪尿池进行粉刷。粉刷应做到墙角、缝隙不留死角。每间隔2天进行1次粉刷，至少粉刷3次。

【注意事项】20%石灰乳和2%氢氧化钠混悬液的配制方法：1kg氢氧化钠，10kg生石灰，加入50kg水，充分拌匀后粗纱网过滤。石灰乳必须即配即用，过久放置会变质导致失去杀菌消毒作用。

（2）熏蒸。消毒干燥后，对于相对密闭栋舍，可使用消毒剂密闭熏蒸，熏蒸后通风，熏蒸时注意做好人员防护。例如，空间较小时，可使用高锰酸钾与福尔马林混合，或使用其他烟熏消毒剂熏蒸栋舍，密闭24~48h；空间较大时，可使用臭氧等熏蒸栋舍，密闭12h。

（3）空栏空舍。栋舍门口和生产区大门贴封条，严禁外来人员、车辆进入。同时，应防止生物学因素进入。建议空栏期为4~6个月。

4. 饮水设备的消毒

卸下所有饮水嘴、饮水器、接头等，洗刷干净后煮沸15min，之后放入含氯类消毒剂浸泡。

水线管内部用洗洁精浸泡清洗，水池、水箱中添加含氯类消毒剂浸泡2h。

重新装好饮水嘴，用含氯类消毒剂浸泡管道2h后，每个水嘴按压放干全部消毒水，再注入清水冲洗。

5. 生活区的消毒

清扫和处理。对生活区（办公室、食堂、宿舍、更衣室、淋浴间等）进行清扫，将剩余所有衣服、鞋、杂物进行消毒或无害化处理。

熏蒸消毒。同上。

喷洒消毒。使用附表推荐的消毒液喷洒消毒，干燥。

第二轮消毒。待整个养殖场彻底消毒后，对生活区进行第二轮清洗消毒。

6. 车辆的消毒

车辆洗消中心应注意污道、净道分开。运输车辆由污道驶入，经清洗消毒后，应从净道离开。现推荐两种方案如下。

（1）方案一：洗消中心消毒。进出养殖场的所有车辆均应对车辆底部、轮胎、车身等进行彻底清洗、消毒和高温烘干。非本场车辆可先在其他地方进行预处理，喷洒戊二醛或复合酚作用 30min 后，用清水或清洗剂（去污剂）初步冲洗清除粪便等杂物，然后进入洗消中心消毒。流程如下。

清扫和拆卸。车辆由污道驶入后，清扫残留污物、碎屑，移除所有可拆卸设备（隔板、挡板等）；取出驾驶室内地垫等所有物品；清扫残留污物、碎屑。

浸润。将车辆底部、轮胎、车身、拆卸物品等进行全方位、无死角立体冲洗；使用泡沫清洗剂（去污剂）喷洒全车和相关物品，浸润 15~20min。

高压冲洗。使用冷水（夏季）或 60~70℃ 热水（冬季），按照从顶部到底部、从内部到外部的顺序，冲洗至无可见的污物和污渍。包括隔板、过道、挡猪板、扫帚、铁铲及箱子，最后冲洗取出的驾驶室地垫等物品。

车体消毒。沥干车内存水，使用新配置的消毒液喷洒车辆内外表面，底盘，保持 30min；驾驶室地垫、其他工具浸泡在消毒液中，保持 30min。必要时，可重复一次。

驾驶室消毒。使用消毒液浸泡的抹布擦拭方向盘、仪表盘、油门和刹车踏板、把手、车窗、玻璃和门内侧等，地板使用消毒剂喷洒。

烘干。洗消后车辆驶上 30° 斜坡，沥干水分（无滴水），进入烘干房，待车体温度达到 60℃ 保持 30min，或 70℃ 保持 20min。烘干过程中，循环气流。有条件的，可在烘干后对拉猪车等高风险车辆熏蒸消毒。

由净区离开洗消中心后，车辆驶入指定洁净区域停放。

必要时，到达养殖场大门前，门卫人员再次消毒，同时司机出示消毒证明方可进入生活区。

洗消中心消毒。车辆离开后，立即高压冲洗地面和墙面，无滴水、积水后喷洒消毒液；清洗工具、干燥；抹布浸入戊二醛至少 30min 后清洗烘干；所有洗消工具放入指定位置。

（2）方案二：固定地点集中消毒。没有洗消中心时，建议进行三次清洗消毒，重点消毒轮胎、底盘、车厢、驾驶室脚踏板等部位，有条件的可使用高压热水冲洗。每次消毒沥干水分（无滴水）后方可进行下一次消毒。具体流程如下。

卸货后先喷洒戊二醛或复合酚，作用 30min；

在远离养殖场的位置进行第一次高压清水清洗，至无可见污物。

在养殖场外 1kg 外进行第二次清洗消毒，按照泡沫清洁剂（去污剂）、冲洗、沥水、消毒剂消毒、冲洗流程处理后晾干。具体可参照方案一。

使用前进行第三次清洗消毒，喷洒消毒剂、冲洗后彻底晾干。

【注意事项】车辆消毒的同时，司乘人员应淋浴、更换衣服和鞋，并进行消毒。泡沫清洗剂（去污剂）包括肥皂、洗衣粉等，属于阴离子清洗剂（去污剂），应避免与季铵盐类等阳离子消毒剂同时使用。注意收集车辆洗消污水，无害化处理后排放。烘干过程中注意循环气流，防止对车体造成损伤。

7. 杂草垃圾的消毒及处理

清除场外 2.5~5m 范围内和场内的杂草及垃圾，并无害化处理。

对场外 50m 范围内和场内树木、草丛等，根据蚊蝇情况一般每 3~7 天喷洒一次除虫剂。

8. 引进生猪前消毒

引进生猪（哨兵猪）前 7 天，对生产区再次消毒。

9. 消毒效果评价

（1）养殖场消毒效果评价。可分别在养殖场彻底消毒干燥后、进猪前消毒干燥后，采集生产区、生活区、隔离区等各场所样品，重点采集栋舍内外地面、墙面、饮水管道、食槽、水嘴、栏杆、风机、员工生活区、场内杂物房等高风险场所样品，确保覆盖漏粪地板反面、粪坑、栋舍墙角、食槽底部等卫生死角，检测非洲猪瘟病毒。

（2）车辆消毒效果评价。车辆每次消毒烘干后对车厢内部、驾驶室全面采样，车辆外表面主要对轮胎、底盘、挡泥板、排尿口、后尾板、赶猪板等进行采样，检测非洲猪瘟病毒。此外，还应对洗车房、车辆出口定期检测非洲猪瘟病毒。

养殖场和车辆消毒效果评价，若检测阴性视为合格，检测阳性应重新清洗消毒。

（四）设施设备的升级改造

对存在生物安全漏洞的养殖场，应进行升级改造，加强场区物理隔离、车辆、饲料、饮水等生物安全防护水平。

1. 优化养殖场整体布局

总体上，生产区与生活区分开，净道与污道分开，养殖场周边设置隔离区。例如，生产区与生活区之间建立实心围墙。

空怀妊娠母猪舍、哺乳猪舍、保育猪舍、生长育肥猪舍、公猪舍各生产单元相对隔离，独立管理。

硬化养殖场和栋舍地面。

按照夏季主导风向，生活管理区应置于生产区和饲料加工区的上风口，兽医室、隔离舍和无害化处理场所处于下风口和场区最低处，各功能单位之间相对独立，避免人员、物品交叉。

2. 栋舍内部

所有的栋舍应能够做到封闭化管理，设备洞口或者进气口覆盖防蚊网，安装纱窗。

修补栋舍内破损的地面、墙面、门、地沟、漏缝板等设施，修补所有建筑表面的孔洞、缝隙。

对栋舍实施小单元化改造。例如，不同圈舍间用实体隔开；通槽公用饮水饲喂改为每个圈舍、栏位独立饮水饲喂。

每栋配备单独的脚踏和洗手消毒盆（池）、专用水鞋。

更换水帘纸、破损的卷帘布、进气口、百叶等设备。风机宜选用耐腐蚀易消毒的玻璃钢风机。

更换破损的饮水设施。

有条件的，可提高养殖场自动化水平。

3. 栋舍外部

（1）防止外来动物进入。养殖场四周设围墙，围墙外深挖防疫沟，设置防猫狗、防鸟、防鼠、防野猪等装置，只留大门口、出猪台、粪尿池等与外界连通。例如，养殖场围墙外2.5~5m以及栋舍外3~5m，可铺设尖锐的碎石子（2~3cm宽）隔离带，防止老鼠等接近；或实体围墙底部安装1m高光滑铁皮用作挡鼠板，挡鼠板与围墙压紧无缝隙。

（2）杜绝蚊蝇。场区内不栽种果蔬，不保留鱼塘等水体，粪尿池用蚊帐、黑膜等覆盖或密封。

（3）完善排污管线。防止雨水倒流进场内，确保场内无积水、无卫生死角。例如，在养殖场围墙外挖排水沟（排水沟应用孔径2~5mm铁丝网围栏）。

（4）设置连廊。有条件的，可在各生产区间、生活区与生产区之间设置连廊防护，加强防蚊蝇、防鼠功能。简易连廊可用细密的铁丝网围成，上方覆盖铁板。

4. 完善门口消毒设施

养殖场大门口设置值班室、更衣消毒室和全车洗消的设施设备；进出生产区只留唯一专用通道，包括更衣间、淋浴间和消毒间，更衣和淋浴间布局须做好物理隔断，区分净区、污区。

5. 设置物品存放、消毒间

在养殖场门口设置物品消毒间。消毒间分净区、污区，可用多层镂空架子放置物品。

6. 完善出猪设施

分别建立淘汰母猪、育肥猪的出猪系统，包括出猪间（台）、赶猪通道、赶猪人员和车辆等。淘汰母猪和育肥猪的出猪系统应相互独立、不交叉。

养殖场围墙边上分设淘汰母猪、育肥猪专用出猪间（台），出猪间（台）连接外部车辆的一侧，应向下具有一定坡度，防止粪尿向场内方向回流。

出猪间（台）及附近区域、赶猪通道应硬化，方便冲洗、消毒，做好防鼠、防雨水倒流工作。例如，安装挡鼠板，出猪间（台）坡底部设置排水沟等。

在远离养殖场的地方设置中转出猪间（台）时，人员和内外部车辆出现间接接触的风险较高，必须设计合理、完善清洗消毒设施，避免内外部车辆和人员直/间接接触而传播病毒。

7. 完善病死猪无害化处理设施

配备专用病死猪暂存间、病死猪转运工具等相关设施。

有条件的，应配备焚烧炉、化尸池等病死猪无害化处理设施。病死猪无害化处理设施应建在养殖场下风口，地面全部做硬化防渗处理，增加防止老鼠、蚊蝇等动物进入此区域的设施。

8. 配备专用车辆和车辆洗消设施

养殖场应配备本场专用运猪车（场外、场内分设）、饲料运送车（场外、场内分设）、病死猪/猪粪运输车等。

养殖场应设置固定的、独立密闭的车辆清洗消毒区域；有条件的，可配套本场专用的车辆洗消场所。

9. 完善饲料存放设施

袋装料房应相对密闭，具备防鼠、消毒功能。例如，房屋围墙安装防鼠铁皮，窗户安装纱窗，门口配备水鞋、防护服、洗手和脚踏消毒盆等。

有条件的，可在围墙周边设立料塔，饲料车在场外将饲料打入料塔内。

检查所有的料线设备，更换或维修锈蚀漏水的料塔、磨损的链条以及料管、变形锈蚀的转角等部件。

10. 安装监控设备

养殖场应安装监控设备，覆盖栋舍及养殖场周边等场所，实现无死角、全覆盖，监控视频至少储存 1 个月。

【注意事项】 必要时，可在升级改造结束后，再进行一遍清洗消毒以及消毒效果检测评价。

（五）生产管理制度的完善

1. 严格人员管理

养殖场实行封闭式管理，禁止外来人员（特别是生猪贩运人员或承运人员、保险理赔人员、兽医、技术顾问、兽药饲料销售人员等）进入养殖场。若必须进场，经同意后按程序严格消毒后进入。

养殖人员不到其他养殖场串门，从高风险场所回来后应隔离（建议 2~3 天），隔离期间淋浴、更换衣服和鞋、消毒，注意清洗头发、剪指甲，方可进入生产区。养殖人员从生活区进入生产区时，应对手部彻底消毒并更换工作服。

各生产单元的人员应相对独立，不能随意跨区活动，避免交叉。兽医等技术人员跨单元活动时，应按照规定严格执行。

人员进入养殖场和生产区应走专用通道，严格淋浴、更换衣服鞋、消毒；进入栋舍前应洗手消毒、换栋舍内专用水鞋、脚踏消毒，从栋舍出来时应冲净鞋上粪便，脚踏消毒池后，更换栋舍外专用水鞋。内外专用水鞋不交叉。

2. 严格进场物品管理

场外物资、物品按照附表推荐的消毒剂经严格消毒后，方可转移至场内。物品尽量选择浸泡消毒，不可浸泡的物品可选用喷淋、熏蒸、擦拭等方式消毒。

严格禁止外来的猪肉及其制品进场。禁止养殖人员携带任何食品进养殖区。

3. 禁止使用餐厨废弃物（泔水）喂猪

全面禁止使用自家或外购餐厨废弃物（泔水）饲喂生猪。

4. 严格车辆管理

育肥猪运猪车、淘汰母猪运猪车、饲料运送车、病死猪/猪粪运输车等车辆专车专用，原则上不得交叉使用，本场配备的场内、场外活动车辆不混用。交叉使用的，执行上一个任务后，需进行全面清洗消毒方可执行下一个任务。

根据使用情况，本场车辆可在每次或每天使用后，进行清洗消毒。

外来车辆、生活车辆禁止进入养殖场。

避免本场车辆与外来车辆接触。

加强车辆司机管理，尤其是运猪车、病死动物运输车，应配备专门司机。原则上，司机禁止下车操作。

5. 严格养殖生产管理

猪群实行批次化生产管理，按计划全进全出，并确保栋舍有足够时间彻底清洗、空栏、消毒、干燥。

控制饲养密度。

生产区净道供猪群周转、场内运送饲料等洁净物品出入，污道供粪污、废弃物、病死猪等非洁净物品运送。

一旦发现临床疑似病例，禁止治疗和解剖病死猪，应立即采样进行非洲猪瘟检测。

养殖场内禁止饲养其他畜禽。

6. 严格售猪管理

禁止生猪贩运人员、承运人员等外来人员以及外来车辆进入养殖场。

售猪前 30min 以及售猪后，应立即对出猪间（台）、停车处、装猪通道和装猪区域进行全面清洗消毒。

避免内外人员交叉。本场赶猪人员严禁接触出猪间（台）靠近场外生猪车辆的一侧，外来人员禁止接触出猪间（台）靠近场内一侧。

严禁将已转运出场或已进入出猪间（台）的生猪运回养殖场。

外来人员以及本场赶猪人员在整个售猪过程中均应穿着消毒的干净工作服、工作靴。

本场赶猪人员返回养殖区域前应淋浴、更换衣服鞋、进行严格消毒。

减少售猪频次。

7. 严格病死动物管理

原则上，病死动物应在本场病死动物无害化处理设施内处理。病死动物包裹后由专人专车、专用道路运送，其他人、车不得参与，沿途不撒漏。必要时，将病死动物运送至无害化处理设施后，应对无害化处理设施周围、人员、车辆、沿途道路等清洗消毒。运送人员应穿着防护服。

如需使用外来车辆将病死动物运送至无害化处理场，则应将病死动物包裹后由专人专车、专用道路运送至场外固定地点，但不能与外来无害化处理车辆和人员接触。该车辆返回前，车辆和沿途道路应予清洗消毒。外来车辆拉走病死动物后，应对该区域严格清洗消毒。消毒可喷洒 2%氢氧化钠。

外来病死动物运输车辆应事先进行严格的清洗消毒。本场车辆不得与外来车辆接触，且行驶轨迹不得交叉。

8. 严格饲料管理

向本场运送饲料的车辆，必须事先进行清洗消毒。

外部运送饲料的车辆禁止进场。

袋装饲料到场后，卸货人员工作前后均应淋浴、更换衣服鞋、严格消毒。

袋装饲料入库前应拆至最小包装，进行臭氧等熏蒸消毒。

9. 严格人员培训

合理安排恢复生产人员，明确各岗位职责、具体操作规程，制定考核标准。

定期进行系统的生产培训和生物安全培训、考核，确保所有人员自觉遵守生物安全准则，主动执行生物安全措施，积极纠正操作中的偏差。

（六）哨兵猪放置

各项措施落实到位，养殖场环境非洲猪瘟病毒检测阴性，空栏 4~6 个月，综合评估合格后，方可引进哨兵猪。

1. 哨兵猪选择

哨兵猪应以后备母猪和架子猪为主，其中种猪场可引入后备母猪，育肥场引入架子猪。

2. 哨兵猪数量

育肥场：每个栏位放置 1~2 头哨兵猪，饲养 21 天。

种猪场：可放置本场满负荷生产的 10%~20% 哨兵猪数量，饲养 42 天。如有限位栏，应打开栏门，定时驱赶，确保哨兵猪行走覆盖所有限位栏。

3. 哨兵猪放置方案

隔离舍、配怀舍、产房、保育舍、育肥舍等各栋舍均应放置哨兵猪；在养殖场内栋舍外区域还应放置移动哨兵猪。

4. 哨兵猪监测

哨兵猪进场前经临床观察无异常、采样监测阴性，方可引进。

育肥场哨兵猪饲养 21 天后，临床观察无异常、采样检测阴性的，可准备恢复生产。

种猪场哨兵猪饲养 42 天后，临床观察无异常、采样检测阴性的，可准备恢复生产。

若猪群无异常可以视情况混合多个样品（最多 10 个样品）检测。整个过程中如有异常随时检测，发病或异常死亡的单独检测。采样及检测方法按照农业农村部相关规定进行。

5. 准备恢复生产

将哨兵猪集中饲养，对放置哨兵猪的场所清洗、消毒、干燥后，准备进猪恢复生产。

（七）恢复生产

1. 引种猪群选择

引种应按照就近原则，尽量选择本市县引种、不跨省引种，禁止从正在发生非洲猪瘟疫情的地区（所在市县）引种。

确定来源猪场。至少提前 3 个月做好恢复生产引种计划。来源猪场应尽可能单一，信誉、资质和管理良好，系统开展重大动物疫病检测，近期未发生重大疫情。

引种前检测。来源猪场能够提供近 7 天内的非洲猪瘟检测证明，并能够按生猪调运相关规定申报检疫。

2. 运输管理

车辆要求。采用备案的专业运输车，装猪前进行过清洗消毒（有消毒证明）。运输路线较长的，应配备供水供料设施，并配足饲料饮水。

路线要求。合理规划引种运输路线，严格执行有关调运监管要求，禁止途经非洲猪瘟疫区所在市县，尽可能避开靠近养殖场、屠宰场、无害化处理厂、生猪交易市场的公路。

过程管理。运输途中尽量不停车、不进服务区，避免接触其他动物。司机不能携带和食用猪源性产品。派专业兽医押运，对运输途中出现的应激死亡猪只，应就近无害化处理。

3. 进猪后隔离监测

引进生猪进场后，应先在隔离舍或后备猪舍饲养 21 天。在此期间，该群生猪应由专人全封闭饲养、管理，不得与其他猪混群。确认无疫情后再转入生产栋舍。

4. 后期管理

严格执行关于生产管理等方面的要求，并不断完善生物安全管理设施和措施（表5-8）。

表5-8 生猪生产不同场所的消毒药选择建议

生产场所	适用的消毒药物
生产线道路、疫区及疫点道路、出猪台、赶猪道	氢氧化钠、生石灰、戊二醛类
车辆及运输工具	酚类、戊二醛类、季铵盐类、复方含碘类（碘、磷酸、硫酸复合物）
大门口及更衣室消毒池、脚踏池	氢氧化钠
畜舍建筑物、围栏、木质结构、水泥表面、地面	氢氧化钠、生石灰、酚类、戊二醛类、二氧化氯类
生产、加工设备及器具	季铵盐类、复方含碘类（碘、磷酸、硫酸复合物）、过硫酸氢钾类、二氯异氰尿酸钠
环境及空气	过硫酸氢钾类、二氧化氯类
饮水	漂白粉、次氯酸钠等含氯消毒剂、柠檬酸、二氧化氯类、过硫酸氢钾类
人员皮肤	含碘类、柠檬酸
衣、帽、鞋等可能被污染的物品	过硫酸氢钾类
办公室、饲养人员的宿舍、公共食堂等场所	过硫酸氢钾类、二氧化氯类、含氯类消毒剂
粪便、污水	氢氧化钠、盐酸、柠檬酸
电器设备	甲醛熏蒸

【注意事项】 消毒药可参照说明书标明的工作浓度使用，含碘类、含氯类、过硫酸氢钾类消毒剂，可参照说明书标明的高工作浓度使用。日常消毒中，尽可能少用生石灰。

第二节 猪口蹄疫

口蹄疫（FMD）是由小核糖核酸病毒科的口蹄疫病毒（FMDV）引起偶蹄兽的一种急性、热性和高度接触性的传染病。临诊上以猪口腔黏膜、鼻吻部、蹄部（蹄冠、趾间、蹄踵）以及乳房皮肤发生水疱和溃烂为特征。猪口蹄疫一般多发于冬春季节直接和间接接触都能使猪患病，如病猪、泔水、被污染的饲养用具及运输工具等都能传播，还能以气溶胶的形式通过空气长距离传播。猪口蹄疫发病急、发病率可达100%，传染快，流行面大，仔猪常不见症状而猝死，严重时死亡率可达100%，造成严重的经济损失。

该病一旦发生，如延误了早期扑灭，疫情常迅速扩大，造成不可收拾的局面，并且很难根除。控制和扑灭猪口蹄疫的有效措施是扑杀病猪和怀疑染毒猪，限制动物移动和肉品上市，因此造成严重的经济损失。世界各国对口蹄疫都十分重视防疫，此病已成为国际国内重点检疫对象。口蹄疫发生后，不但疫区和非疫区间的活畜和畜产品交易受到严格限制，更为严重的是畜产品国际贸易会立即断绝，从而使有口蹄疫的国家或地区外贸收入和经济发展遭受重大损失。

一、病原

口蹄疫病毒属于小 RNA 病毒科口疮病毒属，有 7 个血清型（O、A、C、Asia1（亚洲1）、SAT1（南非 1）、SAT2（南非 2）和 SAT3（南非 3）），型间无交叉保护。每个血清型内有许多抗原性有差别的病毒株，相互间交叉免疫反应程度不等。

口蹄疫病毒呈球形，无囊膜，粒子直径 28~30nm，放大 150 万倍似小米粒大小。完整的病毒由衣壳包裹一个分子的 RNA 组成，分子量为 $6.9×10^6$。电镜下可见病毒中心是紧密团集的 RNA，外裹一层约 5nm 薄的衣壳。衣壳呈二十面体结构，由 4 种结构蛋白各 60 个分子组成。衣壳上有高度疏水的小洞，它允许小分子如铯离子进入。这一特性决定了 FMD 病毒粒子有高的浮密度，在小 RNA 病毒中最高。完整病毒子的氯化铯浮密度为 1.43g/mL，沉降系数为 146S。在病毒培养物中另有 3 种组成各异的颗粒。无核酸的空衣壳浮密度为 1.31g/mL，沉降系数为 75S，分子量为 $4.7×10^6$。口蹄疫病毒基因组为单股正链 RNA，即是 mRNA，又是负链 RNA 的模板，约有 8 500 个核苷酸（nts）组成。

口蹄疫病毒对酸碱敏感。最稳定的 pH 值为 7.2~7.6。在此 pH 值条件下，4℃时病毒可存活 1 年，22℃时存活 8~10 周，37℃时存活 10 天，56℃时存活 30min。当 pH 值低于 6 或高于 9 时，病毒很快失活。口蹄疫病毒对外界环境有较强的抵抗力，在干粪中病毒可存活 14 天，在粪浆中可存活 6 个月，在尿水中存活 39 天，在地表面，夏季存活 3 天，冬季存活 28 天。口蹄疫病毒在动物组织、脏器和产品中存活时间较长。在冷冻存放中，在脾、肺、肾、肠、舌内至少存活 210 天。冷藏（4℃）胴体产酸能在 3 天内杀死病毒，但淋巴结、脊髓和大血管血凝块的酸化程度不够，如肌肉 pH 值 5.5 时，附近淋巴结仍在 pH 值 6 以上。病毒可在淋巴结和骨髓中存活半年以上。口蹄疫病毒对酸、碱、氧化剂和卤族消毒剂敏感，可根据实际条件进行选用。

口蹄疫病毒具有多型性的特点，发病地区必须采取水疱液和水疱皮，迅速送到指定的检验机构进行检验，才能做出确诊和鉴定出病毒型，才能采取针对性强的控制措施。

二、流行病学

猪口蹄疫的发生和流行同样离不开传染源、传播媒介、易感猪三者构成的链条，其流行强度、波及范围与病毒株、宿主抵抗力和环境等多种因素有关。

1. 流行特点

猪对口蹄疫病毒特别具有易感性，有时牛、羊等偶蹄兽不发病，猪还能发病，不同年龄的猪易感程度不完全相同，一般是越年幼的仔猪发病率越高，病情越重，死亡率越高；猪口蹄疫多发生于秋末、冬季和早春，尤以春季达到高峰，但在大型猪场及生猪集中的仓库，一年四季均可发生；本病常呈跳跃式流行，主要发生于集中饲养的猪场、仓库，城郊猪场及交通沿线；畜产品、人、动物、运输工具等都是本病的传播媒介。

2. 传染源

处于口蹄疫潜伏期和发病期的动物，几乎所有的组织、器官以及分泌物、排泄物等都含有 FMD 病毒。病毒随同动物的乳汁、唾液、尿液、粪便、精液和呼出的空气等一起排放于外部环境，造成严重的污染，形成了该病的传染源。

3. 传播方式

FMD 病毒传播方式分为接触传播和空气传播，接触传播又可分为直接接触和间接接触。目前尚未见到 FMD 垂直传播的报道。

（1）接触传播。直接接触主要发生在同群动物之间，包括圈舍、牧场、集贸市场、展销会和运输车辆中动物的直接接触，通过发病动物和易感动物直接接触而传播。间接接触主要指媒介物机械性带毒所造成的传播，包括无生命的媒介物和有生命的媒介物。野生动物、鸟类、啮齿类、猫、狗、吸血蝙蝠、昆虫等均可传播此病。通过与病畜接触或者与病毒污染物接触，携带病毒机械地将病毒传给易感动物。

（2）空气传播。FMD 病毒的气源传播方式，特别是对远距离传播更具流行病学意义。感染畜呼出的 FMD 病毒形成很小的气溶胶粒子后，可以由风传播数十米到几千米，具有感染性的病毒能引起下风处易感畜发病。影响空气传播的最大因素是相对湿度（RH）。RH 高于 55% 以上，病毒的存活时间较长；低于 55% 很快失去活性。在 70% 的相对湿度和较低气温的情况下，病毒可见于 100km 以外的地区。

4. 易感猪感染途径

FMD 病毒可经吸入、摄入、外伤和人工授精等多种途径侵染易感猪。吸入和摄入是主要的感染途径。近距离非直接接触时，气源性传染（吸入途径）最易发生。此外，不可忽视其他可能的途径，如皮肤创伤、胚胎移植、人工自然授精等。

三、临诊症状

以蹄部水疱为特征，体温升高，全身症状明显，蹄冠、蹄叉、蹄踵发红、形成水疱和溃烂、有继发感染时，蹄壳可能脱落；病猪跛行，喜卧；病猪鼻盘、口腔、齿龈、舌、乳房（主要是哺乳母猪）也可见到水疱和烂斑；仔猪可因肠炎和心肌炎死亡。

四、鉴别诊断

口蹄疫的临诊症状主要是口、鼻、蹄、乳头等部位出现水疱。发疱初期或之前，猪表现跛行。一般情况下，主要靠这些临诊症状可初步诊断，但表现类似症状的还有猪水疱病、猪水疱疹（SVE）、水疱性口炎（VS）。因此，最终确诊要靠实验室诊断。

（一）病原学诊断

1. 病毒分离鉴定

病毒分离鉴定的首选病料是未破裂或刚破裂的水疱皮（液），对新发病死亡的动物可采取脊髓、扁桃体、淋巴结组织等。将病料悬液冻融 2 次，4℃过夜（至少 4h）浸毒。以 3 000r/min 离心 15min，除菌后取上清接种细胞。或加 1/3 体积氯仿混合摇振数分钟，以 3 000r/min 离心 15min，取上清液装入试管中，加棉塞，4℃过夜，氯仿挥发后，接种单层细胞。每份样品接种 2~4 瓶细胞，另设对照 2~4 瓶。37℃静止培养 48~72h。每天观察记录，对照细胞形态应基本正常或少有衰老。接种了样品的细胞如出现 FMD 病毒典型病变（CPE），要及时取出并置-30℃冻存。无 CPE 的细胞瓶要观察至 72h，其后置于-30℃冻存作为第 1 代细胞/病毒液再盲传，至少盲传 3 代。凡出现 CPE 的样品判定为阳性，无 CPE 的为阴性。为了进一步确定分离病毒的血清型，将出现 CPE 的细胞/病毒液用间接夹心 ELISA 等检测方法定型。

2. 补体结合试验（CFT）

CFT 是根据抗原—抗体系统和溶血系统反应时均有补体参与的原理设计的，以溶血系统作为指示剂，限量补体测定病毒抗原。当病毒抗原与血清抗体发生特异反应形成复合物时，加入的补体因结合于该复合物而被消耗，溶血系统中没有游离补体将不发生溶血，试验显示阳性。

3. 病毒中和试验（VNT）

口蹄疫病毒血清型划分的依据是型间无交叉免疫保护性，VNT 是型别鉴定的重要方法之一，其检测结果可靠，缺点是动用活毒，且用时较长，只能在专门的实验室中进行，无法推行于普通实验室。

4. 反向间接血凝试验

FMD 反向间接血凝试验是将口蹄疫病毒抗体以化学方法偶联于醛化的绵羊红细胞上，当贴附于血细胞上的抗体与游离的抗原相遇时，形成抗原抗体凝集网络，绵羊红细胞也随之凝集，出现肉眼可见的红细胞凝集现象。反向间接血凝试验可作为 FMD 病毒抗原型别鉴定的初步方法，该方法简便、快捷，适合于田间使用。

5. 反转录—聚合酶链反应（RT-PCR）

PCR 具备实验诊断所要求的最重要的 3 个要素：①敏感，可将原样品放大上百万倍，使原本少得难以探察到的（Pg 级）样本扩增到能在紫外灯下肉眼可见；②特异，核酸片段与引物间的序列互补，使反应呈高度特异；③操作简单快速。RT-PCR 检测的目标物是 FMD 病毒的 RNA，通常以病毒材料为被检样品，可对各种动物组织和细胞来源的病毒材料进行检测，扩增到的 PCR 片段测定核苷酸序列后，可以确定所属的基因型和基因亚型，进而追踪疫源。

6. 间接夹心 ELISA

国际口蹄疫参考试验室建议，检测口蹄疫病毒血清型应优先采用间接夹心 ELISA，OIE 和 FAO 也一致推荐使用该方法定型诊断。

（二）抗体检测

通过检测动物体液中（主要是血清）特异性抗体，可对 FMD 病毒感染与免疫状况做出诊断，通常采用病毒中和试验和 ELILA 方法，这两种方法也是国际贸易中指定方法。FMD 病毒抗体检测可用于以下几个目的：①诊断急性感染，用同一试验检测急性期和康复期猪血清样品，血清抗体阴转阳或抗体滴度急剧上升表示发生了感染，但诊断的前提是猪无疫苗接种史；②证实猪未被感染，用于国际贸易；③在流行病学调查中检测感染情况；④支持疫病扑灭计划和后期检测；⑤接种疫苗后效价测定。值得提示的是免疫猪有时抗体滴度很低，甚至检测不到抗体，但攻毒后仍能保护。

FMD 诊断检测技术正在不断地改进和创新，已从血清学诊断技术领域扩展到了分子生物学诊断技术领域。这些新技术的最大优点体现在简便、快速、精确、灵敏以及高通量化。

五、防治措施

国内外对口蹄疫防治积累了丰富经验，以下五项措施证明是有效的。

（一）扑杀病畜及染毒动物

扑杀动物的目的是消除传染源，病毒是最主要的传染源，其次是隐性感染动物和牛、羊等持续性感染带毒动物。疫情发生后，可根据具体情况决定扑杀动物的范围，扑杀措施由宽到严的次序可为病畜→病畜的同群畜→疫区所有易感动物。

（二）免疫接种

目的是保护易感动物，提高易感动物的免疫水平，降低口蹄疫流行的严重程度和流行范围。现行油佐剂灭活疫苗的注射密度达80%以上时，能有效遏制口蹄疫流行。疫苗接种可分为常年计划免疫、疫区周围环状免疫和疫区单边带状免疫。实施免疫接种应根据疫情选择疫苗种类、剂量和次数。常规免疫应保证每年2~3次，每头份疫苗含3PD50以上。紧急预防应将每头份疫苗提高到6PD50，并增加免疫次数。

（三）限制动物、动物产品和其他染毒物品移动

目的是切断传播途径。小到一个养猪户，大到一个国家，要想保持无口蹄疫状态，必须对上述动物和物品的引入和进口保持高度警惕。疫区必须有全局观念，其易感动物及其产品运出是疫情扩散的主要原因。

（四）动物卫生措施

疫区除对场地严格消毒外，还要关闭与动物及产品相关的交易市场。

（五）流行病学调查

包括疫源追溯和追查易感动物及相关产品外运去向，并对之进行严密监控和处理。

六、口蹄疫防治技术规范

口蹄疫（Foot and Mouth Disease，FMD）是由口蹄疫病毒引起的以偶蹄动物为主的急性、热性、高度传染性疫病，世界动物卫生组织（OIE）将其列为必须报告的动物传染病，我国规定为一类动物疫病。

（一）适用范围

本规范规定了口蹄疫疫情确认、疫情处置、疫情监测、免疫、检疫监督的操作程序、技术标准及保障措施。

本规范适用于中华人民共和国境内一切与口蹄疫防治活动有关的单位和个人。

（二）诊断

1. 诊断指标

（1）流行病学特点。

偶蹄动物，包括牛科动物（牛、瘤牛、水牛、牦牛）、绵羊、山羊、猪及所有野生反刍和猪科动物均易感，驼科动物（骆驼、单峰骆驼、美洲驼、美洲骆马）易感性较低。

传染源主要为潜伏期感染及临床发病动物。感染动物呼出物、唾液、粪便、尿液、乳、精液及肉和副产品均可带毒。康复期动物可带毒。

易感动物可通过呼吸道、消化道、生殖道和伤口感染病毒，通常以直接或间接接触（飞沫等）方式传播，或通过人或犬、蝇、蜱、鸟等动物媒介，或经车辆、器具等被污染物传播。如果环境气候适宜，病毒可随风远距离传播。

（2）临床症状。

牛呆立流涎，猪卧地不起，羊跛行；

唇部、舌面、齿龈、鼻镜、蹄踵、蹄叉、乳房等部位出现水疱；

发病后期，水疱破溃、结痂，严重者蹄壳脱落，恢复期可见瘢痕、新生蹄甲；

传播速度快，发病率高；成年动物死亡率低，幼畜常突然死亡且死亡率高，仔猪常成窝死亡。

（3）病理变化。

消化道可见水疱、溃疡；

幼畜可见骨骼肌、心肌表面出现灰白色条纹，形色酷似虎斑。

（4）病原学检测。

间接夹心酶联免疫吸附试验，检测阳性（ELISA OIE 标准方法）；

RT-PCR 试验，检测阳性（采用国家确认的方法）；

反向间接血凝试验（RIHA），检测阳性；

病毒分离，鉴定阳性。

（5）血清学检测。

中和试验，抗体阳性；

液相阻断酶联免疫吸附试验，抗体阳性；

非结构蛋白 ELISA 检测感染抗体阳性；

正向间接血凝试验（IHA），抗体阳性。

2. 结果判定

（1）疑似口蹄疫病例。

符合该病的流行病学特点和临床诊断或病理诊断指标之一，即可定为疑似口蹄疫病例。

（2）确诊口蹄疫病例。

疑似口蹄疫病例，病原学检测方法任何一项阳性，可判定为确诊口蹄疫病例；

疑似口蹄疫病例，在不能获得病原学检测样本的情况下，未免疫家畜血清抗体检测阳性或免疫家畜非结构蛋白抗体 ELISA 检测阳性，可判定为确诊口蹄疫病例。

3. 疫情报告

任何单位和个人发现家畜上述临床异常情况的，应及时向当地动物防疫监督机构报告。动物防疫监督机构应立即按照有关规定赴现场进行核实。

（1）疑似疫情的报告。

县级动物防疫监督机构接到报告后，立即派出 2 名以上具有相关资格的防疫人员到现场进行临床和病理诊断。确认为疑似口蹄疫疫情的，应在 2 小时内报告同级兽医行政管理部门，并逐级上报至省级动物防疫监督机构。省级动物防疫监督机构在接到报告后，1 小时内向省级兽医行政管理部门和国家动物防疫监督机构报告。

诊断为疑似口蹄疫病例时，采集病料，并将病料送省级动物防疫监督机构，必要时送国家口蹄疫参考实验室。

（2）确诊疫情的报告。

省级动物防疫监督机构确诊为口蹄疫疫情时，应立即报告省级兽医行政管理部门和国家动物防疫监督机构；省级兽医管理部门在1小时内报省级人民政府和国务院兽医行政管理部门。

国家参考实验室确诊为口蹄疫疫情时，应立即通知疫情发生地省级动物防疫监督机构和兽医行政管理部门，同时报国家动物防疫监督机构和国务院兽医行政管理部门。

省级动物防疫监督机构诊断新血清型口蹄疫疫情时，将样本送至国家口蹄疫参考实验室。

4. 疫情确认

国务院兽医行政管理部门根据省级动物防疫监督机构或国家口蹄疫参考实验室确诊结果，确认口蹄疫疫情。

（三）疫情处置

1. 疫点、疫区、受威胁区的划分

（1）疫点。为发病畜所在的地点。相对独立的规模化养殖场（户），以病畜所在的养殖场（户）为疫点；散养畜以病畜所在的自然村为疫点；放牧畜以病畜所在的牧场及其活动场地为疫点；病畜在运输过程中发生疫情，以运载病畜的车、船、飞机等为疫点；在市场发生疫情，以病畜所在市场为疫点；在屠宰加工过程中发生疫情，以屠宰加工厂（场）为疫点。

（2）疫区。由疫点边缘向外延伸3kg内的区域。

（3）受威胁区。由疫区边缘向外延伸10kg的区域。

在疫区、受威胁区划分时，应考虑所在地的饲养环境和天然屏障（河流、山脉等）。

2. 疑似疫情的处置

对疫点实施隔离、监控，禁止家畜、畜产品及有关物品移动，并对其内、外环境实施严格的消毒措施。

必要时采取封锁、扑杀等措施。

3. 确诊疫情处置

疫情确诊后，立即启动相应级别的应急预案。

（1）封锁。

疫情发生所在地县级以上兽医行政管理部门报请同级人民政府对疫区实行封锁，人民政府在接到报告后，应在24h内发布封锁令。

跨行政区域发生疫情的，由共同上级兽医行政管理部门报请同级人民政府对疫区发布封锁令。

（2）对疫点采取的措施。

扑杀疫点内所有病畜及同群易感畜，并对病死畜、被扑杀畜及其产品进行无害化处理。

对排泄物、被污染饲料、垫料、污水等进行无害化处理。

对被污染或可疑污染的物品、交通工具、用具、畜舍、场地进行严格彻底消毒。

对发病前14天售出的家畜及其产品进行追踪，并做扑杀和无害化处理。

（3）对疫区采取的措施。

在疫区周围设置警示标志，在出入疫区的交通路口设置动物检疫消毒站，执行监督检查任务，对出入的车辆和有关物品进行消毒。

所有易感畜进行紧急强制免疫，建立完整的免疫档案。

关闭家畜产品交易市场，禁止活畜进出疫区及产品运出疫区。

对交通工具、畜舍及用具、场地进行彻底消毒。

对易感家畜进行疫情监测，及时掌握疫情动态。

必要时，可对疫区内所有易感动物进行扑杀和无害化处理。

（4）对受威胁区采取的措施。

最后一次免疫超过一个月的所有易感畜，进行一次紧急强化免疫。

加强疫情监测，掌握疫情动态。

（5）疫源分析与追踪调查。

按照口蹄疫流行病学调查规范，对疫情进行追踪溯源、扩散风险分析。

（6）解除封锁。

一是封锁解除的条件

口蹄疫疫情解除的条件：疫点内最后 1 头病畜死亡或扑杀后连续观察至少 14 天，没有新发病例；疫区、受威胁区紧急免疫接种完成；疫点经终末消毒；疫情监测阴性。

新血清型口蹄疫疫情解除的条件：疫点内最后 1 头病畜死亡或扑杀后连续观察至少 14 天没有新发病例；疫区、受威胁区紧急免疫接种完成；疫点经终末消毒；对疫区和受威胁区的易感动物进行疫情监测，结果为阴性。

二是解除封锁的程序：动物防疫监督机构按照上述条件审验合格后，由兽医行政管理部门向原发布封锁令的人民政府申请解除封锁，由该人民政府发布解除封锁令。

必要时由上级动物防疫监督机构组织验收。

（四）疫情监测

1. 监测主体

县级以上动物防疫监督机构。

2. 监测方法

临床观察、实验室检测及流行病学调查。

3. 监测对象

以牛、羊、猪为主，必要时对其他动物监测。

4. 监测的范围

（1）养殖场户、散养畜，交易市场、屠宰厂（场）、异地调入的活畜及产品。

（2）对种畜场、边境、隔离场、近期发生疫情及疫情频发等高风险区域的家畜进行重点监测。

监测方案按照当年兽医行政管理部门工作安排执行。

5. 疫区和受威胁区解除封锁后的监测

临床监测持续一年，反刍动物病原学检测连续 2 次，每次间隔 1 个月，必要时对重点区域加大监测的强度。

6. 注意病毒变异

在监测过程中，对分离到的毒株进行生物学和分子生物学特性分析与评价，密切注意病毒的变异动态，及时向国务院兽医行政管理部门报告。

7. 做好预警预报

各级动物防疫监督机构对监测结果及相关信息进行风险分析，做好预警预报。

8. 监测结果处理

监测结果逐级汇总上报至国家动物防疫监督机构，按照有关规定进行处理。

（五）免疫

（1）国家对口蹄疫实行强制免疫，各级政府负责组织实施，当地动物防疫监督机构进行监督指导。免疫密度必须达到100%。

（2）预防免疫，按农业部制定的免疫方案规定的程序进行。

（3）突发疫情时的紧急免疫按本规范有关条款进行。

（4）所用疫苗必须采用农业部批准使用的产品，并由动物防疫监督机构统一组织、逐级供应。

（5）所有养殖场（户）必须按科学合理的免疫程序做好免疫接种，建立完整免疫档案（包括免疫登记表、免疫证、免疫标识等）。

（6）各级动物防疫监督机构定期对免疫畜群进行免疫水平监测，根据群体抗体水平及时加强免疫。

（六）检疫监督

1. 产地检疫

猪、牛、羊等偶蹄动物在离开饲养地之前，养殖场/户必须向当地动物防疫监督机构报检，接到报检后，动物防疫监督机构必须及时到场、到户实施检疫。检查合格后，收回动物免疫证，出具检疫合格证明；对运载工具进行消毒，出具消毒证明，对检疫不合格的按照有关规定处理。

2. 屠宰检疫

动物防疫监督机构的检疫人员 对猪、牛、羊等偶蹄动物进行验证查物，证物相符检疫合格后方可入厂（场）屠宰。宰后检疫合格，出具检疫合格证明。对检疫不合格的按照有关规定处理。

3. 种畜、非屠宰畜异地调运检疫

国内跨省调运包括种畜、乳用畜、非屠宰畜时，应当先到调入地省级动物防疫监督机构办理检疫审批手续，经调出地按规定检疫合格，方可调运。起运前两周，进行一次口蹄疫强化免疫，到达后须隔离饲养14天以上，由动物防疫监督机构检疫检验合格后方可进场饲养。

4. 监督管理

（1）动物防疫监督机构应加强流通环节的监督检查，严防疫情扩散。猪、牛、羊等偶蹄动物及产品凭检疫合格证（章）和动物标识运输、销售。

（2）生产、经营动物及动物产品的场所，必须符合动物防疫条件，取得动物防疫合格证，当地动物防疫监督机构应加强日常监督检查。

（3）各地根据防控家畜口蹄疫的需要建立动物防疫监督检查站，对家畜及产品进行监督检查，对运输工具进行消毒。发现疫情，按照《动物防疫监督检查站口蹄疫疫情认定和处置办法》相关规定处置。

（4）由新血清型引发疫情时，加大监管力度，严禁疫区所在县及疫区周围 50km 范围内的家畜及产品流动。在与新发疫情省份接壤的路口设置动物防疫监督检查站、卡实行 24 小时值班检查；对来自疫区运输工具进行彻底消毒，对非法运输的家畜及产品进行无害化处理。

（5）任何单位和个人不得随意处置及转运、屠宰、加工、经营、食用口蹄疫病（死）畜及产品；未经动物防疫监督机构允许，不得随意采样；不得在未经国家确认的实验室剖检分离、鉴定、保存病毒。

（七）保障措施

（1）各级政府应加强机构、队伍建设，确保各项防治技术落实到位。

（2）各级财政和发改部门应加强基础设施建设，确保免疫、监测、诊断、扑杀、无害化处理、消毒等防治技术工作经费落实。

（3）各级兽医行政部门动物防疫监督机构应按本技术规范，加强应急物资储备，及时培训和演练应急队伍。

（4）发生口蹄疫疫情时，在封锁、采样、诊断、流行病学调查、无害化处理等过程中，要采取有效措施做好个人防护和消毒工作，防止人为扩散。

第三节　高致病性猪蓝耳病

猪蓝耳病是由猪蓝耳病病毒引起，由于该病主要引起患猪生殖系统以及呼吸系统功能障碍，因此又称为猪繁殖呼吸综合征（PRRS）。而高致病性病例是由猪蓝耳病病毒（PRRSV）的变异株引起，该变异株致病能力强、传播速度快，以妊娠期母猪以及刚出生的仔猪为易患猪群。该病首次在美国报道，我国最早于 1996 年报道了猪蓝耳病。由于该病可对养猪产业带来巨大的经济损失，因此明确其病因并做好相关预防措施至关重要。

一、病因及流行特点

自然宿主为猪和野猪，在出现显性症状前，病毒一直在猪体内潜伏感染，一旦感染很难清除。

传染性强，可通过水平传播途径在不同年龄、品种、性别的猪群内传染或通过感染的妊娠母猪垂直传播给仔猪。

易感猪群往往为免疫功能较低的、营养不良、全身情况较差的猪群，尤以围产期母猪以及刚出生的仔猪居多。据统计，该病可引起母猪流产率达 30%，引起仔猪感染率达 100%、死亡率达 50%，此外育肥猪也可受到不同程度的影响。

该病除了具有较高的传染性和致死率外，还可引起猪的免疫抑制，造成免疫功能低下，导致猪群内继发感染其他疾病的风险增加。

二、发病诱因及临床表现

（一）发病诱因

应激：短期高强度的应激可诱发已感染 PRRSV 的猪群出现流产、猝死等情况，而长期低频的应激，如猪舍通风不良、温度不适、卫生环境差等多种外界危险因素可引起猪群大面积发病。

持续排毒：一部分蓝耳病毒活跃的母猪可通过胎盘、乳汁等途径传染仔猪；发病仔猪大量排毒，若清洗空栏不足导致饲养环境中蓝耳病毒长期存在，感染后续批次仔猪，育肥猪同样存在反复感染情况。

引种：在蓝耳病毒阴性猪场引入阳性带毒种猪，则可导致猪场大面积蓝耳病暴发；在蓝耳阳性稳定场，引入蓝耳病毒感染活跃种猪，则可因打破之前的感染平衡状态，若同时伴有隔离失调，则可导致猪群暴发蓝耳病；蓝耳阳性猪场引入阴性种猪，在隔离驯化不到位时同样也会引发蓝耳病。

（二）临床表现

该病感染后潜伏期为 3~37 天不等，根据发病急缓可分为急性型、亚急性型和慢性型。由于主要侵及生殖及呼吸系统，发生在不同时期的猪群具有不同的临床表现，母猪以生殖功能障碍为主，育成猪以呼吸系统功能损害表现为主，仔猪则表现为出生后喂养困难、高死亡率。

发病母猪以精神不振、食欲废绝、逐渐出现呼吸系统功能障碍的表现。妊娠母猪可发生不同程度的流产、早产等。仔猪则以呼吸困难，运动失调等症状为主要表现，产后 1 月内死亡率最高。1 月龄仔猪有时可出现腹式呼吸、进食困难、高热、腹泻、共济失调等，少数仔猪可见浅表皮肤发蓝发紫，全身肢体末端皮肤发绀。断奶前死亡率较高，断奶后增重降低，死亡率可达 10%~25%。若能耐受，则日后可表现为生长缓慢，并易继发其他疾病。

另一种情况则表现为感染猪不发病，但血清 PRRSV 检测持续阳性，阳性率一般在 10%~88%。剖检病畜可见其心脏大血管均有出血点，肝脏肿胀，有坏死灶。肺组织弥漫性出血兼有间质性肺炎。喉头充血、水肿并有填充物堵塞，气管黏膜炎症并伴有不同程度的局部增生。多个浅表部位淋巴结肿大伴有出血，多个腹腔脏器也有不同程度的出血，出现胃溃疡并伴有点状出血，生殖系统浅表部位黏膜坏死并伴有糜烂性变，脾脏、肾脏肿大，肠系膜淋巴结肿大。

三、诊断及治疗

通常根据当地该病的流行病学、临床表现以及病死猪剖检情况进行综合评估。在生产的任何阶段，患猪以呼吸道症状表现为主，或围产期母猪繁殖障碍或有相关病史，猪群整体情况不理想，就要考虑 PRRS。进行病毒 RT-PCR 检测是较为精确的诊断措施，有条件的地区可行相关检查明确病情。

目前临床尚无特效治疗，可针对病猪实际情况采取综合治疗措施。

1. 对症治疗

目前临床常使用头孢类抗生素配伍糖皮质激素进行肌注，同时补充足量维生素，维持水电解质酸碱平衡。部分地区主张配以中成药，治疗时间 7~10 天不等。

2. 中药治疗

结合病猪的发病情况以及病理状态，给予清热、降火、调节内环境稳态等对症，如给予连翘、板蓝根、金银花等。

3. 免疫调节

需要在规定时间内完成免疫计划，一般均须二次免疫。

4. 保持猪舍环境卫生及营养状况

在治疗同时要定期使用专门的猪舍清洁消毒液进行消毒处理，保持猪舍干燥，降低相关的应激因素。科学配制猪饲料，增加维生素和多纤维原料。

四、预防措施

（一）一般预防措施

1. 预防接种

为预防该病的主要措施，在感染后早期注射减毒活疫苗可预防发病，感染猪的临床症状表现尚不典型，在短期内应继续加强免疫，1 年内至少需要注射 3 次。此外还需进行其他病原微生物的免疫防疫。

2. 加强饲养管理

断奶较早的仔猪由于免疫系统功能尚未发育，加之此时母源抗体消失，因此应加强对仔猪的饲养，喂养消毒杀菌的清洁水，并给予充足的优质全价饲料，适时添加多种维生素和免疫调节剂。

3. 提高饲养人员监管水平

定期对饲养人员进行专业知识培训，加强其对该病的防范意识以及监管能力，同时定期对高发地区进行流行病学调查，在高发季节时需要定期对易患病区进行专业系统的消毒处理。

4. 严格规范处理病死猪

严格按照处理患病死猪规范处理病死猪，需及时报告不明原因死亡猪群并及时正确处理。

（二）特殊病例预防措施

对于易感仔猪在饲养过程中需要避免仔猪断奶性应激，不断调整饲料的比例，达到良好的营养状态。此外应保持保育舍中空气流通，可以采用优质蛋白少而精地喂养，尽量减少氨等有毒气体的浓度，降低呼吸系统功能障碍的发生。

（三）加强猪舍环境卫生

应调整猪舍内猪数的比例，避免过度拥挤，并保持良好的温度控制和通风换气以减少外界环境不适带来的慢性应激，提高猪群抵抗力。

由于该病常以接触传播的方式传染，或从新购进的患猪通过排毒感染本场猪，由于感染猪的口鼻分泌物以及尿粪排泄物中含有大量致病病毒，因此需加强对新购进猪的检疫，及时切断本场猪与患猪排毒物的接触。

（四）提高疫情监测以及预警力度

对各地区疫情发展趋势进行系统分析和预测，提高预报准确率。对于已经发生疫情的病区需要进行重点病原监测。在常规监测的基础上，对高发地区进行集中监管。

五、高致病性猪蓝耳病防治技术规范

高致病性猪蓝耳病是由猪繁殖与呼吸综合征（俗称蓝耳病）病毒变异株引起的一种急性高致死性疫病。仔猪发病率可达100%、死亡率可达50%以上，母猪流产率可达30%以上，育肥猪也可发病死亡是其特征。

为及时、有效地预防、控制和扑灭高致病性猪蓝耳病疫情，依据《中华人民共和国动物防疫法》《重大动物疫情应急条例》和《国家突发重大动物疫情应急预案》及有关的法律法规，制定本规范。

（一）适用范围

本规范规定了高致病性猪蓝耳病诊断、疫情报告、疫情处置、预防控制、检疫监督的操作程序与技术标准。

本规范适用于中华人民共和国境内一切与高致病性猪蓝耳病防治活动有关的单位和个人。

（二）诊断

1. 诊断指标

（1）临床指标。体温明显升高，可达41℃以上；眼结膜炎、眼睑水肿；咳嗽、气喘等呼吸道症状；部分猪后躯无力、不能站立或共济失调等神经症状；仔猪发病率可达100%、死亡率可达50%以上，母猪流产率可达30%以上，成年猪也可发病死亡。

（2）病理指标。可见脾脏边缘或表面出现梗死灶，显微镜下见出血性梗死；肾脏呈土黄色，表面可见针尖至小米粒大出血点斑，皮下、扁桃体、心脏、膀胱、肝脏和肠道均可见出血点和出血斑。显微镜下见肾间质性炎，心脏、肝脏和膀胱出血性、渗出性炎等病变；部分病例可见胃肠道出血、溃疡、坏死。

（3）病原学指标。高致病性猪蓝耳病病毒分离鉴定阳性。高致病性猪蓝耳病病毒反转录聚合酶链式反应（RT-PCR）检测阳性。

2. 结果判定

（1）疑似结果。符合临床指标和病理指标，判定为疑似高致病性猪蓝耳病。

（2）确诊。符合临床指标，且病毒分离鉴定阳性或RT-PCR检测阳性的，判定为高致病性猪蓝耳病。

（三）疫情报告

任何单位和个人发现猪出现急性发病死亡情况，应及时向当地动物疫控机构报告。

当地动物疫控机构在接到报告或了解临床怀疑疫情后，应立即派员到现场进行初步调查核实，符合病理指标规定的，判定为疑似疫情。

判定为疑似疫情时，应采集样品进行实验室诊断，必要时送省级动物疫控机构或国家指定实验室。

确认为高致病性猪蓝耳病疫情时，应在2h内将情况逐级报至省级动物疫控机构和同级兽医行政管理部门。省级兽医行政管理部门和动物疫控机构按有关规定向农业部报告疫情。

国务院兽医行政管理部门根据确诊结果，按规定公布疫情。

（四）疫情处置

1. 疑似疫情的处置

对发病场/户实施隔离、监控，禁止生猪及其产品和有关物品移动，并对其内、外环境实施严格的消毒措施。对病死猪、污染物或可疑污染物进行无害化处理。必要时，对发病猪和同群猪进行扑杀并无害化处理。

2. 确认疫情的处置

（1）划定疫点、疫区、受威胁区。由所在地县级以上兽医行政管理部门划定疫点、疫区、受威胁区。

疫点：为发病猪所在的地点。规模化养殖场/户，以病猪所在的相对独立的养殖圈舍为疫点；散养猪以病猪所在的自然村为疫点；在运输过程中，以运载工具为疫点；在市场发现疫情，以市场为疫点；在屠宰加工过程中发现疫情，以屠宰加工厂/场为疫点。

疫区：指疫点边缘向外延3km范围内的区域。根据疫情的流行病学调查、免疫状况、疫点周边的饲养环境、天然屏障（如河流、山脉等）等因素综合评估后划定。

受威胁区：由疫区边缘向外延伸5km的区域划为受威胁区。

（2）封锁疫区。由当地兽医行政管理部门向当地县级以上人民政府申请发布封锁令，对疫区实施封锁；在疫区周围设置警示标志；在出入疫区的交通路口设置动物检疫消毒站，对出入的车辆和有关物品进行消毒；关闭生猪交易市场，禁止生猪及其产品运出疫区。必要时，经省级人民政府批准，可设立临时监督检查站，执行监督检查任务。

（3）疫点应采取的措施。扑杀所有病猪和同群猪；对病死猪、排泄物、被污染饲料、垫料、污水等进行无害化处理；对被污染的物品、交通工具、用具、猪舍、场地等进行彻底消毒。

（4）疫区应采取的措施。对被污染的物品、交通工具、用具、猪舍、场地等进行彻底消毒；对所有生猪用高致病性猪蓝耳病灭活疫苗进行紧急强化免疫，并加强疫情监测。

（5）受威胁区应采取的措施。对受威胁区所有生猪用高致病性猪蓝耳病灭活疫苗进行紧急强化免疫，并加强疫情监测。

（6）疫源分析与追踪调查。各级动物疫控机构对监测结果及相关信息进行风险分析，做好预警预报。

（7）解除封锁。疫区内最后一头病猪扑杀或死亡后14天以上，未出现新的疫情；在当地动物疫控机构的监督指导下，对相关场所和物品实施终末消毒。经当地动物疫控机构审验合格，由当地兽医行政管理部门提出申请，由原发布封锁令的人民政府宣布解除封锁。

3. 疫情记录

对处理疫情的全过程必须做好完整详实的记录（包括文字、图片和影像等），并归档。

（五）预防控制

1. 监测

（1）监测主体。县级以上动物疫控机构。

（2）监测方法。流行病学调查、临床观察、病原学检测。

（3）监测范围。养殖场（户），交易市场、屠宰厂（场）、跨县调运的生猪。对种猪场、隔离场、边境、近期发生疫情及疫情频发等高风险区域的生猪进行重点监测。

（4）监测预警。各级动物疫控机构对监测结果及相关信息进行风险分析，做好预警预报。农业部指定的实验室对分离到的毒株进行生物学和分子生物学特性分析与评价，及时向国务院兽医行政管理部门报告。

（5）监测结果处理。按照《国家动物疫情报告管理办法》的有关规定将监测结果逐级汇总上报至国家动物疫控机构。

2. 免疫

（1）对所有生猪用高致病性猪蓝耳病灭活疫苗进行免疫。发生高致病性猪蓝耳病疫情时，用高致病性猪蓝耳病灭活疫苗进行紧急强化免疫。

（2）养殖场（户）必须按规定建立完整免疫档案，包括免疫登记表、免疫证、畜禽标识等。

（3）各级动物疫控机构定期对免疫猪群进行免疫抗体水平监测，根据群体抗体水平消长情况及时加强免疫。

3. 加强饲养管理

实行封闭饲养，建立健全各项防疫制度，做好消毒、杀虫灭鼠等工作。

（六）检疫监督

1. 产地检疫

生猪在离开饲养地之前，养殖场（户）必须向当地动物卫生监督机构报检。动物卫生监督机构接到报检后必须及时派员到场（户）实施检疫。检疫合格后，出具合格证明；对运载工具进行消毒，出具消毒证明，对检疫不合格的按照有关规定处理。

2. 屠宰检疫

动物卫生监督机构的检疫人员对生猪进行验证查物，合格后方可入厂（场）屠宰。检疫合格并加盖（封）检疫标志后方可出厂（场），不合格的按有关规定处理。

3. 种猪异地调运检疫

跨省调运种猪时，应先到调入地省级动物卫生监督机构办理检疫审批手续，调出地按照规范进行检疫，检疫合格方可调运。到达后须隔离饲养 14 天以上，由当地动物卫生监督机构检疫合格后方可投入使用。

4. 监督管理

动物卫生监督机构应加强流通环节的监督检查，严防疫情扩散。生猪及产品凭检疫合格证（章）和畜禽标识运输、销售。

生产、经营动物及动物产品的场所，必须符合动物防疫条件，取得动物防疫合格证。当地动物卫生监督机构应加强日常监督检查。

任何单位和个人不得随意处置及转运、屠宰、加工、经营、食用病（死）猪及其产品。

第六章　常见猪病的防控

第一节　猪的免疫抑制性传染病

养猪场和广大农村养猪专业户，牧业小区饲养的猪群中发病率和病死率至高不下，发病原因越来越复杂，临床表现多样化，防治效果差，造成重大的经济损失经现场调查研究发现，出现上述情况与猪群中广泛存在着免疫抑制性传染病密切相关，猪高热病的流行就说明了这个问题，应当引起关注。

当前猪的免疫抑制性疾病在猪群中比较普遍存在，致使疾病的发生多呈双重和多重病原混合感染和继发感染由于多种不同病原体感染所产生的相互作用，以及致病作用之间的协同作用等使病情复杂化，症状多样化，出现严重的病理表现，导致猪体处于免疫抑制状态，而诱发条件致病性病毒和细菌继发感染，给疾病的诊断和防治工作增大了难度，也使猪病的发病率与死亡率至高不下，造成重大的经济损失，应引起大家的高度关注。

一、猪的免疫抑制性传染病的种类

猪蓝耳病、猪圆环病毒 2 型感染、伪狂犬病、猪流感、细小病毒病、猪气喘病等。

二、免疫抑制性传染病的危害性

（1）原发性病原感染，造成繁殖障碍和严重的呼吸道病。

初产母猪流产、产死胎、弱胎、木乃伊胎（圆环病毒 70% 以上流产、猪繁殖呼吸综合征流产率 50%~70%）死亡率为 35% 以上。

经产母猪除产弱胎、木乃伊胎外，多数产后不发情，屡配不孕受胎率下降 10%~15%。

公猪精子弱，活力差，失去配种能力。

引发呼吸道病，发病率在 30%~80%，死亡率为 10%~30% 或以上。

（2）保育猪发病死亡率高达 20%~50%，哺乳仔猪死亡率 100%（伪狂犬病）。

（3）由于免疫抑制导致免疫耐受，免疫麻痹，对疫苗免疫不产生免疫应答，使猪群整体免疫力低下，易遭受其他传染病和寄生虫病的混合与继发感染，增大发病率和死亡率。

（4）免疫抑制性疾病是引发猪高热病的主要元凶，造成重大的经济损失。

三、当前猪免疫抑制性传染病流行特点

1. 亚临床感染，隐性感染病例增多

当前经产母猪感染病原后，引发流产与产死胎的大为减少，多表现为隐性感染带毒（气喘病隐性感染猪是最危险的传染源）带毒母猪作为种猪可发生垂直传播与水平传播，危害性更大。

2. 持续性感染长期存在

带毒母猪可经胎盘将病毒垂直传染给胎儿，产下的弱仔猪有的可成活，但长期带毒，使猪群中表现持续性感染（蓝耳病、猪圆环病毒 2 型、气喘病），猪繁殖呼吸综合征可带毒 112 天。

3. 免疫抑制使猪群出现免疫麻痹，疫苗免疫不产生免疫应答

蓝耳病病毒对猪瘟弱毒疫苗和气喘病活菌苗的免疫应答产生干扰作用；免疫抑制机理如下。

蓝耳病：蓝耳病病毒降低肺泡巨噬细胞的功能，诱导感染细胞的死亡，引起外周血淋巴细胞中的 T 细胞亚群发生异常改变，对 B 细胞的功能和体内的细胞因子的生产都会产生一定的影响，造成猪的免疫抑制。

圆环病毒 2 型感染：圆环病毒能使血液中单核细胞和未成熟粒细胞增加，而使 T 细胞和 B 细胞数量减少，意味着 T 细胞和 B 细胞免疫功能降低，从而缺乏免疫应答。

气喘病：肺炎支原体能改变肺泡巨噬细胞的吞噬功能，抑制肺脏的免疫应答，造成猪体的免疫抑制。

4. 混合感染与继发感染增多

由于免疫抑制，猪体整体免疫力低下，常出现双重感染或多重感染如蓝耳病常与圆环病毒 2 型，猪瘟病毒或伪狂犬病毒或肺炎支原体混合感染，从而继发链球菌、放线菌、猪副嗜血杆菌、巴氏杆菌、附红细胞体等多重感染当前猪群中双重感染率可达 50% 以上。

圆环病毒 2 型感染常与蓝耳病病毒、肺炎支原体、猪流感病毒、伪狂犬病毒、猪瘟病毒等混合感染；继发感染见有猪副嗜血杆菌、放线杆菌、链球菌、巴氏杆菌和沙门氏菌等。

猪气喘病常与蓝耳病病毒、圆环病毒 2 型混合感染，成为猪呼吸道病综合征的主要原发性病原体，还能继发感染巴氏杆菌、链球菌、放线杆菌及嗜血杆菌等。

由于多重感染，不仅增加了保育仔猪的死亡率和母猪的繁殖障碍，造成重大的经济损失而且给疾病的诊断与防治带来困难，并难于净化猪群。

四、非传染性因素引起的免疫抑制

除了传染性因素引起猪的免疫抑制之外，还有许多非传染性因素：

1. 遗传因素

动物机体对病原体产生的免疫应答也多受遗传控制，如发生先天性免疫缺陷，如染色体异常，先天性胸腺发育不全症，先天性脾脏发育不全引起的体液免疫缺陷等，都可导致免疫失败。

2. 营养因素

抗原进入机体后产生细胞免疫和体液免疫反应,需要营养物质作基础,如动物营养缺乏,蛋白质、维生素与微量元素不足,能影响免疫抗体的生成速度和数量,从而导致免疫反应滞后,使免疫应答受到抑制。

3. 中毒因素

真菌产生的各种毒素(如黄曲霉毒素、玉米赤霉烯酮、T-2 毒素、呕吐毒素、烟曲霉毒素、赭曲霉毒素)可溶解淋巴细胞,使体液免疫和细胞免疫调节机能受到抑制,抑制细胞的分裂和蛋白的合成,影响核酸(DNA 和 RNA)的复制,降低免疫应答等使其抗病力低下,母猪不孕,消化紊乱,生长缓慢。

4. 药物因素

氨基糖苷类(庆大霉素,卡那霉素等)、四环素类等抗生素都具有免疫抑制作用。如卡那霉素对 T 淋巴细胞和 B 淋巴细胞的转化有明显抑制作用;新霉素和土霉素对某些疫苗也有抑制作用,四环素对巴氏杆菌疫苗免疫产生抑制;地塞米松可减少淋巴细胞的产生,造成免疫抑制。

5. 应激因素

动物机体在各种不良应激因素的作用下,使机体肾上腺皮质激素分泌增多,可导致出现免疫抑制作用。

五、控制免疫抑制性疾病的措施

要针对当前免疫抑制性传染病隐性感染、持续感染、混合感染和继发感染流行新特点,应采取综合性防控措施。

1. 慎重引种,严格检疫

检疫隔离 1 个月以上,血检 1 次,驱虫 1 次,补注疫菌苗(猪伪狂犬、蓝耳病、猪瘟、口蹄疫、链球菌)。

2. 建立健全生物安全体系

实行"全进全出"的饲养制度;多点式或三点式饲养、防止猪群中交叉感染与连续感染。

坚持消毒制度:人流与物流,生产区清洁卫生。

污水与粪尿无害化处理,防止污染环境(空气、水源、土地等)。

猪场禁止饲养犬、猫、牛、羊、禽类,驱赶鸟类。

实行早期隔离断奶技术;21~28 日龄断奶,可有效的预防喘气病、细小病毒病、伪狂犬病、蓝耳病及传染性胃肠炎,以及部分细菌性疾病,断奶后注重应激与舍温。

建立疫病监测制度,种猪场每季度免疫监测 1 次,每半年监测抗原 1 次,以分析猪群健康状况,发现问题查找原因,采取措施及时防范。

开展人工授精,减少饲养公猪数量,提高配种率与产仔率,还可控制疾病的传播。

3. 正确使用疫苗

虽然国内外已有商品化的猪蓝耳病活疫苗和灭活苗,但在实际生产中疫苗的免疫效力是很不确定的,疫苗的安全性令人担忧。

做好其他疫病的免疫接种，控制好其他疫病。在猪蓝耳病和猪圆环病毒病感染猪场应做好猪瘟、伪狂犬病和细小病毒的控制，尤其是要把猪瘟控制好，否则会造成猪群的高死亡率，同时应竭力推行净化猪群猪气喘病，以减轻猪肺炎支原体对肺脏的侵害，从而提高猪群肺脏对呼吸道病原体感染的抵抗力。

根据免疫检测情况，传染病流行的规律，结合当地的动物疫情和疫苗的性质制定符合猪场实际的免疫程序，这是综合性防疫体系中的一个重要的环节和措施。

以下推荐的疫苗为常用疫苗，其他疫苗如：病毒性腹泻、大肠杆菌基因工程苗、猪肺疫菌苗、猪丹毒菌苗、传染性胸膜肺炎灭活苗以及猪水肿病灭活苗等是否一定要使用，应根据当地的动物疫情和养殖场的生产实际情况而定，不要盲目使用过多疫苗，并不是疫苗用得越多猪就越健康。

（1）猪瘟。

仔猪：21~25日龄首免，细胞苗：每头4头份；60~65日龄2免；脾淋苗：每头2头份；如果哺乳仔猪阶段发生猪瘟时，可实施超前免疫，仔猪出生后吃初乳之前，每头接种细胞苗2头份，注苗后2h再吃初乳，60日龄加强免疫1次。

种母猪：后备母猪配种前15天免疫1次，产仔后7天免疫接种（以后即为产仔后7天免疫），脾淋苗，每次每头2头份。

种公猪：每年春、秋各免疫1次，脾淋苗，每次每头2头份。

（2）蓝耳病。

目前，国内市场的活疫苗病毒毒株主要有：（CH-1R株）、（ATCCVR-2332株），再加上新上市的国产高致病性蓝耳病活疫苗（JXA1-R株）。

关于如何选择疫苗的问题，最好先进行猪繁殖呼吸综合征V检测（病原和抗体检测），经检测可以将猪场分为蓝耳病病毒变异株的阴性猪场和阳性猪场，而后根据情况决定使用何种疫苗。

几乎所有专家一致提出，对非疫区的阴性猪场不建议使用活苗，否则相当于人工攻毒。不过，在疫区中的阴性猪场，防疫压力很大，要么封闭饲养，要么接种活苗，让猪只存在一定的抗体水平。对阳性猪场，均建议接种活疫苗。当周围地区发生动物疫情时，要按照当地兽医部门的要求进行紧急免疫。

一是猪蓝耳病变异毒株灭活疫苗：

仔猪：23~25日龄首免，每头肌注1mL，10周龄2免，每头肌注2mL（肥猪出栏前不再注苗），后备种猪初配前15天加强免疫1次，每头肌注3mL。

生产母猪：配种前15天免疫1次，每头肌注4mL，以后每5个月免疫1次，每次肌注4mL。

种公猪：每6个月免疫1次，每次肌注4mL。

二是蓝耳病活疫苗：

阳性猪场使用，仔猪3周龄首免，每头肌注1mL（1头份），1个月后采用相同剂量加强免疫一次；育肥猪每头肌注2mL（2头份）。

后备母猪70日龄前接种程序同商品仔猪；以后每次在配种前7天进行一次加强免疫，每头肌注2头份，以后每隔4个月免疫1次，每次每头肌注2头份，母猪分娩前7天至产后 3 天不免疫。

种公猪 70 日龄前接种程序同商品仔猪；以后每隔 6 个月加强免疫一次，剂量为 2 头份。

蓝耳病活疫苗可干扰猪瘟疫苗的免疫效果，因此，实施免疫接种时，注射猪瘟疫苗后，间隔 7 天后接种蓝耳病活疫苗，可避免发生干扰现象蓝耳病灭活疫苗对猪瘟疫苗的免疫不会产生干扰作用，两个疫苗可先后使用，间隔 3 天即可。

另外，猪群接种蓝耳病活疫苗之前 2 周，如果猪只已感染圆环病毒 2 型，可降低其免疫保护力，对蓝耳病活疫苗的免疫产生不良影响，使用蓝耳病灭活疫苗时不存在此问题。

（3）猪伪狂犬病。

仔猪：出生后 2 日龄，用双基因缺失活疫苗滴鼻，每个鼻孔 0.5mL；35 日龄加强免疫 1 次，每头肌注 1mL。

种猪：后备种猪配种前 17 天免疫 1 次，以后每 4 个月免疫 1 次双基因缺失活疫苗，每次每头 2 头份，种猪妊娠与采精时均可免疫，安全无影响。

（4）猪细小病毒病。

后备母猪配种前 1 个月免疫 1 次，间隔 12 天，加强免疫 1 次，产第一胎仔猪后 15 天和产第二胎仔猪后 15 天各免疫 1 次，用细小病毒灭活疫苗，每次每头 2mL，此后可不再进行免疫。

（5）猪乙型脑炎。

种猪和成年猪每年 4 月免疫 1 次，猪乙型脑炎弱毒疫苗，每次每头 2mL。

（6）猪链球菌病。

猪链球菌双价灭活苗（包括链球菌 2 型），仔猪 18 日龄首免，每头 2mL；38 日龄 2 免，每头 3mL。

（7）猪气喘病。

进口猪气喘病弱毒菌苗，仔猪 12 日龄免疫 1 次，每头 1mL，肌注。国产气喘病活菌苗，仔猪 5~15 日龄首免，每头 1mL，2 周产生免疫力，必要时于 60~80 日龄加强免疫 1 次；种猪每年 8~10 月接种 1 次；于右侧肺内注射（9 号针头），注射苗前 3 天、后 7 天不可使用抗生素。

（8）猪肺疫。

用猪肺疫双价血清灭活菌苗（包括 A 型和 B 型两个血清型），断奶后猪不论大小，每头肌注 4mL。

（9）猪副嗜血杆菌病。

猪副嗜血杆菌灭活疫苗仔猪 3~7 周龄首免，必要时首免后 3 周加强免疫 1 次，每头 2mL；母猪产前 60 天首免，产前 30 天 2 免，每头 3mL。

上述疫苗为常用免疫苗，一定要重点抓好落实，其他疫苗尽可能少用，过多地注射疫苗，有时会造成接种应激，疫苗之间相互产生干扰，甚至产生免疫麻痹，认为注射疫苗不管用与使用疫苗越多越好，这都是片面的，不可取的。

接种疫苗时，请使用细胞因子产品——猪用转移因子（多核苷酸低分子多肽），仔猪每头每次 0.25mL，中猪每头 0.5mL，大猪每头 1mL，用生理盐水或灭菌注射用水稀释后，可与弱毒活疫苗混合肌注，与灭活疫苗（如油剂苗等）则分开肌注能有效地提高免疫效果，产生抗体快，抗体水平高，抗体均匀度好，抗体持续时间长；能减少因免疫抑制性疾病引发的免疫麻痹，免疫耐受的发生；能诱导机体产生细胞因子，增强机体的抗病力和降低应激反应等。

4. 改变和完善饲养方式

规模化猪场应彻底实现养猪生产各阶段的全入全出，至少要做到产房和保育舍的全进全出，避免将不同日龄的猪混养，从而减少和降低猪蓝耳病和猪圆环病毒病的接触感染机会，尽可能地降低猪群的感染率。

供应猪群优质全价饲料。饲养标准与营养成份符合国家的规定，严禁乱用药物添加剂和助生长剂，以及发霉变质的饲料。同时可添加使用益生菌。

益生菌能保持肠道菌群平衡，降低因饲料应激诱发疾病；可分泌淀粉酶、蛋白酶、脂肪酶、多种 B 族维生素和氨基酸，促进饲料吸收，消化、提高饲料转化率；促生长、增强免疫力；改善饲养环境，减少肠道与呼吸道疾病的发生，提高仔猪成活率，减少僵猪发生等。

母猪群添加霉菌吸附剂，尤其是夏季，注意选择有效的防霉剂及毒素吸附剂。

降低猪场环境病原微生物的数量，加强消毒，选择高效消毒液，每次 3~5 天。

5. 驱虫、灭鼠、杀虫

驱虫：引种隔离检疫驱虫 1 次，生产母猪配种前 14 天驱虫 1 次，断奶仔猪转群时驱虫 1 次种公猪每年春、秋各驱虫 1 次，用伊维菌素。

灭鼠：鼠类能传播炭疽、布鲁氏菌病、结核病、土拉杆菌病、李斯特菌病、猪丹毒、猪肺疫、钩端螺旋体、伪狂犬病、猪瘟、口蹄疫、立克次体病等用灭鼠药灭鼠，注意引发猪中毒。

杀虫：吸血昆虫如蚊、蝇、虻、蜱等可携带细菌100 多种、病毒20 多种，原虫约30 种，又传播猪瘟、伪狂犬病、口蹄疫、乙型脑炎、传染性胃肠炎、链球菌病、布鲁氏菌病、猪丹毒、猪肺疫、沙门氏菌病、大肠杆菌病、魏氏梭菌病、钩端螺旋体病、附红细胞体病、球虫病、蛔虫病及疥螨等20 几种病。商品驱蚊蝇预混剂、喷洒剂。

6. 建立完善的药物预防方案，做好疫病净化

适当的药物控制猪群的细菌性继发感染。猪蓝耳病和猪圆环病毒病感染的危害更多的是体现在感染猪群的继发感染。猪蓝耳病和猪圆环病毒病感染的猪群由于免疫功能的损害，易引起一些细菌性的继发感染，因此建议在妊娠母猪产前和产后阶段，哺乳仔猪断奶前后，转群等阶段按预防量适当在饲料中添加一些抗菌的药物如：泰妙菌素、氟苯尼考、可林霉素、阿莫西林、多维等，以防治猪群的细菌（如肺炎支原体、猪副嗜血杆菌、链球菌、沙门氏菌、巴氏杆菌、附红细胞体等）性继发感染。

7. 做好药物预防

通过饲料或饮水添加转移因子、抗病毒中药与高效抗菌药物，进行药物预防，可有效地提高机体免疫力和抗病力，减少疫病的发生与流行，这是一项重要的防控技术。平时可于后备母猪配种前 20 天、妊娠母猪产仔前后各 7 天、仔猪断奶前后各 7 天、育肥猪转群与出栏前 40 天等不同的生长阶段，有针对性地选用药物进行预防，可收到良好的效果。

（1）仔猪。仔猪出生后 1 日龄、2 日龄、3 日龄每天口服"益生菌 1 次，每次 0.5mL。

在 1 日龄与 4 日龄每头肌注 1 次猪免疫球蛋白每次 0.25mL，可有效增强免疫力，提高抗病力。

仔猪断奶前 3 天，每头肌注猪用转移因子 0.25mL；仔猪断奶前后各 7 天，于每吨饲料中加泰乐菌素+强力霉素+黄芪多糖，连续饲喂 12 天；或者于 1 吨饲料中加 80%支原净 100g，强力霉素 150g，阿莫西林 200g，板蓝根粉 400g，连续饲喂 12 天同时改饮电解质多维加葡萄糖粉和黄芪多糖粉加溶菌酶饮用 10 天。

（2）育肥猪与后备种猪。转群前 7 天开始，饲料中添加泰乐菌素+多西环素+黄芪多糖粉+溶菌酶连续饲喂 12 天；或于 1 吨饲料中添加利高霉素 800g，阿莫西林 200g，黄芪多糖粉 600g，板蓝根粉 600g，连续饲喂 12 天。

（3）生产母猪。母猪产前、产后各 7 天，泰乐菌素+多西环素+黄芪多糖粉+溶菌酶或于 1t 饲料中添加 5%爱乐新 800g，强力霉素 160g，板蓝根粉 600g，防风 300g，甘草 200g，连续饲喂 14 天左右。

（4）母猪群。泰妙菌素、氟苯尼考混饲。

乳腺疾病加银翘散+葡萄糖粉。

泰妙菌素+阿莫西林+免疫增强剂+葡萄糖。

或者泰妙菌素+氟苯尼考+加强银翘散+葡萄糖粉。连用 7 天，每月 1 次，连续净化（同时水饮电解多维）。

（5）母猪产前和产后。"泰妙菌素+莫维欣+葡萄糖"或者"泰妙菌素+氟苯尼考+加强银翘散+葡萄糖粉"连用 7 天（同时水饮电解多维）。

8. 发生疫情时的应急措施

发病时，要立即采取病料送有关兽医诊断中心进行检验，找出原发病原与继发病原，以便采取对症措施；病猪隔离治疗，猪舍全面彻底清扫消毒，消毒药进行消毒，每天 2 次，定期交叉使用，避免产生抗药性。

发病猪舍与隔离猪舍进行封锁，限制人员与物品流动；病死猪只不准倒卖、食用；病尸、粪尿与污染物一律无害化处理，并对环境进行彻底消毒，防止扩散传染源，蔓延疫情。

与病猪同舍的假定健康猪只立即用药物进行预防，用药方案可参照上述药物预防方案进行；同场未发病猪舍的猪群，要根据本猪场发病猪只检验结果，结合免疫预防中存在的漏洞，确定补注疫苗进行紧急接种，接种时疫苗的使用剂量可适当的加量，并配合猪用转移因子一同使用，小猪每头 0.25mL，中猪 0.5mL，大猪 1mL，使其尽快产生免疫抗体，提高免疫力，可有效地防止疫情传播。

猪舍夏季炎热要防暑降温，采用滴水、水帘、喷雾或开放风机、电扇及空调等方法降温；冬季严寒要防寒冷保温，可用地暖、火炉、热气等方法保温；并注意消除一切应激因素，防止应激的发生。

9. 病猪的治疗

临床上治疗难度很大，如果早发现、早诊断、早治疗，用药对路、方案可行，药量足，疗程够，是可以治愈的。由于是由多种病原混合感染与继发感染而引起的，在临床上多见因发病毒血症和细菌性败血症而引起急性死亡，故发病率与死亡率很高。

因此，临床上治疗首先用药要侧重提高机体的整体免疫力，采用细胞因子疗法（应用重组细胞因子作为药物用于疾病的治疗的一种方法）与抗病毒疗法、抗细菌疗法和对症治疗相结合的综合方法进行治疗，方可收到满意的疗效。治疗方案推荐如下。

（1）方案1。上午肌注免疫球蛋白，可中和病毒与细菌产生的毒素每日1次，连用2天；猪用转移因子每日1次，连用2天；排疫肽与转移因子用生理盐水稀释后可混合一起肌注；

第3天改用肌注干扰素，每日1次，连用2天；同时配合肌注复方柴胡注射液或穿心莲注射液或双黄连注射液等，每千克体重0.2mL，每日1次，连用4天；

下午：如果继发感染主要为链球菌病与弓形虫病，可肌注磺胺类注射液；如有附红细胞体感染，可改注复方三氮脒注射液，每千克体重5~7mg，用生理盐水稀释成5%溶液，分点肌注，每日1次，连用2次；也可同时配合肌注复方强力霉素注射液，或者长效土霉素，每日1次，连用3天。

（2）方案2。上午：肌注转移因子，第3天肌注干扰素，用法用量同上；同时配合肌注清开灵注射液；

下午：肌注头孢噻呋。对继发感染巴氏杆菌、放线杆菌和猪副嗜血杆菌及链球菌的病例疗效尚佳。

（3）方案3。上午：肌注干扰素，肌注复方板蓝根注射液或黄芪多糖注射液或灵芝多糖注射液；

下午：肌注替米考星注射液，用于治疗以病毒病混合感染为主，细菌继发感染为辅的发高烧、病程较长的病例，效果尚佳。

（4）方案4。上午：肌注抗猪瘟高免血清，每日1次，连用2天同时肌注干扰素和清开灵注射液（可同时混合肌注）；

下午：肌注头孢噻呋或氟苯尼考，治疗以猪瘟为主的混合感染和继发感染病例，效果尚佳。

（5）治疗中注意事项。

严重病例应静注5%糖盐水，加维生素C、维生素B$_{12}$、维生素E等，并给予强心剂保护心脏等；或用电解质多维，加葡萄糖粉、黄芪多糖粉、板蓝根粉、溶菌酶饮水7天。

发病初期发高烧时不要盲目地大量注射退热药物，如安基匹林、安那近及安痛定等退热药物使病猪体温下降过快可引起应激而造成突然死亡；同时退热药物能降低猪体自身的非特异性抵抗力，也可影响抗菌药物的敏感性，使疾病出现反复，因为病原体未消除。

发病猪只先用药物进行治疗，临床治愈7天后，根据情况可补注1次疫苗，防止疾病反复；没有发病的猪群，用高倍量疫苗紧急接种；还应有针对性地使用预防药物1周进行药物预防。

第二节　猪繁殖障碍性疾病

一、猪繁殖障碍性传染病

（一）猪细小病毒病

猪细小病毒病是猪繁殖障碍的主要原因之一。猪细小病毒抵抗力顽强，对环境温度、pH 值及一般的消毒剂均较稳定。在养猪较兴盛的地区，几乎都有感染猪细小病毒的猪只，没有明显发病。患猪也很快永久性免疫，野外感染成为自然接种疫苗。

【症状】最主要的症状见于怀孕母猪。新母猪在怀孕前半期被感染，病毒进入子宫，感染胎儿，导致胎儿死亡，脱水干枯变成棕黑色，称为木乃伊胎。由于病毒逐一侵袭胎儿，被感染胎儿发病死亡于不同阶段的怀孕期。所以感染猪细小病毒的主要临床症状是产下大小不均的木乃伊胎儿。新母猪在配种之前感染猪细小病毒将产生抗体，但许多母猪于第一产次配种前无自然感染的机会而没有免疫力。这些易感母猪在怀孕前半期感染猪细小病毒，会造成繁殖障碍。其实猪细小病毒广泛存在时，大部分母猪皆感染后免疫，第一次怀孕的母猪则例外，它们一旦被感染将发生系列障碍。无抗体新母猪在配种前受感染最安全。所以趁早让新母猪获得感染，使其产生免疫力。大部分的新母猪在配种之前已经产生猪细小病毒抗体。

最主要的猪细小病毒感染症状是新母猪群头胎产下木乃伊化胎儿。其木乃伊化胎儿通常大小不均。有的新母猪分娩下整胎木乃伊胎儿，有的却产下几头健康小猪以及少数木乃伊胎儿。猪细小病毒症的其他繁殖障碍是分娩间隔延长，母猪发情迟及产下少数的木乃伊胎儿等。如果没有木乃伊胎出现，有可能不是猪细小病毒。

【诊断】如果以下情形出现就怀疑是猪细小病毒感染症。

新母猪群木乃伊胎明显增加。

母猪无任何症状。

流产率没有提高。母猪流产不是猪细小病毒症的病征。

怀疑被猪细小病毒感染的母猪，繁殖障碍只发生一次。

【控制】猪细小病毒感染造成的繁殖障碍是否严重，要看多少头新母猪配种前为易感而定。有些猪场的所有母猪在配种前已有抗体，那么该场就不会再有猪细小病毒感染症。对猪细小病毒血检抗体阴性的新母猪可用主动免疫方法接种。放入血清阳性老母猪混养，使其感染而获得免疫方法可用于流行区。猪细小病毒灭活苗在新母猪配种前两月接种一次，可预防本病发生。此外，将新母猪初配年龄延至 9 月龄以后可明显减少猪细小病毒的感染。

（二）猪的肠病毒感染症

肠病毒感染症（死产、木乃伊化胎儿、胚胎死亡及不育症）是用来形容肠病毒感染而造成的繁殖障碍。肠病毒感染症在世界各地皆有出现。此病毒有好几种血清型。断奶前的仔猪可得到母源抗体保护。仔猪断奶后被混在一起受到感染。部分的新母猪在配种前因自然感染获得免疫能力。因此，肠病毒感染造成的系列障碍只是偶发于母猪群。当新母猪被引进猪场时，由于存在不同的血清型病毒则引进猪或本场母猪仍可发病。

【症状】肠病毒所引起的繁殖障碍包括发情迟缓、流产及木乃伊、死产或产下少数猪仔。肠病毒的血清型繁多。在引入携带不同血清型病毒猪只后，繁殖障碍综合征就会暴发，但是最常见的繁殖障碍还是多见于外购新母猪。

【诊断】除了木乃伊化胎儿外，猪的肠病毒感染通常没有别的特殊症状，猪细小病毒也能造成木乃伊化胎儿与本病较难鉴别诊断，如果新母猪头胎产下大小不均的木乃伊胎儿，很可能是猪细小病毒引起。如果此症状只出现在外购母猪的头胎，那么有可能是肠病毒所引起的。病毒分离或抗体检验死胎有利于确定诊断。

【控制】由于肠病毒的血清型太多，尚无有效疫苗，最常用的控制法是使新母猪在配种前1个月，收集断奶仔猪的新鲜粪便混入饲料。新引进的种猪亦可采用上述方法。免疫之后再配种，此有助于易感猪产生肠病毒的抗体。应避免引进怀孕的新母猪。

（三）钩端螺旋体病

猪钩端螺旋体病由钩端螺旋体引起。病菌进入猪体内，集聚于肾脏，几天后病菌可以从尿液排出，为期数月。钩端螺旋体通过被损伤的皮肤伤口或黏膜进入易感动物体内，猪只传染之根源来自带菌的老鼠和猪。

【症状】钩端螺旋体病仅有轻微临床症状出现，病发初期为患畜体温上升和食欲不振，此种症状维持1~2天。过后几天，症状变轻微。就在这阶段，患畜开始经尿液排菌，持续数周。此病将慢慢地传布于整个猪群，才怀疑有钩端螺旋体病存在。最重要的症状是怀孕母猪预产前1个月发生流产。虽然怀孕末期流产最为常见，但是早期流产亦会发生，严重型钩端螺旋体病为患猪出现黄疸，血尿及死亡率高，但并不常见。

【诊断】如果母猪在预产前1个月流产（偶而会在怀孕早期发生），并且无明显病征，则应怀疑有该病的存在。实验室诊断最普遍的方法是近期内发生流产的母猪群抽血检验。

【治疗与控制】鼠患乃主要的钩端螺旋体感染源。鼠患的控制再配合猪场卫生措施及消毒有助于控制本病。最主要的控制办法是接种菌苗及抗生素疗法。

（四）布鲁氏菌病

猪布鲁氏菌病是由猪布鲁氏菌所引起。本病遍布世界各地，猪只可通过吃下被病菌污染之食物或交配时感染。当母猪同栏饲养时，流产胎儿，胎膜或分泌物被其他母猪吞食而感染。患病公猪大量排菌于精液里，经配种感染母猪，通过自然交配或人工授精均能感染。大部分的患畜最后均会自行恢复，仅有少数变成持久性感染成为持续之感染源。

【症状】大部分感染猪没有发现任何症状。主要的症状包括流产、不育和睾丸炎。流产可发生于任何怀孕期，视与病菌接触之时间而定。当母猪在交配时受感染，怀孕早期发生流产，由于早产之胚胎太小，易被忽略，唯一的病症是大群的母猪在配种30~40天，再发情。母猪生殖道偶尔有少许或无分泌物。母猪怀孕后35~40天发生感染则发生中期或末期流产。此类的流产只发生于同栏一起饲养之母猪，因为感染途径乃吃下患畜流产之胎儿或胎膜。许多母猪于流产后休息两个月不配种，通常会自己恢复。

公猪病期较长，患病的公猪不育或无性欲，但是一些患病公猪之生殖力或性欲却不受影响，其精液内含大量猪布鲁氏菌，在配种时传染给母猪。

【诊断】一旦有大群母猪在配种 30~40 天后再发情，应怀疑为本病。实验室诊断最简单实用的方法为平板凝集试验，4 分钟之内出现凝集的判为阳性。

【治疗与控制】布鲁氏菌病尚无特效治疗药物，一般采用定期抽血检疫，淘汰病猪结合有计划的菌苗接种，可以控制本病，培养健康猪群。

（五）猪繁殖和呼吸综合征

猪繁殖和呼吸综合征是由猪繁殖和呼吸综合征病毒所引起的一种接触性传染病。各种日龄的猪只均可感染，临床上以母猪的繁殖障碍和仔猪的呼吸道症状为该病的主要特征。感染猪场在没有继发感染的情况下，猪群一般不会出现临床症状。

【病原】本病的病原是一种动脉炎病毒科、动脉炎病毒属有囊膜的 RNA 病毒，呈卵圆形，直径在 40~60nm，表面有约 5nm 大小的突起。

该病毒对外界环境抵抗力相对较弱，变异是 RNA 病毒的一个非常明显的特征。PRRSV 基因组的变异是本病难以控制的重要原因之一。

病毒有很强的免疫抑制作用。本病流行明显阶段带毒猪处于病毒血症时期，往往是猪瘟免疫失败的主要原因之一。

我国的猪繁殖与呼吸综合征病毒分离毒株均属美洲型，迄今还没有发现欧洲型毒株，同时我国的分离毒株也存在变异现象，现已发现有缺失变异毒株的存在。

【流行病学】

（1）易感动物。各种年龄和种类的猪均可感染，但以妊娠母猪和仔猪最易感，并表现典型的临床症状。

（2）传染源。病猪和带毒猪是传染源，感染猪的各种分泌物、鼻汁、尿液、粪便及呼吸出的气体均含病毒，耐过猪可长期向外排毒。

（3）传播途径。空气传播、垂直传播等。

（4）流行特点。变异性强，传播速度快，污染严重，一旦发生很难净化，发病后经过几个月或数年可能重复暴发。

【临床症状】本病的潜伏期差异较大，引入感染后易感猪群发生 PRRS 的潜伏期，最短为 3 天，最长为 37 天。本病的临诊症状变化很大，且受病毒株、免疫状态及饲养管理因素和环境条件的影响。不同阶段的猪，临床表现不一。

（1）母猪。主要表现为精神沉郁、食欲减少或废绝、发热，出现不同程度的呼吸困难，妊娠后期（105~107 天），母猪发生流产、早产、死胎、木乃伊胎、弱仔。母猪流产率可达 50%~70%，死产率可达 35% 以上，木乃伊可达 25%，部分新生仔猪表现呼吸困难，运动失调及轻瘫等症状，产后 1 周内死亡率明显增高（40%~80%）。少数母猪表现为产后无乳、胎衣停滞及阴道分泌物增多。

（2）1 月龄仔猪。表现出典型的呼吸道症状，呼吸困难，有时呈腹式呼吸，食欲减退或废绝，体温升高到 40℃ 以上，腹泻。被毛粗乱，共济失调，渐进性消瘦，眼睑水肿。少部分仔猪可见耳部、体表皮肤发紫，断奶前仔猪死亡率可达 80%~100%，断奶后仔猪的增重降低，日增重可下降 50%~75%，死亡率升高（10%~25%）。耐过猪生长缓慢，易继发其他疾病。

（3）生长猪和育肥猪。表现出轻度的临诊症状，有不同程度的呼吸系统症状，少数病例可表现出咳嗽及双耳背面、边缘、腹部及尾部皮肤出现深紫色。感染猪易发生继发感染，并出现相应症状。

（4）种公猪。发病率较低，主要表现为一般性的临诊症状，但公猪的精液品质下降，精子出现畸形，精液可带毒。

【发病机理】病毒主要侵害猪的巨噬细胞，致使机体免疫功能下降，患病猪极易继发感染各种疾病。本病毒特异性靶细胞是肺巨噬细胞，一旦感染制机体呼吸系统免疫功能降低而继发嗜呼吸道黏膜微生物浸入肺部发生炎症。

【病理变化】主要病变出现在呼吸系统和淋巴组织，肺脏呈红褐色花斑状，不塌陷。显微镜病变主要表现为间质性弥漫性肺炎，肺泡壁增厚，肺间质增宽，肺泡及肺泡膈水肿和炎性细胞浸润。淋巴结肿大，部分肺与胸膜粘连。

【诊断】仅根据临床表现和流行病学特点和剖检病变很难做出判断，必须依靠实验室检测技术来进行确诊。实验室诊断主要包括血清学诊断、病原分离鉴定、RT-PCR 检测等方法。

【疾病防控】

（1）坚持自繁自养的原则，建立稳定的种猪群，不轻易引种。如必须引种，首先要搞清所引猪场的疫情，此外，还应进行血清学检测，阴性猪方引入，坚决禁止引入阳性带毒猪。引入后必须建立适当的隔离区，做好监测工作，一般需隔离检疫 4~5 周，健康者方可混群饲养。

（2）规模化猪场要彻底实现"全进全出"。至少要做到产房和保育两个阶段的"全进全出"。

（3）建立健全规模化猪场的生物安全体系。定期对猪舍和环境进行消毒，保持猪舍、饲养管理用具及环境的清洁卫生，一方面可防止外面疫病的传入，另一方面通过严格的卫生消毒措施把猪场内的病原微生物的污染降到最低限，可以最大限度地控制和降低PRRSV 感染猪群的发生率和继发感染机会。

（4）做好猪群饲养管理。在猪繁殖与呼吸综合征病毒感染猪场，应做好各阶段猪群的饲养管理，用好料，保证猪群的营养水平，以提高猪群对其他病原微生物的抵抗力，从而降低继发感染的发生率和由此造成的损失。

（5）做好其他疫病的免疫接种，控制好其他疫病，特别是猪瘟、猪伪狂犬和猪气喘病的控制。在猪繁殖—呼吸综合征病毒感染猪场，应尽最大努力把猪瘟控制好，否则会造成猪群的高死亡率；同时应竭力推行猪气喘病疫苗的免疫接种，以减轻猪肺炎支原体对肺脏的侵害，从而提高猪群肺脏对呼吸道病原体感染的抵抗力。

（6）定期对猪群中猪繁殖与呼吸综合征病毒的感染状况进行监测，以了解该病在猪场的活动状况。一般而言，每季度监测一次，对各个阶段的猪群进行采样进行抗体监测，如果 4 次监测抗体阳性率没有显著变化，则表明该病在猪场是稳定的，相反，如果在某一季度抗体阳性率有所升高，说明猪场在管理与卫生消毒方面存在问题。应加以改正。

（7）对发病猪场要严密封锁。对发病猪场周围的猪场也要采取一定的措施，避免疾病扩散，对流产的胎衣、死胎及死猪都做好无害处理，产房彻底消毒；隔离病猪，对症治疗，改善饲喂条件等。

（8）疫苗接种。总的来说如今尚无十分有效的免疫防控措施，如今国内外已推出商品化的 PRRS 弱毒疫苗和灭活苗，国内也有正式批准的灭活疫苗。然而，PRRS 弱毒疫苗的返祖毒力增强的现象和安全性问题日益引起人们的担忧。国内外有使用弱毒疫苗而在猪群中引起多起 PRRS 的暴发，因此，应慎重使用活疫苗。

（六）伪狂犬病

孕母猪死产，流产及产下木乃伊胎，流产率 50%，流产率 50%，流产胎儿大小较为一致。发病多见于繁殖旺季。

（七）乙型脑炎

孕猪主要表现为流产，产出大小不等的死胎，木乃伊胎及畸形，亦可产弱仔。流产数不影响下次配种。公猪常单侧睾丸炎。

（八）猪衣原体病

猪衣原体病是由衣原体感染猪引起的一类多症状性传染病，本病一般呈慢性经过，但在一定条件下也会急性暴发，表现为急性经过。

【病原】

目前已知衣原体属有 4 个种，它们分别是沙眼衣原体、肺炎衣原体、鹦鹉热衣原体和反刍动物衣原体。除肺炎衣原体外，已发现其他 3 种衣原体均能感染猪，但其对猪的致病性和致病力有所不同。

（1）鹦鹉衣原体感染猪群引起不同症候群，临床上表现为妊娠母猪流产，产死胎、木乃伊胎、弱仔和围产期新生仔猪大批死亡；公猪发生睾丸炎、阴茎炎、尿道炎；仔猪肺炎—肠炎、各年龄段猪肺炎、肠炎、多发性关节炎、心包炎、结膜炎、脑炎、脑脊髓炎等。鹦鹉衣原体是猪衣原体病的主要病原。

（2）沙眼衣原体感染猪群，可引起仔猪肠炎和角膜炎，但一般呈隐性感染，不表现出症状。沙眼衣原体是引起人类眼疾和性病的重要病原。

（3）反刍动物衣原体是指引起牛、羊关节炎、结膜炎、肠炎的衣原体，其和沙眼衣原体混合感染怀孕母猪可致流产。

【流行病学】

近年来，猪衣原体在规模化猪场流行较普遍，不同年龄、不同品种的猪群均可感染本病，尤其怀孕母猪和新生仔猪更为敏感，育肥猪的平均感染率 10%～50%。

猪衣原体病的发生呈散发、地方流行性。病猪和潜伏感染的带菌猪是本病的主要的传染源。羊、牛及禽源衣原体可引起猪衣原体病。定居在猪场的野鼠和野鸟可能被感染携带衣原体而成为自然疫源地，构成对猪场的威胁。本病的发生与卫生条件差、饲养密度过高、通风不良、潮湿阴冷、饲料营养不全、饮水缺乏等因素有关。

由于大批怀孕母猪流产、产死胎和新生仔猪死亡，以及适繁母猪群不育空怀，已给养猪业造成严重的经济损失。猪群一旦感染本病，要清除十分困难，康复猪群可长期带菌，猪场内活动的野鼠和禽鸟可能是本病的自然散毒者；带菌的种公、母猪则成为幼龄猪群的主要传染源，种公猪可通过精液传染本病。所以隐秘感染的种公猪危害性更大。病猪可通过粪便、尿、唾液（飞沫）、乳汁排出病原体，流产母猪的流产胎儿、胎膜、羊水更具传染性。在大中型猪场，本病在秋冬季流行较严重一般呈慢性经过。另外，衣原体野毒在易感猪群中不断传代，其毒力可能会发生改变而增加，在一定条件下导致疫病暴发，因此，持续地潜伏性传染是猪衣原体病的重要流行病学特征。

衣原体与其他致病菌（如布鲁氏菌、放线杆菌、大肠杆菌、厌气梭菌等）混合感染猪群，发病率和死亡率明显提高。

【临床症状】

本病主要通过消化道及呼吸道被感染，患病的各类猪只表现不同的症状。

（1）母猪流产。本病多发生在初产母猪，流产率可达40%以上。妊娠母猪感染衣原体后一般不表现出其他异常变化（孕早期感染可使胚胎死亡后被重新吸收），只是在怀孕后期突然发生流产、早产、产死胎或产弱仔。感染母猪的的整窝产出死胎，有的间隔地产出活仔和死胎；弱仔多在产后数日内死亡；曾感染过本病的经产怀孕母猪发病率较低，但是种公猪感染上本病并从精液排毒，使用这样的公猪配种后，经产母猪群仍会发生群发性流产。

（2）种公猪泌尿生殖道衣原体感染。种公猪患本病多表现为尿道炎、睾丸炎、附睾炎，配种时，排出带血的分泌物，精液品质差，精子活力明显下降，母猪受胎率下降，即使受孕，流产、死胎率明显升高。

（3）肺炎。本病多见于断奶前后的仔猪。患猪表现体温上升、无精神、颤抖、干咳、呼吸急促，听诊肺部有罗音。鼻腔也流出浆液性分泌物，进食较差，生长发育不良，死亡率高。

（4）肠炎。本病多见于断奶前后的仔猪。病猪表现腹泻、吮乳无力、死亡率高。

（5）多发性关节炎。本病多见于架子猪。病猪表现关节肿大、跛行、患病关节触诊敏感。有的体温升高。

（6）脑炎。患猪出现神经症状。表现兴奋、尖叫、盲目冲撞或转圈运动，倒地后四肢呈游泳状划动，不久死亡。

（7）结膜炎。本病多见于饲养密度大的仔猪和架子猪。临床表现畏光、流泪、视诊结膜充血，眼角分泌物增多，有的角膜混浊。

【病理变化】

剖检可见流产母猪子宫内膜水肿、充血，分布有大小不一的坏死灶（斑），流产胎儿身体水肿，头颈和四肢出血，肝充血、出血和肿大。患病种公猪睾丸变硬，有的腹股沟淋巴结肿大。输精管出血，阴茎水肿、出血或坏死。

对衣原体性肺炎猪剖检，可见肺肿大，肺表面有许多出血点和出血斑，有的肺充血或淤血，质地变硬，在气管、支气管内有多量分泌物。

对衣原体性肠炎仔猪尸检，可见肠系膜淋巴结充血、水肿、肠黏膜充血出血、肠内容物稀薄，有的红染，肝、脾肿大。

对多发性关节病例局部剖检，可见关节周围组织水肿、充血或出血，关节腔内渗出物增多。

【诊断】

猪衣原体病是一种多症状性传染病，所以对其诊断除了要参考临床症状和病变特征外，主要依据实验室的检查（特异性血清抗体检测和病原分离鉴定）予以确诊。

【防控】

搞好猪衣原体病的防控可从以下几个方面入手。

（1）建立密闭的种猪群饲养系统。由于衣原体拥有广泛宿主，采用密闭饲养系统可有效防止其他动物（如猫、野鼠、狗、野鸟、家禽、牛羊等）携带的疫源性衣原体的侵入和感染猪群。

（2）建立严格的卫生消毒制度。

（3）建立和实施猪群的衣原体疫苗免疫计划。

种猪场：对血清学检查的阴性猪场，要给适繁母猪在配种前注射猪衣原体灭活苗，以防感染，每年春秋季对公猪进行免疫，确保向商品猪场提供无衣原体感染的健康种猪。在阳性猪场，对确诊感染了衣原体的种公母猪予以淘汰，其所产仔猪不能留种；未感染的种公母猪应及时接种衣原体疫苗。

商品猪场：对繁殖母猪群用猪衣原体灭活疫苗在每次配种前半个月，配种后1个月各免疫1次；种公猪每年春秋季各免疫1次；淘汰发病种公猪。

（4）药物预防和治疗。可选用药敏试验筛选的敏感药物，如四环素、青霉素、麦迪霉素、金霉素、泰乐菌素、螺旋霉素、土霉素、红霉素等进行猪衣原体的预防和治疗。对出现临床症状的新生仔猪，可肌内注射1%土霉素1mg/kg，连续治疗3~7天；对怀孕母猪在产前2~3周，注射四环素族抗生素，以预防新生仔猪感染本病。在流行期，可将四环素或土霉素添加于饲料中（300g/t）让猪采食，进行群体预防。为防止出现抗药性，要合理交替用药。

（九）附红细胞体病

猪附红细胞体病是由立克次氏体引起。2000年本病在我国北方数省开始发生流行，2001年我国南方猪场也陆续暴发了本病，导致部分患病猪场的公猪配种能力明显下降，母猪情期受胎率不到60%，50%左右的怀孕母猪产后无乳或少乳；30%左右母猪的分娩日期推迟3~8天；10%左右的母猪后期流产；母猪产下的弱仔比例上升30%左右；仔猪发育不良，腹泻咳嗽；育肥猪生长缓慢，皮肤苍白、黄疸等，造成了重大经济损失。

附红细胞体病是目前影响规模化猪场生产的主要疾病之一，在经过急性暴发期后，目前本病的临床表现并不十分明显，通常是发生继发性感染。为了防控本病，很多猪场采用了多种方法如注射长效土霉素、贝尼尔、血虫净、附红优或者投喂土霉素、尼可苏、阿散酸等，但效果不佳者居多。

【临床症状】

公猪：该病对公猪的影响表现在性欲下降，精液质量下降，配种受胎率下降等。患病公猪精液呈灰白色，精子密度下降20%~30%，约为0.6亿~0.8亿/mL，部分公猪射出的精液中尿道球腺分泌物成破碎状或溶解在精液中，致使人工授精时的精液无法通过过滤纱布。当公猪患病血相评分达到0.8以上，血相异常公猪比例高于60%时，母猪受胎率将会出现明显下降。如果猪场中公猪患病比例不高，将感觉不到疾病的危害性。

母猪：附红细胞体病对怀孕母猪的影响在不同的猪场有不同的表现。有的猪场主要表现在母猪产弱仔（体重0.9kg以下）的比例上升，母猪产后1~5天出现无乳或少乳；有的猪场主要表现为怀孕母猪出现后期流产，流产率10%左右，或者推迟分娩2~8天。

如果母猪患有严重的附红细胞体病，经常会出现产弱仔比例上升的现象。弱仔比例有时可以比正常母猪分娩高 30% 左右。出现该现象的主要原因可能是仔猪后期生长发育快，母猪体内红血球被附红细胞体病大量破坏，对仔猪的营养供应不足，导致仔猪发育不良或者死亡。

母猪的另一主要临床症状是产后无乳或少乳，一般发生在产后 1~3 天。

哺乳仔猪：严重患病的仔猪生长缓慢，皮肤无光、苍白、毛长。由于附红细胞体病主要破坏红血球，使病猪出现营养不良，抗病力下降，所以经常诱发多种其他疾病，出现多种不同的临床症状如部分仔猪长埋单腹泻不愈，咳嗽气喘。如果单纯感染附红细胞体病，一般不会出现大理死亡甚至不再现出临床症状，但如果继发其他疾病，将会出现大理死亡，有时高达 30% 左右。

育肥猪：附红细胞体病对于中猪的影响并不十分严重，主要表现在部分肥育猪生长迟缓，皮肤苍白，毛长凌乱。

【附红细胞体病与猪瘟病的鉴别与诊断】

附红细胞体病与猪瘟由于都有高热、便秘、贫血及皮肤颜色变化等症状，因而发病时很难做出准确的临床诊断，必须通过剖检变化和血液检查才能对两者进行鉴别诊断。

（1）附红细胞体病与猪瘟在临床症状上的区别。从皮肤颜色变化上，两者都有暗紫色瘀血，但仔细观察，如果发现在腹下、回盲部、两后腿内侧有出血斑点的多为猪瘟。从贫血及黏膜黄染上，慢性猪瘟不是很明显，而一些附红细胞体病例的黄染有时一眼就能看出来。从粪便上区分，猪瘟除便秘外一般排暗绿色的血液。从体温变化上，慢性附红细胞体病后期体温可能在 39.5℃ 左右，而猪瘟一般高热不退。

（2）附红细胞体病与猪瘟在病理变化上的区别。淋巴结、肾脏、膀胱及喉头黏膜的出血，以及脾脏的梗死灶和回盲肠的扣状肿，再结合临床症状，基本上就可诊断为猪瘟。而附红细胞全病虽肾脏也偶见有出血变化，但不是出血点而是出血斑，边缘呈锯齿状，且一侧肾脏为暗紫色，另一侧为橘黄色，内脏出血的变化一般没有。

（3）实验室诊断。附红细胞体病与猪瘟有时间从临床症状和剖检变化上看很难做出诊断，必须经过实验室诊断来确认。

血液镜检：取高热期的病猪血 2 滴，加 2mL 生理盐水，混匀，加盖玻片，放在 640 倍显微镜下观察，发现红细胞有刺芒状、出芽状或环状突起，使红细胞呈现星形或不规则的多边形，可确诊为附红细胞体。

血片染色：取静脉血涂片用吉姆萨染色或瑞氏染色，放在油镜下检查发现多数红细胞边缘不整齐、变形，表面及血浆中有多种形态的粉色或暗紫色的闪光虫体，形态各不相同，有芒刺状、圆状、电状、环状等，如发现此现象可确诊为附红细胞全。

猪瘟是一种病毒病，因此用以上两种方法都无法确诊。不通过询问病史、饲养管理情况、流行病学、临床症状、治疗效果及观察剖检变化并结合实验室诊断结果很难做出正确论断。此外，即使检测到附红细胞体也要结合其他情况才能下结论。

猪附红细胞体、猪瘟与其他因素的关系。1995 年英国的研究人员发现附红细胞体病在夏、秋季多发，因此，过去认为吸血昆虫为主要传播媒介的说法有科学道理。此外还发现，猪场中蓝耳病以及流感暴发后常能诊断出附红细胞体病。据悉美国在净化猪瘟之前，当有猪瘟病毒感染以及使用猪瘟弱毒疫苗以后（德国则是在猪瘟暴发之后）便有附红细胞体病的发生。有些学者也发现猪瘟与受应激有直接关系。

【治疗】

公猪：采用注射方法对患病公猪进行治疗的效果，要比投喂药物效果好，即使是同样的土霉素，注射的结果比投喂药物好。要恢复公猪的精液质量必须较长时间用药。长效土霉素与含有促进血球生长的添加剂或药物同时使用，可以获得比较理想的效果。患猪的血相开始好转后，还需要一段的巩固治疗，才能提高配种受胎率，所以治疗处理要耐心。因此，在生产中若本病得到确诊时，如发现公猪性欲下降或精液质量下降，建议肌注长效土霉素，每次注射 10~15mL，隔 1~3 天注射 1 次，每月注射 2~3 次；该药每月与血虫净交替使用，血虫净的注射剂量是 1g/次，隔 2~3 天注射 1 次，每月注射 2 次；每次注射的同时肌注 B$_{12}$ 10~15mL，1 个疗程为 2~3 个月，然后视公猪情况决定是否进行第二个疗程的治疗。治疗同时投喂补血添加剂，将有助于公猪康复。

母猪：对怀孕母猪的治疗应在怀孕后期开始。怀孕早期，因为仔猪发育慢，母猪的循环系统还可以基本满足仔猪发育的要求，不需要进行治疗。如果发现母猪产弱仔比例上升，建议在临产前 30 天开始注射长效土霉素每次 10~15mL，每周注射 1 次，连续 4~5次，如发现母猪产后无乳或少乳，在临产前 7 天左右注射长效土霉素 10~15mL/头，每天 1 次，连续注射 2~3 次，可以基本消灭母猪产后无乳现象。如果发现母猪分娩后无乳，又没有进行产前处理，应立即注射长效土霉素，连续 2 天，同时还要投喂补血添加剂，以加快母猪康复。如果母猪同时出现产弱仔多和无乳现象，长效土霉素的注射应在临产前 30天开始。

哺乳仔猪：哺乳仔猪感染本病可以来源于母体，也可以来源于环境。所以，对临产母猪的防控处理有利于保护仔猪和切断该病的传染环节。母猪的哺乳能力对仔猪的抗病能力有着不可忽视的影响，因此，首先要提高母猪的泌乳能力。注射长效土霉素对于防控仔猪患病有较理想的作用，投喂尼可苏也有较好的效果，但由于哺乳仔猪进食饲料不稳定，所以防控效果比不上注射长效土霉素。在哺乳仔猪预防本病方面，先要保证母猪的泌乳功能正常，对泌乳能力差的母猪要及时采用以上措施。对弱小的仔猪以及有明显临床症状的仔猪注射长效土霉素，每头 2mL，注射 1~3 次。发病猪场的仔猪可以将产后注射 1 次补血针改为注射 2 次，隔 7~10 天注射 1 次，每次 2mL。必要时在饲料中添加 0.1%~0.3%阿散酸、头孢尼西钠或土霉素，连续用药 7~14 天，若同时添加补血添加剂，则有利于仔猪康复。

育肥猪：投喂土霉素治疗已经患病的猪效果不明显，但仍有一不定效果，注射长效土霉素和血虫净效果比较明显。但是，因为猪场中育肥猪数量巨大，大面积使用注射治疗有一定困难，所以育肥猪的防控方法应以投喂药物为主，结合对部分严重病猪的注射治疗处理为辅。

据试验，含砷药物都表现出对附红细胞体病有一定的治疗效果，同时也表现出一定的毒性，因而在使用本类药物时，应该间歇性投放。

在饲料中添加 0.1%~0.3%阿散酸或头孢尼西钠时，应每月与 0.1%~0.2%土霉素交替使用，连续用药 7~14 天后停药 7 天，然后根据病情决定是否进行第 2 个疗程治疗。在治疗过程中，最好能在饲料中使用补血添加剂。对症状严重者还应采取注射长效土霉素 3~5mL 或血虫净 0.1g，注射 1~3 次/月。

附红细胞体病主要是通过体液传播的，所以定期驱除体表寄生虫（如疥螨）对于防控本病有积极意义。因而在采取上述措施的同时，每月进行 2 次猪场大消毒和猪体表驱虫，常见疫病鉴别诊断见表 6-1。

表 6-1　母猪繁殖障碍疫病鉴别诊断

病名	病原	流行情况	临床症状	尸检病变	特殊诊断	预防治疗
猪乙型脑炎	乙型脑炎病毒	能感染人及多种动物。蚊子为传播媒介，故夏秋季发病。本病散发流行，多隐性感染。4~6 月龄猪较易感染	妊娠母猪主要表现为流产、大小不等死胎、畸形及木乃伊胎，亦可产出弱仔。流产后不影响下次配种。公猪单侧睾丸肿胀、发热及萎缩，性欲减退，有的幼猪可呈全身症状	母猪子宫内膜炎，黏膜充血、出血、水肿及糜烂。胎儿脑皮下及腹腔水肿。肝、脾、肾坏死灶及脑非化脓性炎症	流产或早产胎儿血液及脑组织分离病毒	无特效药物治疗，每年 4 月分给 5 月龄以上种猪接种乙型脑炎弱毒苗，可产生较强免疫
猪细小病毒病	猪细小病毒	不同品种、年龄、性别猪均能感染。常见于 4~10 月份流行，多初产母猪发病。病毒抵抗力强，容易长期连续传播	猪只感染后均无明显症状。主要表现为妊娠母猪的流产，死产、木乃伊胎、弱仔及不孕等。个别母猪有体温升高、关节肿大及后躯运动不灵	母猪轻度子宫内膜炎、胎盘部分钙化。胎儿水肿、软化吸收或脱水呈木乃伊化。脑非化脓性炎症	70 日龄以下胎儿组织悬液作血球凝集反应	无特效治疗方法。母猪配种前 2 月接种细小病毒灭活苗可以预防
伪狂犬病	伪狂犬病病毒	10~30 日龄仔猪多发。各窝仔猪发病率，同窝仔猪发病先后均不一致。发病与环境及饲养管理因素有密切关系	排灰白、腥臭、浆状粪便。体温与食欲无明显改变。病程 1 周左右，多数能康复	贫血、消瘦。小肠护张充气及黄白酸臭稀粪。实质器管无明显病变	根据流行情况及临床症状即可诊断	多数抗菌、收敛及助消化的中西药物均有效果，但必须同时改善环境及饲养管理
猪呼吸与繁碍综合征	猪繁殖呼吸综合症病毒	妊娠母猪及月龄内仔猪最易感。肥育猪发病温和。本病经呼吸道及胎盘传播，传播迅速	母猪精神食欲不振，体温短暂升高，咳嗽及不同程度呼吸困难。孕母猪早产、死胎、弱胎及木乃伊胎。出生仔猪体温升高、呼吸困难，死亡率 25%~40%	育肥猪及种猪无明显病变。病死仔猪胸腔积水，皮下、肌肉及腹膜下水肿。肺前叶有肺炎实变灶	间隔 3 周以上的双份血清抗体检测	无特效治疗药物及有效疫苗。预防依赖于综合防治措施
猪肠道病毒感染	猪肠道病毒	不同年龄猪均易感，但不伴有症状，仅怀孕母猪感染后出现繁殖紊乱，未孕猪感染后可产生免疫力，以后可以正常生产	妊娠早期感染致胎儿死亡吸收或木乃伊胎，妊娠后期感染则产出畸形、水肿仔猪及弱猪。产出后多数日后死亡	死亡胎儿皮下及肠系膜水肿，体腔积水，脑膜及肾皮质出血	病变组织作细胞培养收毒与抗体血清作中和试验	治疗无特效药物。初购母猪配种前 1 月以断奶仔猪粪便感染使其产生免疫力
布鲁氏菌病	猪布鲁氏菌	能感染猪、牛、羊、鹿。各种年龄猪均易感，但以生殖期发病最多，一般仅流产一次，多为散发	母猪孕后 4~12 周流产或早产。流产前母猪精神食欲不振，短暂发热，一般 8~10 日自愈。公猪双侧睾丸及附睾炎症。有时见皮下脓肿	母猪子宫、输卵管，公猪睾丸、附睾小脓肿及关节腱鞘化脓性炎症。流产胎儿状态、大小不同，病变不特殊。无木乃伊胎	采血作虎红平板凝集试验	本病无特效治疗法。测检淘汰病猪及猪 2 号菌苗接种可净化本病

（续表）

病名	病原	流行情况	临床症状	尸检病变	特殊诊断	预防治疗
钩端螺旋体病	钩端螺旋体	猪、牛、鸭等多种畜禽及野生动物均易感，鼠类为主要传染源。常发于温暖地区的夏秋季，散发或地方流行，发病率30%~70%，死亡率低	仔猪及中猪体温升高，结膜及皮肤泛黄、潮红、尿茶色或血尿。孕母猪20%~70%流产死胎、木乃伊胎或弱仔，流产多见于后期	皮下及黏浆膜黄疸，体腔积黄色液；肝胆肿大；肾肿大，常有白斑。有时头、颈背及胃壁水肿	死后尽快取肝、肾组织混悬液暗视野镜检病原	链霉素、庆大霉素、土霉素等均有一定效果。钩端螺旋体多价菌苗接种可以预防

二、种公猪繁殖障碍

（一）性欲减退或丧失

1. 原因

饲养管理不当是主要原因，包括：交配或采精过频，运动不足，饲料中微量元素配比不合理，维生素 A、维生素 E 缺乏，种公猪衰老、过肥、过瘦，天气过热，睾丸间质细胞分泌的雄性激素减少等。表现为不愿接近或爬跨发情母猪。

2. 控制措施

针对以上这种情况可通过以下方法来解决：

使用激素：因激素分泌异常的种猪主要为雄性激素分泌减少，在维持猪体健康的同时，用孕马血清 100mg，肌内注射。

科学饲养：营养是维持公猪生命活动和产生精液的物质基础。种公猪饲料要以高蛋白为主，粗蛋白含量在 14%~18% 或更高。维生素、矿物质要全面，尤其是维生素 A、维生素 D、维生素 E 3 种。不能使用育肥猪饲料，因育肥猪饲料可能含有镇静、催眠药物，种公猪长期饲用，易致兴奋中枢麻痹而反应迟钝。

营造舒适环境：青年种公猪要单圈饲养，避免相互爬跨、早泄、阳痿等现象。要远离母猪栏舍，避免外激素刺激而致性麻痹。栏舍要宽敞明亮，通风、干燥、卫生。夏季高温季节要注意防暑降温。

科学调教：对种公猪应在 7~8 月龄开始调教，10 月龄正式配种使用，过早配种可缩短种猪利用年限。调教时要用比公猪体型小的发情母猪，若母猪体型过大，造成初次配种失败，而影响公猪性欲。调教时，饲养员要细心、有耐心，切忌鞭打等刺激性强的动作。

（二）公猪有性欲，但不能交配

其原因多见阴茎、包皮异常，炎症、肢蹄疾患等。

（1）阴茎、包皮发炎而致疼痛，不能交配时，用青霉素 400 万单位、链霉素 100 万单位，安乃近 10mL，混合肌注，每日 2 次，连用 3 天。或用鱼石脂软膏、红霉素软膏涂抹。

（2）若出现包皮过厚、过紧或发生粘连时，要及时进行外科手术治疗，切除包皮，分割粘连。

（3）因关节、肌肉疼痛应查明病因，对症治疗。因风湿引起，可用水杨酸钠 10mL，连用一周。或人用祖师麻注射液 10mL 肌注。因外伤引起挫伤、扭伤，可用下方：自然铜、泽兰、当归各 50g，防风、没药、乳香、红花各 25g，血竭 20g，为末，温酒调服。若球关节扭伤针刺寸子穴，蹄踵部扭伤，针刺涌泉、寸子穴、蹄门穴，再用温酒推擦。

（三）精子异常而不受精

1. 主要表现

少精、弱精、死精、畸形精等现象。种公猪一次性精液量为 200~500mL，约有 8 亿个精子。经显微镜检查，精子数少于 1 亿个，则为少精。

2. 原因

多见于乙脑、丹毒、肺疫、中暑等热性疾病后遗症。若发热时间长，可致睾丸肿大，灭活精子。对发热疾病应对症治疗，用抗菌素配合氨基比林、柴胡等解热药治疗。也可用冷水、冰块等冷敷阴囊。

3. 治疗

对少精症试用下列方法，任选一方煎水内服。

一是菟丝子 45.0g、枸杞子 50.0g、覆盆子 40.0g、五味子 45.0g、车前子 50.0g、女贞子 50.0g、桑葚子 40.0g。

二是合欢 45.0g、麦冬 50.0g、白芍 50.0g、菖蒲 45.0g、茯苓 40.0g、淫羊藿 30.0g、枸杞子 40.0g、知母 45.0g、灯心草 30.0g。

三是干地黄 20g、山茱萸 30g、泽泻 15g、茯苓 20g、牡丹皮 15g、桂枝 15g、附子 15g。

4. 预防

在选购种猪时应认真挑选，睾丸大小不一或睾丸发育不良等先天性生殖器官发育不良者应予淘汰。

因激素分泌异常的种猪主要为雄性激素分泌减少，在维持猪体健康的同时，用孕马血清 100mg，肌内注射。

科学饲养：营养是维持公猪生命活动和产生精液的物质基础。种公猪饲料要以高蛋白为主，粗蛋白含量在 14%~18% 以上。维生素、矿物质要全面，尤其是维生素 A、维生素 D、维生素 E 3 种，维生素 A 缺乏可使睾丸发生肿胀或萎缩，而致不产生精子；维生素 E 缺乏可使睾丸发育不良，精原细胞退化，而致弱精、畸形精子。维生素 D 影响钙、磷吸收。不能使用肥猪的饲料，因肥猪饲料可能含有镇静、催眠药物，种公猪长期饲用，易致兴奋中枢麻痹而反应迟钝。

（四）公猪性欲低下

1. 临床症状

公猪体瘦或过肥，见到发情的母猪反应迟钝，厌配或拒配，爬跨时阳痿不举或偶能爬跨但不能持久，射精量不足，精液呈淡乳白色，偏稀，在显微镜下观察总精子数和活精子数减少，活力下降。

2. 治疗

肌内注射丙酸睾丸素注射液 100mg/天，隔天 1 次，连续 3~5 次。

每天饲喂生鸡蛋 2 个，对公猪精液的浓度和精子数有明显的提高作用。

公猪过于肥胖者，宜减喂精料，实行放牧，注意运动，同时每日用淫羊藿 50g、阳起石（煅）20g 共研末拌入饲料中分两次饲喂，连喂 7~10 天。

公猪体瘦肾虚者，应补肾健脾，以下列方剂治之：党参 12g、黄芪 9g、白术 12g、云苓 9g、远志 9g、牡蛎 12g、杜仲 9g、苁蓉 12g、枸杞 9g、菟丝子 9g、淫羊藿 12g、肉桂 9g。煎汁分 2 次喂服，每天 1 剂，连服 4~5 剂。

（五）公猪不育

1. 公猪不育的原因

（1）营养性不育。长期营养不良，尤其蛋白质（豆类、鱼粉、蚕蛹、血粉等）、氨基酸、维生素（维生素 A、维生素 E、维生素 C、维生素 B 等）、矿物质（钙、磷、锰、碘、硒等）缺乏或不足，公猪过肥或过瘦都可引起不育。

（2）疾病性不育。如感染病毒性传染病（乙型脑炎）、细菌性传染病（丹毒、布鲁氏菌病）、体内外寄生虫病、弓形体病、日射病、热射病等都可能造成公猪无性欲或缺乏性欲。此外，睾丸炎、附睾炎、精囊腺炎、包皮炎、肢蹄病、关节炎、肌肉疼痛等均可引起交配困难或交配失败。

（3）精液品质差。精液品质差包括无精、精子密度低、精子活力差或有畸形精子等。除营养因素外，精液品质差大多为热性疾病的后遗症，尤其是猪丹毒、弓形体病等病原体引起的肺炎、日射病、睾丸炎症等皆可导致生精能力下降。精子活力降低。

（4）机能性不育。先天性生殖器官发育不全或畸形（如隐睾、睾丸或附睾不发育、急性或慢性疾病等引起生殖器官发育不良）导致不育。

公猪在交配或采精时，阴茎受到严重损伤或受惊，四肢有疾患，后躯或脊椎关节炎等，导致不育。

公猪在配种时，性欲不旺盛，阴茎不能勃起，也是公猪不育的一种原因。

如过度使用或长期无配种任务，公母混养，缺乏运动，体况过肥、过瘦，年老体衰，体成熟而性未成熟或性成熟而体重未达标，天气过冷、过热等，均可导致公猪不射精或阴茎不能勃起。

2. 公猪不育的诊治

查清病因，有针对性地进行治疗或处理。

肌内注射苯乙酸睾酮 10~25mg，隔 1 天注射 1 次，连续 2~3 次。

用孕马血清 10~15mL 肌注 1 次（重复注射易发生过敏反应）。

注射脑垂体前叶促性腺激素或维生素 E。

中药疗法。取淫羊藿 50g、补骨脂 9g、熟附子 9g、钟乳石 30g、五味子 15g、菟丝子 30g，煎汁加黄酒 90g 及红糖 60g，拌料喂服，每天服 1 剂，连用 7 天。

也可用淫羊藿 25g、阳起石 25g、肉苁蓉 20g、菟丝子 20g、续断 20g、杜仲 20g、党参 20g、甘草 20g、黄芪 15g、金银花 15g、车前草 15g，煎汁拌料喂服，每天服 1 剂，连服 3 剂。

（六）公猪配种过度

一般来说，适龄公猪每天配种的次数最多不能超过两次。但在配种高峰季节，由于公猪数量与发情母猪的比差悬殊较大，自然交配的公猪每日配种次数多达 4~6 次；在人工授精时，公猪的采精次数也频繁，这样很容易导致公猪配种过度。

配种过度的公猪表现为精神萎靡，食欲不振或废绝，身体逐渐消瘦、虚弱，步态不稳，体温下降36.5~37.5℃，耳、鼻端、四肢发凉。严重者会卧地不起，反应迟钝，有的公猪在配种后即刻倒地，过一段时间才缓慢苏醒。针对此症，采用中草药治疗，效果显著。

药方是：当归30~50g，升麻、侧柏叶、白茅根各20~30g，黄芪、车前子各15~20g，瞿麦、防风、水灯草各10~15g，加适量水煎沸10~15分钟，待水凉后去渣与少量精料混合饲喂公猪或取药液直接给公猪灌服。每天1剂，连续用4~5剂，公猪即可康复。

（七）公猪包皮炎

1. 发病情况与症状

发病公猪多发于新投产调教阶段的公猪，也偶见于个别老龄公猪，发病公猪包皮出现不同程度的肿胀、松弛积尿样，用手抓包皮时有捏粉样感觉，触摸有痛感，公猪表现极为敏感，有的公猪性欲下降，不愿爬跨配种，交配时阴茎伸出困难，挤压包皮时，排出超出正常量很多、有明显腥臭味的浆液性或脓性尿液，有时伴随絮状或小块状物排出，严重时混有深黑色血液。对公猪采精进行精液品质检查，发现精液质量明显下降。

2. 病理变化

解剖时，可见症状较轻病例包皮腔结缔组织纤维性增厚；较重病例包皮内形成大小不一的溃疡病灶；病情严重的病例包皮囊及其周围组织出现不同程度的化脓性坏死灶，并覆盖有褐色假膜，创面呈暗红色或褐色。

3. 实验室诊断

在无菌条件下将病料接种于血琼脂平板，放培养箱培养，病料涂片，革兰氏染色镜检，发现较多成双、短链或成堆排列的革兰氏阳性球菌。病料在血琼脂上培养24h，形成半透明，微隆起，湿润的滴状菌落，有明显的溶血现象。菌落涂片革兰氏染色镜检，短链排列的革兰氏阳性球菌。培养菌落双氧水试验不产生气泡，证明此球菌不是葡萄球菌（因葡萄球菌在双氧水中能够产生气泡），因此初步确诊此公猪包皮炎为链球菌引起的。

确诊有待进行生理生化试验，同时注意与葡萄球菌、假单胞菌属（如绿脓杆菌）、棒状杆菌属（如化脓棒状杆菌）等引起的公猪包皮炎鉴别诊断。

4. 治疗

（1）选择治疗药物。通过药敏试验，本菌对头孢拉定（先锋霉素5、先锋霉素6）最敏感，依次为氨苄青霉素、羧苄青霉素、青霉素G、磺胺类等。

（2）冲洗消毒。排净包皮腔内积液，使用复合碘类消毒剂按比例稀释，反复冲洗3~4次，再用生理盐水冲洗2次，每次冲洗后均需挤干净包皮腔内液体。

（3）包皮囊内填塞头孢拉定胶囊。4~8粒/次，2次/日，连续3天，同时肌注2万单位/kg体重青链霉素和10~20mL穿心莲注射液。

（4）对于包皮局部肿胀严重的病例，保定好公猪，使用盐酸普鲁卡因溶液加青霉素进行封闭治疗或温敷，以改善局部血液循环。

（5）注意事项。因公猪包皮囊内属于敏感部位，不宜使用刺激性药物。

5. 预防措施

（1）加强饲养管理和卫生消毒工作：尽量保持栏舍洁净、干燥。

（2）酸化公猪尿液。适度降低公猪料中蛋白质的含量，每千克饲料中添加 2mg 氯化铵或柠檬酸钠。

（3）空栏后地板的消毒净化。空置栏舍清洁干净后，用 1%~3% 氢氧化钠溶液对栏舍淋洒，保留 12~18h 后用清水冲洗干净，才能重新进猪。

（4）发现公猪包皮积液较多或排出带有异味的尿液的公猪，应使用复合碘类消毒剂按比例稀释，每天冲洗包皮腔 1~2 次。

（5）适龄公猪宜单栏饲养，公猪的围栏要求稍高，防止公猪爬跨自淫而造成感染。

通过以上措施，一般可取得较好的治疗和预防效果。

（八）种公猪虚脱

养殖规模在 15~20 头母猪的养殖场种公猪经常出问题，这类场种公猪经常处于一种半闲置状态，不用时喂料很差，营养跟不上，又缺乏运动，公猪膘情虽说不错，但基本上处于一种亚健康状态。由于长期运动不足处于亚健康状况，体质很差，营养不全，一旦配种使用，容易造成心脏供血不足，易出现虚脱，有时还引起急性死亡，造成不小的经济损失。

症状：一般出现在配种后几分钟或配种进行时，公猪不停鸣叫、颤抖，四肢打颤，站立不稳、滑精、呼吸困难，体温刚开始偏高，后降到正常或偏低，有时会急性死亡。

治疗：及时打强心药，如安那咖或樟脑；补液：用 5% 葡萄糖加 ATP 结合抗生素治疗。

中药：人用天王大补丸，8~9 丸/次，配合金匮肾气丸 10~15 丸/次，一天两次拌料喂服。

治疗时应注意，此时公猪往往处于高度敏感状态，对外界刺激相当敏感，不让人员靠近或进行治疗，此时首先要舒缓其情绪，让它熟悉的饲养人员接近。首先让它躺卧，安静下来，然后可配合灌服一些碳酸水饮料，待安静以后再进行相应治疗。

预防：做好常规防疫注射；加强日常饲养管理，喂饲全价配合优质饲料，建议用雄峰小包装公猪料；单圈饲养，远离母猪，减少刺激，防止公猪自淫；加强运动，每天运动 1~2h，增强体质；配种使用前 3 天，每天喂 4~6 个鸡蛋，实行短期优饲。

三、母猪繁殖失败

繁殖失败是无法生产正常数量的仔猪。猪繁殖表现的评估依赖于猪场的记录与本地区繁殖指标的比较。实际上猪场过去的正常繁殖指标是最好的准绳。通过对比分析可了解繁殖是否失败。

（一）公猪群的配种能力差

公猪发育时得不到妥善管理将铸公猪缺乏性欲。年轻的公猪由于无经验，在第一次交配时可能出现性无能现象。这些公猪不必马上淘汰，因为性无能的现象只是短暂的。高温不但对公猪产精作用不利，也会减低性欲。潮湿和高温的下午，公猪的交配行为显得怠惰。公猪脚部发育不良、关节炎、腿或脚受伤均会影响其性欲及交配能力。

永久无能力交配者可能由阴茎系带存留，阴茎粘着及其他勃起异常等因素所致。认定永久性无能的公猪应予淘汰。

（二）流产

流产即妊娠中断。指母畜怀孕期间，由于各种不同的原因造成胚胎或胎儿与母体之间的生理关系发生紊乱，妊娠不能继续而中断。妊娠中断后胚胎或胎儿会发生不同的变化，如胚胎液化被母体吸收，胎儿干尸化，胎儿浸溶，死胎被排出体外或活胎被排出体外。总的分类，母猪流产原因有传染性流产和非传染性流产。一般所指是看得见的流产即死胎或活胎被排出体外的流产。

通常母猪的流产率是2%。经常发现的流产是已经形成的胚胎，未成形的胎体易被忽略。这种早期流产仅发现重配率增加及不规律地再发情。因此，有两种流产：一是肉眼可见的流产；二是在分析繁殖登记时发现高重配率，重配时间的拖长。能够导致母猪流产却没有其他明显病征的传染病有猪布鲁氏菌病和钩端螺旋体病。母猪配种后一个月才发生流产经常是由钩端螺旋体病引起。猪布鲁氏菌症可以在怀孕期的任何阶段造成流产。其他的传染病能引起流产且有其他更明显病征的包括猪呼吸与繁殖障碍综合征。此病引起母猪的怀孕率及分娩率降低，接着有偏高的死产及离乳前仔猪死亡率。典型猪瘟及伪狂犬病亦可引起母猪流产，唯有完全易感的种猪群暴发猪瘟时有流产现象。每当猪场有流产暴发时，会认为是猪细小病毒（猪细小病毒）引起，但猪细小病毒绝对不会有流产暴发现象。霉菌毒素也经常被认为是引起流产的原因。

1. 栏舍结构对流产的影响

建筑房顶较矮（高的2.6m，低的2.4m）的混凝土平顶结构，坐北朝南，单列式（北面有墙，南面运动场）。这种猪舍结构冬可保暖，但夏不凉，适合养本地猪种不适合养外国品种猪。在每年高温季节，栏内最高气温达到39℃，相对湿度87%左右，部分母猪难耐高温高湿而流产。流产不分昼夜都会发生，多时一个晚上流产几窝，其中以妊娠前期居多。

为解决栏舍结构不合理室温过高问题，应采取植树、盖凉棚、雾化降温等办法弥补。即在栏舍之间空地种上速生林，当树高超过房顶时把树根部阴枝剪掉，树木长得越高越好，这样既通风又遮阳；每年在高温季节来临前，在南面运动场搭上简易凉棚，棚顶盖防晒网，可阻挡大部分直射太阳光；当栏舍内温度达到35℃以上时，可用2%的醋精水雾化空间，一天内间隔重复几次效果更佳，舍温可降低2℃左右；在无风情况下，可增加大功率电风扇或抽风机效果更佳。

2. 母猪产后疾病影响母猪妊娠

针对疾病因素引起的流产，先要思想上高度重视母猪围产期保健工作，改变母猪是畜牲，怕饿不怕脏的观点，做到预防为主，防重于治。在母猪分娩前一周喂给加药料，每天一次，连用一周；母猪在产下第一头仔猪时给予静脉滴注保健，保健药可用甲硝唑、青霉素、鱼腥草、维生素C、缩宫素等药物和生理盐水合用，做到头头保健，一头不漏。子宫投药使用金霉素粉1~3g溶于80mL生理盐水，于产后第二天输入子宫；在母猪转入产栏前要严格消毒体表；产前产后猪身要经常保持清洁干净，空栏舍消毒要彻底，有条件的最好采用高床产栏。

3. 免疫应激引起母猪流产

易引起母猪免疫后流产的疫苗主要是油佐剂疫苗居多，如口蹄疫苗、伪狂犬苗、乙脑苗等。以前这几种疫苗只要采取全群一刀切接种，第二天、第三天就发现陆续有母猪流产，多则 2%～3% 流产率，少则 0.5%～1%。现在口蹄疫苗采用进口佐剂很好解决了免疫应激；伪狂犬苗有油佐剂苗和水佐剂苗供选择，选择水佐剂苗应激要小得多；乙脑疫苗按常规使用是年注射两次，即每年 3 月和 9 月，但也有过注苗后引起流产的，流产以妊娠 30～50 日龄居多，通常见到胚胎头部充血严重，母猪无症状。估计是疫苗保护期衔接不上形成的免疫空洞所致，建议增加此苗的免疫次数。为减少免疫应激，免疫接种要选择在投料过程中注射更好。在母猪整个妊娠期，前 40 天属于胚胎不稳定期，在给母猪接种时应尽力避免这一时期注射疫苗。

4. 饲养管理和合群不当造成母猪流产

妊娠期母猪对饲料品质很敏感，如果饲料营养低、质量差，母猪很快就会掉膘，并且所生仔猪弱仔多或者早产，部分母猪还会因营养缺乏偏瘦而中途流产。我们严格控制饲料质量关，从原料进仓、储存、加工到饲料投喂都进行系统管理。进仓玉米含水分值在 14% 以内，外观光亮饱满，无霉变颗粒才进仓。原料在加工前再检查有无变质现象，确定合格后才进入成品料加工车间。妊娠料分两阶段投喂，即妊娠前期料和妊娠后期料，前期料消化能 13.1MJ，粗脂肪 4.1%，粗蛋白 14.5%，投喂妊娠 90 日龄前母猪；后期料消化能 13.3MJ，粗脂肪 4.5%，粗蛋白 14.9%，投喂妊娠 90 日龄以上母猪。产前一周投喂哺母料。饲料在猪场保存时间不宜太久，一般不加防腐剂。要做到准确报料，秋冬季不超一周，春夏季不超 4 天。配后母猪一般在 30～40 日龄做妊娠测定，前期在定位栏，测定后转入大栏，当转入大栏后母猪有一相互认识和地位确定过程。这过程持续半天时间，相互追赶打架。这个过程往往引起母猪流产，尤其是 7 月、8 月、9 月更常见。要减少拼栏流产发生，在拼栏前要做强弱肥瘦区分，考虑栏容头数，一般一栏放 4～5 头，头均占面积 1.5m² 以上较合适。

（三）空怀

空怀乃配种后的母猪由于不再发情误为怀孕，但到了分娩期却不产仔。一般空怀现象只在 5% 内，有些空怀是母猪早流产或胚胎死亡后再发情没有被觉察所致。

空怀率增高的原因可分为两种：传染病引起或者是管理问题，最常见的是发情检查能力低所引起的。

由于常用的母猪怀孕诊断法是通过发情检查，因此发情检查能力差将造成：①虚增的怀孕率；②过高的空怀率。

如某猪场的怀孕率是 90% 而分娩率只有 80%，这不但是意味高空怀率的问题，同时也可能是怀孕诊断力差或低怀孕率造成的。实际的怀孕率可能只有约 85%。引起怀孕失败特别是不被发现的早期流产的疾病也会增高空怀率。布鲁氏菌症可造成高空胎率却不显其他病征。猪呼吸与繁殖障碍综合征的其中一个症状也可造成高空胎率或低的分娩率。

四、分娩母猪及产后疾病

母猪 MMA（子宫炎、乳房炎、无乳综合征）在猪场中普遍发生，在第 3 季度时发生的概率最大。通常经产母猪发生的概率为12%~18%，初产母猪发生的概率为25%~45%，胎龄高的母猪发生率比青年母猪高得多。母猪一旦发生MMA将会给猪场带来较大的经济损失，如母猪返情率高、屡配不孕遭淘汰，仔猪成活率低且生长慢等。

1. 母猪MMA的临床类型

（1）急性型。母猪产后不食，体温升高至41℃以上，呼吸急促，阴门红肿，阴道内流出污红色或脓性分泌物，乳房红肿，趴卧不让仔猪吮乳。

（2）亚临床型。母猪食欲无明显改变或减退，体温正常或略有升高，阴道内不见或偶尔可见污红色或脓性分泌物，乳房苍白扁平，少乳或无乳，仔猪不断用力拱撞或更换乳房吮乳，食后仔猪下痢、消瘦。亚临床MMA常因母猪症状不明显，因而容易被忽视。

2. 引起母猪MMA的原因

（1）母猪产程过长。母猪产程越长，子宫颈向外界敞开的时间就越长，受外界病原感染的机会就越大，特别是在夏天，细菌繁殖非常快，因此子宫炎的概率会明显升高。由于产程过长，母猪体内的血液先用于满足产仔需要，而乳房的供血必然要减少，从而使乳腺发育受阻、水肿，造成无乳或少乳。

（2）母猪舍的温度不合理。母猪分娩时舍内温度过高，易发生难产，严重的会导致母猪中暑，则产程延长，子宫感染的概率大。夏天母猪返情率应尽量避免起过15%。母猪分娩室温度过低，导致母猪产时体能消耗过大，也易发生难产。另外，由于母猪腹部长期接触地面，而使乳房血液循环受阻，血管内的大量液体渗透到乳房组织中导致乳房水肿。冬天母猪返情率应尽量避免超过5%。

（3）母猪怀孕期的饲喂量不合理。怀孕期母猪饲喂过多，导致母猪过肥，大量脂肪沉积在乳房的乳腺和乳腺管之间，从而不利于乳腺的发育和乳汁的排出。

怀孕期母猪饲喂过多，导致产后母猪食欲不佳，出现采食量不足，尤其是高温时期采食量更低，导致母猪泌乳量严重减少或无乳。

（4）产后不洁猪的出现。主要原因是由于母猪产后内源性的性激素分泌不足，导致部分妊娠黄体不完全溶解，母猪继续分泌黄体酮使产后黄体酮水平仍高，干扰子宫收复过程和防御机能，从而出现子宫恶露滞留、子宫炎，滞留病理产物进入血液循环，病原菌突破局部防御由子宫侵入全身，引起母猪发热、不食、乳房炎和毒血症，严重者死亡。

（5）母猪产前、产后长期便秘。母猪产前、产后因长时间饲养在限位栏内，缺乏运动，导致胃、肠动力不足。

母猪怀孕到90天以后胎儿生长速度加快，短短的20天左右胎儿体重要增长近1 000g，此阶段的增重占整个初生重的60%左右，因此在产前一段时间内母猪的腹压剧增，导致胃、肠的正常蠕动受阻。

怀孕母猪的饲料过粗、过细和饲养密度过大。

母猪长时间饮水不足。

母猪采食了不易消化的食物。

（6）母猪哺乳期喂料量不合理。产后头1周饲喂量过大，会导致消化不良，从而再次出现胃肠动力迟缓，造成食欲很难恢复。

（7）母猪第一胎时乳房未得到保护。母猪第一胎往往产仔数比较少，而一般母猪有

6~8 对乳头，如果母猪第一胎产仔数达不到 10 头，则有些乳头可能会得不到仔猪的充分吸吮，而出现胀乳引发乳房炎。因此针对第一胎的母猪必须为不经常被乳猪吸吮的乳头采取人工挤乳和温热毛巾敷裹以防止胀乳，保持乳腺管畅通。

（8）母猪产后消炎不彻底。母猪产后子宫内的 pH 值会迅速上升，导致偏碱性，使条件性致病菌有机可乘。

母猪分娩应激非常大，且致病菌的种类多，因此产后消炎必须彻底。应选择组织穿透力非常强、广谱、长效的抗生素，而青链霉素等常用抗生素没有上述功效，不能彻底消炎，使用之后会造成母猪亚急性 MMA 发生。

（9）母猪饲料中有霉菌毒素存在。当母猪饲料长期被霉菌污染时，会造成霉菌毒素在母猪体内蓄积从而造成机体免疫抑制，使母猪卵巢、子宫、肝、肾、膀胱功能严重受损。

（10）母猪胎龄高。随着母猪胎龄的增加，自身体内的大量维生素、矿物质等被消耗，从而造成自身机能的大幅度下降，因此泌乳能力、子宫的完整性和修复能力受到严重影响。

（11）母猪贫血。临产母猪会把体内大量的血液和造血元素转运给仔猪造成自身贫血。越是高产的母猪和老母猪越容易发生贫血。

贫血的母猪肌肉收缩无力，导致产程延长和产后子宫内恶露积留。

（12）母猪饮水不足。母猪因水温太高或太低，或缺水或水压不足等导致饮水不足。饮水器安装位置不合适导致母猪喝水不方便。

夏季高温季节怀孕母猪一天能喝 20~30kg 水，哺乳母猪一天能喝 30~50kg 水，水料比大概为（4~6）∶1；因为母猪饮水不足会导致采食量减少，从而减少母猪的泌乳量。

3. 母猪 MMA 的危害

（1）如果母猪发生了 MMA，由于仔猪不能充分吸允到足够优质的初乳，仔猪就得不到我们给产前母猪注射的多种疫苗（如萎缩性鼻炎、传染性胃肠炎和流行性腹泻、产毒素性大肠杆菌、伪狂犬等）产生的母源抗体，仔猪就会发生相应的疾病。

（2）乳猪因得不到足够的初乳或常乳，导致仔猪长期处于亚健康状态，生长不良、成活率低、断奶体重轻、出栏时间延长。

（3）母猪因为发生了 MMA 导致断奶后不发情或发情间隔延长，或经几个情期才能配上种或返情，最终可能被淘汰，从而也提高了仔猪的出生成本。

4. 母猪 MMA 的防治措施

（1）夏天注意降温，可采取喷雾、滴水降温或水帘降温等；在冬天注意保暖，尽量使舍保温持在 18~20℃，防止因母猪长时间卧地不起造成的乳房受凉而发生乳房水肿。

（2）针对母猪子宫炎和不洁猪现象应首先把产房卫生搞好，然后选择子宫穿透力强、广谱、长效的"得米先"于产后 8h 内肌内注射 10~20mL／（头·次），夏季可在母猪产下第 1 头乳猪时就肌内注射。

（3）在母猪产前产后各 1 周的饲料中添加利高霉素–44（主要成分林可霉素和壮观霉素），每吨饲料 1~2kg（最好采取定餐、定体重、定量，且在喂料前先给药的方式）来预防母猪 MMA。

（4）为了避免母猪产程过长、死产，可在产前 1 天给母猪肌内注射律胎素 2mL/头或阴户旁边肌注 1mL/头，应选择 16mm×38mm 以上的长针垂直注射。

（5）母猪怀孕期应尽量把饲喂量控制在 2.0～2.2kg/（天·头），且消化能控制在 11.8MJ/kg，粗蛋白控制在 16%，另外可多补充青绿饲料，以满足猪胃的饱感度和充大母猪胃的容积，为产后能迅速增加采食量打下基础。

（6）哺乳母猪从产后第 2 天起到第 7 天，每天每头母猪以 2.5kg 为基础，每天增加 0.5～0.8kg，但第 7 天最高不能超过 6.5kg；从第 8 天开始自由采食，哺乳母猪料的粗蛋白质应配成 18%～20%，消化能 12.6～13.86MJ/kg。

（7）母猪产前如果出现便秘可以首先考虑给母猪饲喂稀饭麸皮盐水、多喂青饲料或改变饲料中的粗纤维含量和饲料粉碎粒度，其次考虑在饲料中每千克日粮添加人工盐 15g/天或大黄苏打片（按 0.3% 添加于日粮中），最后考虑在饲料中添加硫酸镁（按 0.1% 添加于日粮中）或芒硝［8g/（天·头）］或在母猪肛门内灌植物油等来改善。

（8）应尽量避免人工助产，除非胎儿畸形或巨大或胎位不正，因为只要给母猪进行了人工助产则易引发 MMA。

（9）须在母猪料中长期添加霉菌毒素吸附剂来吸附霉菌毒素和肠内因长期便秘由致病菌产生的内、外毒素的影响，尤其在梅雨季节。

（10）针对贫血母猪可考虑在产前 15～30 天在饲料中添加甘氨酸螯合铁或其他有机铁来补铁。

（一）无乳综合征

无乳综合征又称乳房炎—子宫炎—无乳综合征，是指母猪产仔后头几天无乳的情况。

1. 原因

此病的原因尚未完全查清。目前，许多科学家相信是由大肠杆菌造成的乳腺感染症。许多猪场都有此病的发生，但发生率不等。

亦可由下列因素引起：

（1）由于心理的问题所造成。乳房坚实及充满着乳汁，但是没有泌乳。基于某些原因，母猪兴奋不安，需要注射镇静剂，让其安静。然后注射催产素，以让乳汁排出。

（2）有些母猪对仔猪尖锐牙齿吮吸乳房所造成的疼痛非常敏感，这些母猪不让仔猪吮吸。解决方法是用钳子把尖锐牙齿剪断。母猪以镇静剂加以安静，让仔猪吮吸。

（3）乳头病变阻止乳汁的排出，是母猪在年幼时由于乳头受伤而造成。反转的畸形乳头引起同样的问题，这是遗传的问题。以上两种情况的母猪均应淘汰，不能作种用。

（4）有些母猪的产乳量非常差，只能淘汰。

2. 症状

本症常在产后 12h 至分娩后 2～3 天内发生。母猪呈病态，食欲减退，分泌少许乳汁，乳房肿胀、发热和稍有痛觉。乳房内的实质感觉坚硬。母猪常以胸部着地躺下，不让仔猪吮吸。此病持续大约 3 天。母猪虽能恢复，但仔猪多已饿死。

当下列情况存在时，可怀疑是无乳综合征。

（1）新母猪产后无食欲。

（2）生产后 3 天内没有足够的泌乳量。

3. 治疗

还没有特效药物可用来治疗这种状况。处理的主要目的一是预防更多的仔猪死亡。情况允许之下，可以找其他新近分娩的母猪来代养。如果没有寄养母猪，则可喂予仔猪市售的代乳品或自己调配的乳汁。许多母猪在 3～4 天后开始产乳，这时可停止喂代乳品。二是使母猪尽快再泌乳。治疗可使用 30～50 单位催产素肌内注射，每隔 3～4 小时重复注射。乳产量需要 3 天或 4 天后就自然恢复。注意不要刺激母猪，因为催产素对激动的母猪效果较差。

传染性乳腺炎引起的无乳症母猪应使用广谱抗生素（如恩诺沙星）加以治疗。

使用引产剂（前列腺素）引导分娩，可降低此病症的发生。引导一些母猪在同一天分娩，可使仔猪的哺育工作容易进行，在某些情况下，也许是控制这些问题的最实际方法。有些研究证明，使用 β-受体阻滞药来加速分娩，亦可降低此病的发生。

（二）乳房炎

乳房炎指乳腺的感染。

1. 乳腺感染分成两类

（1）简单型的感染。局部乳腺发热、肿胀和疼痛。除此以外，母猪无全身症状。

（2）毒血型的感染。全部乳区肿胀、无乳，母猪发热、食欲不振。严重的病例造成死亡。

通常乳房受伤后发生感染。受伤的原因为仔猪牙齿，受污染的垫料及粗糙的地板。受伤的乳腺，促使细菌的入侵。引起简单型乳腺感染的细菌是从环境而来。至于毒血症型的感染，引起的细菌为大肠菌群，它能产生特别的毒素，使母猪发病。

2. 症状

简单型乳房炎，呈现一个或多个肿胀疼痛的乳腺，病症可能自己消失或变成慢性病例，甚至仔猪断奶后，乳腺仍肿胀、坚硬、冰冷，通常没有痛觉，乳腺常分泌浓汁。毒血型乳腺炎，乳腺皮肤紫色、坏疽，母猪通常会死亡，这种乳房炎不普遍。

3. 治疗

呈现病症的母猪应立刻给予抗生素的治疗。由于不知道引起的细菌种类，所以不容易确定应使用哪一种抗生素。最好是进行药敏试验或用广谱抗生素治疗。

如乳房炎是猪群多发的问题，这意味着母猪在泌乳时，乳头经常损伤以及环境可能严重受到细菌的污染。因此，应确认导致的病因后加以改正。如在分娩栏内应正确使用消毒剂来保持良好的卫生状况，修好粗糙的地面，出生后为仔猪进行正确的剪齿，以及确保垫料的干净。

（三）母猪致死仔猪

攻击和杀死仔猪常见于新母猪。这种情形通常发生在分娩过程中。实际诱因还未知，但是可能由于害怕新生仔猪。

有时攻击仔猪的行为可能由应激所致。如剧烈的声音使分娩母猪亢奋，产生杀仔猪行为。如发现仔猪靠近母猪时，母猪有咬仔猪或因害怕而跳跃的现象，可投给母猪镇静剂。分娩时可立即将刚出生的仔猪放置于保温的箱子里或较温暖的地方，以避免对仔猪造成伤害。

（四）难产

母猪难产发生率较低，仅占分娩的 0.25%~2%。母猪难产的最普遍导因是子宫肌肉收缩无力。通常是由于仔猪过大，两头或更多仔猪堵在骨盆入口处，而引起产道的阻塞所致。

1. 症状

以下的症状是显示母猪有难产的迹象：怀孕期延后得太久；阴道出污血和胎粪（仔猪金黄色粪粒），但是没有分娩阵痛的现象；持续阵痛但没有生下仔猪；产下部分仔猪后，阵痛消失，母猪显现衰弱；阴户处有棕褐色及有恶臭的排泄物；经过延续的阵痛后，母猪显现衰弱和体力耗尽。

2. 治疗

助产之前，必须核定母猪实际预产期。不可盲目用药物注射或用手术助产，否则，将导致流产。

当确诊为难产时，可进行产道检查，确定生殖道是否阻塞或其他异常，然后助产。手术前必须用肥皂水及消毒液彻底清洗母猪外阴、术者的手及使用的器械，以防感染。

子宫收缩无力，可使用 20~40 单位催产素，每隔 15~20min，作肌内注射。把手伸进阴道通常会刺激子宫的收缩，有时甚至不需要使用催产素。如果仔猪体型不大，只要拉出一头或多头仔猪，子宫收缩，促使其他仔猪的产下。

剖腹产手术是在助产失败时才进行。如果母猪已阵痛超过 24h，或呈现毒血症的现象时才使用，一般不推荐进行剖腹产手术。

（五）子宫炎

分娩及产后，母猪有时子宫受到感染而发生炎症。然而，母猪与其他家畜不同。有些母猪产后头 2 日会出现浓厚、无味、脓样的阴道排泄物，容量为 20~50mL。这是正常的现象。子宫感染症的排泄物通常很多，水样、恶臭以及灰褐色。有感染的母猪呈现病态，无食欲和不泌乳。

治疗使用广谱抗生素作肌内注射。

经过有效的治疗后，母猪至少一次发情不能进行配种。

（六）母猪消瘦症

1. 症状

泌乳期母猪逐渐失重，断奶后，母猪非常消瘦，常发生于第一次泌乳的年轻母猪。摄取营养不足是最普遍的原因。泌乳期饲料热能及蛋白质含量高是很重要的，尤其是对还未达到完全成熟的年轻母猪。热应激而造成的食欲下降，饲喂次数过少等会加剧消瘦的发生。消瘦症的母猪在仔猪断奶后不发情，或间隔期间增长。有发情，断奶后 10 天成功配种的消瘦母猪，但生下的仔猪体型较小，这种母猪不能达到生产高峰。

2. 治疗

泌乳母猪，尤其是第一次、第二次泌乳的母猪，必须给予足够的营养，应喂予含有丰富蛋白质和热能的特别饲料。在傍晚时间为泌乳母猪加食，并经常提供足量饮水，可预防母猪消瘦症。

（七）母猪产后热

猪产后热是母猪产后 1~3 天出现以高热、不食为特征的一种疾病，母猪体温升高到 41℃左右，食欲减少甚至废绝，泌乳量下降，从而造成仔猪生长发育受阻、仔猪腹泻，甚至造成母猪和仔猪的死亡。近几年来，猪产后热病例的增多，发病率在 10% 左右，夏天发病率比冬天发病率高。

1. 发病原因及类型

由于母猪产仔时消耗了大量的能量和水分，内分泌紊乱等因素导致自身抵抗力下降，体内继发或外源性细菌感染等造成了猪产后热。根据母猪发病时出现的症状一般分为 4 种类型：子宫炎型、乳房炎型、便秘型、混合型，这 4 种类型共同的症状为母猪体温升高到 41℃，精神沉郁，食欲减退甚至废绝，呼吸急促，泌乳量下降，仔猪消瘦，母猪大便干燥，尿色黄、量少。

（1）子宫炎型产后热。

发病原因：分娩较大胎儿的过程中，使产道剧烈扩张、摩擦，使母猪的产道损伤、污染，胎衣碎片残存在子宫，子宫弛缓时恶露滞留，难产时手术不洁，都是造成本病发生的主要原因。

临床症状：一般发生在产仔 48h 以后，母猪精神沉郁，食欲废绝，体温升高到 41℃，泌乳减少，乳汁稀薄，从阴道中排出白色豆腐渣样的脓性分泌物，在侧卧时如水滴往下流。

（2）乳房炎型产后热。

发病原因：母猪产后抵抗力降低，圈舍消毒不严，经乳头感染链球菌、葡萄球菌、大肠杆菌或绿脓杆菌等病原菌，引起乳房炎。

临床症状：一般发生在产仔 36h 以后，母猪产后食欲减退和精神不振，母性下降。体温可达 41~42℃，母猪俯卧将乳头压在腹下，不让仔猪吮乳头。触诊乳房感受到乳腺膨大、水肿、质地坚硬，母猪躲避（由疼痛引起的）。如用手强行挤出乳分泌物可观察到其似脓汁或奶油样，有时可看到分泌物含有纤维素块和血凝块。

（3）便秘型产后热。

发病原因：母猪产后，消化机能降低，胃肠蠕动减慢，引发便秘，肠内细菌毒素及有毒物质吸收进入血液引起全身病变。

临床症状：母猪排粪困难，腹围增大，常努责而不见粪排出或排出少量干硬球状粪便，母猪食量减少，消瘦。

（4）混合型产后热。

以上两种或三种混合在一起发生，混合型产后热也是发病率比较高的一种。具有子宫炎型、乳房炎型和便秘型三种类型的主要症状。

2. 治疗

要加强对母猪的护理和保健，发病时及时治疗，防止继发感染其他疾病，加快母体的恢复。

治疗原则：解热镇痛、抗菌消炎、对症治疗。

安痛定注射液 20mL，盐酸地塞米松磷酸钠注射液 10mg，肌内注射，每天 2 次连续 3

天；阿奇霉素氟苯尼考混悬注射液，每千克体重 0.1mL，24h 后追加给药一次。

便秘的猪肌注氯化氨甲酰胆碱注射液，加快胃肠蠕动，促进腺体分泌，皮下注射，每千克体重猪 0.2mL。每天 1 次，连续 3 天。

严重乳房炎乳房基底部用 0.1% 普鲁卡因 100mL+青霉素 400 万单位封闭。

3. 综合防治

预防便秘：分娩前 3~5 天，喂麸皮水或饲料中添加人工盐 15g/kg 日粮。

预防乳房炎及子宫炎：分娩前乳房、阴户用 0.1% 高锰酸钾清洗。

分娩结束，肌注抗菌药物长效盐酸土霉素注射液 20mg/kg 体重。

（八）母猪产后瘫痪

母猪产后瘫痪是母猪产后体质衰弱，产仔后四肢不能站立，知觉减退而发生瘫痪的一种疾病，又称产后风。是母猪的常见多发病。

1. 发病原因

现代兽医学认为，产后泌乳影响血中钙的含量导致此病。另外，营养不良，饲养管理不当，如妊娠期间缺钙或钙磷比例失调；饲料不足或营养不全；产后气血亏损；早春气候寒冷，母猪缺乏运动；圈舍阴冷潮湿，寒风吹袭导致经络阻滞等均可导致此病。另外，缺乏阳光照射，胎儿过大，助产时损伤坐骨神经等因素也可引起发病。

主要是日粮中钙磷不足或比例失调；长期饲喂玉米，谷类及豆类等精料，无机磷得不到补充；生产强度过大等因素所致，产仔母猪一般在哺乳 20 天左右，体内钙磷损失达最高点，以母猪产后 15~35 天及产前数天产生瘫痪最多。

2. 临床症状

瘫痪前食欲减退或拒食，行动迟钝，一般粪便干硬，喜饮清水，有拱地，异食现象。体温、脉搏正常。瘫痪后，出现背弓、便秘、呆滞、站立不能持久，交换踏步，后躯摇摆无力，知觉丧失，严重时卧地不起，触摸尖叫，泌乳下降，拒绝哺乳。如不及时治疗，母猪体躯消瘦，直至死亡。母猪产后精神沉郁，食欲下降，泌乳减少，心跳加快，站立不稳，两后肢无力，走路摇摆。后期不能站立，常侧卧于地，头歪向下方，两后肢呈八字形分开，最终瘫痪。日久肌肉萎缩，有时发生褥疮。

虽然此病的死亡率极低，但却使母猪失去饲养价值，影响仔猪生长发育，甚至造成仔猪死亡，经济损失很大，应引起高度重视。

3. 预防措施

平时要在猪日粮中补饲贝壳粉、蛋壳粉和碳酸钙；在母猪妊娠后期和泌乳期应补饲骨粉、鱼粉和杂骨汤，冬春雨季要补喂优质干草粉、豆科牧草（苜蓿草）和青绿饲料；猪舍要保持清洁干燥；母猪产仔后，猪舍要多加垫草；防止冷风吹袭，保持猪舍温暖、宽敞，有充足的阳光照射；母猪在妊娠期应多晒太阳，每天要让母猪在阳光下运动 2~3h，饲喂易消化，富含蛋白质、矿物质和维生素的饲料，钙磷比例要适当；对有产后瘫痪史的母猪，在产前 20 天静脉注射 10% 葡萄糖酸钙 100mL，每周一次，以预防本病的发生。

4. 治疗方法

饲料中加入过磷酸钙或骨粉，每天每猪 30~50g，连喂 10~15 天。

维生素铵丁钙注射液 5~10mL 肌内注射，隔 3 天后再注射一次。

地塞米松注射液 5~10mL，一次肌内注射，每日一次。

10%葡萄糖酸钙注射液 100~150mL，一次静脉注射，每日一次。

乳房送风法：将乳头和导乳针消毒，用 100mL 注射器向乳房内打气，乳房稍微鼓起即停止送风。目的是减少乳量，从而减缓血中钙的流失。

对重病猪用 10%葡萄糖酸钙液 100~200mL，12.5%维生素 C 10mL，复方水杨酸钠 20mL，50%葡萄糖 500mL，一次静脉注射，每隔 5 天一次，重复用药一次，有良好效果。

中药疗法：内服"复方龙骨汤"。处方：龙骨 300g，当归、熟地各 50g，红花 15g，麦芽 400g，共煎汤两次合一，每日分早晚两次灌服，连用 3 剂，疗效显著。或取当归、防风、地龙、乌蛇各 25g，红花、土鳖 20g、没药 12g，血竭 15g，黄酒为引，温水调好，一次投服。

第三节　仔猪疾病

世界性的调查显示，有 15%~20%的活产仔猪在断奶前死亡，仔猪死亡比率的高低决定于猪场的管理水平。

多数仔猪死亡是在出生后的前 4 天，因此要降低仔猪死亡率，在头一周应该加强看护。出生后，仔猪需要足量的补乳、温暖的环境、保护仔猪免受母猪压死、预防疾病感染。

仔猪出生后 1~2 周因各种原因造成的死亡率占整个仔猪阶段（出生至断奶后 1~2周）的 65%，而仔猪阶段的死亡率占猪一生死亡率的 70%，由此可见，仔猪阶段饲养管理与疾病防治的重要。

一、仔猪发病的原因

1. 发病与饲养管理有关

初生仔猪防寒保暖不当，极易引起仔猪感冒、拉稀，甚至死亡（如仔猪怕冷扎堆引起压死压伤等）；不及时补钙和补稀盐酸可导致仔猪贫血和消化不良等。

2. 原因

仔猪的红痢、黄痢、白痢、仔猪副伤寒、水肿病等大多在此阶段发生，而发生这些病的原因大致如下。

（1）母源抗体滴度低或无母源抗体。

（2）母猪健康状况差。

（3）猪舍卫生条件差。

（4）仔猪未按有关疫病免疫程序预防接种或未进行有关的药物预防。

仔猪阶段的生长发育速度，尤其是断奶时的成活率及断奶窝重是衡量一个养猪场养殖效益的重要指标。在仔猪阶段，仔猪一旦发病，即使经治疗痊愈，对其育肥阶段的生长仍会造成很大影响，有的因此而形成僵猪。

二、仔猪腹泻

（一）仔猪具有腹泻征候疾病的发生原因

腹泻是在许多疾病的病程中表现出来的一种典型性共同性临床征候。各种年龄的猪都可表现出腹泻症状，引起仔猪表现腹泻症状的因素较多，并且比较复杂，一般分为非传染性因素和传染性因素两种。非传染性因素的存在及仔猪自身生理因素的缺失等是仔猪腹泻性疾病发生的诱发因素，而传染性因素可以引起原发性感染或继发性感染，其发病率和死亡率最高，危害也最大。据报道，断乳仔猪有腹泻症状的发生率高达30%，死亡率可达10%～15%。通过对仔猪具有腹泻征候发生原因的分析，可更好地为控制仔猪腹泻制定有针对性、科学、合理、完善的措施提供依据。

腹泻是指频繁排粪、排便次数明显增多和粪便性状发生变化，它是发生猪肠道疾病的一种常见和多发的临诊症候。引起仔猪肠道黏膜上皮细胞分泌过度或通透性增强、吸收障碍和肠道运动过强等肠道功能性障碍及肠道黏膜炎性变化的因素，都可见仔猪表现腹泻性症候。根据引起仔猪表现腹泻症状的致病因素，一般分为非传染性因素和传染性因素两种。

1. 引起腹泻的非传染性因素

非传染性因素引起的普通内科病可导致原发性腹泻的发生，更是诱发传染性腹泻性疾病的重要因素。非传染性因素又分为应激性因素、营养性因素和生理性因素。

（1）应激性因素。应激性因素包括仔猪的断乳、环境发生变化、饲养管理不当、饲料品质性状的突然变化以及能引起仔猪应激反应的各种因素等。应激因素能导致动物机体抵抗力下降，更因断乳仔猪的消化功能不健全，胃酸分泌少，消化酶的活性低下等消化功能的紊乱，促使病原性微生物乘机大量繁殖并产生毒素，毒素刺激肠黏膜细胞，致使肠细胞分泌亢进，肠蠕动增强而产生腹泻。临床可见水样或鸭粪样稀粪。

①管理性因素：卫生条件差和不清洁猪舍；饲养密度过大；猪舍温度过低或忽高忽低、湿度过大；仔猪躺卧在水泥地面或腹部与寒凉的地面接触造成腹部受寒冷刺激；不能及时吸吮到初乳；强制补给不易消化的饲料或食入不良的奶汁和饲料（补料诱导性腹泻）；更换饲料方式不科学、太快、太频繁；过度的限饲或饲喂，可引起饥饿性或过食性腹泻；断乳后母仔的分离及仔猪的转群、合群等等。所有这些不适当的管理因素，能引起仔猪抵抗力降低，导致腹泻的发生。

②环境性因素：仔猪对食物、环境、温度、湿度的变化等非常敏感，当不适宜于仔猪的特殊生理条件的需要时，引起仔猪肠蠕动紊乱，导致腹泻的发生。气温突变、连日阴雨绵绵、贼风侵入等寒冷刺激；温度调控不合理，猪舍内昼夜温差过大；湿度过大；饲料的突然改变、卫生条件差的环境等应激因素的存在都可诱发腹泻。

③断乳性因素：断乳是动物母体和子体的生活环境及营养等因素在短时间内发生突然变化的现象。断乳后5～10日的健壮仔猪多发，应激因素的存在（如寒冷、秩序靠后等）会加重仔猪腹泻的发生。

仔猪断乳后，从母乳过渡到饲料的变化，导致仔猪植物性神经调节功能紊乱，食欲减退，拒食的过度饥饿之后而大量采食，加重胃肠的负担，导致消化机能紊乱，不能消化的食糜积存于小肠后段和大肠内，肠腔内渗透压过高，调动体液水分向肠腔内渗透；食糜的积存更为细菌的繁殖创造了条件，细菌产生大量的毒素刺激肠黏膜细胞分泌大量体液，极易造成腹泻的发生。

断乳后，仔猪由依附母猪的被动生活变成了独立生活，使母猪失去了对仔猪的保护，仔猪到处寻找母猪，产生心理焦躁，引起消化功能发生改变，造成腹泻的发生。

断乳后仔猪从分娩栏转群到保育栏，新组合群体对新环境、温度、湿度等因素变化的不适应，从而出现躁动不安、情绪波动，发生打斗等现象，导致消化功能紊乱而引起腹泻的发生。

断乳后仔猪日粮剂型由固体颗粒型取代了流体型，淀粉和不易消化的植物蛋白取代了乳脂、乳蛋白，促使仔猪各方面生理特性发生变化，导致仔猪消化吸收功能紊乱；同时肠壁黏膜发生炎性改变，为有害微生物大量繁殖创造了条件，从而发生腹泻。

早期断乳可使仔猪细胞免疫被抑制，以及环境温度、饲料营养、管理条件不能满足仔猪生长发育的需要，导致抵抗疾病能力降低，造成腹泻的发生。

（2）营养性因素。

①日粮和饮水因素：日粮搭配不合理。

日粮中能量和粗蛋白过高。日粮中的能量和粗蛋白浓度过高时，加之仔猪发育不成熟、不完善的消化功能，胃内胃蛋白酶和游离盐酸的缺乏，消化酶活性减弱，消化作用不能得到充分发挥，仔猪胃肠道对高营养物质的消化和吸收难以完成，尤其是植物蛋白，进入仔猪肠道后段未被消化的蛋白质，在有害细菌的降解作用下，产生的腐败产物（氨、胺类、酚类、吲哚、硫化氢等）刺激肠道黏膜，引起胃肠机能紊乱，导致腹泻的发生。

日粮中营养缺乏。日粮中矿物质元素和维生素缺乏时，仔猪消化系统的发育受到影响，对其他营养物质的消化吸收减少，临床可见仔猪排出淡黄色、白色、灰绿色糊状或水样恶臭稀粪。铜缺乏可使仔猪小肠脂肪酶和磷脂酶的活性降低，对饲料中脂肪的消化吸收减少，引起仔猪的腹泻发生；缺铁易造成贫血，引起仔猪抵抗力降低，造成致病菌的感染，导致腹泻发生；缺锌引起胃肠黏膜发炎，胃肠运动、分泌功能失调，含锌消化酶的活性下降，造成消化吸收率下降，食糜蓄积在胃肠道内，导致仔猪发生腹泻；缺硒时谷胱甘肽过氧化酶活性下降，胃肠平滑肌细胞脂质膜发生质变，引起仔猪消化机能紊乱，导致发生顽固性腹泻；维生素 B_1 缺乏可导致糖代谢中间产物（丙酮酸、乳酸等）的堆积，进而造成能量供应不足、消化机能紊乱，引起腹泻；维生素 B_2 缺乏时，造成消化机能紊乱，而发生腹泻；烟酸缺乏时，蛋白质、脂肪和糖类的代谢出现障碍，引起慢性消化不良，甚至发生弥漫性肠炎而出现腹泻；泛酸缺乏可造成消化道功能和抗病能力减弱，引起腹泻。

日粮电解质不平衡。日粮中的电解质不平衡造成仔猪体内电解质失去平衡，导致仔猪消化吸收机能紊乱，出现腹泻症状。

日粮 pH 值过高。日粮中 pH 值过高时，极易造成胃肠道内碱性环境的形成，消化酶活性进一步被抑制，消化功能降低；碱性环境的形成，为有害菌（如大肠杆菌、沙门氏杆菌、梭菌等）的大量繁殖提供了适宜的生存环境（pH = 6.0~8.0），从而引发仔猪腹泻的发生。

日粮中的过敏源。日粮中的植物性蛋白质（抗原物质）易引发仔猪发生过敏反应，导致仔猪免疫力降低，病原微生物乘虚而入，造成小肠黏膜受损，从而发生腹泻。

②母源性因素（产房仔猪腹泻）：胎儿期和哺乳期的营养状况及母乳的质量是引起仔猪营养性腹泻关键因素。

乳腺发育不良。乳腺发育不良可引起乳汁的分泌不足或无乳，使仔猪初乳摄入不足并吃不饱，仔猪对母源免疫球蛋白和营养物质的需求无法得到满足，出现仔猪低血糖、营养不良，造成抵抗力下降，易感性增强，导致腹泻的发生。

胎儿发育不良。母猪妊娠后期日粮中营养物资供给的不足可影响到胎儿的发育，造成出生后仔猪发育不良，导致抗病能力下降，引起仔猪腹泻发生。

母源抗体不足。妊娠母猪日粮中营养元素（氨基酸）不足时，必然影响体内免疫因子的合成，造成初乳中母源抗体不足，新生仔猪的免疫力降低，易出现传染性腹泻。

乳腺炎。哺乳期母猪患乳腺炎，炎性物质污染乳汁，使乳汁质量下降，导致仔猪腹泻或顽固性腹泻。

母乳质量欠佳。母猪乳汁质量欠佳，引起仔猪消化吸收机能发生改变，导致腹泻发生。

高脂高蛋白乳汁。妊娠期肥胖的母猪或在分娩前饲喂高脂肪和高蛋白质营养物质的精料，引起乳中脂肪和蛋白质含量过高，导致消化不良，以及当难以消化吸收的多糖、寡聚糖、多肽类等营养物质到达肠腔后，造成了体液和肠腔之间的渗透压增大，并刺激肠黏膜加快肠的蠕动而出现腹泻。

营养缺乏乳汁。哺乳期母猪营养不良，而动用自身脂肪造乳，使乳汁中脂肪过量，而其他营养物质（微量元素、矿物质、蛋白质等）缺乏，不能满足仔猪生长发育的营养需要，导致仔猪抵抗力下降，仔猪出现腹泻。

母乳偏少。母猪泌乳量不足，仔猪的持续性增长对乳汁的需要得不到满足，仔猪出现营养不良，导致腹泻的发生。

含有致病因子乳汁。哺乳母猪发生其他疾病后，体内的毒素或炎性因子进入乳汁，仔猪吸吮含有炎性因子污染的乳汁后，仔猪肠道发生炎性反应，哺乳仔猪出现腹泻。

中毒性因素。指能引起腹泻的各种药物、毒物等有毒物资或毒素。各种有毒物资或毒素在母猪体内的长期蓄积是哺乳仔猪发生腹泻的最根本原因。母猪长期饲喂发霉变质的饲料，毒素蓄积在母体内，透过胎盘屏障损害胎儿发育，引起胎儿肝和胆囊的实质性病变，造成哺乳仔猪胆汁分泌减少，消化乳脂的能力减弱，导致腹泻的发生；哺乳母猪体内毒素能通过泌乳排出，哺乳仔猪吸吮含有毒素的乳汁后，引起腹泻的发生；有毒有害物质（鼠药、酸、碱、砷等）管理不善造成仔猪误食时，发生中毒反应，导致仔猪发生腹泻。

（3）生理性因素。发育不完善、不健全的仔猪生理系统，引起消化不良，造成腹泻的发生。

一是消化机能发育不完善、不健全：仔猪阶段，消化器官如胃肠重量、容积、小肠绒毛、胰腺、酶系统等尚处于发育阶段，仔猪对各种营养物质的消化能力差、吸收率低，从而发生腹泻；胃酸分泌不足，胃内游离盐酸缺乏，不能激活消化酶，饲料消化不完全，而未消化的饲料成了仔猪消化道的重要负担，导致腹泻；仔猪的消化酶系统发育不健全，胆汁分泌少，消化酶分泌少、活性低，对饲料中营养物质的消化能力差，导致腹泻发生。

二是免疫功能发育不完善：受到断乳应激和环境变化等因素的影响早期断乳仔猪，母源抗体的供给出现急剧下降，免疫能力低下，抵抗致病性微生物感染的能力降低，造成仔猪发生腹泻。

三是体温调节能力差：仔猪稀疏的被毛，皮下薄的脂肪，较小的体重与皮肤表面积的比例，导致对环境的变化比较敏感，对寒冷的抵抗能力很弱，同时由于仔猪的体温调节中枢发育不完善，对体温的调节能力非常弱，导致仔猪免疫力下降，造成肠道内的致病性微生物大量繁殖，而出现腹泻。

四是尚未建立平衡的肠道微生物菌群：断乳仔猪脆弱的肠道微生物区系的菌群种类和数量极易发生变化，有益的和有害的微生物菌群的平衡易被打破而发生失调。仔猪断乳后，随日粮摄入了大量的细菌和真菌，在胃肠道较高的 pH 值环境的作用下，原有的稳定的微生物区系平衡被破坏而失去平衡，有害微生物大量繁殖，最终导致腹泻。

2. 引起腹泻的传染性因素

引起仔猪发生腹泻的传染性因素比较多，而且又比较复杂，在非传染性因素的存在和诱导下而增强传染性因素发生的强度。某种母源抗体消退时所针对的引起腹泻的病原微生物最易感，当母源抗体的免疫力不能控制病原微生物大量繁殖时仔猪腹泻就会发生。根据引起仔猪发生腹泻的传染性因素种类分为：病毒性因素、细菌性因素和寄生虫性因素。它们既可以原发性发生，也可以继发性发生。

（1）病毒性因素。

猪传染性胃肠炎病毒。猪传染性胃肠炎病毒可引起仔猪发生水样腹泻。所有的猪不分年龄、品种均易感，2 周龄以内的仔猪感染后表现的症状更明显，发病率和死亡率都很高，幼龄仔猪可全部死亡，5 周龄以上的断乳仔猪死亡率较低，成年猪几乎不出现死亡。表现出明显的季节性流行，在寒冷季节多发。呈流行性发生的多是新疫区，呈地方流行性或间歇性发生多是老疫区。

猪流行性腹泻病毒。猪流行性腹泻病毒是引起猪流行性腹泻的病原体。具有一定的季节性，一般常在寒冷季节发生。各种年龄的猪均有易感性。一旦发病哺乳仔猪、断乳仔猪和育肥猪感染将会全军覆没，受害最严重的是哺乳仔猪，有 50% 的病死率。

猪轮状病毒。轮状病毒感染是引起轮状病毒病的病原体。感染和发病的高峰出现在每年冬季。各种年龄的猪都能感染，出生后 5 周龄内的仔猪多发，1 周龄内的仔猪发病最为严重，病死率可达 100%。

猪瘟病毒。猪瘟病毒属于黄病毒科猪瘟病毒属，是引起猪瘟病的病原体，它具有高度的传染性和致死性。在自然条件下猪和野猪不分年龄、性别、品种都有容易感染，流行的季节性不明显。病毒的主要传播者是病猪，被病猪的排泄物、分泌物和病死猪尸体及脏器、急宰病猪的血、肉、内脏、废水、废料等污染的饲料、饮水、用具都可散播病毒，主要通过接触，传播途径为消化道。

猪伪狂犬病毒。猪伪狂犬病病毒是引起猪伪狂犬病的病原体。在猪常呈暴发性流行。成年猪多呈隐性感染，怀孕母猪常表现出流产、死胎、木乃伊胎和种猪不育等综合征候群。半月龄以内的仔猪病死率高达 100%，断乳仔猪发病率和死亡率稍低，可达 40% 和 20% 左右；成年肥猪发病时常表现为呼吸困难、生长停滞、增重缓慢等。具有一定的季节性，多发生在寒冷的季节，但其他季节也有发生。

（2）细菌性因素。

一是仔猪大肠杆菌：某些血清型的致病性埃希氏大肠杆菌可引起仔猪发生腹泻性传染病。根据临床表现主要分为仔猪黄痢（早发性大肠杆菌病）和仔猪白痢（迟发性大肠杆菌病）。母猪可感染大肠杆菌，但一般不出现临床症状。本病的发生无季节性。

仔猪黄痢。仔猪黄痢是由一定血清型的大肠杆菌引起初生仔猪以排黄色或黄白色水样粪便和迅速死亡为特征的急性、致死性传染病。感染发病的仔猪以1周龄内为主，以1~3日龄最为常见，7日龄以上很少发生，同窝仔猪发病后传染性很强，发病率（90%）和死亡率（50%）均很高。

仔猪白痢。仔猪白痢是由一定血清型的大肠杆菌引起以排灰白色浆状、糊状腥臭味稀粪为特征的仔猪传染病。主要发生于10~30日龄仔猪，1月龄以上的仔猪很少发生。发病率高（50%），死亡率低。气候突变的寒冬、天气炎热的夏季、阴雨潮湿的雨季、质量较差的母猪日粮、高脂率的母乳等常常诱发本病。

二是沙门氏菌感染：沙门氏菌感染仔猪引起的传染病称为仔猪副伤寒。常表现为皮肤上有紫红色斑点、顽固性下痢、粪便恶臭、有时带血。多发于1~4月龄的仔猪；发病无明显的季节性，尤以于寒冷、气温多变、阴雨连绵季节多发；环境卫生差、仔猪抵抗力降低等常常是诱发因素。

三是猪痢疾密螺旋体：猪痢疾密螺旋体可引发猪传染性黏膜出血性结肠炎。该病称为猪痢疾密螺旋体病，又称猪痢疾（血痢）、黑痢或黏膜出血性腹泻。流行无季节性，在夏秋交替季节多发，呈缓慢持续性流行。不同年龄、品种的猪均有易感性，7~12周龄、体重15~70kg的保育猪最为常发，其发病率（接近90%）和死亡率也高，哺乳仔猪和成年猪较少发生。常见于引进猪只2~3周后开始发病。临床康复猪常成为带菌猪，猪场一旦发病就很难根除。饲料变换、运输、阉割、拥挤和寒冷等应激因素的存在为诱发因素。

四是猪魏氏梭菌：C型魏氏梭菌（产气荚膜梭菌）产生的外毒素能引起肠黏膜炎症和坏死，以排出红色稀粪为特征的一种传染病称为猪魏氏梭菌病，又称猪梭菌性肠炎、仔猪传染性坏死性肠炎、仔猪肠毒血症，俗称仔猪红痢。无明显季节性；主要发生于1周龄以内的仔猪，以1~3日龄新生仔猪多见，发病率最高可达100%，病死率一般为20%~70%；很少见于1周龄以上的仔猪发病，2~4周龄的仔猪偶发；仔猪发病后病程短，死亡率高。

（3）寄生虫性因素。

猪球虫。引起仔猪发病的球虫多为等孢属和艾美耳属的球虫。这些球虫寄生于仔猪的空肠或回肠黏膜上皮细胞内，表现为以顽固性腹泻为主要症状的消化障碍、脱水消瘦及发育受阻的一种原虫病称为猪球虫病。主要感染来源为患病猪和带虫猪。成年猪多为隐性感染的带虫者，成年母猪群带虫率较高，是新生仔猪感染发病的主要传染源。不同日龄猪均可感染并可相互交叉感染，多见于仔猪，以5~50日龄仔猪最易发病，其中发病的高峰在10日龄左右和断乳左右两个阶段。特别易发、多发于7~15日龄仔猪，并呈急性发作。等孢子球虫对仔猪致病力最强，约占新生仔猪球虫病病原的52%。猪群感染无明显的季节性，多见于春夏之交和高温、高湿的梅雨季节。有球虫病史的猪场，仔猪可能通过被球虫卵囊污染的乳头、粪便、用具、物品、垫板、饲料、饮水等途径摄入而感染。条件差和管理不善的猪场，饲养密度大时最易发生流行感染。

猪隐孢子虫。猪隐孢子虫属于小球隐孢子虫猪基因型。它引起的一种肠道寄生虫病称为猪隐孢子虫病。以间歇性水样腹泻、脱水、厌食、进行性消瘦、日增重减少和饲料转化率降低为主要特征。虫体主要寄生在肠道和胆囊。潜隐期 2～14 天。散养猪感染较为严重，规模化猪场猪的感染率也很高。不同年龄的猪均易感但感染率高低不等，育肥猪的感染率为 4%，断乳仔猪的感染率为 11%。年龄越小感染强度越大，对断乳前后的仔猪危害更大。2～6 月龄育肥猪的感染率显著高于成年猪，育肥猪和种猪是重要的病原携带者，但无临床症状。没有有效的治疗药物。无季节性，对环境的适应性强。常易与其他病原体混合感染或继发感染，加重腹泻症状，加快死亡。

猪结肠小袋虫。结肠小袋虫是原虫的一种，由结肠小袋虫引起的一种人畜共患寄生虫病称为猪结肠小袋虫病。虫体较大，在发育过程中经过滋养体和包囊两个阶段。包囊抵抗外界环境因素的能力较强。结肠小袋虫主要寄生于猪的结肠，其次为直肠和盲肠。主要感染源为病猪和带虫猪，感染途径主要为消化道。结肠小袋虫病分布于世界各地，在热带和亚热带地区流行广泛。猪的感染最为普遍，而且断乳前后仔猪感染率甚高，可达 20%～100%，多呈窝发。

猪类圆线虫。猪的类圆线虫多指兰氏类圆线虫。它寄生于仔猪的小肠黏膜内。可以寄生生活，也可以自由生活，聚有性繁殖和无性繁殖世代交替的特点。丝状幼虫才具有感染性，能钻透宿主的皮肤而感染，或经口感染。主要危害 3～4 周龄的仔猪。分布于世界各地，在温热带地区的流行尤为严重。阴雨潮湿的季节有利于虫体的传播。

猪蛔虫。猪蛔虫是线虫的一种，寄生于猪的小肠内。主要是由于感染性虫卵污染饲料和饮水通过采食被而引起感染，该病流行和分布于世界各地，饲养管理条件较差的规模化养猪场的猪和散养的猪均有广泛发生。在我国，猪群的感染率最低达 17%，高的达 80%，平均感染强度可达 20～30 条。仔猪感染后症状表现一般比较明显且严重，尤以 3～6 个月龄的猪最易感，对仔猪的生长发育影响较为严重，甚至发生死亡。猪蛔虫寄生于猪的小肠并产卵。虫卵可在外界环境中长期存活，并具有黏性特点，容易通过粪甲虫、鞋靴底等传播。

猪弓形虫。猪弓形虫又称猪弓形体，主要是指龚地弓形虫，属于原虫的一种，所引起的寄生虫病称为猪弓形虫病。人、畜、禽和多种野生动物对弓形虫均具有易感性，猫是终末宿主，中间宿主包括 45 种哺乳动物、70 种鸟类和 5 种冷血动物。猪不分品种、年龄、性别均可发生，多处于隐性感染状态，发病最严重的是 3～5 月龄仔猪，暴发性流行时感染发病率达 100%，死亡率高达 60% 以上。动物感染后在带虫的情况下均可产生免疫力，于初次感染 2～3 周后才获得免疫力。卵囊对外界环境因素的抵抗力很强，具有顽强的生活力，尤其是孢子化卵囊。在干燥和低温条件下，则不利于卵囊的生存和发育。感染的主要来源是病人、病畜和带虫动物。中间宿主感染的主要来源是被弓形虫包囊、卵囊污染并在其中发育成具有感染性虫卵的饲料、饮水或食具。通过以经口为主的消化道感染，也可通过损伤的皮肤和黏膜伤口、呼吸道和胎盘、子宫、产道感染胎儿，潜伏期 3～7 天。该病感染无明显季节性，猪在每年的 5—10 月的温暖季节多发，尤其多见于 7 月、8 月、9 月高温、闷热、潮湿的酷暑天。

猪鞭虫。猪鞭虫又称猪毛尾线虫，主要寄生于猪的盲肠和结肠内，所引起的以贫血、严重腹泻、渐进性消瘦、致死率高为特征的寄生虫病称为猪鞭虫病，它是一种人畜共患寄生虫病。猪鞭虫的感染力比较强，感染的季节性不明显，以温暖潮湿的夏季感染率较高，发病率可达95%以上，死亡率低仅为6%；猪鞭虫很容易与其他疾病混合感染。保育猪尤其是3~4个月龄的猪多发，感染率更高，育肥猪散发，10月龄以上的猪很少感染发病。通过采食有感染性虫卵污染的饲料、饮水、粪便、拱土等而经口为主的消化道或其他媒介感染发病。

猪姜片吸虫。猪姜片吸虫属于片形科姜片属的布氏姜片吸虫。姜片吸虫的成虫寄生在猪的小肠内，以十二指肠为最多，引起以贫血、腹痛、腹泻，甚至死亡等临诊症状为特征的姜片吸虫病。猪采食了带有姜片吸虫幼虫而未经煮熟的水生饲料（浮萍、水浮莲、水葫芦、菱角、荷藕、水草等）而经消化道感染发病。中间宿主为扁卷螺。

综上所述，仔猪的腹泻受非传染性和传染性等诸多因素的影响。导致仔猪腹泻的传染性因素虽然很多，但最初都与管理不当等非传染性因素有关。非传染性因素的存在及仔猪自身生理因素的缺失等是仔猪腹泻性疾病发生的诱发因素，而传染性因素可以原发性感染，也可以继发性感染，其发病率和死亡率也最高，危害也最大。通过对仔猪腹泻发生原因的分析，可更好地为控制仔猪腹泻制定有针对性、科学、合理、完善的防控措施提供依据。只有弄清了疾病发生的原因，才能早发现早治疗，避免在诊断、治疗用药上少走弯路，避免因疾病造成更大的损失。

（二）哺乳仔猪腹泻

各种年龄的猪都可发生腹泻，但是发生腹泻的猪主要发生在这三个年龄群：出生后1~3日龄仔猪，7~14日龄仔猪和断奶后一周内的仔猪。新生仔猪腹泻的发病率可能在日益增加，尤其是集中产仔管理的猪场。菌毛抗原疫苗的出现和普遍使用已使新生仔猪腹泻大为减少。个别猪场使用口服同源奶制疫苗，但一般需要两次免疫才能获得满意的预防效果。然而，菌毛疫苗对新生仔猪腹泻不一定有效，控制这种年龄的腹泻病常常是比较困难的。

虽然仔猪腹泻的病原是比较多的，而且是比较复杂的，但是最容易感染的病原就是针对某种病原的母源抗体消退时又同时感染的这种病原。当有大量的病原感染超过初乳或乳中抗体免疫控制力时腹泻就会发生。产仔室的温度、湿度、通风和卫生状况等这些环境因素对仔猪腹泻的严重程度和成活率及预防有重大影响。

仔猪腹泻最常见的传染性病原是大肠杆菌、轮状病毒、传染性胃肠炎（传染性胃肠炎）和猪等孢球虫。据调查统计，在哺乳猪流行的病原有：球虫占32%，大肠杆菌21%，传染性胃肠炎病毒20%，轮状病毒10%，产气荚膜梭菌11%，未诊断6%。从同一个猪分离鉴定出的病原常常不止一个。最近几年的观察，发现球虫和产气荚膜梭菌的流行有增加的趋势。

令为遗憾的是对腹泻仔猪进行尸体剖检难以做出正确的诊断。病毒性感染的病变可能是肠壁变薄，呈半透明，肠系膜淋巴管内有稀薄乳糜，粪便通常的pH值<7.0。然而，这些结果在仔猪不如新生仔猪明显。类似的结果在患球虫病的仔猪也可看到。常常也可看到坏死性肠炎，患球虫病或亚急性梭菌感染都可出现这种肠炎。粪便pH值>7.0可能是大肠杆菌病，但也不是特定的。如果母猪无乳汁，仔猪由于没有奶消化，这些猪的粪便也不一定是碱性 pH 值。

因为尸体剖检结果不能确诊，因此有必要采用实验室方法确定腹泻的病原。要想获得最好的诊断结果，应在腹泻发生的初期送几头未经治疗的活猪到实验室作诊断。如果不可能把猪送去，将病猪剖杀后采集一些组织样品送检。死猪或临死猪的样品不宜用作实验室诊断。可采集十二指肠、空肠、回肠和螺旋结肠的部分片段用福尔马林固定后送到实验室作组织病理学检查。新鲜的、冷藏的空肠和回肠片段送检作病毒荧光抗体检查和细菌学培养（如大肠杆菌和产气荚膜梭菌）。用回肠做 5~6 个压涂片送检作显微镜球虫鉴定和大肠杆菌病荧光抗体检查。收集几毫升腹泻的粪便材料送检作电子显微镜病毒粒子检查。

由于各个实验室条件不一样，因此在送检病料时应与实验室工作人员联系，他们需要什么样的材料及怎样的运送方式。只有在正确诊断的基础上才能研制和采用有效的治疗和控制措施。

1. 仔猪大肠杆菌病

大肠杆菌作为原发性病原在仔猪要比幼年仔猪少见。据对 144 头发生腹泻的猪作的调查分析，从 6 日龄到断奶时分离到病原性大肠杆菌比例较少（14%），而 1~5 日龄仔猪比例较高（53%）。新生仔猪腹泻分离到的大肠杆菌，常常可能是继发性病原。这些大肠杆菌可能不一定溶血，也不是肠毒性的。Moxley 报道了大肠杆菌 K88 株感染哺乳猪和断奶猪出现内毒血症休克。他认为看到小肠充血就说明肠道感染了 β-溶血性大肠杆菌，这些大肠杆菌菌株表达 K88 菌毛抗原。用商品菌毛疫苗给母猪免疫接种对预防初生仔猪大肠杆菌并不是非常有效的。

仔猪出生后一月内所发生的多数腹泻，是由大肠杆菌引起。这是猪密集饲养管理下，一种非常重要的传染病。

由于仔猪生长期和病原菌血清型的差异，此病可分仔猪黄痢及仔猪白痢两种。黄痢为 1 周龄内仔猪发生的急性传染病，发病率及死亡率均高。白痢见于 1 月龄内，发病率不等，死亡率较低，但影响仔猪生长发育。环境污染、阴冷潮湿、冷热不定是本病诱因。

（1）症状。

黄痢 1~3 日龄发病，发病突然，腹泻拉黄色浆状稀粪。仔猪迅速消瘦、脱水死亡。

白痢 10~20 日龄发病，患猪突然腹泻，排出灰白稀粪。病猪消瘦，皮毛粗糙不洁，发育迟缓。病程 3~7 日，多自行康复。

（2）治疗。大肠杆菌易产生抗药性，选用抗菌药应根据药敏试验决定，或选用本场较少使用的抗菌素治疗。

拜有利及拜力多对大肠杆菌腹泻有良好效果。口服或注射电解质溶液有辅助治疗作用。

（3）控制。分娩舍应温暖和干燥。它可以降低大肠杆菌数量，也可减少仔猪热量的损失。为仔猪提供一些热源，如热源电灯或垫料，可减轻仔猪腹泻的严重程度。高床分娩栏，可降低仔猪腹泻的发生。

检疫隔离是预防不同种类大肠杆菌或其他感染病原入侵猪场的一重要措施。每批次仔猪之间分娩舍必须进行彻底清洗和消毒。尽量让分娩舍最少空置 1 周。这样，可减低分娩环境的大肠杆菌数。

近年来，国内外已有几种菌苗接种怀孕母猪或初生仔猪，对大肠杆菌引起的两种腹泻有预防作用。

如果认为大肠杆菌是腹泻的主要原因，应做一下抗生素敏感试验以便采用适宜的抗生素治疗，如果治疗效果不明显，就说明可能还有并发感染，那么诊断结果就要重新评价。

2. 仔猪红痢

本病又名仔猪梭菌性肠炎，是由 C 型魏氏梭菌引起的肠毒血症。主要侵害 1~3 日龄初生仔猪，周龄以上仔猪少见发病，但是在 5~14 日龄也可引起慢性感染。猪群中各窝发病率差异很大，病死率 20%~70%。病原低抗力很强，并广泛存在于病猪群母猪肠道及外界环境中，故常呈地方性流行。这些仔猪出现临床疾病 2~3 天后出现腹泻和脱水。这种疾病常呈散发，同一窝仔猪仅 3 头或 4 头感染，而其余的仔猪可能是健康的。

（1）症状。急性病例突然排红褐色血性粪便，多在发病后 2 日内死亡。较慢性的病例排出含灰色坏死组织碎片的稀粪，血性不明显。病程常 5~7 日或更长。病猪明显消瘦及生长停滞。

（2）诊断。根据流行情况及症状特点，加上尸体剖检小肠前段严重出血与黏膜坏死及浆膜下小气泡可以做出诊断，必要时可用细菌分离鉴定及毒素试验确诊。

（3）预防。发病后常来不及治疗。常发病猪场可用抗菌素给新生仔猪投服预防发病。仔猪红痢菌苗给产前 1 个月或半个月的母猪接种，配合环境改善，特别是产房消毒卫生可减少病的发生。

对产气荚膜梭菌慢性感染的仔猪进行治疗是没有用的，但是用 C 型产气荚膜梭菌疫苗给母猪免疫可预防这种感染。在有些猪场，产仔前给母猪接种杆菌肽或弗吉尼亚霉素也可预防这种感染。

3. 轮状病毒感染

（1）病原。在新生仔猪的最初几周内，几乎所有的仔猪都可被轮状病毒感染，但大多数病例都呈亚临床症状。当持续不断的产仔房内的病毒超过了仔猪的被动免疫保护力时，就会出现感染的临床症状。据报告，对轮状病毒具有免疫力的母猪在产仔前 3 天和产仔后 2 周内可经粪便排出病毒。新生仔猪感染轮状病毒后会出现柠檬黄或奶酪样腹泻。年龄较大的仔猪腹泻比较温和，持续时间也比较短。如果仔猪缺乏被动免疫力，病毒增殖足以使 6~7 日龄的仔猪感染，其临床症状是比较严重的。发病率通常为 80%~100%，死亡率为 5%~20%。如果病毒感染的同时继发细菌感染造成的死亡率会大为增加。

轮状病毒可使多种幼龄畜禽腹泻。猪场中轮状病毒感染率很高。常致 8 周龄内仔猪发病，发病率 50%~80%，死亡率较低。本病多发生在寒冷季节。寒冷、潮湿、污秽环境和其他应激因素可增大病的严重性。轮状病毒种类很多，引进猪只带来的新毒株常因缺乏该毒株母源抗体而使仔猪发生严重轮状病毒性腹泻。

（2）症状。患猪常表现精神、食欲不振，迅速腹泻，拉黄白或灰黑水样或糊状稀粪。症状的轻重取决于日龄及环境条件。10 日龄以上小猪症状温和，腹泻 1~2 日逐渐恢复。

（3）治疗与控制。治疗轮状病毒性腹泻，主要是使用电解质溶液来预防脱水，同时使用抗生素防止继发感染。通常易于治愈。目前尚无有效疫苗。化学制剂消毒分娩舍能减少病毒的数量。推荐的消毒剂包括 37% 甲醛、67% 氯胺 T 或漂白剂。把吮吸仔猪所排出的痢便喂于怀孕母猪，将会提高乳汁内的抗体含量，可减少所产仔猪发病。

轮状病毒疫苗在预防轮状病毒腹泻方面还不完全满意。据报道轮状病毒毒株之间抗原性不一样，异源血清型之间没有交叉保护。

4. 球虫病

球虫病是哺乳仔猪的疾病，它是由猪艾美球虫或等孢球虫所引起。在 6~10 日龄的仔猪，被诊断为球菌病的日益增多。较大规模的集约化养猪生产可能增加了球虫病的流行。在 7~8 月猪球虫病的发生年可能增加。

感染猪开始抽拉黄褐色至灰色的糊状粪便，一两天后继而变成水样腹泻。腹泻持续 4~8 天直到严重脱水。在混凝土地板或板条的产仔房内，球虫病发病率可以达 100%。在木板地板的产仔房内，发病率也可以比较高。死亡率为 20% 以下，这要取决于是否同时有继发感染和环境应激因素。

虽然在猪已鉴定出几个球虫种类，报告有 9 种猪的球虫种。但已经知道的对年轻仔猪有致病力的种仅有猪等孢球虫。形成孢子的卵囊被仔猪食入后，释放出孢子虫，大部分渗入空肠和回肠的上皮细胞内，进行无性繁殖。大约（在食入）5 天后，进入有性繁殖阶段，卵囊经粪便排出。猪等孢球虫肠道外生活史，卵囊食入后在排出的 10~14 天可引起第二次高峰。在自然的情况下，球虫病通常感染 7~14 日龄仔猪。成年猪只是带虫者。

在流行的猪场，可以预先知道哪一天仔猪要发生腹泻。猪只开始通常不活泼，大部分时间躺在靠近热源的地方，第二天就可发生腹泻。

仔猪感染大量孢子化卵囊后，会有严重的腹泻。仔猪明显的临床症状为腹泻，持续 4~6 天。粪便呈液体状或糯糊状，颜色由黄色至白色，类似轮状病毒性腹泻，一般能自行恢复。严重病例消瘦衰弱和生长受阻。继发感染可使病情加重。必须经实验室检查确定球虫。百球清对猪球虫病有明显效果。预防球虫病，消毒很重要。然而，卵囊对普通消毒剂抵抗力非常强。氨化合物、漂白剂或蒸汽可杀灭卵囊。

对已出现临床症状的球虫病作治疗没有什么价值。在预计要发生腹泻前 3~4 天给仔猪服用球虫药物一般可产生效果。

控制球虫病的中心应围绕着怀孕与产仔设施的卫生和产仔前对母猪的治疗。基本的前提是防止新生仔猪吃入虫卵。猪等孢球虫的接触来源还没有鉴定清楚。试图从产仔室地板削下来的碎屑中找到虫卵没有成功。研究人员发现母猪很少排出猪等孢球虫虫卵，若在猪粪中检出虫卵，一般都是艾美尔球虫的成员。

为了减少母猪产生虫卵，预防幼猪可能感染，在母猪产仔前 2 周和产仔后 2 周内，在饲料中添加球虫药物。给母猪服用球虫药物后，对仔猪腹泻的预防效果无法预测。氨丙啉、癸氧喹酯或莫能菌素是一些最常使用的药物。

在产仔前 4~6 周给母猪服用金霉素—磺胺甲基嘧啶—青霉素结合剂对控制球虫病已证明是有帮助的。如果磺胺甲基嘧啶给母猪服用，育成猪的尿液应当作磺胺甲基嘧啶检查，以免饲料在生产和运输系统中发生交叉污染。

对于大多数猪场来说，控制球虫病的根本办法是实施严格的卫生措施并同时控制伴随的感染。对于某些猪场来说，采用金属网作为产仔房的地板可能是有效控制球虫病的唯一方法。但是如果养猪生产人员放入产仔箱内的母猪身体比较脏，或者生产人员在猪栏之间活动穿了污染的靴子，那么即使采用了金属网地板也不会有效。有些兽医人员有时因为违反了卫生措施而感到后悔。

5. 病毒性胃肠炎

病毒性胃肠炎除轮状病毒感染以外，尚有传染性胃肠炎和猪流行性腹泻。这两种病的临床症状非常相似。两者皆是高度传染的病毒性胃肠炎。主要的症状有严重腹泻，偶尔有呕吐及 2 周龄内仔猪的高死亡率。它们皆由同属一族的冠状病毒所引起，但各病毒的抗原质却有差别。两种病均见于冬天寒冷季节。通常将其称为冬季腹泻。

如果养猪生产者的生产计划中每周或每月都持续有母猪产仔而中间没有间歇的话，地方流行性传染性胃肠炎常常就是初生仔猪腹泻的原因。当新生仔猪和 3~4 周龄的仔猪一起养在一个大的产仔房（50~100 个产仔箱）内时，地方流行性传染性胃肠炎最为常见。年龄较大一点的感染猪会排出大量的有致病力的病毒，这些大量的有侵袭力的病毒可突破易感猪的母源抗体的保护力，大约在仔猪一周龄时初乳中 IgG 抗体水平已下降到一定程度，这时大量的病毒超过了母猪奶中 IgG 抗体的数量。母猪是部分免疫，因此很少出现临床症状。由于母猪免疫程度不同，在同一产仔房内，腹泻的严重程度也不一样。一窝仔猪腹泻很明显，而产仔箱邻近的另一窝仔猪可能很健康。仔猪在哺乳期内由于从母猪奶中获得免疫力而得到保护，而断奶后就发生腹泻。吃前面乳房奶的仔猪，由于奶汁较多可能不发生腹泻，吃后面乳房奶的仔猪由于奶汁较少获得的保护力较低，就可能腹泻。因此，仔猪发病率和死亡率的变化很大，这要取决于各个母猪从奶汁中提供的乳内免疫力的数量和仔猪感染的年龄。发病率可达 50%~100%，死亡率可在 10%~30%，这要取决于猪群免疫力水平和环境因素。

【症状】传染性胃肠炎是以突然暴发腹泻开始，数日内可蔓延全群。幼猪腹泻通常呈水样性粪便经常含有未消化的凝乳。3 周龄以下的仔猪会呕吐。受感染的仔猪快速脱水，一周龄内仔猪 2~4 天死亡。越年幼的猪，病情越严重，死亡率几乎 100%。3 周龄以后的猪只，很少有死亡，成年猪的临床症状只限于腹泻、减食，偶尔会呕吐。通常在 1 周内恢复。

猪流行性腹泻的症状与传染性胃肠炎非常相似。不同的地方是猪流行性腹泻传染较慢，1 周龄以下的仔猪死亡率介于 50%~90%。经 4~5 周时间，此病将遍及全场。传染性胃肠炎的流行期很少超过两个月，然而，猪流行性腹泻可长达 6 个月。

【病理】发病仔猪严重脱水，胃部膨满，有凝乳滞留。小肠亦膨大，并有泡沫状液体及未消化乳块。小肠壁可能由于绒毛萎缩而变薄，甚至几乎透明。绒毛萎缩的观察方法是将回肠纵切开，然后用放大镜检查。虽然轮状病毒亦可造成小肠绒毛萎缩，但是传染性胃肠炎或猪流行性腹泻的病变比较严重与广泛。

【实验室诊断】小肠组织涂片或冰冻切片用荧光抗体法以测定本病毒抗原。

将病猪的小肠内容物或粪便处理后，以免疫电子显微镜检查病毒颗粒。

血清诊断法如酶联免疫吸附试验以检测病后猪只的抗体。

【治疗和控制】为患病仔猪提供温暖、干燥环境和充足的电解质溶液，将有助于减少死亡。患病仔猪应让曾感染本病，有免疫力的母猪代为哺育，可降低仔猪的死亡率。腹泻仔猪也应使用抗生素治疗，以抵抗细菌混合感染。预产期在 2 周以上的母猪，可喂予感染仔猪腹泻的肠道内容物，让它感染，使母猪在分娩时已有免疫抗体，可预防其仔猪发病。严格执行综合预防措施，可防止本病在猪场流行。

采用全进全出的生产方式，或者是产仔之间至少间隔 3 个月，这些都有助于控制病毒性腹泻。治疗地方流行性传染性胃肠炎或轮状病毒的关键是防止和控制大肠杆菌继发感染。应当经低乳头饮水器或缓流水饮水槽供给仔猪新鲜的口服电解质溶液，并添加抗菌物药物（如壮观霉素、庆大霉素、阿普拉霉素、呋喃西林和新霉素）可减少细菌继发感染。即使幼小的患腹泻的仔猪都会消耗相当数量的水，如果它们能接触到水源的话。在加入药物期间，对水的摄入量要进行监测，以评价药物的食口性。

地方流行性传染性胃肠炎是非常难以控制和预防的。目前传染性胃肠炎商品苗在野外应用的效果并不是很理想。据报告，有些兽医人员采用从早期感染猪得到的同源活病毒可获得较好的结果。这种病毒取自吃初乳前被感染的新生仔猪。将小肠经过离析结冻，在母猪产仔前 3 周给予接种。据报道，给整个猪群口腔接种一次活的有致病力的病毒可在猪群内消除传染性胃肠炎的持续流行。有报告在母猪产仔后 3~5 天注射传染性胃肠炎商品苗仅获得有限的成功。

6. 缺铁性贫血

缺铁性贫血，发生于生长快速，饲养在混凝土地面上，而没有注射铁剂的月龄左右小猪。本病除贫血外，亦常见患病仔猪腹泻。

症状最普遍出现于约 3 周龄仔猪。贫血易见于白猪，全身皮肤及可视黏膜呈现苍白色。

患猪在运动或受到刺激时，容易疲惫，有些会突然死亡。患猪常常呈现严重的水痢。最好的预防方法是 3 日龄的仔猪注射铁制剂。

7. 哺乳仔猪腹泻鉴别诊断（表 6-2）

表 6-2　哺乳仔猪腹泻鉴别诊断

病名	病原	流行情况	临床症状	尸检病变	特殊诊断	预防治疗
仔猪红痢	C 型魏氏梭菌	主要侵害 1~3 日龄仔猪，1 周龄以上少发。各窝仔猪发病率差异大，病死率20%~70%病原抵抗力强，不易清除	急性时排血性稀粪，1~3 天死亡。亚急性及慢性排粥样稀粪，病程一周左右	病变主要见于空肠，有时波及回肠。肠腔充满带血液体，黏膜坏死出血。浆膜下及系膜内小气泡	可作泡沫肝试验或肠毒素试验	多来不及治疗。给产前母猪接种仔猪红痢菌苗；对 3 日内仔猪投服青、链霉素均有预防效果
仔猪黄痢	致病性大肠杆菌	发生于 1 周龄内仔猪，1~3 日龄最多见。呈窝发，发病率及致死率均高	排含有凝乳块的黄色稀粪。仔猪迅速脱水、消瘦、死亡	病变以 12 指肠最严重其次为胃及空、回肠。肠腔护张，充满黄色液体及气体。肝、肾常见小坏死灶	纯培养物初生仔猪接种	多来不及治疗。给产前母猪接种大肠杆菌苗或给初生仔猪使用拜有利可以预防发病
仔猪白痢	致病性大肠杆菌	10~30 日龄仔猪多发。各窝仔猪发病率，同窝仔猪发病先后均不一致。发病与环境及饲养管理因素有密切关系	排灰白、腥臭、浆状粪便。体温与食欲无明显改变。病程 1 周左右，多数能康复	贫血、消瘦。小肠护张充气及黄白酸臭稀粪。实质器管无明显病变	根据流行情况及临床症状即可诊断	多数抗菌、收敛及助消化的中西药物均有效果，但必须同时改善环境及饲养管理

（续表）

病名	病原	流行情况	临床症状	尸检病变	特殊诊断	预防治疗
猪传染性胃炎	冠状病毒	大小猪均能发病，但10日龄内仔猪多发，且死亡率可达100%，断奶后猪多能自愈。常发生于12月至翌年4月，传播速度快	发病前短暂体温升高。突发呕吐及水样下泻、明显脱水。10日龄内仔猪多2~7日死亡	尸体脱水。胃及小肠充满泡沫状液体及未消化乳块。肠壁变薄半透明，黏膜绒毛变短	小肠组织涂片或冰冻切片荧光抗体染色检查	无特效治疗药物，可补液、保温等对症治疗。给产前母猪或3日龄内仔猪接种弱毒苗可以预防发病
猪流行性腹泻	猪流行性腹泻病毒	各龄猪均能感染发病，发病率可达100%，乳猪受害严重，死亡率平均50%，2周龄以上的仔猪死亡很少。常流行于12月至翌年2月，经4~5周后自然平息	表现为呕吐、水样腹泻；脱水及运动僵硬。体温正常或偏高1周内仔猪腹泻后2~4天死亡	小肠护张充满黄色液体，肠壁变薄，绒毛短缩	小肠黏膜涂片或小肠切片，荧光抗体染色镜检	无特效治疗药物，对症治疗可减少死亡。给孕母猪或仔猪接种流行性腹泻灭
仔猪轮状病毒病	轮状病毒	常流行于晚冬至早春季节。能感染多种动物及人，常见于仔猪、犊牛及儿童。8周龄以内仔猪，发病率50%~80%，致死率10%。育成及成年猪多隐性感染	精神食欲不振，呕吐及腹泻，拉黄白至灰黑色水样便。10日龄以上小猪症状温和，腹泻1~2日逐渐恢复。有继发症状加重	胃内充满乳块，小肠壁变薄半透明，内容灰黄至灰黑水样液。小肠绒毛萎缩	取病粪作电镜或免疫电镜可迅速做出诊断	无特效药及预防疫苗，发病后补液，止泻及抗菌等对症治疗，通常可获良好效果

（三）断奶仔猪的腹泻

1. 肠炎型大肠杆菌病

大肠杆菌也可引起断奶猪腹泻。本病发生于断奶4~5日。断奶后带菌仔猪混养是传染的主要来源。断奶后母源抗体保护断绝及饲料的变化为其诱发因素。

临床症状：本病与乳猪大肠杆菌病类似，一般死亡率不高，多3~5日恢复。少数腹泻顽固猪，可脱水死亡或成为僵猪。

治疗：加强卫生与消毒同治疗同时进行。病猪可停食1~2天，给予适当抗菌素，并提供充足饮水。拜有利有良好疗效。

2. 沙门氏杆菌病

（1）肠炎型沙门氏杆菌病。

本病又名仔猪副伤寒，常发生于2~4月龄仔猪。猪场常发生的沙门氏杆菌症分为两种：败血性沙门氏杆菌病，患畜严重发病；另一种是肠炎型沙门氏杆菌病，以腹泻为主。沙门氏杆菌病来源于带菌猪，带菌猪排菌感染其他猪只，猪场内的老鼠可传播本病。污染的鱼粉也是传染媒介。沙门氏杆菌病之发病率与饲养密度有关，密度越大，越容易传染。

临床症状：以腹泻为主的沙门氏杆菌病暴发均为鼠伤寒沙门氏杆菌所引起的，偶尔会是猪霍乱沙门氏杆菌所致。初期症状为水样黄痢，腹泻持续3~7天后，自动停止，数天后复发，继续的腹泻持续数周。腹泻便偶尔含血迹及黏液。病猪同时发热，食欲减退。经数天后病猪可严重脱水死亡，但死亡率低。病程2~3周。多数病猪痊愈后成为带菌者，能排菌 1 月之久。一些猪只从此发育不良，日渐消瘦。

诊断：沙门氏杆菌病可以从剖检特点着手。尸体消瘦、粪污染。下腹及腿内侧皮肤上可见痘状湿疹。特征性病变在大肠。大肠在肠壁淋巴组织坏死的基础上形成多个圆形及椭圆形溃疡，溃疡中心下陷污灰或黄绿色。

治疗：抗生素治疗已发病猪只，效果不佳。治疗前最好先分离细菌进行药物敏感性试验以选用抗生素。通常拜有利可产生良好效果。治疗应与改善饲养管理同时进行。

在仔猪腹泻之前，使用药物添加剂可有效预防此病。常发本病的猪场可考虑给幼龄猪接种猪副伤寒菌苗。

（2）败血型沙门氏杆菌病。

本病多由猪霍乱沙门氏菌引起。病猪发热、精神忧郁、不食、耳及胸腹皮肤发绀。后期间有腹泻。病程 2 ~ 4 日，死亡率很高。剖检尸体可见全身黏、浆膜出血。脾肿大、肝细小坏死点。结肠黏红肿发炎。败血型沙门氏杆菌病防治肠炎型的类似。

3. 猪痢疾

猪痢疾又叫猪血痢，病原是猪痢疾密螺旋体。本病常见于 7 ~ 12 周龄之猪群，但是它也能够发生仔猪及成猪。康复猪带菌时间长达数月，随粪便排菌，致使本病较难消除，缓慢持续流行。疾病暴发初期，可能有突发死亡的病猪。一般表现为精神、食欲差，腹泻拉稀或水样带血粪便，体温稍高。以后粪便中黏液及坏死组织增加，有恶臭。病程 1 ~ 3 周。慢性者进行性消瘦，发育不良，病程更长。死亡率 5% ~ 25%。

本病的诊断可根据临床发病情况及剖检。病变主要限于大肠、肠壁充血、出血及水肿，滤泡增大为白色颗粒。肠内容物稀薄，并带血液及组织碎片。黏膜可见纤维素沉着及坏死。其他器官无明显变化。

可用痢菌净等持续用药。通常在发病场将药物添加于饲料中预防效果更好。严格隔离检疫引进猪，猪场过氧乙酸消毒及加强清洁卫生的防止本病的重要措施。

4. 猪鞭虫病

猪鞭虫亦称为毛首线虫，常寄生于 2 ~ 6 月龄幼猪的大肠黏膜。大量寄生时，常引起患猪带血腹泻。本病有时与猪痢疾并发，使病情加重。剖检时大肠黏膜出血及大量虫体。丙硫苯咪唑对本病有良好的疗效。

5. 断奶仔猪腹泻疾病的鉴别诊断（表 6-3）

表 6-3　生猪腹泻性传染病的鉴别诊断

	流行病学	临床症状	病理解剖
猪副伤寒	由沙门氏菌引起，6 月龄以下多发，病猪或带菌猪通过被污染的水源、饲料经消化道传播，一年四季均可发病，尤以多雨、潮湿季节发病较多。急性型死亡率较高	急性型（多见于断奶前后的仔猪）体温升高达 41 ~ 42℃，精神不振，呼吸困难，腹泻，耳和四肢末端皮肤发绀，病死率较高；亚急性型和慢性型病猪体温升高至 40.5 ~ 41.5℃，消瘦，腹泻物呈灰白色或黄绿色，带恶臭，粪便呈水样，便中混有大量坏死组织碎片或纤维素性分泌物，形如糠麸；皮肤有痂状湿疹，病程长的会变为僵猪	急性型病猪脏器呈败血症变化，全身淋巴结肿大、出血，心内外膜、喉头、肾、膀胱黏膜、肠浆膜等有散在的出血点，脾脏肿大，盲肠、结肠严重出血。亚急性和慢性型主要表现为盲肠、结肠坏死性炎症，肠壁增厚，表面呈糠麸样伪膜，形成圆形或椭圆形溃疡，淋巴结肿大、出血、增生，肝脏瘀血、变性，可见针尖状大小的坏死点；脾脏肿大；肾有灰白色坏死灶；肺边缘发生卡他性肺炎。慢性型病猪关节肿胀，关节内有淡黄色积液

（续表）

	流行病学	临床症状	病理解剖
猪传染性胃肠炎	病原为冠状病毒属的猪传染性胃肠炎病毒，流行季节每年12月至翌年4月，多在2月龄以内发病	特征症状表现为病猪口渴、呕吐、腹泻（喷射状）、脱水，粪便呈黄绿或白色，有恶臭	病理变化表现为肠壁透明，内容物稀薄呈黄色泡沫状；胃底潮红、出血、甚至溃疡，内容物呈黄色，有白色凝乳块
猪轮状病毒病	病原为呼肠孤病毒科轮状病毒，流行季节晚冬至早春，2月龄以内多发	特征症状表现为1~10日龄的仔猪高度腹泻，严重脱水，腹泻随断奶而增强，死亡率3%~10%，3~7天后死亡	表现为胃内充满凝乳块和乳汁，肠管变薄、半透明，空肠、回肠内容物呈水样，肠系膜淋巴结水肿
猪流行性腹泻	病原为冠状病毒属的猪流行性腹泻病毒，流行有一定季节性，多在冬季，各种日龄均可发病	特征症状运动僵硬、呕吐、腹泻，2~4天后死亡，病死率20%~30%	表现为肠管膨胀扩张，充满黄色液体，肠壁变薄，系膜淋巴结水肿
猪伪狂犬病	由伪狂犬病毒（猪疱疹病毒Ⅰ型）引起，发病急、传播快、死亡率高，一年四季都可发生，尤以冬春寒冷季节多发，病毒主要通过已感染猪排毒直接或间接传给健康猪	新生哺乳仔猪最易感染，体温升到41~42.5℃，龄幼猪体温呈高热稽留，呼吸困难，可见前撞后冲，转圈等神经症状	肺部水肿，切面可流出带泡沫状的液体；气管有溃疡；胃底部黏膜有炎症；脾脏肿胀、充血、出血，有灰白色坏死灶；肝脏有坏死灶，胆囊肿大；肾肿大，肾盂积水；脑膜明显充血；膀胱内膜水肿；流产母猪的胎盘膜坏死
猪痢疾	又称猪血痢、猪黑痢，病原为猪痢疾蛇形螺旋体，流行季节为每年的4~5月和9~10月，发病日龄以1~4月龄最为常见	特征症状表现为食欲减少，剧烈下痢，开始拉黄灰色软粪，后转为水泻，含有黏液、血液或血块，后期粪便呈黑色，猪只消瘦、贫血，生长停滞，病程7~10天	表现为卡他性或出血性肠炎，大肠黏膜肿胀，皱褶明显，表层有点状坏死，黏膜出血，内容物稀薄，呈酱油色，胃底部出血或溃疡
猪增生性肠炎	又名坏死性肠炎、增生性出血性肠病、回肠炎、局域性肠炎以及肠腺瘤病等，病原为细胞内劳森菌，发病率为1%~30%，死亡率为1%~5%。常发生隐性感染，应激反应如天气突然变化、长途运输、饲养密度过大等均可促进该病的发生	潜伏期为2~3周，临床上可分为以下三种类型：急性型表现为血色水样下痢，排沥青样黑色粪便或血样粪便并突然死亡。慢性型主要表现为间隙性下痢，粪便变软、变稀而呈糊样或水样。亚临床型无明显的临床症状	表现为小肠及回肠黏膜增厚、出血或坏死等；组织学常见小肠上皮细胞增生。虽然死亡率不高，但由于严重影响生长，影响饲料转化率，延长上市时间，因此造成严重的经济损失
仔猪大肠杆菌病	病原为大肠杆菌，一年四季流行，黄痢发病日龄出生后几小时至一周，以1~3天常见；白痢发病多在10~30日龄	黄痢：表现为一窝仔猪中突然有一头至二头发生全身衰竭，迅速死亡，其他猪只相继发病，拉黄色含凝乳块糊糊状稀粪； 白痢：表现为拉白色或灰白色腥臭黏稠粪便，病程较长，逐渐消瘦，被毛粗乱，行动迟缓	黄痢：表现为胃膨胀，内有酸性凝乳块，胃底黏膜潮红；肠鼓气，肠腔内充满腥臭的黄色或黄白色稀粪； 白痢：表现为尸体消瘦、脱水，胃肠黏膜充血，易剥落，肠内空虚，有大量气体和少量灰白色带酸臭味的稀薄粪便
仔猪红痢	病原为C型魏氏梭菌（产气荚膜杆菌），四季流行可发，以1~3日龄初生仔猪最常发病	特征症状表现为突然排出血便，后躯沾满血样稀粪，病程长者排含有灰色坏死组织碎片，呈红褐色水样粪便，极度消瘦和脱水，一般在出生后5~7天死亡	表现为空肠及回肠前部肠壁深红色，与正常肠段界限分明，肠黏膜及黏膜下层有广泛性出血，肠系膜淋巴结呈红色，充血出血，肠黏膜下层及肌肉层有气肿

（续表）

流行病学	临床症状	病理解剖
猪瘟	由猪瘟病毒引起，发病急、传染强、死亡率高，通过直接、间接或经胎盘垂直感染，不分大小和性别，一年四季都可发病。急性猪副伤寒与该病相似	体温升高到41℃以上，高热稽留，可视黏膜和腹部皮肤呈现针尖大小的密集出血点；眼角有黏液并逐渐转为脓性分泌物；病猪便秘并附有带血黏膜，有的与腹泻交替出现；咳嗽、喷嚏、呼吸困难；颈、胸、腹、四肢内侧呈现从红色到紫色的败血症变化。临床上表现有最急性、急性、亚急性、慢性、温和性、繁殖障碍性等6种类型，呈现不同临床症状	全身呈败血症变化，喉部、膈肌、浆膜、黏膜和肾脏、消化道等处呈广泛性点状出血；肾脏外观呈麻雀蛋样；淋巴结肿胀、潮红、充血、出血、切面呈大理石样；脾脏边缘有梗死灶，呈锯齿状；胸腔黄红色积液，肺脏充血水肿；怀孕母猪可引起死胎、早产、产弱仔猪；慢性病例在结肠回盲瓣处可见纽扣状溃疡

三、仔猪的神经性疾病

（一）哺乳仔猪的神经性疾病

1. 初生仔猪低血糖病

此病为初生1周内仔猪血糖低下而产生的代谢症，临床上以神经症状为特征。

其主要的原因是仔猪没有获得充足的哺乳。任何使母猪泌奶不足或者仔猪本身无法吮吸的因素都会引起仔猪挨饿而发生低血糖症。受寒及其他应激因素可促进病的发生。

猪衰弱，步态蹒跚及乱撞，全身颤抖和抽搐，患猪体温下降，四肢冷冰。多于发病后24~36h死亡。

治疗可先给仔猪保暖，并每隔4~6h反复腹腔注射5%葡萄糖15mL。同时消除母猪缺乳及仔猪不能吸乳的原因。

2. 仔猪先天性痉挛症

初生仔猪的先天性痉挛症或震颤病特征是其骨骼肌失去控制地震颤。仔猪发病率及病状轻重不等。本病不发生水平传播。每头母猪只生一窝发病猪。

其病因认为是一种病毒感染。被此病毒感染的母猪产下的仔猪于分娩后数小时内出现症状。仔猪睡觉时震颤会减轻。仔猪逐渐长大时，震颤亦变得轻微。症状较轻的通常在几天或几周内自然复原，死亡率低。

此外，也有研究认为本病也可因猪瘟或伪狂犬病感染引起或认为属于遗传性病症。

3. 破伤风

本病是由破伤风芽孢梭菌毒素引起。猪常因阉割伤口或脐部感染而发病故多见于幼猪。

患猪通常侧卧和耳朵竖立，头部微仰以及四肢僵直后伸。外界的声音或触摸可引起病猪痉挛。本病以强直性痉挛及深部伤口感染特点而获得诊断。

患猪的治疗效果欠佳。预防应注意分娩及阉割时的卫生及消毒。

4. 伪狂犬病

伪狂犬病是由病毒引起的多种家畜及野生动物的急性传染病，临床上以发热，奇痒及脑脊炎为特征。4周龄内仔猪感染本病，病情严重，死亡率高。成年猪多隐性感染，怀孕母猪感染可发生流产或死胎。

症状：患病幼猪表现体温升高，呼吸困难，结膜炎，大量流涎、呕吐、食欲不振、腹泻、颤抖、精神委顿，然后运动失调，神经系统紊乱，多睡后死亡。病程1~2天。3~4周龄仔猪死亡率40%~60%。与其他动物不同，患猪不出现奇痒症状。

断奶仔猪患病较轻，少见神经症状。1~3月龄猪常见食欲、精神不振、发热咳嗽及呼吸困难。病猪多在3~5日后恢复，死亡率15%。

成年猪感染初期症状为喷嚏后咳嗽、流涎、减食、便秘及精神忧郁。发病4~5天后会复原。神经症状甚少见。

怀孕母猪流产和死产。死产胎儿有坏死现象。木乃伊化胎儿大小平均，意味着胎儿是同时受病毒感染而死亡。老疫区，伪狂犬病症状不典型，死亡率亦不高。

诊断：急性伪狂犬病容易被诊断，高的哺乳幼猪死亡率及猪场的狗和猫无故失踪或死亡为特点。

患猪脑组织10%悬浮液给家兔内腿侧皮下接种，2h后发病，产生局部奇痒，可以确诊。

控制：新购买的种猪应经检疫证明无本病感染才可以引进猪场。

有多种疫苗可在疫区及受威胁区使用。断奶仔猪2~4月龄可接种活疫苗或灭活苗。繁殖母猪在产前1月接种灭活苗。

其他预防方法包括清洁、消毒、灭鼠等。采用综合措施方能控制本病。

5. 脑脊髓灰质炎

又名传染性脑脊髓炎或捷申氏病，是由肠病毒品走私案引起的神经系统传染病。为散发性，多见于幼龄猪。

14日龄以下猪发病严重，3周龄以上猪很少发病。

症状包括发热、精神萎靡、厌食及四肢僵硬、肌肉震颤、惊厥和尖叫等。

本病尚无特效疗法，对症治疗结合加强护理可减少死亡。疫区可试用灭活苗或弱毒苗接种母猪。

6. 链球菌病

猪链球菌病是严重影响养猪业经济效益的疾病，其参与了很多疾病综合征的发病过程，它可以作为原发性感染的病原引起疾病，如败血症、2型链球菌性脑膜炎等；但很多情况下，链球菌可以继发于其他的病原或疾病，如PRRSV感染、PV-2感染等，它也是肺炎支原体继发性感染的病原之一，使疾病情况更加复杂。

（1）临床症状。本病病原的传播可通过鼻液、唾液、尿液和破伤皮肤、呼吸道等途径感染。病初猪体温升高到41~42℃，废食，鼻腔内流出浆液，很快出现神经症状，如前肢高踏、四肢行动上不协调、转圈、空嚼、磨牙、倒地不起、四肢抽搐、肌肉颤抖、两耳直竖、头往后仰等症状，有的皮肤充血泛红。最急性的数小时或1~2天内死亡，病程长的可拖到3~4天死亡。

（2）病理变化。病死猪尸检，可见颈、腹、四肢出现紫斑，关节肿大，全身淋巴结红紫，鼻腔内有大量浆液性分泌物潴留，气管内有白色泡沫，肺充血水肿，肝稍肿大色淡呈土黄色，脾脏肿大，肾及膀胱充血，有轻度化脓性炎病灶。胃有较多黏液，肠道有卡他性炎症，肠系膜有点状充血和出血点。取病理脏器、血液、关节液涂片用显微镜观察，可见有革兰氏阳性菌短链或长链链球菌，则是本病无疑。

（3）防控措施。确诊后，对发病早、症状轻的患猪，可选用敏感的抗生素进行治疗；对出现神经症状的病猪，宜加注红霉素及磺胺类药物，效果也好，如出现好转应继续按时治疗。

本病应以预防为主，对 14 日龄、40 日龄的猪分别注射链球菌疫苗 1 头份、2 头份，接种后 7 天可产生免疫力，免疫期 9～12 个月。平时对猪舍和产房定期用 2% 氢氧化钠水加 5% 生石灰水彻底消毒，仔猪出生剪脐带、阉割及作预防注射时必须严格按常规消毒。购进新猪须隔离饲养两个月以上，确实无病方可并入生产猪群内饲养。

（4）值得注意的问题。在最近几年，链球菌和蓝耳病病毒和流感病毒混合已经成为猪呼吸道综合征（PRDC）非常普遍的组成成分。链球菌和蓝耳病病毒混合感染的猪场，10%～25% 保育猪的死亡率是很常见的，尽管采取了大剂量的抗生素治疗，并使用了链球菌商品或自家苗以及蓝耳病疫苗。在蓝耳病（PRRS）呈地方性流行的猪场，链球菌感染造成的损失特别严重。即链球菌性败血症、链球菌性脑膜炎的发病率更高，母猪更容易发生子宫内膜炎和乳房炎。

一是蓝耳病病毒主要感染包括肺泡巨噬细胞和肺脏血管内的巨噬细胞。这些细胞据认为是蓝耳病病毒诱导促进猪链球菌感染的重要原因。

二是链球菌在猪口腔、上呼吸道中是正常菌群的组成部分，其在扁桃体中定居至少一种以上。有些猪场因为剪牙操作不规范，导致严重的牙龈损伤，口腔中的链球菌非常容易通过伤口感染，引起哺乳仔猪的关节炎，甚至败血症。

三是由 2 型链球菌感染造成的生长猪脑膜炎在近几年显著地增加了，成为造成断奶猪和生长猪临床脑膜炎的主要原因。

四是在肺病综合征中，猪链球菌也是与猪流感病毒混合感染的常见病原体，虽然其普遍性不如多杀性巴氏杆菌，但比猪副嗜血杆菌、胸膜肺炎放线杆菌和支气管败血波氏杆菌等细菌更普遍。

五是疫苗在链球菌病控制程序中的作用。

链球菌疫苗接种有助于降低仔猪死亡率，使疾病更容易对付，然而，不可能彻底控制这种疾病。

母猪接种疫苗可以降低仔猪的死亡率，而且比接种仔猪费用低，更省劳动力。

在考虑使用链球菌自家疫苗时，应该进行猪场流行病学调查，以便使疫苗能够包含所需要的链球菌菌株。

由于链球菌疫苗的局限性，抗生素在控制这一病原体方面有相当大的应用范围，特别是在链球菌与蓝耳病病毒混合感染的情况下。

（二）断奶仔猪的神经性疾病

1. 链球菌性脑膜炎

本病由链球菌感染引起，常发生于乳猪及断奶后 1～2 月龄仔猪，除神经症状外，病猪并可见化脓性多发性关节炎。

症状：猪群暴发本病时，可见身体健壮猪只无故死亡。早期症状包括体温升高，不食及便秘。患畜运动失调，游泳状运动及痉挛。感染猪死亡。患猪尚可见关节炎或关节肿大。

诊断：解剖检验可见病灶在脑部，有化脓性脑膜炎。有的病例有多发性关节炎。白脑膜、关节液及心血分离到链球菌可以确诊。

治疗：磺胺嘧啶（猪痢疾）是治疗链球菌性脑膜炎的首选药物。

2. 猪瘟

猪瘟是由猪瘟病毒引起的一种高度传染性疾病。其发病率与死亡率很高，可达90%以上。病猪是本病主要来源。其分泌、排泄物及尸体污染环境，通过多种媒介感染健康猪，未经消毒的病猪肉尸及内脏、残羹废水是最危险的传染媒介。猪场内饲养管理人员、兽医、屠宰工人、饲养及运输工具均可携带病原，传播本病。

由于猪瘟疫苗广泛应用，大多数猪只获得不同程度免疫力，现常见不典型的温和型猪瘟。其流行缓和，发病率及死亡率较低。症状与病变亦不甚典型。

（1）症状。

急性型猪瘟：病猪的体温升高，41℃以上。减食、精神沉郁，一些病猪的眼结膜发炎，眼部分泌物脓样致使眼睑粘着。病程早期，病猪发生便秘。有些呕吐，含大量胆汁的深绿色液体。病猪颤抖、发冷及挤作一团。行走时步态不稳，后肢衰弱无力。

有的病猪可能有神经症状如环绕行走，神经紊乱及运动失调，然后有痉挛现象。当病程进入末期，耳朵、鼻端、四肢腿部、阴部及阴茎包皮等皮肤可出现不同大小的红色出血斑。急性病猪在频死前，腹部、耳朵、鼻端及四肢内侧皮肤可呈现紫色。一部分的患猪在发病24~48h死亡。但大多数病例的病程为1~3周。急性猪瘟，无免疫接种怀孕的母猪会流产或生下弱小、颤抖小猪。

慢性型猪瘟：慢性型猪瘟病程1月以上，病猪厌食与精神不振。全身衰弱、消瘦、贫血，时有轻热，便秘与腹泻交替，病情时好时坏。

（2）诊断。根据猪场未按正确疫苗接种计划免疫猪只，以及临床发病特点，结合死后剖检可以做出诊断。急性猪瘟全身皮肤、黏浆膜及内脏出血是其特征。泌尿系统的膀胱、输尿管及肾盂黏膜出血具有特征性。淋巴结出血可呈大理石样外观。脾脏不肿大，常见边缘出血性梗死。

慢性型猪瘟全身出血变化较轻微，其特征病变为大肠的坏死性肠炎。盲肠、结肠滤泡肿胀、坏死形成多个突起、轮层状结构的圆形溃疡。猪瘟的确诊依靠实验诊断。

（3）控制：猪瘟免化弱毒苗接种是预防和控制本病的主要方法。仔猪20及65日龄两次接种。疫区可倡导乳前免疫接种免受母源抗体干扰。种猪免疫接种每年两次，定期进行。

暴发猪瘟时紧急接种，对全部无症状的猪用3倍剂量猪瘟疫苗接种，可控制疫情。

3. 食盐中毒

仔猪对食盐特别敏感，中毒量为1~2.2g/kg体重。食盐中毒常发生于过多采食酱渣、腌肉水及泔水等含盐饲料。在供水不足时容易诱发。

最初的临床症状为渴及便秘。随后，患猪出现神经症状，无目的四处乱逛及撞墙等盲目现象。严重时痉挛，侧卧四肢不断划动。患猪大多在数天内死亡。

鉴定诊断必须以组织学检查患猪脑部，可发现嗜伊红细胞性脑炎。本病治疗效果欠佳，预防主要应限制含盐饲料及充分供应饮水。

4. 断奶仔猪多系统衰竭征

断奶仔猪多系统衰竭综合征是由猪圆环病毒 2 型、猪繁殖呼吸综合征病毒和胸膜肺炎放线杆菌等多种病原引起猪的一种新的传染病。该病主要感染 6~18 周龄的猪，以体质下降、进行性消瘦、皮肤苍白或黄疸、腹泻和呼吸困难为特征。目前，该病是世界各国公认的继猪蓝耳病之后新发现的，制约养猪业发展的重要疫病之一。

（1）临床症状。主要见于 6~16 周龄的仔猪，而 8~12 周龄最常见首先精神不振，被毛逆立、粗乱，食欲减退，继之拱背吊腰，皮肤、黏膜苍白，有时黄染，发生进行性消瘦。部分猪出现鼻塞不通、打喷嚏、咳嗽、流鼻液和气喘等表现。腹股沟淋巴结显著肿大，其外部皮肤呈淡蓝色。腹内侧和腹下有弥散性芝麻粒至绿豆大小的淡蓝色皮下出血点。乳头，尤其是后两对乳头呈淡蓝色。少数猪出现顽固性腹泻，腹泻物呈黄色或灰褐色。个别猪眼睑肿胀，结膜潮红，有黏脓性眼屎，有时将上下眼睑粘在一起。也有些病猪出现角弓反张，四肢泳动，口吐白沫等中枢神经机能障碍的症状。不明原因的发热，病猪初期体温升高到 40~41℃，后期体温正常，甚至降低，最后衰竭死亡。用青、链霉素治疗效果不佳，抗生素类药物治疗无效。

（2）病理变化。断奶后多系统衰弱综合征最明显的病变是全身淋巴结肿大，尤其是腹股沟淋巴结高度肿大，与同龄仔猪的睾丸相似，切面外翻，呈黄色或黄白色，湿润、多汁；肺门淋巴结、支气管淋巴结、纵膈淋巴结、胃淋巴结、肠系膜淋巴结和下颌淋巴结均出现类似病变，如有继发感染，则出现出血性病变。肺脏肿胀，间质多数增宽，质地坚实似橡皮状，心叶、尖叶、膈叶常有大小不等的肉样实变区，膈叶有灰色或红褐色病变区。肾脏肿大或萎缩变小，颜色变淡，散在谷粒大小的白色坏死灶。脾脏萎缩变小，如有继发感染往往肿大。空肠肠腔细小，肠壁增厚。心、肝一般无特征性病变。继发猪胸膜肺炎放线杆菌、猪副嗜血杆菌和多杀性巴氏杆菌时，可见胸膜炎、心包炎、腹膜炎和关节炎等表现。淋巴结、胸腺、脾脏、扁桃体等淋巴组织器官中，淋巴细胞减少，单核细胞浸润，形成合胞体性多核巨细胞及细胞质内包涵体。肺脏有间质性肺炎和支气管炎病变，肺泡上皮细胞肿大、增生，内有单核细胞、嗜中性白细胞和嗜酸性白细胞渗出。支气管周围间质内有大量淋巴细胞浸润，支气管黏膜上皮细胞增生，管腔内有黏液渗出。肾脏为间质性肾炎、肾盂炎和渗出性肾小球炎，肾皮质部有淋巴细胞和组织细胞浸润。心肌有炎性细胞浸润，胃肠平滑肌有不同程度肌炎，肠绒毛萎缩，黏膜上皮细胞脱落，胰腺和肾上腺上皮细胞萎缩，腺泡变小。

（3）诊断。断奶后多系统衰弱综合征根据临床表现只能建立初步诊断，确诊需作血清学试验。

（4）防控。

主动免疫：采取断奶后多系统衰弱综合征病猪含毒较多的脏器，如淋巴结、肺、脾等组织，捣碎研磨后，添加佐剂和免疫功能增强剂，制成组织灭活苗，给全场猪只进行普防，一猪一个注射针头，防止针头传播扩散蔓延，通常在注射后 12~15 天，新发病例减少，疫情逐渐平息，生产成绩回升。该方法如配合免疫功能增强剂和防止继发感染的药物，疗效增强。如用本场典型病猪脏器组织制苗，抗原浓度高，针对性强，免疫效果特好。

被动免疫：选择本场健康的淘汰母猪，用发病仔猪含毒脏器攻毒后，使体内产生特异抗体，然后动脉放血，分离血清，加青、链霉素防腐后分装，给断奶仔猪和病猪肌注或腹腔注射，有一定的防控效果。但使用该方法须注意：要用自场的健康淘汰母猪采血分离血清，一般不用他场的血清，以防止引入其他病原。其次，还要检测抗体滴度，注意采血时间，防止采血、分离血清和分装时的污染，以及血清贮存方法、保存时间等问题。

治疗：高免血清 0.2~0.5mL/kg 肌注或腹注，次日可再注一次。可肌注黄芪多糖，转移因子，白细胞介素-2，提高免疫功能。

料中可加入 0.6% 复方酒石酸泰乐菌素或 0.015% 支原净、0.04% 金霉素、0.03%TMP 和 1% 免疫多糖，连喂 7~10 天，严重病猪可肌注头孢噻呋、多西环素等，防止继发感染。

四、断奶仔猪的急性死亡

（一）仔猪水肿病

此病是由小肠内的大肠杆菌所产生的毒素引起的。断奶后的健壮仔猪突然死亡，发病率 10%~35%。

症状：常见症状为离乳 10 天过后，一头或数头猪突然死亡，大多数急死猪死前均无症状，这些猪经常是发育良好的猪群。没有突然死亡的病猪步伐蹒跚，进而演变成痉挛及四肢划动。症状出现后，大部分患畜在 24h 内死亡。有些病例则会显示眼睑、额部皮下组织水肿，患猪体温多数正常。

诊断：水肿病的诊断主要是在离乳后一至两周发育良好猪只突然死亡。尸体剖检有助于诊断。特征的病变为胃黏膜下、大肠系膜水肿。有时水肿亦见于肺、脑及体腔。

预防治疗：离乳仔猪管理必须减少应激刺激。离乳时，避免马上喂仔猪过多固体食物。限制猪只食量，然后在 2~3 周渐渐增至正常量。

用大肠杆菌致病株制成的菌苗接种临产母猪及非致病性大肠杆菌苗给初生仔猪口服，报道有良好效果。

（二）猪应激综合征

猪应激综合征是一种异常状态。应激敏感猪遇到严重刺激时导致急死。长白猪发生率较高。猪应激综合征比较普遍发生于肌肉发达的猪种。这些猪屠宰时，肌肉呈灰白色，质软或渗出水分，也称为白肌肉、水猪肉（PSE）。

应激综合征一般认为与遗传有关。管理、气温、运输与撕咬等应激因素可促成其发生。

预防：在猪只管理，如称重、运输、治疗等方面尽量减少应激刺激或应激前使用抗应激药，可以减少猪应激综合征的发生。多维是一种优秀的抗应激制剂，预防及治疗猪应激综合征均有良好效果。

（三）猪桑葚心病及营养性肝坏死

本病发生于断奶至 4 月龄仔猪，似乎健壮的猪只突然死亡而少有明显前驱症状。剖检尸体有特征病变可用于诊断。桑葚心病心脏内外膜密布出血斑点如桑葚状。营养性肝坏死则表现肝脏严重出血及坏死软化。

据研究认为两种病均由硒与维生素 E 缺乏引起。

（四）肠变位

由于肠管自然位置变位，发生肠阻塞不通，引起病猪急性死亡。肠变位包括肠道的套叠、扭转及箝闭。病变多见于小肠，病变肠道水肿、出血及坏死。腹腔同时亦见出血性液体，临床症状主要为不食、腹痛及不排粪。本病仅散在发生，常与饲养管理或饲料失调有关。

（五）增生性出血性肠病

本病由一种细胞内寄生细菌引起。发病率仅 0.7%~7%，多侵害 1~12 月龄猪，表现为健康良好的猪只突然死亡。临床特征为黏膜苍白及拉黑色沥青样的粪便。剖检可见小肠，偶尔大肠，肠壁增厚，黏膜出血及肠腔内血性内容物。

五、保育阶段猪病的控制

保育猪仔断奶后面对着饲料形态的变化、饲养环境的改变、母源抗体的下降等种种因素都不利于保育猪的生长发育，只有将保育猪群的抵抗力整体提高了，将保育舍内有害细菌、病毒减少了，将环境搞好了，保育猪病才能得到有效的控制，并可健康的成长。所以保育猪的饲养管理是非常重要的。

1. 加强哺乳仔猪的管理

哺乳仔猪的好坏直接影响到保育阶段的饲养管理，所以提供健康、均匀的断奶仔猪对保育舍的生产至关重要。

（1）保证每头仔猪吃到足够的初乳。仔猪在哺乳期间和保育初期只能靠被动免疫获得抗体从而增强抵抗力，减少保育期部分疾病的发生。

（2）确实做好仔猪保健。

补铁：采用优质铁剂在仔猪出生第 2 天，肌注 1mL/头；

预防腹泻：采用三针保健计划，用优质的长效土霉素在仔猪出生第 2 天、第 7 天、第 21 天分别肌注 0.5mL、0.5mL、1mL/头。也可以根据本场的实际情况在仔猪腹泻开始之前 2~3 天注射长效土霉素 0.5mL，间隔 5~7 天再注射一次，断奶前 1 天注射 1mL。

（3）训练仔猪早期开食。母乳满足仔猪营养需要的程度是 3 周龄 97%，4 周龄为 37%，所以只有成功训练仔猪早开食才能缓解 3 周后的营养供求矛盾，刺激仔猪胃肠发育和分泌机能的完善，保证仔猪断奶后能减少断奶的影响。仔猪应在第 3~5 天开始诱食，使用优质的教槽料在保温箱内撒上少许，几天后可改用料槽，料槽必须每天 2 次清洁消毒后再用。试验表明，仔猪断奶前采食饲料 500g 以上，才能减轻断奶后由于饲粮蛋白引起的小肠绒毛萎缩、损伤，所以在哺乳舍的工作中应花大量的时间帮助小猪开食补料。

2. 断奶后的前 2 周的饲养

（1）必须使用全价优质饲料（高能量、优质蛋白质、易消化、适口性好、营养全价）。断奶仔猪在营养上遭受很大的应激，小肠绒毛萎缩、损伤，各种消化酶活性下降，如果使用低档饲料必然造成消化不良、采食少、腹泻、掉膘失重、抵抗力下降，各种疾病都会在此时表现出来。目前许多猪场只算小账，只计较目前购买高档饲料需要花多少钱，而不看饲养效果，结果却得不到回报。

（2）减少应激。在断奶后由于由采食母乳突然改变到采食固体饲料，造成很大的应激，所以在此时饲养应注意给料的形态，可以使用湿拌料（用2份水拌一份饲料），料中可加入优质的乳猪用奶粉、葡萄糖、多维等，并且少量多餐，每天饲喂5~6次，可以缓解断奶应激，增加仔猪的采食，从而在这一阶段获得更大的增重。

3. 加强通风与保温，保持保育舍干燥舒适的环境

（1）仔猪断奶后转入保育舍，仍然对温度的要求较高，一般在刚断奶仔猪要求局部有30℃的温度，以后每周降3~4℃，直到降到22~24℃。断奶仔猪保温可以减少寒冷应激，从而减少断奶后腹泻以及因寒冷引起的其他疾病的发生。在保温时应当尽量使用对保育舍环境没有影响的热源，如红外线保温灯、电热板、水暖等保温设备，尽量不使用炭、煤等对空气质量影响大的热源。

（2）降低饲养密度，使每头保育仔猪有0.3~0.4m²的空间。许多猪场在猪价高的时候不按饲养能力补栏，造成密度大，空气质量差，呼吸道疾病就自然的发生了。

（3）加强通风，降低舍内氨气、CO_2等有害气体的浓度，减少对仔猪呼吸道的刺激物质，从而减少呼吸道疾病的发生。

（4）多清理猪粪，清扫猪舍，减少冲洗的次数，使舍内空气湿度控制在60%~70%；湿度过大会造成腹泻、皮肤病的发生，而湿度过小造成舍内粉尘增多而诱发呼吸道疾病。

4. 及时淘汰残次猪

残次猪生长受阻，即使存活，养成大猪出售也需要较长的时间和较多的饲料，结果必定得不偿失。

残次猪大多是带毒猪，存在保育舍中对健康猪是传染源，对健康猪构成很大的威胁；而且这种猪越多，保育舍内病原微生物越多，其他健康猪就越容易感染。

残次猪在饲养治疗的过程中要占用饲养员很多的时间，势必造成恶性循环。照顾残次猪时间越多，花在健康猪群的时间就越少，以后残猪就不断出现，而且越来越多。

5. 药物预防保健与驱虫

（1）饮水投药保健。断奶仔猪一般采食量较小，甚至一些小猪前几天根本不采食饲料，所以在饲料中加药保健达不到理想的效果，引水投药则可以避免这些问题，而达到较好的效果。在保育第一周可以加入支原净60g+优质多维500g+葡萄糖1kg/吨水或加入氟苯尼考300g+多维500g+葡萄糖1kg/吨水，能够有效地预防呼吸道疾病的发生。

（2）药物预防。密切注视猪群发病的时间，总结发病的规律，提前进行药物预防。在疾病发生之前1周使用药物预防，可以使用如氟苯尼考400g+强力霉素200g或支原净125g+阿莫西林200g+金霉素300g或氟苯尼考400g+利福平200g等药物预防均有良好的效果。

（3）免疫。在注射疫苗期间，饲料中加入优质的多维，可以在一定程度上缓解应激。

（4）驱虫。断奶后3周左右应驱除体内外寄生虫，可以选择高效驱虫药、会有更好的效果。

6. 规范免疫程序，减少免疫应激

疫苗接种的应激不仅表现在注射上，还可以明显地降低仔猪的采食量，影响其免疫系统的发育，过多的疫苗注射甚至会抑制免疫应答，所以在保育舍应尽量减少疫苗的注射。应以猪瘟、口蹄疫为基础，根据猪场的实际情况来决定疫苗的使用。

7. 严格消毒

（1）空栏的消毒。栏内猪只转出后，对所有用具、栏舍、设备表面进行喷洒并保证充分浸润，并且浸泡一段时间；使用高压清洗机彻底冲洗地面、高床、饮水器、食槽等，直到所有地方都清洁为止；在所有用具都干燥后，选用高效、广谱、刺激性小的消毒药，如复合醛类等对空栏进行全面喷洒；2~3天后再用火焰将各个地方消毒一次；空置一周，再转入断奶猪。

（2）带猪消毒。消毒当天将猪舍内所有杂物都清理干净，包括猪粪、灰尘、蜘蛛网等；待干燥后用高效、广谱、刺激性小的消毒药对保育舍内外进行彻底地消毒。

8. 实行"全进全出"

"全进全出"等综合防控措施可以有效地控制仔猪保育阶段的复杂猪病，这在大量的生产实践中得到证实。但就现阶段我国仍有大量的猪场（主要是建场较早和部分中小规模的私人养猪企业）采用流水线的生产模式，而且改进需要大量的资金，所以"全进全出"的生产模式至今无法普及，导致如今许多猪场仍然无法有效地控制保育舍的复杂猪病。按照"全进全出"的理念，在实际操作中可以将一个保育舍划分为若干区域，每一区域为一个"独立空间"，可以假设为一个个的小单元，一区域内转入同一周断奶的仔猪，将这一区域的仔猪完全转出后，经过彻底的消毒再进猪。

第四节　猪的呼吸道疾病

一、猪呼吸道疾病综合征

猪呼吸道疾病综合征又称多因仔猪呼吸道病、猪复合性肺炎、猪呼吸道复合感染。该病为高度接触性传染病，可以通过空气迅速传播，主要经呼吸道感染，也可通过胎盘等传播。该病主要特征为：临床症状各异，且病程长、疗程长，须联合用药才能控制。该病在寒冷季节发病较多，饲养卫生条件差、圈舍潮湿、拥挤和通风不良或寄生虫疾病最易引发。

（一）病因

猪呼吸道综合征的致病原因相当复杂，是一种多因子复合型疾病。主要由原发性病原、继发性或并发性病因以及环境、气候条件的不良刺激相互影响而引发。

1. 原发性病因

猪呼吸道综合征的原发性病因较为复杂，既有病毒性病原，也有细菌性病原，经常是并发感染，常见的病原主要有如下。

（1）肺炎支原体。本病原引起猪支原体肺炎，又称猪地方流行性肺炎。是猪的慢性呼吸道疾病，不同品种、年龄的猪均能感染，尤以哺乳仔猪及幼龄猪最易感染，其次是妊娠后期及哺乳母猪，成年猪多呈慢性或隐性感染。以咳嗽，气喘为特征。本病死亡率不高，但传染率高，猪场一旦染病很难彻底消除，还可使感染猪发育迟缓，该病患猪早晚出圈、吃食或驱赶运动后常出现连续数十次的低头干咳、气喘、呼吸增数，每分钟可达50～90次，甚至100次。剖检肺内为两侧病变对称，与正常肺组织界限明显，病变部位呈灰红色或灰黄色，硬度增加，外观似肝脏，由于支原体主要破坏和麻痹支气管纤毛系统，致使病猪不能有效阻止气源性病菌进入呼吸道和肺部，极易诱发其他细菌引起的呼吸道疾病。

（2）猪蓝耳病。该病因引起猪繁殖障碍与呼吸道综合征。该病传染途径多，传播迅速，常可在短时间传播到多数猪场或地区。病猪的传染性强，只要很低的剂量，经鼻腔或注射途径侵染猪上呼吸道和咽部即可引起感染，一旦感染，病毒会存于尿、唾液和精液中。

母猪：反复出现食欲不振、呼吸困难、发热、嗜睡、精神沉郁。常显呼吸道症状，继而发生流产、早产、死产、木乃伊胎。病猪乳汁减少，重复发情。

公猪：主要表现为食欲不振、发热、嗜睡、精神沉郁，常显呼吸道症状。性欲降低，精液质量下降，精子数减少，活力低。

哺乳仔猪：眼睛肿胀突出、结膜炎。四肢多展现"八"字脚，脱水，体质衰弱，张口呼吸、呈哮喘样呼吸障碍，流鼻涕，有出血倾向。

仔猪和青年猪：症状比较温和，仅出现呼吸道疾病症状、呼吸困难、咳嗽、肺炎等。

由于该病毒主要侵害和破坏肺巨噬细胞和单核淋巴结细胞，从而使病猪免疫功能下降和免疫抑制，对其他病原的抵抗力减弱，极易继发其他疾病，而且抑制其他疫苗的免疫效价。

（3）猪传染性胸膜肺炎。猪传染性胸膜肺炎是由胸膜肺炎放线杆菌引起的，该菌为多形态的小球杆菌。本菌有12个血清型，以1型和5型致病力最强，该放线杆菌对外界抵抗力不强，易被一般消毒药杀灭。主要通过呼吸道传染，急性病例体温可升至42℃以上，精神沉郁，呼吸急促，自鼻口流出泡沫样分泌物，耐过者体温不高，呈间歇性咳嗽，生长迟缓。病变多见于肺部，多为两侧性，病变部呈暗红色，界限清晰，硬度增加，切面似肝，间质充满血色胶冻样液体。

（4）其他原发性病原。引起猪呼吸道疾病综合征的原发性病原除了上述几种病原外，还有猪流感病毒、猪呼吸道冠状病毒、伪狂犬病毒等，这些原发性病原可以单一致病，也可以与其他病原感染发病。

2. 继发性病原

猪感染了原发性病原后，由于体质下降，免疫机能受到抑制，致使免疫力下降，抵抗病原的能力受到抑制而继发，并发各种疾病，加重了疾病的严重程度。最常见的继发病原如下。

（1）多杀性巴氏杆菌。该病菌引起的猪巴氏杆菌病，又称猪肺疫。仔猪易感染，潜伏期1~5天。临床上一般分为急性、亚急性和慢性。急性一般称"锁喉风"，突然发病，迅速死亡；病程稍长、病状明显的可表现体温升高、食欲废绝、全身衰弱、卧地不起或烦躁不安、呼吸困难、心跳加快。亚急性型，体温升高，初发生痉挛性干咳、呼吸困难、鼻流黏稠液，有时混有血液，后变为湿咳，咳时感痛，触诊胸部有剧烈的疼痛。慢性型，有时有持续性咳嗽与呼吸困难，鼻流少许黏稠性分泌物。

（2）其他继发性病原。引起猪呼吸道疾病综合征继发性病原除了上述病原外，还有猪链球菌、猪副嗜血杆菌、支气管败血波氏杆菌、猪鼻支原体、弓形体、附红细胞体、猪瘟病毒及蛔虫病等相关的引起呼吸道症状的病原。

3. 不良的气候、环境条件及不合理的饲养管理

温度的变化幅度过大，昼夜温差大，冬季保暖措施不完善，夏季通风条件差，从而使呼吸道对外界的刺激敏感，而诱发呼吸道疾病。

湿度过高或过低，改变了圈舍内的气候条件，引起猪体应激反应，同时为病原的繁殖提供了适宜条件。

饲养密度过大，通栏同舍猪群太多，给病原传播提供了便利，加大了呼吸道疾病的感染概率。

猪群流动频繁，猪群来源复杂，同群猪日龄相差太大，错误的猪群流动方向。

舍内通风透气不好，有害气体和灰尘超标，刺激呼吸道黏膜出现炎症，降低了呼吸道黏膜的保护作用，为病原的入侵"大开方便之门"。

饲养管理人员的错误操作，串栏，没有固定地从小猪到大猪的操作程序，在一定程度上成为传播者。

猪群保健措施不得力，驱虫效果不佳，消毒免疫措施不健全及猪只营养不良等均能加速呼吸道疾病综合征的发生。

防疫制度不健全，防疫措施不完善，防疫程序不到位，为一些引起呼吸道疾病的病原提供了传播条件。

（二）临床症状与剖检病变

猪呼吸道疾病综合征的临床症状和剖检病变因发病原因不同而表现各异，其典型症状有：呼吸困难、频率加快、咳嗽、气喘、打喷嚏以及腹式呼吸、食欲减退或废绝、被毛粗乱、饲料利用率低、生长缓慢、大小不均，有些成为"僵猪"。剖检病变表现：肺炎、胸膜炎、心包炎、肺部实质变化、出血、粘连和水肿；肺门和腹股沟淋巴结肿大；部分病猪随感染病原体不同还有病初发热、体温升高、精神沉郁、眼结膜发炎、眼分泌物增多、流涕或鼻镜干燥；耳部、腹下等处皮肤发绀，疫病后期腹泻，病猪衰竭死亡或耐过成为僵猪。

（三）防治措施

由于猪呼吸道疾病的病原复杂，症状表现不一，因此给诊断和治疗带来诸多不便。应坚持预防为主、防治结合的措施，采取兽医学与畜牧学相结合的防治办法加以控制；若已感染的病猪或疫区，可采用免疫接种、抗生素治疗并结合良好的饲养管理控制继发性、原发性疾病。改善饲养管理条件，做好各类疫苗的免疫注射工作。

1. 预防用药

在呼吸道疾病综合征多发季节或疫区尚未发病的猪群提前用药进行预防。

生产母猪：产前、产后及断奶后各7天，在饲料中选择下列方案之一添加药物：

支原净 50～100mg/kg 或林可霉素 150mg/kg+金霉素 150～300mg/kg 或强力霉素 150mg/kg。

支原净 100mg/kg+新诺明+小苏打 500～1 000mg/kg。

清肺止咳散 500g 拌料 50kg 或阿奇霉素 400g 拌料 100kg。

哺乳仔猪：出生后第 3、7、21 日龄分别注射长效土霉素 0.5mL（200mg）。

断奶仔猪：仔猪断奶前后 1 周饲料中加入支原净 50mg/kg 和金霉素 150mg/kg+喹乙醇 100mg/kg，土霉素 500g 拌料 100kg，阿奇霉素 300g 拌料 100kg。

后备猪、育肥猪：饲料中加入支原净 100mg/kg 和金霉素 300mg/kg 或土霉素 12 500Iu/kg，每月使用一周。

2. 药物控制和治疗

（1）非病毒性呼吸道疾病病原。由于猪混合感染或继发感染不同，用单一的抗生素不能完全对所有的细菌有抑制和杀灭作用，必须采取联合用药，以控制和治疗常见的支原体、链球菌、巴氏杆菌、弓形体等。当前，泰妙菌素与四环素类抗生素（如土霉素、金霉素）联合使用，其抗菌效果可增强 4 倍以上；卡那霉素与土霉素联合使用对治疗猪气喘病有特效。对高热（42℃以上）、气喘、咳嗽，部分猪只两耳、会阴及后肢内侧可见蓝紫色斑块的架子猪肌内注射酒石酸泰乐菌素 4g+氧氟沙星 10mL 与 30%氟苯尼考 10mL（或林可霉素 1.5g），早晚交替使用，3 天为一疗程，重症者每天外加一次头孢噻呋钠 4g+30%安乃近 10mL+地塞米松 5mL，治愈率 88%。

（2）饲料中的具体拌药，可根据具体情况选择使用：

一是支原净每千克 100mg+金霉素每千克 300mg+阿莫西林每千克 200～250mg。

二是氟甲砜霉素每千克 100mg+磺胺二甲嘧啶（SM₂）每千克 200mg 或复方新诺明每千克 100mg。

三是氟甲砜霉素每千克 100mg+强力霉素每千克 150mg；

四是泰乐菌素每千克 110mg+磺胺二甲嘧啶（SM₂）每千克 110mg 或复方新诺明每千克 100mg。

五是林可霉素每千克 60～80mg+磺胺二甲嘧啶（SM₂）每千克 200mg。

二、猪气喘病

此病是由猪肺炎支原体引起，亦称为猪支原体肺炎及猪地方流行性肺炎。乳猪的感染大都由接触患有本病之母猪所致。被感染的乳猪在断乳时再转播其他猪只。密集饲养可促进其传播。本病的潜伏期较长，因此有更多的猪群在不被发觉之下受感染，致使本病常存于猪群中。本病的感染率高，死亡率低，但能造成生长障碍及降低料肉比。换句话说，将延长猪只上市的饲养期。

1. 症状

主要的症状是咳嗽与气喘。病猪于 6 周龄以上开始咳嗽。一些猪在早晨或过分激烈运动后，常有严厉的咳嗽。病的中期出现气喘及腹式呼吸，呼吸 60～80 次/min。

本病的患畜如无并发感染通常精神、食欲、体温正常。感染猪的生长受阻而致猪只的发育大小不均。

2. 诊断

本病临床症状及解剖病变，可供诊断上的参考。当一大群猪阵发性干咳、气喘、生长阻滞或延缓，却很低的死亡率等即可怀疑是本病。解剖病变为肺的病灶与正常肺组织之间分界清楚，两侧对称而病变区大都限于尖叶、心叶、中间叶及隔叶前下部。有胰样坚实的感觉。

3. 治疗与控制

一般抗菌剂如磺胺、青霉素、链霉素及红霉素等皆无治疗作用。新一代喹诺酮类是对本病最优的治疗药。国内生产的猪气喘病弱素冻干苗可用于 20~25 日龄健康仔猪、免疫率可达 80%以上。猪场必须自行繁殖种猪群，严格预防此病病原体侵入。

三、猪传染性胸膜肺炎

猪传染性胸膜肺炎是由胸膜肺炎放线杆菌引起的一种接触性传染病，是猪的一种重要呼吸道疾病，在许多养猪国家流行，已成为世界性工业化养猪的五大疫病之一，造成重大的经济损失。抗生素对本病无明显疗效。

猪传染性胸膜肺炎是由胸膜肺炎放线杆菌引起猪的一种高度传染性呼吸道疾病，又称为猪接触性传染性胸膜肺炎。以急性出血性纤维素性胸膜肺炎和慢性纤维素性坏死性胸膜肺炎为特征，急性型呈现高死亡率。猪传染性胸膜肺炎广泛分布于全世界所有养猪国家，给集约化养猪业造成巨大的经济损失，特别是近十几年来本病的流行呈上升趋势，被国际公认为危害现代养猪业的重要疫病之一。我国于 1987 年首次发现本病，此后流行蔓延开来，危害日趋严重，成为猪细菌性呼吸道疾病的主要疫病之一。

（一）病原

病原体为胸膜肺炎放线菌（原名胸膜肺炎嗜血杆菌，亦称副溶血嗜血杆菌），为小到中等大小的球杆状到杆状，具有显著的多形性。菌体有荚膜，不运动，革兰氏阴性。为兼性厌氧菌，其生长需要血中的生长因子，特别是 V 因子，但不能在鲜血琼脂培养基上生长，可在葡萄球菌周围形成卫星菌落，因此，初次分离本菌时，一定要在血琼脂培养基上画一条葡萄球菌画线，37℃培养 24h 后，在葡萄球菌菌落附近的菌落大小为 0.5~1mm 并呈 β 溶血。在巧克力琼脂（鲜血琼脂加热 80~90℃ 5~15min 而制成）上生长良好，37℃培养 24~48h 后，长成圆形、隆起、表面光滑、边缘整齐的灰白半透明小菌落。在普通琼脂上不生长。根据细菌荚膜多糖及细菌脂多糖（LPS）进行血清定型，本菌已鉴定的有15 个血清型，其中 5 型又分为 2 个亚型，不同的血清型对猪的毒力不同。本菌对外界的抵抗力不强，干燥的情况下易于死亡，对常用的消毒剂敏感，一般 60℃ 5~20min 内死亡，4℃下通常存活 7~10 天。

猪胸膜肺炎放线杆菌为革兰氏染色阴性的小球杆状菌或纤细的小杆菌，有的呈丝状，并可表现为多形态性和两极着色性。有荚膜，无芽孢，无运动性，有的菌株具有周身性纤细的菌毛。本菌包括两个生物型，生物 I 型为 NAD 依赖型，生物 II 型为 NAD 非依赖型，但需要有特定的吡啶核苷酸或其前体，用于 NAD 的合成。生物 I 型菌株（包括 1-12 和15 型）毒力强，危害大。生物 II 型（包括 13、14 型）可引起慢性坏死性胸膜肺炎，从猪体内分离到的常为 II 生物型。生物 II 型菌体形态为杆状，比生物 I 型菌株大。根据细菌荚膜多糖和细菌脂多糖对血清的反应，生物Ⅰ型分为14个血清型，其中血清5型进一步分为5A和5B两个亚型。但有些血清型有相似的细胞结构或相同的LPSO链，这可能是造成有些血清型间出现交叉反应的原因，如血清8型与血清3型和6型，血清1型与9型间存在有血清学交叉反应。不同血清型间的毒力有明显的差异。我国流行的主要以血清1、3、7型为主，其次为血清2、4、5、10型。

研究表明，胸膜肺炎放线杆菌的主要毒力因子包括荚膜、脂多糖、外膜蛋白、黏附素和Apx毒素等。其中，Apx毒素是APP最主要的毒力因子，已知APP至少分泌4种Apx毒素，除了新发现的ApxⅣ毒素在所有血清型中都存在外，其他3种只被某些血清型合成并分泌，血清型7只分泌ApxⅡ。

本菌为兼性厌氧菌，最适生长温度为37℃。在普通培养基上不生长，需添加V因子才能生长。在10% CO_2 条件下，可生成黏液状菌落，巧克力琼脂上培养24~48h，形成不透明淡灰色的菌落，直径1~2mm。可形成两种类型的菌落，一种为圆形，坚硬的"蜡状型"，有黏性；另一种为扁平、柔软的闪光型菌落；有荚膜的菌株在琼脂平板上可形成带彩虹的菌落。在牛或羊血琼脂平板上通常产生β溶血环。本菌产生的溶血素与金黄色葡萄球菌的β毒素具有协同作用，即金黄色葡萄球菌可增强本菌的溶血作用，CAMP反应呈现阳性。

本菌对外界抵抗力不强，对常用消毒剂和温度敏感，一般消毒药即可杀灭，在60℃下5~20min内可被杀死，4℃下通常存活7~10天。不耐干燥，排出到环境中的病原菌生存能力非常弱，而在黏液和有机物中的病原菌可存活数天。对结晶紫、杆菌肽、林肯霉素、壮观霉素有一定抵抗力。对土霉素等四环素族抗生素、青霉素、泰乐菌素、磺胺嘧啶、头孢类等药物较敏感。

(二) 流行病学

各种年龄、性别的猪都有易感性，但由于初乳中母源抗体的存在，本病最常发生于育成猪和成年猪（出栏猪），其中6周龄至6月龄的猪较多发，但以3月龄仔猪最为易感。本病的发生多呈最急性型或急性型病程而迅速死亡，急性暴发猪群，发病率和死亡率一般为50%左右，最急性型的死亡率可达80%~100%。急性期死亡率很高，与毒力及环境因素有关，其发病率和死亡率还与其他疾病的存在有关，如伪狂犬病及PRRS。

病猪和带菌猪是本病的传染源。种公猪和慢性感染猪在传播本病中起着十分重要的作用。APP主要通过空气飞沫传播，在感染猪的鼻汁、扁桃体、支气管和肺脏等部位是病原菌存在的主要场所，病菌随呼吸、咳嗽、喷嚏等途径排出后形成飞沫，通过直接接触而经呼吸道传播。也可通过被病原菌污染的车辆、器具以及饲养人员的衣物等而间接接触传播。小啮齿类动物和鸟也可能传播本病。转群频繁的大猪群比单独饲养的小猪群更易发病。

本病的发生具有明显的季节性，多发生于4—5月和9—11月。饲养环境突然改变、猪群的转移或混群、拥挤或长途运输、通风不良、湿度过高、气温骤变等应激因素，均可引起本病发生或加速疾病传播，使发病率和死亡率增加。

主要传播途径是空气、猪与猪之间的接触、污染排泄物或人员传播。猪群的转移或混养，拥挤和恶劣的气候条件（如气温突然改变、潮湿以及通风不畅）均会加速该病的传播和增加发病的危险。

（三）临床症状

人工感染猪的潜伏期为 1~7 天或更长。由于动物的年龄、免疫状态、环境因素以及病原的感染数量的差异，临诊上发病猪的病程可分为最急性型、急性型、亚急性型和慢性型。

1. 最急性型

突然发病，病猪体温升高至 41~42℃，心率增加，精神沉郁，废食，出现短期的腹泻和呕吐症状，早期病猪无明显的呼吸道症状。后期心衰，鼻、耳、眼及后躯皮肤发绀，晚期呼吸极度困难，常呆立或呈犬坐式，张口伸舌，咳喘，并有腹式呼吸。临死前体温下降，严重者从口鼻流出泡沫血性分泌物。病猪于出现临诊症状后 24~36h 内死亡。有的病例见不到任何临诊症状而突然死亡。此型的病死率高达 80%~100%。

2. 急性型

突然发病，个别病猪未出现任何临床症状突然死亡。病猪体温达到 40.5~41.5℃，皮肤发红，精神沉郁，不愿站立，厌食，不爱饮水，并可能出现短期腹泻或呕吐；只是脉搏增加，后期则出现心衰和循环障碍，鼻、耳、眼及后躯皮肤发绀；早期无明显的呼吸症状，严重的呼吸困难，咳嗽，有时张口呼吸，呈犬坐姿势，极度痛苦，上述症状在发病初的 24h 内表现明显。如果不及时治疗，1~2 天内因窒息死亡。晚期出现严重的呼吸困难和体温下降，临死前血性泡沫从嘴、鼻孔流出。病猪于临床症状出现后 24~36h 死亡。由于饲养管理及其他应激条件的差异，病程长短不定，所以在同一猪群中可能会出现病程不同的病猪，如亚急性或慢性型。

3. 亚急性型和慢性型

多于急性期后期出现。病猪轻度发热或不发热，体温在 39.5~40℃，精神不振，食欲减退。不同程度的自发性或间歇性咳嗽，呼吸异常，生长迟缓。病程几天至 1 周不等，或治愈或当有应激条件出现时，症状加重，猪全身肌肉苍白，心跳加快而突然死亡。病程长为 15~20 天，肉料比降低。病猪不爱活动，驱赶猪群时常常掉队，仅在喂食时勉强爬起。慢性期的猪群症状表现不明显，若无其他疾病并发，一般能自行恢复。同一猪群内可能出现不同程度的病猪。

（四）病理变化

主要病变存在于肺和呼吸道内，肺呈紫红色，肺炎多是双侧性的，并多在肺的心叶、尖叶和隔叶出现病灶，其与正常组织界限分明。最急性死亡的病猪气管、支气管中充满泡沫状、血性黏液及黏膜渗出物，无纤维素性胸膜炎出现。发病 24h 以上的病猪。肺炎区出现纤维素性物质附于表面，肺出血、间质增宽、有肝变。气管、支气管中充满泡沫状、血性黏液及黏膜渗出物，喉头充满血性液体，肺门淋巴结显著肿大。随着病程的发展，纤维素性胸膜炎蔓延至整个肺脏，使肺和胸膜粘连。常伴发心包炎，肝、脾肿大，色变暗。病程较长的慢性病例，可见硬实肺炎区，病灶硬化或坏死。发病的后期，病猪的鼻、耳、眼及后躯皮肤出现发绀，呈紫斑。

1. 最急性型

病死猪剖检可见气管和支气管内充满泡沫状带血的分泌物。肺充血、出血和血管内有纤维素性血栓形成。肺泡与间质水肿。肺的前下部有炎症出现。

2. 急性型

急性期死亡的猪可见到明显的剖检病变。喉头充满血样液体，双侧性肺炎，常在心叶、尖叶和膈叶出现病灶，病灶区呈紫红色，坚实，轮廓清晰，肺间质积留血色胶样液体。随着病程的发展，纤维素性胸膜肺炎蔓延至整个肺脏。

3. 亚急性型

肺脏可能出现大的干酪样病灶或空洞，空洞内可见坏死碎屑。如继发细菌感染，则肺炎病灶转变为脓肿，致使肺脏与胸膜发生纤维素性粘连。

4. 慢性型

肺脏上可见大小不等的结节（结节常发生于膈叶），结节周围包裹有较厚的结缔组织，结节有的在肺内部，有的突出于肺表面，并在其上有纤维素附着而与胸壁或心包粘连，或与肺之间粘连。心包内可见到出血点。

在发病早期可见肺脏坏死、出血，中性粒细胞浸润，巨噬细胞和血小板激活，血管内有血栓形成等组织病理学变化。肺脏大面积水肿并有纤维素性渗出物。急性期后则主要以巨噬细胞浸润、坏死灶周围有大量纤维素性渗出物及纤维素性胸膜炎为特征。

（五）诊断

根据本病主要发生于育成猪和架子猪以及天气变化等诱因的存在，比较特征性的临床症状及病理变化特点，可做出初诊。确诊要对可疑的病例进行细菌检查。鉴别诊断在病的最急性期和急性期，应与猪瘟、猪丹毒、猪肺疫及猪链球菌病做鉴别诊断。慢性病例应与猪喘气病区别。

根据流行病学、临诊症状和病理变化可以做出初步诊断，确诊需进行实验室诊断。

1. 流行病学特点

各种年龄、性别的猪都可发生，但以6周龄至6月龄的猪较多发。多呈最急性型或急性型病程，突然死亡，传播迅速。发病率和死亡率通常在50%以上，最急性型的死亡率可高达80%~100%。常发生于4—5月和9—11月。饲养环境突然改变、猪群的转移或混群、拥挤或长途运输、气候骤变等应激因素可使发病率和死亡率增加。

2. 临诊症状和病理学诊断

急性病猪出现高热、严重的呼吸困难、咳嗽、拒食、死亡突然，死亡率高。死后剖检病变主要局限于胸腔，可见肺脏和胸膜有特征性的纤维素性和坏死性出血性肺炎、纤维素性胸膜炎。

3. 实验室诊断

包括直接镜检、细菌的分离鉴定和血清学诊断。

（1）直接镜检。从鼻、支气管分泌物和肺脏病变部位采取病料涂片或触片，革兰氏染色，显微镜检查，如见到多形态的两极浓染的革兰氏阴性小球杆菌或纤细杆菌，可进一步鉴定。

（2）病原的分离鉴定。将无菌采集的病料接种在7%马血巧克力琼脂、划有表皮葡萄球菌十字线的5%绵羊血琼脂平板或加入生长因子和灭活马血清的牛心浸汁琼脂平板上，于37℃含5%~10% CO_2 条件下培养。如分离到的可疑细菌，可进行生化特性、CAMP试验、溶血性测定以及血清定型等检查。

（3）血清学诊断。包括补体结合试验、2-硫基乙醇试管凝集试验、乳胶凝集试验、琼脂扩散试验和酶联免疫吸附试验等方法。国际上公认的方法是改良补体结合试验，该方法可于感染后 10 天检查血清抗体，可靠性比较强，但操作烦琐，河南天行健认为酶联免疫吸附试验较为实用。

本病应注意与猪肺疫、猪气喘病进行鉴别诊断。猪肺疫常见咽喉部肿胀，皮肤、皮下组织、浆膜以及淋巴结有出血点；而传染性胸膜肺炎的病变常局限于肺和胸腔。猪肺疫的病原体为两极染色的巴氏杆菌，而猪传染性胸膜肺炎的病原体为小球杆状的放线杆菌。猪气喘病患猪的体温不升高，病程长，肺部病变对称，呈胰样或肉样病变，病灶周围无结缔组织包裹。

（六）治疗

虽然报道许多抗生素有效，但由于细菌的耐药性，本病临床治疗效果不明显。实践中选用氟甲砜毒素肌内注射或胸腔注射，连用 3 天以上；饲料中拌支原净、强力霉素、氟甲砜霉素或北里霉素，连续用药 5~7 天，有较好的疗效。有条件的最好做药敏试验，选择敏感药物进行治疗。抗生素的治疗尽管在临床上取得一定成功，但并不能在猪群中消灭感染。

猪群发病时，应以解除呼吸困难和抗菌为原则进行治疗，并要使用足够剂量的抗生素和保持足够长的疗程。本病早期治疗可收到较好的效果，但应结合药敏试验结果而选择抗菌药物。

（七）预防

（1）首先应加强饲养管理，严格卫生消毒措施，注意通风换气，保持舍内空气清新。减少各种应激因素的影响，保持猪群足够均衡的营养水平。

（2）应加强猪场的生物安全措施。从无病猪场引进公猪或后备母猪，防止引进带菌猪；采用"全进全出"饲养方式，出猪后栏舍彻底清洁消毒，空栏 1 周才重新使用。新引进猪或公猪混入一群副猪嗜血杆菌感染的猪群时，应该进行疫苗免疫接种并口服抗菌药物，到达目的地后隔离一段时间再逐渐混入较好。

（3）对已污染本病的猪场应定期进行血清学检查，清除血清学阳性带菌猪，并制订药物防治计划，逐步建立健康猪群。在混群疫苗注射或长途运输前 1~2 天，应投喂敏感的抗菌药物，如在饲料中添加适量的磺胺类药物或泰妙菌素、泰乐菌素、新霉素、林肯霉素和壮观霉素等抗生素，进行药物预防，可控制猪群发病。

（4）疫苗免疫接种。国内外均已有商品化的灭活疫苗用于本病的免疫接种。一般在 5~8 周龄时首免，2~3 周后二免。母猪在产前 4 周进行免疫接种。可应用包括国内主要流行菌株和本场分离株制成的灭活疫苗预防本病，效果更好。

四、萎缩性鼻炎

萎缩性鼻炎使许多养猪业的国家蒙受经济上的损失，支气管败血性波氏杆菌和败血性巴氏杆菌为主要病原。这两种致病菌合并产生毒素使猪鼻腔发炎然后导致猪鼻甲的发育延缓而构成鼻甲萎缩。

1. 症状

此病经常感染幼猪。被感染幼猪的初期症状为嚏鼻及打喷嚏。此等症状在初生1周之幼猪即可察见。嚏鼻可能轻微或严重。泪管通至鼻腔的开口可能阻塞导致患畜流泪,在内眼角下形成潮湿区,沉积污垢而变棕黑色。一些患猪,因剧烈喷嚏而发生鼻血。鼻部扭曲一边的患畜较为常见,通常当猪只生长到2至5月龄才被发现。当两边鼻腔皆损伤时,结果使鼻变短小,此类患猪鼻尖后端皮肤有皱纹构成。在亚急性时,嚏鼻的症状可能不长。可察见的影响并不大。在屠宰场内将鼻甲骨剖开,即可发现萎缩性鼻炎之病变,此型之感染非常普遍。

2. 治疗与控制

青霉素及磺胺等多种抗菌素可以治疗或控制本病。通常猪只感染此病是在离乳后,因而延缓猪只生长率。

五、猪流行性感冒

猪流行性感冒(猪流感)是一种具有高度传染性的猪只呼吸系统传染病,其特点为发病急骤,突然发热及其他伤风的症状,复原亦和发生一样的快。猪流感是一种流行性感冒病毒所引起,与感染人类的流感病毒同属,此病毒具人畜共同感染的特性。猪群出现猪流感通常与猪场引进新猪群有关。

1. 症状

典型的猪流感会出现整群猪忽然严重发病。一两天之内,几乎所有患猪开始咳嗽、嚏鼻、呼吸困难,眼睛及鼻有分泌物及发热。在此阶段整个猪群可能拒食。患畜大多数时间躺卧或不移动。患畜严重发病,然而症状消失得也很快。几乎所有猪只于第7天即可站立吃食。其死亡率甚低,除非有并发细菌感染才会死亡。当猪流感发生时,猪场工作人员亦可能发生类似感冒。

2. 诊断

如果上述典型的猪流感的症状出现就要怀疑猪群已感染本病。同时猪场工作人员亦可能出现类似感冒,但这不是绝对的。猪流感的确实诊断则需经过血清学方法。

3. 治疗

对猪流感尚无特殊的治疗药物。建议采取支持疗法减轻病猪的困苦。使用抗生素控制细菌感染,退热药也许帮助。发病期间随时给予清洁的饮水是必要的。猪场工作人员需提防本病传染。同样地,猪只也可自人类感染到流行性感冒。

六、猪肺疫

猪肺疫又名猪出血性败血症或巴氏杆菌病,病原为多杀性巴氏杆菌。本病为散发,偶尔地方性流行,常发于湿热多雨季节。猪健康带菌现象普遍,其发生与环境条件及饲养管理关系密切。当环境恶劣,饲养不良,猪抵抗力下降时可以诱发自体感染而发病。

1. 症状

最急性与急性猪表现为败血症与胸膜肺炎。患猪眼部红肿,呼吸困难,黏膜及皮肤发绀,体温41~42℃,病程1~2日。慢性型见持续咳嗽,呼吸困难,流脓性鼻液,消瘦,衰竭。

2. 病理变化

急性猪肺疫表现为一侧或双侧纤维性肺炎。肺肿大，坚实，暗红或灰黄色肝样病变。肺表、胸膜及心外膜有纤维素覆盖。同时，全身黏膜、浆膜有点状出血，头颈淋巴结充血，出血，红肿。慢性型，肺炎灶中心坏死，化脓及纤维化，并有胸膜及心包的纤维性粘连。

3. 控制

本病可用拜力多治疗，有良好效果。应用灭活苗或弱毒苗免疫接种，加上改善环境及饲养条件可以预防发病。

七、猪呼吸系统疾病（表6-4）

表6-4 育成猪呼吸系统疾病鉴别诊断

病 名	病 原	流行情况	临床症状	尸检病变	特殊诊断	预防治疗
猪肺疫	多杀性巴氏杆菌	大小猪只均可发病，小猪与中猪多发。健康猪带菌普遍。环境与管理不良因素可以诱发。常散发于气候多变，潮湿多雨季节	体温 40~42℃，咳嗽，呼吸困难，严重时犬坐张口呼吸，流黏性鼻液。精神沉郁，食欲废绝，黏膜发绀。病程4~6日，常窒息死亡	全身组织及器官出血，肺紫色肝样变，胸肺常附着纤维素，严重时粘连。肺变区常有坏死灶。脾不肿大	血液、组织及体液涂片美兰染色可见两极染色球杆菌	拜有利、青链霉素、磺胺等均有良好疗效。每年春秋二季接种弱毒苗可以预防
猪胸传膜染肺性炎	胸膜肺炎放线杆菌	以6周至6月龄猪较多发，春秋季节多发生。经飞沫传播，饲养与环境不良因素可以诱发。发病率与病死率变化很大	急性体温 40.5~41.5℃，沉郁、不食，呼吸困难，张口犬坐呼吸，1~2日死亡。慢性体温不高，间歇性咳嗽及生长迟缓	病变集中于胸肺。肺前下及后上部紫红肝变，附着纤维素，严重时粘连。脾肿大。慢性时肺炎区坏死、硬化及粘连	肺及呼吸道分泌物涂片染色见革兰氏阴性球杆菌，有多形性及菌体荚膜	氯霉素、青霉素及增效磺胺注射有效。病原血清型较多预防可用本地株制备菌苗免疫母猪
猪气喘病	猪肺炎霉形体	不同年龄猪均易感，但以断奶后仔猪易发病。气候多变，潮湿雨季易流行。发病率高，病死率低，其严重程度与饲管、环境因素关系密切	发病缓慢，主要症状为咳嗽、气喘、呼吸增快及腹式呼吸。精神、食欲、体温通常无明显变化。患猪消瘦及生长迟缓	病变集中在肺部。肺前下部两侧对称，境界分明的虾肉样实变。肺门淋巴结髓样肿胀	可用 X 光透视或血清间接血凝法诊断	拜有利、土霉素、卡那霉素及支原净等有效。我国研制的弱毒苗，保护80%，可以预防
流行性感冒	猪流感病毒	可感染人类。猪只发病不分年龄性别，多发生于秋末至早春季节，为流行性暴发，其发病率高，病死率低	突然全群感染，体温40.3~41.5℃，精神、食欲不振，肌肉关节疼痛。呼吸急促，阵性咳嗽，眼鼻黏性分泌物。常6~7天康复	呼吸道黏膜充血，附着多量泡沫液，有时带血。肺前下部紫红色实变，周围气肿及出血。肺门淋巴结红肿。脾肿大	双份血清血凝抑制试验。恢复期抗体有效价增高4倍以上	对症治疗为主，必要时用抗菌药控制继发病。预防依赖于综合措施
猪肺丝虫病	猪后圆线虫	多发于断奶后仔猪，常见于夏秋温暖、多雨季节。放养仔猪常呈地方性流行	患猪阵发性咳嗽，流黏稠脓性鼻液，呼吸迫促，消瘦及发育不良。严重时精神、食欲不振	主要见于肺脏。肺膈叶后缘有楔形气肿灶，内部灰红实变，该处支气管内大量丝状虫体	尸检虫体或粪便便漂浮检查虫卵	左旋咪唑，丙硫苯咪唑或伊维菌素驱虫效果良好。全程舍饲不使食入蚯蚓可以预防

第五节　常见猪的混合或继发感染病例

一、非典型猪瘟与猪圆环病毒混合感染

非典型猪瘟与猪圆环病毒 2 型混合感染的猪群主要出现以咳嗽、气喘、发热为主要特征的疾病。经流行病学调查、临床症状和实验室诊断，最后确诊为非典型猪瘟与猪圆环病毒 2 型的混合感染。

（一）临床症状

病猪精神萎靡，被毛粗乱，皮肤苍白，有的可见豆状黑斑，高热稽留，体温 41℃ 左右，食欲减退，渴欲增加，大便干硬或呈糊状。咳嗽，呼吸迫促，眼结膜潮红，病程较长的猪有的衰竭死亡，有的成为僵猪。

（二）剖检变化

各肠段充血、出血，肠系膜淋巴结和腹股沟淋巴结肿大、出血，切面呈大理石样；扁桃体肿大；肾肿大、瘀血，表面呈沟回状，呈土黄色，有点状出血；膀胱黏膜有较多出血点；胃黏膜有的水肿，肝脂肪变性而带黄色，肺充血、水肿、瘀血。

（三）实验室诊断

1. 猪瘟直接免疫荧光抗体试验

剖检病猪，取其扁桃体、肾脏、淋巴结等组织。速冻 1min 后，进行冰冻切片，切片展贴于洁净载玻片上；经丙酮固定 15min 后，用 PBS 缓冲液漂洗，自然风干；用猪瘟、猪细小病毒、猪病毒性腹泻的三价荧光抗体滴加于切片表面，于 37℃ 下作用 0.5h 后，轻漂洗，自然干燥；封固盖片，镜检。于荧光显微镜视野中，可见组织上皮细胞浆内呈现黄色、绿色或黄绿色，细胞核不着色，细胞轮廓分明，为猪瘟病毒感染阳性。

2. 圆环病毒多重聚合酶链式反应（PCR）检测

采用农业部兽医诊断中心的圆环病毒 PCR 检测试剂盒。取血清，经蛋白酶、RNA 酶等 55℃ 消化过夜后，提取病毒模板 DNA，进行多重 PCR 扩增，PCR 结束后，取 15L 反应产物于 10g/L 的琼脂糖凝胶中电泳，紫外透射仪中观察结果。结果显示，圆环病毒 2 型阳性，圆环病毒 I 型呈阴性。

3. 伪狂犬病毒的鉴别诊断

用 PCR 检测伪狂犬病病毒，同时将病料分别接种于普通琼脂平板、血液琼脂平板、伊红美蓝琼脂平板，进行细菌分离，结果均为阴性。

（四）防治

鉴于以上流行病学调查、剖检变化和实验室诊断结果，可确诊为非典型猪瘟与猪圆环病毒 2 型的混合感染。为此，采取了以下措施。

1. 紧急免疫

猪瘟疫苗紧急预防接种体质强壮，健康状况良好的假定健康猪只，用猪瘟兔化弱毒疫苗 10 头份补防一次；对可疑病猪，可用猪瘟兔化弱毒疫苗 25 头份大剂量注射。

2. 抗血清治疗

对病猪进行肌内注射圆环病毒抗血清 0.2mL/kg，1 次/天，连用 3~5 天。

3. 抗生素辅助治疗

全群拌料饲喂，每吨饲料拌加康 400g+磺胺五甲氧嘧啶 400g+抗菌增效剂 300g，连喂
7 天。

4. 加强管理

分析传染来源，封锁病猪场，焚烧病死猪后深埋，进行无害化处理，僵猪淘汰，对可
疑病猪就地隔离观察，凡被病猪污染的猪舍、环境、用具等使用复合醛进行彻底消毒。

二、猪附红细胞体病并发猪链球菌病

猪感染附红细胞体后，可导致猪机体抵抗力、免疫力降低，极易引起其他疾病的混合
感染。临床常见的猪感染附红细胞体后发病的有猪瘟、猪链球菌病、猪水肿病、猪沙门氏
菌病、传染性胸膜肺炎等，有的甚至几种病混合感染，给临床诊疗带来一定困难。

（一）病原

猪附红细胞体病主要是由支原体寄生于红细胞表面（红细胞内及血浆中较少）引起
传染性血液病。猪附红细胞体病是由许多因素引起的，如受到了强烈应激因素的影响，如
长途运输、恶劣的气候、饲养环境过度拥挤、卫生极差、突然更换圈舍及饲料因素的存
在，可能诱发附红细胞体病的发生。但是，如果饲养管理良好，猪的机体具有功能健全的
防御系统，机体与附红细胞体之间保持一种平衡，附红细胞体在血液中的数量能够保持相
当低的水平，不表现临床症状。

猪链球菌属于链球菌属。革兰氏阳性，分若干血清群及夹膜型。

（二）传播途径

猪附红细胞体病主要是由吸血昆虫如蚊、蝇、虱、螨、蚤、蜱及注射、外科手术器械
等途径传播。垂直传播主要是由母猪及子宫感染仔猪。公猪配种通过精液也能传播。

（三）流行特点

猪附红细胞体病占猪病发病比例与季节没有明显差异，说明本病已没有明显的季节
性，可能与传播途径的广泛性有关。

（四）临床症状

1. 猪附红细胞体病临床症状

病初精神沉郁，食欲不振，体温升高（40.5~41.5℃ 以上）尿呈茶褐色或血红蛋白
尿，有的毛囊出血，部分病例贫血，黏膜苍白、黄疸，持续感染的病例耳朵边缘能发生坏
死。急性感染耐过的猪往往生长缓慢。由于被感染耐过的猪不能产生很强的免疫力，可能
再次被感染发病。

母猪可引起繁殖障碍，主要表现：受胎率低、不发情、流产、产弱子。此外还有许多
母猪出现怀孕延迟或不发情，有的母猪几次发情配种而不能受孕。

2. 猪链球菌病的临床症状

临床可分为最急性型、急性型、慢性型种类型。

最急性型：发病急、病程短，不见症状突然死亡。

急性型：体温升高到 41℃ 以上，不食或少食，精神沉郁，呼吸迫促。腹下、四肢、耳朵呈紫色。有的呈游泳状，抽搐，转圈，突然倒地，最后衰竭，麻痹死亡。有的出现关节炎，跛行或不能站立。

慢性型：由急性型耐过猪可转为慢性型，或开始发病即为关节炎型或化脓性淋巴结炎型，病程较长，食欲较差。四肢关节肿大、痛疼、跛行或不能站立。下颌淋巴结发炎肿胀，后期化脓破溃。

（五）剖检变化

1. 猪附红细胞体病主要变化可见

贫血、黄疸、血液稀薄、肝脏肿大，脂肪变性，有的呈黄棕色，胆汁浓稠。颈部、颌下常有胶冻样水肿。全身淋巴结水肿，脾脏稍肿，胸腔、腹腔、心包有淡黄色积液。消化道内有不同程度的卡他性出血性炎症。

2. 猪链球菌的病理变化

急性型：淋巴结肿大出血，胸水增多，心包积液。有纤维渗出。肺充血、出血、水肿，有的有化脓灶。常见胸膜粘连，腹水增多，呈淡黄色，有纤维素渗出。腹腔脏器也常粘连。脾脏肿大、色暗、质脆。肾脏稍肿胀，充血或出血。肝囊充盈或变化不明显。脑及脑膜充血出血。

慢性型：关节肿大，关节囊壁增厚，关节腔内有胶冻样或干酪物。颌下淋巴结肿胀化脓及全身各部位有化脓灶。

（六）防治措施

（1）目前猪附红细胞体病尚无疫苗进行防疫；对猪链球菌病，可用链球菌弱毒苗、链球菌明矾结晶紫苗或氢氧化铝甲醛苗进行预防。每头猪肌内注射猪链球菌氢氧化铝菌苗 5mL（多价浓缩灭活苗注射 3mL）。

（2）患病猪或者可疑母猪立即隔离饲养，并立即用贝尼尔（血虫净）7mg/kg，用生理盐水稀释成 5%溶液，分点肌内注射，每天一次，同时混合使用油剂青霉素 300 万单位/头，连用 3 天。在饲料中添加土霉素粉，饲料 1~2g/kg，喂服连用 7 天。

三、仔猪猪圆环病毒与附红细胞体混合感染

猪圆环病毒病在临床上以断奶仔猪多系统衰竭综合征等为主要特征，并能引发多种猪病，常给养猪业造成严重威胁和重大的经济损失。

（一）发病情况

据了解某养猪场仔猪出生第 2 天注射 1mL 右旋糖酐铁。14 天口服仔猪副伤寒，25 天注射猪瘟、猪丹毒、猪肺疫三联疫苗。35 日龄大仔猪接连发病，起初按感冒用药，症状有所缓解，一旦停药又复发，病后第 3 天仔猪开始出现死亡。

（二）临床症状

病猪发热，体温高达 40~41℃，精神沉郁，食欲不振，生长迟缓，进行性消瘦与贫血，气喘，皮毛粗乱、苍白，伴有黄疸，有的在耳部、腹部可见出血性紫红色斑块；患猪呼吸困难，咳嗽气喘。部分病猪有神经症状，呈现肌肉震颤，关节肿胀，站立不稳，四肢呈划水状。随着病情的发展，病猪眼圈发紫，耳朵发青，身体发绀，最后窒息死亡。

（三）剖检变化

全身淋巴结肿大，尤以腹股沟和肠系膜淋巴结肿大明显，喉头、扁桃体充血、水肿；上呼吸道内含有大量泡沫样的液体；脑膜充血、水肿，脑脊髓液增多；肺脏肿大，肺部有局灶性炎症，并伴有充血、出血、瘀血条纹和水肿，且切开有泡沫；肝脏边缘呈紫黑色、表面有许多散在的颗粒状的大小不一的白色坏死斑点；肾脏表面有针尖大小出血点，肾上腺切面散在坏死点；小肠黏膜形成皱褶并有稀薄黏液附着、小肠浆膜发黄、有的肠套叠；血液稀薄，呈水样，不凝固。

（四）实验室诊断

（1）用免疫胶体金检测卡检测血液中圆环病毒抗体，结果呈阳性。

（2）无菌采取病死猪淋巴结、肝、脾、肺等病料，革兰氏和瑞氏染色，显微镜检查未见致病性细菌。

（3）无菌采集病死猪淋巴结、肺、肝、脾等病料，将病料分别接种于麦康凯、琼脂培养基中，37℃恒温培养24~48h，未见细菌生长。

（4）用无菌注射器分别自病猪及健康猪前腔静脉采血10mL，用肝素钠抗凝，将静脉血1滴滴于载玻片上，加等量生理盐水稀释，轻轻盖上盖玻片，在油镜下观察，可见病猪的红细胞绝大部分变形，呈锯齿状、星芒状或不规则形。红细胞表面附着许多球形、逗点状、杆状的附红细胞体，使红细胞在血浆中震颤或上下左右摆动。健康猪的红细胞形态正常，未在表面和内部发现任何异常现象，血浆中也没有运动的颗粒。

（五）确诊

根据发病特点、临床症状、剖检病理变化、实验室诊断确诊为仔猪圆环病毒病和附红细胞体病混合感染。

（六）药物治疗

对有临床症状猪只进行隔离治疗。

（1）葡萄糖生理盐水、头孢拉定、地塞米松混合静注。

（2）抗病毒多肽和复方磺胺间甲氧嘧啶钠，肌内注射，或选用双向红链灭，每天1次。

（3）注射精制高免血清或植物血凝素，每天1次，连用3天。

（4）对于高热不退的猪只用林可霉素，配合复方柴胡注射液，肌内注射，每天1次，连用2天。

（七）预防措施

所有猪只饮水中添加黄芪多糖颗粒和电解多维，饲料中添加含强力霉素、氟苯尼考、泰乐菌素和增效剂的预混料7天。加强隔离消毒，猪场可用氢氧化钠和碘类消毒液消毒，深埋病死猪。

四、附红细胞体与弓形体混合感染

（一）病原

猪附红细胞体病是由猪附红细胞体（又名红细胞孢子虫）寄生于细胞和血浆中引起的一种原虫病。主要引起猪（仔猪）高热、溶血、贫血、黄疸和全身发红；弓形体又名弓形虫、是由龚地弓浆虫、毒浆虫引起的，以发热，组织炎、水肿、坏死、炎性浸润为特征的人畜寄生虫病。

（二）临床症状

多发于夏季高温多雨时期，病初精神不振，厌食。进而精神沉郁，食欲减退或废绝，倦卧。体温升高达 40～42℃，呈稽留热，可持续几天至十几个天。眼结膜充血潮红、呼吸困难、气喘严重、有的伴有咳嗽；耳、颈部、尾、四肢内侧及腹部大片紫红色瘀血斑并有小出血点，继而发绀或发黄。多数病猪拉黄色稀粪或大便干燥如球状，粪便表面附有脱落的肠黏膜或黏液，有的便秘与拉稀交替进行。尿液由深黄色逐渐变成棕黄乃至棕红色，即所谓的"茶色尿""血尿"。继之，眼结膜贫血苍白。起立困难，后躯无力，步态蹒跚，盲目游走。后期全身贫血，皮肤苍白，有的发黄，眼结膜黄染，呼吸极度困难，常呈复式呼吸，甚至呈现犬坐姿势。有的出现磨牙、空嚼、步态不稳、有的卧地四肢划动、转圈或抽畜等症状。两后肢麻痹或昏睡不起，排暗红色或酱油色尿液，最后体温急剧下降，全身衰竭而死。怀孕母猪则发生流产或死胎。个别不死的病猪变成僵猪。使用抗生素类、抗病毒类和解热类药，均不奏效，有时可暂时退热，但很快又复发。

（三）病理变化

尸体严重贫血，皮肤苍白，皮下脂肪黄染。鼻端、耳尖、尾端、四肢内侧及胸前、腹部有大片蓝紫红色瘀血斑，并有小点出血。眼结膜苍白黄染，血液稀薄，凝固时间延长。皮下脂肪黄染。胸、腹腔、心包积液。病程长的胸、腹腔积液混浊。心肌发白而柔软。肺水肿，呈暗红色，有出血点。全身淋巴结水肿，切面外翻，有灰白色或灰黄色小点。肝脏肿胀、黄染，有粟粒大灰白色坏死灶及出血点。胆囊肿大。脾脏肿大质软。肾呈黄褐色，有针尖大的出血点和灰白色小点状坏死灶。肠黏膜瘀血、糜烂、脱落，并有出血斑点。膀胱有出血点。

（四）实验室诊断

经实验室检验，诊断为附红细胞体与弓形虫的合并感染。

（五）防控措施

1. 治疗

抗菌消炎、解热镇痛，抑杀血原虫和立克次氏体。对症治疗，辅助治疗。同时喂电解多维或补液盐。

（1）贝尼尔。按 5～7mg/kg 体重，用灭菌注射用生理盐水稀释成 5% 溶液分点深部肌内注射，每隔 24 或 48h 一次，一般用药 2～3 次即可，病情严重的可间隔 3～5 天后再用药 3 次。为避免和减少贝尼尔的毒副作用，在用药前应肌内注射 10% 安钠咖或 10% 樟脑磺酸钠 2～10mL。对体质差的病猪，可先静脉注射 10% 葡萄糖 20～500mL，加入 10% 安钠咖 2～10mL，但应用贝尼尔时，不能同时使用安乃近，否则将大大降低贝尼尔的药效。

（2）用 1% 敌百虫溶液喷洒猪体和猪舍，1 次/天，杀灭媒介吸血昆虫。5～7 天后改为间隔 3～5 天使用一次，环境和走道可用灭害灵喷洒。同时注意灭鼠。

2. 预防

猪场一旦发现此类病例，应对整个猪群采取综合预防措施，消除隐患，减少损失。

（1）在吸血昆虫活跃的夏秋两季，用 1% 的敌百虫水溶液对猪舍及猪体喷雾，每隔

5~7 天 1 次，杀灭媒介吸血昆虫。同时用 5% 贝尼尔，按 3~4mg/kg 体重，深部肌内注射，每隔 15 天 1 次，也可用金霉素 48g/t 拌料，或用金霉素饮水，连用 7~10 天。每隔 1 个朋用 1 次。可有效地预防附红细胞体病。

（2）预防弓形虫病的主要措施是严禁猫出入饲养场、饲料库，防止猫粪污染饲料、饮水。经常扑灭饲养区老鼠。对已发生弓形虫病的猪场，采用强力弓焦灵 1 片/30kg 体重，口服，1 次/天，连用 3 次，作紧急预防，可收到良好效果。

（3）定期驱除体内外寄生虫，夏季注意通风降温，医疗器械要严格消毒。

五、生猪"高热综合征"

生猪在高温季节发生以持续高热、不食、呼吸困难、皮肤发红、发白或发绀等为主要特征的猪病，统称猪"高热病"或高热综合征。

（一）表现类型

1. 单一病因引起的生猪"高热病"

引起猪"高热病"的单一病因主要是猪繁殖与呼吸综合征（猪繁殖呼吸综合征、俗称猪蓝耳病），本病分为普通猪蓝耳病和高致病性猪蓝耳病，属二类动物疫病。此外，猪瘟、猪链球菌病、猪圆环病毒病、猪附红细胞体病等也可成为生猪"高热病"的单一病因。

高致病性猪蓝耳病是由猪繁殖呼吸综合征病毒变异株引起的一种急性高致死性猪病。仔猪发病率可达 100%、死亡率可达 50% 以上，母猪流产率可达 30% 以上，育肥猪也可发病死亡。

（1）症状表现。主要感染母猪和仔猪，猪群突然发病，体温升高，达 41℃ 以上；精神沉郁，食欲下降或废绝；眼结膜炎或眼睑水肿；咳嗽、气喘等呼吸道症状；皮肤发红，耳部发绀，腹下和四肢末梢等处皮肤呈紫红色斑块状或丘疹样；部分病猪出现后躯无力、不能站立或共济失调等神经症状；妊娠母猪发病后，出现流产、死胎、弱仔或木乃伊胎，产后无乳，母猪流产率可达 30% 以上。1 月龄以内仔猪感染后，发病率较高、死亡率可达 30%。成年猪也可发病死亡，但较轻。

（2）剖检病变。剖检可见肺水肿、出血、瘀血；扁桃体出血、化脓；脑出血、瘀血，有软化灶及胶冻样物质渗出；心肌出血、坏死；脾脏边缘或表面出现梗死灶；淋巴结出血；肾脏呈土黄色，表面可见针尖至小米粒大出血斑点；部分病例可见胃肠道出血、溃疡、坏死。以上病变随猪的个体差异、病程不同而有所不同。

2. 混合病因引起的猪"高热病"

引起生猪"高热病"常见的混合病因中，多以高致病性猪蓝耳病、猪瘟、猪圆环病毒病、猪附红细胞体病等多种病原混合或继发感染。疫情所到之处，养猪户损失严重，这也是猪"高热病"的严重危害所在。

混合病因引起的生猪"高热病"的症状及病变各有其自身的特点。

（1）混合感染猪瘟的病例。耳根、腹下皮肤发红有出血点，粪干、尿黄、鼻盘干燥。病死猪解剖：喉头气管有出血点，肾贫血或点状出血，呈沟回状结构，淋巴结出血，脾脏出血性梗死，肠道坏死性炎症，有的形成溃疡，膀胱黏膜有出血点。

（2）混合感染猪圆环病毒病的病例。主要表现为断奶仔猪多系统衰竭综合征（断奶后多系统衰弱综合征）。皮肤苍白、渐进性消瘦、生长发育受阻，体重减轻，还有以呼吸困难、咳嗽为特征的呼吸器官障碍，体表浅淋巴结肿大，部分病例可见皮肤、可视黏膜黄疸，下痢和嗜睡。剖检：体况较差，有不同程度的肌肉萎缩，淋巴结异常肿大，切面坚硬呈均匀的苍白色，肺脏肿胀，坚硬似橡皮，肝脏发暗、萎缩；肾脏水肿、苍白。

（3）混合感染猪附红细胞体病的病例。皮肤或毛孔上有出血点，有的病猪血液稀薄、凝固不良。

（二）防治措施

由于引发生猪"高热病"的病原复杂多样，且传播快、危害严重，目前尚无特异的治疗方法，养殖户为减少损失可使用下列方法。

退热、消炎、抗病毒，防止继发感染。同时应避免滥用抗生素或乱用疫苗或滥用皮质激素、退烧药等。对发病猪进行对症治疗，以口服用药为主，尽量减少肌注用药，以减少应激和药物性免疫抑制、免疫麻痹。因本病常引起继发感染，可有针对性地使用抗菌素或抗病毒类药物控制继发感染，推荐使用的抗菌药物如：林可霉素+壮观霉素、泰妙菌素、替米可星、强力霉素、阿莫西林等；抗病毒可使用黄芪多糖等，连用7～10天，重症病猪结合使用猪干扰素或猪转移因子等抗病毒生物制剂肌注，每天一次，连用3天，效果较好。

被感染母猪可在分娩前2周连用5～7天水杨酸钠或阿司匹林（产前7天停药）等抗炎性药物，以减少流产。

高抗体的初乳或抗血清有一定的治疗效果。大群猪用土霉素预混剂或黄芪多糖预混剂等拌料连用5～7天，用于预防或防止并发或继发感染。

当周围地区发生疫情时，及时用高致病性猪蓝耳病疫苗、猪瘟疫苗、链球菌疫苗、伪狂犬疫苗等进行紧急免疫，并在紧急免疫后21～28天进行一次加强免疫。有猪瘟表现时，大猪用10头份、仔猪用5头份的猪瘟单苗进行猪瘟的预防注射。

对混合病因引起的生猪"高热病"病例，除采取退热、消炎、抗病毒、补充营养及加强圈舍的消毒卫生等综合性防治措施外，对怀疑感染猪附红细胞体病时，配合血虫净（贝尼尔）或磺胺六甲氧嘧啶或强力霉素针剂等进行肌注治疗。有猪瘟感染的病例，在进行药物治疗的同时，大猪用10头份、仔猪用5头份的猪瘟单苗（最好是脾淋组织苗）进行紧急预防注射。有链球菌感染的病例，可选用高敏抗菌药物进行紧急给药，抗菌药物可选用四环素、恩诺沙星或氧氟沙星以及头孢类药物等。如有反复的病例，即应重复治疗5～7天。

连续一个疗程不间断的治疗，治愈率高，复发率低。有的养殖户，治疗1～2天，症状消失即停药，停药后又复发，反反复复，死亡率增加。

重症病例，配合使用猪干扰素、免疫球蛋白、转移因子等特殊抗病毒药物，效果更好。

六、猪赤霉菌毒素中毒和巴氏杆菌的混合感染

（一）临床症状

病猪表现精神沉郁，食欲减少或废绝，呕吐，拉稀，畏寒打堆，小母猪阴户红肿，阴道黏膜充血、分泌物增加，阴唇哆开，有的体温 40.5~42℃，呼吸困难，以腹式呼吸为主，呈犬坐姿势，咽喉红肿、坚硬、发热，阵发性咳嗽，可视黏膜发绀，耳、颈及腋部皮肤出现红色出血斑点，病程 3~4 天，有的病猪未见明显症状，晚间突然死亡。

（二）病理变化

外观病死猪尸体，可见有的腹部、颈部、耳后和四肢皮肤发紫，有大小不等的红色斑点，有的阴户肿大。剖检可见血液呈暗红色，凝固不良，胸腔内有大量的纤维素渗出物，积液暗红色，胸肺粘连，肺水肿，切面呈大理石样，喉头肿胀、出血，气管与支气管内充满气泡液体，肝脏淤血、肿大，脾脏肿大呈蓝紫色，淋巴结肿大、充血。心内外膜有出血点，胃及膀胱黏膜有出血点。有生殖器官病变的猪，阴唇、阴道壁显著水肿。

（三）实验室检验

（1）将引起发病的饲料放在 0.1%升汞溶液内浸泡 2min，消毒外表，再在蒸馏水中洗涤 3~4 次，并立即插置于马铃薯葡萄糖琼脂平板上，置 25~26℃恒温箱内培养 3~4 天后，取菌落镜检可见有镰刀型赤霉菌分生孢子。

（2）无菌取病死猪的肝、脾、淋巴结、心血作涂片，革兰氏染色后镜检，可见呈革兰氏阴性两极浓染的短小杆菌，确定为巴氏杆菌。

（3）在无菌操作下采取病死猪的肝、脾、淋巴结、心血接种于血液琼脂平皿在 37℃恒温箱中培养 24h 后观察，结果在血琼脂上形成淡灰色、圆形、湿润露珠样小菌落。从典型菌落勾菌制成涂片，革兰氏染色镜检，见到呈革兰氏阴性两极浓染的短小杆菌。

（4）生化试验结果，可分解葡萄糖、蔗糖、果糖、单奶糖和甘露糖，产酸不产气。不能分解鼠李糖、乳糖。靛基质反应呈阳性，硫化氢试验用醋酸铅纸条法阳性，石蕊牛乳无变化，不能液化明胶。

（四）防治

（1）立即停止饲喂原有霉变的饲料，改喂新鲜日粮，同时对圈舍及食槽等用具进行彻底的清洗和消毒。

（2）全群猪日粮中添加适量的抗生素如氟苯尼考等，连用 3~4 天。

（3）对病情严重的猪要对症治疗，强心、利尿、解毒。静脉注射安钠咖、20%~50%葡萄糖，同时喂以绿豆浆，辅以中药茵陈汤进行综合治疗。

（4）消化机能紊乱的猪，待中毒症状缓解后，内服胃蛋白酶、酵母片等助消化药。

七、猪附红细胞体病与蓝耳病混合感染

猪附红细胞体病与猪蓝耳病混合感染，以急性高热、黄疸，食欲减退或废绝，咳喘，中后期母猪流产、产死胎、木乃伊胎，不同年龄猪皆发生呼吸综合征及皮肤变色，死亡率很高等。

（一）临床症状

1. 母猪

（1）急性。持续高热、昏睡、体温40~41.5℃，心跳加快（130~160次/min），呼吸困难（30~60次/min）咳、气喘、粪干带黏液血丝，传染迅速，怀孕母猪用抗生素治疗，效果甚微，用九一四药物治疗有效。当体温下降后，3~5d开始流产，猪呼吸困难症状稍有减轻，产死胎、木乃伊胎率达20%~25%，产后仔猪发病率高，成活率低，常常窝断奶后仔猪仅余1~2头。

（2）慢性感染。猪体质差，黏膜苍白，黄疸消瘦，咳嗽，部分腹式呼吸，发情推迟或屡配不准，尤以猪场母猪极为突出，随着病情延长，猪四肢、耳部发绀，出现蓝紫色，从耳肩部开始，逐渐蔓延全身变色。哺乳母猪泌乳减少，甚至无乳，加快仔猪死亡，特别是产后1周内死亡率明显增高，可达40%~80%。如无加强护理，可导致母猪病状加重、死亡。

2. 架子猪

临床表现轻度流感症状，厌食、沉郁、贫血。4~5天，出现轻度黄疸，体温41℃以上，后期咳喘，四肢发绀，双耳背面边缘及尾部出现青紫色斑块，发病率为10%左右，死亡率50%左右，且7~10天死亡率最高。

3. 公猪

发病率低，2%~10%，厌食，呼吸加快，消瘦，病程稍长，部分瘫痪，四肢及腹下皮肤发绀，全身蓝紫色，局部水肿，以关节、肩部尤为明显，精液稀薄，镜检死精多，精子密度低，活力下降，成年公猪病死率较低，瘫痪猪往往继发链球菌混合感染、病情加重。

4. 仔猪

病情常常较重，初生仔猪贫血，轻度黄疸、发热、扎堆、拉稀，个别很快死亡，以2~28日龄猪症状最明显，死亡率最高可达85%。随着病情的发展，仔猪皮肤由苍白到轻度黄染，后期青紫发绀，胸腹壁内侧尤为明显，眼睑苍白水肿，呼吸困难，咳喘尤为突出明显，个别猪口鼻奇痒，摩擦圈舍栏壁，抗生素治疗有一定疗效，6周龄断奶仔猪僵猪比例大，发育迟缓。

（二）病理解剖

可视黏膜苍白，全身不同程度黄染，皮下水肿，死胎胸腔内存大量清亮液体，1月内病死仔猪，肺前叶边缘普遍有灰色肝变病灶；切开气管，内部充满泡沫状物；肺门淋巴结肿大，肺间质明显增宽，部分猪有渗出性肺炎或大叶性肺炎，个别严重者，肺边缘有红色肉变区。肝肿大变性，棕黄色，全身淋巴结肿大，切面有出血斑点；肾脏肿大变软，个别显蓝紫色，结肠内容物稀薄。

（三）诊断

鲜血镜检，取病猪耳静脉血滴于载玻片上，加上生理盐水稀释加盖玻片，油镜观察，在红细胞表面，边缘及血浆中可见到球形、杆状的病原体。

从高热病猪耳静脉取鲜血少许、涂片用吉姆萨氏染色，油镜观察可见到数个圆盘状、球状，环形淡紫红色的猪附红细胞虫体。

蓝耳病（猪繁殖呼吸综合征）仅根据临床症状、解剖无法确诊。采用 ELISA 试剂盒进行检测，快速、灵敏、方便、自动显示结果。

（四）防治

贝尼尔 10mg/kg 体重配成 2% 溶液，肌内注射，每日 1 次，连用 2 天。九一四，10~15mg/kg 体重，肌内注射，48h 后重复 1 次。病重，病长者加注维生素 B_{12}，牲血素。猪场用土霉素 600g/t，拌料，连喂 7 天或附红优 1 000g/t，混匀，用 10 天之后改为半量，连用半个月。

规模化养猪场和养猪大户在后备母猪，哺乳母猪配种前 2~3 周，肌内注射猪繁殖呼吸综合症疫苗 1 头份，其所产仔猪，14~18 日龄，每头接种疫苗 1 头份体弱者不接种。实践证明，断奶猪 2~3 周龄接种疫苗可有效控制呼吸症状；后备猪 18 周龄，配种前 60 天，接种疫苗可有效控制呼吸症状。

八、猪蓝耳病与猪伪狂犬病混合感染

猪群中出现以发热、呼吸困难、皮肤发红变紫为主的发病症状，其发病率高达 50%、死亡率达 30%。

（一）临床症状

病猪的临床症状表现为无食欲，发热，气喘，流鼻涎，耳朵、四肢、腹部有紫斑，体温高达 41~42℃，持续几天后逐渐下降，畏寒，其间每天都有病猪死亡。

（二）病理变化

主要病变表现为肺肿大，间质性肺，肺组织白色、气肿，部分有纤维素性渗出物，肺门淋巴结肿大，有的出血、脓肿；肝脏肿大，颜色变浅、呈土黄色，质脆；肾有瘀血；脾肿大；肠系淋巴结肿大、瘀血、出血。

（三）实验室检验

抗体检测：采用 ELISA 方法分别检测猪蓝耳病抗体、猪伪狂犬病（野毒）抗体，结果阳性。

综合猪只发病情况、临床检查、剖检病变及实验室检验结果，确诊混合感染猪蓝耳病（即猪呼吸与繁殖障碍综合征）及猪伪狂犬病。

（四）防治措施

在饲料中添加复合广谱抗菌素；重症病猪肌内注射盐酸林可—壮观霉素注射液，0.1mL/kg，每天 1 次。

九、猪瘟和猪繁殖与呼吸综合征混合感染

（一）临床症状

病猪体温升高，达 42℃；整个耳部发绀，呈蓝紫色，边缘外翻，有一层坏死干燥痂皮；鼻镜干燥，有结痂脱落；大多数病猪四肢皮下、臀部皮肤有明显出血；部分猪站立、行走步态不稳，颤抖，弓背；明显的腹式呼吸，喘气，呼吸困难；病猪消瘦，先便秘，粪便呈算盘子状，后呈水样腹泻；病猪基本停止采食；公猪有包皮积尿现象。

（二）病理变化

脾脏边缘有明显的梗死灶，但不肿大；肾脏被膜下有密集的针尖状出血点，肾脏切面弥漫性出血；腹股沟淋巴结、肠系膜淋巴结出血明显；膀胱内膜有散在的出血点；胃底出血，呈血红色；回盲瓣有纽扣样坏死；肝脏无明显病变；心包积液，心冠脂肪有出血点；肺脏间质增宽，出血、肉样变严重，气管内有大量的乳白色干酪样物质。

（三）实验室诊断

采集病变明显的肺脏、脾脏、肾脏、淋巴结等组织，采用 RT-PCR 或 PCR 检测方法，检测结果为猪瘟病毒和猪繁殖与呼吸综合征病毒阳性，其他病毒检测为阴性，细菌分离未发现相关致病菌。由此可以确定是由猪瘟病毒和猪繁殖与呼吸综合征病毒混合感染。

（四）处理措施

首先，将病猪和假定健康猪立即隔离饲养，对猪圈冲洗干净后用 2% 氢氧化钠溶液水彻底消毒，喷洒 30min 后清水冲洗，再将猪只放回圈内；对场区道路用生石灰铺撒；严禁工作人员不做鞋底消毒就进入猪圈的现象；每天用季铵盐类消毒剂带猪消毒 1 次。其次，对病猪注射地塞米松退烧，饲喂流食，以恢复其食欲，注射抗生素以防止继发感染，同时注射猪用干扰素连用 3 天。对假定健康群注射猪用干扰素，连用 3 天；所有猪群饮水中添加黄芪多糖，提高猪群非特异性免疫力。

十、猪副嗜血杆菌和多种病原混合感染

哺乳仔猪和保育阶段的小猪持续发生以体温升高、关节肿胀、跛行、消瘦和被毛粗乱、咳嗽、呼吸困难、皮肤发红或苍白、厌食、嗜睡和神经症状、下痢为主要特征。

（一）临床症状

猪只发病快，病猪精神沉郁、食欲不振甚至废绝，眼睑水肿、眼角分泌物增多，体温升高（40.5~42.5℃），部分腕关节和跗关节明显肿胀、跛行，呈腹式呼吸，咳嗽，部分出现呼吸困难；病猪喜卧，不愿站立，行走缓慢或呈犬坐样，腹股沟淋巴结肿大；部分病猪耳梢发绀，四肢及腹部皮肤发红；部分病猪出现下痢、皮毛苍白贫血，尿液颜色加深；可视黏膜发绀，随之死亡，临死前病猪共济失调，呈角弓反射，部分出现转圈、四肢呈划水状运动等神经症状，也有部分患猪无任何症状突然死亡。

（二）病理变化

以全身多发性浆膜炎为特点，多量的化脓性纤维蛋白渗出物覆盖在腹膜和胸膜上，呈浆液性或纤维素性胸膜炎、腹膜炎、心包炎（纤维素性渗出物形成的"绒毛心"）、关节炎（尤其是跗关节和腕关节）、部分可见脑膜炎，尤其以心包炎、胸膜肺炎的发生率最高，胸腔、腹腔积液，心包液和关节液均增多，积液呈淡黄色，有的呈胶陈状；肺脏上覆盖一层纤维素性渗出物，部分肺心叶、尖叶和中间叶的腹面有肉变或虾肉样实变肺瘀血、间质增宽，呈暗红色大理石样外观，气肿、水肿，充血、出血呈肝变，小部分肺脏甚至出现脓肿坏死等病变，肺与胸膜粘连，肺叶切面有红色液体渗出，部分肺苍白萎缩；腹腔脏器与腹膜粘连；部分病死猪肝脏肿大易脆，胆囊肿大；脾脏肿大、边缘有小锯齿状突起，肾脏肿大出血，或有白色坏死灶，肾皮质出血，乳头有出血点；膀胱充血，黏膜有少量针尖状出血点，尿液潴留；胃无内容物，胃底充血；全身淋巴结肿大，特别是腹股沟、肠系

膜和肺门淋巴结肿大较明显，切面湿润，充血、出血或呈灰白色，扁桃体充血。

（三）实验室诊断

无菌采集发病猪的肺组织、心、肝、心包液、胸水和关节液、全血、脾、淋巴等样品用于检测。

猪蓝耳病（繁殖与呼吸综合征）病毒、伪狂犬病毒、猪圆环病毒 2 型采用分子生物学诊断（RT-PCR）方法检测；

猪蓝耳病病毒另外采用基于血清学试验的免疫过氧化物酶细胞单层测定法（IPMA）、中和试验（SNO）、间接免疫荧光试验（IIFT）等进行诊断。

猪瘟病毒采用酶联免疫吸附试验（ELISA）方法检测。

细菌、支原体培养分别采用鲜血琼脂和巧克力平皿、液体培养基培养，分离到细菌用生化试验鉴定。

弓形体、附红小体的检测分别采用脾触片和血涂片进行检查。

饲料霉菌毒素采用 ELISA 方法检测，主要检测黄曲霉素、玉米赤霉烯酮和伏马酸 3 种毒素。

结合发病情况、临床症状、病理剖检，诊断为猪副嗜血杆菌和其他细菌、病毒和肺炎支原体混合感染，病毒为猪蓝耳病病毒、猪圆环病毒 2 型，细菌主要为猪副嗜血杆菌、猪链球菌、巴氏杆菌，饲料中霉菌毒素的含量严重超标。

（四）控制措施

（1）针对猪群的发病特点，重新调整免疫程序。

（2）及时隔离病猪，防止病猪与健康猪的接触传播，同时采用大剂量的抗菌药物进行治疗。

（3）根据药敏试验的结果，选择对细菌和支原体敏感的药物。

一是 30%复方氟甲砜霉素注射液或 2.5%恩诺沙星注射液，均按 0.3mL/kg 体重，肌内注射，连用 5d。

二是头孢噻呋钠注射液，肌内注射，0.2mL/kg 体重，30%复方氟甲砜霉素注射液，按 0.3mL/kg 体重，分开肌内注射，每天 2~3 次，连用 3~5 天。

三是对关节肿胀严重的猪用组合药物（头孢类抗生素+氨基比林+维生素 C+地塞米松）直接注射到关节腔内，连用 3 天；同时对暂未发病的猪应同时用药，全群猪只每吨饲料中添加 20%替米考星 500g/t+10%氟苯尼考 500g/t+强力霉素 300g，连续使用 14 天，饮水中加入洛美沙星或环丙沙星，多种维生素等让猪自由饮用。

四是仔猪出生 7 天后至断奶后 3~5 周：每吨饲料中添加 20%替米考星 300g/t+10%氟苯尼考 500g/t+强力霉素 300g。

五是母猪产前 7 天至产后 7 天：饲料中添加 10%氟苯尼考 400g+2.5%洛美沙星 1 000g，连续饲喂 14 天。母猪分娩后 8h 内（或产出 4~5 头仔猪后），肌内注射长效土霉素 10mL。

（4）坚持 1 天消毒 1 次，同时保持栏舍通风，适当降低饲养密度，减少应激。

十一、猪圆环病毒与肺炎支原体混合感染

(一) 发病情况

临诊可见死亡猪体型消瘦，体毛粗长杂乱，皮肤苍白，皮肤上多处地方有圆形或不规则的粉红色隆起病灶，病灶中央有一小黑色结痂点。其症状均为厌食、渐进性消瘦，皮肤上有圆形或不规则形皮炎或溃疡，咳嗽，体温正常。按照一般性皮炎、猪丹毒用药，结果收效甚微。阴雨、气温大幅度降低后，病情明显加重。用抗附红细胞体的药物附红优等治疗，虽取得一些疗效，但未从根本上控制疫情发展。

(二) 临床症状

病猪精神沉郁，体型消瘦，食欲不振、厌食。呼吸困难，呈腹式呼吸，每分钟20次以上，张口喘气，阵发性咳嗽，上午进食后较为严重，干咳，咳声不扬。被毛蓬松，皮肤苍白，在后驱和腹部皮肤上有多处圆形或不规则形的病灶，病灶隆起，周边呈淡红色或暗紫色，中央有一个微黄色米粒大小的小水疱或黑色结痂点，严重者病灶连接成片。大部分病猪腹股沟浅淋巴结肿大，个别病猪有发热现象，但体温升高幅度不大，多保持在39.0~41.0℃。

(三) 病理变化

肌肉略为萎缩，皮肤苍白，个别病猪有黄疸现象，胸腔有少量积液；肝脏颜色暗紫，质地较硬，肝小叶间结缔组织增生，肝小叶变小；脾脏肿胀，发生肉样变；肾脏肿大或缩小，呈苍白色或淡黄色，被膜下有灰白色病灶；肺呈不同程度肿胀，心叶、尖叶、中间叶和隔叶前缘，呈"肉样实变"；胃溃疡；心、胰、肠等也可见炎症、出血或坏死等病变；淋巴结肿大，外表充血或出血，切开后剖面呈灰白色，肺门淋巴结和纵隔淋巴结更为突出。

(四) 实验室检验

用无菌法采取病死猪肺、脾、肝组织、病变淋巴结等送实验室做聚合酶链式反应 (PCR) 试验。结果为阳性，病原为圆环病毒2型。间接血凝试验 (IHA)，结果也为阳性。采取病死猪的肺、肝组织和肺门淋巴结进行血清学检查，抗肺炎支原体IGM>1：8，为阳性。根据流行病学特点、临床症状、典型的病理解剖变化和实验室检查结果，诊断为猪圆环病毒与肺炎支原体混合感染。

(五) 防控措施

将患病猪、疑似患病猪、健康猪按群分别圈养于符合动物防疫要求的相对独立的不同圈舍。尤其注意将病猪隔离于不易散布病原体而又便于诊疗和消毒的地方，以防疫病的传播和扩散。将已病死的猪尸体进行销毁或无害化处理，彻底清扫、洗刷圈舍、工具，将粪尿、垫草、饲料残渣等及时清除干净。洗刷猪被毛，除去体表污物及附在污物上的病原体。对清扫出的垃圾、被污染的垫料及废弃物等进行集中销毁，同时选用广谱消毒剂对整个猪场进行彻底喷雾消毒。第一周1天2次，第二周开始1天1次，直至所有的病猪康复，30天后再彻底消毒1次。

用干扰素1~20万单位/（kg体重·天)，肌内注射，1天1次，连用3~5天；或用转移因子，2~4mL/（头·次)，前大腿内侧皮下注射，1天1次，连用4~5天。强的松30~

40mL/（头·天），混料饲喂。黄芪多糖注射液 0.2~0.3mL/kg 体重，肌内注射，第 1 天 2 次，以后 1 天 1 次，连用 3~5 天。也可选用其他抗生素和磺胺类药物，如丁胺卡那霉素、磺胺对甲氧嘧啶、新诺明等。咳嗽剧烈者用可待因 20~30mg/kg 体重，肌内注射，1 天 2 次。

十二、猪蓝耳病、圆环病毒病、伪狂犬病等混合感染

（一）临床症状

临床、断奶、育各种年龄阶段的猪均有发病，母猪发病后同窝仔猪相继发病，且死亡率极高，发病初期病猪体温升高至 40~41.5℃，食欲下降，精神沉郁，粪便干燥呈球状。尿少赤黄，采用抗生素治疗体温下降。病情好转后又反复发作。病程长则体温下降。粪便干燥表面有黏膜，停食。病程后期耳尖、四肢末端及下腹部皮肤发红弥漫性出血、发紫。有的病猪表现出四肢惊挛、转圈。濒死期四肢划水样运动，个别病猪出现呕吐症状。母猪首先发病。体温 41℃左右，不食，2~3 天后流产。断奶仔猪不吃，死亡。仔猪发病 4~5 天后架仔猪开始发病，体温升高约 41℃，病程反复，病程较长，耳尖、四肢末端及下腹部皮肤发红、发紫。

（二）剖检变化

全身淋巴结，特别是颌下淋巴结、腹股沟淋巴结肿大，有的充血出血，切面呈红、白相间的大理石样病变；肺部肿胀，间质增宽，有出血斑或出血点；个别喉头有针尖状出血点；心耳、冠状沟针尖状出血；肝脏质地变硬、表面有白色坏死灶和出血点。脾脏梗死、边缘有出血点。肾脏黄染，表面有针尖大小出血点。小肠出血，回肠、大肠有大小不一的溃疡，胃底弥漫性出血，有的严重溃疡。部分猪膀胱有出血点。

（三）实验室诊断

进行病原学检测，结果猪繁殖与呼吸综合征病毒（变异株）核酸阳性。猪血清以酶联免疫吸附试验（ELISA）检测，结果抗猪繁殖与呼吸综合征病毒抗体、猪圆环病毒 2 型抗体、部分血清抗伪狂犬病病毒野毒（gE）抗体阳性，部分血清抗流感病毒（H1N1）抗体为阳性。部分血清抗猪细小病毒抗体为阳性。

根据临床症状、病理解剖、实验室检测结果综合判定：主要由猪繁殖与呼吸综合征病毒和猪圆环病毒 2 型引起。有的分别伴有伪狂犬病病毒、猪细小病毒、猪流感病毒（H1N1）等混合感染。

（四）防治

立即隔离病猪和同群猪，强制限制猪只移动；对病、死猪及其污染物等进行无害化处理。禁止宰杀、食用病死猪；对圈舍和环境进行全面消毒；轮换使用抗菌类药物进行辅助治疗，以控制细菌性继发感染。另外，使用黄芪多糖等免疫增强剂，采用解热镇痛、补充电解质和多种维生素等对症治疗措施。加强基础免疫。在做好猪瘟、口蹄疫等免疫的基础上。对未发病进行猪繁殖与呼吸综合征、伪狂犬病、猪细小病毒病等的免疫。加强管理。采取全进全出、自繁自养，育肥猪分开饲养，相对隔离。在高温季节，做好通风和防暑降温。提供充足的清洁饮水保持猪舍干燥和合理的饲养密度；减少猪群转群和混群次数。降低应激因素。不使用霉变和劣质饲料，保证充足的营养。

十三、猪蓝耳病、传染性胸膜炎症、附红细胞体病混合感染

（一）症状

高热稽留，体温41~42℃，咳嗽，食欲减退直至废绝，精神萎靡。眼周、耳、肛门发青，大便干燥、有黏膜样组织，呕吐，小便红褐色。个别猪耳尖、腹部发绀。用免疫球蛋白、青、链霉素、磺胺类药物、安乃近等药治疗后好转，停药后又复发。

（二）解剖变化

体表苍白，眼结膜苍白；心耳出血严重，心内膜有少量出血斑；膀胱有多量出血点；肺脏出血或瘀血；肝脏稍肿；脾肿大；回盲瓣有纽扣状溃疡；肠系膜淋巴结轻微出血；胃底黏膜有条纹状出血；小肠内积有多量粪球。

（三）实验室诊断

（1）取抗凝血或鲜血一滴加生理盐水置载玻片上，镜检红细胞被附红细胞体100%感染，红细胞呈齿轮状。

（2）猪瘟抗体检测。猪瘟抗体均为0。

（3）细菌培养。无菌取肝脏接种于血琼脂培养基上，37℃培养24h无细菌生长。

（4）送病料PCR检测，结果猪蓝耳病、传染性胸膜肺炎、巴氏杆菌病均为阳性。

通过以上试验可初步诊断为猪蓝耳病、猪传染性胸膜肺炎、猪附红细胞体病混合感染。

（四）防治措施

（1）紧急接种猪瘟疫苗。对体温正常猪每头接种猪瘟单苗，5头份/头；发病者肌注20头份，同时每头猪肌注蓝耳病灭活苗2头份。

（2）猪群用土霉素或氟苯尼考加黄芪多糖拌料，同时阿莫西林加电解多维饮水，病重者用氟苯尼考、磺胺-6-甲氧、维生素C、复合维生素B肌内注射，每天2次，连用3~5天。

（3）加强饲料管理，及时清除粪污，每天消毒一次。

（4）病死猪焚烧深埋，作无害化处理。

经过10天左右，病情基本得到控制。

十四、猪瘟与猪伪狂犬病的混合感染

（一）临床症状

公猪性欲不佳，食欲下降，睾丸肿胀，后备母猪返情率高，屡配不孕，妊娠母猪发生流产、早产、产死胎、木乃伊胎，其中以产死胎为主，有的母猪超过预产期1周分娩，有的弱仔生下后不停颤抖。

哺乳仔猪、断奶仔猪大量死亡，死亡率达90%以上，发病仔猪高热稽留，有脓性结膜炎、腹泻、耳后、腹部、四肢内侧等被毛稀薄之处出现大小不等的红点或红斑，指压不褪色，公猪包皮发炎，挤压时有恶臭混浊液体射出，有的同时伴有呕吐、兴奋不安、步态不稳、运动失调、全身肌肉痉挛、倒地抽搐或后退、转圈运动等症状。

（二）病理变化

患猪耳尖发绀或坏死；四肢内侧、腹下等处皮肤有散在暗红色大小不等的出血斑；内脏淋巴结肿大出血，红白相间，呈大理石状；喉头、肾脏、膀胱、心脏内外膜等处呈现不同程度的点状出血；脾边缘有出血性梗死；肺表面光滑水肿，有的脑沟积有出血性水肿液。

（三）实验室诊断

通过实验室诊断、兔体交互免疫试验可确定为猪瘟与猪伪狂犬病的混合感染。

（四）防控

（1）紧急接种。所有种猪群（包括后备公母猪）紧急接种猪瘟疫苗6头份，同时颈部注射猪伪狂犬灭活苗3mL/头，乳猪乳前超免2头份/头，7日龄肌内注射猪伪狂犬病灭活苗1.5mL/头，28日龄猪伪狂犬病灭活苗1.5mL/头加强免疫。

（2）栏舍每周2次彻底大消毒，全场灭鼠。

（五）值得注意的问题

（1）做好猪伪狂犬病和猪瘟的免疫工作。猪伪狂犬病毒通过破坏机体免疫系统而干扰猪瘟抗体产生，从而使正常免疫接种猪群中猪瘟整体抗体水平大幅度下降，易受猪瘟病毒的感染。因此在做好猪瘟防疫工作的同时，更应高度重视猪伪狂犬病的防疫工作。

（2）建议猪场最好使用猪伪狂犬灭活苗，至少在种猪群中使用灭活疫苗，而不使用弱毒疫苗，从经济承受能力方面考虑，可以对育肥用的仔猪使用弱毒疫苗。

（3）鉴于温和型猪瘟的发生，要定期进行猪瘟抗体水平的监测，根据猪群抗体水平的高低调整免疫程序。发生过猪瘟的猪场一定要认真做好超前免疫工作。

（4）对于不明原因的仔猪拉稀，体温在40℃以上，大量死亡的一定要及时进行实验室检验，确诊后及时强化免疫接种。

十五、猪瘟、伪狂犬病及猪链球菌病的混合感染

（一）临床症状

仔猪发病后出现发热、体温40.5~41℃、拉稀、四肢划动、呕吐和神经症状、耳朵、四肢末端及臀部皮肤发绀，经过5~7天死亡。临产母猪部分出现早产，部分到了预产期，产仔多为死胎，少数弱仔，有的活仔不能站产，颤抖。

（二）病理变化

对死胎和仔猪进行剖检：外观消瘦，被毛粗乱；耳朵、四肢末端皮肤发绀；部分脑软膜出血；颌下淋巴结发黄，切面黄白相间，有的为紫黑色；心内膜有少量针尖状出血点；肺脏心叶、尖叶和小叶气肿，胸膜水多；死猪血液凝固不良，呈紫黑色；肝脏黄染，有粟米白色坏死灶；脾脏边缘梗死，呈黑色，有的可见锯齿状样出血性坏死，中间有梗死斑；胃底黏膜有少量针尖状出血或溃疡；肾脏呈灰黄色或褐色，有弥漫性针尖状出血点，肾盂出血；肠系膜淋巴结棕黄色，水肿，回盲瓣有不同程度的出血或溃疡；膀胱少量出血点。

（三）实验室检验

根据实验室检验，病样中同时有猪链球菌、猪瘟病毒及伪狂犬病毒三种病原存在，再结合临床症状及病理剖检，诊断本病为猪瘟、猪伪狂犬病及猪链球菌病混合感染。

（四）防控措施

（1）扑杀病猪，消除传染源。对病死猪进行集中焚烧深埋，彻底对全场环境、猪舍、用具及排泄物消毒。

（2）新生仔猪实行猪瘟疫苗的超前免疫，在仔猪吮乳前 1.5h 进行，剂量 1 头份/头；对其他猪只则以 5 头份/头的剂量作紧急预防接种，加大免疫剂量，提高抗体水平。

（3）猪伪狂犬疫苗的全面免疫预防接种：由于 PRV 具有终生潜伏感染、长期带毒和散毒的危险性，且这种潜伏感染随时都有可能被应激因素激发而引起疾病的暴发，因此种猪群必须使用灭活苗，对公猪、空情母猪于配种前及怀孕母猪于产前 30 天免疫一次，剂量每头 3mL；1 月龄以上猪每次肌注 3mL，种用的 4~5 周后反复注射一次。

（4）不论大小猪一律肌注猪链球菌多价浓缩灭活疫苗 3mL/头。

（5）防止狗、猫等动物窜入场区，杜绝疫源。同时加强灭鼠，鼠是猪伪狂犬病毒的贮存和携带者，因此消灭老鼠对控制本病有重要意义。

（6）加强饲养管理，制定科学的免疫、消毒和药物预防程序，建立健全免疫监测制度，加强抗体水平监测。至少每半年一次，以便根据抗体监测结果，及时进行适时免疫和采取其他的措施，防控疫病的发生。

十六、猪流感继发附红细胞体

（一）临床症状

猪突然发病，同群猪几乎同时感染，甚至涉及全体。病猪体温升高达 41.1~41.5℃，有的高达 42℃。精神沉郁，食欲减退或废绝。行走困难，咳嗽，鼻流浆液性或脓性分泌物。排干粪，有的发生便秘。根据病情的发展，有的病猪皮肤发红，2~3 天后可视黏膜和皮肤变得苍白。此时有的病猪皮肤上有突出的圆形疹块，而后破溃结痂，皮肤、黏膜由白变黄，尿液呈浓茶色或棕红色，嗜睡，最后因虚弱衰竭而死亡。有些病猪经过选用抗病毒和清热消炎的药物进行治疗，大部分病猪的病情有了明显好转；但还有部分病猪后期出现全身皮肤黄染、尿血等症状，治疗不见效果，最后因衰弱而死亡。

（二）病理变化

对病死的猪进行剖检，其病理变化为喉头、气管、支气管黏膜充血、出血，大量泡沫样的黏液。肺病变区内充血、出血呈鲜牛肉状，与正常的肺组织有明显的界限；对肺病变区进行切片，可见有白色或红色泡沫状液体流出。结肠内有多量干硬的粪球。皮肤黄染的病死猪除了有上述病变外，黄染的皮肤与皮脂肪之间有的有大量红色的芝麻粒大小的了结节，单独存在，有一定的游离性。血液稀薄如水，心肌变软，心包液增加呈淡黄色。腹腔液体增加，肝肿大质硬，严重黄染，胆囊肿大，充满胶冻样胆汁。脾脏肿大变软，有的黄染，有的苍白。肾肿大、苍白或黄染，肾乳头出血。膀胱积尿，尿液呈浓茶状或血水样，黏膜苍白，有小点出血。

（三）诊断

将病料送实验室进行诊断，结合流行病学情况、临床症状及剖检病变确认为猪流感继发附红细胞体病。

（四）防控措施

（1）养猪场要求实行封闭式管理，外来人员和车辆禁止出入。

（2）对饲养场的圈舍、场地、用具等进行全面彻底地消毒。

（3）对病猪进行隔离治疗，同群健康猪用病毒灵加土霉素进行喂服，能有效地控制疫情的发生。

（4）对猪流感的治疗原则为抗病毒、抗菌、清热，再加上增强机体抵抗力的药物，联合应用，每日 2 次，连用 3~5 天。

一是青霉素、链霉素、安乃近混合注射，同时肌注维生素 C，用电解多维饮水。

二是对便秘的病猪喂人工盐进行轻泻，严重的用新斯的明配合维生素 B_1 进行肌注治疗。

（5）对继发附红细胞体病的病猪，在治疗流感的同时，可任选下列方法进行治疗：

一是长效土霉素按体重 20mg/kg 的剂量进行深部肌内注射，每天 1 次，连用 3~5 天。

二是血虫净按体重 5mg/kg 的剂量深部肌内注射，隔日 1 次，连用 2~3 次。

三是血虫清按体重 15mg/kg 的剂量滴注，每天 1 次，连用 3~5 次。

十七、猪附红细胞体病并发猪伪狂犬病、猪细小病毒病

（一）临床症状

猪场的猪大面积发病，病猪初期精神沉郁，被毛粗乱，食欲不振或废绝，体温稽留在 41~42℃。结膜初期苍白，后期黄染，皮肤发绀，贫血。患猪四肢末端、耳尖及腹下出现大面积紫红斑块，成为"红皮猪"。有些病猪气喘、呼吸困难，呈犬坐姿势。部分病猪先腹泻后干燥。空怀母猪表现不发情或屡配不孕，乳房、阴门水肿，妊娠母猪多发生流产。有的仔猪在出生后排黄白色稀便，一般在 1~10 天内死亡。急性感染的症状为持续高热 40~41.7℃，厌食，偶有乳房和阴唇水肿，产仔后奶量少缺乏母性行为。慢性感染的母猪身体衰弱，黏膜苍白及黄染，不发情或屡配不孕。

（二）剖检变化

典型的溶血性贫血及黄疸。黏膜苍白，血液稀薄，全身黄疸。溶血性黄疸为猪附红细胞体病的特征性病理变化。剖检个体表现为大面积瘀血，脂肪黄染；肌肉苍白，水肿；血液稀薄，凝固不良；胸腔、腹腔积水，心包积液；心内外膜有出血点，心肌松弛；肺水肿或肺实质性病变，缺乏弹性，有出血点或出血斑；肝肿大质脆，呈棕黄色，出血黄染，有的肝脏有黄色或灰褐色坏死灶；胆囊肿胀，内充满明胶样或墨绿色胆汁；脾肿大变软，色暗红有出血点；肾肿大，外观颜色发白，髓质可见有出血点；膀胱黏膜增厚，有少量出血点；胃底部黏膜充血、出血；小肠黏膜脱落，并有较多出血点；脑充血水肿，脑脊髓液增多，有时淋巴水肿。

（三）诊断

根据临床检查、病理剖检、送实验室检验，诊断为猪附红细胞体与猪伪狂犬、猪细小病毒混合感染。

（四）防控措施

（1）加强饲养管理。

注意环境卫生，定期消毒。饲料应营养全面。管理方面注重降暑防寒、防潮，减少不

良应激。这是预防该病和减少发病的重要措施。

（2）切断传染途径。

对养猪场夏秋季必须搞好消灭蚊蝇工作，严格控制吸血昆虫和疥螨的滋生，重视外科器械和注射器的消毒。

（3）要及时淘汰带有该病病原的母猪、

对患猪、猪舍、垫草和粪便、工具等要彻底消毒，无病畜也要搞好消毒工作。对病死猪要采取深埋或焚烧等无害化处理措施。

（4）治疗方案。

一是对症治疗。对病猪首先采取对症治疗，主要是解热镇痛、抗休克，可选用安乃近、地塞米松等。对重症母猪、种公猪可采取补液疗法，症状缓解后可暂停用药。

二是可选用新胂凡纳明、三氮脒（血虫净、贝尼尔）等制剂进行肌内注射，或用四环素类抗生素饲料添加及肌内注射，其中土霉素效果最好。添加土霉素的量至少要达到 600~800mg/kg，连用 2 周。考虑到该病的病程长、有反复，可按说明书要求治疗 1 个疗程后，间隔 3~4 天再治疗 1 个疗程。对一个疗程症状不见缓解甚至加重者应考虑是否继发感染其他疫病。

三是维持治疗。经上述治疗症状已消失的，可在饲料中适量添加土霉素碱和阿散酸，维持治疗 15~20 天。

四是综合疗法。在用药物治疗的同时紧急接种猪伪狂犬、细小病毒、蓝耳病三联疫苗，并加强饲养管理，饲料中添加维生素、微量元素。由于患病猪通常出现贫血，因此除应用上述药物外，还应配合注射铁制剂和复合维生素 B，以提高的抵抗力。对于初生仔猪和慢性感染的猪进行补铁。

五是对未发病的猪可在每吨饲料中添加土霉素粉 750g、阿散酸 250g，连用 7~15 天，以预防该病的发生。

六是对附红细胞体病及其伪狂犬、细小病毒混合感染，仅采取药物治疗效果不显著，且有复性，但与疫苗紧急接种同步进行效果较好。

十八、猪瘟和弓形体混合感染

（一）临床症状

体温在 40.5~42.5℃，高热稽留，呼吸困难，脓性眼屎，多呈腹式呼吸，严重者呈犬坐姿势，粪便干、硬、黑，被覆黏液，也有腹泻现象，耳后、腹下、鼻、四肢末端皮肤发绀，严重者全身皮肤都呈暗红色，并有小的出血斑点指压不褪色，尤其以腹下和耳背侧皮肤严重，病初耳、鼻、四肢皮肤发热，后期发凉，可视黏膜发绀。病猪有近 1/2 病例出现后躯麻痹，运动障碍等神经症状。

（二）病理变化

全身淋巴结肿胀、水肿、出血，切面红白相间大理石样变，有的淋巴结发生坏死，被膜及周围组织有黄白色胶冻样浸润，尤其是肠系膜淋巴结坏死严重；肾脏灰黄色，表面有麻雀蛋样出血点和灰白色高粱米粒大小的坏死灶；脾肿大，边缘褐色梗死；肠系膜、浆膜、膀胱、喉头、会厌软骨、心外膜、心冠脂肪及皮肤发生广泛性出血斑点；肺瘀血、出血、水肿，间质增宽，胶冻样浸润，肺小叶明显；肝脏肿大、瘀血、表面有灰白色坏死灶，肝小叶明显；胃底黏膜严重脱落、弥散性出血和斑点状出血；肠黏膜出血、溃疡；软脑膜瘀血、水肿，实质有小出血点。

（三）诊断

根据临床症状、病理剖检和病料是试验检查，以及应用土霉素治疗无效，确诊为猪瘟和弓形体混合感染。

（四）防控

（1）猪瘟疫苗5倍量全群紧急预防接种。

（2）发病猪肌内注射黄芪多糖和磺胺嘧啶注射液，磺胺粉全群拌料给药，连用5天，同时配合解热镇痛药物治疗。

（3）病猪隔离治疗，整个猪场用络合碘喷雾消毒，地面喷洒2%氢氧化钠溶液。

十九、断奶仔猪附红细胞体病继发副猪嗜血杆菌感染

（一）临床症状

病猪大部分呈急性表现，精神沉郁，体温升高达40.6~42.0℃，高热稽留，食欲下降或不食；全身皮肤发红，或耳、腹下、四肢先后出现紫斑，数天内死亡。有的病猪咳、嗽呈犬坐姿势，张口呼吸，表情十分痛苦。有的病猪体表皮肤发红或苍白，耳梢发紫，眼睑皮下水肿，行走缓慢或不愿站立，腕关节、跗关节肿大，共济失调，临死前侧卧或四肢呈划水样。有时也会无明显症状而突然死亡。少数呈慢性经过，食欲下降，咳嗽，呼吸困难，被毛粗乱，四肢无力或跛行，甚至衰竭而死亡。

（二）病理变化

剖检病死猪，大部分表现不同程度的胸膜炎和腹膜炎，浆膜表面有纤维素性渗出物，心包积液，肺表现有纤维素性渗出物覆盖，严重者心肺与整个胸腔粘连，呈化脓状，腹腔布满脓状物，切面均可见有脓汁流出。淋巴结肿大、出血或化脓。肾、十二指肠均有出血点，回盲口附近有轮层状溃疡；脾出血性梗死。出现关节肿大的病死猪，关节液混浊，严重者肉眼可见纤维素性渗出物，有神经症状死亡的出现脑膜炎等病变。有些病例全身性黄疸，皮肤及黏膜苍白，血液稀薄，肝肿大变性，呈黄棕色，胆囊充满胆汁，脾肿大变软，淋巴结水肿，胸腔、腹腔及心血包囊积液，心肌苍白、松弛。

（三）诊断

根据疫病流行特点、症状、剖检变化和实验室诊断，综合分析，最后确诊为断奶仔猪附红细胞体病继发副猪嗜血杆菌感染。副猪嗜血杆菌感染易与胸膜肺炎放线杆菌病相混淆，实验室诊断时应注意区别，最准确的诊断应通过病原分离鉴定。

（四）防控措施

（1）将猪舍内所有病猪赶往隔离舍饲养，对病情特别严重，无治疗价值、无饲养价值的要淘汰处理。

（2）猪舍每天用2%热氢氧化钠水消毒1次，环境每3天1次。

（3）改善猪舍通风，疏散猪群，减少密度。

（4）治疗时，采取附红细胞体和副猪嗜血杆菌病兼治的方针，全群投药阿散酸

200g/t 和阿莫西林 500g/t 加入饲料，连喂 7 天，停 3 天，再加喂 7 天。饮水中加入 100mg/L 泰乐菌素，连用 5 天直到症状消失为止。病情严重的采用贝尼尔注射液，长效土霉素、丁胺卡那霉素、地塞米松等肌内注射；关节炎严重的采用关节腔注射治疗。

二十、猪蓝耳病并发渗出性皮炎

（一）临床症状

猪群半数以上已发病，病猪全身污黑，皮肤上布满痂，将痂强行剥离后可露出红色的皮肤并有少量渗出物。皮肤还有龟裂形状。一些不十分消瘦的，发病时间不长的小猪，颈肩等部位用手摸时，可在手指上黏着一些似油脂样的液体。病猪皮肤有湿润感。认真观察病猪活动时发现它们并无痒感。少数病猪皮肤还有分散小红斑（出血点）。病猪眼睑肿胀和眼红，少数病猪出现震颤、转圈和歪嘴等神经症状。

（二）病理变化

解剖病变主要表现有：脑部有轻度充血水肿。肺部炎症表现为肿胀，有弹性，病灶分散，呈鲜红色到紫黄色。死猪肺部还有化脓灶，支气管有黏液和脓液。淋巴结水肿，呈灰黄色到紫黄色，病猪心包液、胸水、腹水略有增多且透明。

（三）诊断和防控

根据实验室结果诊断为蓝耳病并发渗出性皮炎，迅速采取的措施为：新断奶仔猪注射 PRRS 弱毒苗，发病小猪注射庆大霉素，用碘伏喷洒病猪全身皮肤，加强卫生管理和饲养管理等，发病数量明显减少，病猪逐日康复。

（四）鉴别诊断

（1）首先误诊为猪疥螨。

从病猪满身痂皮、消瘦和生长发育迟缓而认为是疥螨，先后用过螨净、敌百虫治疗，但病猪越治越多，死猪也未减少。

（2）曾怀疑是流行性仔猪副伤寒。

由于病猪皮肤大面积结痂，重病小猪严重腹泻，粪便呈糊状或水样，灰黄色，病猪极度消瘦和脱水，还曾怀疑发生了慢性仔猪副伤寒，因此较长时间投服土霉素、磺胺类药物等抗生素药物，效果不佳。

（五）值得注意的问题

（1）从该猪群的生产防疫记录来看，该猪群曾多次用 ELISA 检查猪群 PRRS 抗体均为阳性；仔猪成活率只有 80%，总料肉比偏高等，明显出现了 PRRS 的疑点；病猪出现病毒性脑炎、病毒性心肌炎和间质性肺炎等组织学变化，实验室诊断又不是患猪瘟和伪狂犬，而病猪眼、肺和淋巴特征又与 PRRS 相似；用 PRRS 苗注射后，疫病迅速得到控制，表明诊断为 PRRS 是成立的。

（2）从病猪皮肤结痂内均分离出大量纯葡萄球菌和具备典型临床症状看，该猪群还发生渗出性皮炎也是成立的。患 PRRS 的猪可引发许多细菌性疾病，其中也包括渗出性皮炎。

（3）将渗出性皮为误诊断为猪疥螨，应该说忽略了重要临床依据，猪疥螨是很痒的，而渗出性皮炎是不痒的。

二十一、猪圆环病毒、蓝耳病、链球菌、附红细胞体病的混合感染

（一）临床症状

患猪精神沉郁，体温 40~42℃，食欲减少，嗜睡，呼吸加快，体表淋巴结肿大，少数猪腹泻，关节肿大，不愿站立或行走，患猪病后期，全身黄疸，排茶色尿、酱油色粪便，病程 1~7 天。

（二）病理变化

病猪皮下脂肪黄染、水肿，腹股沟淋巴结、肺门淋巴结出血、肿大，肠系膜淋巴结实质性肿大并见化脓性病灶，胸、腹水增多，肺虾肉样变，呈紫褐色，肝小叶结缔组织增生，脾肿大，肾水肿，被膜有白色坏死灶，膀胱出血，心冠脂肪出血，胃黏膜剥落，回结肠壁变薄。

（三）确诊

根据实验室检验，检样中同时有圆环病毒 2 型、猪蓝耳病病毒、猪链球菌和猪附红细胞体病原存在，再结合临床症状腻主病理剖检，确诊本病为猪圆球病毒 2 型、猪蓝耳病病毒、猪链球菌和猪附红细胞体混合感染。

（四）防控措施

（1）病猪淘汰，死猪深埋或焚烧，消除传染源。全场消毒，包括环境消毒、人员消毒、饲料消毒、消毒及进入猪场车辆严格消毒。实行严格的全进全出饲养制度，减少猪圆环病毒 2 型和其他病原感染。若需引进外来猪，必须隔离饲养，经临床观察，实验室检测，确认无病后，方可进入生产区饲养，切忌多批猪混养在一起，本次种母猪发病即是将多批次猪混养后暴发此病的。

（2）改进猪场免疫程序，对全场猪（含商品猪）加强猪蓝耳病、猪链球菌的疫苗接种工作：肌内注射猪链球菌多价浓缩灭活苗 3mL/头，采用病猪组织灭活苗紧急接种等措施，疫情基本得到控制。猪圆病毒感染及猪蓝耳病，均为免疫抑制性疾病，且无特效药物，猪一旦感染会使猪体抵抗力下降，其他细菌、寄生虫易继发混合感染，造成病情复杂，而且也会表现其他继发疾病的临床症状，造成对病原性疾病的误诊，应引起注意。

（3）用血虫净，剂量按 1g/150kg 体重，用生理盐水稀释成 5% 溶液，分点肌内注射，每天 1 次，连用 3 天。

（4）蚊虫是猪附红细胞体病的重要传播者，夏季蚊虫较多，极易造成疫病的流行，消灭蚊蝇，减少蚊虫叮咬。搞好环境卫生，严格消毒，做好猪群药物预防，控制细菌继发感染，在饲料中添加土霉素、强力霉素添加剂，并用阿莫林配合饮水饲喂。

二十二、猪附红细胞体病与猪瘟的混合感染

（一）临床症状

病初，个别猪体温高达 40~41.5℃，高热稽留。厌食，战栗，步态不稳，随着病情发展，大部分猪发病，采食量下降，皮肤发红，胸腹下及四肢内侧尤甚。便秘，排出带白色肠黏膜的干硬粪球，有的猪拉来黑色稀粪。发病严重的猪双耳发绀、边缘有黑色坏死灶。眼结膜潮红并有脓性分泌物。包皮积尿，用手挤压可排出白色或黄色的混浊尿液。呼吸困

难，有气喘症状。后期病猪有的皮肤苍白或发黄。

（二）病理变化

腹下皮肤呈暗红色，皮下有黄色胶冻样浸润，心包积液，心外膜出血；肝肿大、发黄质硬，胆囊内胆汁充盈，黏膜有点状出血点；脾脏肿大 2~3 倍，淤血发紫，边缘有结节状的梗死灶；肺充血水肿，喉头、会咽弥漫性出血，气管内有多量的黄色分泌物；肾脏肿大、发黄，皮质有出血点及出血斑，肾盂出血；腹股沟浅淋巴结、颌下淋巴结、肠系膜淋巴结水肿、出血；胃黏膜脱落，有出血斑，盲肠、结肠黏膜有大小不等的纽扣状溃疡；血液凝固不良。

（三）诊断

根据临床症状、剖检病变及实验室检查结果，确诊为猪附红细胞体病与猪瘟混合感染。

（四）治疗措施

（1）肌注血虫净，剂量 1g/150kg 体重，每 48h 1 次，连用 2 次，病情严重者 3 次；同时肌注长效土霉素针，剂量按 1mg/10kg 体重，3 天后再注射 1 次；隔日肌注安痛定、地塞米松、复合维生素 B 注射液，用以辅助治疗。

（2）猪瘟疫苗紧急免疫接种，同时肌注白细胞介素，剂量 1mL/10kg 体重。

（3）饮水中加电解多维和口服补液盐。

（4）用药后期，视情况注射维生素 B_{12} 或牲血素。

（五）注意事项

（1）注射血虫净的同时，不要注射安痛定、安乃近等退烧药物，应隔日注射，否则影响疗效。

（2）发生附红细胞体病后，猪食欲减少或废绝，病情恢复较慢，所以饮水中应添加电解多维和口服补液盐，防止脱水并增强抵抗力。

（3）购进仔猪，不宜同时免疫接种猪瘟、丹毒、猪肺疫疫苗。特别是猪瘟疫苗应单独免疫，其余应隔周免疫。

（4）猪附红细胞体能直接分割红细胞，导致红细胞破裂崩解，造成机体免疫力下降，导致继发感染猪瘟等其他疾病。

（5）白细胞介导素能明显提高机体细胞免疫和体液免疫水平，增强免疫功能，可显著提高抗病能力，提高治愈率。

第六节　内寄生虫病

寄生虫病主要是指所有能够随食物或水源而感染的寄生虫相关疾病的总称，大致可分为体内寄生虫和体外寄生虫两大类。

体内寄生虫主要有蛔虫、鞭虫、结节线虫、肾线虫、肺丝虫等，这几种体内寄生虫对猪机体的危害均较大，成虫与猪争夺营养成分，移行幼虫破坏猪的肠壁、肝脏和肺脏的组织结构和生理机能，造成猪日增重减少，抗病力下降，怀孕母猪胎儿发育不良，甚至造成隐性流产、新生仔猪体重小和窝产仔数少等。

体外寄生虫主要有螨、虱、蜱、蚊、蝇等，其中以螨虫对猪的危害最大，除干扰猪的正常生活节律、降低饲料报酬和影响猪的生长速度以及猪的整齐度外，并是很多疾病的如猪的乙型脑炎、细小病毒、猪的附红细胞体病等的重要传播者，给养猪业造成严重的经济损失。

一、检测寄生虫的方法

一般业内认为检测最有效的方法有两种：第一种是蹭痒指数法，第二种是饱和盐水漂浮法。

1. 蹭痒指数法

用于体表疥螨的感染程度的检测和驱杀疥螨的效果检验。

蹭痒指数法指静止观察一群猪（不少于 20 头），在 10min 内总的蹭痒次数除以观察猪的头数。（20 头猪，10min 内总蹭痒次数除以 20，即为蹭痒指数）

（1）重度感染。蹭痒指数大于 0.6。

（2）中度感染。蹭痒指数 0.4。

（3）轻度感染。蹭痒指数小于 0.2。

2. 饱和盐水漂浮法

用于体内有食道口线虫、肺丝虫、猪肾虫等感染程度检测和驱虫效果的检验。

（1）重度感染。一克猪粪便中虫卵数量大于 5 000 个。

（2）中度感染。一克猪粪便中虫卵数量 500~5 000 个。

（3）轻度感染。一克猪粪便中虫卵数量小于 500 个。

二、主要的内寄生虫病

猪内寄生虫病多见于个别猪场。常与饲养方式，猪舍构造，卫生管理，猪只密度，排泄物处理，猪栏土质和气候等有关。内寄生虫的感染会降低增重和料肉比，因此延迟猪只出售时间，屠宰时亦会遭到废弃，给养猪业带来严重的经济损失。一些寄生虫，如肺线虫已经基本上消失，因为它需要为中间宿主蚯蚓才能完成其生活史。猪只被饲养在水泥地面上，猪无法接触到含肺丝虫幼虫的蚯蚓。然而，一些内寄生虫依然存在，给现代化的猪场带来的隐患是不可忽视的。因为内寄生虫病不易诊断，唯有实验室检验才能确诊。

1. 猪蛔虫

是常见的内寄生虫，常给养殖业带来十分严重的经济损失。猪蛔虫是猪消化道内最大的寄生虫，成长达 15~40cm，成虫寄生于小肠肠腔或偶于胆管中，猪只可经过被污染的料、饮水、泥土而感染。亦可粘附于母猪之乳房，仔猪哺乳时会感染。虫卵被猪吞食后在小肠孵化，然后进入肝脏，再经血流移行至肺脏，最后重新进入小肠发育成为成虫。于感染后 35~60 天，成虫开始排卵。自粪中排出的虫卵需要 3~4 星期才会有感染力。

【症状】感染后 1 周，可见病猪咳嗽呼吸增快及体温升高。重病猪可见精神、食欲不振，异嗜、消瘦、贫血、被毛粗乱及拉稀症状。误入胆管的成虫引起胆道阻塞，使病猪出现黄疸病症。

【病理】病变限于肝、肺及小肠。肝表面可见多数乳白色网状灶，称"乳斑肝"。肺部在感染移行期可见出血或炎症。小肠内有多数蛔虫，黏膜红肿发炎。大量寄生时可引起肠阻塞甚至破裂。有时蛔虫钻入胆道引起阻塞性黄胆。

【诊断】生前诊断采用粪便检查法，如果发现每克粪便中有一千颗虫卵即诊断为蛔虫病。死后剖检可在小肠中发现大量虫体和相应病变。

【控制】由于虫卵生存长达 5 年之久，蛔虫的控制不容易。长期受到蛔虫侵扰的猪舍，应经常清除粪便，堆积发酵以杀灭虫卵，保持良好的环境卫生，彻底清洗猪栏，防止饲料饮水被粪便污染。2~6 周龄猪每 2 月驱虫一次，成年猪每年定期 2 次。治疗和预防性驱虫，可采用左旋咪唑、敌百虫等。

2. 猪鞭虫病

猪鞭虫的成虫寄生于盲肠与结肠黏膜面。虫卵自粪中排出，需要至少 3 周才发育成含幼虫的虫卵。经口感染后在结肠与盲肠内发育成成虫。从感染到成虫排卵共 6~7 周。鞭虫虫卵的抵抗力也很强，在受污染的地面可存活数年。猪鞭虫高度感染时，由于虫体头部深入黏膜引起肠道出血性炎症，其症状易与猪血痢混淆。常与猪血痢病并发造成黏血腹泻便，使诊断及治疗更加复杂。

【】病症】2~6 月龄猪只容易受到猪鞭虫的感染。鞭虫病的严重程度与成虫感染量有关。临床上表现食欲减退，粪便带血、消瘦及贫血。

【诊断与治疗】生前诊断可采用粪便检查虫卵。卵的形状特殊。可采用敌百虫，左旋咪唑等治疗。

3. 兰氏类圆线虫病

兰氏类圆线虫，寄生于猪小肠。其幼虫可通过初乳感染仔猪。临床上，严重感染者小肠发生充血，出血和溃疡。病猪消瘦、贫血、腹痛，最后极度衰弱而死亡。

可通过粪检虫卵或在肠道中发现成虫。治疗本病采用丙硫苯咪唑。

4. 旋毛虫病

旋毛虫成虫寄生于肠管，幼虫寄生于横纹肌。人、猪，犬猫，鼠类及狼狐等均能感染。本虫常呈现人猪相互循环，人旋毛虫可致人死亡，感染来源于摄食了生的或未煮熟的含旋毛虫包囊的猪肉。肉品卫生检查是防治旋毛虫病的首要方法。本虫对猪致病微弱，但对人则强。

5. 猪结节虫病

本虫属食道口线虫，寄生于盲肠和大肠。12 周龄以上的猪只最易感染。主要病变为盲肠形成结节。本病临床症状呈现轻微腹泻。严重感染时，除腹泻加重外病猪高度消瘦、发育受阻。诊断可通过粪检虫卵，治疗可采用左旋咪唑或丙硫咪唑。

6. 猪肺丝虫病

猪是猪肺丝虫的唯一宿主，虫体乳白线状。猪肺丝虫的成虫寄生于猪的气管内，主要寄生于膈叶。猪感染了肺丝虫的症状与猪气喘病相似，猪咳嗽，呼吸困难，食欲丧失、贫血消瘦、生长受阻。生前诊断采用粪便检查虫卵。死后在支气管或小支气管内发现虫体即可确诊。防治本病首先杀灭中间宿主蚯蚓，流行猪场应定期驱虫。

7. 猪肾虫病

本虫寄生于猪的肾脏周围脂肪组织内，虫体粗壮灰褐色。猪无论大小，患病之初，均出现皮肤炎症，以后出现精神、食欲欠佳，喜卧、后肢无力，跛行。逐渐贫血、消瘦。可镜检尿液，如发现虫卵或剖检病猪发现肾盂及肾固脂肪内虫体，即可确诊。治疗可用左旋咪唑，丙硫苯咪唑等药物。

8. 猪胃圆线虫病

主要寄生于猪胃黏膜内。虫体红色纤细，各种年龄的猪均易感染。病猪表现为胃炎，贫血消瘦和发育不良。本病结合临床症状，粪检及尸检即可确诊。治疗用左旋咪唑，丙硫苯咪唑等。

三、猪寄生虫控制模式

本模式是在对我国大中型猪场寄生虫危害进行大量调查基础上，筛选目前最有效、安全和广谱的药物通过多目标规划优选而成。据应用效果统计，对寄生虫驱虫效果达94%～100%，饲料转化率提高5%～6%，每头肥猪节约饲料18～20kg，肥猪提前10～20天出栏。整个猪场苍蝇数量减少80%以上，使环境卫生大为改善。证明该模式适用于全国各地规模化猪场的寄生虫控制，具有重要的经济效益和推广价值。

首先要给猪只提供一个良好的环境条件，如干燥，向阳的场地，温度适宜和通风的栏舍。要求猪只密度合理，饲养于水泥圈内。圈舍经常清洁卫生和消毒，粪便随时收集与堆积发酵以杀灭排出的虫卵。要随时注意保证饲料，饮水的卫生，防止污染。给猪只提供充足的饲料，日粮中应富含蛋白质，维生素与矿物等营养，以提高其对寄生虫侵袭的抵抗力。定期对猪群进行预防性驱虫，可减少寄生虫感染强度，防止寄生虫病的出现。驱虫时机应为断奶猪进入成长舍前；成长猪进入成长舍2个月后；母猪怀孕进入分娩舍前。公猪则每年两次驱虫。驱虫时应加强粪便收集，发酵处理及地面清洁卫生与消毒工作。此外，猪场应随时消灭或驱除中间宿主与传播媒介，如蚯蚓、蚊蝇、猫、鼠等。

（一）应用药物

阿维菌素（虫克星）是猪场寄生虫控制的首选药物，安全可靠，可用于围产期驱虫，且只用一种药物即可驱除猪体内外主要危害性寄生虫（猪蛔虫、圆线虫、旋毛虫、结节线虫、类圆线虫、肺线虫、肾虫、猪鞭虫、猪血虱、猪疥螨、蠕形螨以及蝇蛆等）。药物特点：只需口服，即可达到内驱外浴、体内外兼治的目的。

（二）应用程序

（1）每年春季和秋季对全场猪各应用一次药物，按每千克拌入1.5～2.0g阿维菌素（0.2%）粉剂，自由采食，连用3天。

（2）对怀孕母猪产前1～2周内应用一次药物，按2.0g/kg的比例拌料；对哺乳母猪按1.0g/kg的比例拌料，自由采食，连用3天。

（3）对种公猪，一般在春秋两季各驱虫一次；对引进种猪先驱虫一次后再合群。每次按2.0g/kg的比例拌料，自由采食，连用3天。

（4）对仔猪在20～30日龄（乳猪补料期间）、60～70日龄（仔猪转群期间）各驱一次，第一次按0.5g/kg的比例拌料，第二次按1.0g/kg的比例拌料，自由采食，连用

3天。

（三）注意事项

（1）如猪只寄生虫病严重，可选用阿维菌素1%针剂进行注射治疗。每35kg体重用1mL。

（2）由于阿维菌素对疥螨的药效并非立即起作用，至少在治疗一周内，应避免未治疗和已治疗猪只接触。

（3）因虱卵的孵化期可能需要3周，有需要时可再次用药进行治疗。

（4）对20日龄以下的猪最好不用药，如一定要用，请准确计算。

（5）如有吸虫、绦虫可选用丙硫苯咪唑。

（6）猪只在用药两周后才可屠宰供人食用。

（7）小心阿维菌素对鱼类及某些水生生物产生不良影响。

该驱虫模式，安全高效、成本低、使用方便，具有较高的推广价值。

（四）特别强调

认为哪一头有虫就清哪一头的做法是错误的。一旦发现有虫必须高度重视起来，马上进行一遍彻底的驱虫工作。

虫卵在驱虫的第4~5天的时间会大量的排出体外，驱虫后要及时清除粪便，做无害化处理。

另外需做好猪场的消毒工作，猪舍地面、墙壁等处用3%的氢氧化钠溶液水消毒，避免排出的虫体和虫卵又被猪食入后再感染。

对于消化道内的寄生虫，母猪公猪应每隔3个月驱虫一次，公母猪驱虫时要同时进行；引进的后备母猪并群前10天驱虫一次；仔猪与育肥猪的驱虫，可定于60日龄（30kg）左右驱虫一次即可，这样能同时驱除多种虫类。因为一般情况下，饲养100天即可以出栏了，如果饲养周期比较长的养殖户，则可以适当延后进行驱虫。要集体驱虫处理，最好与母猪公猪驱虫同时进行。

驱除体外寄生虫，建议用驱虫散拌料连喂5~7天，并用三氯杀螨醇稀释液喷洒体表及圈栏。

第七节 猪的皮肤病

一、乳猪的皮肤病

（一）口腔坏死杆菌病

此病乃乳猪之皮肤受伤而继发坏死梭状杆菌感染。常见病变为双侧脸颊或口腔溃疡。病变的开始是因为乳猪群打架，伤口感染而造成坏死，并覆以棕黑色痂皮。但是当病变扩展至口腔内时，嘴唇、牙齿及舌头也可能波及。粗糙的地面所致的膝、蹄冠、肘节及蹄上的皮肤坏死最为普遍。小猪出生数天后，即可出现，1~2周内病变扩展到最大，随后开始恢复。3~4周内新生的上皮已盖满坏死部位。有的乳猪会发生乳房及尾巴的皮肤坏死。

治疗时先将痂皮刮除，以双氧水或高锰酸钾溶液冲洗，再涂上抗生素药膏。严重的病例，应同时注射抗生素如青链霉素连续 3 天。

预防此病可将出生乳猪的犬齿剪断。清洗分娩舍时务必使其干净彻底。预防主要防止受伤，由于粗糙的地板会引起皮肤坏死，改善地面或在分娩栏辅上软垫都会达到良好的效果。

（二）猪油皮病

此病常发生于 1~6 周龄猪只，由葡萄球菌所引起。这种细菌通过打架咬伤，粗糙地面磨擦及患疥螨发痒抓伤等伤口感伤而引起渗出性皮肤炎。其发生率并不高，死亡率通常为 20%，个别病例可高过 80%，逐渐形成厚膜，皮肤变得黏湿及呈油脂状，随后形成龟裂硬层，皮毛粗刚，最为普遍的是四肢蹄上的创伤。

本病治疗效果不一，病发早期，以抗生素治疗可收良效，感染的部分可采用局部皮肤防腐剂如碘酊冲洗。皮肤损伤很多情况是癣引起发痒而使患畜靠墙摩擦引起，病变开始于身躯，此外，打耳号的器具不干净、剪除犬齿不合理，地面粗糙及分娩栏不卫生等也可引起。应针对病因加以预防。

二、断奶仔猪皮肤病

（一）玫瑰糠疹（伪钱癣）

此病原因未明，尤以长白猪最多。10~14 周龄小猪开始发生。病变为小丘疹及棕色痂皮开始，起初仅限于腹部，腹股沟及大腿内侧，然后病变会扩展呈环状的痂皮斑，继而中央部位转为正常，周围变红凸起。许多病例显示，患者的皮毛没有脱落，也不会发痒。大部分病猪大约 4 周后会慢慢痊愈成正常皮肤。

此病的诊断可根据病变识别，应与钱癣鉴别。

患猪会自动完全痊愈，无须治疗。如若一猪场的发生率高，查出患畜皆出自同一父系，最好考虑淘汰公猪。

（二）猪痘

此病由病毒引起，直接接触传染。皮肤损伤是猪痘感染的必要条件。猪虱及其他吸血昆虫对皮肤损伤使病毒得以进入皮肤。大多数患畜在 3 周后恢复。病变皮肤位于背部、腹部、腹股沟及大腿内侧，病变开始为丘疹，然后发展成水疱，水疱容易破裂，若继发感染会形成脓疱。经常水疱破后会结痂。大多数痂皮在感染 3 周后脱落。此病的诊断并不难。

在临床上须与猪疥癣区别。无并发性皮肤病的猪痘不会发痒，不难作类症鉴别。对临床诊断如有可疑，应作皮肤组织病理检查，猪痘病毒可在电子显微镜下认出。猪痘无特效疗法，治疗目的在于防止细菌继发感染。控制猪痘的最佳方法，莫过于加强卫生管理及清除一切外寄生虫。

（三）猪丹毒

猪丹毒是由猪丹毒杆菌所引起的传染病。急性猪丹毒的特征为败血症和突然死亡。亚急性猪丹毒患猪的皮肤则可能出现红色疹块。

【致病过程】猪丹毒杆菌广泛分布于世界各地。健康带菌猪之扁桃腺和淋巴组织均带有本菌。急性猪丹毒感染猪可由其粪便、尿、唾液排出病菌而污染猪栏。污染的鱼粉也是重要的感染源。许多种哺乳动物和鸟类曾分离到本菌，因此它们可能亦是本病的间接感染源。猪丹毒杆菌常由消化道侵入，随之繁殖于扁桃腺，继而造成病菌侵进血液循环。严重的菌血症迅速变成全身性败血症和突然死亡。稍后，病菌可滞留在皮肤、关节或心脏瓣膜，转变成亚急性及慢性型。皮肤伤口的感染亦有报告，但不普遍。

【症状】患猪主要为 3 月龄至上市龄猪群。有时候，年轻母猪亦感染。其特征是一只或数只猪突然死亡。患猪体温升至 42℃ 以上，离群寒颤，躺卧，不愿站立及走动。若赶动病猪则因痛而跛行，走动僵硬。站立时垂头，弓背。食欲减低或消失常见于大多数患猪。急性猪丹毒的怀孕母猪常发生流产。感染后 2~3 天皮肤呈凸起的红色区域，此红斑大小形状不一，多见于耳后、颈下、胸腹下部及四肢内侧。病好转时红斑可消失，病恶化时则融合成片。亚急性猪丹毒为良性。主要症状为颈、背、胸、臀及四肢外侧出现多少不等疹块。疹块方形、菱形或圆形，稍凸于皮肤表面，紫红色，稍硬。疹块出现 1~2 日体温逐渐恢复，经 1~2 周痊愈。急性或亚急性猪丹毒耐过后常转变成慢性型。本型以跛行和皮肤坏死为特征。发病初期为关节疼痛和发热，随后变成肿胀和僵硬。

【病理】典型病变是皮肤红斑与疹块。慢性猪丹毒患畜的几个关节可见非化脓性关节炎。其他内部器官有时出现梗塞，特别是心瓣膜炎症时。

【诊断】如果病猪皮肤呈典型病变，现场诊断猪丹毒是容易的。

【治疗与控制】一般急性猪丹毒之治疗均采用青霉素，若早在发病后 24~36h 治疗，拜力多可获得良好的效果，疗程为 2~3 天。目前已有猪丹毒菌苗，用于预防有良好效果。

三、任何年龄猪皆可感染的皮肤病

（一）猪疥癣

猪疥癣病是由猪疥螨寄生在猪的皮内而引起的一种高度接触性传染的慢性皮肤寄生虫病，以皮炎和奇痒为特征，任何年龄猪均可感染。猪疥癣为猪皮肤病中最普遍和最重要的一种，很少猪场不受猪疥螨侵扰，此病由猪穿孔疥癣虫，潜伏于皮肤所引起的感染症，疥癣感染的严重性依据猪场猪群的健康状况而定，如果猪群的健康状态良好，则疥癣的存在危害不大，但是，一旦猪群有其他疾病侵扰，疥癣可加剧严重。虽然管理不良与疥癣虫感染的关系密切，但疥癣在管理良好的猪场亦极普遍。严重的疥癣不但影响增重率及料肉比，而且可造成猪只应激。

1. 临床表现

头部病变为初期症状，受感染的部分是耳朵，眼周及鼻部。然后病变蔓延到体部及四肢，严重的感染波及全身。疥癣症的重要临床症状是搔痒。患畜会摩擦其患部使皮肤变红，皮肤损伤与脱毛，表皮过度角化。慢性时皮肤变厚起皱纹。有疥癣虫感染的仔猪可能会患油皮症，疥癣虫可以在显微镜下检查皮肤碎屑找到虫体，特别是耳部括皮。疥癣症容易辩认，当一大群猪只有瘙痒现象时，常是疥癣虫感染的征兆。

种公猪发生猪疥癣病后，不但影响种公猪的正常使用，还波及初生仔猪，损失较大。首先皮肤发炎，很快出现奇痒，病猪摩擦墙壁尤其圈舍门洞的凸出面和饮水器，脱毛、皮肤破损出血，渗出液、血液瘀结成韧硬的痂皮，使皮肤粗糙肥厚形成皱褶。始于面部，很快扩散到耳部、颈部、阴囊、肩胛部、背部及躯干两侧，病情严重时，感染皮肤枯缩、龟裂如同龟背一样，尤其面部、全耳部、阴囊及背部，病猪出现食欲减退、精神委顿、衰弱消瘦、弓背、贫血等全身症状。

2. 实验室检查

在皮肤患部与健康部交界处用手术刀刮取表皮至皮肤出现血印，收集刮取物。

直接涂片法：将刮取物置于载玻片上，加一滴甘油或甘油生理盐水，复以盖玻片镜检。

沉淀法：将刮取物装入试管内，加入10%氢氧化钠液煮沸，待固形物大部份溶解后，静置20min，吸取沉渣滴于载玻片上镜检。

结果见有圆形或龟形、暗灰色、背面隆起，头、胸、腹融合一体，头部有口器、腹部有4对足的成虫。

3. 治疗方法

疥癣症是不可忽视的，时常搔痒产生应激与容易染上其他疾病。治疗疥癣症之后，猪场疾病的严重性常常也相应地减低。

将安瓿橡胶塞由中心穿透带在12K短针头上（防止断针），正常用1~2只，把握进针深度在0.5~1.0cm，用阿维菌素注射液0.3mL/10kg体重、颈部皮下注射，间隔15天再用药一次，治疗效果明显，为巩固疗效，迅速治愈病猪，采用间隔7天用药1次、6mL/头次，连续用药4次，发病猪全部治愈。

0.15%力高峰（进口有机磷类杀虫剂）喷雾或赛巴安浇泼有良好疗效，治疗必须是全场猪只或每个猪舍同时处理。所有的猪栏都得清洗及喷药。这样的治疗重复1次为佳，相隔时间为10天。伊维菌素也用于治疗本病。无论使用任何制剂，切记疥癣治疗应全部猪只用药而非某部分猪群。单独治疗严重疥癣患畜而忽略其他猪会导致疥癣反复出现。

4. 有效控制猪疥癣的计划

（1）治疗母猪群后才将它们移入分娩舍。

（2）治疗所有断乳仔猪。

（3）新引进猪只必须治疗。

（4）公猪群一年两次治疗。

（二）虱和蚤

猪虱为所有虱类最大的一种，成虫4~6mm长，常寄生于耳基部、颈部、腹下及四肢内侧。虱与疥癣均会引起搔痒现象。可引起皮肤红疹、啃痒与擦伤以及化脓性皮类，有脱毛与脱皮现象，严重感染则造成贫血。猪虱亦被认为传播猪痘的重要媒介体。猪虱具有宿主特异性而蚤却不是，在猪只常见的是犬蚤，也是一种人蚤。蚤经常寄生于污秽环境饲养的猪只身上。

用0.15%力高峰（进口有机磷类杀虫剂）溶液喷洒或药浴，效果良好。所有处理疥癣的要点均同样适用于猪虱与蚤。治疗疥癣时，各种外寄生虫亦被清除。

（三）皮肤霉菌病（钱癣）

钱癣可由数种癣菌引起。最常见的一种为小芽孢菌属之钱癣。病变可发生在身体各部分。病变呈圆形，直径2~10cm，单个或多个，由棕或橘色分泌物覆盖毛发，逐渐扩大。此类病变偶尔被误会为污垢。

此症不会引起死亡，无明显病症。

【症状】主要侵害皮肤、角质及被毛，引起皮炎及脱毛。病变可发生在身体各部位，主要分布在后肢内侧、腹下部、胸部，少数仔猪背部也有。疹块颜色发红，隆出皮肤表面，皮肤变厚、变硬、变粗糙。病变呈圆形，小的如米粒，大的有硬币大甚至更大连成片。身上的皮一层一层掉，像鱼鳞一样，仔猪嗜睡，严重者仔猪死亡。大的疹块形成典型的圆形干屑性钱癣斑。仔猪无痒感。带菌母猪大多不发病，可在条件适宜时传染给其他猪或直接造成仔猪发病。

【诊断】根据皮肤上有界限明显的圆形斑块，上面覆盖有硬皮，可做初步诊断。采取带有鳞屑的皮毛，浸泡于20%氢氧化钾溶液中，加热5~8min（不煮沸），然后将材料放在载玻片上，滴2~3滴甘油，盖上盖玻片，用显微镜观察，见到真菌丝和真菌体，即可确诊为本病。

【病症鉴别】

皮炎：周身尤隐蔽部脱皮；

猪疥螨：耳、头、颈部脱皮；

营养缺乏（缺锌）：背部脱皮常伴有肌肉腐烂；

坏死杆菌病：烫伤样脱皮；

猪丹毒、圆环病毒2：病变性脱皮。

【治疗】可用1%g霉唑软膏涂擦患部，每天1次，连用7天。碘伏兑水对猪舍及用具进行消毒，每天1次，连用7天。也可用20%漂白粉溶液清洗猪体，再用结晶碘16g、碘化钾20g、凡士林100g，制成软膏或用硫黄软膏局部涂擦，每天1次，连用3~5天。或用1%双氧水溶液清洗发病部位的皮肤，用冰硼散20g、硫酸铜5g、土霉素10g、凡士林100g配成软膏局部涂抹，制霉菌素肌内注射，3天1个疗程，轻症者1个疗程即愈，重症者2个疗程痊愈。防治本病要注意环境及用具的消毒，还要注意人的防护。

【预防措施】

猪舍及用具要彻底消毒。

猪舍可用生石灰散布，起到干燥的作用。

用过氧乙酸或3%~5%硫酸铜溶液喷洒消毒，并保持圈舍干净。

自繁自养，淘汰带病菌的母猪。

（四）晒伤

夏季日光直射，易致猪晒伤。母猪固定于栏内，特别是栏行之末端的母猪最易受到日晒。白色猪最常发生。其病变与人被晒伤无异。皮肤在日光下晒成红褐色，由于乳猪与断乳仔猪没有直接触及日光，晒伤并不多见。

（五）黑色素瘤

黑色素瘤为猪常见的皮肤肿瘤。此病有品种偏向，杜洛克猪最易得此病，主患为年轻猪。黑色素瘤可长于全身任何部位，最常见的是身躯两侧，直径1~4cm。肿瘤表面光滑，扁平或突起且呈黑色，周界清楚，但无色膜。切面黑色至灰褐色。恶性者瘤体较大，表面常溃烂，肿瘤细胞可转移到其他器官，如淋巴、肾、肝、肺、心脏、脑以及横纹肌等。

（六）维生素 K 缺乏

猪只中误食凝血杀鼠药可造成血液无法凝结而发生皮下出血，此类的杀鼠药是维生素 K 的拮抗剂。一些发霉饲料的霉菌毒素亦阻断维生素 K 的合成，引起维生素 K 缺乏。重病猪只不同程度的全身皮下出血，患猪可能虚弱及无法站立。另常见的症状是流鼻血、尿液出血及黑沥青色之粪便。轻微患猪则皮下出血之外，没有其他病症。

（七）角化不全症

猪的角化不全症与锌缺乏有关。在饲料中缺锌或者钙量太高，钙磷比便太大，必需脂肪酸的缺乏都能干扰锌的吸收、利用，导致角化不全。症状发生于 7～16 周龄，起初为小红斑，迅速变成丘诊，随后表皮增厚至 5～7mm，形成皱壁、裂隙与鳞屑。角化不全症无痒感此点可与疥癣分别。病变见于四肢、脸部、颈项、臀部与尾巴，且其分布为两侧对称。通常很少全体猪群发病，且病变轻重不一，死亡率亦低。

四、成年猪之皮肤病

（一）皮肤过度角化

常可见于成年公猪与母猪，与必需脂肪酸缺乏有关。病变见于背，腰及尾部，偶见于胁部及腿部。患部由棕色，干枯鳞状物覆盖。

（二）肩胛溃疡

常见于泌乳期体重骤跌的年轻母猪。除肩胛部外，溃疡亦见于坐骨，髋及跗骨部皮肤，病变为骨突起部分皮肤与坚硬地面摩擦引起。

第八节　猪肢蹄病

猪肢蹄病是指猪四肢和四蹄疾病的总称，又称跛行病，是以姿势、步态和站立不正常、支持身体困难为特征的一种普通病，该病成为现代集约化养猪场淘汰种猪的重要原因之一。据报道：在一些养猪发达的国家，种猪每年的淘汰率在 30%～40%，其中有近 1/3 是猪蹄和腿部出现问题；在国内有许多猪场猪蹄病问题也很严重，因发生该病而被淘汰的种猪占淘汰数的 80% 左右，因此，给养猪场带来较大的经济损失。

一、原因

分析其原因主要有四个方面。

（一）营养因素

能量：猪日粮能量缺乏或过高，都会引发肢蹄病的发生。

蛋白质：高蛋白质日粮结构，易引起猪的肢蹄病发生。

矿物质和微量元素：后备公猪的钙、磷比例分别不应低于 0.9% 和 0.7%，否则肢蹄病就发生了。而日粮中锰过量，会损伤猪的胃肠功能，生长发育受阻，易引起钙磷利用率降低，导致"佝偻病""软骨症"。锌缺乏，8～12 周龄猪易患"皮肤不全角化症"。另外还应注意饲料中砷和硒的含量不能超标，否则猪会出现慢性中毒，也会引起蹄部的病变。

维生素：尤其是维生素 D 必须满足猪的需要，再就是生物素的缺乏，可造成母猪生物素缺乏症。后腿痉挛，蹄开裂，病蹄不能着地。再就是有些猪场饲料中添加霉菌毒素吸附剂，像硅酸盐类的，导致矿物质、维生素大量流失，因此引起蹄裂，严重的导致感染。

（二）管理因素

运动的影响：规模化养殖猪场，为了提高饲料的利用率，采用限位栏、高床饲养，由于猪运动受到限制，致使肢蹄病发生增多。

机械损伤：在种猪的日常管理、转栏并栏及种猪出售时的驱赶当中，由于饲养管理人员的粗暴、猪打架、途经粗劣路面、跨越沟壑等原因，造成肢蹄外伤，一般继发感染葡萄球菌、链球菌、化脓杆菌，引起跛行或者不敢站立。

地板的材质和粗糙程度：各个集约化养殖场基本上采用水泥地面或砖地面。而实际上水泥地面饲养猪蹄质增生显著高于漏缝地板的猪。不过不论何种材质圈舍都应有适当的平滑度，较好的猪舍地面，应具备坚实、平坦、不硬、不滑、温暖、干燥、不积水（坡度以 3°~5°为宜）、易于清扫和消毒、采光、通光良好的要求。可以在水泥地面上辅以充足的垫料。

消毒后清洗不够造成：往往对消毒过的栏舍清洗不够，加上未完全干燥就转入了母猪，由于猪蹄壳中含有像硫酸盐类的无机物，地面残留的消毒液容易腐蚀蹄壳，这样，天长日久，蹄部损伤就越来越大。

冬春季节，保持舍内的湿润度，每年秋冬季节，养猪场裂蹄病比例明显增大。

（三）疾病因素

猪患有猪丹毒、猪链球病、葡萄球菌、多发性关节炎、布氏菌病、乙型脑炎、口蹄疫等细菌、病毒性疾病时，临床上均可表现出关节炎、跛行等症状。

（四）遗传因素

外翻腿，长白猪和约克夏品种较多。

二、肢蹄病的预防措施

对于肢蹄病的有效预防措施取决于对影响因素的正确判断，然后改变饲养管理。

（一）精心选育种猪

选择四肢强壮，高矮、粗细适中，站立姿势良好，无肢蹄病的公母猪作种用。严防近亲交配，换用无亲缘关系的公猪，淘汰有遗传缺陷的公猪、母猪和个体，以降低不良基因的频率。特别是纯繁种猪场和人工授精站，应采取更加严格的清除措施，不留隐患，提高猪群整体素质。

（二）强化种猪的饲养与管理

要加强运动，多晒太阳，增强种猪的四肢支撑能力，可以降低该病的发生率；同时要保证日粮中氨基酸平衡、富含维生素及矿物元素，适当的钙、磷比例；注意添加锌、硒制剂，并注意逐级预混，保证混合均匀，应严格控制砷制剂的添加。

（三）搞好猪场设计与建设

仔细检查母猪舍地面及周边设施，尤其是新场地，保证坡度在 3°~5°，用砖或机械将过于粗糙的地面及设施磨平，舍内铺垫干草可护肢蹄。

（四）加强猪舍的环境卫生管理

保持猪舍清洁干燥，采用其他降温措施，减少冲栏次数；在使用集中制冷时，冷气出口处不宜再安放猪；认真计划栏舍周转，在栏舍用强酸、强碱、强氧化性消毒剂消毒后，应仔细清洗干净，待干燥后转入新猪。

（五）要勤观察，精心护理

经常检查猪的蹄壳，特别是秋冬季节天气转冷时，尤其是高龄母猪，发现过于干燥应隔 3~5 天涂抹一次凡士林、鱼石脂或植物油，以保护蹄壳，防止干裂并有消炎的作用。

三、常见肢蹄病的治疗措施

对已经发生肢蹄病的猪，没有特效的治疗方法，只有根据发病原因，标本兼治。

（一）风湿

风湿是由潮湿、寒冷、运动不足等诱因引起的。

1. 病猪表现

为突然发病，患部肌肉或关节疼痛，走路跛行，弓背弯腰，运步小心，运动一段时间后跛行可减轻，不愿走动，体温 36~39.5℃，呼吸、脉搏稍增，食欲减退。

2. 可采取的方法有

①使猪避免受风、寒、潮湿侵袭。②2.5%醋酸可的松 5~10mL 肌内注射或用醋酸波尼松龙 3~5mL 关节注射。③用镇跛消痛宁 5~10mL、普鲁卡因青霉素按猪体重 5 万单位/kg 混合肌内注射，或用阿斯匹林 3~5g 内服，每日 2 次，连用 7 天。

（二）挫伤

挫伤是肢蹄受到打击、斗咬、冲撞、跌倒等钝性挫伤，局部皮肤无伤口。轻度的，病初肿胀不明显，以后肿胀坚实明显，体温升高，有时疼痛跛行，严重的受伤部位迅速肿胀，疼痛剧烈。当发生组织炎和坏死时，感觉消失，运动障碍。

治疗方法：将患部剪毛后消毒，用生理盐水冲洗患部，再用鱼石脂软膏涂于患部或涂布龙胆紫。

（三）蹄裂

蹄裂是指生猪蹄壳开裂，或裂缝有轻微出血，蹄尖着地，疼痛跛行，不愿走动，其他症状轻微，但生长受阻，繁殖能力下降。

治疗方法：可用 0.1%的硫酸锌涂抹，并每日 1~2 次在蹄壳涂抹鱼肝油或鱼石脂，可滋润蹄部，并促进愈合。若有炎症可先清除病蹄中的化脓组织或异物，然后进行局部消毒，用青霉素按猪体重 5 万单位/kg，链霉素 50mg，混合用氯化钠注射液 20mL 溶解后，肌内注射，每日 2 次，连注 3 天。

（四）链球菌和葡萄球菌病

用青霉素按猪体重每千克 5 万单位，链霉素 50mg，混合用氯化钠注射液 20mL 溶解后，肌内注射，每日 2 次，连注 3 天。也可用磺胺甲嗪或磺胺-6-甲氧嘧啶，按猪体重首次量 0.1g/kg，维持量 70mg，肌内注射，每日 1 次，连注 3 日。肌注磺胺-5-甲，每次 10mL，每天 2 次，连用 2~3 天；或用安痛定 8mL+青霉素 320 万单位，每天 1 次，连用 2~3 天。在关节肿病例较多时，应在饲料中添加磺胺或阿莫西林类药物预防。

第九节　其他病症

一、体温正常、病后不吃

1. 临床症状

体温基本正常，精神委顿，食欲废绝，好卧不动，腹部膨大，喜水次数增加，肠音减弱或消失，腹部触摸敏感，病猪出现回顾腹部的疼痛症状，排尿减少，色黄，有的尿闭。

2. 用药方案

通便、强心、健胃、清热。

二、猪低温不食症

1. 临床症状

多见于年老体弱、消瘦贫血、怀孕、产后或久病体虚的种母猪，也见于仔猪，以寒冷季节多发。精神沉郁，体温下降，有的甚至低至 35~36℃；食欲废绝，好卧不动，腹部膨大，排尿液少色黄或发白，有的尿闭，大便干结，有的有白色黏膜，但不是猪瘟症状；呼吸次数增加，腹式呼吸、咳嗽；皮肤出现各种大小不一的红斑、红点、眼圈、肛门处发紫或发绀。病猪因体温过低、导致免疫力下降、继发猪皮炎肾病综合征、猪呼吸与繁殖障碍综合征及其他病毒、细菌的混合感染。喜水次数增加，肠音减弱或消失，腹部触摸敏感，病猪出现回顾腹部的疼痛症状。

2. 用药方案

用药方案通便、强心、健胃、清热。同时喂电解多维或补液盐。

三、产前、产后不吃

1. 临床症状

食欲废绝，腹部膨大，粪便干如球状或努责无便；体温正常或偏高，逐渐衰竭而死。

2. 用药方案

通便、强心、健胃、清热。同时喂电解多维或补液盐。

四、猪厌食、食少症

猪吃食少有以下几种表现及原因，分别对症治疗。

1. 吃食少、精神差、呆痴懒动，伴有呛咳或锉牙，啃吃炭渣异物

这种情况多见于断奶猪或 3~4 月龄的小猪，主要是体内蛔虫、肺丝虫等寄生虫引起。治疗首先是驱虫，药物可选用盐酸左旋咪唑片，按体重 8mg/kg 药量服用。

2. 吃食少，吃稀不吃干

是脾胃虚弱，消化力降低引起。可用下列药物治疗：①党参、茯苓、白米各 50g，甘草 10g 共煎水（或研成粉）混在饲料中喂猪，2 天喂完；②黄芪、党参、苡仁各 50g，煎水或研粉喂猪，2 天喂完。

3. 吃食少、喜干厌稀

主要是脾胃不和所致。用玉米 250g 炒焦研细，加入食盐 3g，再与切碎的白萝卜 500g 混合喂猪，1 天喂完，连喂 5 剂。

4. 吃食少，粪便稀薄

主要是脾虚湿困引起。用厚朴、陈皮各 25g、甘草 10g、苍术、猪苓、茯苓各 15g 煎水或混入饲料喂猪，每日 2 次，连喂 3 次。

5. 吃食少，粪便干涩

主要是胃肠津液不足引起。药物可用：①食盐 20g 炒黄，每天分 2 次加入饲料中喂猪，连喂 2~3 天；②大黄 25g，枳实、厚朴各 15g，火麻仁、杏仁、白芍各 20g，煎水或研细混入饲料中喂猪，日分 2 次，连喂 3 次。

五、猪便秘症

其实拉干粪球的原因是多方面的。

1. 饲料太粗

饲料粉碎粒度不宜过粗，特别是乳仔猪配合料，一般情况下乳猪配合料直径为 2.2~3.0mm，仔猪料 99% 通过 2.8mm，但不得有整粒物。

2. 饲料中粗纤维含量高

乳猪配合料中粗纤维含量应低于 5%，仔猪应低于 8%。我们一些养殖户、养殖场自配料时应多加些适口性好、粗纤维含量低、易消化的原料。如优质鱼粉、豆粕、玉米等。现在养殖户对于肥猪，特别是母猪直接以糟渣、糠麸饲养，大大提高了猪只的发病率，降低母猪发情和配种率等。

3. 饮水不足

应保证猪只有充分的饮用水。猪体获得水有 3 种来源，即饮水、摄入饲料中的水和有机物在体内氧化产生的代谢水。饮水是猪获取水的重要来源。一般情况下，幼猪需水量最多，这是因为组成幼体的 2/3 都是水，猪乳中大部分也是水，随着猪的增长，机体的水分含量减少，单位体重的采食量下降，猪的需水量也相对减少，因此机体增重相对减慢。

吮乳仔猪出生 1~2 天内就要饮水（饮水中要添加"速补康"以迅速增强抵抗力），在第一周需水量为体重 190g/kg 天，包括从母乳中得到的水。对人工喂养的猪，水料比 (1.5~2)∶1，体重 90kg 的需水量为 6kg/天；猪腹泻时，粪便中水分大量损失，甚至导致脱水，也需要足够的水补偿这一损失。腹泻时水中添加"速补康"可有效地保护胃肠绒毛等。

水的质量影响猪的饮水量、饲料采食量和健康，以致影响生产，应保证猪只饮水清洁。

4. 一次饲喂量过多，加之饮水不足

为了使断奶仔猪尽快适应断奶后的饲料，减少断奶后的不良影响，除了对仔猪进行早期强制性补料和断奶前减少母乳（断奶前给母猪减料）的供给外，迫使仔猪在断奶前就能进食，较多地补助饲料，还要进行饲料的过渡。仔猪断奶两周内应保持饲料不变，并添加适量的抗菌素、维生素（如速补康）、氨基酸，以减少断奶后应激。断奶方法的过渡，最好 3~5 天限量饲喂，平均日采食量约为 160g，5 天后自由采食。其他猪只也应少喂勤添，饲喂量要控制在合适的范围内。

5. 猪吃泥土、沙砾或褥草

食褥草情况多为料槽中无料或饲料质量的不过关引起的。

6. 一些疾病如热性病、传染病可继发便秘

猪瘟；猪的"无名高热"等。

综上所述，猪拉干粪球应从多方面查找原因，是疾病的一定要制订有效的猪场防疫制度，杜绝传染病发生。

六、仔猪白肌病

仔猪白肌病是仔猪以骨骼肌和心肌发生变性、坏死为主要特征的营养代谢病。原因是饲料中缺乏微量元素和微生素 E 所致。多发于 1 周到 2 月龄营养良好、体质健壮的仔猪。

1. 临床症状

本病常发生于体质健壮的仔猪，有的病程较短，突然发病。发病初期表现精神不振，食欲减少，怕冷，喜卧，呼吸困难。病程较长的，表现走路打晃，四肢强硬，弓背，站立困难，常呈前腿跪立或犬坐姿势。严重者卧地不起，后躯麻痹表现神经症状，如转圈运动，头向一侧歪等，猪体迅速衰退，往往出现起立困难的病状，病势再发展，则四肢麻痹，呼吸困难，心脏衰弱，体温无异常变化。病程为 3~8 天，最后衰竭死亡。也有的病例不出现任何症状，即迅速死亡。

2. 病变特征

腰、背、臀等肌肉变性，色淡，似煮肉样而得名白肌病。死猪尸体剖检时，可见骨骼肌上有连片的或局灶性大小不同的坏死，肌肉松弛，颜色呈现灰红色，如煮熟的鸡肉。此种灰红色的熟肉样变化，时常是对称性的，常发现在四肢、背部、臀部等肌肉，此类病变也见于膈肌。心内膜上有淡灰色或淡白色斑点，心肌明显坏死，心脏容量增大、心肌松软，有时右心室肌肉萎缩，外观呈桑葚状。心外膜和心内膜有斑点状出血。肝脏瘀血充血肿大，质脆易碎边缘钝圆，呈淡褐色、淡灰黄色或黏土色。常见有脂肪变性，横断面肝小叶平滑，外周苍白，中央褐红。常发现针头大的点状坏死灶和实质弥漫性出血。

3. 流行特点

以 20 日龄到 3 月龄仔猪幼猪发病为多见，多于 3—4 月发病，常呈地方性发生。

4. 诊断

根据临床的共同症状有运动机能障碍（喜卧、起立困难、跛行、四肢麻痹）；心力衰竭（心跳加快，呼吸不匀、频数）；消化机能紊乱、腹泻；贫血、黄染、生长缓慢等全身症状，严重的有渗出性素质（由于毛细血管细胞变性、坏死，通透性增强，造成胸、腹腔和皮下等处水肿）。剖检病死猪的腰、背、臀部等骨骼肌松弛、变性，色淡，似煮肉样，呈灰黄色，黄白色的点状、条状、片状不等。心内膜上有淡灰色或淡白色斑点，心脏横径增大，似球形。

5. 防治

（1）对缺硒地区的仔猪可对 3 日龄仔猪，0.1% 亚硒酸钠注射液 1mL，肌内注射，有预防作用。母猪日粮中应添加亚硒酸钠和维生素 E。

（2）对病猪可用 0.1% 亚硒酸钠注射液，每头仔猪肌内注射 2~3mL，20 天后重复一次，同时应用维生素 E 注射液，每头仔猪 50~100mg，肌内注射，具有一定疗效。

（3）注意妊娠母猪的饲料搭配，保证饲料中硒和维生素 E 等添加剂的含量。对泌乳母猪，可在饲料中加入一定量的亚硒酸钠（每次 10mg），可防止哺乳仔猪发病；有条件的地方，可饲喂一些含维生素 E 较多的青饲料，如种子的胚芽、青饲料和优质豆科干草。

七、猪胃肠臌气病

（一）微生物感染

1. 大肠杆菌感染

幼龄猪在出生后 3 周以内极易感染大肠杆菌，其感染无季节限制。黄痢常波及一窝以内 90% 以上的仔猪发病，有的达 100%，病死率很高；发生白痢时窝发病率可达 30%~80%。

病原性大肠杆菌具有多种毒力因子，使猪只发生腹泻和脱水，由于肠道的消化功能丧失，营养物质在肠道中发酵产生气体，引起肠道的臌气。

防治：仔猪一旦发生臌气常无好的治疗方法，故死亡率极高，运用敏感抗生素如头孢噻呋可抑制或杀灭病原，但对臌气却无作用，所以更重要的是预防。值得注意的是，很多兽医使用过量阿托品常可导致医源性臌气。

2. 产气荚膜梭菌感染

出生 12h 至 7 日龄的仔猪易感染，更多见于 3 日龄，窝感染率为 9%~100%，病死率为 5%~59%，平均死亡率为 26%。

大部分猪会发生血痢，腹部皮肤变黑，精神衰弱，不愿走动。小肠严重出血，肠壁出现气肿，在其他肠管也会出现血样液体。

防治：一些药物如泰乐菌素、替硝唑对本菌有体外抑制作用，但实践中运用效果极差，故死亡率极高。母猪产前注射 C 型魏氏梭菌疫苗，以及仔猪初生后即灌服或注射敏感药物，配合改善环境和管理。

3. 传染性胃肠炎病毒感染

传染性胃肠炎一般发生于冬、春季，可通过猪的接触传播，多呈地方性和周期性流行性。

病毒感染小肠上皮细胞后，使其迅速脱落，难以分解乳糖和其他必要的养分，由于渗透压的作用，从而引起水分的停留，甚至从身体组织中吸收体液，产生腹泻和失水。同时营养物质在肠道中发酵，产生大量气体，造成胃肠臌气。解剖尸体脱水明显，胃内充满凝乳块，肠管扩张呈半透明状，肠系膜充血。类似病变也可见于流行性腹泻。

防治：已发生臌气的临床病例无特效药物，对腹泻病例运用支持疗法和控制继发感染效果很明显。一方面补充体液和防止酸中毒，应用口服补液盐进行喂服。另一方面使用敏感抗生素防控继发感染，可选择头孢噻呋、小诺霉素等。也有干扰素对本病有效的报道。

4. 感染性便秘

某些传染病、寄生虫病及其多病原混合感染例如猪瘟、蓝耳病、链球菌病、猪副嗜血杆菌病、慢性肠结核病、肠道蠕虫病等，能引起严重便秘，从而导致臌气，此外常伴发其他症状及病变。缓解便秘即能缓解臌气，在所谓无名高热的病例中，进行通便、散结，缓解臌气，从而提高了治愈率。

防治：要制定科学的免疫程序，通过全方位的生物安全措施，来预防此类传染病的发生。

（二）饲养管理不当

1. 饲喂过饱

不定时地饲喂、饥饱不均等应激因素是导致过食的主要因素。病猪腹胀如鼓，胃壁扩张，造成消化障碍。通常在猪采食后 15~20min 表现症状，病猪呼吸加快，眼球周边充血，严重的四肢不灵活，口鼻流黏液泡沫，肛门突出至死亡。

防治：可让猪停食 1 天，少量饮水，同时可选择肥皂水或者生清油深部灌肠，并进行腹部按摩。促进胃的运动机能以及排空。对病情严重的猪可以注射比赛可林（氨甲酰胆碱注射液），0.2mL/kg，2 次/天。

2. 肠便秘

饲喂劣质饲料；饲料中混有多量泥沙；饮水不足，缺乏适当运动；断乳仔猪突然变换饲喂纯米糠而同时缺乏青绿饲料；伴有消化不良时的异嗜癖；去势引起肠粘连，甚至母猪去势时误将肠壁缝合在腹膜上等都可导致原发性肠便秘。便秘导致的胃肠臌气表现为食欲减退或废绝，饮欲增加，腹围增大，喜躺卧，有时呻吟，呈现腹痛，病初可缓慢地排出少量干燥、颗粒状的粪球，其上覆盖灰色黏液，双手触摸腹壁可发现圆柱状或串珠状结粪。

防治：防止脱水和维护心脏功能，可静脉或腹腔注射复方氯化钠注射液（或 5% 葡萄糖生理盐水），并适时注射 20% 安钠咖；

用肥皂水 1 000~2 000mL 作深部灌肠，同时对秘结的粪球进行揉捏；

清理肠胃，胃管投服液体石蜡 50~150mL，鱼石脂 3~5g，酒精 30mL，常温水 500mL 左右；

控制饲喂，可少量饮水。

在养猪生产中要针对便秘产生的原因，尤其是针对饲料搭配和传染病作综合性预防，实践表明改善饲养管理和加强传染病预防，就可避免胃肠臌气的发生。

核心提示：引起胃肠鼓气的原因比较多，有微生物引起的，有饲养管理不当造成的，在养猪生产中要针对便秘产生的原因，实践表明改善饲养管理和加强传染病预防，就可避免胃肠臌气的发生。

八、猪毛过长症

（一）养殖环境因素

1. 原因

（1）温度低，猪只本能的长毛。

（2）环境不舒适，脏、乱等。

（3）环境应激等也会引起毛乱。如噪声，断电，缺水等。

2. 应对措施

给猪一个温暖舒畅的环境。

（二）营养因素

1. 能量不足

（1）原因。中国的营养标准能量设计的低。夏季采食量低，日采食量不足（配方能量水平的采食量）。有寄生虫，这是一种消耗性疾病，过多消耗了能量。

（2）应对措施。将配方中的麸皮改为玉米，或者直接加油以提高饲料的能值。需要改善适口性，增加采食量。应注意驱虫。

2. 维生素不足

（1）原因。引进品种生长速度快，需求量大。夏季炎热采食量低，而且为缓解热应激需求量大。

（2）应对措施。注意维生素的补充。

3. 矿物质和微量元素的安全和平衡

（1）原因。矿物质和微量元素的原料中含有有毒的重金属，它们会影响动物的生长、代谢、健康。尤其是含锌原料中伴有镉元素的超标，镉含量高时引起动物贫血，生长受阻。断奶仔猪用氧化锌会导致毛长，高铜会导致毛发弯曲。矿物质和微量元素造成的营养不平衡。（钙、磷、钠、氯、硫、镁、铜、铁过量）。

（2）应对措施。注意矿物质和微量元素之间的相互平衡。尽量选用有机微量元素。采购矿物质和微量元素原料时注意对重金属的检测，尤其是在采购含锌原料时应严格对镉含量的检测。

4. 饲料中氨基酸配比不平衡

（1）原因。含硫氨基酸比较高时，毛长。

（2）应对措施。注意氨基酸之间的平衡，补充限制性氨基酸，在猪料中限制含硫氨基酸的添加。

毛长可能与整体营养有关，维生素、微量元素、能量、氨基酸等，只有全面地调整配方，否则很难解决。

九、猪过食症

猪的过食症在实际饲养中经常发生，往往令养猪业主束手无策，大部分因治疗不及时而死亡，给养殖户带来很大的经济损失。

（一）临床症状

以胃肠鼓气为特点，突然发生，腹胀如鼓，胃壁扩张，造成消化障碍。采食后 15～20min 表现症状，病猪呼吸加快，眼球周边充血，个别起瞥眼。轻症 15～20min 症状消失，严重者爬不动，四肢不灵，口鼻流黏液泡沫，眼球突出而死亡。有群发特点，皮肤发红、蓝紫。

（二）病因分析

以精饲料为主，喂料量不匀或因饲料突变，适口性强，猪贪食采食量过多，造成消化液与饲料混合障碍，胃容积增大，短期停留过多，蠕动缓慢，胃液不匀，异常发酵，胃内产生含硫气体。不定时饲喂、饥饱不均等应激反应也是诱因。因饲料霉变可并发亚硝酸盐中毒。

（三）防治措施

加强饲养管理，按需要量饲喂，给料均衡。防止过饱，维持基础和生长需要，饲料配方合理稳定，防止突变。需要变更饲料品种时，要经过 3～5 天的过渡，防止突然变换饲料品种，引起换料应激。在饲料变更、天气骤变时，可在猪饮水中加入电解多维、维生素C、葡萄糖粉等抗应激药物。当猪体重超过 75kg 时，应在饲料中加 0.3% 食盐，1 周内停饲 1 顿，增加猪的饮水量。猪的饮水要保持清洁卫生，自由饮水器的高度要随着猪的增长而调整，以高出猪脊背 15～20cm 为好。禁止饲喂发霉变质的饲料。

在治疗上以排空胃内积食，恢复胃的机能为原则。可停食 1 天，少量饮水。为了促进胃的运动机能及内容物排空，可实行腹部按摩，也可做稳步驱赶运动。对病情急剧的病猪需小心处置，防止发生胃破裂。

对已发病猪只可注射比赛可灵（氯化铵甲酰胆碱注射液） 10mL/50kg，1 天 2 次。对瞬膜突出并硬化的病猪，可用剪刀把已硬化的瞬膜剪掉，让其出血。防止胃内容物发酵，可用鱼石酯 1～5g，乙醇 10～15mL，加适量水 1 次灌服，也可用醋 20～50mL 灌服。

十、猪低温症

猪"低温症"是由多种原因导致的体内产热不足或散热过多致使体温低于正常的一种临床综合征。多发生于严冬和初春。

1. 临床表现

为精神沉郁，体温下降，食欲减退甚至废绝，喜卧，嗜睡，运动减少。结膜粉白或苍白。病后体温逐渐下降到 37℃，表现为无力；36℃ 表现为嗜睡或昏睡，反应迟钝，全身无血色。在临死前出现肛门松弛，脱肛等症状。

2. 防治

应以预防为主，加强饲养管理，冬季做好保温工作，如在猪舍内铺垫干草，饲喂高蛋白、高能量饲料，供给足够的营养，提高机体免疫力。此外，还要做好其他疾病的预防工作，一旦发病要早诊断，早治疗。

3. 治疗

以补充体液和能量，加强体液循环，增强抵抗力为原则。常用的有西药疗法、中药疗法和肾上腺素加红糖疗法。西药疗法：5% 葡萄糖 500mL，盐水 500mL，10% 的安钠咖 10～20mL，三磷酸腺苷（ATP） 120mg，肌苷 300～600mg，复合维生素 B60～80mg，维生素 C 0.5g，1 次静注（注射液加热至 37.5℃ 效果更好）。新生仔猪可适当肌注 5% 右旋糖酐铁，1 次/天，连用 2 天。中药疗法：党参、黄芪、肉桂、熟附子各 25g，干姜、草果、连翘、炙甘草各 15g，混合后研成细末，用开水冲后加适量红糖，候温后灌服，每天 1 剂，连服 3 剂。肾上腺素加红糖疗法：取 0.1% 的盐酸肾上腺素注射液 8～10mL，给病猪一次肌内注射，每天1~2次，连续2~3天。随后取红糖或白糖100~150g，加适量开水溶解，候温，一次灌服或让其自饮，每天2~3次，连续3~4天。对大便干硬的病猪，可先用肥皂水灌肠，待干硬粪便排出后，再口服补液。喂食和饮水中可适当加入熬煎好的生姜辣椒汤，以刺激肌体血液循环，助体温上升。还可适当升高猪舍温度，铺干净柔软垫草。患病期间坚持每天注射青霉素、链霉素等。

十一、猪咬尾症

猪咬尾症在集约化和规模化养猪场时有发生，而且一旦发生还难以制止。

1. 营养失调

猪咬尾症发生的原因之一是所饲喂日粮中营养失调，搭配不当，故应根据猪不同阶段的营养需求供给全价配合饲料。发现有咬尾现象时，应在饲料中添加一些矿物质和维生素，同时保证充足的饮水。

2. 分群隔离不当

从外地购进大批苗猪时，应把来源、体重、体质、毛色、性情等方面差异不大的猪组合在一圈饲养。如有因运输中碰破皮等外伤的猪，应及时分开饲养，以防因血腥味引起相互咬尾。

3. 饲养密度要适宜

猪的饲养密度一般应根据圈舍大小而定，原则是以不拥挤，不影响生长和能正常采食饮水为宜。一般以每群饲养10~12头为宜。冬季密一些，夏季稀一些，严格的按2~3月龄的猪每头占地面积为$0.5~0.6m^2$，4~6月龄的占地为$0.6~0.8m^2$。

4. 育肥猪去势较晚

育肥仔猪提早去势不仅能提高育肥性能和胴体品质，而且还有利于避免因公母在一起相互爬跨而引发咬尾症。

5. 卫生环境条件不良

猪对卫生环境很敏感，尤其是规模化和集约化养猪场，必须要有良好的通风设备以及温度调控、粪便处理等一整套设备，使猪舍达到夏季能防暑降温，冬季能防寒保暖的标准。

6. 定期驱虫制度不落实

在猪的一生中，应定期驱除体内寄生虫2~3次；即分别在猪30~40日龄、70~80日龄、100~110日龄时各驱虫1次。同时要注意驱除体表虱、疥癣等。否则会因寄生虫影响而导致咬尾症的发生。

7. 单独饲养有恶疾的猪

猪咬尾症的发生常因个别好斗的猪引起。因此，如在圈中发现有咬尾恶癖的猪时，应及时从猪群中挑出单独饲养；对特别好斗好咬又无圈单独饲养的，灌取安眠药3~4片，保持安静。

8. 防控方法

对存在轻微咬尾现象的猪群，可采用白酒或汽油稀释后对猪群进行1~2次喷雾，能起到有效地控制；对被咬伤的猪应及时用高锰酸钾液清洗伤口，并涂上碘酊以防止伤口感染，咬伤严重的可用抗菌素治疗。

十二、霉饲料中毒症

霉饲料中毒症已成为当前一些猪场中的常见病。在临床诊疗过程中，发现不少猪场存在不同程度的霉饲料中毒症，有的猪场由于诊断错误，未能及时采取有效和防控措施，造成重大损失。

霉变饲料对猪的危害主要表现：霉变饲料的适口性差，猪的采食量下降；饲料发霉后其营养成分遭受严重破坏，影响生长；霉菌毒素损害肝脏，对消化、神经和生殖系统可产生病变，甚至死亡；霉菌毒素能使猪的抵抗力下降，易诱发多种疾病。

（一）病原特点

霉菌在温度 24~30℃（5℃以下或 40℃以上则停止繁殖）和湿度 80%以上（或玉米、糟粕的含水量在 12%以上）的条件下，能迅速繁殖。

目前已知的霉菌有百余种，但对猪危害较大的霉菌只有黄曲霉菌、镰刀霉菌、黑穗病菌等（临床上往往是数种霉菌毒素协同作用），所分泌的毒素产生致病作用。

1. 黄曲霉毒素

黄曲霉毒素是黄曲霉菌的一种代谢产物，黄曲霉易在玉米的表面和胚芽内生长繁殖，其毒素不仅能使肝产生病变，还有致癌作用。目前已发现的黄曲霉毒素有 20 余种。

2. 赤霉病毒素

赤霉病是饲用由镰刀菌在无性繁殖阶段的产生孢子的玉米、小麦等谷物所致，镰刀菌同时分泌出多种毒素，对猪有不良影响。例如，玉米赤霉烯酮（F-2 毒素）属于类雌激素物质，可使猪的生殖器官机能和形态发生变化，导致小母猪的阴道、阴户红肿等症状。

3. 单端孢霉烯及一些单端孢霉烯衍生物

造成猪的拒食、呕吐、流产和内脏器官出血性损害。

（二）诊断要点

本病常见于春末和夏季，由于玉米等谷物含水份较高，若存放条件不良，当气温升高、环境潮湿的条件下，饲料极易发霉，猪连续饲喂 1 周后，即可出现症状。

1. 临床症状

（1）急性中毒。较少见，表现神经症状为主，病猪沉郁、垂头弓背、不吃不喝、体温正常，大便干燥，有的呆立不动，有的兴奋，流涎，异嗜，病死率较高。

（2）慢性中毒。由于饲料中毒素含量不很高，得长期连续饲喂，毒素蓄积致病，病猪的食欲下降，精神委顿，有时呕吐，行走无力，消瘦，生长发育缓慢，易诱发多种疾病。

（3）妊娠母猪中毒。表现流产和死胎，空怀母猪可引起不孕，返情率高，小母猪若受赤霉病毒素的影响，可使阴户、阴道肿胀、阴唇哆开，呈发情的状态，公猪包皮水肿。

（4）哺乳母猪。哺乳母猪长期吃霉变饲料后，食欲减少，采食量下降，便秘，发热在 40℃左右；更严重的是霉菌可经乳汁排出，导致哺乳仔猪慢性中毒，表现顽固腹泻、衰竭死亡，致死率较高。产奶量减少甚至无奶，母源抗体水平不能有效保护仔猪安全断奶，致使仔猪在产房内发生高烧、拉稀、食欲下降，逐渐消瘦，甚至继发其他传染病如

PRRS、PCV-2、黄白痢等，导致死亡率大大升高，造成很大的经济损失。母猪所产仔猪的外生殖器和子宫肥大，断奶后发情延迟，不发情、屡配不孕等，若继发 PRRS、PCV-2 等，则损失会更大。

（5）生长育肥猪。食欲下降，采食量显著降低，猪吃料不长膘，延长了出栏上市时间，大大增加了饲养成本，导致养猪效益低下。

（6）6 周龄小母猪。可见阴户、乳房和乳头肿大、阴道脱出、子宫明显胀大、卵巢显著萎缩和外八字腿；后备母猪及头胎母猪阴道脱、脱肛，甚至发生子宫脱，同时有假发情，配不上种等现象，淘汰率升高。

（7）公猪。出现高烧，睾丸肿大，性欲低下，配种率下降等。

2. 病理变化

急性中毒的主要病变是贫血、黄疸和肌肉及内脏器官出血，血液凝固不良。慢性中毒肝肿大、硬变，大量腹水，淋巴结水肿等病变。

（三）霉菌毒素中毒的治疗

发生霉菌毒素中毒或怀疑中毒时，最有效的治疗方法就是停止饲喂有霉变的饲料，并停止使用有毒原料粮，然后根据临床表现对症治疗。

1. 食物疗法（调整饲料中的营养成分）

（1）提高饲料中蛋白质、维生素、硒的含量，特别是提高维生素 C 的添加量。

（2）在饲料配方中减少玉米的用量适当增加植物油以补充能量的不足，减少中毒机会。

2. 药物治疗

支持疗法或对症治疗，用一些保肝药物同时用抗生素治疗水肿、腹泻、出血、肾水肿等症状。

3. 脱霉疗法

使用现代霉菌毒素处理剂"霉消安-Ⅰ"，能显著提高小猪和中大猪的饲料报酬，使猪的生长潜力和抗病力得以充分发挥；提高种猪的配种受胎率，提高产仔数和仔猪初生重，降低仔猪的死亡率，提高猪群对疾病的抵抗力和疫苗的免疫效果。因此，当生产中遇到下列情况之一时，建议在猪群的饲料中添加"霉消安-Ⅰ"。

（1）夏季多雨季节，或者怀疑饲料被霉菌污染时，即使尚未达到毒性作用水平，也应添加本品。

（2）饲料含水分高于 14% 时；或在不良条件下贮存时间较长，谷粒破裂或被鼠虫损伤等。

（3）猪群免疫功能下降，相当比例的免疫注射效果不佳。

（4）猪群生长速度缓慢，日增重下降，饲料报酬（料肉比）下降。

（5）猪群经常发生黏膜和皮肤糜烂脱落、出血形成坏死性病变。

（6）不明原因的食欲下降，甚至拒食、呕吐。

（7）断奶保育仔猪和中小猪发生慢性腹泻。

（8）生长和育成期猪脱肛（直肠脱垂）增多。

（9）母猪出现流产、不发情、死胎、弱仔、返情现象增多，或出现到预产期不分娩

（假性妊娠），初生仔猪出现八字脚的比例增高；后备母猪外阴部肿大又配不上。

（10）公猪出现雌性化变化，包皮增大、阴囊红肿、睾丸萎缩、乳头变粗、乳腺肿大、输精管变性、精液品质下降、精子数减少、性欲减退。

（11）饲料中"霉消安-Ⅰ"的添加量。

一是根据实际情况，在猪的饲料或原料中，添加并充分均匀混合。冬季每吨饲料应添加本品 1.0kg。

二是在夏季多雨、长期贮存的饲料或饲料水分含量高于 14% 时，每吨饲料添加本品 2.0kg。

三是怀疑污染霉菌毒素或饲料发生轻度霉变时，每吨饲料应添加本品 3~5kg。

在使用"霉消安-Ⅰ"的同时，补充维生素 E、A、D 及复合维生素 B，饮水连用 5~7 天。

采取以上措施的一个前提就是必须停止饲喂发霉饲料。

4. 个体治疗

（1）甘草粉 20g，蛋氨酸 0.5g，复合维生素 B 液 6mL，维生素 C 粉 500mg 加水 2 000mL，口服或拌入饲料中喂服每天 2 次连用 2 天。

（2）症状严重者，在使用以上方法的同时配合三磷酸腺苷钠 75mg、10% 安钠咖注射液 5mL，1 次肌内注射（适用于 75kg 以上体重）。

（3）补液解毒，保肝。25% 葡萄糖注射液 100mL+Vc10mL 静脉注射，以及使用强心利尿剂：乌洛托品、25% 樟脑注射液、生理盐水等。

参考文献

Jeffrey J. Zimmerman，2014. 赵德明等译. 猪病学 ［M］. 第 10 版. 北京：中国农业出版社.

郭年丰，李铁山，武彦杰，2011. 现代猪场疫病防控技术 ［M］. 郑州：河南科学技术出版社.

李忠军，权亚玮，2018. 动物疫病净化技术 ［M］. 陕西：科学技术出版社.

刘振湘，梁学勇，2016. 动物传染病防治技术（第二版）［M］. 北京：化学工业出版社.

罗险峰，2015. 规模化猪场主要疫病净化技术 ［M］. 贵阳：贵州科技出版社.

马盘河，安利民，2018. 现代猪病诊断与防治技术 ［M］. 郑州：中原农民出版社.

舒黛廉，2014. 动物病原微生物检测技术 ［M］. 郑州：黄河水利出版社.

王国栋，章四新，冯东亚，2017. 家畜传染病学 ［M］. 成都：西南交通大学出版社.

羊建平，张君胜，2013. 动物病原体检测技术 ［M］. 北京：中国农业大学出版社.

俞东征，2009. 人兽共患传染病 ［M］. 北京：科学出版社.

郑世军，宋清明，2013. 现代动物传染病学 ［M］. 北京：中国农业出版社.